JN068810

マグロウヒル　シャウムアウトラインシリーズ

解きながら学ぶ

完全独習

# 応用数学

# Advanced Mathematics for Engineers and Scientists

マリー R. シュピーゲル
Murray R. Spiegel

クストディオ・D・ヤンカルロス・J 訳
Custodio De La Cruz Yancarlos Josue

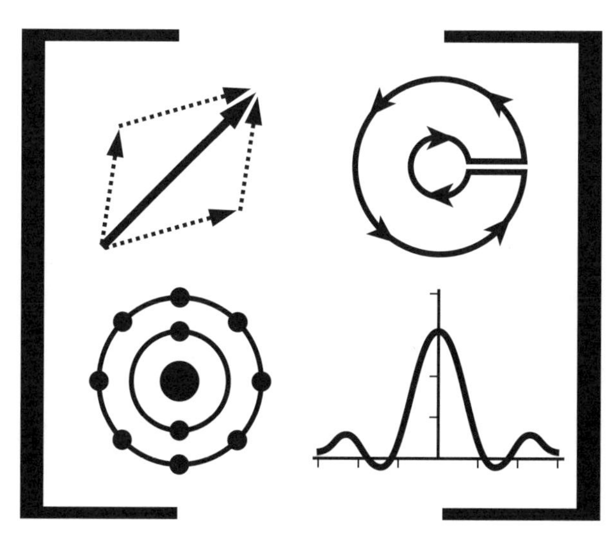

プレアデス出版

Schaum's Outline of

Advanced Mathematics

for Engineers and Scientists

by Murray R. Spiegel, Ph.D.



Japanese translation rights arranged with
McGraw-Hill Education, Inc.
through Japan UNI Agency, Inc., Tokyo

# 訳者まえがき

本書は，Schaum's Outlines のテキストシリーズ「Advanced Mathematics for Engineers and Scientists」の邦訳書で，大学の理工学部で扱う「応用数学」の参考書になります．内容としては，微積分，常微分方程式，ラプラス変換，ベクトル解析，フーリエ級数，フーリエ変換，特殊関数 (ガンマ関数，ベータ関数)，偏微分方程式，複素関数，変分法などの基本的なテーマから，ベッセル関数，ルジャンドル多項式，ラプラス変換の反転公式など比較的高度な分野をもカバーしています．

応用数学はいまや，従来の物理学 (電磁気学や量子力学) を超えて，データサイエンスや機械学習へとその活用範囲を伸ばしてきており，研究者や学生だけでなく，数学が専門でない一般のエンジニアにとっても，スキル習得の需要が高まっている分野です．こうした中，本書はそのような幅広い人を対象に，実際に手を動かして理解してもらえるよう様々な工夫を凝らしたテキストに仕上がっています．

## 本書の構成と使い方

本書はおおまかに「本文パート」と「演習パート」に分かれています．本文パートでは章ごとのテーマに関する理論体系の簡潔な説明がなされていて，演習パートでは本文パートに沿った演習問題 (解答付き) が並んでいます．実際中身をぱらぱらと見てみると，「演習パート」の占める割合がかなり大きいことに気づくと思います．それは本書が「問題を解いてもらうこと」に特化しているためです．しかし本書は通常の演習書とは異なる点を持ちます．それは，収録している各演習問題が，「本文内容の理解度チェック」としての役割ではなく，「理論体系の構成」としての側面を反映しているからです．つまり，演習問題を解きながら理論の本質を理解していくことになるので，この見方に立てば，本書は演習書と教科書，両方の性質を併せ持つことになります．

本書の使い方について，読者は，基本的には手を動かしながら 1 章ずつ読み進めていくことになります．初めて学ぶテーマの場合は本文パートだけ読んでも，内容が比較的あっさりしている印象を受けると思いますが，その行間を埋めてくれるのが各演習問題になります．よって，本文パートはあまり気を張らずざっと目を通すにとどめ，演習パートで本格的に問題を解きながら本文パートへの理解を深めていってもらえればと思います．

## 必要となる前提知識

本書に取り組むにあたって，大学初年度で学ぶ解析学の知識は知っているものと仮定しています．基本となる微積分のほか数列や級数の概念についての理解があることが望ましいでしょう．第 1 章の『予備知識の復習：微積分，行列，複素数』では，応用数学を学ぶ上での基礎を扱っているので，この章の内容がある程度理解できれば，後の章に向けた準備が完了していると言えます．また，初年度とはいっても，線形代数については本書で初歩からカバーしているので (第 15 章)，深く理解している必要はありません．

ただし，一部ではありますが，関数の極限や連続性などを扱う場合に「イプシロン・デルタ論法」を使った証明があります．これらに精通していれば特定のテーマに対して深い理解が得られますが，その他の多くのテーマを学ぶ上では必須ではありません．そのような箇所にぶつかり，理解できない場合はそのまま読み進めてしまって構いません．

なお，イプシロン・デルタ論法について馴染みがないが意欲のある読者向けに，以下の参考図書を挙げておきます．

- 原 惟行, 松永 秀章 著 「イプシロン・デルタ論法 完全攻略」(共立出版), 2011

## 補足問題について

原著では，以下の 2 種類の演習問題が収録されています．

- 演習問題 (Solved Problems)：解答付きの演習問題
- 補足問題 (Supplementary Problems)：解答なし，もしくは略解のみの演習問題

邦訳版では，紙面の都合上，前者のみを載せる形となりました．補足問題については以下のサポートページに置いてありますので，必要なときに参照してください．

**サポートページ：**

https://github.com/sol-sun/advanced_mathematics

## 献辞

原著者のマリー R. シュピーゲル (1923〜1991) 氏は，数学の様々なトピックに関する著作を持ち，特に学生向けに手掛けたテキストはどれも好評を博しており，今でも世界中で読み継がれています．氏の仕上げるテキストの魅力は，ただ分かりやすいだけでなく高度な理論までの橋渡しをしっかりしてくれるという点にあると訳者 (1992〜) は考えています．

こうした氏の心遣いを紙面上でしか味わえないのを残念に思います．しかし，本書を通じて日本の方々に氏の魅力を橋渡しできれば，これ以上嬉しいことはありません．

訳者

2023 年 2 月

# 目次

# 第1章

# 予備知識の復習：微積分，行列，複素数

## 実数

数学の基礎となるのは「数学的対象 (object) の**集まり** (**集合**)」の概念である．その中でも「**数の集合**」は，理工学分野における定量的な研究の基礎となる．既知の内容かもしれないが，重要となる数の集合に関して以下にまとめた．

**1. 自然数** $1, 2, 3, 4, \ldots$ **：**
　**正の整数**は数え上げに使われる．

**2. 整数** $0, \pm 1, \pm 2, \pm 3, \ldots$ **：**
　これらの数は任意の 2 つの自然数の**引き算 (差)**[**足し算 (和)** の逆演算] に意味を与えるために発生した．負の整数や 0 を扱えるようになるため，$2 - 6 = -4$ や $8 - 8 = 0$ 等が意味を持つようになる．

**3. 有理数** $2/3, -10/7$ **など：**
　任意の 2 つの整数の**割り算 (除法)**[**掛け算 (積)** の逆演算]，すなわち**商**に意味を与えるために発生した．ただし，0 で割る割り算は定義されない．

**4. 無理数** $\sqrt{2}, \pi$ **など：**
　これらの数は 2 つの整数の商として表すことができない．

なお，自然数集合は整数集合の一部（**部分集合**）であり，整数集合は有理数集合の部分集合である．

有理数または無理数で構成される数の集合は**実数**集合と呼ばれ，**正**と**負**の数，**ゼロ**で構成される [**虚数**（**複素数**）と区別するためにそう呼ばれる (p.16 で定義している)]．実数は，図 1-1 に示すように線上の**点**として表すことができる．このため**点**を**数**と同じ意味で使用することがある．

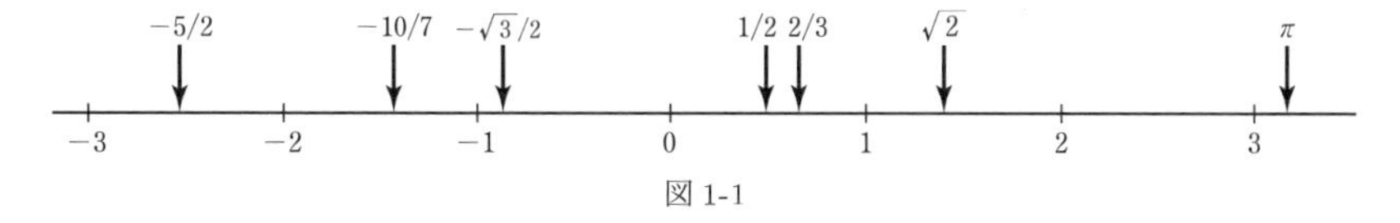


図 1-1

**不等式**についても整理する．$a - b$ が正の場合 $a$ は $b$ **より大きい**といい，$a - b$ が負の場合 $a$ は $b$ **より小さい**という [これらはそれぞれ $a > b$, $a < b$ と表す]．任意の実数 $a$ と $b$ は，$a > b$，$a = b$，$a < b$ の内のいずれかでなければならない．

## 代数の規則

$a, b, c$ が任意の実数のとき，以下の代数規則が成り立つ．

| | | |
|---|---|---|
| **1.** | $a+b=b+a$ | 和に関する交換法則 |
| **2.** | $a+(b+c)=(a+b)+c$ | 和に関する結合法則 |
| **3.** | $ab=ba$ | 積に関する交換法則 |
| **4.** | $a(bc)=(ab)c$ | 積に関する結合法則 |
| **5.** | $a(b+c)=ab+ac$ | 分配法則 |

これらの規則を（**公理** (axiom)・**公準** (postulate) として）受け入れた場合，$(-5)(3)=-15$, $(-2)(-3)=6$ などのような，符号規則を証明することができる．

以下の**指数**に関する規則についても押さえておこう．

$$a^m \cdot a^n = a^{m+n}, \quad a^m/a^n = a^{m-n}\,(a \neq 0), \quad (a^m)^n = a^{mn}. \tag{1}$$

## 関数

**関数**に関する概念も重要である．関数 $f$ はある集合 $A$ 中の**要素** (または**元**) と呼ばれる対象 $x$ に，ある集合 $B$ の要素 $y$ を割り当てる規則である．この対応関係を明示するために，$y=f(x)$ と書く．$f(x)$ を $x$ における関数の**値**とよぶ．

例 1.

$$f(x)=x^2-3x+2 \text{ のとき，} f(2)=2^2-3(2)+2=0$$

「関数のグラフ化」を行う方法は，数の組 $(x, y)$ を求め，これを $xy$ 座標系に点としてプロットすることで実現できる．通常 $y=f(x)$ は**曲線**で表される．$y$ は $x$ によって決まるから，$x$ を**独立変数**，$y$ を**従属変数**と呼ぶ．

## 関数の例

**1. 多項式** $f(x)=a_0x^n+a_1x^{n-1}+a_2x^{n-2}+\cdots+a_n$ **:**

$a_0 \neq 0$ ならば，$n$ をその多項式の**次数**と言う．多項式方程式 $f(x)=0$ の根は，重複も数えると正確に $n$ 個になる．例えば，$x^3-3x^2+3x-1=0$ ならば $(x-1)^3=0$ と変形できるので 3 個

ある根は 1, 1, 1 となる．なお，上の式変形では，**二項定理**

$$(a+x)^n = a^n + \binom{n}{1}a^{n-1}x + \binom{n}{2}a^{n-2}x^2 + \cdots + x^n \tag{2}$$

を使った．**二項係数**は以下で与えられる．

$$\binom{n}{k} = \frac{n!}{k!(n-k)!}. \tag{3}$$

ここで，$n$ の**階乗** $n!$ は $n! = n(n-1)(n-2)\cdots 1$ である．ただし，定義として $0! = 1$ とする．

**2. 指数関数** $f(x) = a^x$：

これらの関数は (1) の性質に従う．$a = e = 2.7182818\cdots$(ネイピア数) の場合が重要である．

**3. 対数関数** $f(x) = \log_a(x)$：

これらの関数は指数関数の**逆関数**，つまり $a^x = y$ としたときの $x = \log_a(y)$ であり，$a$ を対数の**底**と言う．通常 $x$ と $y$ を入れ替えて $y = \log_a(x)$ と表記する．$a = e$ の場合，この関数は**自然対数**と呼ばれ，$\log_e x$ を $\ln x$ として表す．自然対数 [または任意の底の対数] は次の基本的な規則を満たす．

$$\ln(mn) = \ln m + \ln n, \quad \ln\frac{m}{n} = \ln m - \ln n, \quad \ln m^p = p\ln m. \tag{4}$$

**4. 三角関数** $\sin x, \cos x, \tan x, \cot x, \sec x, \csc x$：

これらの関数間のいくつかの基本的な関係は以下の通り．

(a) $\sin x = \cos\left(\frac{\pi}{2} - x\right), \quad \cos x = \sin\left(\frac{\pi}{2} - x\right), \quad \tan x = \frac{\sin x}{\cos x},$

$\cot x = \frac{\cos x}{\sin x} = \frac{1}{\tan x}, \quad \sec x = \frac{1}{\cos x}, \quad \csc x = \frac{1}{\sin x}$

(b) $\sin^2 x + \cos^2 x = 1, \quad \sec^2 x - \tan^2 x = 1, \quad \csc^2 x - \cot^2 x = 1$

(c) $\sin(-x) = -\sin x, \quad \cos(-x) = \cos x, \quad \tan(-x) = -\tan x$

(d) $\sin(x \pm y) = \sin x \cos y \pm \cos x \sin y, \quad \cos(x \pm y) = \cos x \cos y \mp \sin x \sin y$

$\tan(x \pm y) = \frac{\tan x \pm tany}{1 \mp \tan x \tan y}$

(e) $A\cos x + B\sin x = \sqrt{A^2 + B^2}\sin(x + \alpha) \quad (\tan\alpha = A/B)$

三角関数は周期的な関数である．例えば，$\sin x$ と $\cos x$ はそれぞれ図 1-2 と図 1-3 で示すように，$2\pi$ の周期を持つ．

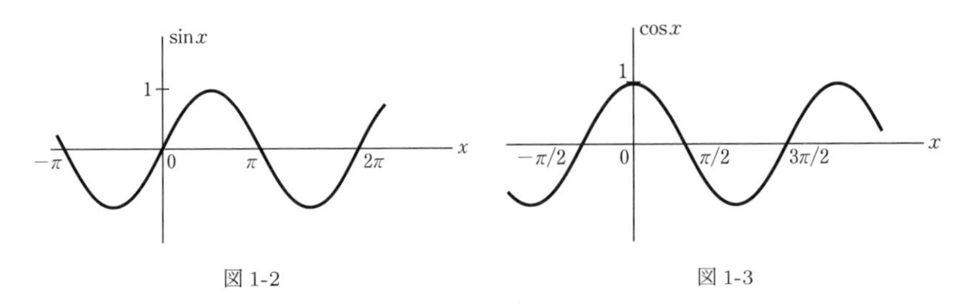


図 1-2　　　　図 1-3

**5. 逆三角関数** $\sin^{-1} x$, $\cos^{-1} x$, $\tan^{-1} x$, $\cot^{-1} x$, $\sec^{-1} x$, $\csc^{-1} x$：

これらは三角関数の**逆関数**である．例えば，$\sin x = y$ の場合は $x = \sin^{-1} y$ となる（通常 $x$ と $y$ を入れ替えて $y = \sin^{-1} x$ とかく）．

**6. 双曲線関数：**

これらは指数関数を用いて以下のように定義される．

$(a)$ $\quad \sinh x = \dfrac{e^x - e^{-x}}{2}, \qquad \cosh x = \dfrac{e^x + e^{-x}}{2},$

$$\tanh x = \frac{\sinh x}{\cosh x} = \frac{e^x - e^{-x}}{e^x + e^{-x}}, \qquad \coth x = \frac{\cosh x}{\sinh x} = \frac{1}{\tanh x} = \frac{e^x + e^{-x}}{e^x - e^{-x}},$$

$$\operatorname{sech} x = \frac{1}{\cosh x} = \frac{2}{e^x + e^{-x}}, \qquad \operatorname{csch} x = \frac{1}{\sinh x} = \frac{2}{e^x - e^{-x}}$$

以下の基本的な恒等式は三角関数と類似している．

$(b)$ $\quad \cosh^2 x - \sinh^2 x = 1, \quad \operatorname{sech}^2 x + \tanh^2 x = 1, \quad \coth^2 x - \operatorname{csch}^2 x = 1$

$(c)$ $\quad \sinh(x \pm y) = \sinh x \cosh y \pm \cosh x \sinh y$

$$\cosh(x \pm y) = \cosh x \cosh y \pm \sinh x \sinh y$$

$$\tanh(x \pm y) = \frac{\tanh x \pm \tanh y}{1 \pm \tanh x \tanh y}$$

$\sinh^{-1} x$, $\cosh^{-1} x$ などで与えられる逆双曲線関数は対数で表すことができる (問題 1.9).

## 極限

$x$ が限りなく $a$ に近づいたとき，関数 $f(x)$ が $l$ に限りなく近づく場合，$f(x)$ は**極限** $l$ を持つといい，$\lim_{x \to a} f(x) = l$ と表す．より厳密に定義すると $\lim_{x \to a} f(x) = l$ とは，「任意の数 $\varepsilon > 0$ に対してある数 $\delta > 0$ が決まり，$0 < |x - a| < \delta$ ならば $|f(x) - l| < \varepsilon$ を満たす」ことをいう．

なお，$p$ の**絶対値**である $|p|$ は，$p > 0$ の場合は $p$，$p < 0$ の場合は $-p$，$p = 0$ の場合は $0$ に等しいことに注意．

例 2.

$$\lim_{x\to1}(x^2-4x+8)=5,\quad \lim_{x\to2}\frac{x^2-4}{x-2}=4,\quad \lim_{x\to0}\frac{\sin x}{x}=1$$

$\lim_{x\to a} f_1(x)=l_1$, $\lim_{x\to a} f_2(x)=l_2$ のとき，極限に関する次の定理が成り立つ．

(a) $\lim_{x\to a}[f_1(x)\pm f_2(x)]=\lim_{x\to a}f_1(x)\pm\lim_{x\to a}f_2(x)=l_1\pm l_2$

(b) $\lim_{x\to a}[f_1(x)f_2(x)]=\left[\lim_{x\to a}f_1(x)\right]\left[\lim_{x\to a}f_2(x)\right]=l_1l_2$

(c) $l_2\neq0$ なら，$\lim_{x\to a}\frac{f_1(x)}{f_2(x)}=\frac{\lim_{x\to a}f_1(x)}{\lim_{x\to a}f_2(x)}=\frac{l_1}{l_2}$

## 連続

$\lim_{x\to a}f(x)=f(a)$ が成り立つならば，関数 $f(x)$ は $a$ で**連続**であるという．

例 3.

$f(x)=x^2-4x+8$ は $x=1$ で連続である．一方で，$f(x)=\begin{cases}\frac{x^2-4}{x-2} & x\neq2\\ 6 & x=2\end{cases}$

としたとき，$f(x)$ は $x=2$ で連続ではなく，$x=2$ は $f(x)$ の**不連続点**という．

$f(x)$ が $x_1\leq x\leq x_2$ や $x_1<x\leq x_2$ のような区間の各点で連続ならば，**区間で連続**であるという．

$f_1(x)$ と $f_2(x)$ がある区間で連続の場合，$f_1(x)\pm f_2(x)$ や $f_1(x)f_2(x)$，$f_1(x)/f_2(x)\,(f_2(x)\neq0)$ もまたその区間で連続となる．

## 微分

点 $x$ における $y=f(x)$ の**微分係数**は，極限値

$$f'(x)=\lim_{h\to0}\frac{f(x+h)-f(x)}{h}=\lim_{\Delta x\to0}\frac{\Delta y}{\Delta x}=\frac{dy}{dx} \tag{5}$$

として定義される．ここで，$h=\Delta x$, $\Delta y=f(x+h)-f(x)=f(x+\Delta x)-f(x)$ である．

$y=f(x)$ の**全微分**は

$$dy=f'(x)dx\quad(dx=\Delta x) \tag{6}$$

で定義される．

微分係数に対応させる関数は**導関数**と呼ばれる．また，$y'=dy/dx=f'(x)$ のさらなる微分をとることで，二次，三次，高次の微分を求めることができる．これらは $y''=d^2y/dx^2=f''(x)$, $y'''=d^3y/dx^3=f'''(x)$ などの形で表される．

幾何学的にいえば，ある点における関数 $f(x)$ の微分係数はその点の曲線 $y = f(x)$ に引かれた**接線の傾き**を表している．

関数がある点で微分係数を持つならその点で連続だが，逆は必ずしも成り立つとは限らない．

## 微分の公式

以下の $u, v$ は $x$ の関数を表し，$a, c, p$ は定数とする．もちろん，$u$ および $v$ の微分係数が存在すること，すなわち $u$ と $v$ は**微分可能**であることを仮定している．

1. $\dfrac{d}{dx}(u \pm v) = \dfrac{du}{dx} \pm \dfrac{dv}{dx}$
2. $\dfrac{d}{dx}(cu) = c\dfrac{du}{dx}$
3. $\dfrac{d}{dx}(uv) = u\dfrac{du}{dx} + v\dfrac{du}{dx}$
4. $\dfrac{d}{dx}\left(\dfrac{u}{v}\right) = \dfrac{v(du/dx) - u(dv/dx)}{v^2}$
5. $\dfrac{d}{dx}u^p = pu^{p-1}\dfrac{du}{dx}$
6. $\dfrac{d}{dx}(a^u) = a^u \ln a \dfrac{du}{dx}$
7. $\dfrac{d}{dx}e^u = e^u\dfrac{du}{dx}$
8. $\dfrac{d}{dx}\ln u = \dfrac{1}{u}\dfrac{du}{dx}$
9. $\dfrac{d}{dx}\sin u = \cos u\dfrac{du}{dx}$
10. $\dfrac{d}{dx}\cos u = -\sin u\dfrac{du}{dx}$
11. $\dfrac{d}{dx}\tan u = \sec^2 u\dfrac{du}{dx}$
12. $\dfrac{d}{dx}\cot u = -\csc^2 u\dfrac{du}{dx}$
13. $\dfrac{d}{dx}\sec u = \sec u \tan u\dfrac{du}{dx}$
14. $\dfrac{d}{dx}\csc u = -\csc u \cot u\dfrac{du}{dx}$
15. $\dfrac{d}{dx}\sin^{-1} u = \dfrac{1}{\sqrt{1-u^2}}\dfrac{du}{dx}$
16. $\dfrac{d}{dx}\cos^{-1} u = -\dfrac{1}{\sqrt{1-u^2}}\dfrac{du}{dx}$
17. $\dfrac{d}{dx}\tan^{-1} u = \dfrac{1}{1+u^2}\dfrac{du}{dx}$
18. $\dfrac{d}{dx}\cot^{-1} u = -\dfrac{1}{1+u^2}\dfrac{du}{dx}$
19. $\dfrac{d}{dx}\sinh u = \cosh u\dfrac{du}{dx}$
20. $\dfrac{d}{dx}\cosh u = \sinh u\dfrac{du}{dx}$

$u = x$ となる場合は，$du/dx = 1$ なので，上記の公式はより簡略化される．

## 積分

$dy/dx = f(x)$ としたとき，$y$ を $f(x)$ の**不定積分**と呼び，

$$\int f(x)\,dx \tag{7}$$

と表記する．定値関数の導関数は 0 なので，$f(x)$ のすべての不定積分は定数の違いを除くとひとつしかない．

$f(x)$ に対する $x=a$ と $x=b$ の間の**定積分**は，極限値

$$\int_a^b f(x)dx = \lim_{h\to 0} h[f(a)+f(a+h)+f(a+2h)+\cdots+f(a+(n-1)h)] \quad \left(h=\frac{b-a}{n}\right), \tag{8}$$

と定義される．定積分は幾何学的にいえば，$f(x)\geq 0$ の場合，$x$ 軸と縦線 $x=a, x=b$ で囲まれた曲線 $y=f(x)$ の面積を求めることに対応している．定積分は $f(x)$ が $a\leq x\leq b$ で連続ならば存在する．

**定理 1.1 (微積分の基本定理)**
$f(x)=\dfrac{d}{dx}g(x)$ のとき，

$$\int_a^b f(x)dx = \int_a^b \frac{d}{dx}g(x)dx = g(x)\Big|_a^b = g(b)-g(a)$$

が成り立つ．

例 4.

$$\int_1^2 x^2dx = \int_1^2 \frac{d}{dx}\left(\frac{x^3}{3}\right)dx = \frac{x^3}{3}\Big|_1^2 = \frac{2^3}{3}-\frac{1^3}{3}=\frac{7}{3}$$

以上の操作をまとめて**積分**と呼ぶ．

## 積分の公式

以下の $u, v$ は $x$ の関数を表し，$a, b, c, p$ は定数とする．また，全ての例において積分定数を省略している．

1. $\displaystyle\int(u\pm v)dx=\int udx\pm\int vdx$ 　　2. $\displaystyle\int cudx=c\int udx$

3. $\displaystyle\int u\left(\frac{dv}{dx}\right)dx=uv-\int v\left(\frac{du}{dx}\right)dx$ 　または　$\displaystyle\int udv=uv-\int v\,du$

この公式は**部分積分**と呼ばれる．

4. $\displaystyle\int F[u(x)]dx=\int F(w)\frac{dw}{w'} \quad (w=u(x),\ w'=dw/dx)$

上式のように $w$ の関数に置き換えることができる．この公式は**置換積分**と呼ばれる．

5. $\displaystyle\int u^p\,du = \frac{u^{p+1}}{p+1},\quad p \neq -1$

6. $\displaystyle\int u^{-1}\,du = \int \frac{du}{u} = \ln u$

7. $\displaystyle\int a^u\,du = \frac{a^u}{\ln a},\quad a \neq 0,\,1$

8. $\displaystyle\int e^u\,du = e^u$

9. $\displaystyle\int \sin u\,du = -\cos u$

10. $\displaystyle\int \cos u\,du = \sin u$

11. $\displaystyle\int \tan u\,du = -\ln\cos u$

12. $\displaystyle\int \cot u\,du = \ln\sin u$

13. $\displaystyle\int \sec u\,du = \ln(\sec u + \tan u)$

14. $\displaystyle\int \csc u\,du = \ln(\csc u - \cot u)$

15. $\displaystyle\int e^{au}\sin bu\,du = \frac{e^{au}(a\sin bu - b\cos bu)}{a^2+b^2}$

16. $\displaystyle\int e^{au}\cos bu\,du = \frac{e^{au}(a\cos bu + b\sin bu)}{a^2+b^2}$

17. $\displaystyle\int \frac{du}{\sqrt{a^2-u^2}} = \sin^{-1}\frac{u}{a}$

18. $\displaystyle\int \frac{du}{u^2+a^2} = \frac{1}{a}\tan^{-1}\frac{u}{a}$

19. $\displaystyle\int \frac{du}{\sqrt{u^2-a^2}} = \ln(u+\sqrt{u^2-a^2})$

20. $\displaystyle\int \frac{du}{\sqrt{u^2+a^2}} = \ln(u+\sqrt{u^2+a^2})$

21. $\displaystyle\int \sinh u\,du = \cosh u$

22. $\displaystyle\int \cosh u\,du = \sinh u$

## 数列と級数

$u_1, u_2, \ldots$ または単に $\langle u_n \rangle$ と表される**数列**とは，自然数集合上で定義される「関数」である．数列が**極限** $l$ を持つ，または $l$ に**収束**するとは，任意の $\varepsilon > 0$ に対しある自然数 $N > 0$ が存在して，$n > N$ ならば $|u_n - l| < \varepsilon$ が成り立つことと定義され，このとき $\lim_{n\to\infty} u_n = l$ と書く．数列が収束しない場合，その数列は**発散**するという．

$u_1, u_1+u_2, u_1+u_2+u_3, \ldots$ または $S_1, S_2, S_3, \ldots (S_n = u_1 + u_2 + \cdots + u_n)$ となる数列を考える．$\langle S_n \rangle$ は数列 $\langle u_n \rangle$ の**部分和**数列という．また，

$$u_1 + u_2 + u_3 + \cdots \quad \text{または} \quad \sum_{n=1}^{\infty} u_n \quad \text{または (これを省略して)} \quad \sum u_n \tag{9}$$

という記号は $\langle S_n \rangle$ と同じ意味で定義され，**無限級数**とよばれる．$\langle S_n \rangle$ が収束または発散するのに応じて，無限級数は収束または発散することになる．もし級数が $S$ という数に収束したとき，この $S$ を級数の**和**という．

以下は，無限級数に関連する重要な定理である．

**定理 1.2**

級数 $\displaystyle\sum_{n=1}^{\infty} \frac{1}{n^p}$ は，$p > 1$ のとき収束し，$p \leq 1$ のとき発散する．

**定理 1.3**

$\sum |u_n|$ が収束し，$|v_n| \leq |u_n|$ ならば，$\sum |v_n|$ も収束する．

**定理 1.4**

$\sum |u_n|$ が収束するならば，$\sum u_n$ も収束する．

このような場合，$\sum u_n$ は**絶対収束**するという．このような性質を持つ級数は「和」に影響を与えずに項を並べ替えることができる．

**定理 1.5**

$\sum |u_n|$ が発散し，$v_n \geq |u_n|$ ならば，$\sum v_n$ も発散する．

**定理 1.6**

$|u_n| = f(n) \geq 0$ となる級数 $\sum |u_n|$ は，$\displaystyle\int_1^{\infty} f(x)\,dx = \lim_{M\to\infty} \int_1^{M} f(x)\,dx$ が存在するか，存在しないかによって，収束または発散する．

この定理は**積分判定法**と呼ばれる．

**定理 1.7**

$\displaystyle\lim_{n\to\infty} |u_n| \neq 0$ ならば，級数 $\sum |u_n|$ は発散する．他方，$\displaystyle\lim_{n\to\infty} |u_n| = 0$ のときは，その級数は収束したりしなかったりと，どちらもあり得る (問題 1.31)．

**定理 1.8**

$\displaystyle\lim_{n\to\infty} \left| \frac{u_{n+1}}{u_n} \right| = r$ と置く．このとき級数 $\sum u_n$ は，$r < 1$ のとき（絶対）収束し，$r > 1$ のときは発散する．$r = 1$ となる場合は結論が出ない．

この定理は**収束判定法**と呼ばれる．

上記の考え方は，$u_n$ が $x$ の関数で $u_n(x)$ と表される場合に拡張できる．この場合，数列または級数は $x$ の特定の値に応じて収束または発散する．数列や級数が収束する $x$ の値の集合を**収束領域**といい，$\mathcal{R}$ と表す．

例 5.

級数 $1 + x + x^2 + x^3 + \cdots$ は，実数 $x$ に限定すると，$-1 < x < 1$ で与えられる収束領域 $\mathcal{R}$ を持つ．

## 一様収束

$S_n(x) = u_1(x) + \cdots + u_n(x)$ とする．任意の $\varepsilon > 0$ に対して，一般的に「$\varepsilon$ と $x$ の両方に依存する」ある数 $N$ が存在して，$n > N$ ならば $|S(x) - S_n(x)| < \varepsilon$ が成り立つとき，級数 $u_1(x) + u_2(x) + \cdots$ は領域 $\mathcal{R}$ 上で和 $S(x)$ に収束するという．もし $x$ に依存せず $\varepsilon$ だけに依存した形で $N$ を見つけることができれば，その級数は $\mathcal{R}$ 上で $S(x)$ に**一様収束**するという．一様収束する級数は，以下の定理で示されるように重要な利点を多く持っている．

**定理 1.9**
$u_n(x)$ $(n = 1, 2, 3, \ldots)$ が $a \leq x \leq b$ 上で連続で，$\sum u_n(x)$ が $a \leq x \leq b$ 上で $S(x)$ に一様収束するならば，$S(x)$ は $a \leq x \leq b$ で連続である．

**定理 1.10**
$\sum u_n(x)$ が $a \leq x \leq b$ で $S(x)$ に一様収束し，$u_n(x)$ $(n = 1, 2, 3, \ldots)$ が $a \leq x \leq b$ で積分可能ならば，

$$\int_a^b S(x)\,dx = \int_a^b \{u_1(x) + u_x(x) + \cdots\}\,dx = \int_a^b u_1(x)\,dx + \int_a^b u_2(x)\,dx + \cdots.$$

**定理 1.11**
$u_n(x)$ $(n = 1, 2, 3, \ldots)$ が，$a \leq x \leq b$ 内で連続かつ連続な導関数を持ち，また，$a \leq x \leq b$ 上で，$\sum u_n(x)$ が $S(x)$ に収束し，$\sum u_n'(x)$ が一様収束するならば，

$$S'(x) = \frac{d}{dx}\{u_1(x) + u_2(x) + \cdots\} = u_1'(x) + u_2'(x) + \cdots.$$

一様収束するかの判定方法として，**ワイエルシュトラスの** $M$ **判定法**と呼ばれるものが重要であり，次のように与えられる．

**定理 1.12**
$\mathcal{R}$ 上で $|u_n(x)| \leq M_n$ となるような，正の定数 $M_n$ $(n = 1, 2, 3, \ldots)$ の集合が存在し，$\sum M_n$ が収束するとき，$\sum u_n(x)$ は $\mathcal{R}$ 上で一様収束する [絶対収束もする].

## テイラー級数

$f(x)$ が少なくとも $n$ 階導関数を持つことを仮定すると，$f(x)$ の $x = a$ における**テイラー級数**は以下のように定義される．

$$f(x) = f(a) + f'(a)(x-a) + \frac{f''(a)(x-a)^2}{2!} + \cdots + \frac{f^{n-1}(a)(x-a)^{n-1}}{(n-1)!} + R_n. \tag{10}$$

ここで，

$$R_n = \frac{f^{(n)}(x_0)(x-a)^n}{n!} \qquad (x_0 \text{ は } a \text{ と } x \text{ の間の適当な数}) \tag{11}$$

を**剰余項**という．$n = 1$ とした (10) は，

$$\frac{f(x)-f(a)}{x-a} = f'(x_0) \qquad (x_0 \text{ は } a \text{ と } x \text{ の間の適当な数}) \tag{12}$$

とかけ，**平均値の定理**という．(10) に対応する無限級数は，$f(x)$ の**形式的テイラー級数**といい，ある区間で $\lim_{n\to\infty} R_n = 0$ ならその区間で収束する．いくつかの重要なテイラー級数およびそれらの収束領域は以下の通り．

**1.** $e^x = 1 + x + \dfrac{x^2}{2!} + \dfrac{x^3}{3!} + \dfrac{x^4}{4!} + \cdots \qquad (-\infty < x < \infty)$

**2.** $\sin x = x - \dfrac{x^3}{3!} + \dfrac{x^5}{5!} - \dfrac{x^7}{7!} + \cdots \qquad (-\infty < x < \infty)$

**3.** $\cos x = 1 - \dfrac{x^3}{2!} + \dfrac{x^4}{4!} - \dfrac{x^6}{6!} + \cdots \qquad (-\infty < x < \infty)$

**4.** $\ln(1+x) = x - \dfrac{x^2}{2} + \dfrac{x^3}{3} - \dfrac{x^4}{4} + \cdots \qquad (-1 < x \leq 1)$

**5.** $\tan^{-1} x = x - \dfrac{x^3}{3} + \dfrac{x^5}{5} - \dfrac{x^7}{7} + \cdots \qquad (-1 < x \leq 1)$

$\displaystyle\sum_{n=0}^{\infty} c_n(x-a)^n$ の形の級数はしばしば**べき級数**と呼ばれる．このような級数は，収束領域内の任意の区間で一様収束する 問題 1.120(補)．

## 多変数関数

『関数 (p.2)』の節で与えた 1 変数関数の概念は，多変数関数の場合に拡張できる．したがって，$z = f(x, y)$ は，数の組 $(x, y)$ に数 $z$ を与える関数 $f$ を定義している．

例 6.

$f(x, y) = x^2 + 3xy + 2y^2$ としたとき，$f(-1, 2) = (-1)^2 + 3(-1)(2) + 2(2)^2 = 3$

$z = f(x, y)$ のグラフを描くと，3 次元 $xyz$ 座標系中の**曲面**が求められることを知っておくと良い．しばしば $x$ と $y$ は**独立変数**，$z$ は**従属変数**と呼ばれる．時には $z = f(x, y)$ ではなく $z = z(x, y)$ と書いて記号 $z$ を 2 つの異なる意味で使っているが，これによって混乱を招くことはないだろう．

多変数関数に対する極限や連続の考え方は，1 変数関数の極限や連続の考え方と類似している．

## 偏微分

$f(x, y)$ の $x$ や $y$ に関する**偏導関数 (偏微分)** は，極限値

$$\frac{\partial f}{\partial x} = \lim_{h \to 0} \frac{f(x+h, y) - f(x, y)}{h}, \qquad \frac{\partial f}{\partial y} = \lim_{k \to 0} \frac{f(x, y+k) - f(x, y)}{k} \tag{13}$$

と定義される（$h = \Delta x$, $k = \Delta y$ とかくこともある）．注目すべきは，$\partial f/\partial x$ は，「$y$ **を一定にした** $x$ に関する $f$ の導関数」であり，$\partial f/\partial y$ は，「$x$ **を一定にした** $y$ に関する $f$ の導関数」であるという事実にある．したがって，『微分の公式 (p.6)』の節で示した通常の微分公式を適用できる．

例 7.

$$f(x, y) = 3x^2 - 4xy + 2y^2 \text{ のとき，} \qquad \frac{\partial f}{\partial x} = 6x - 4x, \quad \frac{\partial f}{\partial y} = -4x + 4y$$

より高次な導関数も同様に定義される．例えば，2 次の導関数は以下のようになる．

$$\frac{\partial}{\partial x}\left(\frac{\partial f}{\partial x}\right) = \frac{\partial^2 f}{\partial x^2}, \qquad \frac{\partial}{\partial x}\left(\frac{\partial f}{\partial y}\right) = \frac{\partial^2 f}{\partial x\,\partial y}, \qquad \frac{\partial}{\partial y}\left(\frac{\partial f}{\partial x}\right) = \frac{\partial^2 f}{\partial y\,\partial x}, \qquad \frac{\partial}{\partial y}\left(\frac{\partial f}{\partial y}\right) = \frac{\partial^2 f}{\partial y^2} \tag{14}$$

式 (13) における導関数はそれぞれ $f_x$, $f_y$ と表されることがある．そしてこれら偏導関数を $(a, b)$ で評価したものを $f_x(a,b)$, $f_y(a,b)$ と表す[1)]．同様に，式 (14) 中の導関数はそれぞれ $f_{xx}$, $f_{xy}$, $f_{yx}$, $f_{yy}$ という具合に表す．さらに，式 (14) の 2 番目，3 番目の結果は，$f$ が少なくとも 2 階の連続な偏導関数を持つならば，等しくなる (訳注：$f_{xy} = f_{yx}$)．

$f(x, y)$ の**全微分**は

$$df = \frac{\partial f}{\partial x}dx + \frac{\partial f}{\partial y}dy \tag{15}$$

として定義される．ここで，$h = \Delta x = dx$, $k = \Delta y = dy$ である．

本節の結果は $n$ 変数を持つ関数の場合に容易に一般化できる．

## 多変数関数のテイラー級数

1 変数関数のテイラー級数に関する考え方は一般化できる．例えば，$f(x, y)$ の $x = a$, $y = b$ でのテイラー級数は以下のように与えられる．

$$\begin{aligned} f(x,y) =& f(a,b) + f_x(a,b)(x-a) + f_y(a,b)(y-b) \\ &+ \frac{1}{2!}\left[f_{xx}(a,b)(x-a)^2 + 2f_{xy}(a,b)(x-a)(y-b) + f_{yy}(a,b)(y-b)^2\right] + \cdots \end{aligned} \tag{16}$$

1)　訳注：$f_x(a,b)$ は**偏微分係数**であるという．より正確にいうならば，$f_x(a,b)$ は「関数 $f(x,y)$ の $(a,b)$ における $x$ に関する偏微分係数である」という．

## 線形方程式と行列式

次の線形方程式系を考える．

$$\begin{cases} a_1x + b_1y = c_1 \\ a_2x + b_2y = c_2 \end{cases} \tag{17}$$

この系は $xy$ 平面上の 2 つの直線を表しており，これらは一般に，(17) を同時に解くことで得られる座標 $(x, y)$ 点で交わる．実際に求めると以下のようになる．

$$x = \frac{c_1b_2 - b_1c_2}{a_1b_2 - b_1a_2}, \qquad y = \frac{a_1c_2 - c_1a_2}{a_1b_2 - b_1a_2} \tag{18}$$

この式を**行列式**の形でかくと便利で，次のようになる．

$$x = \frac{\begin{vmatrix} c_1 & b_1 \\ c_2 & b_2 \end{vmatrix}}{\begin{vmatrix} a_1 & b_1 \\ a_2 & b_2 \end{vmatrix}}, \qquad y = \frac{\begin{vmatrix} a_1 & c_1 \\ a_2 & c_2 \end{vmatrix}}{\begin{vmatrix} a_1 & b_1 \\ a_2 & b_2 \end{vmatrix}} \tag{19}$$

ここで，「2 **次」の行列式**は以下のように定義する．

$$\begin{vmatrix} a & b \\ c & d \end{vmatrix} = ad - bc \tag{20}$$

なお，式 (19) における $x$ および $y$ の分母は，式 (17) における $x$ および $y$ の係数からなる行列式となっていることに注目しよう．そして，$x$ の分子は分母の行列式の一列目を式 (17) の右辺にある定数 $c_1$, $c_2$ に置き換えた行列式になっている．同様に $y$ の分子についても分母の行列式の二列目を定数 $c_1$, $c_2$ に置き換えたものになっている．このように行列式によって解を与える公式を**クラメルの規則**という．

この考え方は簡単に拡張できる．そこで 3 つの平面からなる次の方程式を考える．

$$\begin{cases} a_1x + b_1y + c_1z = d_1 \\ a_2x + b_2y + c_2z = d_2 \\ a_3x + b_3y + c_3z = d_3 \end{cases} \tag{21}$$

もしある点で交わるなら，この座標点 $(x, y, z)$ はクラメルの規則より，

$$x = \frac{\begin{vmatrix} d_1 & b_1 & c_1 \\ d_2 & b_2 & c_2 \\ d_3 & b_3 & c_3 \end{vmatrix}}{\begin{vmatrix} a_1 & b_1 & c_1 \\ a_2 & b_2 & c_2 \\ a_3 & b_3 & c_3 \end{vmatrix}}, \qquad y = \frac{\begin{vmatrix} a_1 & d_1 & c_1 \\ a_2 & d_2 & c_2 \\ a_3 & d_3 & c_3 \end{vmatrix}}{\begin{vmatrix} a_1 & b_1 & c_1 \\ a_2 & b_2 & c_2 \\ a_3 & b_3 & c_3 \end{vmatrix}}, \qquad z = \frac{\begin{vmatrix} a_1 & b_1 & d_1 \\ a_2 & b_2 & d_2 \\ a_3 & b_3 & d_3 \end{vmatrix}}{\begin{vmatrix} a_1 & b_1 & c_1 \\ a_2 & b_2 & c_2 \\ a_3 & b_3 & c_3 \end{vmatrix}} \tag{22}$$

とすることで求められる．ここで，「3 次」の行列式は以下で定義される．

$$\begin{vmatrix} a_1 & b_1 & c_1 \\ a_2 & b_2 & c_2 \\ a_3 & b_3 & c_3 \end{vmatrix} = a_1b_2c_3 + b_1c_2a_3 + c_1a_2b_3 - (b_1a_2c_3 + a_1c_2b_3 + c_1b_2a_3) \tag{23}$$

式 (23) の結果は，以下の式 (24) のようにして覚えればよい：最初の二列を写して横に並べ，次に，矢印がなぞる項の積をとって矢印の先端の符号である‘+’や‘−’をつける．これを全ての矢印で行いそれらの和を取る．

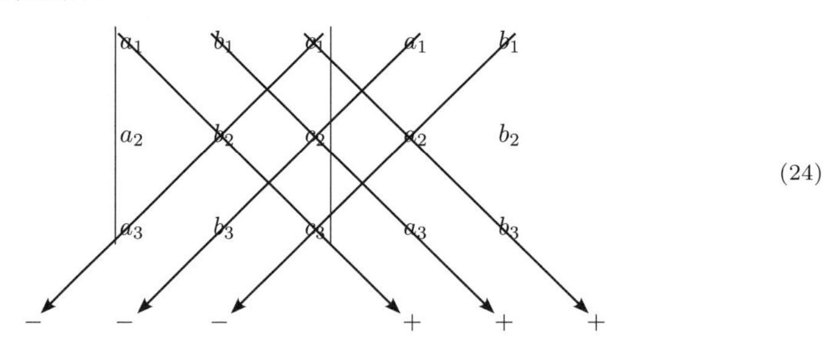


(24)

以下のように，3 次行列式は 2 次行列式を用いても求められる．

$$a_1 \begin{vmatrix} b_2 & c_2 \\ b_3 & c_3 \end{vmatrix} - b_1 \begin{vmatrix} a_2 & c_2 \\ a_3 & c_3 \end{vmatrix} + c_1 \begin{vmatrix} a_2 & b_2 \\ a_3 & b_3 \end{vmatrix} \tag{25}$$

式 (25) 中の $a_1, b_1, c_1$ は，3 次行列式の 1 行目の要素であり，2 次行列式は，それらの要素が現れる行と列を 3 次行列式から取り除くことで得られる．

上記の行列式に関する結果のより一般的な理論については，第 15 章で詳しく学んでいく．

## 極大値と極小値

ある正の数 $\delta$ が存在して，$|x - a| < \delta$ ならば $f(x) \leq f(a)$[または $f(x) \geq f(a)$] が成り立つとき，$f(a)$ を**極大値** [または**極小値**] という．$f(x)$ が $x = a$ で極大値または極小値を持つなら，$f'(a) = 0$

である．そしてこのとき，$f''(a) < 0$ ならば $f(a)$ は極大値であり，$f''(a) > 0$ なら $f(a)$ は極小値となる．$f(x)$ が極大値または極小値を持つ可能性のある点は，$f'(x) = 0$ を解くことによって，すなわち，$f(x)$ のグラフの**傾き**が 0 に等しい $x$ の値を見つけることによって得られる．

同様に，$f(x, y)$ が $x = a$, $y = b$ で極大値または極小値を持つとき，$f_x(a, b) = 0$, $f_y(a, b) = 0$ となる．したがって，$f(x, y)$ が極大値または極小値を持つ可能性のある点は，以下の方程式を解くことによって得られる．

$$\frac{\partial f}{\partial x} = 0, \qquad \frac{\partial f}{\partial y} = 0 \tag{26}$$

上の結果は，2 変数以上の関数に対しても同様に行える．

## ラグランジュの未定乗数法

目的によっては，とある制約条件 $\phi(x, y) = 0$ のもとで，$f(x, y) = 0$ の極大値または極小値を求めたいこともあるだろう．これを行うには，関数 $h(x, y) = f(x, y) + \lambda\phi(x, y)$ をつくり，

$$\frac{\partial h}{\partial x} = 0, \qquad \frac{\partial h}{\partial y} = 0 \tag{27}$$

を解くことで得られる．つまり，求めたい答えはその解の中にある．定数 $\lambda$ は**ラグランジュ乗数**といい，この方法を**ラグランジュの未定乗数法**という．この方法は一般化可能である問題 1.54問題 1.150(補).

## ライプニッツの積分法則

$$I(\alpha) = \int_a^b f(x, \alpha)\, dx \tag{28}$$

とおき，$f$ は連続で微分可能であるとしよう．このとき，**ライプニッツの積分法則**により，$a$ と $b$ がともに $\alpha$ の関数で微分可能であれば，次が成り立つ．

$$\frac{dI}{d\alpha} = \int_a^b \frac{\partial f}{\partial \alpha}\, dx + f(b, \alpha)\frac{db}{d\alpha} - f(a, \alpha)\frac{da}{d\alpha} \tag{29}$$

## 多変数関数の積分

1 変数関数に関する積分の一般化は，多変数関数に関する**多重積分**の着想につながる．この理論に関わるいくつかの考え方は，まだ述べていない概念が関わってくるので，この話題は第 6 章で扱うことにする．

## 複素数

**複素数**は，$x^2+1=0$ や $x^2+x+1=0$ のような実数では満たせない多項式を解くために生じた．複素数は $a+bi$ の形をしている．ここで，$a, b$ は実数で，**虚数単位**とよばれる $i$ は $i^2=-1$ の性質を持つと仮定する．複素数に関して以下の演算を定義する．

**1. 和**　$(a+bi)+(c+di)=(a+c)+(b+d)i$

**2. 差**　$(a+bi)-(c+di)=(a-c)+(b-d)i$

**3. 積**　$(a+bi)(c+di)=ac+adi+bci+bdi^2=(ac-bd)+(ad+bc)i$

**4. 商**　$\dfrac{a+bi}{c+di}=\dfrac{a+bi}{c+di}\cdot\dfrac{c-di}{c-di}=\dfrac{ac+bd}{c^2+d^2}+\dfrac{bc-ad}{c^2+d^2}i$

$i^2$ が現れる箇所では必ず $-1$ に置き換えることを除けば，通常の代数規則を用いていることに注目せよ．『代数の規則 (p.2)』で述べた交換法則や結合法則，分配法則は複素数に対しても適用できる．$a+bi$ の $a$ と $b$ をそれぞれ**実部**と**虚部**という．二つの複素数が**等しい**とは，それらの実部と虚部がそれぞれ等しい場合をいう．

複素数 $z=x+iy$ は，**複素平面** (または**アルガン図**) とよばれる直角平面座標 $xy$ 上の，座標 $(x, y)$ を持つ点 $P$として考えることができる [図 1-4]．原点 $O$ から $P$ までの直線を作り，距離 $OP$ を $\rho$，正の $x$ 軸と $OP$ のなす角を $\phi$ とすると，図 1-4 から

$$x=\rho\cos\phi,\quad y=\rho\sin\phi,\quad \rho=\sqrt{x^2+y^2} \tag{30}$$

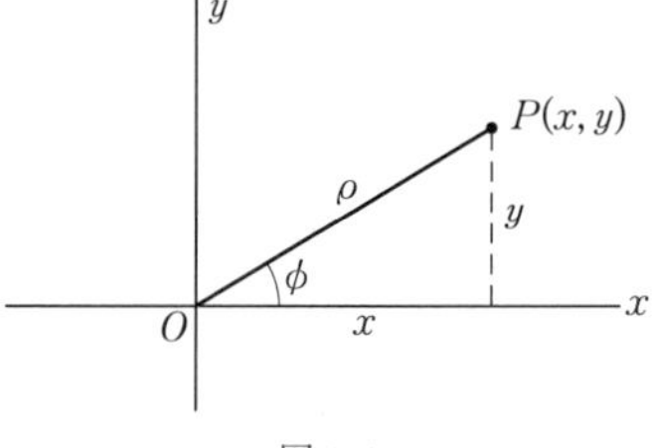

図 1-4

となり，複素数をいわゆる**極形式**として

$$z=x+iy=\rho(\cos\phi+i\sin\phi)=\rho\operatorname{cis}\phi \tag{31}$$

と書くことができる．$\rho$ は $z$ の**絶対値**とよばれ，$|z|$ と表されることが多い．なす角 $\phi$ は $z$ の**偏角**とよばれ，$\arg z$ と表される．また，$z=x+iy$ の**共役**とよばれる $\bar{z}=x-iy$ を導入することで $\rho=\sqrt{z\bar{z}}$ と書くこともできる．

もし 2 つの複素数を極形式

$$z_1=\rho_1(\cos\phi_1+i\sin\phi_1),\qquad z_2=\rho_2(\cos\phi_2+i\sin\phi_2) \tag{32}$$

と書くとき，以下が成り立つ．

$$z_1z_2=\rho_1\rho_2[\cos(\phi_1+\phi_2)+i\sin(\phi_1+\phi_2)], \tag{33}$$

$$\frac{z_1}{z_2}=\frac{\rho_1}{\rho_2}[\cos(\phi_1-\phi_2)+i\sin(\phi_1-\phi_2)] \tag{34}$$

また，$n$ が任意の整数であれば，

$$z^n = [\rho(\cos\phi + i\sin\phi)]^n = \rho^n(\cos n\phi + i\sin n\phi) \tag{35}$$

となり，これは**ド・モアブルの定理**とよばれる．この定理を用いることで複素数の $n$ 乗根を求めることができる．例えば，$n$ が任意の正の整数であれば，以下が成り立つ．

$$\begin{aligned} z^{1/n} &= [\rho(\cos\phi + i\sin\phi)]^{1/n} \\ &= \rho^{1/n}\left\{\cos\left(\frac{\phi+2k\pi}{n}\right) + i\sin\left(\frac{\phi+2k\pi}{n}\right)\right\} \quad (k=0,1,2,\ldots,n-1) \end{aligned} \tag{36}$$

さらに，『テイラー級数 (p.10)』で示した $e^x, \sin x, \cos x$ のテイラー級数を用いて，**オイラーの公式**とよばれる

$$e^{i\phi} = \cos\phi + i\sin\phi, \qquad e^{-i\phi} = \cos\phi - i\sin\phi \tag{37}$$

を定義すると，式 (31)〜式 (36) を指数関数で書き換えられる．

この章で紹介した実数に関する考え方の多くは，複素数にも応用できる．これらの考え方は第 13 章で展開していく．

# 演習問題

## 実数，代数の規則

**問題 1.1**　$\sqrt{2}$ が無理数であることを証明せよ．

解答

背理法で証明するため，問いの命題が偽であるとして矛盾を導く．すなわち $\sqrt{2} = p/q$ とし，$p$ と $q$ は 1 以外に共通の約数を持たない正の整数とする [このような $p/q$ を**既約分数**という]．既約分数を二乗すると $2 = p^2/q^2$，そして $p^2 = 2q^2$ となる．この式より $p^2$ は偶数であることがわかり，$p$ も偶数となる[2)]．したがって，$p = 2m$ ($m$ は正の整数) となる．この $p$ を $p^2 = 2q^2$ に代入すると $q^2 = 2m^2$ を得るので，$q^2$ は偶数となり $q$ が偶数であることになる．すなわち，$q = 2n$ ($n$ は正の整数) となる．$p$ と $q$ はどちらも偶数だから 2 という共通の約数を持つことなり，1 以外に共通の約数を持たないという仮定に反する．この矛盾は，$\sqrt{2}$ が有理数であると仮定したことに起因しており，したがって $\sqrt{2}$ は無理数であることが証明できた．

**問題 1.2**　$\sqrt{2}$ と $\sqrt[3]{3}$ のどちらが大きいか示せ．

解答

$\sqrt{2} \geq \sqrt[3]{3}$ と仮定する．このとき，両辺を 6 乗すると $2^3 \geq 3^2$ を得るが，これは正しくない．したがって，$\sqrt{2} < \sqrt[3]{3}$ となる．

**問題 1.3**　実数 $a, b, c$ が『代数の規則 (p.2)』で述べた代数の規則をすべて満足すると仮定したとき，$(b+c)a = ba + ca$ を証明せよ．

解答

『代数の規則 (p.2)』の規則 3，5 を用いる．まず，規則 5 より，$a(b+c) = ab + ac$ を得る．一方で規則 3 より，$a(b+c) = (b+c)a,\ ab = ba,\ ac = ca$ となる．したがって，$(b+c)a = ba + ca$．

## 関数

**問題 1.4**　$f(x) = 2x^3 - 3x + 5$ としたとき，以下を求めよ．

$$(a)\ f(-1), \qquad (b)\ f(0), \qquad (c)\ f(x+h)$$

---

2)　訳注：$p^2$ が偶数のとき，$p$ が奇数であるとする．このとき，$p = 2k+1$ ($k$ は正の整数) とかけるが，$p^2$ に代入すると，

$$p^2 = 4k^2 + 4k + 1 = 2(2k^2 + 2k) + 1.$$

これは奇数だから $p^2$ が偶数だという仮定に反する．ゆえに，「$p^2$ が偶数なら $p$ も偶数である」といえる．

解答

(a)　$f(-1) = 2(-1)^3 - 3(-1) + 5 = 2(-1) + 3 + 5 = 6$

(b)　$f(0) = 2(0)^3 - 3(0) + 5 = 0 + 0 + 5 = 5$

(c)　
$$\begin{aligned} f(x+h) &= 2(x+h)^3 - 3(x+h) + 5 \\ &= 2(x^3 + 3x^2h + 3xh^2 + h^3) - 3x - 3h + 5 \\ &= 2x^3 + 6x^2h + 6xh^2 + 2h^3 - 3x - 3h + 5 \end{aligned}$$

**問題 1.5**　指数の規則である式 (1) を用いて，『関数の例 (p.2)』で述べた，対数の規則である式 (4) を導け．

解答

簡単のために底を $e = 2.7182818\ldots$ とする．定義より，$e^x = m$ のとき $x = \ln m$．同様に $e^y = n$ のとき $y = \ln n$．

- $e^x \cdot e^y = e^{x+y}$ だから，$mn = e^{x+y}$，$x + y = \ln(mn)$ を得る．よって $\ln(mn) = \ln m + \ln n$ が成り立つ．
- $e^x/e^y = e^{x-y}$ だから，$m/n = e^{x-y}$，$x - y = \ln(m/n)$ を得る．よって $\ln(m/n) = \ln m - \ln n$ が成り立つ．
- $(e^x)^p = e^{xp}$ だから，$m^n = e^{xp}$，$xp = \ln(m^p)$ を得る．よって $\ln(m^p) = p\ln(m)$ が成り立つ．

**問題 1.6**　以下を証明せよ．

$(a)\ \sin^2 x = \frac{1}{2}(1 - \cos 2x) \qquad (b)\ \cos^2 x = \frac{1}{2}(1 + \cos 2x)$

解答

$\cos(x+y) = \cos x \cos y - \sin x \sin y$ より $y = x$ とすると，

$$\cos^2 x - \sin^2 x = \cos 2x. \tag{1}$$

また，

$$\cos^2 x + \sin^2 x = 1 \tag{2}$$

より，目的の結果 $(a)$ と $(b)$ は，式 (1) と式 (2) 同士を足したり引いたりして整理することでそれぞれ得られる．

**問題 1.7**　以下を証明せよ．

$$A\cos x + B\sin x = \sqrt{A^2 + B^2}\sin(x + \alpha) \qquad (\tan\alpha = A/B)$$

解答

$$A\cos x + B\sin x = \sqrt{A^2 + B^2}\left[\frac{A}{\sqrt{A^2 + B^2}}\cos x + \frac{B}{\sqrt{A^2 + B^2}}\sin x\right] \tag{1}$$

とする．

$$\sin\alpha = \frac{A}{\sqrt{A^2+B^2}}, \qquad \cos\alpha = \frac{B}{\sqrt{A^2+B^2}}, \qquad \tan\alpha = \frac{A}{B}$$

とおくと [図 1-5 参照]，(1) は

$$\begin{aligned} A\cos x + B\sin x &= \sqrt{A^2+B^2}\,[\sin\alpha\cos x + \cos\alpha\sin x] \\ &= \sqrt{A^2+B^2}\sin(x+\alpha) \end{aligned}$$

となり，目的の式が成り立つことがわかった．

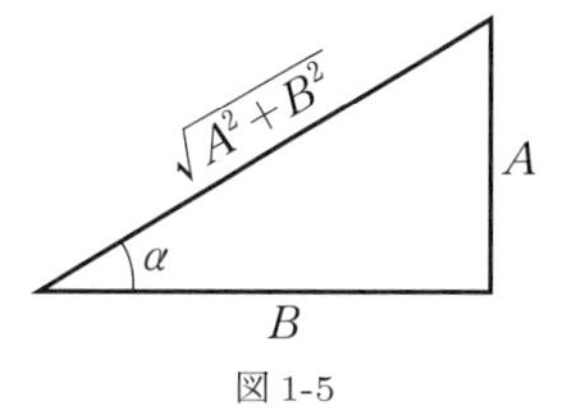

図 1-5

---

**問題 1.8**　以下を証明せよ．

$(a)$ $\cosh^2 x - \sinh^2 x = 1$　　$(b)$ $\mathrm{sech}^2 x + \tanh^2 x = 1$

---

**解答**

$(a)$ 定義より，$\cosh x = \frac{1}{2}(e^x + e^{-x})$, $\sinh x = \frac{1}{2}(e^x - e^{-x})$ である．したがって，

$$\begin{aligned} \cosh^2 x - \sinh^2 x &= \tfrac{1}{4}(e^x + e^{-x})^2 - \tfrac{1}{4}(e^x - e^{-x})^2 \\ &= \tfrac{1}{4}(e^{2x} + 2 + e^{-2x}) - \tfrac{1}{4}(e^{2x} - 2 + e^{-2x}) = 1 \end{aligned}$$

$(b)$ $(a)$ の結果の両辺を $\cosh^2 x$ で割ると，

$$\frac{\cosh^2 x}{\cosh^2 x} - \frac{\sinh^2 x}{\cosh^2 x} = \frac{1}{\cosh^2 x}$$

となる．$\sinh x/\cosh x = \tanh x$ と $1/\cosh x = \mathrm{sech}\, x$ より，$1 - \tanh^2 x = \mathrm{sech}^2 x$ を得る．よって，$\mathrm{sech}^2 x + \tanh^2 x = 1$ が導かれる．

---

**問題 1.9**　以下を証明せよ．

$$\cosh^{-1} x = \pm\ln(x + \sqrt{x^2-1})$$

---

**解答**

$y = \cosh^{-1} x$ ならば，定義より $x = \cosh y = \frac{1}{2}(e^y + e^{-y})$ となる．このとき，$e^y + e^{-y} = 2x$，さらに $e^y$ をかけて整理すると $e^{2y} - 2xe^y + 1 = 0$ を得る．この式を未知数 $e^y$ の二次方程式とみなして解くと，

$$e^y = \frac{2x \pm \sqrt{4x^2-4}}{2} = x \pm \sqrt{x^2-1}$$

と求まり，$y$ の式に直すと $y = \ln(x \pm \sqrt{x^2-1})$ となる．このうち $\ln(x - \sqrt{x^2-1})$ は，

$$\ln(x - \sqrt{x^2-1}) = \ln\left(\frac{x^2 - (x^2-1)}{x + \sqrt{x^2-1}}\right) = -\ln(x + \sqrt{x^2-1})$$

となるので，目的の式が導けた．この結果から，$y = \cosh^{-1} x$ が実数値となる場合は $x \geq 1$ であることに注意しよう．

## 極限と連続

**問題 1.10**　以下の関数について，$\lim_{x \to 2} f(x) = 4$ となることを証明せよ．

$$(a)\ \ f(x) = x^2, \qquad (b)\ \ f(x) = \begin{cases} x^2 & x \neq 2 \\ 0 & x = 2 \end{cases}$$

**解答**

$(a)$ 任意の $\varepsilon > 0$ に対して，ある $\delta > 0$ が存在し [一般に $\varepsilon$ に依存する]，$0 < |x-2| < \delta$ ならば $|x^2 - 4| < \varepsilon$ が成り立つことを示す．

$0 < |x-2| < 1$ となるように，$\delta \leq 1$ を選ぶ．すると，

$$\begin{aligned} |x^2-4| &= |(x-2)(x+2)| = |x-2|\,|x+2| = |x-2|\,|(x-2)+4| \\ &\leq |x-2|\,\{|x-2|+4\} < 5\delta \end{aligned}$$

上の式変形では，$|a+b| \leq |a| + |b|$ を用いている[3]．

$\delta$ を 1 か $\varepsilon/5$ のうちの小さい方とする [訳注：$\delta = \min\{1, \varepsilon/5\}$]．すると，$|x-2| < \delta$ ならば $|x^2-4| < \varepsilon$ となるから，題意が示された．

$(b)$ $(a)$ では $x = 2$ を使って議論していないので，$(b)$ に与える証明も $(a)$ と同じになる．

**問題 1.11**　$\lim_{x \to a} f_1(x) = l_1$ と $\lim_{x \to a} f_2(x) = l_2$ が成り立つと仮定したとき，以下を証明せよ．

$$\lim_{x \to a} [f_1(x) + f_2(x)] = l_1 + l_2$$

**解答**

任意の $\varepsilon > 0$ に対して，ある $\delta > 0$ が存在し，

$$0 < |x-a| < \delta \quad ならば \quad |\,[f_1(x) + f_2(x)] - (l_1 + l_2)\,| < \varepsilon$$

が成り立つことを示す．

右の不等式は

$$\begin{aligned} |\,[f_1(x) + f_2(x)] - (l_1 + l_2)\,| &= |\,[f_1(x) - l_1] + [f_2(x) - l_2]\,| \\ &\leq |f_1(x) - l_1| + |f_2(x) - l_2| \qquad (1) \end{aligned}$$

のように変形できる．仮定より，任意の $\varepsilon > 0$ に対してある $\delta_1 > 0$ とある $\delta_2 > 0$ が存在して，以下

3）　訳注：$\delta \leq 1$ はすなわち $\delta^2 \leq \delta$ であるから，$|x-2|\,\{|x-2|+4\} < \delta^2 + 4\delta \leq \delta + 4\delta = 5\delta$ を得る．

が成り立つことがわかる[4]．

$$0 < |x - a| < \delta_1 \quad \text{ならば} \quad |f_1(x) - l_1| < \varepsilon/2 \tag{2}$$

$$0 < |x - a| < \delta_2 \quad \text{ならば} \quad |f_2(x) - l_2| < \varepsilon/2 \tag{3}$$

したがって，式 (1) と式 (2)，式 (3) より，$\delta_1$ と $\delta_2$ のうちの小さい方を $\delta$ とすると，

$$0 < |x - a| < \delta \quad \text{ならば} \quad |\,[f_1(x) + f_2(x)] - (l_1 + l_2)\,| < \varepsilon/2 + \varepsilon/2 = \varepsilon$$

が成り立つ．

同じようなやり方で，以下のような極限に関する定理を証明できる 問題 1.75(補)．

$$\lim_{x\to a}[f_1(x) - f_2(x)] = l_1 - l_2, \qquad \lim_{x\to a}[f_1(x)f_2(x)] = l_1 l_2, \qquad \lim_{x\to a} f_1(x)/f_2(x) = l_1/l_2 \ (l_2 \neq 0).$$

**問題 1.12**　以下を証明せよ．

$(a)$ $f(x) = x^2$ は $x = 2$ で連続．　$(b)$ $f(x) = \begin{cases} x^2 & (x \neq 2) \\ 0 & (x = 2) \end{cases}$ は $x = 2$ で**不**連続．

**解答**

$(a)$ **方法 1.**

問題 1.10(a) より，$\lim_{x\to 2} f(x) = f(2) = 4$ だから，$f(x)$ は $x = 2$ で連続である．

**方法 2.**

任意の $\varepsilon > 0$ に対して，ある $\delta > 0$ が存在し [一般に $\varepsilon$ に依存する]，$|x - 2| < \delta$ ならば $|f(x) - f(2)| = |x^2 - 4| < \varepsilon$ が成り立つことを示す．この証明は 問題 1.10 で与えている．

$(b)$ $f(2) = 0$ なので $\lim_{x\to 2} f(x) \neq f(2)$ となる．ゆえに $f(x)$ は $x = 2$ で連続でない [または不連続]．また，$\varepsilon$ と $\delta$ を用いた証明も与えることができる．その場合，任意の $\varepsilon > 0$ に対して，$|x - 2| < \delta$ ならば $|f(x) - f(2)| < \varepsilon$ となるような $\delta > 0$ を見つけることができないことを示すことで証明できる．

## 微分

**問題 1.13**　$u$ と $v$ は微分可能でともに $x$ の関数であるとしたとき．以下を証明せよ．

$(a)$ $\dfrac{d}{dx}(u + v) = \dfrac{du}{dx} + \dfrac{dv}{dx}$,　$(b)$ $\dfrac{d}{dx}(uv) = u\dfrac{dv}{dx} + v\dfrac{du}{dx}$.

**解答**

4)　訳注：$\varepsilon$ は正の数であれば良いので，$\varepsilon/2 (= \varepsilon_0)$ としても問題ない．

$(a)$ $\Delta u = u(x+h) - u(x)$，$\Delta v = v(x+h) - v(x)$ とおく．また，$u(x)$ と $v(x)$ をそれぞれ簡単に $u$ と $v$ で表す．このとき定義より，$h = \Delta x$ としたならば，以下を得る．

$$\begin{aligned}\frac{d}{dx}(u+v) &= \lim_{h\to 0}\frac{u(x+h)+v(x+h)-[u(x)+v(x)]}{h}\\ &= \lim_{h\to 0}\frac{u(x+h)-u(x)}{h} + \lim_{h\to 0}\frac{v(x+h)-v(x)}{h}\\ &= \lim_{\Delta x\to 0}\frac{\Delta u}{\Delta x} + \lim_{\Delta x\to 0}\frac{\Delta v}{\Delta x} = \frac{du}{dx} + \frac{dv}{dx}\end{aligned}$$

$(b)$ $\displaystyle\lim_{\Delta x\to 0}\Delta v\frac{\Delta u}{\Delta x} = \left(\lim_{\Delta x\to 0}\Delta v\right)\frac{du}{dx} = 0$ だから，

$$\begin{aligned}\frac{d}{dx}(uv) &= \lim_{h\to 0}\frac{u(x+h)v(x+h)-u(x)v(x)}{h}\\ &= \lim_{\Delta x\to 0}\frac{(u+\Delta u)(v+\Delta v)-uv}{\Delta x}\\ &= \lim_{\Delta x\to 0}\left(u\frac{\Delta v}{\Delta x} + v\frac{\Delta u}{\Delta x} + \Delta v\frac{\Delta u}{\Delta x}\right) = u\frac{dv}{dx} + v\frac{du}{dx}\end{aligned}$$

**問題 1.14**　$f(x)$ が点 $a$ で微分可能ならば，$f(x)$ は $a$ で連続であることを証明せよ．

解答

$h \neq 0$ ならば $f(a+h) - f(a) = \dfrac{f(a+h)-f(a)}{h}\cdot h$ を得る．このとき，微分可能なら

$$\lim_{h\to 0}[f(a+h)-f(a)] = \lim_{h\to 0}\left[\frac{f(a+h)-f(a)}{h}\right]\cdot\lim_{h\to 0}h = 0$$

を得る．したがって，$\displaystyle\lim_{h\to 0}f(a+h) = f(a)$ となり，目的の結果が導けた．

**問題 1.15**　$p$ が正の整数，$u$ が微分可能な $x$ の関数であるとき，以下を証明せよ．

$$\frac{d}{dx}u^p = pu^{p-1}\frac{du}{dx}$$

解答

定義より，

$$\begin{aligned}\frac{d}{dx}u^p &= \lim_{h\to 0}\frac{[u(x+h)]^p - [u(x)]^p}{h} = \lim_{\Delta x\to 0}\frac{(u+\Delta u)^p - u^p}{\Delta x}\\ &= \lim_{\Delta x\to 0}\frac{u^p + pu^{p-1}\Delta u + \frac{1}{2}p(p-1)u^{p-2}(\Delta u)^2 + \cdots - u^p}{\Delta x}\\ &= \lim_{\Delta x\to 0}\left[pu^{p-1}\frac{\Delta u}{\Delta x} + \tfrac{1}{2}p(p-1)u^{p-2}\frac{\Delta u}{\Delta x}\Delta u + \cdots\right] = pu^{p-1}\frac{du}{dx}\end{aligned}$$

となるので題意が示せた．この結果は，あらゆる $p$ に対しても成り立つことが示せる．

**問題 1.16** $\displaystyle\lim_{b\to 0}\frac{\sin b}{b}=1$ を仮定したとき，以下を証明せよ．

$$(a)\ \frac{d}{dx}\sin u=\cos u\frac{du}{dx},\quad (b)\ \frac{d}{dx}\cos u=-\sin u\frac{du}{dx},\quad (c)\ \frac{d}{dx}\tan u=\sec^2 u\frac{du}{dx}$$

**解答**

$(a)$ 問題 1.6$(a)$ の結果を使う．

$$\begin{aligned}
\frac{d}{dx}\sin u&=\lim_{h\to 0}\frac{\sin u(x+h)-\sin u(x)}{h}=\lim_{\Delta x\to 0}\frac{\sin(u+\Delta u)-\sin u}{\Delta x}\\
&=\lim_{\Delta x\to 0}\frac{\sin u\cos\Delta u+\cos u\sin\Delta u-\sin u}{\Delta x}\\
&=\lim_{\Delta x\to 0}\left[\cos u\frac{\sin\Delta u}{\Delta x}-\sin u\left(\frac{1-\cos\Delta u}{\Delta x}\right)\right]\\
&=\lim_{\Delta x\to 0}\left[\cos u\frac{\sin\Delta u}{\Delta u}\frac{\Delta u}{\Delta x}-\frac{\sin u}{2}\left(\frac{\sin^2(\Delta u/2)}{(\Delta u/2)^2}\right)\frac{\Delta u}{\Delta x}\cdot\Delta u\right]\\
&=\cos u\frac{du}{dx}.
\end{aligned}$$

$(b)$ $(a)$ より，$\dfrac{d}{dx}\sin v=\cos v\dfrac{dv}{dx}$ であることがわかっている．

このとき $v=\dfrac{\pi}{2}-u$ とおくと，$\sin v=\cos u$ であるので，

$$\frac{d}{dx}\cos u=\cos\left(\frac{\pi}{2}-u\right)\frac{d}{dx}\left(\frac{\pi}{2}-u\right)=-\sin u\frac{du}{dx}$$

と求められる．

$(c)$ 『微分の公式 (p.6)』の公式 4 より，以下を得る．

$$\begin{aligned}
\frac{d}{dx}\tan u&=\frac{d}{dx}\left(\frac{\sin u}{\cos u}\right)=\frac{(\cos u)\dfrac{d}{dx}\sin u-(\sin u)\dfrac{d}{dx}\cos u}{\cos^2 u}\\
&=\frac{(\cos u)(\cos u)\dfrac{du}{dx}-(\sin u)(-\sin u)\dfrac{du}{dx}}{\cos^2 u}\\
&=\frac{\cos^2 u+\sin^2 u}{\cos^2 u}\frac{du}{dx}=\frac{1}{\cos^2 u}\frac{du}{dx}=\sec^2 u\frac{du}{dx}
\end{aligned}$$

**問題 1.17** 以下を証明せよ．

$$\frac{d}{dx}\tan^{-1}u=\frac{1}{1+u^2}\frac{du}{dx}$$

**解答**

$v = \tan^{-1} u$ なら $u = \tan v$ である．このとき，問題 1.16(c) より，

$$\frac{du}{dx} = \sec^2 v \frac{dv}{dx} = (1 + \tan^2 v)\frac{dv}{dx} = (1 + u^2)\frac{dv}{dx}$$

ゆえに，

$$\frac{dv}{dx} = \frac{1}{1 + u^2}\frac{du}{dx}$$

**問題 1.18**　$\lim_{b \to 0}(1 + b)^{1/b} = e = 2.7182818\ldots$ を仮定したとき，以下を証明せよ．

$(a)\ \dfrac{d}{dx}\ln u = \dfrac{1}{u}\dfrac{du}{dx}$，　　$(b)\ \dfrac{d}{dx}e^u = e^u\dfrac{du}{dx}$

**解答**

$$(a)\frac{d}{dx}\ln u = \lim_{\Delta x \to 0}\left[\frac{\ln(u + \Delta u) - \ln u}{\Delta x}\right] = \lim_{\Delta x \to 0}\left\{\frac{u}{\Delta u}\left[\ln\left(\frac{u + \Delta u}{u}\right)\right]\frac{\Delta u}{u\Delta x}\right\}$$

$$= \frac{1}{u}\left[\lim_{\Delta x \to 0}\ln\left(1 + \frac{\Delta u}{u}\right)^{u/\Delta u}\right]\frac{du}{dx} = \frac{1}{u}\ln e\frac{du}{dx} = \frac{1}{u}\frac{du}{dx}$$

ここでは，

$$\lim_{\Delta x \to 0}\ln\left(1 + \frac{\Delta u}{u}\right)^{u/\Delta u} = \ln\left[\lim_{\Delta x \to 0}\left(1 + \frac{\Delta u}{u}\right)^{u/\Delta u}\right]$$

を仮定しているが，これは $\ln u$ が連続関数であると示すことで証明できる．

$(b)$ $v = e^u$ ならば $u = \ln v$ となる．このとき，$(a)$ より，

$$\frac{du}{dx} = \frac{1}{v}\frac{dv}{dx} \qquad \text{または} \qquad \frac{dv}{dx} = v\frac{du}{dx}$$

すなわち，

$$\frac{1}{dx}(e^u) = e^u\frac{du}{dx}$$

となる．

**問題 1.19**　以下を求めよ．

$(a)\ \dfrac{d}{dx}\sqrt{x^4 + 2x}$，　$(b)\ \dfrac{d}{dx}\sin(\ln x)$ ，　$(c)\ \dfrac{d}{dx}\ln(e^{3x} + \cos 2x)$

**解答**

$$(a)\ \frac{d}{dx}\sqrt{x^4 + 2x} = \frac{d}{dx}(x^4 + 2x)^{\frac{1}{2}} = \frac{1}{2}(x^4 + 2x)^{-\frac{1}{2}}\frac{d}{dx}(x^4 + 2x)$$

$$= \frac{1}{2}(x^4 + 2x)^{-\frac{1}{2}}(4x^3 + 2) = (x^4 + 2x)^{-\frac{1}{2}}(2x^3 + 1)$$

$(b)$ $\dfrac{d}{dx}\sin(\ln x) = \cos(\ln x)\dfrac{d}{dx}\ln x = \dfrac{\cos(\ln x)}{x}$

$(c)$ $\dfrac{d}{dx}\ln(e^{3x}+\cos 2x) = \dfrac{1}{e^{3x}+\cos 2x}\dfrac{d}{dx}(e^{3x}+\cos 2x)$

$$= \frac{1}{e^{3x}+\cos 2x}\left[e^{3x}\frac{d}{dx}(3x) - \sin 2x\frac{d}{dx}(2x)\right] = \frac{3e^{3x}-2\sin 2x}{e^{3x}+\cos 2x}$$

**問題 1.20**　$x^2y - e^{2x} = \sin y$ のとき，$\dfrac{dy}{dx}$ を求めよ．

解答

$y$ を $x$ の関数として考え，両辺が $x$ で微分可能であるとしよう．このとき，

$$\frac{d}{dx}(x^2y) - \frac{d}{dx}(e^{2x}) = \frac{d}{dx}\sin y$$

より，

$$x^2\frac{dy}{dx} + 2xy - 2e^{2x} = \cos y\frac{dy}{dx}$$

と求まる．これを整理すると，

$$(x^2 - \cos y)\frac{dy}{dx} = 2e^{2x} - 2xy.$$

したがって，

$$\frac{dy}{dx} = \frac{2e^{2x}-2xy}{x^2-\cos y}$$

が得られる．

**問題 1.21**　$y = 3x^2 + \sin 2x$ のとき，以下が成り立つことを示せ．

$$\frac{d^2y}{dx^2} + 4y = 12x^2 + 6$$

解答

$$y = 3x^2 + \sin 2x, \qquad \frac{dy}{dx} = 6x + 2\cos 2x, \qquad \frac{d^2y}{dx^2} = 6 - 4\sin 2x$$

だから，

$$\frac{d^2y}{dx^2} + 4y = (6 - 4\sin 2x) + 4(3x^2 + \sin 2x) = 12x^2 + 6$$

**問題 1.22**　以下のそれぞれについて，全微分 $dy$ を求めよ．

$(a)$ $y = x^2 - \ln x$, 　　$(b)$ $y = e^{-2x} + \cos 3x$

解答

$(a)$ $dy = \dfrac{dy}{dx}dx = \dfrac{d}{dx}(x^2 - \ln x)dx = \left(2x - \dfrac{1}{x}\right)dx$

$(b)$ $dy = \dfrac{dy}{dx}dx = \dfrac{d}{dx}(e^{-ex} + \cos 3x) = -(2e^{-2x} + 3\sin 3x)dx$

## 積分

**問題 1.23**　以下を証明せよ．ただし，積分の定数は省略している．

$(a)$ $\displaystyle\int u^p\,du = \frac{u^{p+1}}{p+1}\ (p \neq -1)$　　$(b)$ $\displaystyle\int \frac{du}{u} = \ln u$

$(c)$ $\displaystyle\int (u+v)dx = \int udx + \int vdx$　　$(d)$ $\displaystyle\int \cos udu = \sin u$

**解答**

$(a)$ $p \neq -1$ なら，$\dfrac{d}{du}\left(\dfrac{u^{p+1}}{p+1}\right) = \dfrac{(p+1)u^p}{p+1} = u^p$ より，$\displaystyle\int u^p\,du = \frac{u^{p+1}}{p+1}\ (p \neq -1).$

$(b)$ $\dfrac{d}{du}\ln u = \dfrac{1}{u}$ より，$\displaystyle\int \frac{du}{u} = \ln u.$

$(c)$ $F = \displaystyle\int (u+v)\,dx$, $G = \displaystyle\int u\,dx$, $H = \displaystyle\int v\,dx$ とおくと，定義より，$\dfrac{dF}{dx} = u+v$，$\dfrac{dG}{dx} = u$，$\dfrac{dH}{dx} = v.$
したがって，$\dfrac{dF}{dx} = \dfrac{dG}{dx} + \dfrac{dH}{dx} = \dfrac{d}{dx}(G+H)$ となり，積分定数を除いて $F = G+H$ が成り立つ．

$(d)$ $\dfrac{d}{du}\sin u = \cos u$ だから，$\displaystyle\int \cos u\,du = \sin u$ を得る．

**問題 1.24**　以下を求めよ．

$(a)$ $\displaystyle\int x\sqrt{x^2+1}, dx$　　$(b)$ $\displaystyle\int e^{3x}\cos(e^{3x})\,dx$　　$(c)$ $\displaystyle\int \frac{1-\cos x}{x-\sin x}\,dx$

**解答**

$(a)$ $u = x^2 + 1$ とおくと，$du = 2x\,dx$ となる．したがって，

$$\begin{aligned}\int x\sqrt{x^2+1}\,dx &= \int \sqrt{u}\,\frac{du}{2} \\ &= \frac{1}{2}\int u^{1/2}\,du = \frac{1}{2}\cdot\frac{u^{3/2}}{3/2} + c = \frac{u^{3/2}}{3} + c = \frac{(x^2+1)^{3/2}}{3} + c\end{aligned}$$

$(b)$ $u = e^{3x}$ とおくと，$du = 3e^{3x}\,dx$ となる．したがって，

$$\begin{aligned}\int e^{3x}\cos(e^{3x})\,dx &= \int \cos u\frac{du}{3} = \frac{1}{3}\int \cos u\,du \\ &= \frac{1}{3}\sin u + c = \frac{1}{3}\sin(e^{3x}) + c\end{aligned}$$

($c$) $u = x - \sin x$ とおくと，$du = (1 - \cos x)\,dx$ となる．したがって，

$$\int \frac{1 - \cos x}{x - \sin x}\,dx = \int \frac{du}{u} = \ln u + c = \ln(x - \sin x) + c$$

**問題 1.25**　以下に答えよ．

($a$) 部分積分（『積分の公式 (p.7)』の公式 3）を証明せよ．

($b$) 部分積分を用いて，$\int x \sin 2x\,dx$ を求めよ．

**解答**

($a$) $d(uv) = u\,dv + v\,du$ だから，

$$\int d(uv) = \int u\,dv + \int v\,dv \qquad \text{または} \qquad uv = \int u\,dv + \int v\,du.$$

これを整理すると，$\int u\,dv = uv - \int v\,du$ を得る．

($b$) $u = x, dv = \sin 2x\,dx$ としよう．このとき，$du = dx$，$v = -\frac{1}{2}\cos 2x$ となる．したがって，部分積分を適用すると，

$$\int x \sin 2x\,dx = (x)(-\tfrac{1}{2}\cos 2x) - \int (-\tfrac{1}{2}\cos 2x)\,dx = -\tfrac{1}{2}x\cos 2x + \tfrac{1}{4}\sin 2x + c.$$

**問題 1.26**　以下を求めよ．

($a$) $\displaystyle\int_1^2 \frac{x\,dx}{x^2 + 1}$　　　　($b$) $\displaystyle\int_0^{\pi/2} \cos 3x\,dx$

**解答**

($a$) $u = x^2 + 1$ とおくと，$du = 2x\,dx$ となる．ゆえに，

$$\int \frac{x\,dx}{x^2 + 1} = \frac{1}{2}\int \frac{du}{u} = \frac{1}{2}\ln u + c = \frac{1}{2}\ln(x^2 + 1) + c$$

となる．したがって，

$$\int_1^2 \frac{x\,dx}{x^2 + 1} = \left[\frac{1}{2}\ln(x^2 + 1) + c\right]_1^2 = \left(\frac{1}{2}\ln 5 + c\right) - \left(\frac{1}{2}\ln 2 + c\right)$$

$$= \frac{1}{2}\ln 5 - \frac{1}{2}\ln 2 = \frac{1}{2}\ln\left(\frac{5}{2}\right)$$

($b$) $u = 3x$ とおくと，$du = 3\,dx$ となる．ゆえに，

$$\int \cos 3x\,dx = \frac{1}{3}\int \cos u\,du = \frac{1}{3}\sin u + c = \frac{1}{3}\sin 3x + c$$

となる．したがって，

$$\int_0^{\pi/2} \cos 3x\,dx = \left[\frac{1}{3}\sin 3x + c\right]_0^{\pi/2} = -\frac{1}{3}.$$

定積分を求める際は積分定数 $c$ を省略しているが，これはどのみち定数部分が消えるためである．

> **問題 1.27**　曲線 $y = \sin x$ に対して，$x = 0$ から $x = \pi$ までの面積を求めよ [図 1-2(p.4)].

**解答**

$$面積 = \int_0^\pi \sin x\,dx = [-\cos x]_0^\pi = 2.$$

> **問題 1.28**　以下に答えよ．
>
> ($a$)『積分の公式 (p.7)』の定積分に関する定義式 (8) を用いて，$\displaystyle\int_1^2 \frac{dx}{x}$ の近似値を求め，幾何学的な解釈を述べよ．
>
> ($b$) ($a$) の結果は近似値であるが，この結果を用いてより精度の高い値に改善できる．どのように改善できるかを示せ．

**解答**

($a$) $a = 1, b = 2$ とし，長さ $b - a = 1$ の $a$ から $b$ までの区間を $n = 10, h = \dfrac{b-a}{n} = \dfrac{1}{10} = .1$ となるように 10 等分する [図 1-6]．このとき，値はおおよそ以下のように求まる．

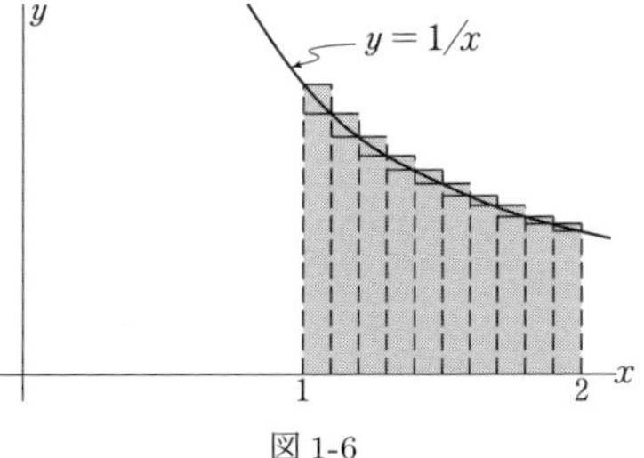


図 1-6

$$\begin{aligned}\int_1^2 \frac{dx}{x} &= .1\,[f(1) + f(1.1) + f(1.2) + \cdots + f(1.9)]\\ &= .1\left[\frac{1}{1} + \frac{1}{1.1} + \frac{1}{1.2} + \cdots + \frac{1}{1.9}\right]\\ &= .1\,[1.0000 + .9091 + .8333 + .7692 + .7143\\ &\qquad + .6667 + .6250 + .5882 + .5556 + .5263]\\ &= .7188\end{aligned}$$

実際の正しい値は $\ln a - \ln b = \ln a = .6932$ である．なお，近似式の和の各項は，図 1-6 中の点線で囲まれた 10 個の長方形の面積のうちの 1 つを表している．

($b$) ($a$) で得られた結果は，点線で囲まれた各長方形の上辺が曲線 $y = 1/x$ の上にあるため，値を**高く**見積もってしまっている．そこで，**低く**見積もるために，高さが曲線より低い長方形を用いることにする．この方法で値を見積もると，

$$\begin{aligned}\int_1^2 \frac{dx}{x} &= .1\,[f(1.1) + f(1.2) + f(1.3) + \cdots + f(2.0)]\\ &= .1\left[\frac{1}{1.1} + \frac{1}{1.2} + \frac{1}{1.3} + \cdots + \frac{1}{2.0}\right]\\ &= .1\,[.9091 + .8333 + .7692 + .7143 + .6667 + .6250 + .5882 + .5556 + .5263 + .5000]\end{aligned}$$

$$= .6688$$

が得られる．より良い積分の推定値として，過大近似値と過小近似値の算術平均，すなわち $\frac{1}{2}(.7188 + .6688) = .6938$ は，正しい値 .6932 と非常に近い値である．二つの長方形の面積の算術平均が台形の面積になるので，この平均による方法は**台形公式**と呼ばれる．

## 数列と級数

**問題 1.29**　以下に答えよ．
(*a*) 数列 .3, .33, .333, ... の極限値を求めよ．
(*b*) (*a*) で求めた極限値が正しいことを『数列と級数 (p.8)』で述べた収束の定義を使って証明せよ．

**解答**

(*a*) 数列の $n$ 番目の項は以下のようにかける．

$$u_n = \frac{3}{10} + \frac{3}{10^2} + \frac{3}{10^3} + \cdots + \frac{3}{10^n} = \frac{3}{10}\left[1 + \frac{1}{10} + \frac{1}{10^2} + \cdots + \frac{1}{10^{n-1}}\right]$$

ここで，もし

$$S = 1 + \frac{1}{10} + \frac{1}{10^2} + \cdots + \frac{1}{10^{n-1}}$$

なら

$$\frac{1}{10}S = \frac{1}{10} + \frac{1}{10^2} + \cdots + \frac{1}{10^{n-1}} + \frac{1}{10^n}$$

なので，これらの差をとると，

$$\frac{9}{10}S = 1 - \frac{1}{10^n} \quad \text{または} \quad S = \frac{10}{9}\left(1 - \frac{1}{10^n}\right).$$

したがって，$n$ 番目の項は $u_n = \frac{1}{3}\left(1 - \frac{1}{10^n}\right)$ となり，$n \to \infty$ とすれば，$u_n \to \frac{1}{3}$ が成り立つ．

(*b*) 1/3 が実際の所望の極限値だと証明するためには，任意の $\varepsilon > 0$ に対してある $N$ が決まり [$\varepsilon$ に依存する]，$n > N$ ならば $\left|u_n - \frac{1}{3}\right| < \varepsilon$ が成り立つことを示す必要がある．ここで，

$$\left|u_n - \frac{1}{3}\right| = \left|\frac{1}{3}\left(1 - \frac{1}{10^n}\right) - \frac{1}{3}\right| = \left|\frac{1}{3 \cdot 10^n}\right| = \frac{1}{3 \cdot 10^n} < \varepsilon$$

となるが，$10^n > 1/3\varepsilon$，すなわち $n > \log_{10}(1/3\varepsilon) = N$ と $N$ を定めることにより目的の命題が成り立ち，1/3 が極限値であることが証明できた．

**問題 1.30**　級数 $1 - 1 + 1 - 1 + 1 - 1 + \cdots$ が収束しないことを示せ．

**解答**

部分和数列は $1, 1-1, 1-1+1, 1-1+1-1, \dots$，つまり，$1, 0, 1, 0, \dots$ である．この数列は収束しないから，与えられた級数は収束しないことがわかる．

**問題 1.31**
$\displaystyle\sum_{n=1}^{\infty} \frac{1}{n^p}$ について，『積分判定法 (p.9)』を用いて以下を示せ．

$(a)$ $p > 1$ なら収束する．

$(b)$ $p \leq 1$ なら発散する．

**解答**

$(a)$ $f(n) = 1/n^p$ から $f(x) = 1/x^p$ を得る．$p \neq 1$ なので，

$$\int_1^{\infty} \frac{dx}{x^p} = \lim_{M\to\infty} \int_1^M x^{-p}\,dx = \lim_{M\to\infty} \left[\frac{x^{1-p}}{1-p}\right]_1^M = \lim_{M\to\infty} \left[\frac{M^{1-p}}{1-p} - \frac{1}{1-p}\right]$$

となる．$p > 1$ ならこの極限値は存在するので，対応する級数は収束する．

$(b)$ $p < 1$ なら，極限値は存在しないので級数は発散する．$p = 1$ の場合は，

$$\int_1^{\infty} \frac{dx}{x} = \lim_{M\to\infty} \int_1^M \frac{dx}{x} = \lim_{M\to\infty} [\ln x]_1^M = \lim_{M\to\infty} \ln M$$

となるので極限値は存在しない．よって $p = 1$ のとき，対応する級数は発散する．

これは，$n$ 番目の項が 0 に近づいても、$1 + \frac{1}{2} + \frac{1}{3} + \cdots$ が発散することを示している [定理 1.7 参照 (p.9)]．

**問題 1.32**
$1 - \dfrac{1}{2^2} + \dfrac{1}{3^2} - \dfrac{1}{4^2} + \dfrac{1}{5^2} - \cdots$ が収束するかどうか調べよ．

**解答**

絶対値級数は $1 + \dfrac{1}{2^2} + \dfrac{1}{3^2} + \dfrac{1}{4^2} + \dfrac{1}{5^2} + \cdots$ であり，(問題 1.31) よりこの級数は $p = 2$ なので収束することがわかる．したがって，与えられた級数は絶対収束するので，定理 1.4(p.9) により収束する．

**問題 1.33**
級数 $\dfrac{x}{1^2} - \dfrac{x^2}{2^2} + \dfrac{x^3}{3^2} - \dfrac{x^4}{4^2} + \cdots$ は $-1 \leq x \leq 1$ において収束することを証明せよ．

**解答**

級数の $n$ 番目の項は $u_n = (-1)^{n-1}\dfrac{x^n}{n^2}$ とかける．ここで，収束判定法を用いると，

$$\lim_{n\to\infty}\left|\frac{u_{n+1}}{u_n}\right| = \lim_{n\to\infty}\left|\frac{(-1)^n x^{n+1}/(n+1)^2}{(-1)^{n-1}x^n/n^2}\right| = \lim_{n\to\infty}\left|\frac{n^2}{(n+1)^2}\right||x| = |x|$$

となる．したがってこの級数は，定理 1.8(p.9) より，$|x| < 1$ であれば，すなわち $-1 < x < 1$ なら収束し，$|x| > 1$ であれば発散する．一方，$|x| = 1$ の場合，つまり $x = \pm 1$ のときは結論を出すことができない．ただし今回の場合，$x = 1, -1$ とした級数は

$$\frac{1}{1^2} - \frac{1}{2^2} + \frac{1}{3^2} - \frac{1}{4^2} + \cdots, \qquad \frac{-1}{1^2} - \frac{1}{2^2} - \frac{1}{3^2} - \frac{1}{4^2} - \cdots$$

となり，これらの級数は絶対収束することがわかるので結局は収束すると結論できる．以上より，与えられた級数は $-1 \leq x \leq 1$ で収束することが証明できた．

## 一様収束

**問題 1.34**　以下の式は，$-1 \leq x \leq 1$ において一様収束するか，確かめよ．

$$\frac{x^2}{1+x^2} + \frac{x^2}{(1+x^2)^2} + \frac{x^2}{(1+x^2)^3} + \cdots$$

解答

**方法 1.** $S_n(x) = \dfrac{x^2}{1+x^2} + \dfrac{x^2}{(1+x^2)^2} + \cdots + \dfrac{x^2}{(1+x^2)^n}$ とおく．

$x = 0$ のとき，$S_n(0) = 0$ となる．

$x \neq 0$ のときは，この級数が等比級数であるという事実から，$S_n(x) = 1 - \dfrac{1}{(1+x^2)^n}$ と求められる 問題 1.110(a)(補)．

以上から，

$$S(x) = \lim_{n\to\infty} S_n(x) = \begin{cases} 0 & (x = 0) \\ 1 & (x \neq 0) \end{cases} .$$

級数の各項は連続だが，関数項級数の和 $S(x)$ は $x = 0$ で不連続である．したがって，定理 1.9(p.10) より，与えられた級数は $-1 \leq x \leq 1$ で一様収束しないことがわかる[5]．

**方法 2.** 方法 1 の結果から

$$|S_n(x) - S(x)| = \begin{cases} \dfrac{1}{(1+x^2)^n} & (x \neq 0) \\ 0 & (x = 0) \end{cases}$$

を得る．このとき，$(1+x)^n > 1/\varepsilon$ から $n > \dfrac{\ln(1/\varepsilon)}{\ln(1+x^2)} = N$ となるように $N$ を選ぶと，$|S_n(x) - S(x)| < \varepsilon$ が成り立つ．しかしながら，$-1 \leq x \leq 1$ のすべてで成り立つような $N$ を選ぶこ

5)　訳注：定理 1.9 の (論理的同値となる) 対偶命題を用いていることに注意．例えば，命題「$p$ ならば $q$」の対偶命題は「$\neg q$ ならば $\neg p$」である（$\neg p$ は $p$ の否定を表す）．定理 1.9 の対偶命題を言葉で表すと「$S(x)$ は $a \leq x \leq b$ で連続でないならば，$u_n(x)\,(n = 1, 2, 3, \ldots)$ が $a \leq x \leq b$ で連続でないか，もしくは $\sum u_n(x)$ が $a \leq x \leq b$ 上で $S(x)$ に一様収束しないかのどちらかである」となる．さらにいえば，今回与えられている $u_n(x)\,(n = 1, 2, 3, \ldots)$ は $a \leq x \leq b$ で連続であるから，$\sum u_n(x)$ が $a \leq x \leq b$ 上で $S(x)$ に一様収束しないことが言える．

とができないので [試しに $x = 0$ のときを考えるとよい]，与えられた級数は $-1 \leq x \leq 1$ で一様収束しない．

**問題 1.35**　定理 1.9 (p.10) を証明せよ．

**解答**

$S(x)$ が $a \leq x \leq b$ で連続であることを示す必要がある．

$S(x) = S_n(x) + R_n(x)$ とおくと，$S(x+h) = S_n(x+h) + R_n(x+h)$ だから，

$$S(x+h) - S(x) = S_n(x+h) - S_n(x) + R_n(x+h) - R_n(x) \tag{1}$$

と表せる．ここで，$h$ は，$x$ および $x+h$ が $a \leq x \leq b$ 内に収まるように選ばれる [例えば $x = b$ ならば，$h < 0$ が要求される]．

$S_n(x)$ は有限個の連続関数の和であるから，連続である．このとき，任意の $\varepsilon > 0$ に対して，ある $\delta$ が決まって，

$$|h| < \delta \quad ならば \quad |S_n(x+h) - S_n(x)| < \varepsilon/3 \tag{2}$$

が成り立つ．仮定より，$S_n(x)$ は一様収束するので，以下を満たすように $N$ を選ぶことができる．

$$n > N \quad ならば \quad |R_n(x)| < \varepsilon/3 \quad かつ \quad |R_n(x+h)| < \varepsilon/3 \tag{3}$$

したがって，式 (1) と (2)，(3) より，$|h| < \delta$ に対して，

$$|S(x+h) - S(x)| \leq |S_n(x+h) - S_n(x)| + |R_n(x+h)| + |R_n(x)| < \varepsilon$$

が成り立つので，$S(x)$ の連続性が示せた．

**問題 1.36**　定理 1.10 (p.10) を証明せよ．

**解答**

関数が $a \leq x \leq b$ で連続であれば，その範囲で積分可能である．このとき，$S(x)$ および $S_n(x)$，$R_n(x)$ は連続で，

$$\int_a^b S(x)\,dx = \int_a^b S_n(x)\,dx + \int_a^b R_n(x)\,dx$$

となる．定理を証明するには，

$$\left|\int_a^b S(x)\,dx - \int_a^b S_n(x)\,dx\right| = \left|\int_a^b R_n(x)\,dx\right|$$

の量が，十分大きな $n$ を選ぶことで一様に小さくなることを示さなければならない．しかし，級数 $S_n(x)$ は $S(x)$ に一様収束するという仮定より，$[a, b]$ において $x$ に依存しない $n > N$ に対して $|R_n(x)| < \varepsilon/(b-a)$ とすることができるので，

$$\left|\int_a^b R_n(x)\,dx\right| \leq \int_a^b |R_n(x)|\,dx < \int_a^b \frac{\varepsilon}{b-a}\,dx = \varepsilon$$

となり定理が成り立つことを示せた．すなわち，この事実は，

$$\int_a^b S(x)\,dx = \lim_{n\to\infty}\int_a^b S_n(x)\,dx \quad \text{または} \quad \lim_{n\to\infty}\int_a^b S_n(x)\,dx = \int_a^b \left\{\lim_{n\to\infty} S_n(x)\right\} dx$$

であることと同値である．

**問題 1.37**　ワイエルシュトラスの $M$ 判定法を証明せよ [定理 1.12 (p.10)].

解答

$\sum M_n$ は収束するから，任意の $\varepsilon$ に対してある $N$ が決まって，

$$n > N \qquad \text{ならば} \qquad M_{n+1} + M_{n+2} + \cdots < \varepsilon$$

が成り立つ．このとき，

$$|R_n(x)| = |u_{n+1}(x) + u_{n+2}(x) + \cdots| \leq |u_{n+1}(x)| + |u_{n+2}(x)| + \cdots$$
$$\leq M_{n+1} + M_{n+2} + \cdots < \varepsilon$$

となる．$N$ は $x$ とは無関係だから，級数は一様収束すると言える．

**問題 1.38**　$\displaystyle\sum_{n=1}^{\infty} \frac{\sin nx}{n^3}$ は $-\pi \leq x \leq \pi$ で一様収束することを証明せよ．

解答

$\left|\dfrac{\sin nx}{n^3}\right| \leq \dfrac{1}{n^3}$ であり，$\displaystyle\sum_{n=1}^{\infty}\frac{1}{n^3}$ は収束する．このことから，ワイエルシュトラスの $M$ 判定法より，与えられた級数は $-\pi \leq x \leq \pi$ で一様収束することがわかる [実際は任意の区間で一様収束する].

## テイラー級数

**問題 1.39**　$x = 0$ における $\sin x$ の形式的テイラー級数を求めよ．

解答

$f(x) = \sin x$ とおく．このとき，

$$f'(x) = \cos x,\ f''(x) = -\sin x,\ f'''(x) = -\cos x,\ f^{(4)}(x) = \sin x,\ f^{(5)}(x) = \cos x, \ldots$$

だから，

$$f(0) = 0,\ f'(0) = 1,\ f''(0) = 0,\ f'''(0) = -1,\ f^{(4)}(0) = 0,\ f^{(5)}(0) = 1, \ldots$$

となる．したがって，

$$f(x) = f(a) + f'(a)(x-a) + \frac{f''(a)(x-a)^2}{2!} + \frac{f'''(a)(x-a)^3}{3!} + \cdots$$

となり，$a=0$ とすると，

$$\sin x = x - \frac{x^3}{3!} + \frac{x^5}{5!} - \frac{x^7}{7!} + \cdots$$

を得る．

**問題 1.40**　テイラー級数法を用いて $\displaystyle\int_0^1 \frac{1-e^{-x}}{x}\,dx$ の近似値を求めよ．

解答

『テイラー級数 (p.10)』の $e^x$ に関する展開で，$x$ を $-x$ と置き換えると，

$$e^{-x} = 1 - x + \frac{x^2}{2!} - \frac{x^3}{3!} + \frac{x^4}{4!} - \cdots$$

を得る．したがって，

$$\frac{1-e^{-x}}{x} = 1 - \frac{x}{2!} + \frac{x^2}{3!} - \frac{x^3}{4!} + \cdots$$

となる．この級数は $0 \leq x \leq 1$ で一様収束するので問題 1.120(補)，項ごとに積分を求めることができる．

$$\begin{aligned}\int_0^1 \frac{1-e^{-x}}{x}dx &= \left[x - \frac{x^2}{2\cdot 2!} + \frac{x^3}{3\cdot 3!} - \frac{x^4}{4\cdot 4!} + \cdots\right]_0^1 \\ &= 1 - \frac{1}{2\cdot 2!} + \frac{1}{3\cdot 3!} - \frac{1}{4\cdot 4!} + \cdots \\ &= \text{約}\,.7966\end{aligned}$$

## 多変数関数と偏微分

**問題 1.41**　$f(x, y) = 3x^2 + 4xy - 2y^2$ のとき，以下を求めよ．

(a) $f(2, -3)$,　(b) $f_x(2, -3)$,　(c) $f_y(2, -3)$,　(d) $f_{xx}(2, -3)$,
(e) $f_{xy}(2, -3)$,　(f) $f_{yx}(2, -3)$,　(g) $f_{yy}(2, -3)$

解答

(a) $f(2, -3) = 3(2)^2 + 4(2)(-3) - 2(-3)^2 = -30$

(b) $f_x(x, y) = \dfrac{\partial f}{\partial x} = 6x + 4y$ だから，$f_x(2, -3) = 6(2) + 4(-3) = 0$

(c) $f_y(x, y) = \dfrac{\partial f}{\partial y} = 4x - 4y$ だから，$f_y(2, -3) = 4(2) - 4(-3) = 20$

(d) $f_{xx}(x, y) = \dfrac{\partial^2 f}{\partial x^2} = \dfrac{\partial}{\partial x}\left(\dfrac{\partial f}{\partial x}\right) = \dfrac{\partial}{\partial x}(6x + 4y) = 6$ だから，$f_{xx}(2, -3) = 6$

(e) $f_{xy}(x, y) = \dfrac{\partial^2 f}{\partial x\,\partial y} = \dfrac{\partial}{\partial x}\left(\dfrac{\partial f}{\partial y}\right) = \dfrac{\partial}{\partial x}(4x - 4y) = 4$ だから，$f_{xy}(2, -3) = 4$

(f) $f_{yx}(x, y) = \dfrac{\partial^2 f}{\partial x\,\partial y} = \dfrac{\partial}{\partial y}\left(\dfrac{\partial f}{\partial x}\right) = \dfrac{\partial}{\partial y}(6x + 4y) = 4$ だから，$f_{yx}(2, -3) = 4$

(g) $f_{yy}(x, y) = \dfrac{\partial^2 f}{\partial y^2} = \dfrac{\partial}{\partial y}\left(\dfrac{\partial f}{\partial y}\right) = \dfrac{\partial}{\partial y}(4x - 4y) = -4$ だから，$f_{yy}(2, -3) = -4$

なお，(e) と (f) の結果は $f_{xy} = f_{yx}$ であるという事実を示している．この関係式は $f$ が連続で，2 階までのすべての偏導関数を持ち，かつこれらの偏導関数がすべて連続のとき成り立つ．

**問題 1.42**　$f(x, y) = \sin(x^2 + 2y)$ のとき，以下を求めよ．

(a) $f_x$，　(b) $f_y$，　(c) $f_{xx}$，　(d) $f_{xy}$，　(e) $f_{yx}$，　(f) $f_{yy}$

**解答**

(a) $f_x = \dfrac{\partial}{\partial x}\sin(x^2 + 2y) = \cos(x^2 + 2y)\dfrac{\partial}{\partial x}(x^2 + 2y) = 2x\cos(x^2 + 2y)$

(b) $f_y = \dfrac{\partial}{\partial y}\sin(x^2 + 2y) = \cos(x^2 + 2y)\dfrac{\partial}{\partial y}(x^2 + 2y) = 2\cos(x^2 + 2y)$

(c)
$$
\begin{aligned}
f_{xx} &= \frac{\partial}{\partial x}f_x = \frac{\partial}{\partial x}\left[2x\cos(x^2 + 2y)\right] \\
&= 2x\frac{\partial}{\partial x}\cos(x^2 + 2y) + \cos(x^2 + 2y)\frac{\partial}{\partial x}(2x) \\
&= 2x\left[-\sin(x^2 + 2y)\frac{\partial(x^2 + 2y)}{\partial x}\right] + 2\cos(x^2 + 2y) \\
&= -4x^2\sin(x^2 + 2y) + 2\cos(x^2 + 2y)
\end{aligned}
$$

(d)
$$
\begin{aligned}
f_{xy} &= \frac{\partial}{\partial x}f_y = \frac{\partial}{\partial x}\left[2\cos(x^2 + 2y)\right] \\
&= -2\sin(x^2 + 2y)\frac{\partial}{\partial x}(x^2 + 2y) = -4x\sin(x^2 + 2y)
\end{aligned}
$$

(e)
$$
\begin{aligned}
f_{yx} &= \frac{\partial}{\partial y}f_x = \frac{\partial}{\partial y}\left[2x\cos(x^2 + 2y)\right] = 2x\frac{\partial}{\partial y}\cos(x^2 + 2y) \\
&= 2x\left[-\sin(x^2 + 2y)\frac{\partial}{\partial y}(x^2 + 2y)\right] = -4x\sin(x^2 + 2y)
\end{aligned}
$$

(f) $f_{yy} = \dfrac{\partial}{\partial y}f_y = \dfrac{\partial}{\partial y}\left[2\cos(x^2 + 2y)\right] = -2\sin(x^2 + 2y)\dfrac{\partial}{\partial y}(x^2 + 2y) = -4\sin(x^2 + 2y)$

(d) と (e) において $f_{xy} = f_{yx}$ となることに注目せよ．

**問題 1.43**　$f(x, y) = 3x^2 + 4xy - 2y^2$ のとき，全微分 $df$ を求めよ．

**解答**

**方法 1.**　$df = \dfrac{\partial f}{\partial x}dx + \dfrac{\partial f}{\partial y}dy = (6x + 4y)dx + (4x - 4y)dy$

**方法 2.** $df = d(3x^2) + d(4xy) + d(-2y^2)$

$$= 6x\,dx + 4(x\,dy + y\,dx) - 4y\,dy = (6x + 4x)\,dx + (4x - 4y)\,dy$$

**問題 1.44**　$z = f(y/x)$ のとき，$x\dfrac{\partial z}{\partial x} + y\dfrac{\partial z}{\partial y} = 0$ を示せ．

**解答**

**方法 1.**

$u = y/x$ とおくと，$z = f(u)$ となる．このとき，

$$\frac{\partial z}{\partial x} = \frac{\partial z}{\partial u}\frac{\partial u}{\partial x} = f'(u)\frac{\partial}{\partial x}(y/x) = -\frac{yf'(u)}{x^2}$$

$$\frac{\partial z}{\partial y} = \frac{\partial z}{\partial u}\frac{\partial u}{\partial y} = f'(u)\frac{\partial}{\partial y}(y/x) = \frac{f'(u)}{x}$$

したがって，

$$x\frac{\partial z}{\partial x} + y\frac{\partial z}{\partial y} = x\left[-\frac{yf'(u)}{x^2}\right] + y\left[\frac{f'(u)}{x}\right] = 0$$

**方法 2.**

$$dz = f'(y/x)\,d(y/x) = f'(y/x)\left[\frac{x\,dy - y\,dx}{x^2}\right]$$

とする．このとき $dz = \dfrac{\partial z}{\partial x}\,dx + \dfrac{\partial z}{\partial y}\,dy$ より，$dx, dy$ の係数を比較すると，

$$\frac{\partial z}{\partial x} = -\frac{yf'(y/x)}{x^2}, \qquad \frac{\partial z}{\partial y} = \frac{f'(y/x)}{x}$$

となり，方法 1 で示した同様の結果が得られる．

**問題 1.45**　$dz = M(x, y)dx + N(x, y)dy$ のとき，$\partial M/\partial y = \partial N/\partial x$ を証明せよ．ここで，$M$ と $N$ は連続な偏導関数を持つと仮定する．

**解答**

$dz = (\partial z/\partial x)dx + (\partial z/\partial y)dy = M\,dx + N\,dy$ より，$x$ と $y$ は独立変数であるから $\partial z/\partial x = M$，$\partial z/\partial y = N$ としなければならない．

このとき $\dfrac{\partial^2 z}{\partial y\,\partial x} = \dfrac{\partial^2 z}{\partial x\,\partial y}$ [これらの偏導関数が連続であることによる] が成り立つから，

$$\frac{\partial^2 z}{\partial y\,\partial x} = \frac{\partial M}{\partial y}, \qquad \frac{\partial^2 z}{\partial x\,\partial y} = \frac{\partial N}{\partial x} \quad \text{または} \quad \frac{\partial M}{\partial y} = \frac{\partial N}{\partial x}$$

を得る．同様に，$\partial M/\partial y = \partial N/\partial x$ であれば，$M\,dx+N\,dy$ を，**完全微分**と呼ばれる，$z$ の微分である $dz$ としてかけることが証明できる．

**問題 1.46**　$u = u(x,\, y)$，$v = v(x,\, y)$ とし，$z = z(u,\, v)$ を考えたとき，以下を証明せよ．

$$(a)\ \frac{\partial z}{\partial x} = \frac{\partial z}{\partial u}\frac{\partial u}{\partial x} + \frac{\partial z}{\partial v}\frac{\partial v}{\partial x} \qquad (b)\ \frac{\partial z}{\partial y} = \frac{\partial z}{\partial u}\frac{\partial u}{\partial y} + \frac{\partial z}{\partial v}\frac{\partial v}{\partial y}$$

解答

$z = z(u,\, v)$，$u = u(x,\, y)$，$v = v(x,\, y)$ より，

$$dz = \frac{\partial z}{\partial u}\,du + \frac{\partial z}{\partial v}\,dv \cdots (1) \qquad du = \frac{\partial u}{\partial x}\,dx + \frac{\partial u}{\partial y}\,dy \cdots (2) \quad dv = \frac{\partial v}{\partial x}\,dx + \frac{\partial v}{\partial y}\,dy \cdots (3)$$

を得る．このとき (2) と (3) を (1) に代入し，項を組み合わせると

$$dz = \left(\frac{\partial z}{\partial u}\frac{\partial u}{\partial x} + \frac{\partial z}{\partial v}\frac{\partial v}{\partial x}\right) dx + \left(\frac{\partial z}{\partial u}\frac{\partial u}{\partial y} + \frac{\partial z}{\partial v}\frac{\partial v}{\partial y}\right) dy \tag{4}$$

と求めることができる．ここで，$u, v$ が $x$ と $y$ の関数だから，$z$ を $x$ と $y$ の関数として考えると，

$$dz = (\partial z/\partial x)\,dx + (\partial z/\partial y)\,dy \tag{5}$$

でなければならない．そして式 (4) と (5) 中の $dx$ と $dy$ に対応する係数を比較すると，目的の結果が得られる．

## 多変数関数のテイラー級数

**問題 1.47**　問題 1.41 の関数について，p.12 の (16) で示したテイラー級数を求めよ．

解答

問題 1.41 より，$f(2,\, -3) = -30$，$f_x(2,\, -3) = 0$，$f_y(2,\, -3) = 20$，$f_{xx}(2,\, -3) = 6$，$f_{xy}(2,\, -3) = f_{yx}(2,\, -3) = 4$，$f_{yy}(2,\, -3) = -4$ である．また，これらより高次の微分は 0 という事実に注意する．するとテイラー級数は,

$$3x^2 + 4xy - 2y^2 = -30 + 0(x-2) + 20(y+3) + \frac{1}{2!}\left[6(x-2)^2 + 8(x-2)(y+3) - 4(y+3)^2\right]$$

となる．ここで，右辺は

$$-30 + 20y + 60 + 3(x^2 - 4x + 4) + 4(xy - 2y + 3x - 6) - 2(y^2 + 6y + 9) = 3x^2 + 4xy - 2y^2$$

と求まり，結果の妥当性を確かめることができた．

## 線形方程式と行列式

**問題 1.48**　p.13 で示した，式 (17) の解が式 (18) で与えられることを示せ．

**解答**

$$(1)\ a_1x + b_1y = c_1, \qquad (2)\ a_2x + b_2y = c_2$$

より，(1) に $b_2$ をかけて，$a_1b_2x + b_1b_2y = c_1b_2$，(2) に $b_1$ をかけて，$b_1a_2x + b_1b_2y = b_1c_2$ を得る．

これらの引くことで，$(a_1b_2 - b_1a_2)x = c_1b_2 - b_1c_2$ となり，$x$ についての結果が与えられる．同様に (1) に $a_2$，(2) に $a_1$ をかけて得られた式を引くことで $y$ についての結果が得られる．

**問題 1.49**　行列式を用いて以下の方程式を解け．

$$\begin{cases} 3x + 4y = 6 \\ 2x - 5y = 8 \end{cases}$$

**解答**

クラメルの規則より，

$$x = \frac{\begin{vmatrix} 6 & 4 \\ 8 & -5 \end{vmatrix}}{\begin{vmatrix} 3 & 4 \\ 2 & -5 \end{vmatrix}} = \frac{(6)(-5) - (4)(8)}{(3)(-5) - (4)(2)} = \frac{62}{23} \qquad y = \frac{\begin{vmatrix} 3 & 6 \\ 2 & 8 \end{vmatrix}}{\begin{vmatrix} 3 & 4 \\ 2 & -5 \end{vmatrix}} = \frac{(3)(8) - (6)(2)}{(3)(-5) - (4)(2)} = -\frac{12}{23}$$

を得る．これらの結果が解かどうか，実際に方程式に代入することで確かめられる．

**問題 1.50**　以下の式を $z$ について解け．

$$\begin{cases} 3x + y - 2z = -2 \\ x - 2y + 3z = 9 \\ 2x + 3y + z = 1 \end{cases}$$

**解答**

クラメルの規則を使って求められる．

$$z = \frac{\begin{vmatrix} 3 & 1 & -2 \\ 1 & -2 & 9 \\ 2 & 3 & 1 \end{vmatrix}}{\begin{vmatrix} 3 & 1 & -2 \\ 1 & -2 & 3 \\ 2 & 3 & 1 \end{vmatrix}} = \frac{-84}{-42} = 2$$

**問題 1.51**
(*a*) 以下の方程式系が自明な解 $x = 0, y = 0$ 以外の解を持つためには，$k$ はどのような値になるべきか答えよ．

$$\begin{cases}(1-k)x + y = 0 \\ kx - 2y = 0\end{cases}$$

(*b*) 自明でない 2 つの解を求めよ．

解答

(*a*) クラメルの規則により解を求める．

$$x = \frac{\begin{vmatrix}0 & 1 \\ 0 & -2\end{vmatrix}}{\begin{vmatrix}1-k & 1 \\ k & -2\end{vmatrix}}, \qquad y = \frac{\begin{vmatrix}1-k & 0 \\ k & 0\end{vmatrix}}{\begin{vmatrix}1-k & 1 \\ k & -2\end{vmatrix}}$$

ここで，いずれも分子が 0 になるから，自明でない解 [つまり 0 でない] が存在するためには，分母もまた 0 となる必要がある．よって，

$$\begin{vmatrix}1-k & 1 \\ k & -2\end{vmatrix} = (1-k)(-2) - (1)(k) = k - 2 = 0 \qquad \text{または} \qquad k = 2$$

(*b*) $k = 2$ のとき，方程式は $-x+y = 0$，$2x-2y = 0$，すなわち $x = y$ となる．したがって，解の例としては $x = 2, y = 2$ や $x = 3, y = 3$ などがある．実際には，このような非自明な解は無限に存在する．

## 極大値と極小値．ラグランジュの未定乗数法

**問題 1.52**　$f(x) = x^4 - 8x^3 + 22x^2 - 24x + 20$ の極大値と極小値を求めよ．

解答

極大値と極小値となる点は

$$f'(x) = 4x^3 - 24x^2 + 44x - 24 = 0 \quad \text{または} \quad (x-1)(x-2)(x-3) = 0$$

を解くことで定まる．実際に解くと $x = 1, 2, 3$ を得る．そして，$f''(x) = 12x^2 - 48x + 44$ より，$f''(1) = 8 > 0$，$f''(2) = -4 < 0$，$f''(3) = 8 > 0$ となる．したがって，$x = 1$ での $f(1) = 11$ は極小値，$x = 2$ での $f(2) = 12$ は極大値，$x = 3$ での $f(3) = 11$ は極小値となることがわかる．

**問題 1.53**　以下の図 1-7 について，半径 $a$ の半球に内接することができる直方体の最大の体積を求めよ．

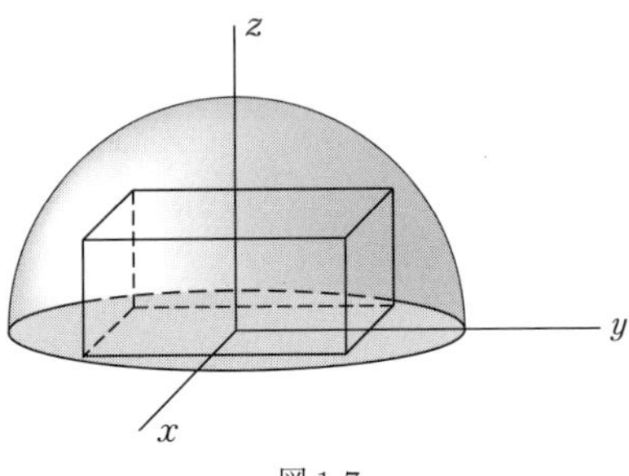


図 1-7

**解答**

直方体の体積は

$$V = (2x)(2y)(z) = 4xyz$$

であり，半球の表面に関する方程式は $x^2 + y^2 + z^2 = a^2$ または $z = \sqrt{a^2 - x^2 - y^2}$ と与えられる．

$V^2 = U = 16x^2y^2z^2 = 16x^2y^2(a^2 - x^2 - y^2)$ が最大のところで，体積は最大になる．これを求めるためには以下の連立方程式を解けば良い．

$$\partial U/\partial x = 2a^2xy^2 - 4x^3y^2 - 2xy^4 = 0. \qquad \partial U/\partial y = 2a^2x^2y - 4x^2y^3 - 2x^4y = 0$$

$x \neq 0$，$y \neq 0$ だからこれらは

$$2x^2 + y^2 = a^2, \qquad x^2 + 2y^2 = a^2$$

となる．ゆえに，$x = y = a/\sqrt{3}$ で，これより $z = a/\sqrt{3}$ となることがわかる．

したがって，体積の最大は $4a^3/3\sqrt{3}$ である．

**問題 1.54**

($a$) 制約条件 $\phi(x, y) = 0$ を課した関数 $f(x, y)$ の極値問題に対するラグランジュの未定乗数法を導出せよ．

($b$) 制約条件 $\phi(x, y, z) = 0$ のもとで関数 $f(x, y, z)$ の極値を求める場合，($a$) の結果はどのように一般化できるかを示せ．

($c$) ラグランジュの未定乗数法を使って 問題 1.53 を解け．

**解答**

($a$) $\phi(x, y) = 0$ を解くことで，$y$ を $x$ の一意な関数，すなわち $y = g(x)$ と表すことができ，連続な

導関数 $g'(x)$ を持つとする．すると，

$$f(x,\,y)=f(x,\,g(x))$$

の極値を求めるという問題に帰着する．ここで，微積分の知識から，$x$ に関する微分を $0$，つまり

$$\frac{\partial f}{\partial x}+\frac{\partial f}{\partial y}\frac{dy}{dx}=0 \qquad \text{または} \qquad f_x+f_y g'(x)=0 \tag{1}$$

と設定することで極値を見つけることができる．また $\phi(x,\,y)=0$ に対しても，$\phi(x,\,g(x))=0$ となるから，

$$\frac{\partial \phi}{\partial x}+\frac{\partial \phi}{\partial y}\frac{dy}{dx}=0 \qquad \text{または} \qquad \phi_x+\phi_y g'(x)=0 \tag{2}$$

を得る．式 (1) と (2) の間の $g'(x)$ を消去すると，$\phi_y\neq 0$ と仮定して

$$f_x-\frac{f_y}{\phi_y}\phi_x=0 \tag{3}$$

が得られる．ここで，$\lambda=-f_y/\phi_y$，つまり

$$f_y+\lambda\phi_y=0 \tag{4}$$

と定義すると，式 (3) は

$$f_x+\lambda\phi_x=0 \tag{5}$$

となる．したがって，式 (4) と (5) は $h(x,\,y)=f(x,\,y)+\lambda\phi(x,\,y)$ を考え，極値において

$$\partial h/\partial x=0, \qquad \partial h/\partial y=0 \tag{6}$$

とすることで得られるから，ラグランジュの未定乗数法を導出できた．$\lambda$ は**ラグランジュ乗数**とよばれる．

$(b)$ この場合，$\phi(x,\,y,\,z)=0$ が $z=g(x,\,y)$ となるように解くことできるので，

$$f(x,\,y,\,z)=f(x,\,y,\,g(x,\,y))$$

と仮定する．このとき，$x$ と $y$ を変数として持つ関数の極値は，$x$ と $y$ に関する偏微分を $0$ とすることで，すなわち，

$$\frac{\partial f}{\partial x}+\frac{\partial f}{\partial z}\frac{\partial z}{\partial x}=0 \qquad \text{または} \qquad f_x+f_z g_x=0 \tag{7}$$

$$\frac{\partial f}{\partial y}+\frac{\partial f}{\partial z}\frac{\partial z}{\partial y}=0 \qquad \text{または} \qquad f_y+f_z g_y=0 \tag{8}$$

とすることで求められる．また，制約条件に対しても恒等式 $\phi(x,\,y,\,g(x,\,y))=0$ を与えるから $x$ と $y$ に関する偏微分を考えることで，

$$\frac{\partial \phi}{\partial x}+\frac{\partial \phi}{\partial z}\frac{\partial z}{\partial x}=0 \qquad \text{または} \qquad \phi_x+\phi_z g_x=0 \tag{9}$$

$$\frac{\partial\phi}{\partial y}+\frac{\partial\phi}{\partial z}\frac{\partial z}{\partial y}=0 \qquad \text{または} \qquad \phi_y+\phi_z g_y=0 \tag{10}$$

を得る．そして式 (7)，(8)，(9)，(10) の中に存在する $g_x$ と $g_y$ を消去すると，$\phi_z\neq 0$ と仮定して

$$f_x-\frac{f_z}{\phi_z}\phi_x=0, \qquad f_y-\frac{f_z}{\phi_z}\phi_y=0 \tag{11}$$

が得られる．このとき，$\lambda=-f_z/\phi_z$ または

$$f_z+\lambda\phi_z=0 \tag{12}$$

によって式 (11) は

$$f_x+\lambda\phi_x=0, \qquad f_y+\lambda\phi_y=0 \tag{13}$$

となる．式 (12) と式 (13) は，$h(x,\,y,\,z)=f(x,\,y,\,z)+\lambda\phi(x,\,y,\,z)$ とおいて，その $x$ と $y$，$z$ に関する（偏）微分を [訳注：式 (12) と式 (13) が成り立つ点で]0 とすることで得られるので，ラグランジュの未定乗数法が導出できたと言える．

(c) 制約条件 $x^2+y^2+z^2-a^2=0$ の下で $4xyz$ の最大値を求める必要がある．これを達成するには

$$h(x,\,y,\,z)=4xyz+\lambda(x^2+y^2+z^2-a^2) \tag{14}$$

のような関数を作り，$h$ の $x,\,y,\,z$ に関する偏微分が 0 になるようにする．

$$\partial h/\partial x=4yz+2\lambda x=0, \quad \partial h/\partial y=4xz+2\lambda y=0, \quad \partial h/\partial z=4xy+2\lambda z=0 \tag{15}$$

これらの式に $x,\,y,\,z$ をそれぞれかけて足し合わせると，

$$12xyz+2\lambda(x^2+y^2+z^2)=12xyz+2\lambda a^2=0$$

となり，$\lambda=-6xyz/a^2$ と求まる．したがって，式 (15) に値 $\lambda$ を代入し，$x^2+y^2+z^2=a^2$ を使って解くと，

$$x=y=z=a/\sqrt{3}$$

となり，問題 1.53 と同じ結果が得られた．

## ライプニッツの積分法則

**問題 1.55**　$I(\alpha)=\displaystyle\int_\alpha^{\alpha^2}\frac{\sin\alpha x}{x}\,dx$ としたとき，$\dfrac{dI}{d\alpha}$ を求めよ．

解答

$$\frac{dI}{d\alpha}=\int_\alpha^{\alpha^2}\frac{\partial}{\partial\alpha}\left(\frac{\sin\alpha x}{x}\right)dx+\frac{\sin\alpha^3}{\alpha^2}\frac{d\alpha^2}{d\alpha}-\frac{\sin\alpha^2}{\alpha}\frac{d\alpha}{d\alpha}$$

$$= \int_{\alpha}^{\alpha^2} \cos \alpha x \, dx + \frac{2 \sin \alpha^3}{\alpha} - \frac{\sin \alpha^2}{\alpha}$$

$$= \left[ \frac{\sin \alpha x}{\alpha} \right]_{\alpha}^{\alpha^2} + \frac{2 \sin \alpha^3}{\alpha} - \frac{\sin \alpha^2}{\alpha} = \frac{3 \sin \alpha^3 - 2 \sin \alpha^2}{\alpha}$$

## 複素数

**問題 1.56**　以下の演算を実行せよ．

$(a)$ $(4-2i)+(-6+5i)$　$(b)$ $(-7+3i)-(2-4i)$　$(c)$ $(3-2i)(1+3i)$

$(d)$ $\dfrac{-5+5i}{4-3i}$　$(e)$ $\dfrac{i+i^2+i^3+i^4+i^5}{1+i}$　$(f)$ $|3-4i|\,|4+3i|$

$(g)$ $\left| \dfrac{1}{1+3i} - \dfrac{1}{1-3i} \right|$

**解答**

$(a)$ $(4-2i)+(-6+5i) = 4-2i-6+5i = 4-6+(-2+5)i = -2+3i$

$(b)$ $(-7+3i)-(2-4i) = -7+3i-2+4i = -9+7i$

$(c)$ $(3-2i)(1+3i) = 3(1+3i)-2i(1+3i) = 3+9i-2i-6i^2 = 3+9i-2i+6$

$$= 9+7i$$

$(d)$ $$\frac{-5+5i}{4-3i} = \frac{-5+5i}{4-3i} \cdot \frac{4+3i}{4+3i} = \frac{(-5+5i)(4+3i)}{16-9i^2} = \frac{-20-15i+20i+15i^2}{16+9}$$

$$= \frac{-35+5i}{25} = \frac{5(-7+i)}{25} = \frac{-7}{5} + \frac{1}{5}i$$

$(e)$ $$\frac{i+i^2+i^3+i^4+i^5}{1+i} = \frac{i-1+(i^2)(i)+(i^2)^2+(i^2)^2 i}{1+i} = \frac{i-1-i+1+i}{1+i}$$

$$= \frac{i}{1+i} \cdot \frac{1-i}{1-i} = \frac{i-i^2}{1-i^2} = \frac{i+1}{2} = \frac{1}{2} + \frac{1}{2}i$$

$(f)$ $|3-4i|\,|4+3i| = \sqrt{(3)^2+(-4)^2}\sqrt{(4)^2+(3)^2} = (5)(5) = 25$

$(g)$ $$\left| \frac{1}{1+3i} - \frac{1}{1-3i} \right| = \left| \frac{1-3i}{1-9i^2} - \frac{1+3i}{1-9i^2} \right| = \left| \frac{-6i}{10} \right| = \sqrt{(0)^2 + (-\tfrac{6}{10})^2} = \frac{3}{5}$$

**問題 1.57**　2つの複素数 $z_1$ と $z_2$ に対して，$|z_1 z_2| = |z_1|\,|z_2|$ を証明せよ．

**解答**

$z_1 = x_1 + iy_1$, $z_2 = x_2 + iy_2$ とする．すると，

$$|z_1 z_2| = |(x_1+iy_1)(x_2+iy_2)| = |x_1 x_2 - y_1 y_2 + i(x_1 y_2 + x_2 y_1)|$$

$$= \sqrt{(x_1x_2 - y_1y_2)^2 + (x_1y_2 + x_2y_1)^2} = \sqrt{x_1^2x_2^2 + y_1^2y_2^2 + x_1^2y_2^2 + x_2^2y_1^2}$$
$$= \sqrt{(x_1^2 + y_1^2)(x_2^2 + y_2^2)} = \sqrt{x_1^2 + y_1^2}\sqrt{x_2^2 + y_2^2} = |x_1 + iy_1|\,|x_2 + iy_2|$$
$$= |z_1|\,|z_2|$$

**問題 1.58**　$x^3 - 2x - 4 = 0$ を解け．

解答

可能な有理数の根は $\pm1, \pm2, \pm4$ である．試しに代入してみると $x = 2$ が根であることがわかる．ゆえに方程式を $(x-2)(x^2+2x+2) = 0$ とかくことができる．**二次方程式** $ax^2 + bx + c = 0$ に対する解は $x = \dfrac{-b \pm \sqrt{b^2 - 4ac}}{2a}$ であるから，$a = 1, b = 2, c = 2$ に対しては $x = \dfrac{-2 \pm \sqrt{4-8}}{2} = \dfrac{-2 \pm \sqrt{-4}}{2} = \dfrac{-2 \pm 2i}{2} = -1 \pm i$ となる

以上より方程式の解は $2, -1+i, -1-i$ である．

## 複素数の極形式

**問題 1.59**　以下を極形式で表せ．

$(a)\ 3 + 3i,\quad (b)\ -1 + \sqrt{3}i,\quad (c)\ -1,\quad (d)\ -2 - 2\sqrt{3}i$

解答

$(a)$ 偏角は $\phi = 45^\circ = \dfrac{\pi}{4}$ [rad]．絶対値は $\rho = \sqrt{3^2 + 3^2} = 3\sqrt{2}$．したがって，

$$3 + 3i = \rho(\cos\phi + i\sin\phi) = 3\sqrt{2}(\cos\pi/4 + i\sin\pi/4) = 3\sqrt{2}\,\mathrm{cis}\,\pi/4 = 3\sqrt{2}e^{\pi i/4}.$$

$(b)$ 偏角は $\phi = 120^\circ = 2\pi/3$ [rad]．絶対値は $\rho = \sqrt{(-1)^2 + (\sqrt{3})^2} = \sqrt{4} = 2$．したがって，

$$-1 + \sqrt{3}i = 2(\cos 2\pi/3 + i\sin 2\pi/3) = 2\,\mathrm{cis}\,2\pi/3 = 2e^{2\pi i/3}$$

$(c)$ 偏角は $\phi = 180^\circ = \pi$ [rad]．絶対値は $\rho = \sqrt{(-1)^2 + (0)^2} = 1$．したがって，

$$-1 = 1(\cos\pi + i\sin\pi) = \mathrm{cis}\,\pi = e^{\pi i}$$

$(d)$ 偏角は $\phi = 240^\circ = 4\pi/3$ [rad]．絶対値は $\rho = \sqrt{(-2)^2 + (-2\sqrt{3})^2} = 4$．したがって，

$$-2 - 2\sqrt{3} = 4(\cos 4\pi/3 + i\sin 4\pi/3) = 4\,\mathrm{cis}\,4\pi/3 = 4e^{4\pi i/3}$$

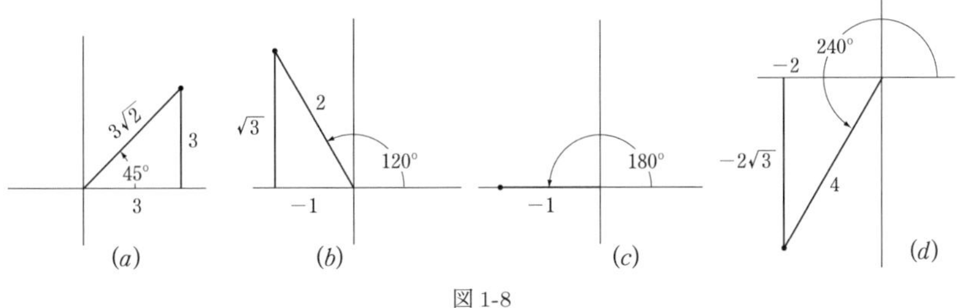


図 1-8

**問題 1.60**　以下を求めよ．

$$(a)\ (-1+\sqrt{3}i)^{10}, \qquad (b)\ (-1+i)^{1/3}$$

**解答**

(*a*) 問題 1.59(*b*) とド・モアブルの定理より，

$$\begin{aligned}(-1+\sqrt{3}i)^{10} &= [2(\cos 2\pi/3 + i\sin 2\pi/3)]^{10} = 2^{10}(\cos 20\pi/3 + i\sin 20\pi/3)\\ &= 1024\,[\cos(2\pi/3+6\pi) + i\sin(2\pi/3+6\pi)] = 1024(\cos 2\pi/3 + i\sin 2\pi/3)\\ &= 1024(-\tfrac{1}{2}+\tfrac{1}{2}\sqrt{3}i) = -512+512\sqrt{3}i\end{aligned}$$

(*b*) $-1+i = \sqrt{2}(\cos 135^\circ + i\sin 135^\circ) = \sqrt{2}\,[\cos(135^\circ + k\cdot 360^\circ) + i\sin(135^\circ + k\cdot 360^\circ)]$
したがって，

$$(-1+i)^{1/3} = (\sqrt{2})^{1/3}\left[\cos\left(\frac{135^\circ + k\cdot 360^\circ}{3}\right) + i\sin\left(\frac{135^\circ + k\cdot 360^\circ}{3}\right)\right].$$

$k=0,\ 1,\ 2$ に対する結果は，

$$\sqrt[6]{2}\,(\cos 45^\circ + i\sin 45^\circ)\,,$$
$$\sqrt[6]{2}\,(\cos 165^\circ + i\sin 165^\circ)\,,$$
$$\sqrt[6]{2}\,(\cos 285^\circ + i\sin 285^\circ)\,.$$

$k = 3, 4, 5, 6, 7, \ldots$ に対する結果は上式の繰り返しである．これらの複素数の根は，図 1-9 で示すように複素平面内の円上の点 $P_1$, $P_2$, $P_3$ として幾何学的に表される．

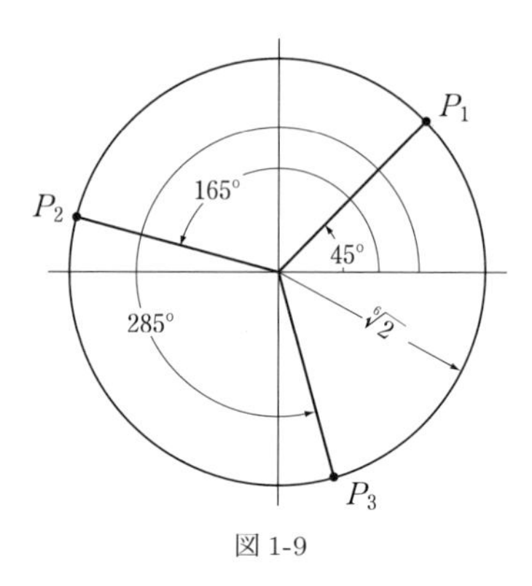


図 1-9

> **問題 1.61**　p.11 の $e^x$ のテイラー級数が $x$ の複素数値でも成り立つと仮定することで，**オイラーの公式** $e^{i\phi} = \cos\phi + i\sin\phi$ を導出せよ．

**解答**

$x = i\phi$ のとき，以下のように表せる．

$$
\begin{aligned}
e^{i\phi} &= 1 + i\phi + \frac{(i\phi)^2}{2!} + \frac{(i\phi)^3}{3!} + \frac{(i\phi)^4}{4!} + \frac{(i\phi)^5}{5!} + \cdots \\
&= \left(1 - \frac{\phi^2}{2!} + \frac{\phi^4}{4!} - \cdots\right) + i\left(\phi - \frac{\phi^3}{3!} + \frac{\phi^5}{5!} - \cdots\right) \\
&= \cos\phi + i\sin\phi
\end{aligned}
$$

同様に $e^{-i\phi} = \cos\phi - i\sin\phi$ となることもわかる．

# 第2章

# 常微分方程式

## 微分方程式の定義

**微分方程式**は導関数または微分を含む方程式である．微分方程式のいくつかの例を以下に示す．

例 1.　$(y'')^2 + 3x = 2(y')^3 \quad (y' = dy/dx,\ y'' = d^2y/dx^2)$

例 2.　$\dfrac{dy}{dx} + \dfrac{y}{x} = y^2$

例 3.　$\dfrac{d^2Q}{dt^2} - 3\dfrac{dQ}{dt} + 2Q = 4\sin 2t$

例 4.　$\dfrac{dy}{dx} = \dfrac{x+y}{x-y}$　または　$(x+y)dx + (y-x)dy = 0$

例 5.　$\dfrac{\partial^2 V}{\partial x^2} + \dfrac{\partial^2 V}{\partial y^2} = 0$

例 1〜例 4 のような，独立変数が 1 つのみの方程式は**常微分方程式**とよばれる．例 5 のような，独立変数を 2 つ以上持つ方程式は**偏微分方程式**と呼ばれ，第 12 章で扱う．

## 微分方程式の階数

$n$ 階微分を持ち，それ以上の高階の微分を持たない方程式は，$n$ **階微分方程式**と呼ぶ．上の例 1〜例 5 の微分方程式の階数はそれぞれ 2, 1, 2, 1, 2 である．

## 任意定数

任意定数は，$A, B, C, c_1, c_2$ などのアルファベットで始まる文字で表される場合が多く，その他の変数とは独立した値を仮定することができる．例えば，$y = x^2 + c_1x + c_2$ では $c_1$ と $c_2$ は任意定数である．

関係式 $y = Ae^{-4x+B}$ は，$y = Ae^Be^{-4x} = Ce^{-4x}$ とかけるので実質一つの任意定数しか含まない．本書では常に任意定数が最小個数であること，つまり「**本質的な**任意定数」の存在を前提としている．

## 微分方程式の解

微分方程式の**解**とは，微分をひとつも含まず，かつ恒等的にその微分方程式を満たすような変数間の関係式である．

例 6.

$y = x^2 + c_1x + c_2$ は $y'' = 2$ の解であり，実際代入してみると恒等式 $2 = 2$ を得る．

$n$ 階微分方程式の**一般解**とは，$n$ 個の (本質的な) 任意定数を含む解である．

例 7.

$y = x^2 + c_1x + c_2$ は 2 つの任意定数を持ち，2 階微分方程式 $y'' = 2$ を満たすので，$y'' = 2$ の一般解である．

**特殊解**とは，一般解の任意定数に特定の値を代入して得られる解である．

例 8.

$y = x^2 - 3x + 2$ は $y'' = 2$ の特殊解であり，一般解 $y = x^2 + c_1x + c_2$ に $c_1 = -3, c_2 = 2$ とおいて得られる．

**特異解**とは，任意定数の値をどのようにおいても一般解からは得られない解である．

例 9.

$y = xy' - y'^2$ の一般解は $y = cx - c^2$ である．しかしながら，実際に代入してわかる通り $y = x^2/4$ という別の解も存在し，この解は一般解でどんな任意定数 $c$ をおいても得られない．この二番目の解は特異解である．一般解と特異解の関係については問題 2.5を見よ．

## 曲線群の微分方程式

$n$ 階微分方程式の一般解は $n$ 個の任意定数（またはパラメータ）を持っており，幾何学的に **$n$ 個のパラメータを持つ曲線群**を表している．このことを「逆」に考えよう．$n$ 個の任意定数を持つ関係式 [**原始式**と呼ぶこともある] に対して，**微分方程式の族**と呼ぶ $n$ 階微分方程式 [またはその一般解] を関連付けることができる．この微分方程式は，原始式を $n$ 回微分し，得られた $n+1$ の方程式の中から $n$ 個の任意定数を消去することで得られる問題 2.6〜問題 2.7.

# 1 階微分方程式とその解法

任意の 1 階微分方程式は以下の形に整理できる．

$$\frac{dy}{dx} = f(x, y) \quad \text{または} \quad M(x, y)\,dx + N(x, y)\,dy = 0 \tag{1}$$

このような微分方程式の一般解は 1 つの任意定数を含む．様々な種類の 1 階微分方程式の一般解を求めるために，多くの手法が用意されている．これらの手法のいくつかを以下の表に示す．

| 微分方程式 | 一般解（解法） |
|---|---|
| **1．変数分離**<br>$f_1(x)g_1(y)dx + f_2(x)g_2(y)dy = 0$ | $g_1(y)f_2(x) \neq 0$ で割って積分する．<br>$\displaystyle\int \frac{f_1(x)}{f_2(x)}\,dx + \int \frac{g_2(y)}{g_1(y)}\,dy = c$ |
| **2. 完全微分方程式**<br>$M(x, y)dx + N(x, y)dy = 0$<br>$\left(\dfrac{\partial M}{\partial y} = \dfrac{\partial N}{\partial x}\right)$ | 微分方程式は以下のような形にかける．<br>$M\,dx + N\,dy = dU(x, y) = 0.$<br>$dU$ は完全微分である．ゆえに，解は $U(x, y) = c$ または，これと等価な<br>$\displaystyle\int M\,\partial x + \int \left(N - \frac{\partial}{\partial y}\int M\,\partial x\right) dy = c$<br>となる．ここで，$\partial x$ は $y$ を一定に保ったまま $x$ に対して積分を行うことを示している． |
| **3. 積分因子**<br>$M(x, y)dx + N(x, y)dy = 0$<br>$\left(\dfrac{\partial M}{\partial y} \neq \dfrac{\partial N}{\partial x}\right)$ | この方程式は完全微分方程式として以下のようにかける．<br>$\mu M\,dx + \mu N\,dy = 0.$<br>$\mu$ は $\dfrac{\partial}{\partial y}(\mu M) = \dfrac{\partial}{\partial x}(\mu N)$ が成立する**積分因子**で，これにより「2. 完全微分方程式」の方法が適用できる．以下の関係式は積分因子を見つけるのに役立つ．問題 2.17 も参照せよ．<br>(a) $\dfrac{xdy - ydx}{x^2} = d\left(\dfrac{y}{x}\right)$ (b) $\dfrac{xdy - ydx}{y^2} = -d\left(\dfrac{x}{y}\right)$<br>(c) $\dfrac{xdy - ydx}{x^2 + y^2} = d\left(\tan^{-1}\dfrac{y}{x}\right)$ (d) $\dfrac{ydx - xdy}{x^2 - y^2} = \dfrac{1}{2}d\left\{\ln\dfrac{x - y}{x + y}\right\}$<br>(e) $\dfrac{xdx + ydy}{x^2 + y^2} = \dfrac{1}{2}d\left\{\ln(x^2 + y^2)\right\}$ |

| 微分方程式 | 一般解（解法） |
|---|---|
| **4. 線形微分方程式**<br>$\dfrac{dy}{dx}+P(x)y=Q(x)$ | 積分因子は $\mu=e^{\int P(x)dx}$ と与えられ，このとき方程式は，<br>$\dfrac{d}{dx}(\mu y)=\mu Q.$<br>この式から解は<br>$\mu y=\int \mu Q dx+c$<br>または，<br>$ye^{\int Pdx}=\int Qe^{\int Pdx}dx+c.$ |
| **5. 同次形の微分方程式**<br>$\dfrac{dy}{dx}=F\left(\dfrac{y}{x}\right)$ | $y/x=v$ または $y=vx$ とおくと微分方程式は<br>$v+x\dfrac{dv}{dx}=F(v)$ または $xdv-(F(v)-v)dx=0$<br>となり，「1. 変数分離」の方法により解は<br>$\ln x=\int \dfrac{dv}{F(v)-v}+c \qquad (v=y/x)$ .<br>$F(v)=v$ である場合，解は $y=cx$ となる． |
| **6. ベルヌーイの微分方程式**<br>$\dfrac{dy}{dx}+P(x)y=Q(x)y^n$<br>$(n\neq 0,\,1)$ | $v=y^{1-n}$ とすると，微分方程式は「4. 線形微分方程式」に帰着しその解は<br>$ve^{(1-n)\int Pdx}=(1-n)\int Qe^{(1-n)\int Pdx}dx+c$<br>となる．$n=0$ の場合，この微分方程式は「4. 線形微分方程式」となるが，$n=1$ のときは「1. 変数分離」となることに注目せよ． |
| **7. $y$ について解ける微分方程式**<br>$y=g(x,\,p) \quad (p=y')$ | 微分方程式の両辺を $x$ で微分することで<br>$\dfrac{dy}{dx}=\dfrac{dg}{dx}=\dfrac{\partial g}{\partial x}+\dfrac{\partial g}{\partial p}\dfrac{dp}{dx}$<br>または以下を得る．<br>$p=\dfrac{\partial g}{\partial x}+\dfrac{\partial g}{\partial p}\dfrac{dp}{dx}.$<br>この方程式を解くと $G(x,\,p,\,c)=0$ を得る．解は $G(x,\,p,\,c)=0$ と $y=g(x,\,p)$ から媒介変数 $p$ を消去して得られる．<br>$x$ について解けるような微分方程式についても同様の方法で解くことができる |

| 微分方程式 | 一般解（解法） |
|---|---|
| **8. クレローの微分方程式**<br>$y = px + F(p) \quad (p = y')$ | この微分方程式は「7. $y$ について解ける微分方程式」であり，<br>$y = cx + F(c)$<br>の解を持つことになる．また，この方程式は一般的に特異解を持つことになる． |
| **9. その他の微分方程式**<br>(a) $\dfrac{dy}{dx} = F(\alpha x + \beta y)$<br>(b) $\dfrac{dy}{dx} = F\left(\dfrac{\alpha_1 x + \beta_1 y + \gamma_1}{\alpha_2 x + \beta_2 y + \gamma_2}\right)$ | (a) $\alpha x + \beta y = v$ とおくと，「1. 変数分離」で解ける形に帰着する．<br>(b) $x = X + h,\ y = Y + k$ とし，「5. 同次形の微分方程式」で解ける形になるよう定数 $h$ と $k$ を選ぶ．これは，$\alpha_1/\alpha_2 \neq \beta_1/\beta_2$ の場合にのみ可能である．$\alpha_1/\alpha_2 = \beta_1/\beta_2$ となる場合は (a) の場合に帰着する． |

## 高階微分方程式

微分方程式の階数が $m > 1$ であり，変数 $x$ または $y$ を含まないような形である場合，

$$y' = p, \quad y'' = \frac{dp}{dx} \qquad \text{または} \qquad y'' = \frac{dp}{dy}\frac{dy}{dx} = p\frac{dp}{dy} \tag{2}$$

とおくことで階数 $m-1$ の微分方程式とすることができる (問題 2.25〜問題 2.26).

## 解の存在と一意性

微分方程式とそれに関連する条件から，「解は存在するか？」「その解は一意であるか？」を直接言えることが重要である．1 階の微分方程式，

$$y' = f(x, y) \tag{3}$$

の場合，以下の定理によってこの疑問に答えることができる．

**定理 2.1 (解の存在と一意性定理)**
$|x - x_0| < \delta,\ |y - y_0| < \delta$ で定義される領域 $R$ 上で $f(x, y)$ が各点で連続で，かつ $y$ についての偏導関数が各点で連続であるとき，点 $(x_0, y_0)$ を通る (3) の解が領域 $R$ 内にただ一つ存在する．

この定理は $n$ 階微分方程式 $y^{(n)} = f(x, y, y', \dots, y^{(n-1)})$ に対して一般化可能である．

## 微分方程式の応用

理工系の問題の多くは，数学的に定式化すると**境界値問題**（微分方程式とそれに付随する条件を持つ問題）に行き着く．これらの解は科学者や技術者にとって大きな価値を提供してくれる．

物理学的問題の数学的定式化では，「太陽を中心とした地球の回転」における太陽と地球を「点」として捉えるように，しばしば現実の状況に近似した**数理モデル**が選ばれることになる．

設定した数理モデルとそれに対応する数学的定式化が，観測や実験で予測されたものとかなり良い一致をもたらすならば，良いモデルであると言えるだろう．そうでないとすれば新たなモデルを選ぶ必要が生じる．

## 応用例

以下は，理工系分野で現れる初等的な性質に関わる応用例をまとめたものである．

### I.　力学

力学の基本法則はニュートンの法則，つまり，

$$F = \frac{d}{dt}(mv) \tag{4}$$

に基づいている．ここで，$m$ と $v$ はそれぞれ移動物体の**質量**と**速度**であり，$t$ は**時間**，$F$ は物体にかかる正味の**力**である．量 $mv$ はしばしば**運動量**とよばれる．

$m$ が定数なら，この方程式は，

$$F = m\frac{dv}{dt} = ma \tag{5}$$

となる．ここで $a$ は**加速度**である．地表近くでは，質量 $m$ と重量 $W$ は，$g$ を重力加速度として，$m = W/g$ または $W = mg$ で結ばれる．

力学 (物理学) では様々な単位系が用意されている．

$(a)$ **C.G.S.［センチメートル (cm)，グラム (g)，秒 (sec)］**
$m$ の単位は g，$a$ の単位は $\mathrm{cm/sec^2}$，$F$ の単位は**ダイン** (訳注：$\mathrm{g\cdot cm/sec^2}$).

$(b)$ **M.K.S.［メートル (m)，キログラム (kg)，秒 (sec)］**
$m$ の単位は kg，$a$ の単位は $\mathrm{m/sec^2}$，$F$ の単位は**ニュートン** (訳注：$\mathrm{kg\cdot m/sec^2}$).

$(c)$ **F.P.S.［フィート (ft)，ポンド (lb)，秒 (sec)］**
$W$ の単位はポンド (lb)，$a$ や $g$ の単位は $\mathrm{ft/sec^2}$，$F$ の単位はポンド ($F = ma = Wa/g$).

地表上では $g = 32\mathrm{ft/sec^2} = 980\mathrm{cm/sec^2} = 9.8\mathrm{m/sec^2}$ 程度となる．

## II. 電気回路

簡単な直列電気回路（図 2-1）は，以下の要素で構成される．

(1) $E$ **ボルト**の**起電力**（**電圧**もしくは**電位差**）を供給する**電池**または**発電機**
(2) $R$ **オーム**の**抵抗**を持つ**抵抗器**
(3) $L$ **ヘンリー**の**インダクタンス (電磁誘導)** を持つ**インダクタ**
(4) $C$ **ファラド**の**静電容量**を持つ**コンデンサ**または**蓄電器**

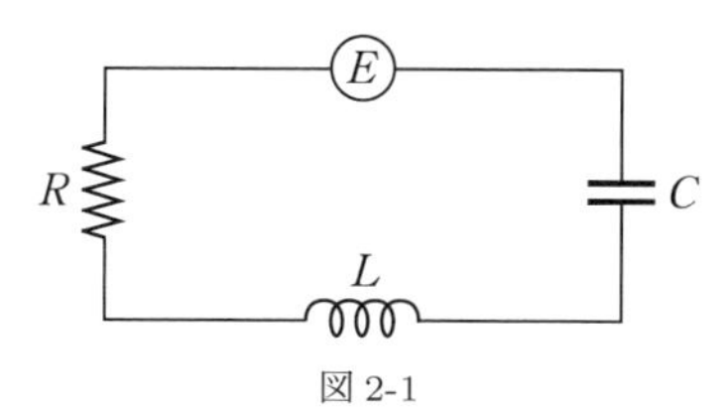

図 2-1

**アンペア**で測定される**電流** $I$ は，**クーロン**で測定されるコンデンサの電荷 $Q$ の瞬間的な時間変化率，すなわち $I = dQ/dt$ となる．

電気の基本原理より，以下を得る．

$$\text{抵抗器の両端で発生する電位差 (電位降下)} = IR$$

$$\text{インダクタの両端で発生する電位差 (電位降下)} = L\,dI/dt$$

$$\text{コンデンサの両端で発生する電位差 (電位降下)} = Q/C$$

**キルヒホッフの法則**

($a$) 電気回路中の任意の分岐点について，そこに流れ込む電流の代数和は 0 である．
($b$) 閉じた回路周りの電位差の代数和は 0 である．

単ループ回路の場合，法則 ($a$) は，そのループ全体で電流の強さが同じであることを意味している．

## III. 直交曲線

ある 1 パラメータ曲線群に関して，その各曲線に対して直交するように横断する曲線から成る族を，**直交曲線群**という．$dy/dx = F(x, y)$ を 1 パラメータ族の微分方程式とすると，直交曲線群の微分方程式は以下のようになる（問題 2.35）.

$$dy/dx = -1/F(x, y).$$

## IV. 梁 (はり) のたわみ

$xy$ 座標系の $x$ 軸上に位置し，様々な方法で支えられている梁 (はり)[1]は，垂直荷重の影響を受けて曲がる．梁の**たわみ曲線**は，しばしば**弾性曲線**と呼ばれ，図 2-2 に破線で示した $y = f(x)$ で与えられる．ここで $y$ は下向きを正として測定される．この曲線は

$$\frac{EIy''}{(1+y'^2)^{3/2}} = -M(x) \tag{6}$$

という式から求めることができる．ここで，$M(x)$ は $x$ における**曲げモーメント**であり，$x$ の片側にかかるすべての力のモーメントの代数和に等しく，モーメントは $y$ の正方向にかかると正，そうでなければ負として計算する．

たわみが小さい場合 $y'$ は小さくなるので，以下の近似式が使われる．

$$EIy'' = -M(x) \tag{7}$$

ここで，$E$ は**ヤング率** (または**弾性係数**)，$I$ を梁の断面の中心軸に関する慣性モーメント (または断面二次モーメント) としたとき，量 $EI$ は**曲げ剛性**と呼ばれ，一般に定数である．

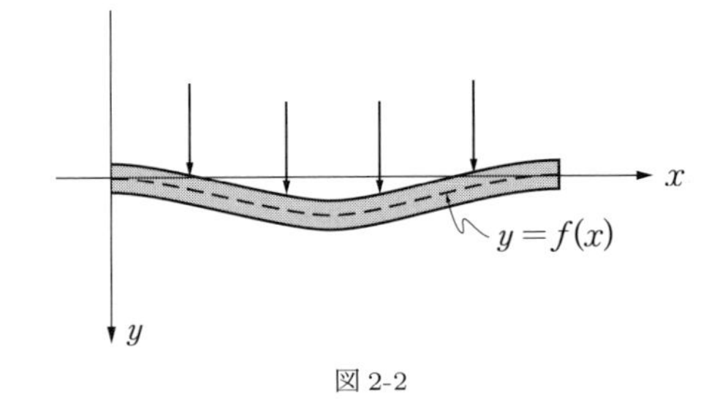


図 2-2

## V. その他の問題

温度や熱流，化学，放射能などに関する理工系の諸問題は，微分方程式で数学的に定式化できる．

1) 訳注：梁 (はり)・柱・床・壁は建築物に必要な部材である．このうち梁は水平方向の部材であり，床や屋根の重さを支える構造部材として重要なものである．

# 微分方程式の数値解法

境界値問題

$$dy/dx = f(x, y) \qquad y(x_0) = y_0 \tag{8}$$

を考えるとき，厳密解が得られない場合がある．その場合，近似または数値解を得るための方法がある．

## 1. オイラー法

オイラー法では，(8) 式の微分方程式を近似式

$$\frac{y(x_0 + h) - y(x_0)}{h} = f(x_0, y_0) \tag{9}$$

に置き換え，

$$y(x_0 + h) = y(x_0) + hf(x_0, y_0) \tag{10}$$

とする．このやり方を順に行うことで，$y(x_0 + 2h)$, $y(x_0 + 3h)$ などが求められる．良い近似式を得るには $h$ を十分に小さくする必要がある．

また，この方法を改良した手順もありそれを用いた計算法がある 問題 2.45.

## 2. テイラー級数法

(8) の微分方程式をさらに微分し続けることで $y'(x_0)$, $y''(x_0)$, $y'''(x_0), \ldots$ が得られる．このとき，微分方程式の解は以下のテイラー級数によって与えられる（級数は収束すると仮定する）．

$$y(x) = y(x_0) + y'(x_0)(x - x_0) + \frac{y''(x_0)(x - x_0)^2}{2!} + \cdots \tag{11}$$

上記により，任意の精度で $y(x_0 + h)$ を得ることができる 問題 2.46.

## 3. ピカールの逐次近似法

境界値条件を用いて (8) の微分方程式を積分すると，

$$y(x) = y_0 + \int_{x_0}^{x} f(u, y)du \tag{12}$$

と求められる．そこで，近似値を $y_1(x) = y_0$ と仮定すると (12) より新たな近似値

$$y_2(x) = y_0 + \int_{x_0}^{x} f(u, y_1)du \tag{13}$$

が得られる．そしてこの値と (12) を用いると別の近似値

$$y_3(x) = y_0 + \int_{x_0}^{x} f(u, y_2)du \tag{14}$$

が得られる．この方法を続けていくと，近似値の関数列 $y_1, y_2, y_3, \ldots$ を構成できる．この関数列の極限が存在する場合，その極限関数こそが求めたい解となる．ただし，実際にこの近似法を使って求めていくときは，数回行うだけで良い近似値が得られる場合が多い 問題 2.47．

## 4. ルンゲ=クッタ法

まず以下の値を求める．

$$\begin{cases} k_1 = hf(x_0,\, y_0) \\ k_2 = hf(x_0 + \frac{1}{2}h,\, y_0 + \frac{1}{2}k_1) \\ k_3 = hf(x_0 + \frac{1}{2}h,\, y_0 + \frac{1}{2}k_2) \\ k_4 = hf(x_0 + h,\, y_0 + k_3) \end{cases} \tag{15}$$

ルンゲ=クッタ法は，

$$y(x_0 + h) = y_0 + \tfrac{1}{6}(k_1 + 2k_2 + 2k_3 + k_4) \tag{16}$$

を計算することで近似値が求まるという方法である 問題 2.48．

以上，近似値を求めるための代表的な手法を紹介してきた．これらの手法はより高階な微分方程式に対しても適用できる．その場合，複数の 1 階微分方程式として記述する必要がある 問題 2.49〜問題 2.51．

# 演習問題

## 微分方程式の分類

**問題 2.1** 以下の微分方程式について，階数，従属変数と独立変数，常微分方程式か偏微分方程式かを述べることで分類せよ．

$(a)$ $x^2y'' + xy' + (x^2 - n^2)y = 0$ $(b)$ $\dfrac{dx}{dy} = x^2 + y^2$

$(c)$ $\dfrac{dy}{dx} = \dfrac{1}{x^2 + y^2}$ $(d)$ $\left(\dfrac{d^2u}{dt^2}\right)^3 + u^4 = 1$

$(e)$ $\dfrac{\partial^2 Y}{\partial t^2} = 2\dfrac{\partial^2 Y}{\partial x^2}$ $(f)$ $(x^2 + 2y^2)\,dx + (3x^2 - 4y^2)\,dy = 0$

**解答**

$(a)$ 階数：2 階．従属変数：$y$．独立変数：$x$．種類：常微分方程式

$(b)$ 階数：1 階．従属変数：$x$．独立変数：$y$．種類：常微分方程式

$(c)$ 階数：1 階．従属変数：$y$．独立変数：$x$．種類：常微分方程式

この微分方程式は $(b)$ の式と同一であることに注意しよう．

$(d)$ 階数：2 階．従属変数：$u$．独立変数：$t$．種類：常微分方程式

$(e)$ 階数：2 階．従属変数：$Y$．独立変数：$x, t$．種類：偏微分方程式

$(f)$ 階数：1 階．従属変数：$y$(または $x$)．独立変数：$x$(または $y$)．種類：常微分方程式

## 微分方程式の解

**問題 2.2** 以下に並べた 2 つの式が，微分方程式とその解という関係にあるか確認せよ．また，その解は一般解であるか答えよ．

$(a)$ $y' - x + y = 0;\quad y = Ce^{-x} + x - 1$

$(b)$ $\dfrac{dy}{dx} = \dfrac{2xy}{3y^2 - x^2};\quad x^2y - y^3 = c$

$(c)$ $\dfrac{d^2I}{dt^2} + 2\dfrac{dI}{dt} - 3I = 2\cos t - 4\sin t;\quad I = c_1e^t + c_2e^{-3t} + \sin t$

$(d)$ $x^3\left(\dfrac{d^2v}{dx^2}\right)^2 = 2v\dfrac{dv}{dx};\quad v = cx^2$

**解答**

$(a)$ $y = Ce^{-x} + x - 1$ と $y' = -Ce^{-x} + 1$ を微分方程式に代入する．すると，

$$y' - x + y = -Ce^{-x} + 1 - x + Ce^{-x} + x - 1 = 0.$$

ゆえに，$y = Ce^{-x} + x - 1$ は解である．

任意定数の個数 (1 つ) は微分方程式の階数 (1 階) に等しいので，この解は一般解である．

(b) $x^2y - y^3 = c$ を微分することで $x^2y' + 2xy - 3y^2y' = 0$，すなわち $(x^2 - 3y^2)y' + 2xy = 0$ を得るので，$y' = \dfrac{dy}{dx} = \dfrac{2xy}{3y^2 - x^2}$ となる．この解は一般解である．

(c) $I = c_1e^t + c_2e^{-3t} + \sin t$ と $\dfrac{dI}{dt} = c_1e^t - 3c_2e^{-3t} + \cos t$，$\dfrac{d^2I}{dt^2} = c_1e^t + 9c_2e^{-3t} - \sin t$ を微分方程式に代入する．すると，

$$\begin{aligned}\frac{d^2I}{dt^2} + 2\frac{dI}{dt} - 3I &= (c_1e^t + 9c_2e^{-3t} - \sin t) + 2(c_1e^t - 3c_2e^{-3t} + \cos t) \\ &\quad - 3(c_1e^t + c_2e^{-3t} + \sin t) \\ &= 2\cos t - 4\sin t.\end{aligned}$$

となるから，$I = c_1e^t + c_2e^{-3t} + \sin t$ は解である．そして，この解の任意定数の個数と微分方程式の階数はともに 2 であるから一般解とみなせる．

(d) $v = cx^2$ と $\dfrac{dv}{dx} = 2cx$，$\dfrac{d^2v}{dx^2} = 2c$ を微分方程式に代入すると，$x^3(2c)^2 = 2(cx^2)(2cx)$ となりこれを整理すると $4c^2x^3 = 4c^2x^3$ を得る．ゆえに $v = cx^2$ は解である．しかしながら，任意定数の個数 (1 個) は微分方程式の階数 (2 階) と一致しないので，この解は一般解ではない．

**問題 2.3**　問題 2.2(c) の微分方程式について，$I(0) = 2$, $I'(0) = -5$ を満たす特殊解を求めよ．

**解答**

問題 2.2(c) より一般解は

$$I = I(t) = c_1e^t + c_2e^{-3t} + \sin t.$$

$t = 0$ では，$I(0) = c_1 + c_2 = 2$，すなわち

$$c_1 + c_2 = 2. \tag{1}$$

一方で一般解を $t$ で微分すると

$$I'(t) = c_1e^t - 3c_2e^{-3t} + \cos t$$

となるから，$t = 0$ では $I'(0) = c_1 - 3c_2 + 1 = -5$，すなわち

$$c_1 - 3c_2 = -6. \tag{2}$$

式 (1) と式 (2) を連立方程式として同時に解くと $c_1 = 0$, $c_2 = 2$ と求まるから，目的の特殊解は

$$I = 2e^{-3t} + \sin t$$

であることがわかる．

**問題 2.4**　微分方程式

$$Q''(t) + 4Q'(t) + 20Q(t) = 16e^{-2t} \qquad t \geq 0$$

$$Q(0) = 2, \qquad Q'(0) = 0$$

の解が

$$Q(t) = e^{-2t}(1 + \sin 4t + \cos 4t)$$

であることを示せ.

**解答**

$$Q(t) = e^{-2t}(1 + \sin 4t + \cos 4t)$$

$$\begin{aligned} Q'(t) &= e^{-2t}(4\cos 4t - 4\sin 4t) - 2e^{-2t}(1 + \sin 4t + \cos 4t) \\ &= e^{-2t}(2\cos 4t - 6\sin 4t - 2) \end{aligned}$$

$$\begin{aligned} Q''(t) &= e^{-2t}(-8\sin 4t - 24\cos 4t) - 2e^{-2t}(2\cos 4t - 6\sin 4t - 2) \\ &= e^{-2t}(4\sin 4t - 28\cos 4t + 4) \end{aligned}$$

より,

$$\begin{aligned} Q''(t) + 4Q'(t) + 20Q(t) &= e^{-2t}(4\sin 4t - 28\cos 4t + 4) \\ &\quad + 4e^{-2t}(2\cos 4t - 6\sin 4t - 2) \\ &\quad + 20e^{-2t}(1 + \sin 4t + \cos 4t) \\ &= 16e^{-2t} \end{aligned}$$

となる. さらに, $Q(0) = 2$ と $Q'(0) = 0$ となるから, 微分方程式の解となっていることがわかる.

**問題 2.5**　微分方程式 $y = xy' - y'^2$ の一般解 $y = cx - c^2$ と特異解 $y = x^2/4$ の間の関係を見るために, グラフとして図示せよ.

**解答**

図 2-3 をみると, $y = cx - c^2$ は放物線 $y = x^2/4$ に接する直線群を表していることがわかる. つまり, この放物線はこれら直線群の**包絡線**となっている.

曲線群 $G(x, y, c) = 0$ の包絡線が存在するならば, 方程式 $\partial G/\partial c = 0$ と $G = 0$ を連立させて解くことにより求められる. 今回の例で言えば, $G(x, y, c) = y - cx + c^2$ と $\partial G/\partial c = -x + 2c$ より, $-x + 2c = 0$ と $y - cx + c^2 = 0$ を同時に解く. すると, $x = 2c$, $y = c^2$, すなわち包絡線 $y = x^2/4$ を得ることができる.

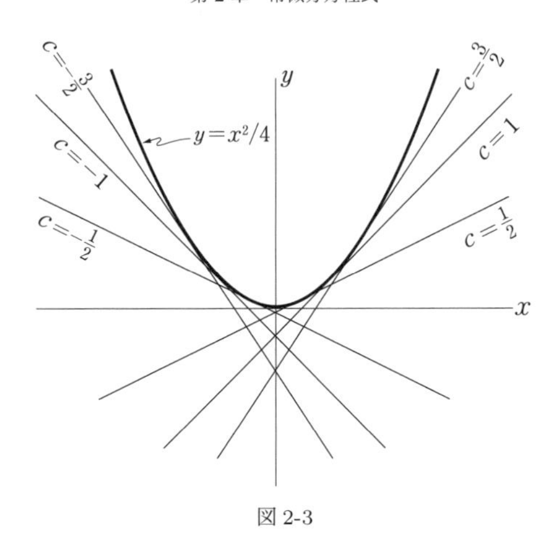


図 2-3

## 曲線群の微分方程式

**問題 2.6**　以下に答えよ．

$(a)$ 1 パラメータ曲線群 $y = cx^3$ の一部を図示せよ．

$(b)$ $(a)$ の曲線群を一般解に持つ微分方程式を求めよ．

**解答**

$(a)$ 曲線群の一部を以下の図 2-4 に図示している．

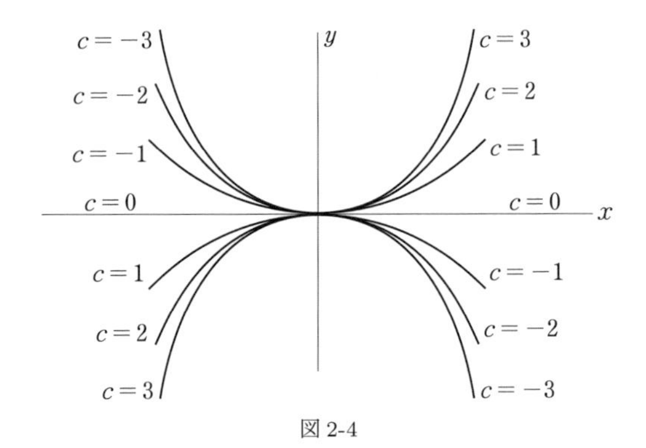


図 2-4

(*b*) $y = cx^3$ より $dy/dx = 3cx^2$ を得る．$c = y/x^3$ を代入すると，目的となる曲線群の微分方程式は以下のようになる．

$$\frac{dy}{dx} = 3\left(\frac{y}{x^3}\right)x^2 \qquad \text{または} \qquad \frac{dy}{dx} = \frac{3y}{x} \qquad .$$

**問題 2.7**　2 パラメータ曲線群 $ax^2 + by^2 = 1$ を一般解に持つ微分方程式を求めよ．

**解答**

$x$ に関して微分すると，

$$2ax + 2byy' = 0 \qquad \text{または} \qquad a = -byy'/x \qquad .$$

これを $ax^2 + by^2 = 1$ に代入すると

$$(-byy'/x)x^2 + by^2 = 1 \qquad \text{または} \qquad -bxyy' + by^2 = 1$$

となるから，$a$ が消去された．さらに微分を行うと，

$$-b\left[xyy'' + xy'^2 + yy'\right] + 2byy' = 0 \qquad .$$

したがって，目的となる微分方程式は，$b \neq 0$ で割ることで，

$$xyy'' + xy'^2 - yy' = 0$$

となる．

**問題 2.8**　以下に答えよ．

(*a*) 微分方程式 $dy/dx = 3x^2$ の一般解を求めよ．

(*b*) (*a*) で得た解の一部を図示せよ．

(*c*) 点 (1, 3) を通る (*b*) の特定の曲線の式を求めよ．

**解答**

(*a*)

$$dy = 3x^2\,dx \qquad \text{または} \qquad \int dy = \int 3x^2\,dx$$

なので，$y = x^3 + c$ が一般解となる．

(*b*) 様々な値の $c$ に対する曲線 $y = x^3 + c$ を図 2-5 に示す．あらゆる値の $c$ からなる曲線の集合は，微分方程式 $dy/dx = 3x^2$ を満たす 1 パラメータ曲線群であるが，$xy$ 平面の各点は曲線群のうちの唯一 1 つのみが通る．

(*c*) 曲線は (1, 3) を通るので $x = 1$ のとき $y = 3$ である．ゆえにこの値を $y = x^3 + c$ に代入すると，$3 = 1^3 + c$ つまり $c = 2$ となり，目的の曲線の方程式は $y = x^3 + 2$ となる．

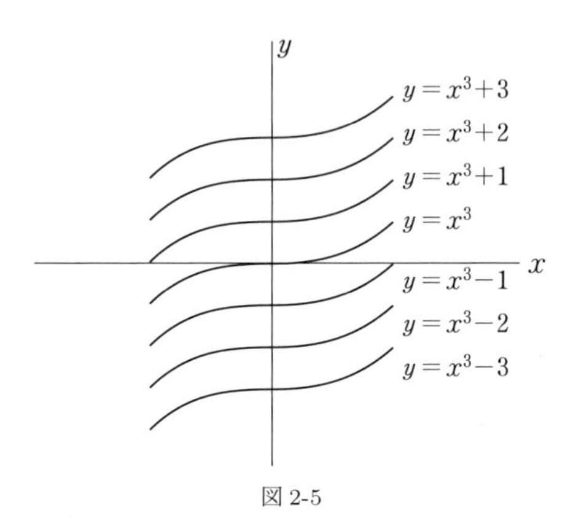


図 2-5

**問題 2.9**　以下に答えよ．

($a$) 以下の境界値問題を解け．

$$y'' = 3x - 2 \qquad y(0) = 2, \quad y'(1) = -3$$

($b$) 得られた解についての幾何学的な解釈を述べよ．

**解答**

($a$) 与えられた微分方程式を積分すると，$y' = \dfrac{3x^2}{2} - 2x + c$ を得る．$y'(1) = -3$ [つまり $x = 1$ のとき $y' = -3$ であること] であるから，$-3 = \frac{3}{2} - 2 + c_1$ すなわち $c_1 = -\frac{5}{2}$ となる．したがって，

$$y' = \frac{3x^2}{2} - 2x - \frac{5}{2} \qquad .$$

もう一度これを積分すると，$y = \dfrac{x^3}{2} - x^2 - \dfrac{5x}{2} + c_2$ となる．$y(0) = 2$ [つまり $x = 0$ のとき $y = 2$ であること] より，$c_2 = 2$ となる．したがって目的の方程式は，

$$y = \frac{x^3}{2} - x^2 - \frac{5x}{2} + 2 \qquad .$$

($b$) 幾何学的に $y = \dfrac{x^3}{2} - x^2 - \dfrac{5x}{2} + 2$ は，点 $(0, 2)$ を通り，$x = 1$ で $-3$ の傾きを持つ（微分方程式 $y'' = 3x - 2$ を満たす）曲線群のうちの一つを表している．

微分方程式を二度続けて積分すると，$y = \dfrac{x^3}{2} - x^2 + c_1 x + c_2$ となるから一般解は **2 パラメータ曲線群**を表していることに注意しよう．上記で求めた曲線は，$c_1 = -\frac{5}{2}$, $c_2 = 2$ に対応している．

## 変数分離

**問題 2.10**

($a$) $(4x + xy^2)\,dx + (y + x^2y)\,dy = 0$ の一般解を求めよ.

($b$) $y(1) = 2$ を満たす特殊解を求めよ.

解答

($a$) 方程式は $x(4 + y^2)\,dx + y(1 + x^2)\,dy = 0$ または

$$\frac{xdx}{1+x^2} + \frac{ydy}{4+y^2} = 0$$

とかける. これを積分すると, $\frac{1}{2}\ln(1+x^2) + \frac{1}{2}\ln(4+y^2) = c_1$, すなわち

$$\ln\left[(1+x^2)(4+y^2)\right] = 2c_1 \qquad \text{または} \qquad (1+x^2)(4+y^2) = e^{2c_1} = c \qquad .$$

したがって, 目的の一般解は $(1+x^2)(4+y^2) = c$ となる.

($b$) $y(1) = 2$ つまり $x = 1$ のとき $y = 2$ となるような特殊解を求めるために, $x = 1, y = 2$ を $(1+x^2)(4+y^2) = c$ に代入すると $c = 16$ を得る. したがって, $(1+x^2)(4+y^2) = 16$ となる.

**問題 2.11** 以下の境界値問題を解け.

$$\frac{dy}{dx} + 3y = 8, \qquad y(0) = 2$$

解答

$dy/dx = 8 - 3y$ とかけるから変数分離により

$$\frac{dy}{8-3y} = dx \qquad \text{または} \qquad \int \frac{dy}{8-3y} = \int dx$$

となる. ゆえに,

$$-\frac{1}{3}\ln(8-3y) = x + c_1 \quad .$$

上の式に $x = 0$ および $y = 2$ を代入すると, $-\frac{1}{3}\ln 2 = c_1$ を得るから目的の特殊解は

$$-\frac{1}{3}\ln(8-3y) = x - \frac{1}{3}\ln 2 \quad .$$

この式は,

$$\tfrac{1}{3}\ln(8-3y) - \tfrac{1}{3}\ln 2 = -x$$

$$\ln(8-3y) - \ln 2 = -3x$$

$$\ln\left(\frac{8-3y}{2}\right) = -3x$$
$$\frac{8-3y}{2} = e^{-3x}$$

と変形でき，最終的に

$$y = \frac{2}{3}(4-e^{-3x})$$

となる．

**検算：**

$y = \frac{2}{3}(4-e^{-3x})$ のとき，$y(0) = \frac{2}{3}(4-e^{0}) = \frac{2}{3}(3) = 2$ となる．また，$dy/dx = \frac{2}{3}(3e^{-3x}) = 2e^{-3x}$ であるから，

$$\frac{dy}{dx} + 3y = 2e^{-3x} + 3\cdot\frac{2}{3}(4-e^{-3x}) = 8 \quad .$$

**問題 2.12**　問題 2.11 において，条件 $y(0)=2$ を $y(0)=4$ と置き換えたときの解を求めよ．

**解答**

問題 2.11 の一般解 $-\frac{1}{3}\ln(8-3y) = x + c_1$ において，形式的に $x=0, y=4$ を代入すると，負の数を持った対数が関係してくることがわかる．この困難を回避するために，実際には絶対値を用いた式

$$\int\frac{dy}{8-3y} = -\frac{1}{3}\ln|8-3y|$$

を考慮することで，$-\frac{1}{3}\ln|8-3y| = x - \frac{1}{3}\ln 4$ とできる．$8-3y$ は負なので，したがって，

$$-\frac{1}{3}\ln(3y-8) = x - \frac{1}{3}\ln 4 \qquad \text{または} \qquad y = \frac{4}{3}(2+e^{-3x}) \quad .$$

**問題 2.13**　$dy/dx = \sec y \tan x$ を解け．

**解答**

変数分離により，$\dfrac{dy}{\sec y} = \tan x dx$ を得るので，

$$\cos y\, dy = \frac{\sin x}{\cos x}dx \quad .$$

したがって，この式を積分すると

$$\int \cos y\, dy = -\int\frac{d(\cos x)}{\cos x}$$
$$\sin y = -\ln\cos x + c \quad .$$

したがって，$\ln\cos x + \sin y = c$ となる．

## 完全微分方程式

> **問題 2.14** $(3x^2 + y\cos x)dx + (\sin x - 4y^3)dy = 0$ について，
> ($a$) 完全微分方程式であることを示せ．
> ($b$) 一般解を求めよ．

解答

($a$) $M = 3x^2 + y\cos x$, $N = \sin x - 4y^3$ であり，$\partial M/\partial y = \cos x = \partial N/\partial x$ となるから，完全微分方程式であることがわかる．

($b$)**方法 1.：**方程式を

$$3x^2 dx + (y\cos x\, dx + \sin x\, dy) - 4y^3 dy = 0$$

とかく．これは，

$$d(x^3) + d(y\sin x) - d(y^4) = 0$$

または

$$d(x^3 + y\sin x - y^4) = 0$$

となるから，積分すると

$$x^3 + y\sin x - y^4 = c \quad .$$

**方法 2.：**$M\,dx + N\,dy = dU$ は完全微分だから $dU = \dfrac{\partial U}{\partial x}dx + \dfrac{\partial U}{\partial y}dy$ となり，

$$\frac{\partial U}{\partial x} = M, \qquad \frac{\partial U}{\partial y} = N$$

すなわち

$$\frac{\partial U}{\partial x} = 3x^2 + y\cos x, \qquad \frac{\partial U}{\partial y} = \sin x - 4y^3 \tag{1}$$

を得る．式 (1) の最初の式を $x$ に関して $y$ を変化させずに（偏）積分すると，

$$U = \int (3x^2 + y\cos x)\partial x = x^3 + y\sin x + F(y) \tag{2}$$

を得る．ここで，$F(y)$ は $y$ に依存した積分定数である．

式 (2) を式 (1) の二番目の式に代入すると，

$$\sin x + F'(y) = \sin x - 4y^3 \qquad \text{または} \qquad F'(y) = -4y^3$$

となるので，$F(y) = -y^4 + c_1$ と積分定数が求まる．これを式 (2) に代入しすると，

$$U = x^3 + y\sin x - y^4 + c_1 \quad .$$

したがって，$M\,dx + N\,dy = dU = d(x^3 + y\sin x - y^4 + c_1) = 0$ より，$x^3 + y\sin x - y^4 = c$.

**方法 3.：** 完全微分方程式に関する一般解の公式 (p.51) を用いると，

$$\int (3x^2 + y\cos x)\partial x + \int \left[(\sin x - 4y^3) - \frac{\partial}{\partial y}\int (3x^2 + y\cos x)\partial x\right] dy = c$$

$$x^3 + y\sin x + \int \left[(\sin x - 4y^3) - \frac{\partial}{\partial y}(x^3 + y\sin x)\right] dy = c$$

$$x^3 + y\sin x - y^4 = c \quad .$$

## 積分因子

**問題 2.15**

($a$) $(3xy^2 + 2y)\,dx + (2x^2y + x)\,dy = 0$ が完全微分方程式**でない**ことを示せ.

($b$) $x$ を乗じることで完全微分方程式になることを示せ.

($c$) 完全微分方程式とした上でその解を求めよ.

解答

($a$) $M = 3xy^2 + 2y,\ N = 2x^2y + x$ とすると，$\dfrac{\partial M}{\partial y} = 6xy + 2,\ \dfrac{\partial N}{\partial x} = 4xy + 1$ だから完全微分ではない.

($b$) $x$ を乗じると，微分方程式は，$M = 3x^2y^2 + 2xy,\ N = 2x^3y + x^2$ から，

$$(3x^2y^2 + 2xy)\,dx + (2x^3y + x^2)\,dy = 0 \quad .$$

このとき，$\dfrac{\partial M}{\partial y} = 6x^2y + 2x = \dfrac{\partial N}{\partial x}$ となるから，完全微分方程式となる.

($c$) 問題 2.14 で述べた方法のいずれかを用いることで，$x^2y + x^3y^2 = c$ と求めることができる.

**問題 2.16**　以下の微分方程式を解け.

($a$) $(y + x^4)\,dx - x\,dy = 0$　　($b$) $(x^3 + xy^2 - y)\,dx + x\,dy = 0$

解答

($a$) $ydx - xdy + x^4dx = 0$ とする．$ydx - xdy$ の組合せは，積分因子 $1/x^2,\ 1/y^2,\ 1/(x^2 + y^2)$ のいずれかが存在することを示唆している [積分因子を用いた一般解を見よ (p.51)]．最初の積分因子を用いることが目的の結果，すなわち

$$\frac{ydx - xdy}{x^2} + x^2dx = 0 \qquad \text{または} \qquad -d\left(\frac{y}{x}\right) + d\left(\frac{x^3}{3}\right) = 0$$

につながる．したがって一般解は，

$$-\frac{y}{x} + \frac{x^3}{3} = c \quad .$$

(b) $x(x^2+y^2)dx + xdy - ydx = 0$ とし，積分因子 $1/(x^2+y^2)$ を乗じると

$$xdx + \frac{xdy - ydx}{x^2+y^2} = 0 \qquad \text{または} \qquad d\left(\frac{x^2}{2}\right) + d\left(\tan^{-1}\frac{y}{x}\right) = 0$$

を得る．したがって一般解は，

$$\frac{x^2}{2} + \tan^{-1}\frac{y}{x} = c \quad .$$

**問題 2.17**

(a) $Mdx + Ndy = 0$ が $x$ にのみ依存する積分因子 $\mu$ を持つとき，$\mu = e^{\int f(x)dx}$ となることを示せ（$f(x) = (M_y - N_x)/N$, $M_y = \partial M/\partial y$, $N_x = \partial N/\partial x$）．

(b) $\mu$ が $y$ にのみ依存する場合はどうなるか示せ．

(c) 以上の結果を用いて問題 2.15を解け．

**解答**

(a) 仮定より，$\mu M dx + \mu N dy = 0$ は完全微分である．ゆえに，

$$\frac{\partial(\mu M)}{\partial y} = \frac{\partial(\mu N)}{\partial x} \quad .$$

$\mu$ は $x$ にのみ依存することから，

$$\mu\frac{\partial M}{\partial y} = \mu\frac{\partial N}{\partial x} + N\frac{d\mu}{dx} \qquad \text{または} \qquad N\frac{d\mu}{dx} = \mu\left(\frac{\partial M}{\partial y} - \frac{\partial N}{\partial x}\right)$$

とかける．したがって，

$$\frac{d\mu}{\mu} = \left(\frac{M_y - N_x}{N}\right)dx = f(x)dx$$

となり，

$$\ln\mu = \int f(x)dx, \qquad \mu = e^{\int f(x)dx}$$

を得る．

(b) (a) において $M$ と $N$，$x$ と $y$ を入れ替えることにより $(N_x - M_y)/M = g(y)$ の場合には $y$ だけに依存する積分因子 $\mu$ が存在し，この場合は $\mu = e^{\int g(y)dy}$ であることがわかる．

(c) 問題 2.15では，$M = 3xy^2 + 2y$，$N = 2x^2y + x$，$M_y = 6xy + 2$，$N_x = 4xy + 1$ であり，$\dfrac{M_y - N_x}{N} = \dfrac{2xy+1}{2x^2y+x} = \dfrac{1}{x}$ となるから $x$ にのみ依存している．したがって，(a) より，$e^{\int(1/x)dx} = e^{\ln x} = x$ と積分因子は決まり，あとは問題 2.15(b)のように解くことができる．

# 線形微分方程式

**問題 2.18**　以下の微分方程式を解け．

$$\frac{dy}{dx} + P(x)y = Q(x)$$

**解答**

方程式を

$$[P(x)y - Q(x)]dx + dy = 0$$

とする．このとき，

$$M = P(x)y - Q(x), \quad N = 1, \quad M_y = \frac{\partial M}{\partial y} = P(x), \quad N_x = \frac{\partial N}{\partial x} = 0 \quad .$$

$\dfrac{M_y - N_x}{N} = \dfrac{P(x) - 0}{1} = P(x)$ が $x$ にのみ依存するから，問題 2.17 より $e^{\int P(x)dx}$ は積分因子となる．この因子を方程式の両辺にかけると

$$e^{\int Pdx}\left(\frac{dy}{dx} + Py\right) = Qe^{\int Pdx}$$

となり，これは

$$\frac{d}{dx}(e^{\int Pdx}y) = Qe^{\int Pdx}$$

とかける．したがって，この式を積分することで，

$$e^{\int Pdx}y = \int Qe^{\int Pdx}dx + c \quad .$$

または

$$y = e^{-\int Pdx}\int Qe^{\int Pdx}dx + ce^{-\int Pdx} \quad .$$

**問題 2.19**　以下を解け．

$$x\frac{dy}{dx} - 2y = x^3 \cos 4x$$

**解答**

与式を $\dfrac{dy}{dx} - \dfrac{2}{x}y = x^2 \cos 4x$ とすることで，$P = -2/x, Q = x^2 \cos 4x$ とおいた線形微分方程式 $\dfrac{dy}{dx} + Py = Q$ の形にする．問題 2.18 の結果を用いることで，積分因子は $e^{\int(-2/x)dx} = e^{-2\ln x} = e^{\ln x^{-2}} = x^{-2}$ となる．$x^{-2}$ を両辺にかけることで

$$x^{-2}\frac{dy}{dx} - 2x^{-3}y = \cos 4x$$

を得る．この式は

$$\frac{d}{dx}(x^{-2}y) = \cos 4x$$

とかけ，これを積分すると $x^{-2}y = \frac{1}{4}\sin 4x + c$ または $y = \frac{1}{4}x^2 \sin 4x + cx^2$ と解が求まる．

## 同次形の微分方程式

**問題 2.20**　以下を解け．

$$(2x^3+y^3)dx-3xy^2dy=0$$

解答

$$\frac{dy}{dx}=\frac{2x^3+y^3}{3xy^2}$$

とする．この右辺は，以下のように変形することで $y/x$ の関数として捉えることができる．

$$\frac{2x^3}{3xy^2}+\frac{y^3}{3xy^2}=\frac{2}{3(y/x)^2}+\frac{1}{3}\left(\frac{y}{x}\right)\quad .$$

ゆえに，$y=vx$ とすることで $v$ にのみ依存するように表せる．すなわち，

$$\frac{2x^3+y^3}{3xy^2}=\frac{2x^3+v^3x^3}{3x\cdot v^2x^2}=\frac{(2+v^3)x^3}{3v^2x^3}=\frac{2+v^3}{3v^2}$$

となり，同次形の微分方程式である．そして $y=vx$ より

$$v+x\frac{dv}{dx}=\frac{2+v^3}{3v^2}\quad \text{または,}\quad x\frac{dv}{dx}=\frac{2-2v^3}{3v^2}$$

を得る．変数を分離すると，

$$\frac{3v^2dv}{v^3-1}=-2\frac{dx}{x}$$

を得る．これを積分し，

$$\ln(v^3-1)=-2\ln x+c_1\quad \text{または}\quad \ln[(v^3-1)x^2]=c_1\quad .$$

$(v^3-1)x^2=e^{c_1}=c$ となるから目的の解は $v=y/x$ より $y^3-x^3=cx$ となる．

$v^3-1>0$ であることを仮定して積分を実行していることに注意．問題 2.12での議論と同様に，$v^3-1<0$ の場合にも上の解は有効である．

**問題 2.21**　以下を解け．

$$\frac{dy}{dx}=\frac{5x+4y}{2x-y}$$

解答

右辺が $y/x$ の関数である．ゆえに $y=vx$ とすると，

$$x\frac{dv}{dx}+v=\frac{5+4v}{2-v}$$

または

$$\frac{v-2}{v^2+2v+5}dv+\frac{dx}{x}=0$$

となる．これを積分すると，

$$\int \frac{v-2}{v^2+2v+5}dv + \int \frac{dx}{x} = c \quad .$$

左辺第一項は

$$\begin{aligned}\int \frac{v-2}{v^2+2v+5}dv &= \int \frac{(v+1)dv}{v^2+2v+5} + \int \frac{-3dv}{(v+1)^2+4} \\ &= \frac{1}{2}\ln(v^2+2v+5) - \frac{3}{2}\tan^{-1}\left(\frac{v+1}{2}\right)\end{aligned}$$

のように積分できる．この結果を用いて，目的の解は，

$$\frac{1}{2}\ln(y^2+2xy+5x^2) - \frac{3}{2}\tan^{-1}\left(\frac{y+x}{2x}\right) = c \quad .$$

## ベルヌーイの微分方程式

**問題 2.22**　以下を解け．

$$x\frac{dy}{dx} + y = xy^3$$

解答

方程式は $\frac{dy}{dx} + \frac{y}{x} = y^3$ と**ベルヌーイの微分方程式** (p.52) の形でかける ($P(x) = 1/x$, $Q(x) = 1$, $n = 3$)．

変換式を $y^{1-n} = v$，すなわち $y^{-2} = v$ とし，この変換式を $x$ で微分すると，

$$-2y^{-3}\frac{dy}{dx} = \frac{dv}{dx} \qquad \text{または} \qquad \frac{dy}{dx} = -\frac{1}{2}y^3\frac{dv}{dx}$$

を得る．そしてこの式を元の微分方程式に代入すると，

$$-\frac{1}{2}y^3\frac{dv}{dx} + \frac{y}{x} = y^3 \qquad \text{または} \qquad \frac{dv}{dx} - \frac{2}{xy^2} = -2$$

これを整理して

$$\frac{dv}{dx} - 2v = -2$$

となる．この式の一般解は $v = 2x + cx^2$ であるから，変換式を元に戻すことで目的の式は $y^2 = \frac{1}{2x+cx^2}$ となる．

## 1変数について解ける微分方程式

**問題 2.23**　以下を解け．

$$xp^2 + 2px - y = 0 \qquad (p = y')$$

解答

この微分方程式は $y = xp^2 + 2px$ として明示的に $y$ について解ける．$x$ で微分すると，

$$\frac{dy}{dx} = p = 2px\frac{dp}{dx} + p^2 + 2p + 2x\frac{dp}{dx}$$

または，

$$p(p+1) + 2x(p+1)\frac{dp}{dx} = 0 \tag{1}$$

を得る．

**Case 1,** $p+1 \neq 0$ のとき．$(p+1)$ で割ることで式 (1) は，

$$p + 2x\frac{dp}{dx} = 0$$

となり，この解は $xp^2 = c$．したがって，

$$x = \frac{c}{p^2}, \qquad y = c + \frac{2c}{p} \tag{2}$$

は一般解のパラメトリック方程式となる [訳注：媒介変数は $p$]．式 (2) から $p$ を消去すると

$$(y-c)^2 = 4cx \tag{3}$$

の形の一般解が得られる．

**Case 2,** $p+1 = 0$ のとき．$p = -1$ とし，元の微分方程式 $xp^2 + 2px - y = 0$ に代入することで $x + y = 0$ と求まり，与えられた微分方程式の解であることが実際に確認できる．この解は式 (3) の一般解で $c$ をどのように選んでも得ることができない．したがって，$x + y = 0$ は特異解であることがわかる．

## クレローの微分方程式

**問題 2.24**　以下を解け．

$$y = px \pm \sqrt{p^2+1} \qquad p = y'$$

解答

問題 2.23 の方法を使う．与式を $x$ で微分すると，

$$y' = p = p + x\frac{dp}{dx} \pm \frac{p}{\sqrt{p^2+1}}\frac{dp}{dx} \quad .$$

これを整理して，

$$\frac{dp}{dx}\left(x \pm \frac{p}{\sqrt{p^2+1}}\right) = 0 \quad .$$

**Case 1,** $dp/dx = 0$ のとき．この場合 $p = c$ となるから一般解は,

$$y = cx \pm \sqrt{c^2+1} \quad .$$

**Case 2,** $dp/dx \neq 0$ のとき．この場合 $x \pm p/\sqrt{p^2+1} = 0$ すなわち $x = \mp p/\sqrt{p^2+1}$ となり,

$$y = \mp \frac{p^2}{\sqrt{p^2+1}} \pm \sqrt{p^2+1} = \pm \frac{1}{\sqrt{p^2+1}} \quad .$$

$p$ を消すためには，$x^2+y^2 = \dfrac{p^2}{p^2+1} + \dfrac{1}{p^2+1} = 1$ とすることに注意．$x^2+y^2=1$ は与えられた微分方程式を満たすが，一般解でどのように $c$ を選んでも得られないので，特異解である．

## 高階の微分方程式

**問題 2.25**　以下を解け．

$$y'' + 2y' = 4x$$

解答

$y$ が微分方程式に現れていないので 1 階の微分方程式にすることができる．実際に $y' = p$, $y'' = dp/dx$ とすると，方程式は

$$\frac{dp}{dx} + 2p = 4x \tag{1}$$

となり，積分因子 $e^{\int 2dx} = e^{2x}$ を持つ 1 階の線形微分方程式となる．$e^{2x}$ をかけると (1) は,

$$\frac{d}{dx}(pe^{2x}) = 4xe^{2x}$$

とかくことができるので,

$$pe^{2x} = 4\int xe^{2x}dx + c = 4\left[(x)\left(\frac{e^{2x}}{2}\right) - (1)\left(\frac{e^{2x}}{4}\right)\right] + c_1$$

となり，すなわち,

$$p = dy/dx = 2x - 1 + c_1 e^{-2x} \quad .$$

再び積分を行うと，目的の一般解を求めることができる．

$$y = x^2 - x - \tfrac{1}{2}c_1 e^{-2x} + c_2 = x^2 - x + Ae^{-2x} + B.$$

**問題 2.26**　以下を解け．

$$1 + yy'' + y'^2 = 0$$

解答

$x$ が微分方程式に現れていないので，$y' = p$，$y'' = \dfrac{dp}{dx} = \dfrac{dp}{dy}\dfrac{dy}{dx} = p\dfrac{dp}{dy}$ とおくと，

$$1 + py\frac{dp}{dy} + p^2 = 0 \quad .$$

変数分離をして積分すると，

$$\int \frac{p\,dp}{1+p^2} + \int \frac{dy}{y} = c_1$$

すなわち，

$$\frac{1}{2}\ln(1+p^2) + \ln y = c_1 \quad \text{または} \quad \ln[(1+p^2)y^2] = c_2$$

となり，$(1+p^2)y^2 = a^2$ を得る．$p$ について解くと

$$p = \frac{dy}{dx} = \pm\sqrt{a^2-y^2}/y \quad .$$

再び変数分離を用いると，

$$\pm\frac{ydy}{\sqrt{a^2-y^2}} = dx \quad .$$

となり，積分し，

$$\mp\sqrt{a^2-y^2} = x + b.$$

これを二乗することで以下の一般解が得られる．

$$(x+b)^2 + y^2 = a^2.$$

## 応用例：力学

**問題 2.27** 地面からある物体を鉛直上方に向けて初速 1960[cm/sec] で投げた．空気抵抗を無視したとき，以下に答えよ．

($a$) 物体が到達する最高点を求めよ．

($b$) 物体が出発地点に戻るまでにかかる時間を求めよ．

解答

上向きを正とし，質量 $m$ の物体が，時間 $t$ 秒後に地面から距離 $x$[cm] のところにあるとする [図 2-6]．ニュートンの法則より，

正味の力 = 重力

$$m\frac{d^2x}{dt^2} = -mg \qquad \text{あるいは，} \qquad \frac{d^2x}{dt^2} = -g = -980. \qquad (1)$$

$t = 0$ における初期条件は，$x = 0$，$dx/dt = 1960$ である．

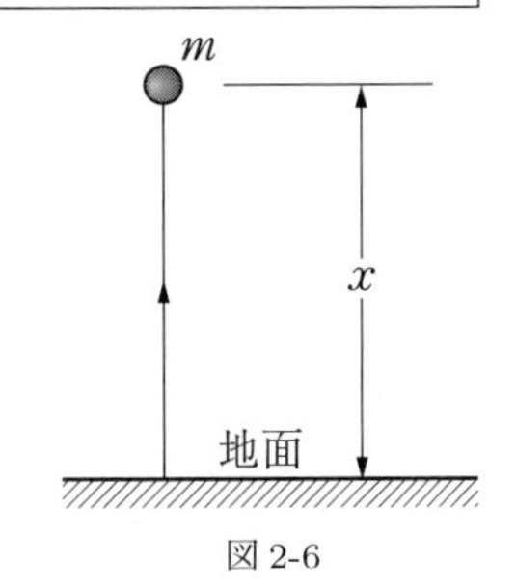


図 2-6

この初期条件の下で (1) を解くと,

$$x = 1960t - 490t^2. \tag{2}$$

($a$) 高さは $dx/dt = 1960 - 980t = 0$ より, $t = 2$ のとき最大になる．すると, $x = 1960(2) - 490(2)^2 = 1960$ を得る．したがって，最高点は 1960[cm] となる．

($b$) $x = 0$ は $t(1960 - 490t) = 0$ のとき，すなわち $t = 0, 4$ としたときに成り立つ．したがって，出発地点に戻るまでにかかる時間は 4 秒となる．

**問題 2.28**　192 ポンドの物体は $t = 0$ で静止状態にあり，その瞬間速度 [フィート/sec] の 2 倍に等しい抵抗 [ポンド] を受けながら落下している状況を考える (訳注：$2v$ の単位をポンドとみなす)．このとき，以下に答えよ

($a$) 任意の時間 $t > 0$ における，物体の速度と距離を求めよ．

($b$) 終端速度を求めよ．

**解答**

正方向を下にとる．ニュートンの法則より以下を得る (訳注：p.54 によれば，$g = 32[\mathrm{ft/sec^2}]$)．

$$\text{正味の力} = \text{重量} - \text{空気抵抗}$$

$$\frac{192}{g}\frac{dv}{dt} = 192 - 2v \qquad \text{あるいは,} \qquad \frac{dv}{dt} = 32 - \frac{v}{3}\,. \tag{1}$$

($a$) $t = 0$ において，初期条件 $v = 0$ を条件として (1) を解くと，任意の時間での速度は,

$$v = 96(1 - e^{-t/3}). \tag{2}$$

(2) に現れる $v$ を $dx/dt$ で置き換え，$t = 0$ での初期条件 $x = 0$ を使い，以下の移動距離を得る．

$$x = 96(t + 3e^{-t/3} - 3).$$

($b$) 終端速度は,

$$\lim_{t\to\infty} 96(1 - e^{-t/3}) = 96\,[\text{フィート/sec}]$$

となり，この結果は $dv/dt = 32 - v/3 = 0$ からも得ることができる．

**問題 2.29**　問題 2.28 において，空気中にはたらく抵抗 [ポンド] を $3v^2$ に変更する．このとき以下に答えよ．

($a$) 任意の時間 $t > 0$ における，物体の速度と距離を求めよ．

($b$) 終端速度を求めよ．

**解答**

$$\text{正味の力} = \text{重量} - \text{空気抵抗}$$

$$\frac{192}{g}\frac{dv}{dt} = 192 - 3v^2 \qquad \text{あるいは,} \qquad 2\frac{dv}{dt} = 64 - v^2. \tag{1}$$

得た式を変数分離して積分すると,

$$\int \frac{dv}{64 - v^2} = \int \frac{dt}{2} \qquad \text{あるいは,} \qquad \frac{1}{16}\ln\left(\frac{8+v}{8-v}\right) = \frac{t}{2} + c.$$

$(a)$ $t = 0$ のとき, $v = 0$ より $c = 0$ となる. したがって,

$$\frac{1}{16}\ln\left(\frac{8+v}{8-v}\right) = \frac{t}{2} \qquad \text{あるいは,} \qquad v = \frac{dx}{dt} = 8\left(\frac{e^{4t} - e^{-4t}}{e^{4t} + e^{-4t}}\right). \tag{2}$$

となり, これは任意の時間における速度である.

(2) の右側の式を $t = 0$ で $x = 0$ となる条件として積分すると, 以下の移動距離が求まる.

$$x = 2\ln\left(\frac{e^{4t} + e^{-4t}}{2}\right) = 2\ln\cosh 4t$$

$(b)$ 終端速度は,

$$\lim_{t\to\infty} 8\left(\frac{e^{4t} - e^{-4t}}{e^{4t} + e^{-4t}}\right) = \lim_{t\to\infty} 8\left(\frac{1 - e^{-8t}}{1 + e^{-8t}}\right) = 8\,[\text{フィート/sec}]$$

となり, この結果は $\dfrac{dv}{dt} = 32 - \dfrac{v^2}{2} = 0$ からも得ることができる.

**問題 2.30** 質量 $m$ のボートが速度 $v_0$ で走行している. $t = 0$ で電源を切って推進力をなくした状態を考える. $v$ を瞬間速度とし, 水の抵抗が $v^n (n = \text{定数})$ に比例するとき, 移動距離の関数として $v$ を求めよ.

**解答**

$t > 0$ 秒後の移動距離を $x$ とする. $k$ を比例定数とすると,

$$\text{正味の力} = \text{推進力} - \text{水抵抗}$$

$$m\frac{dv}{dt} = 0 - kv^n.$$

したがって,

$$m\frac{dv}{dt} = m\frac{dv}{dx}\cdot\frac{dx}{dt} = mv\frac{dv}{dx} = -kv^n \qquad \text{あるいは,} \qquad mv^{1-n}dv = -k\,dx.$$

**Case 1.** $n \neq 2$ **のとき**

$x = 0$ で速度 $v = v_0$ となることを使い ($v_0$ は $t = 0$ における速度), 積分すると以下を得る.

$$v^{2-n} = v_0^{2-n} - \frac{k}{m}(2-n)x.$$

**Case 2.** $n = 2$ **のとき**

$x = 0$ で速度 $v = v_0$ となることを使うと,

$$v = v_0 e^{-kx/m}.$$

**問題 2.31**　長さ $a$ の鎖が水平な摩擦のないテーブル上にあり，最初 (手で抑えて) 長さ $b$ だけ側面に垂れ下がっているとする．静かに手を離したとき，鎖がテーブルから落ちるのにかかる時間を求めよ．

**解答**

時間 $t$ に鎖の長さが $x$ だけ側面に垂れ下がっているとする [図 2-7]．鎖の (単位長さあたりの質量である) 密度を $\sigma$ とする．このとき，以下を得る．[1)]

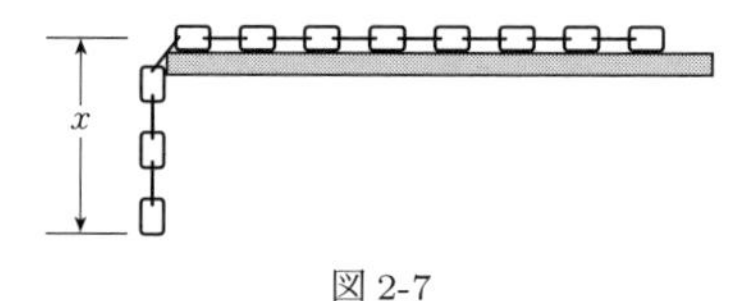

図 2-7

$$\text{正味の力} = \text{加速される質量} \cdot \text{加速度}$$

$$(\sigma g)x = \sigma a \frac{dv}{dt}. \tag{1}$$

ゆえに，$\dfrac{dv}{dt} = \dfrac{dv}{dx} \cdot \dfrac{dx}{dt} = v\dfrac{dv}{dx}$ より，(1) は，

$$v\frac{dv}{dx} = \frac{gx}{a}. \tag{2}$$

$v = 0$ のとき $x = b$ となることを使って (2) を積分すると，

$$v = \frac{dx}{dt} = \sqrt{\frac{g}{a}}\sqrt{x^2 - b^2}. \tag{3}$$

さらに，$t = 0$ のとき $x = b$ となることを使って，(3) を変数分離してもう一度積分すると，

$$\ln\left(\frac{x + \sqrt{x^2 - b^2}}{b}\right) = \sqrt{\frac{g}{a}}t.$$

$x = a$ のときに鎖が落ちるので，そこまでにかかる時間 $T'$ は，

$$T' = \sqrt{\frac{a}{g}}\ln\left(\frac{a + \sqrt{a^2 - b^2}}{b}\right)$$

となる．

1)　訳注：$T$ を張力とすると，垂れ下がっている部分に働く力は，

$$(\sigma g)x - T = (\sigma x)\frac{dv}{dt}. \tag{1'}$$

一方，テーブル上にある部分に働く力は，

$$T = \sigma(a - x)\frac{dv}{dt}. \tag{2'}$$

(2') を (1') に代入して整理すると，本文の運動方程式が得られる．

## 応用例：電気回路

**問題 2.32** $R = 10$ オームの抵抗器，$L = 2$ ヘンリーのインダクタ，$E$ ボルトの電池が，スイッチ $S$ で直列接続されている [図 2-8]．$t = 0$ のときスイッチは閉じており，電流は $I = 0$ である．$t > 0$ のとき，以下の電位差 $E$ を与えたときの電流 $I$ をそれぞれ求めよ．

(a) $E = 40$　　(b) $E = 20e^{-3t}$　　(c) $E = 50 \sin 5t$.

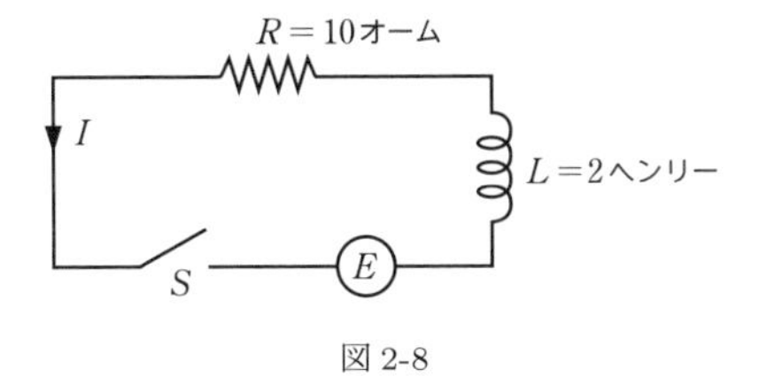


図 2-8

解答

キルヒホッフの法則により，

$$R \text{における電位差} + L \text{における電位差} + E \text{における電位差} = 0$$

$$10I + 2\frac{dI}{dt} + (-E) = 0$$

これを整理すると，

$$\frac{dI}{dt} + 5I = \frac{E}{2}.$$

(a) $E = 40$ のとき，$\dfrac{dI}{dt} + 5I = 20$ を得る．$t = 0$ のとき $I = 0$ となることを使って解くと，$I = 4(1 - e^{-5t})$.

(b) $E = 20e^{-3t}$ のとき，$\dfrac{dI}{dt} + 5I = 10e^{-3t}$ を得る．積分因子 $e^{5t}$ をかけると，$\dfrac{d}{dt}(Ie^{5t}) = 10e^{2t}$ となるから，$t = 0$ のとき $I = 0$ となることを使うと，$I = 5(e^{-3t} - e^{-5t})$.

(c) $E = 50 \sin 5t$ のとき，$\dfrac{dI}{dt} + 5I = 25 \sin 5t$ を得る．積分因子 $e^{5t}$ をかけると，$\dfrac{d}{dt}(Ie^{5t}) = 25e^{5t} \sin 5t$ となる．これを積分すると，

$$Ie^{5t} = 25 \int e^{5t} \sin 5t \, dt = \frac{5e^{5t}}{2}(\sin 5t - \cos 5t) + c.$$

$t = 0$ のとき $I = 0$ となることを使うと，$c = \frac{5}{2}$ を得るから，$I = \frac{5}{2}(\sin 5t - \cos 5t) + \frac{5}{2}e^{-5t}$.

$t$ が増加するにつれて 0 に近づく $\frac{5}{2}e^{-5t}$ の項を**過渡電流**という．残った $\frac{5}{2}(\sin 5t - \cos 5t)$ の項は**定常電流**である．

**問題 2.33**　$E = 100$ ボルトの電池，$R = 5$ オームの抵抗器，$C = 0.02$ ファラドのコンデンサが直列接続されている [図 2-9]．$t = 0$ においてコンデンサの電荷 $Q$ が 5 クーロンであるとき，$t > 0$ における $Q$ と電流 $I$ を求めよ．

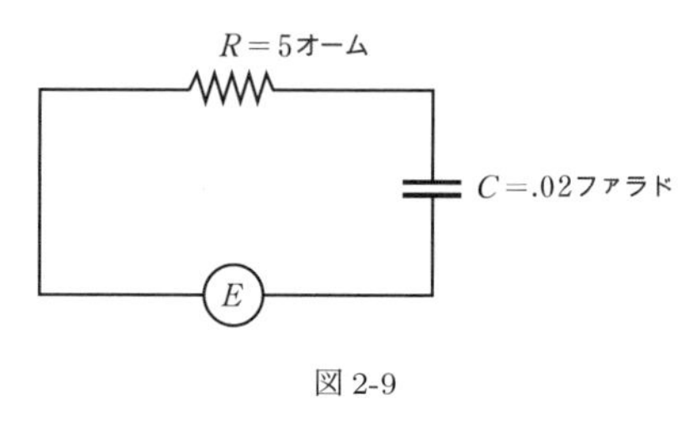


図 2-9

**解答**

$$\text{抵抗器 } R \text{ における電位差} = 5I = 5\frac{dQ}{dt}$$

$$\text{コンデンサ } C \text{ における電位差} = \frac{Q}{0.02} = 50Q$$

$$\text{電池 } E \text{ における電位差} = -E$$

キルヒホッフの法則より，

$$5\frac{dQ}{dt} + 50Q = E.$$

$E = 100$ ボルトのとき，$\dfrac{dQ}{dt} + 10Q = 20$ となる．積分因子 $e^{10t}$ をかけると $\dfrac{d}{dt}(e^{10t}Q) = 20e^{10t}$ を得る．次に，$t = 0$ において $Q = 5$ となることを用いて積分すると，$Q = 2 + 3e^{-10t}$，$I = dQ/dt = -30e^{-10t}$．

**問題 2.34**　$L$ ヘンリーのインダクタと $C$ ファラドのコンデンサが直列接続されている [図 2-10]．$t = 0$ において $Q = Q_0$，$I = 0$ とすると，$t > 0$ での $(a)$ 電荷 $Q$，$(b)$ 電流 $I$ を求めよ．

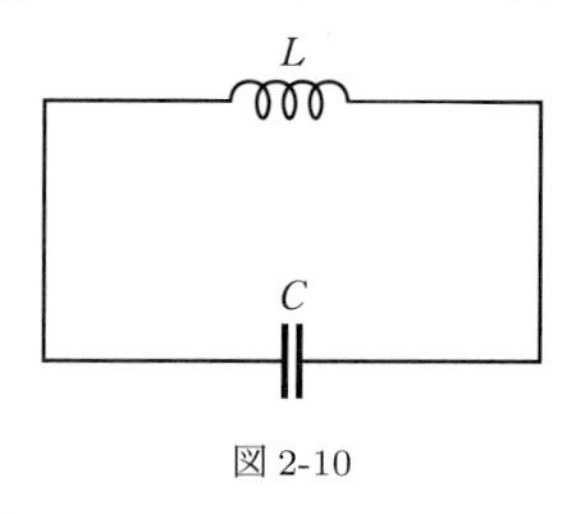


図 2-10

**解答**

$$\text{インダクタ}\,L\,\text{における電位差} = L\frac{dI}{dt} = L\frac{d^2Q}{dt^2}$$
$$\text{コンデンサ}\,C\,\text{における電位差} = \frac{Q}{C}$$

キルヒホッフの法則により，

$$L\frac{d^2Q}{dt^2} + \frac{Q}{C} = 0. \tag{1}$$

$\frac{dQ}{dt} = I$ より，$\frac{d^2Q}{dt^2} = \frac{dI}{dt} = \frac{dI}{dQ}\frac{dQ}{dt} = I\frac{dI}{dQ}$ となるから，(1) は，

$$LI\frac{dI}{dQ} + \frac{Q}{C} = 0 \qquad \text{あるいは,} \qquad LI\,dI + \frac{Q}{C}\,dQ = 0. \tag{2}$$

(2) の右側の式を積分すると，

$$\tfrac{1}{2}LI^2 + \frac{Q^2}{2C} = C_1. \tag{3}$$

$Q = Q_0$ のとき $I = 0$ となるから，$C_1 = Q_0^2/2C$. ゆえに，(3) を $I$ に関して解くと，

$$I = \frac{dQ}{dt} = \pm\frac{1}{\sqrt{LC}}\sqrt{Q_0^2 - Q^2} \tag{4}$$

(4) で変数分離し積分すると，

$$\int \frac{dQ}{\sqrt{Q_0^2 - Q^2}} = \pm\int\frac{dt}{\sqrt{LC}} \qquad \text{あるいは,} \qquad \sin^{-1}\frac{Q}{Q_0} = \pm\frac{t}{\sqrt{LC}} + C_2. \tag{5}$$

$t = 0$ に対して $Q = Q_0$ となることから $C_2 = \pi/2$ を得る．したがって (5) は，

$$\sin^{-1}\frac{Q}{Q_0} = \frac{\pi}{2} \pm \frac{t}{\sqrt{LC}} \qquad \text{あるいは,} \qquad Q = Q_0\cos\frac{t}{\sqrt{LC}}.$$

そして電流は，

$$I = \frac{dQ}{dt} = -\frac{Q_0}{\sqrt{LC}}\sin\frac{t}{\sqrt{LC}}.$$

電荷は**振幅** $Q_0$, **周期** $2\pi\sqrt{LC}$, 1/周期 で表される**振動数** $\frac{1}{2\pi\sqrt{LC}}$ を持つ．電流の振幅は $Q_0/\sqrt{LC}$ であり，周期と振動数は電荷と同じである．

## 応用例：幾何学

**問題 2.35**

$(a)$ 曲線群 $y = cx^2$ に直交する曲線群を求めよ．

$(b)$ 曲線群と $(a)$ で求めた直交曲線群はどういう曲線になるか答えよ．

解答

$(a)$ 曲線群に関する微分方程式は,

$$\frac{dy}{dx} = 2cx = 2\left(\frac{y}{x^2}\right)x \qquad \text{あるいは,} \qquad \frac{dy}{dx} = \frac{2y}{x}.$$

直交曲線群の各曲線の傾きは, 上で得た傾きの「負の逆数」でなければならないので, 直交曲線群の傾きは以下のようになる.

$$\frac{dy}{dx} = -\frac{1}{2y/x} \qquad \text{あるいは,} \qquad \frac{dy}{dx} = -\frac{x}{2y}.$$

これを解くと, 直交曲線に関する以下の方程式を得ることができる.

$$x^2 + 2y^2 = k$$

$(b)$ 曲線群 $y = cx^2$ は放物線の族であり, 直交曲線群 $x^2 + 2y^2 = k$ は楕円の族である [図 2-11].

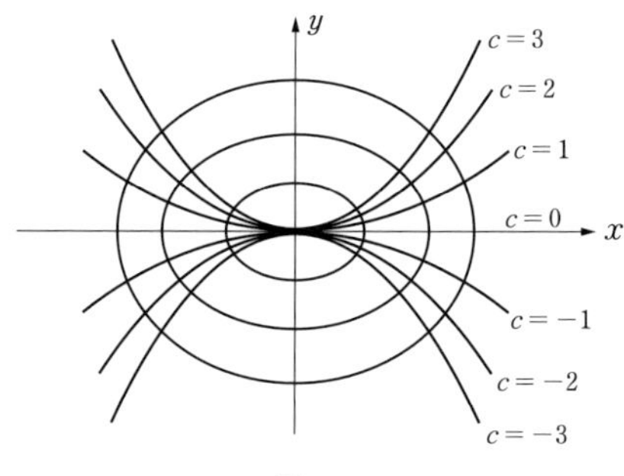


図 2-11

> **問題 2.36**　次を満たす曲線を求めよ：
> 接線を $x$ 軸や $y$ 軸に交わるまで伸ばしたとき, その長さが定数 $a > 0$ となるような曲線.

**解答**

求めたい曲線上の任意点 $P$ を $(x, y)$, 接線 $AB$ 上の任意点 $Q$ を $(X, Y)$ とする [図 2-12].

$(x, y)$ を通り, 傾き $y'$ の直線 $AB$ の方程式は以下のようになる.

$$Y - y = y'(X - x).$$

それぞれ $X = 0$ や $Y = 0$ と置き, $y$ 軸や $x$ 軸との交点を求めると以下を得る.

$$\overline{OA} = y - xy', \quad \overline{OB} = x - y/y' = -(y - xy')/y'.$$

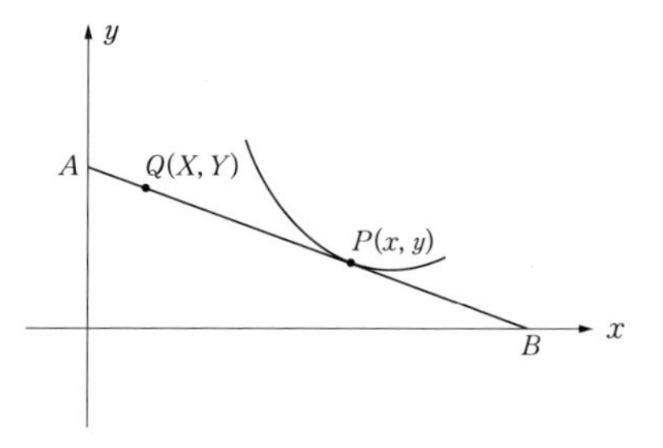


図 2-12

以上より，符号を除いた$AB$の長さは，

$$\sqrt{(\overline{OA})^2+(\overline{OB})^2}=(y-xy')\sqrt{1+y'^2}/y'.$$

この長さは$\pm a$に等しくなる必要があるので，これを考慮し$y$について解くと，

$$y=xy'\pm\frac{ay'}{\sqrt{1+y'^2}}=xp\pm\frac{ap}{\sqrt{1+p^2}}.\qquad(y'=p) \tag{1}$$

(1) を解くために，両辺を$x$に関して微分すると，

$$y'=p=x\frac{dp}{dx}+p\pm\frac{a}{(1+p^2)^{3/2}}\frac{dp}{dx}$$

となり，これを整理すると，

$$\frac{dp}{dx}\left[x\pm\frac{a}{(1+p^2)^{3/2}}\right]=0.$$

**Case 1.** $dp/dx=0$ **のとき**

この場合，$p=c$のとなるから，一般解は，

$$y=cx\pm\frac{ac}{\sqrt{1+c^2}}. \tag{2}$$

**Case 2.** $dp/dx\neq 0$ **のとき**

この場合，(1) より，

$$x=\mp\frac{a}{(1+p^2)^{3/2}},\qquad y=\pm\frac{ap^3}{(1+p^2)^{3/2}}.$$

これより，

$$x^{2/3}=\frac{a^{2/3}}{1+p^2},\qquad y^{2/3}=\frac{a^{2/3}p^2}{1+p^2}$$

となるから，

$$x^{2/3}+y^{2/3}=a^{2/3} \tag{3}$$

と求まる．これは特異解である．

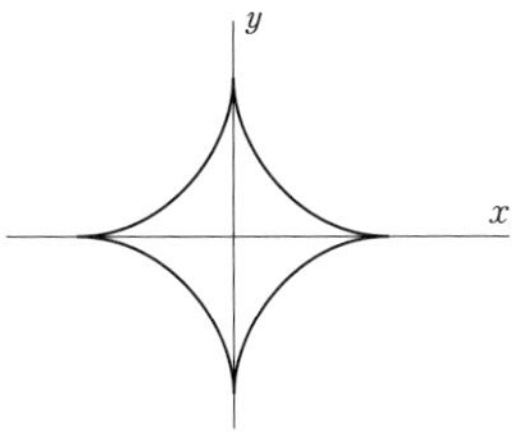

図 2-13

曲線 (3) は**内サイクロイド** [図 2-13] であり，直線族 (2) の包絡線である．

## 応用例：流量

**問題 2.37**　円筒形のタンクの中には，1 ガロン (gal) あたり 2 ポンド (lb)（すなわち濃度 2[lb/gal]）の塩を含む，合計 40 ガロンの食塩水が入っている．そこに濃度 3 ポンド [lb/gal] の食塩水が 4[gal/min] でタンクに流入している状況を考える．よく撹拌された混合液がタンクから 4[gal/min] で流出しているとき，任意の時間におけるタンク内に存在する塩の量を求めよ

解答

$t$ 分後，タンクには $A$ ポンドの塩が入っているとする．このとき，

$$\text{塩分の流量} = \text{流入量} - \text{流出量}$$

$$\frac{dA}{dt}\left[\frac{\text{lb}}{\text{min}}\right] = 3\left[\frac{\text{lb}}{\text{gal}}\right]\cdot 4\left[\frac{\text{gal}}{\text{min}}\right] - \frac{A}{40}\left[\frac{\text{lb}}{\text{gal}}\right]\cdot 4\left[\frac{\text{gal}}{\text{min}}\right].$$

$t=0$ において $A = 40\,[\text{gal}]\cdot 2\left[\frac{\text{lb}}{\text{gal}}\right] = 80\,[\text{lb}]$ となることを用いて方程式 $\frac{dA}{dt} = 12 - \frac{A}{10}$ を解くと，$A = 120 - 40e^{-t/10}$ を得る．

**問題 2.38**　ある直円錐に水が満たされている [図 2-14]．頂点にある断面積 $a$ の開口部 $O$ から水が流出するとき，どれくらいの時間で空になるか？なお，流出の速度は $v = \kappa\sqrt{2gh}$ とする（$h$ は $O$ より上の水位の瞬間的な（水面の）高さであり，$\kappa$ は流量係数である）．

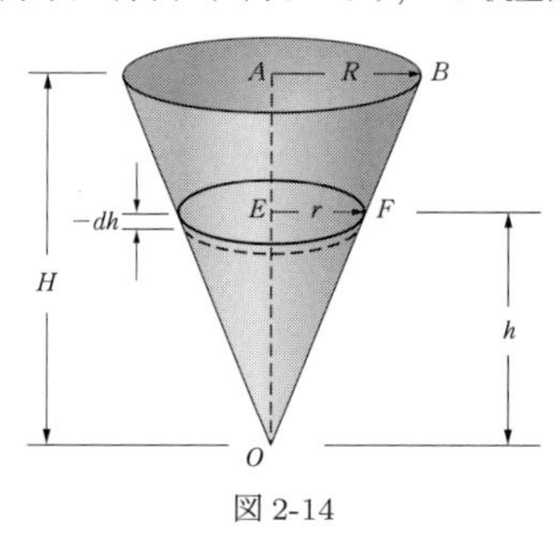


図 2-14

解答

時間 $t$ での水位は $h$ であり，時間 $t+dt$ $(dt>0)$ での水位は $h+dh$ $(dh<0)$ である．これより，

$$\text{水の体積変化} = \text{水の流出量}$$

$$-\pi r^2 dh = av\,dt = a\kappa\sqrt{2gh}\,dt.$$

相似な三角形 $OAB$ と $OEF$ より $r = Rh/H$ が成り立つから，

$$-\frac{\pi R^2 h^2}{H^2}\,dh = a\kappa\sqrt{2gh}\,dt.$$

$t=0$ において $h=H$ となることを使って解くと以下を得る．

$$t = \frac{2\pi R^2}{5a\kappa H^2\sqrt{2g}}(H^{5/2} - h^{5/2}).$$

以上より，空になる $(h=0)$ までにかかる時間は，$T = \dfrac{\pi R^2}{5a\kappa}\sqrt{\dfrac{2H}{g}}$ となる．

## 応用例：化学

**問題 2.39**　ラジウムはその時々に存在する瞬間的な量に比例して減少する．ラジウムの半減期が $T$ 年であるとき，$t$ 年後のラジウム存在量を求めよ (訳注：$t=0$ のとき，$A=A_0$ とする)．

解答

$t$ 年後に $A$ グラムのラジウムが存在しているとする．このとき，

$$A \text{の変化量} \propto A$$

$$\frac{dA}{dt} \propto A \qquad \text{あるいは，} \qquad \frac{dA}{dt} = -kA.$$

$t=0$ において $A=A_0$ となることを使って解くと，$A = A_0e^{-kt}$ と求まる．

存在量が半分，つまり $A_0/2$ となる半減期は $T$ だから，

$$\frac{A_0}{2} = A_0e^{-kT} \qquad \text{あるいは，} \qquad e^{-kT} = \tfrac{1}{2}, \quad e^{-k} = \left(\tfrac{1}{2}\right)^{1/T}$$

より，

$$A = A_0(e^{-k})^t = A_0\left(\tfrac{1}{2}\right)^{t/T}.$$

**別解.** $e^{-kT} = \frac{1}{2}$ より，$k = \dfrac{\ln 2}{T}$ となるから，$A = A_0e^{-t\ln 2/T}$.

**問題 2.40**　ある化学物質 $A$ の溶解過程を考える．この物質の溶解速度は「未溶解の化学物質の瞬間量」および「実際 (溶解途中) の溶液濃度 $C_a$ と飽和溶液の濃度 $C_s$ の差」に比例しているとする．10 ポンドの $A$ を含む不活性多孔質体を 100gal の水で撹拌すると，1 時間後に，このうち 4 ポンドの $A$ が溶解した．飽和溶液が 1gal あたり 0.2 ポンドの $A$ を含むとしたとき (つまり，$C_s = 0.2$)，以下に答えよ．

$(a)$　2 時間後に溶解していない $A$ の量を求めよ．

$(b)$　$A$ の 80% が溶解するまでにかかる時間を求めよ．

解答

$t$ 時間後における化学物質 $A$ の未溶解の量を $x$ ポンドとする．このとき溶解速度は以下の式を満たす．

$$\frac{dx}{dt} \propto x(C_s - C_a) \qquad \text{あるいは,} \qquad \frac{dx}{dt} = kx\left(0.2 - \frac{10-x}{100}\right)$$

これを整理すると，

$$\frac{dx}{dt} = \frac{kx(x+10)}{100} = \kappa x(x+10).$$

変数分離をして積分すると，

$$\int \frac{dx}{x(x+10)} = \frac{1}{10}\int \left(\frac{1}{x} - \frac{1}{x+10}\right) dx = \kappa t + C_1,$$

すなわち，

$$\frac{1}{10}\ln\frac{x}{x+10} = \kappa t + C_1.$$

$t = 0$ において $x = 10$，また $t = 1$ において $x = 6$ となる条件を用いると，

$$x = \frac{5(3/4)^t}{1 - \frac{1}{2}(3/4)^t}.$$

$(a)$ $t = 2$ 時間 (後) には $x = 3.91$ ポンドとなるから，この量の $A$ が未溶解である．

$(b)$ $x = 2$ ポンドのとき $\left(\frac{3}{4}\right)^t = \frac{1}{3}$ となるから，$t = 3.82$ 時間かかることになる．

## 応用例：伝熱

**問題 2.41**　ニュートンの冷却の法則は，「物体の温度の時間変化量は，その物体と周囲の温度差に比例する」という法則である．ある物体が 20 分後に 80°C から 60°C に変化する場合，40 分後にはどれくらいの温度になるか求めよ．ただし，周囲の温度は 20°C とする．

解答

$U$ を $t$ 分後の物体の温度とする．すると，ニュートンの冷却の法則により，

$$\frac{dU}{dt} \propto U - 20 \qquad \text{あるいは,} \qquad \frac{dU}{dt} = k(U-20).$$

これを解くと，$U = 20 + ce^{kt}$ を得る．$t = 0$ のとき $U = 80$ となるから，$c = 60$ より $U = 20 + 60e^{kt}$ を得る．$t = 20$ のとき $U = 60$ となるから，$e^{20k} = 2/3$ つまりは $e^k = (2/3)^{1/20}$ を得る．ゆえに，

$$U = 20 + 60e^{kt} = 20 + 60(e^k)^t = 20 + 60\left(\tfrac{2}{3}\right)^{t/20}.$$

したがって，$t = 40$ のとき，$U = 20 + 60(2/3)^2 = 46.7$°C となる．

## 応用例：梁 (はり) のたわみ

**問題 2.42**　長さ $L$ の梁が両端で単純支持されている [図 2-15]．このとき，以下に答えよ．

(a) 等分布荷重 $W$(単位長さあたりの重量) が梁に働くとき，梁のたわみ (曲線) を求めよ．

(b) たわみの最大値を求めよ．

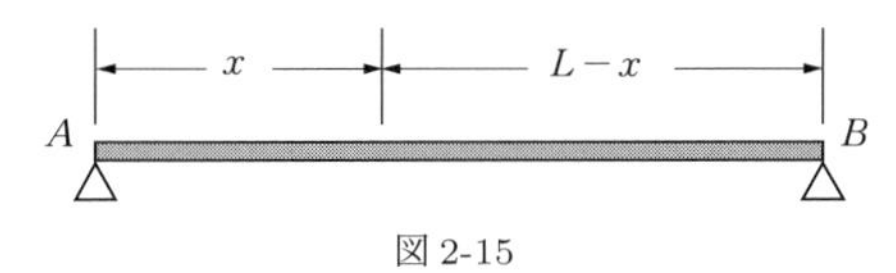


図 2-15

解答

(a) 梁にかかる総重量は $WL$ なので，各端で $\frac{1}{2}WL$ ずつ支えていることになる．$x$ を梁の左端 $A$ からの距離とする．$x$ での曲げモーメント $M$ を求めるために $x$ の左側で働く力を考える．

(1) $A$ にかかる力は $\frac{1}{2}WL$ なのでモーメントは $(\frac{1}{2}WL)x$ となる．

(2) $x$ の左側にある梁の重量による力は大きさ $Wx$ を持つから，モーメントは以下となる (訳注：$x/2$ に合力が作用するものと考えてモーメントを計算している)．

$$-Wx(x/2) = -\tfrac{1}{2}Wx^2$$

以上より，$x$ における曲げモーメントの合計は $-\frac{1}{2}Wx^2 + \frac{1}{2}WLx$ となる．この値を「たわみ曲線の微分方程式」に代入すると以下を得る．

$$EIy'' = \tfrac{1}{2}Wx^2 - \tfrac{1}{2}WLx.$$

(たわみの対称性から) $x = L/2$ において $y' = 0$ となること，また $x = 0$ において $y = 0$ となることを使って解くと，

$$y = \frac{W}{24EI}(x^4 - 2Lx^3 + L^3x).$$

この結果は $x = 0$ と $x = L$ で $y = 0$ となる条件を使うことでも得られる．

(b) たわみは $x = L/2$ において最大となり，その値は $5WL^4/384EI$ である．

なお，$x$ の右側に作用する力を考慮した場合の曲げモーメントは，

$$\tfrac{1}{2}WL(L-x) - W(L-x)\left(\frac{L-x}{2}\right) = -\tfrac{1}{2}Wx^2 + \tfrac{1}{2}WLx$$

となり上で求めたものと同じになる．

**問題 2.43**　片持ち梁は，一端がコンクリートに水平に埋め込まれ，他端に力 $W$ が作用している状態の梁である [図 2-16]．梁の重量を無視できると仮定したとき，以下に答えよ．

(*a*) 梁のたわみ (曲線) を求めよ．

(*b*) たわみの最大値 を求めよ．

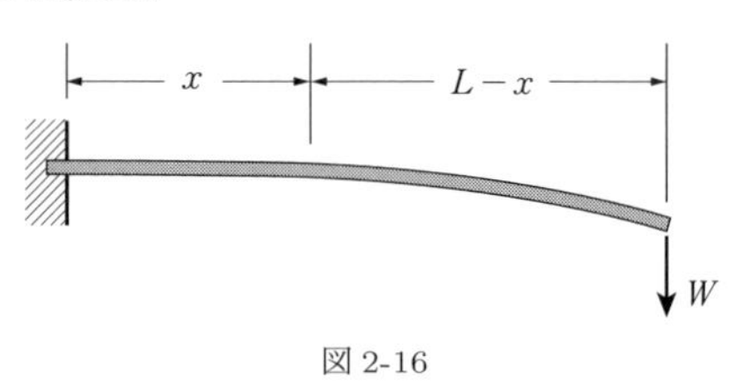


図 2-16

**解答**

(*a*) $x$ の右側部分の梁を考えると，$x$ での曲げモーメントは $-W(L-x)$ となる．この値を「たわみ曲線の微分方程式」に代入すると以下を得る．

$$EIy'' = W(L-x)$$

$x=0$ において $y'=0$ となること，また $x=0$ において $y=0$ となることを使って解くと，

$$y = \frac{W}{6EI}(3Lx^2 - x^3).$$

(*b*) たわみは $x=L$ において最大となり，その値は $WL^3/3EI$ である．

## 微分方程式の数値解法

**問題 2.44**　微分方程式 $dy/dx = 2x + y$，$y(0) = 1$ を解くことを考える．以下に答えよ．

(*a*) オイラー法を用いて，$y(.5)$ の近似値を求めよ．刻み幅は $h = .1$ とする．

(*b*) 厳密解から得られる結果と比較せよ．

**解答**

(*a*) 下表の 1 行目の項目を求めるため，$x_0 = 0$，$y_0 = 1.0000$ より $y' = 2x_0 + y_0 = 1.0000$ となることを利用する．

そして 2 行目の項目を求めるために，$h = .1$ と『オイラー法 (p.57)』の式 (10) を用いると，

$$\begin{aligned} y(x_0+h) &= y(x_0) + hf(x_0, y_0) \\ &= 1\text{ 行目における } y \text{ の値} + (.1)(1\text{ 行目における傾きの値}) \\ &= 1.0000 + (.1)(1.0000) = 1.1000 \end{aligned}$$

このとき対応する傾きは,

$$y' = 2(.1) + 1.1000 = 1.3000.$$

同様に,

$$\begin{aligned}3\text{ 行目における }y\text{ の値} &= 2\text{ 行目における }y\text{ の値} + (.1)(2\text{ 行目における傾きの値})\\ &= 1.1000 + (.1)(1.3000)\\ &= 1.2300\end{aligned}$$

とすると，以下のように傾きの値が得られる．

$$3\text{ 行目における傾き} = 2(.2) + 1.2300 = 1.6300.$$

表にある残りの値は，以上でやったような手順を続けていくことで得られ，最終的には $y(.5) = 1.8315$ と求まる．

| $x$ | $y$ | $y' = 2x + y$ |
|---|---|---|
| .0 | 1.0000 | 1.0000 |
| .1 | 1.1000 | 1.3000 |
| .2 | 1.2300 | 1.6300 |
| .3 | 1.3930 | 1.9930 |
| .4 | 1.5923 | 2.3923 |
| .5 | 1.8315 | |

($b$) この微分方程式は線形で積分因子は $e^{-x}$ となるので，これを解くと，$y = 3e^x - 2x - 2$ を得る．したがって，$x = .5$ のとき，$y = 3e^{.5} - 3 = 3(1.6487) - 3 = 1.9461$．より小さな $h$ の値を用いたり，オイラー法の修正した方法を使うことでより良い精度が得られる（問題 2.45）.

**問題 2.45**　（問題 2.44）で求めた近似値の精度を上げる方法を示せ.

**解答**

下の表に示すように，全問で求めた値 $y$ と $y'$ を改善して $y_1, y'_1, y_2, y'_2$ ... と表記する以外は，（問題 2.44）の方法と基本的に同じである[2)]．改善された値 $y$ が改善前と比べてほとんど変わらないとき，最後に求めた改善値 $y$ を用いることになる (表の $y_3$ や $y_4$ の列を参照).

まず下表の 1 行目は，（問題 2.44）の表の 1 行目と同じであり，同様の方法で求められる．

下表の 2 行目の $y_1$ と $y'_1$ に対応する値も，（問題 2.44）の表の 2 行目にある値と同じである．

2） 訳注：$y_1, y'_1$ の改善値を $y_2, y'_2$，これらの値のさらなる改善値を $y_3, y'_3$ としている．

ここからは下表の値を参照しながら見ていこう．まずこの表から，$x = .0$ と $x = .1$ に対応する傾きはそれぞれ 1.0000 と 1.3000 と求まる．すると，平均的な傾きは $\frac{1}{2}(1.0000 + 1.3000) = 1.1500$ である．この修正した傾きを使って $y$ の値を求めると次のようになる．

$$y_2 = 1.0000 + .1(1.1500) = 1.1150. \tag{1}$$

この $y$ の値に対応する傾きは，与えられた微分方程式を用いて以下のように与えられる．

$$y_2' = 2(.1) + 1.1150 = 1.3150. \tag{2}$$

この修正した傾き (2) を用いてさらなる改善値を求める．平均の傾きを以下のように求める．

$$\tfrac{1}{2}(1.0000 + 1.3150) = 1.1575. \tag{3}$$

これより $y$ の値は

$$y_3 = 1.0000 + (.1)(1.1575) = 1.1158 \tag{4}$$

となり，以下の改善された傾きが得られる．

$$y_3' = 2(.1) + 1.1158 = 1.3158. \tag{5}$$

さらなる改善のため，(5) を用いて平均の傾きを求めると，

$$\tfrac{1}{2}(1.0000 + 1.3158) = 1.1579$$

となるので，

$$y_4 = 1.0000 + (.1)(1.1579) = 1.1158. \tag{6}$$

これは (4) の値と一致するため，この ($x = 0.1$ における) 改善過程は終了する．

ここで，$y_4 = 1.1158$ と $y_3' = 1.3158$ を使い 3 行目の値を求める．したがって，

$$y_1(3\text{ 行目}) = 1.1158 + (.1)(1.3158) = 1.2474,$$
$$y_1'(3\text{ 行目}) = 2(.2) + 1.2474 = 1.6474.$$

このようにして，表の最終行・最終列の値である $y(.5) = 1.9483$ を得ることができる．これは真値である 1.9461 とよく一致する．

| $x$ | $y_1$ | $y_1'$ | $y_2$ | $y_2'$ | $y_3$ | $y_3'$ | $y_4$ |
|---|---|---|---|---|---|---|---|
| .0 | 1.0000 | 1.0000 | | | | | |
| .1 | 1.1000 | 1.3000 | 1.1150 | 1.3150 | 1.1158 | 1.3158 | 1.1158 |
| .2 | 1.2474 | 1.6474 | 1.2640 | 1.6640 | 1.2648 | 1.6648 | 1.2648 |
| .3 | 1.4313 | 2.0313 | 1.4496 | 2.0496 | 1.4505 | 2.0505 | 1.4506 |
| .4 | 1.6557 | 2.4557 | 1.6759 | 2.4759 | 1.6769 | 2.4769 | 1.6770 |
| .5 | 1.9247 | 2.9247 | 1.9471 | 2.9471 | 1.9482 | 2.9482 | 1.9483 |

**問題 2.46**　テイラー級数法を使って(問題 2.44)を解け.

解答

与えられた微分方程式を順次微分していくと,

$$y' = 2x + y,\quad y'' = 2 + y',\quad y''' = y'',\quad y^{(\mathrm{iv})} = y''',\quad y^{(\mathrm{v})} = y^{(\mathrm{iv})},\quad \ldots$$

が得られ,

$$y(0) = 1,\quad y'(0) = 1,\quad y''(0) = 3,\quad y'''(0) = 3,\quad y^{(\mathrm{iv})}(0) = 3,\quad y^{(\mathrm{v})}(0) = 3,\quad \ldots$$

となるから，これらをテイラー級数の式に当てはめると,

$$\begin{aligned} y(x) &= y(0) + y'(0)x + \frac{y''(0)}{2!}x^2 + \frac{y'''(0)}{3!}x^3 + \frac{y^{(\mathrm{iv})}(0)}{4!}x^4 + \frac{y^{(\mathrm{v})}(0)}{5!}x^5 + \cdots \\ &= 1 + x + \frac{3x^2}{2} + \frac{3x^3}{3!} + \frac{3x^4}{4!} + \frac{3x^5}{5!} + \frac{3x^6}{6!} + \cdots \\ &= 1 + x + \frac{3x^2}{2} + \frac{x^3}{2} + \frac{x^4}{8} + \frac{x^5}{40} + \cdots. \end{aligned}$$

したがって，$x = .5$ としたとき,

$$\begin{aligned} y(.5) &= 1 + .5 + \frac{3(.5)^2}{2} + \frac{(.5)^3}{2} + \frac{(.5)^4}{8} + \frac{(.5)^5}{40} + \cdots \\ &= 1 + .5 + .375 + .0625 + .0078 + .0008 + \cdots = 1.9461. \end{aligned}$$

**問題 2.47**　ピカールの逐次近似法を使って(問題 2.44)を解け.

解答

境界条件を用いて与えられた微分方程式を積分すると以下の方程式を得る.

$$y(x) = 1 + \int_0^x (2u + y)\,du.$$

第一近似値を $y_1 = 1$ とすると，以下の第二近似値が求まる.

$$y_2(x) = 1 + \int_0^x (2u + 1)\,du = 1 + x + x^2.$$

すると，第三近似値は,

$$y_3(x) = 1 + \int_0^x (2u + 1 + u + u^2)\,du = 1 + x + \frac{3x^2}{2} + \frac{x^3}{3}.$$

このようにして逐次近似値を求めていくと以下を得る.

$$y_4(x) = 1 + \int_0^x \left(2u + 1 + u + \frac{3u^2}{2} + \frac{u^3}{3}\right) du$$

$$
\begin{aligned}
&= 1 + x + \frac{3x^2}{2} + \frac{x^3}{2} + \frac{x^4}{12}, \\
y_5(x) &= 1 + \int_0^x \left(2u + 1 + u + \frac{3u^2}{2} + \frac{u^3}{2} + \frac{u^4}{12}\right) du \\
&= 1 + x + \frac{3x^2}{2} + \frac{x^3}{2} + \frac{x^4}{8} + \frac{x^5}{60}, \\
y_6(x) &= 1 + \int_0^x \left(2u + 1 + u + \frac{3u^2}{2} + \frac{u^3}{2} + \frac{u^4}{8} + \frac{u^5}{60}\right) du \\
&= 1 + x + \frac{3x^2}{2} + \frac{x^3}{2} + \frac{x^4}{8} + \frac{x^5}{40} + \frac{x^6}{360}.
\end{aligned}
$$

$y_6(x)$ に $x = .5$ を代入すると，

$$
y_6(.5) = 1 + .5 + .375 + .0625 + .0078 + .0008 = 1.9461.
$$

**問題 2.48**　ルンゲ=クッタ法を使って（問題 2.44）を解け．

**解答**

『ルンゲ=クッタ法 (p.58)』で示した式に $h = .5$，$x_0 = 0$，$y_0 = 1$，$f(x,y) = 2x+y$ を代入すると以下を得る．

$$
\begin{aligned}
k_1 &= .5[2(0) + 1] = .5, \\
k_2 &= .5[2(.25) + 1.25] = .875, \\
k_3 &= .5[2(.25) + 1.4375] = .96875, \\
k_4 &= .5[2(.5) + 1.9675] = 1.48375.
\end{aligned}
$$

したがって，

$$
y(.5) = 1 + \tfrac{1}{6}(.5 + 1.750 + 1.9375 + 1.48375) = 1.9452.
$$

$h$ の値を小さくしながらこの方法を複数回以上適用することで，より良い近似値が得られる．

**問題 2.49**

($a$) 以下の微分方程式をルンゲ=クッタ法で数値的に解く方法を示せ．

$$
dy/dx = f(x,y,v), \quad dv/dx = g(x,y,v); \qquad y(x_0) = y_0, \quad v(x_0) = v_0.
$$

($b$) ($a$) を使って，以下の微分方程式の数値解法を示せ．

$$
d^2y/dx^2 = g(x,y,dy/dx); \qquad y(x_0) = y_0, \quad y'(x_0) = y_0.
$$

**解答**

$(a)$ 『ルンゲ=クッタ法 (p.58)』の式を用いると,

$$k_1 = hf(x_0, y_0, v_0) \qquad l_1 = hg(x_0, y_0, v_0),$$
$$k_2 = hf(x_0 + \tfrac{1}{2}h, y_0 + \tfrac{1}{2}k_1, v_0 + \tfrac{1}{2}l_1) \qquad l_2 = hg(x_0 + \tfrac{1}{2}h, y_0 + \tfrac{1}{2}k_1, v_0 + \tfrac{1}{2}l_1),$$
$$k_3 = hf(x_0 + \tfrac{1}{2}h, y_0 + \tfrac{1}{2}k_2, v_0 + \tfrac{1}{2}l_2) \qquad l_3 = hg(x_0 + \tfrac{1}{2}h, y_0 + \tfrac{1}{2}k_2, v_0 + \tfrac{1}{2}l_2),$$
$$k_4 = hf(x_0 + h, y_0 + k_3, v_0 + l_3) \qquad l_4 = hg(x_0 + h, y_0 + k_3, v_0 + l_3).$$

となるので,

$$y(x_0 + h) = y_0 + \tfrac{1}{6}(k_1 + 2k_2 + 2k_3 + k_4), \qquad v(x_0 + h) = v_0 + \tfrac{1}{6}(l_1 + 2l_2 + 2l_3 + l_4).$$

$(b)$ 微分方程式 $d^2y/dx^2 = g(x, y, dy/dx)$ は

$$dy/dx = v, \qquad dv/dx = g(x, y, v)$$

と等価であり, $(a)$ の式と比較すると $f(x, y, v) = v$ となる. すると, $y(x_0 + h)$ の式は $l_1, l_2, l_3$ を使うことで,

$$y(x_0 + h) = y_0 + \tfrac{1}{6}[h_0v_0 + 2h(v_0 + \tfrac{1}{2}l_1) + 2h(v_0 + \tfrac{1}{2}l_2) + h(v_0 + l_3)]$$
$$= y_0 + h_0v_0 + \tfrac{1}{6}h(l_1 + l_2 + l_3).$$

**問題 2.50** 以下の微分方程式について, 問題 2.49 を使って $y(.5)$ の近似値を求めよ.

$$\frac{d^2y}{dx^2} - 3\frac{dy}{dx} + 2y = x; \qquad y(0) = 1, \quad y'(0) = 0$$

**解答**

この微分方程式は

$$dy/dx = v, \qquad dv/dx = x - 2y + 3v$$

と等価であり, 問題 2.49(b) の表記では, $g(x, y, v) = x - 2y + 3v, x_0 = 0, y_0 = 1, v_0 = 0$ となる. したがって, $h = .5$ としたとき, 問題 2.49(a) より以下を得る.

$$l_1 = .5(-2) = -1, \qquad l_2 = .5(-3.25) = -1.625, \qquad l_3 = .5(-3.9375) = -1.96875.$$

以上より,

$$y(.5) = 1 + \frac{.5}{6}(-1 - 1.625 - 1.96875) = .6172.$$

一方で, 与えられた微分方程式は正確に解くことができ, 解は $y = e^x - \frac{3}{4}e^{2x} + \frac{1}{2}x + \frac{3}{4}$ なので, 真値は $y(.5) = e^{.5} - \frac{3}{4}e + 1 = 1.6487 - \frac{3}{4}(2.7183) + 1 = .6100$ となる.

**問題 2.51** テイラー級数法を使って 問題 2.50 を解け.

**解答**

$y' = v, v' = x - 2y + 3v$ なので，微分し続けていくと

$$y'' = v', \quad v'' = 1 - 2y' + 3v', \quad y''' = v'', \quad v''' = -2y'' + 3v'', \quad \ldots$$

となり，$x = 0$ に対応する値は以下のように求められる．

$$y' = 0,\ v' = -2,\ y'' = -2,\ v'' = -5,\ y''' = -5,\ v''' = -11,\ y^{(\mathrm{iv})} = -11,\ v^{(\mathrm{iv})} = -23,$$
$$y^{(\mathrm{v})} = -23,\ v^{(\mathrm{v})} = -47,\ y^{(\mathrm{vi})} = -47,\ v^{(\mathrm{vi})} = -95,\ y^{(\mathrm{vii})} = -95,\ \ldots$$

したがって，

$$\begin{aligned} y(x) &= y(0) + y'(0)x + \frac{y''(0)x^2}{2!} + \frac{y'''(0)x^3}{3!} + \cdots \\ &= 1 - x^2 - \frac{5x^3}{6} - \frac{11x^4}{24} - \frac{23x^5}{120} - \frac{47x^6}{720} - \frac{95x^7}{5040} - \cdots \end{aligned}$$

以上より，以下の近似値が得られる．

$$\begin{aligned} y(.5) &= 1 - .25 - .104167 - .028646 - .005990 - .001020 - .000147 \\ &= .61003. \end{aligned}$$

# 第 3 章

# 線形微分方程式

## $n$ 階線形微分方程式

一般の $n$ 階線形微分方程式は

$$a_0(x)\frac{d^n y}{dx^n} + a_1(x)\frac{d^{(n-1)}y}{dx^{(n-1)}} + \cdots + a_{n-1}(x)\frac{dy}{dx} + a_n(x)y = R(x) \tag{1}$$

の形で表される．上記のように書くことができない微分方程式は**非線形微分方程式**という．

例 1.

$x\dfrac{d^2y}{dx^2} + 3\dfrac{dy}{dx} - 2xy = \sin x$ は 2 階線形微分方程式である．

例 2.

$y\dfrac{d^2y}{dx^2} - x\left(\dfrac{dy}{dx}\right)^2 + x^2y = e^{-x}$ は 2 階非線形微分方程式である．

(1) の右辺 $R(x)$ をゼロとした微分方程式は**同次方程式**とよばれる．$R(x) \neq 0$ の場合は**非同次方程式**という．

例 3.

$x\dfrac{d^2y}{dx^2} + 3\dfrac{dy}{dx} - 2xy = \sin x$ は非同次方程式，$x\dfrac{d^2y}{dx^2} + 3\dfrac{dy}{dx} - 2xy = 0$ は同次方程式である．

さらに $a_0(x), a_1(x), \ldots, a_n(x)$ がすべて定数の場合，(1) 式は**定数係数**線形微分方程式といい，定数でない場合は**変数係数**線形微分方程式という．

## 解の存在と一意性

$a_0(x), a_1(x), \ldots, a_n(x)$ および $R(x)$ が区間 $|x - x_0| < \delta$ において連続で，$a_0(x) \neq 0$ であるとき，

$$y(x_0) = y_0, \qquad y'(x_0) = y'_0, \quad \ldots, \qquad y^{(n-1)}(x_0) = y_0^{(n-1)} \tag{2}$$

の条件を満たす (1) 式の解がただ一つ存在する．

## 演算子記法

$\dfrac{dy}{dx}, \dfrac{d^2y}{dx^2}, \ldots, \dfrac{d^ny}{dx^n}$ を表すために，$Dy, D^2y, \ldots, D^ny$ のような記法を使った方が便利な場合がある．$D, D^2, \ldots$ の記号は**微分演算子**といい，代数的な量に似た性質を持っている．この記法を採用すると，(1) は，

$$[a_0(x)D^n + a_1(x)D^{n-1} + \cdots + a_{n-1}(x)D + a_n(x)]y = R(x), \tag{3}$$

あるいはより簡単に以下のように記述できる．

$$\phi(D)y = R(x).$$

ここで，$\phi(D) = a_0(x)D^n + a_1(x)D^{n-1} + \cdots + a_{n-1}(x)D + a_n(x)$ は $D$ **の演算子多項式**とよばれる．

例 4.

$x\dfrac{d^2y}{dx^2} + 3\dfrac{dy}{dx} - 2xy = \sin x$ は $(xD^2 + 3D - 2x)y = \sin x$ と書き直せる．

## 線形演算子

任意の定数 $A, B$ および関数 $u, v$ に対して演算子 $L$ を作用させ，

$$L(Au + Bv) = AL(u) + BL(v)$$

が成り立つとき，演算子 $L$ を**線形演算子**という．演算子 $D, D^2, \ldots$ および $\phi(D)$ は線形演算子である 問題 3.3．

## 線形微分方程式に関する基本定理

$$\phi(D)y = R(x), \quad (R(x) \neq 0). \tag{4}$$

の一般解を求めるために，(4) の同次方程式

$$\phi(D)y = 0 \tag{5}$$

の一般解を $Y_C(x)$ とする．$Y_C(x)$ はしばしば**同次解**と呼ばれる．このとき，**解の重ね合わせの原理**と呼ばれる以下の重要な定理が存在する．

**定理 3.1**
(4) 式の一般解は，同次解 $Y_C(x)$ と，(4) 式の特殊解 $Y_P(x)$ を足し合わせることで得られる．

$$y = Y_C(x) + Y_P(x)$$

例 5.

$(D^2-3D+2)y=0$ の一般解は $y=c_1e^x+c_2e^{2x}$ であり，$(D^2-3D+2)y=4x^2$ の特殊解は $2x^2+6x+7$ となる．したがって，$(D^2-3D+2)y=4x^2$ の一般解は $y=c_1e^x+c_2e^{2x}+2x^2+6x+7$.

この定理により，「同次方程式の一般解」と「非同次方程式の特殊解」を求めるという問題を別々に考えざるをえないことが明らかになった．

## 線形従属性とロンスキアン

ある区間における $n$ 個の関数 $y_1(x), y_2(x), \dots, y_n(x)$ と $n$ 個の定数 $c_1, c_2, \dots, c_n$ で構成された式

$$c_1y_1(x)+c_2y_2(x)+\cdots+c_ny_n(x)=0$$

を考える．上記の式を満たす $n$ 個の定数 $c_1, c_2, \dots, c_n$ のうち，0 でない定数の組み合わせが存在するとき，$n$ 個の関数 $y_1(x), y_2(x), \dots, y_n(x)$ はその区間で**線形従属**であるという．そうでない場合 (訳注：上記の式を満たす定数の組合わせは $c_1=c_2=\cdots=c_n=0$ のみの場合) は**線形独立**であるという．

例 6.

$2e^{3x}, 5e^{3x}, e^{-4x}$ は任意の区間で線形従属である．なぜなら $c_1(2e^{3x})+c_2(5e^{3x})+c_3(e^{-4x})=0$ について，あらゆる点で定数 $c_1, c_2, c_3$ が全て 0 でないようなものが見つかるからである．例えば，$c_1=-5, c_2=2, c_3=0$.

例 7.

$e^x, xe^x$ は線形独立である．なぜなら $c_1e^x+c_2xe^x=0$ のとき，あらゆる点で $c_1=0, c_2=0$ となるからである．

**定理 3.2**

（微分可能であると仮定した）関数 $y_1(x), y_2(x), \dots, y_n(x)$ の集合がある区間で線形独立であるとき，その区間における $y_1, \dots, y_n$ の**ロンスキアン**とよばれる行列式

$$W(y_1, y_2, \dots, y_n)=\begin{vmatrix} y_1(x) & y_2(x) & \dots & y_n(x) \\ y_1'(x) & y_2'(x) & \dots & y_n'(x) \\ \dots & \dots & \dots & \dots \\ y_1^{(n-1)}(x) & y_2^{(n-1)}(x) & \dots & y_n^{(n-1)}(x) \end{vmatrix}$$

は 0 でない値を持つ．

定理 3.2 は，以下に見るように同次解との関連で重要である．

**定理 3.3 (解の重ね合わせの原理)**
$y_1(x), y_2(x), \ldots, y_n(x)$ が線形独立で $n$ 階微分方程式 $\phi(D)y = 0$ の解であるとき，

$$y = c_1 y_1(x) + c_2 y_2(x) + \cdots + c_n y_n(x)$$

も $\phi(D)y = 0$ の一般解となる．ここで，$c_1, c_2, \ldots, c_n$ は $n$ 個の任意定数である．

## 定数係数線形微分方程式の解

これまでの事柄は一般的な (1) に対して述べたものであった．特に，この微分方程式が定数係数を持つ場合はより単純化されるが，本節ではこの場合を見ていく．定数係数を持つ微分方程式の解を求める一般的な手続きは 2 通りある．演算子を使った技法の「演算子法」と，使わない技法の「非演算子法」である．それぞれの場合において，同次解と特殊解を見つける方法があり，基本定理 3.1 を用いていくことになる．

## 非演算子法

### I. 同次解の求め方

$y = e^{mx}$ ($m =$ 定数) とおき，$(a_0 D^n + a_1 D^{n-1} + \cdots + a_n)y = 0$ に代入すると**特性方程式**とよばれる

$$a_0 m^n + a_1 m^{n-1} + \cdots + a_n = 0 \tag{6}$$

を得る．この式を因数分解すると

$$a_0(m - m_1)(m - m_2)\cdots(m - m_n) = 0 \tag{7}$$

の形となり，$m_1, m_2, \ldots, m_n$ の根を持つことになる．

**Case 1, すべての根が異なる実数解を持つ**
このとき，$e^{m_1 x}, e^{m_2 x}, \ldots, e^{m_n x}$ は $n$ 個の線形独立な解であるので，定理 3.3 より目的の解は，

$$y = c_1 e^{m_1 x} + c_2 e^{m_2 x} + \cdots + c_n e^{m_n x}. \tag{8}$$

**Case 2, 根が複素数解を持つ**
もし $a_0, a_1, \ldots, a_n$ が実数で，$a + bi$ と $a - bi$ が (6) 式の根である場合 [$a$, $b$ は実数]．このとき $a + bi$ と $a - bi$ に対応する解は，オイラーの公式 $e^{iu} = \cos u + i \sin u$ を用いることで，

$$y = e^{ax}(c_1 \cos bx + c_2 \sin bx). \tag{9}$$

**Case 3, 根が重解を持つ**

$m_1$ が $k$ 重度の根であったとき，解は，

$$y = (c_1 + c_2 x + c_3 x^2 + \cdots + c_k x^{k-1}) e^{m_1 x}. \tag{10}$$

## II. 特殊解の求め方

$\phi(D)y = R(x)$ の特殊解を求める方法としては，2 通りの重要な方法がある．

### 1. 未定係数法

この方法では，未知定数（$a, b, c, \ldots$）を含んだ**試行解**を仮定する．この未知定数は求めたい微分方程式に代入することで決定される．仮定する試行解は $R(x)$ の形に依存しており，具体例を以下の表に示した．$f, g, p, q$ は与えられた微分方程式に現れる定数，$k$ は正の整数を表すとする．

| $\boldsymbol{R(x)}$ | **試行解** |
|---|---|
| $fe^{px}$ | $ae^{px}$ |
| $f\cos px + g\sin px$ | $a\cos px + b\sin px$ |
| $f_0 x^k + f_1 x^{k-1} + \cdots + f_k$ | $a_0 x^k + a_1 x^{k-1} + \cdots + a_k$ |
| $e^{qx}(f\cos px + g\sin qx)$ | $e^{qx}(a\cos px + b\sin px)$ |
| $e^{qx}(f_0 x^k + f_1 x^{k-1} + \cdots + f_k)$ | $e^{qx}(a_0 x^k + a_1 x^{k-1} + \cdots + a_k)$ |
| $(f_0 x^k + \cdots + f_k)\cos px$ $+ (g_0 x^k + \cdots + g_k)\sin px$ | $(a_0 x^k + \cdots + a_k)\cos px$ $+ (b_0 x^k + \cdots + b_k)\sin px$ |
| $e^{qx}(f_0 x^k + \cdots + f_k)\cos px$ $+ e^{qx}(g_0 x^k + \cdots + g_k)\sin px$ | $e^{qx}(a_0 x^k + \cdots + a_k)\cos px$ $+ e^{qx}(b_0 x^k + \cdots + b_k)\sin px$ |
| 上の式の和 | 対応する試行解の和 |

上記の方法は，仮定する試行解が「同次解に現れていない」場合に成り立つ．もし仮定した試行解が同次解に現れている場合，この試行解に $x$ の（最小となる）正の整数乗をかけて，同次解に現れないようにしなければならない．

### 2. 定数変化法

次の式を $\phi(D)y = R(x)$ の同次解とする．

$$y = c_1 y_1(x) + c_2 y_2(x) + \cdots + c_n y_n(x).$$

ここで，任意定数 $c_1, c_2, \ldots, c_n$ を関数 $K_1(x), K_2(x), \ldots, K_n(x)$ に置き換え，$y = K_1 y_1 + K_2 y_2 + \cdots + K_n y_n$ が $\phi(D)y = R(x)$ の解を満たすように関数を決定していくことを考える．これらの $n$ 個

の関数 $K_1(x)$, $K_2(x), \ldots, K_n(x)$ を決定するためには，$n$ 個の制約式を課す必要があり，そのうちの一つは微分方程式を満たすことに対応しているので，残りの $n-1$ 個の制約式は自由にとってもよいことになる．そこで最も単純な条件として，

$$\begin{cases} K_1'y_1 + K_2'y_2 + \cdots + K_n'y_n = 0 \\ K_1'y_1' + K_2'y_2' + \cdots + K_n'y_n' = 0 \\ \cdots\cdots\cdots\cdots\cdots\cdots\cdots\cdots\cdots\cdots\cdots\cdots \\ K_1'y_1^{(n-2)} + K_2'y_2^{(n-2)} + \cdots + K_n'y_n^{(n-2)} = 0 \\ K_1'y_1^{(n-1)} + K_2'y_2^{(n-1)} + \cdots + K_n'y_n^{(n-1)} = R(x)/a_0 \end{cases} \tag{11}$$

と与えてみる．最後の式は微分方程式が満すべき条件に対応している．上記の連立方程式の行列式は $y_1, y_2, \ldots, y_n$ のロンスキアンであり，ゼロとならない値を持つと仮定されるから，この方程式系は $K_1', K_2', \ldots, K_n'$ について解くことができる．これらを積分して $K_1, K_2, \ldots, K_n$ を求めれば，目的の解が得られる．定数変化法は，$a_0, \ldots, a_n$ が定数でない場合も含めて，同次解が求まればいつでも適用可能である．

## 演算子法

$a_0, a_1, \ldots, a_n$ を定数とすると，微分方程式 $\phi(D)y = R(x)$ は因数分解形

$$a_0(D-m_1)(D-m_2)\cdots(D-m_n)y = R(x) \tag{12}$$

のように書ける．ここで，$m_1, \ldots, m_n$ は定数であり，因子 $(D-m_1), \ldots, (D-m_n)$ の順番は重要でない．このことは $a_0, a_1, \ldots, a_n$ が定数でない場合は成り立たないことに注意しよう 問題 3.2．定数 $m_1, \ldots, m_n$ は特性方程式である (6) または (7) の根と同じなので，同次解はこれまで通りの方法で求められる．特殊解を得るために，演算子を用いた以下の方法が有用であることがわかっている．

**1. 階数低下法**

$a_0(D-m_2)\cdots(D-m_n)y = Y_1$ と置く．このとき (12) 式は $(D-m_1)Y_1 = R(x)$ となり，$Y_1$ について解くことができる．次に $a_0(D-m_3)\cdots(D-m_n)y = Y_2$ と置くことで，$(D-m_2)Y_2 = Y_1$ となり，$Y_2$ について解くことができる．この手順を繰り返すことで $y$ を得ることができる．この方法を行う際，すべての任意定数を残している場合は一般解を得ることになり，任意定数を省略している場合は特殊解を得ることになる．

**2. 逆演算子法**

$\phi(D)y_P = R(x)$ を満たす特殊解 $y_P$ を $\dfrac{1}{\phi(D)}R(x)$ と定義しよう．$1/\phi(D)$ は**逆演算子**という．以下の表にある項目を参照することで，$\phi(D)y = R(x)$ の特殊解を見つける労力を大幅に削減できる場合がある．なお，この方法を実施する際，$1/\phi(D)$ が線形作用素であることを述べた，以下の式

で表される定理を用いる.

$$\frac{1}{\phi(D)}\{c_1R_1(x)+\cdots+c_kR_k(x)\}=c_1\frac{1}{\phi(D)}R_1(x)+\cdots+c_k\frac{1}{\phi(D)}R_k(x).$$

## 逆演算子法

| | | |
|---|---|---|
| **A.** | $\frac{1}{D-m}R(x)$ | $e^{mx}\int e^{-mx}R(x)dx$ |
| **B.** | $\frac{1}{(D-m_1)(D-m_2)\cdots(D-m_n)}R(x)$ | $e^{m_1x}\int e^{-m_1x}e^{m_2x}\int\cdots$<br>$\int e^{-m_{n-1}x}e^{m_nx}\int e^{-m_nx}R(x)dx^n$<br>このケースでは,逆演算子を部分分数分解し,**A** の方法を使うことによっても求められる. |
| **C.** | $\frac{1}{\phi(D)}e^{px}$ | $\phi(p)\neq 0$ のとき,<br>$\frac{e^{px}}{\phi(p)}.$<br>$\phi(p)=\phi'(p)=\cdots=\phi^{(k-1)}(p)=0$ かつ,$\phi^k(p)\neq 0$ のとき,<br>$\frac{x^ke^{px}}{\phi^{(k)}(p)}.$ |
| **D.** | $\frac{1}{\phi(D^2)}\cos(px+q)$ | $\phi(-p^2)\neq 0$ のとき, $\frac{\cos(px+q)}{\phi(-p^2)}$ |
| | $\frac{1}{\phi(D^2)}\sin(px+q)$ | $\phi(-p^2)\neq 0$ のとき, $\frac{\sin(px+q)}{\phi(-p^2)}$ |

## 逆演算子法

**E.**

$$\frac{1}{\phi(D)}\cos(px+q) = \mathrm{Re}\left\{\frac{1}{\phi(D)}e^{i(px+q)}\right\}$$

$$\frac{1}{\phi(D)}\sin(px+q) = \mathrm{Im}\left\{\frac{1}{\phi(D)}e^{i(px+q)}\right\}$$

「Re」は実部,「Im」は虚部を意味している.

$\phi(ip) \neq 0$ のとき,

$$\mathrm{Re}\left\{\frac{e^{i(px+q)}}{\phi(ip)}\right\}$$

$$\mathrm{Im}\left\{\frac{e^{i(px+q)}}{\phi(ip)}\right\}$$

$\phi(ip) = 0$ の場合は **C** の方法を用いる.

**F.**

$$\frac{1}{\phi(D)}x^p = (c_0 + c_1 D + \cdots + c_k D^k + \cdots)\,x^p$$

$\dfrac{1}{\phi(D)}$ を $D$ のべき乗で展開する ($p =$ 正の整数).

$$(c_0 + c_1 D + \cdots + c_p D^p)x^p$$

ここで, $D^{p+n}x^p = 0$ $(n > 0)$ である.

**G. シフト定理** (*operator shift theorem*)

$$\frac{1}{\phi(D)}e^{px}F(x)$$

$$e^{px}\frac{1}{\phi(D+p)}F(x)$$

**H.**

$$\frac{1}{\phi(D)}xF(x)$$

$$x\frac{1}{\phi(D)}F(x) - \frac{\phi'(D)}{[\phi(D)]^2}F(x)$$

## 変数係数線形微分方程式の解

(1) において, $a_0, a_1, \dots, a_n$ が定数でない場合の微分方程式を解くための方法はいくつかある.

### I. 変数変換

#### 1. オイラーの微分方程式

$$(b_0 x^n D^n + b_1 x^{n-1} D^{n-1} + \cdots + b_{n-1} xD + b_n)y = R(x)$$

の形の微分方程式の解法である ($b_0, b_1, \dots, b_n$ は定数). これは $x = e^t$ と置き, $D_t = d/dt$ とした

$$xD = D_t, \quad x^2D^2 = D_t(D_t - 1), \quad x^3D^3 = D_t(D_t - 1)(D_t - 2), \quad \dots$$

の結果を用いて解くことができ, これにより定数係数微分方程式に帰着する. $R(x) = 0$ の場合は, $y = x^p$ と置いて定数 $p$ を求めることで解くことができる.

### 2. 同次解のうちの 1 つがわかっている場合

$\phi(D)y = R(x)$ に対応する 1 つの同次解 $y = Y(x)$ がわかっている場合，$y = vY(x)$ として微分方程式に代入することで $v'$ に関する $n-1$ 階微分方程式に帰着する．$n = 2$ のときは方程式は 1 次になるので正確に解くことができる 問題 3.34.

### 3. 標準形への変換

一般的な 2 次線形微分方程式

$$y'' + p(x)y' + q(x)y = r(x) \tag{13}$$

は標準形

$$v'' + f(x)v = g(x) \tag{14}$$

に変換することができる．ここで,

$$f(x) = q(x) - \tfrac{1}{4}[p(x)]^2 - \tfrac{1}{2}p'(x), \qquad g(x) = r(x)e^{1/2\int p(x)dx} \tag{15}$$

であり,

$$y = ve^{-1/2\int p(x)dx} \tag{16}$$

とおく必要がある．したがって，(14) が解けるなら (13) も解ける 問題 3.35〜問題 3.36.

## II. 完全微分方程式

微分方程式 $[a_0(x)D^n + a_1(x)D^{n-1} + \cdots + a_n(x)]y = R(x)$ について,

$$a_0(x)D^n + a_1(x)D^{n-1} + \cdots + a_n(x) = D[p_0(x)D^{n-1} + \cdots + p_{n-1}(x)]$$

が成り立つとき，この式は**完全微分方程式**であるという．そして実際に，$[a_0(x)D^2 + a_1(x)D + a_2(x)]y = R(x)$ が完全微分方程式であることと，恒等的に $a_0'' - a_1' + a_2 = 0$ が成り立つことは同値である 問題 3.37〜問題 3.38.

## III. 定数変化法

この方法は『定数変化法 (p.99)』で述べた通り，同次解がわかっている場合に用いることができる．

## IV. 演算子の因数分解

$\phi(D)$ を $p(x)D + q(x)$ の形を持つ因子にそれぞれ因数分解することができれば，そこから階数低下法 (p.100) を用いることができる 問題 3.39.

### V. 級数解法

$a_0, a_1, a_2$ を多項式とした微分方程式 $a_0(x)y'' + a_1(x)y' + a_2(x)y = 0$ は,

$$y = x^\beta(c_0 + c_1x + c_2x^2 + \cdots) = \sum_{k=-\infty}^{\infty} c_k x^{k+\beta} \qquad (k < 0\text{ならば}, c_k = 0\text{とする．}) \tag{17}$$

と仮定することにより解ける場合がある（$\beta$ と $c_k$ は定数）．実際，(17) を微分方程式に代入すると，**決定方程式**とよばれる $\beta$ に関する方程式と，**漸化式**の形をした $c_0, c_1, \ldots$ の方程式を導くことができる．そしてそれら $\beta$ などの定数を解くことで級数解が得られる．(17) の形の級数は**フロベニウス級数**といい，この解法は**フロベニウスの方法**と呼ばれる 問題 3.40.

## 連立微分方程式

2 つ以上の従属変数と 1 つの独立変数を持つ連立微分方程式は，従属変数の 1 つを除いてすべてを消去することによって解くことができ，その結果として単一の常微分方程式に帰着させることができる．得られた解は，元の微分方程式に代入して，任意定数が適切な数だけ存在することの確認が必要である 問題 3.41.

## 応用例

力学や電磁気学などの理工学系分野の問題は，線形微分方程式に帰着することが多く，ここまで説明した解法によって解くことができる 問題 3.42〜問題 3.47.

# 演習問題

## 演算子

**問題 3.1**　$(D^2+3D+2)e^{4x}=(D+2)(D+1)e^{4x}=(D+1)(D+2)e^{4x}$ が成り立つことを示せ.

解答

$$\begin{aligned}
(D^2+3D+2)e^{4x} &= D^2e^{4x}+3De^{4x}+2e^{4x}=16e^{4x}+12e^{4x}+2e^{4x} \\
&= 30e^{4x} \\
(D+2)(D+1)e^{4x} &= (D+2)(De^{4x}+e^{4x})=(D+2)(4e^{4x}+e^{4x})=(D+2)(5e^{4x}) \\
&= 30e^{4x} \\
(D+1)(D+2)e^{4x} &= (D+1)(De^{4x}+2e^{4x})=(D+1)(4e^{4x}+2e^{4x})=(D+1)(6e^{4x}) \\
&= 30e^{4x}
\end{aligned}$$

この結果は，積に関する交換法則が定数係数を持つ演算子に対して成り立っていることを表す.
しかし一般的には，積に関する交換法則は非定数係数を持つ演算子には成り立たない．このことを問題 3.2で見ていく.

**問題 3.2**　演算子 $xD+1$ と $D-2$ について，積の交換法則が成り立たないことを示せ.

解答

$$\begin{aligned}
(xD+1)(D-2)y &= (xD+1)(y'-2y)=xD(y'-2y)+(y'-2y) \\
&= xy''-2xy'+y'-2y \\
(D-2)(xD+1)y &= (D-2)(xy'+y)=D(xy'+y)-2(xy'+y) \\
&= xy''-2xy'+2y'-2y
\end{aligned}$$

したがって，$(xD+1)(D-2)y\neq(D-2)(xD+1)y$ となり，題意が示せた.

**問題 3.3**

(a) $D$, $D^2$, $D^3$ は線形演算子であることを証明せよ.

(b) $\phi(D)=a_0(x)D^n+a_1(x)D^{n-1}+\cdots+a_n(x)$ は線形演算子であることを証明せよ.

解答

(a) $D(Au+Bv)=\dfrac{d}{dx}(Au+Bv)=A\dfrac{du}{dx}+B\dfrac{dv}{dx}=ADu+BDv$ となるから，$D$ は線形演算子である．『線形演算子 (p.96)』参照.

同様の方法により，$D^2, D^3, \ldots$ も線形演算子であることが示せる.

$(b)$

$$\begin{aligned}\phi(D)[Au+Bv] &= (a_0D^n + a_1D^{n-1} + \cdots + a_n)[Au+Bv] \\ &= a_0D^n[Au+Bv] + \cdots + a_n[Au+Bv] \\ &= (Aa_0D^nu + Ba_0D^nv) + \cdots + (Aa_nu + Ba_nv) \\ &= A(a_0D^n + \cdots + a_n)u + B(a_0D^n + \cdots + a_n)v \\ &= A\phi(D)u + B\phi(D)v\end{aligned}$$

したがって，$\phi(D)$ は線形演算子である．

**問題 3.4**　$y_1, y_2, \dots, y_n$ が $\phi(D)y = 0$ の解であるとき，$c_1y_1 + c_2y_2 + \cdots + c_ny_n$（$c_1, c_2, \dots, c_n$ は任意定数）もまた解であることを証明せよ．

**解答**

仮定から

$$\phi(D)y_1 = 0, \quad \phi(D)y_2 = 0, \quad \dots, \quad \phi(D)y_n = 0$$

を得る．そして 問題 3.3 の結果を用いることにより，

$$\phi(D)[c_1y_1 + c_2y_2 + \cdots + c_ny_n] = c_1\phi(D)y_1 + c_2\phi(D)y_2 + \cdots + c_n\phi(D)y_n = 0$$

となるから，$c_1y_1 + c_2y_2 + \cdots + c_ny_n$ も解となる．

**問題 3.5**　定理 3.1(p.96) を証明せよ．

**解答**

$y = Y_C(x)$ は $\phi(D)y = 0$ の一般解であるとする．つまり，この解は $n$ 個の任意定数を持つ．また，$y = Y_P(x)$ を $\phi(D)y = R(x)$ の特殊解であるとする．すると，問題 3.3 の結果より，$y = Y_C(x) + Y_P(x)$ とすると

$$\phi(D)[Y_C(x) + Y_P(x)] = \phi(D)[Y_C(x)] + \phi(D)[Y_P(x)] = 0 + R(x) = R(x)$$

なので，$\phi(D)y = R(x)$ の一般解となる．

## 線形従属性とロンスキアン

**問題 3.6**　関数 $\cos 2x$, $\sin^2 x$, $\cos^2 x$ は線形従属であることを示せ．

**解答**

線形従属であることを示すために，$c_1 \cos 2x + c_2 \sin^2 x + c_3 \cos^2 x = 0$ を恒等的に満たす，すべてゼロでない定数 $c_1, c_2, c_3$ が存在することを示さなければならない．$\cos 2x = \cos^2 x - \sin^2 x$ を用いれば，$c_1 = 1, c_2 = 1, c_3 = -1$ と選ぶことができるので与えられた関数は線形従属となり，題意が示せた．

**問題 3.7**　以下を証明せよ．
関数集合 $y_1, \dots, y_n$ のロンスキアンがある区間でゼロでないとき，その関数集合はその区間で線形独立である．

解答

元の命題が成り立たないことを仮定し，矛盾が出てくることを示す（背理法）．すなわち，関数集合は線形従属であると仮定する．線形従属であるから，

$$c_1 y_1 + \cdots + c_n y_n = 0 \tag{1}$$

を満たす，ゼロでない $n$ 個の定数 $c_1, \dots, c_n$ が存在することになる．この式を逐次的に微分していくことで，恒等的に

$$\begin{aligned} c_1 y_1' \quad &+ \cdots + c_n y_n' \quad = 0 \\ &\cdots\cdots\cdots\cdots\cdots\cdots \\ c_1 y_1^{(n-1)} &+ \cdots + c_n y_n^{(n-1)} = 0 \end{aligned} \tag{2}$$

が得られる．ここで，(1) 式と (2) 式をあわせた $n$ 個の連立方程式が，すべてゼロとならない解 $c_1, \dots, c_n$ を持つためには (訳注：非自明解を持つためには [第 15 章を参照 (p451)])，

$$W = \begin{vmatrix} y_1 & \cdots & y_n \\ y_1' & \cdots & y_n' \\ \cdots & \cdots & \cdots \\ y_1^{(n-1)} & \cdots & y_n^{(n-1)} \end{vmatrix} = 0$$

とならなければならない．しかし，$W \neq 0$ と仮定しているのでこの結果は矛盾である．したがって，関数は線形従属とはならず，線形独立でなければならない．

**問題 3.8**　以下を証明せよ．
関数 $y_1, \dots, y_n$ がある区間で線形独立であるならば，その区間のあらゆる点でロンスキアンはゼロでない．

解答

背理法で証明する．すなわち，ロンスキアンは区間中のある特定の値 $x_0$ でゼロとなることを仮

定する．まず，次の連立方程式を考える．

$$\begin{cases} c_1y_1(x_0)+\cdots+c_ny_n(x_0) &=0 \\ c_1y_1'(x_0)+\cdots+c_ny_n'(x_0) &=0 \\ \cdots\cdots\cdots\cdots\cdots\cdots\cdots\cdots\cdots\cdots\cdots & \\ c_1y_1^{(n-1)}(x_0)+\cdots+c_ny_n^{(n-1)}(x_0) &=0 \end{cases} \tag{1}$$

$x_0$ でロンスキアンはゼロとなるので，(1) 式を満たす全てゼロでない解 $c_1,\ldots,c_n$ が存在することがわかる．また，

$$y=c_1y_1(x)+\cdots+c_ny_n(x) \tag{2}$$

を考え，$y_1(x),\ldots,y_n(x)$ がそれぞれ $\phi(D)y=0$ の解であるとする．すると，問題 3.4 より (2) 式もまた $\phi(D)y=0$ の解であることになり，(1) 式からわかるように初期条件 $y(x_0)=0,\ y'(x_0)=0,\ldots,\ y^{(n-1)}(x_0)=0$ を満たす．一方で $y=0$ もこの初期条件を満たす $\phi(D)y=0$ の解である．したがって，解の一意性の定理 (p.53) により唯一の解は $y=0$，すなわち

$$c_1y_1(x)+\cdots+c_ny_n(x)=0$$

となり，$y_1,\ldots,y_n$ は線形従属であることになる．$y_1,\ldots,y_n$ は線形独立であることを仮定していたから矛盾である．ゆえにロンスキアンは $x_0$ でゼロになりえず，題意が示せた．

問題 3.7 および 問題 3.8 をあわせると定理 3.2 の証明になる．

**問題 3.9**　$y_1(x),\,y_2(x)$ を $y''+p(x)y'+q(x)y=0$ の解であるとする．以下に答えよ．

($a$) ロンスキアンが $W=y_1y_2'-y_2y_1'=ce^{-\int p\,dx}$ となることを示せ．

($b$) $y_1$ と $y_2$ が線形独立であるために $c$ はどのような条件を満たす必要があるか述べよ．

**解答**

($a$)　$y_1$ および $y_2$ が解であるから，

$$y_1''+py_1'+qy_1=0,\qquad y_2''+py_2'+qy_2=0,$$

となる．これらの方程式にそれぞれ $y_2$ と $y_1$ をかけて引くと，

$$y_1y_2''-y_2y_1''+p(y_1y_2'-y_2y_1')=0 \tag{1}$$

を得る．次に，$W=y_1y_2'-y_2y_1'$ と $y_1y_2''-y_2y_1''=dW/dx$ を用いると，(1) 式は

$$\frac{dW}{dx}+pW=0$$

と表わせ，

$$W=y_1y_2'-y_2y_1'=ce^{-\int p\,dx} \tag{2}$$

の解を得ることができる．この結果の式は，**アーベルの恒等式**とよばれる．

$(b)$ $e^{-\int p dx}$ はゼロになることがないから，$W = 0$ は $c = 0$ であるための必要十分条件であり，また，$W \neq 0$ は $c \neq 0$ であるための必要十分条件である．したがって，$c \neq 0$ という条件の下で，$y_1$ と $y_2$ は線形独立となる．

**問題 3.10**　$y_1$ が $y'' + p(x)y' + q(x)y = 0$ の既知の解であるとき，(問題 3.9) を用いることで線形独立となるもう一方の解は

$$y_2 = y_1 \int \frac{e^{-\int p dx}}{y_1^2} dx$$

と計算でき，一般解が $y = c_1 y_1 + c_2 y_2$ となることを示せ．

**解答**

(問題 3.9) の (2) 式を $y_1^2 \neq 0$ で割ることにより，

$$\frac{d}{dx}\left(\frac{y_2}{y_1}\right) = \frac{c e^{-\int p dx}}{y_1^2}.$$

そしてこの式を積分することで $y_2$ についての式が得られ，目的の線形独立となる解が導ける．

## 同次微分方程式

**問題 3.11**　以下に答えよ．

$(a)$ $(D^3 - 9D)y = 0$ の線形独立となる 3 つの解を求めよ．

$(b)$ $(a)$ の微分方程式の一般解を導け．

**解答**

$(a)$ 定数 $m$ を持つ $y = e^{mx}$ が解であると仮定する．これを微分方程式に代入すると，$(D^3 - 9D)e^{mx} = (m^3 - 9m)e^{mx}$ は $m^3 - 9m = 0$，すなわち $m(m-3)(m+3) = 0$ となり，3 つの解は $m = 0, 3, -3$ である．

このとき，$e^{0x} = 1, e^{3x}, e^{-3x}$ は解となる．そしてこれらのロンスキアンは

$$\begin{vmatrix} 1 & e^{3x} & e^{-3x} \\ 0 & 3e^{3x} & -3e^{-3x} \\ 0 & 9e^{3x} & 9e^{-3x} \end{vmatrix} = \begin{vmatrix} 3e^{3x} & -3e^{-3x} \\ 9e^{3x} & 9e^{-3x} \end{vmatrix} = 54$$

となるから定理 3.2 より線形独立となる．

$(b)$ 一般解は $y = c_1 e^{0x} + c_2 e^{3x} + c_3 e^{-3x} = c_1 + c_2 e^{3x} + c_3 e^{-3x}$．

**問題 3.12**　以下を解け．

$(a)$ $2y'' - 5y' + 2y = 0$.　　$(b)$ $(2D^3 - D^2 - 5D - 2)y = 0$.

**解答**

$(a)$ 特性方程式は $2m^2 - 5m + 2 = 0$ または $(2m-1)(m-2) = 0$ となるから，$m = 1/2, 2$．したがって，一般解は $y = c_1e^{x/2} + c_2e^{2x}$．

$(b)$ 特性方程式は $2m^3 - m^2 - 5m - 2 = 0$ または $(2m+1)(m+1)(m-2) = 0$ となるから，$m = -1/2, -1, 2$．したがって，一般解は $y = c_1e^{-x/2} + c_2e^{-x} + c_3e^{2x}$．

**問題 3.13**　$y'' + 9y = 0$ または $(D^2+9)y = 0$ を解け．

**解答**

特性方程式は $m^2 + 9 = 0$ となり，$m = \pm 3i$．このとき，一般解は $y = Ae^{3ix} + Be^{-3ix} = A(\cos 3x + i\sin 3x) + B(\cos 3x - i\sin 3x)$．この式は $y = c_1\cos 3x + c_2\sin 3x$ と書き直せる．$\cos 3x, \sin 3x$ は線形独立であるから，一般解である．

**問題 3.14**　$(D^2 + 6D + 25)y = 0$ を解け．

**解答**

特性方程式は $m^2 + 6m + 25 = 0$ となり，$m = \dfrac{-6 \pm \sqrt{36-100}}{2} = \dfrac{-6 \pm 8i}{2} = -3 \pm 4i$．したがって，一般解は

$$y = Ae^{(-3+4i)x} + Be^{(-3-4i)x} = e^{-3x}(Ae^{4ix} + Be^{-4ix}) = e^{-3x}(c_1\cos 4x + c_2\sin 4x).$$

**問題 3.15**　$(D^4 - 16)y = 0$ を解け．

**解答**

特性方程式は $m^4 - 16 = 0$ または $(m^2+4)(m^2-4) = 0$ だから根 $\pm 2i, \pm 2$ を持つ．したがって，一般解は $y = c_1\cos 2x + c_2\sin 2x + c_3e^{2x} + c_4e^{-2x}$．

**問題 3.16**　$y'' - 8y' + 16y = 0$ を解け．

**解答**

与えられた微分方程式は $(D^2 - 8D + 16)y = 0$ または $(D-4)^2y = 0$ とかける．特性方程式 $(m-1)^2 = 0$ は根 $m = 4, 4$ を持つので $e^{4x}, e^{4x}$ はこれらの重解に対応する解となる．しかしながら，これらが線形独立でないことは明らかで $y = c_1e^{4x} + c_2e^{4x}$ は，$(c_1+c_2)e^{4x} = ce^{4x}$ と一つの定数として書き直せることから，一般解であると言えない．一般的な解を得るために利用できる 2 つの方法を以下に述べる．

**方法 1.**

方程式を $(D-4)(D-4)y = 0$ とし，$(D-4)y = Y_1$ とおくことにすると，$(D-4)Y_1 = 0$ とかけることがわかり，$Y_1 = A_1e^{4x}$ を得る．したがって，$(D-4)y = A_1e^{4x}$ となる．これを解く

ことで，$y = (c_1 + c_2x)e^{4x}$ となる [演算子法を直接用いる方法や，第 2 章で学んだ『積分因子 (p.51)』による方法で導ける]．

この方法は，**階数低下法**といい，多重根に対する一般的な手順を与えることになる．例えば，4 が 3 重解であるなら，一般解は $y = (c_1 + c_2x + c_3x^2)e^{4x}$ と求まる．

**方法 2.**

$y_1 = e^{4x}$ が既知の解であるので，問題 3.10 を使うことができ，もう一方の線形独立解は

$$y_2 = e^{4x}\int \frac{e^{\int 8dx}}{(e^{4x})^2}dx = xe^{4x}$$

と求めることができる．

以上より，一般解は $y = c_1e^{4x} + c_2xe^{4x} = (c_1 + c_2x)e^{4x}$ である．

**問題 3.17** $(D+2)^3(D-3)^4(D^2+2D+5)y = 0$ を解け．

解答

特性方程式は $(m+2)^3(m-3)^4(m^2+2m+5) = 0$ となり，根は $-2, -2, -2, 3, 3, 3, 3, -1 \pm 2i$ となる．したがって，一般解は

$$y = (c_1 + c_2x + c_3x^2)e^{-2x} + (c_4 + c_5x + c_6x^2 + c_7x^3)e^{3x} + e^{-x}(c_8\cos 2x + c_9\sin 2x).$$

## 非同次方程式（未定係数法）

**問題 3.18** $(D^2+2D+4)y = 8x^2 + 12e^{-x}$ を解け．

解答

同次解は $e^{-x}(c_1\cos\sqrt{3}x + c_2\sin\sqrt{3}x)$ となる．

特殊解を得るために $8x^2$，$12e^{-x}$ に対応する試行解をそれぞれ $ax^2 + bx + c$，$de^{-x}$ と仮定する．これらの試行解はいずれも同次解には現れていない．したがって，$y = ax^2 + bx + c + de^{-x}$ を微分方程式に代入することで，

$$4ax^2 + (4a+4b)x + (2a+2b+4c) + 3de^{-x} = 8x^2 + 12e^{-x}$$

と求まる．両辺の対応する係数を比較すると，

$$4a = 8, \qquad 4a + 4b = 0, \qquad 2a + 2b + 4c = 0, \qquad 3d = 12$$

を得る．よって，$a = 2, b = -2, c = 0, d = 4$ と求まるから特殊解は $2x^2 - 2x + 4e^{-x}$，一般解は

$$y = e^{-x}(c_1\cos\sqrt{3}x + c_2\sin\sqrt{3}x) + 2x^2 - 2x + 4e^{-x}.$$

**問題 3.19**　問題 3.18 で与えた微分方程式の右辺に $10\sin 3x$ を追加し，これを解け．

**解答**

追加された式 $10\sin 3x$ に対応する試行解 $h\cos 3x + k\sin 3x$ を仮定する．この試行解は同次解には現れない．そこでこの解を微分方程式 $(D^2+2D+4)y = 10\sin 3x$ に代入すると，

$$(6k-5h)\cos 3x - (5k+6h)\sin 3x = 10\sin 3x$$

を得る．係数を比較すると $6k-5h=0,\quad 5k+6h=-10$ または $h=-\dfrac{60}{61},\quad k=-\dfrac{50}{61}$ となる．したがって，一般解は

$$y = e^{-x}(c_1\cos\sqrt{3}x + c_2\sin\sqrt{3}x) + 2x^2 - 2x + 4e^{-x} - \frac{60}{61}\cos 3x - \frac{50}{61}\sin 3x$$

**問題 3.20**　$(D^2+4)y = 8\sin 2x$ を解け．

**解答**

同次解は $c_1\cos 2x + c_2\sin 2x$ となる．

特殊解に関して，試行解を通常通り $a\cos 2x + b\sin 2x$ と仮定する．しかし，この試行解は同次解に現れているので，$x$ をかけた解 $x(a\cos 2x + b\sin 2x)$ を新たに試行解としておいてみる．そして微分方程式に代入すると，

$$-4a\sin 2x + 4b\cos 2x = 8\sin 2x$$

となるから，$-4a=8,\ 4b=0$，つまり $a=-2,\ b=0$．したがって，一般解は

$$y = c_1\cos 2x + c_2\sin 2x - 2x\cos 2x$$

**問題 3.21**　$(D^5-3D^4+3D^3-D^2)y = x^2+2x+3e^x$ を解け．

**解答**

特性方程式は $m^5-3m^4+3m^3-m^2=0$，または $m^2(m-1)^3=0$ となるから，$m=0,0,1,1,1$．よって同次解は，

$$c_1 + c_2x + (c_3+c_4x+c_5x^2)e^x.$$

多項式 $x^2+2x$ に対応する試行解は通常 $ax^2+bx+c$ となるが，項のうちのいくつかが同次解に現れてしまっている．そこで $x$ をかけた $x(ax^2+bx+c) = ax^3+bx^2+cx$ としてみるが，依然として項のうちのひとつが同次解に現れている．さらに $x$ をかけてみると $ax^4+bx^3+cx^2$ となり，ようやく同次解に現れない形の試行解を得ることができた．

同様に，$3e^x$ に対応する試行解を通常通り $de^x$ としてみるが，この式は同次解に現れている．$dxe^x$ や $dx^2e^x$ も同様に同次解に含まれていることから，$dx^3e^x$ を用いなければならない．

上記より，仮定する試行解は $ax^4 + bx^3 + cx^2 + dx^3e^x$ となる．この解を微分方程式に代入すると

$$-12ax^2 + (72a - 6b)x + (18b - 72a - 2c) + 6de^x = x^2 + 2x + 3e^x$$

と求まり，$a = -1/12,\ b = -4/3,\ c = -9,\ d = 1/2$ を得る．したがって，一般解は

$$y = c_1 + c_2x + (c_3 + c_4x + c_5x^2)e^x + \frac{1}{2}x^3e^x - \frac{1}{12}x^4 - \frac{4}{3}x^3 - 9x^2.$$

## 非同次方程式（定数変化法）

**問題 3.22**　$y'' + y = \sec x$ または $(D^2 + 1)y = \sec x$ を解け．

解答

同次解は $c_1 \cos x + c_2 \sin x$ となる．よって，一般解を $y = K_1 \cos x + K_2 \sin x$ と置いてみる（$K_1, K_2$ は $x$ を変数に持つ適当な関数である）．この式を微分すると，

$$y' = -K_1 \sin x + K_2 \cos x + K_1' \cos x + K_2' \sin x. \tag{1}$$

ここで，2 つの関数 $K_1, K_2$ が存在するから，これらを決定するために 2 つの条件式が必要となる．その条件のうちの一つは微分方程式を満たすことになるが，2 つ目の条件は自由に設定できる．その条件を (1) 式を最も単純化するもの，すなわち，

$$K_1' \cos x + K_2' \sin x = 0 \tag{2}$$

としよう．すると (1) 式は $y' = -K_1 \sin x + K_2 \cos x$ となる．これをさらに微分すると，

$$y'' = -K_1 \cos x - K_2 \sin x - K_1' \sin x + K_2' \cos x$$

を得るので，元の微分方程式に代入すると，

$$y'' + y = -K_1' \sin x + K_2' \cos x = \sec x. \tag{3}$$

(1) 式，(2) 式で構成される連立方程式

$$K_1' \cos x + K_2' \sin x = 0$$
$$-K_1' \sin x + K_2' \cos x = \sec x$$

を解くと，$K_1' = -\tan x,\ K_2' = 1$ となることがわかる．これを積分すると $K_1 = -\ln \sec x + c_2,\ K_2 = x + c_1$ となるから，一般解は，

$$y = c_1 \sin x + c_2 \cos x + x \sin x - \cos x \ln \sec x.$$

**問題 3.23**　$(D^3+4D)y = 4\cot 2x$ を解け．

**解答**

同次解は $c_1 + c_2 \cos 2x + c_3 \sin 2x$ である．ゆえに一般解

$$y = K_1 + K_2 \cos 2x + K_3 \sin 2x$$

を考えると，関数 $K_1$, $K_2$, $K_3$ を決定するために次の制約式が導ける．

$$K_1' + K_2' \cos 2x + K_3' \sin 2x = 0$$
$$0 - 2K_2' \sin 2x + 2K_3' \cos 2x = 0$$
$$0 - 4K_2' \cos 2x - 4K_3' \sin 2x = 4\cot 2x$$

この連立方程式を解くと，$K_1' = \cot 2x$, $K_2' = -\cos^2 2x/\sin 2x$, $K_3' = -\cos 2x$．積分すると，

$$K_1 = \tfrac{1}{2}\ln\sin 2x + c_1,\ K_2 = -\tfrac{1}{2}\ln(\csc 2x - \cot 2x) - \tfrac{1}{2}\cos 2x + c_2,\ K_3 = -\tfrac{1}{2}\sin 2x + c_3.$$

したがって，一般解は

$$y = c_1 + c_2\cos 2x + c_3\sin 2x + \tfrac{1}{2}\ln\sin 2x - \tfrac{1}{2}\cos 2x\ln(\csc 2x - \cot 2x).$$

## 演算子法[1)]

**問題 3.24**　$\dfrac{1}{D-2}(e^{4x})$ を求めよ．

**解答**

**方法 1.**
$\dfrac{1}{D-2}e^{4x} = y$ とおく．整理すると $(D-2)y = e^{4x}$ または $\dfrac{dy}{dx} - 2y = e^{4x}$ となる．これを積分因子 $e^{-2x}$ を持つ 1 次線形微分方程式として解くと，$y = \frac{1}{2}e^{4x} + ce^{2x}$ を得る．特殊解だけを取り出すと，

$$\frac{1}{D-2}e^{4x} = \frac{1}{2}e^{4x}.$$

**方法 2. (公式 A[p.101])**

$$\frac{1}{D-2}e^{4x} = e^{2x}\int e^{-2x}e^{4x}dx = e^{2x}\int e^{2x}dx = \frac{1}{2}e^{4x}.$$

1)　訳注：演算子法は非同次線形微分方程式の特殊解を求めるための技法なので，原則として任意定数は省略して良い．

**問題 3.25** $\dfrac{1}{(D+1)(D-2)}(3e^{-2x})$ を求めよ.

**解答**

**方法 1.**

$$\begin{aligned}\frac{1}{(D+1)(D-2)}(3e^{-2x}) &= \frac{1}{D+1}\left[\frac{1}{D-2}(3e^{-2x})\right]\\ &= \frac{1}{D+1}\left[e^{2x}\int e^{-2x}(3e^{-2x})dx\right]\\ &= \frac{1}{D+1}[-\tfrac{3}{4}e^{-2x}] = e^{-x}\int e^{x}(-\tfrac{3}{4}e^{-2x})dx\\ &= \tfrac{3}{4}e^{-2x}.\end{aligned}$$

**方法 2.**

部分分数分解を用いる.

$$\begin{aligned}\frac{1}{(D+1)(D-2)}(3e^{-2x}) &= \left[\frac{-1/3}{D+1}+\frac{1/3}{D-2}\right](3e^{-2x})\\ &= -\frac{1}{D+1}(e^{-2x})+\frac{1}{D-2}(e^{-2x})\\ &= -e^{-x}\int e^{x}(e^{-2x})dx + e^{2x}\int e^{-2x}(e^{-2x})dx\\ &= \tfrac{3}{4}e^{-2x}.\end{aligned}$$

**問題 3.26**

$(a)$ $\phi(p)\neq 0$ のとき, $\dfrac{1}{\phi(D)}e^{px} = \dfrac{e^{px}}{\phi(p)}$ を証明せよ.

$(b)$ $(a)$ の結果を用いて $(D^2-3D+2)y = e^{5x}$ の一般解を求めよ.

**解答**

$(a)$ 定義より $\phi(D) = a_0D^n + a_1D^{n-1}+\cdots+a_n$ ($a_0, a_1, \dots, a_n$ は定数). これより,

$$\begin{aligned}\phi(D)e^{px} &= (a_0D^n + a_1D^{n-1}+\cdots+a_n)e^{px} = (a_0p^n + a_1p^{n-1}+\cdots+a_n)e^{px}\\ &= \phi(p)e^{px}\end{aligned}$$

$\phi(p)\neq 0$ の場合, したがって,

$$\frac{1}{\phi(D)}e^{px} = \frac{e^{px}}{\phi(p)}.$$

(b) (a) より，$\dfrac{1}{D^2-3D+2}e^{5x}=\dfrac{1}{(5)^2-3(5)+2}e^{5x}=\dfrac{e^{5x}}{12}$．同次解は $c_1e^x+c_2e^{2x}$ だから，一般解は $y=c_1e^x+c_2e^{2x}+\dfrac{e^{5x}}{12}$.

**問題 3.27**

(a) $\phi(-p^2)\neq 0$ のとき，$\dfrac{1}{\phi(D^2)}\cos(px+q)=\dfrac{\cos(px+q)}{\phi(-p^2)}$ を証明せよ.

(b) (a) の結果を用いて $(D^2+1)^2y=\cos 2x$ の一般解を求めよ.

**解答**

(a) $\phi(D^2)=a_0(D^2)^n+a_1(D^2)^{n-1}+\cdots+a_n$ だから,

$$
\begin{aligned}
\phi(D^2)\cos(px+q)&=[a_0(D^2)^n+a_1(D^2)^{n-1}+\cdots+a_n]\cos(px+q)\\
&=[a_0(-p^2)^n+a_1(-p^2)^{n-1}+\cdots+a_n]\cos(px+q)\\
&=\phi(-p^2)\cos(px+q)
\end{aligned}
$$

となる．ここで $D^2[\cos(px+q)]=-p^2\cos(px+q)$,　$(D^2)^2\cos(px+q)=(-p^2)^2\cos(px+q)$ 等を用いた.

以上より，$\phi(-p^2)\neq 0$ のとき，目的の式が示せた.

(b) (a) より，$\dfrac{1}{(D^2+1)^2}\cos 2x=\dfrac{1}{(-4+1)^2}\cos 2x=\dfrac{1}{9}\cos 2x$．同次解は $c_1\cos x+c_2\sin x+x(c_3\cos x+c_4\sin x)$ だから，一般解は,

$$
y=c_1\cos x+c_2\sin x+x(c_3\cos x+c_4\sin x)+\frac{1}{9}\cos 2x.
$$

**問題 3.28**　$\dfrac{1}{D^3+D^2+2D-1}\cos 2x$ を求めよ.

**解答**

問題 3.27 と同様の方法で，$D^2$ を $-2^2=-4$ に置き換えられることが示せる．したがって,

$$
\begin{aligned}
\frac{1}{D^3+D^2+2D-1}\cos 2x&=\frac{1}{D(-4)-4+2D-1}\cos 2x=\frac{-1}{2D+5}\cos 2x\\
&=-\frac{(2D-5)}{4D^2-25}\cos 2x=-\frac{2D-5}{4(-4)-25}\cos 2x\\
&=\frac{1}{41}(2D-5)\cos 2x=\frac{1}{41}(-4\sin 2x-5\cos 2x).
\end{aligned}
$$

**問題 3.29**　以下を証明せよ.

(a)　$D^n[e^{px}R(x)] = e^{px}(D+p)^n R(x)$

(b)　$\phi(D)[e^{px}R(x)] = e^{px}\phi(D+p)R(x)$

(c)　$\dfrac{1}{\phi(D)}[e^{px}R(x)] = e^{px}\dfrac{1}{\phi(D+p)}R(x)$

解答

(a) 数学的帰納法を用いて証明する．まず $n=1$ について，$D[e^{px}R(x)] = e^{px}DR(x)+pe^{px}R(x) = e^{px}(D+p)R(x)$ となる．次に $n=k$ についても命題が成り立つと仮定する．つまり，$D^k[e^{px}R(x)] = e^{px}(D+p)^k R(x)$ となると仮定する．これの両辺を微分すると，

$$
\begin{aligned}
D^{k+1}[e^{px}R(x)] &= D[e^{px}(D+p)^k R(x)] \\
&= e^{px}D(D+p)^k R(x) + pe^{px}(D+p)^k R(x) \\
&= e^{px}[(D+p)^{k+1}R(x)].
\end{aligned}
$$

ゆえに $n=k$ について成り立つとき，$n=k+1$ のときも成り立つことになる．だから，$n=1$ について成り立つとき，$n=2$ についても成り立つ．これが任意の $n$ に言え，題意が示せた．

(b)

$$
\begin{aligned}
\phi(D)[e^{px}R(x)] &= a_0 D^n[e^{px}R(x)] + a_1 D^{n-1}[e^{px}R(x)] + \cdots + a_n \\
&= e^{px}[a_0(D+p)^n + a_1(D+p)^{n-1} + \cdots + a_n]R(x) \\
&= e^{px}\phi(D+p)R(x).
\end{aligned}
$$

(c) $\dfrac{1}{\phi(D)}[e^{px}R(x)] = y$ とおくと，$\phi(D)y = e^{px}R(x)$．ゆえに，

$$
\phi(D)[e^{px}(ye^{-px})] = e^{px}\phi(D+p)[ye^{-px}] = e^{px}R(x)
$$

または,

$$
\phi(D+p)[ye^{-px}] = R(x)
$$

したがって,

$$
y = e^{px}\frac{1}{\phi(D+p)}R(x).
$$

**問題 3.30**　$(D^3+D)y = e^{-2x}\cos 2x$ の一般解を求めよ.

解答

問題 3.29 の結果を用いる．

$$\begin{aligned}\frac{1}{D^3+D}(e^{-2x}\cos 2x) &= e^{-2x}\frac{1}{(D-2)^3+D-2}\cos 2x\\ &= e^{-2x}\frac{1}{D^3-6D^2+13D-10}\cos 2x\\ &= e^{-2x}\frac{1}{-4D+24+13D-10}\cos 2x\\ &= e^{-2x}\frac{1}{9D+14}\cos 2x = e^{-2x}\frac{9D-14}{81D^2-196}\cos 2x\\ &= \frac{e^{-2x}}{81(-4)-196}(9D-14)\cos 2x = \frac{e^{-2x}}{260}(9\sin 2x+7\cos 2x)\end{aligned}$$

同次解は $c_1+c_2\cos x+c_3\sin x$ であるから，一般解は，

$$y = c_1+c_2\cos x+c_3\sin x+\frac{e^{-2x}}{260}(9\sin 2x+7\cos 2x).$$

**問題 3.31**　$\dfrac{1}{2D^3-D+2}(x^3-x)$ を解け．

**解答**

$D$ のべきで展開し「昇べきの順に並べる[1]」ことで以下を得る．

$$\begin{aligned}\frac{1}{2D^3-D+2}(x^3-x) &= \frac{1}{2-D+2D^3}(x^3-x) = \left(\frac{1}{2}+\frac{D}{4}+\frac{D^2}{8}-\frac{7}{16}D^3+\cdots\right)(x^3-x)\\ &= \tfrac{1}{2}(x^3-x)+\tfrac{1}{4}(3x^2-1)+\tfrac{1}{3}(6x)-\tfrac{7}{16}(6)\\ &= \tfrac{1}{2}x^3+\tfrac{3}{4}x^2+\tfrac{1}{4}x-\tfrac{23}{8}.\end{aligned}$$

## オイラーの微分方程式

**問題 3.32**　$D=d/dx$ および $D_t=d/dt$ とする．$x=e^t$ と置くとき，以下を証明せよ．

$$(a)\ \ xD=D_t,\qquad (b)\ x^2D^2=D_t(D_t-1)$$

**解答**

(a) $Dy=\dfrac{dy}{dx}=\dfrac{dy}{dt}\cdot\dfrac{dt}{dx}=\dfrac{dy}{dt}\bigg/\dfrac{dx}{dt}=\dfrac{dy}{dt}\bigg/e^t=e^{-t}\dfrac{dy}{dt}=e^{-t}D_ty.$
　したがって，$xDy=e^tDy=D_ty$，または $xD=D_t$．

(b) $D^2y=\dfrac{d^2y}{dx^2}=\dfrac{d}{dx}\left(e^{-t}\dfrac{dy}{dt}\right)=\dfrac{d}{dt}\left(e^{-t}\dfrac{dy}{dt}\right)\bigg/\dfrac{dx}{dt}=e^{-2t}(D_t^2-D_t)y.$
　したがって，$x^2D^2y=e^{2t}D^2y=(D_t^2-D_t)y$，または $x^2D^2=D_t^2-D_t=D_t(D_t-1)$．

1）訳注：式中の項を，次数の低い順に並べること．

**問題 3.33** $(x^2D^2 + xD - 4)y = x^3$ を解け.

解答

$x = e^t$ の変換より微分方程式は,

$$[D_t(D_t - 1) + D_t - 4]y = [e^t]^3 \quad \text{または} \quad (D_t^2 - 4)y = e^{3t}$$

したがって,一般解は $y = c_1e^{2t} + c_2e^{-2t} + \frac{1}{5}e^{3t} = c_1x^2 + c_2x^{-2} + \frac{1}{5}x^3$ となる.

**別解.**

$y = x^p$ を同次方程式 $(x^2D^2 + xD - 4)y = 0$ に代入すると,

$$p(p-1)x^p + px^p - 4x^p = 0 \quad \text{または} \quad (p^2 - 4)x^p = 0,$$

つまり,$p = \pm 2$ と求まる.ゆえに,$x^2$ と $x^{-2}$ は解であるから同次解は $y = K_1x^2 + K_2x^{-2}$.さらにここから,定数変化法を使って一般解を求めることができる.

## 解のうちの 1 つがわかっている場合

**問題 3.34** 解 $y = x$ がわかっているとき,$(1 - x^2)y'' - 2xy' + 2y = 0$ を解け.

解答

$y = xv$ と置く.すると,$y' = xv' + v$, $y'' = xv'' + 2v'$ だから,微分方程式は

$$x(1 - x^2)v'' + (2 - 4x^2)v' = 0 \quad \text{または} \quad \frac{dv'}{v'} + \frac{2 - 4x^2}{x(1 - x^2)}dx = 0$$

となる.これを積分すると,

$$\int \frac{dv'}{v'} + \int \left(\frac{2}{x} - \frac{2x}{1 - x^2}\right) dx = c_1$$

すなわち,

$$\ln v' + 2\ln x + \ln(1 - x^2) = c_1$$

または,

$$v' = \frac{c_2}{x^2(1 - x^2)} = c_2\left(\frac{1}{x^2} + \frac{1}{1 - x^2}\right)$$

を得る.したがって,

$$v = c_2\left(\frac{1}{2}\ln\frac{1 + x}{1 - x} - \frac{1}{x}\right) + c_3$$

となるので,一般解は

$$y = vx = c_2\left(\frac{x}{2}\ln\frac{1 + x}{1 - x} - 1\right) + c_3x.$$

なお,(問題 3.10)の結果を使って解くこともできる.

## 標準形への変換

**問題 3.35**　$y = uv$ と置き，$u$ を適当に決定することにより，$y'' + p(x)y' + q(x)y = r(x)$ に対応する，1 階の微分を含む項を除いた微分方程式が得られることを示せ．

解答

$y = uv$ を微分方程式に代入すると，

$$uv'' + (2u' + pu)v' + (u'' + pu' + qu)v = r \tag{1}$$

が得られる．そして $2u' + pu = 0$ より $u = e^{-\int (p/2)dx}$ と求まる．これにより，(1) 式は

$$v'' + (q - \tfrac{1}{4}p^2 - \tfrac{1}{2}p')v = re^{\int (p/2)dx} \tag{2}$$

となり，1 階の微分を含む項が除かれた．(2) 式の微分方程式は**標準形**とよばれる．

**問題 3.36**　$4x^2y'' + 4xy' + (x^2 - 1)y = 0$ を解け．

解答

(問題 3.35) の (2) 式に代入するために，$p = 1/x$, $q = (x^2 - 1)/4x^2$, $r = 0$ とおくことができるから，標準形は，

$$v'' + \tfrac{1}{4}v = 0 \quad \text{または} \quad v = c_1 \cos \tfrac{1}{2}x + c_2 \sin \tfrac{1}{2}x.$$

したがって，

$$y = ve^{-\int (p/2)dx} = \frac{c_1 \cos \frac{1}{2}x + c_2 \sin \frac{1}{2}x}{\sqrt{x}}.$$

## 完全微分方程式

**問題 3.37**　以下を証明せよ．

$[a_0(x)D^2 + a_1(x)D + a_2(x)]y = R(x)$ は完全微分方程式　$\Leftrightarrow$　$a_0'' - a_1' + a_2 = 0$

解答

$\Rightarrow$)

完全微分方程式であることから，定義により，ある関数 $p_0(x)$, $p_1(x)$ が存在して，

$$[a_0D^2 + a_1D + a_2]y = D[p_0D + p_1]y = [p_0D^2 + (p_0' + p_1)D + p_1']y.$$

よって,

$$a_0 = p_0, \quad a_1 = p_0' + p_1, \quad a_2 = p_1'.$$

これら 3 つの式から $p_0, p_1$ を消去すると $a_0'' - a_1' + a_2 = 0$ と求まる.

$\Leftarrow$)

$a_0'' - a_1' + a_2 = 0$ のとき,

$$[a_0 D^2 + a_1 D + a_2]y = [a_0 D^2 + a_1 D + a_1' - a_0'']y = D[a_0 D + a_1 - a_0']y$$

となるから, 与えられた微分方程式は完全微分方程式である.

**問題 3.38** $(1 - x^2)y'' - 3xy' - y = 1$ を解け.

**解答**

問題 3.37 より, $a_0 = 1 - x^2$, $a_1 = -3x$, $a_2 = -1$, そして $a_0'' - a_1' + a_2 = 0$ となるから完全微分方程式である. よって,

$$D[(1 - x^2)D - x]y = 1$$

とかける. この式を積分し, その結果となる 1 階線形常微分方程式

$$\frac{dy}{dx} - \frac{x}{1 - x^2}y = \frac{x + c_1}{1 - x^2}$$

を解くと,

$$y = c_1 \frac{\sin^{-1} x}{\sqrt{1 - x^2}} + \frac{c_2}{\sqrt{1 - x^2}} - 1$$

と求まる.

## 演算子の因数分解

**問題 3.39**

(a) 演算子式 $xD^2 + (2x + 3)D + 4 = (D + 2)(xD + 2)$ が成り立つことを示せ.

(b) (a) を用いて $xy'' + (2x + 3)y' + 4y = e^{2x}$ を解け.

**解答**

(a)

$$\begin{aligned}(D + 2)(xD + 2)y &= (D + 2)(xDy + 2y) = D(xDy + 2y) + 2(xDy + 2y) \\ &= xD^2 y + Dy + 2Dy + 2xDy + 4y \\ &= [xD^2 + (2x + 3)D + 4]y\end{aligned}$$

$(b)$ 与えられた微分方程式は $(D+2)(xD+2)y = e^{2x}$ とかける．そして $(xD+2)y = Y$ とおくと，$(D+2)Y = e^{2x}$ よりその解は $Y = \frac{1}{4}e^{2x} + c_1 e^{-2x}$ となる．ここで，$(xD+2)y = \frac{1}{4}e^{2x} + c_1 e^{-2x}$ を解くと，

$$
\begin{aligned}
x^2 y &= \frac{1}{4}\int x e^{2x} dx + c_1 \int x e^{-2x} dx + c^2 \\
&= \frac{1}{8}e^{2x}\left(x - \frac{1}{2}\right) - \frac{1}{2}c_1 e^{-2x}\left(x + \frac{1}{2}\right) + c_2
\end{aligned}
$$

が得られる．

## 級数解法

**問題 3.40**　問題 3.36 の微分方程式をフロベニウスの方法を用いて解け．

**解答**

$k<0$ において $c_k = 0$ と定義し，$y = \sum_{k=0}^{\infty} c_k x^{k+\beta} = \sum_{k=-\infty}^{\infty} c_k x^{k+\beta}$ とおく．すると，

$$
y' = \sum (k+\beta) c_k x^{k+\beta-1}, \qquad y'' = \sum (k+\beta)(k+\beta-1) c_k x^{k+\beta-2}
$$

が得られる（極限和の表記は省略している）．これを元の微分方程式に代入すると，

$$
\begin{aligned}
4x^2 y'' + 4xy' + (x^2-1)y &= \sum 4(k+\beta)(k+\beta-1)c_k x^{k+\beta} + \sum 4(k+\beta)c_k x^{k+\beta} \\
&\quad + \sum c_k x^{k+\beta+2} - \sum c_k x^{k+\beta}
\end{aligned}
$$

右辺の級数を $x^{k+\beta}$ の係数としてまとめるためには，第 3 項の級数の指数 $k$ を $k-2$ に置き換える必要がある [この置き換えは，和の指数の極限 $-\infty$ と $\infty$ には影響しない]．すると，右辺の級数は，

$$
\begin{aligned}
&\sum [4(k+\beta)(k+\beta-1)c_k + 4(k+\beta)c_k + c_{k-2} - c_k] x^{k+\beta} \\
&= \sum [\{4(k+\beta)^2 - 1\} c_k + c_{k-2}] x^{k+\beta}
\end{aligned}
$$

とかける．この式はゼロとなることから，以下のように係数はゼロとなる．

$$
\{4(k+\beta)^2 - 1\} c_k + c_{k-2} = 0. \tag{1}
$$

$k=0$ とする．$c_{-2}=0$ より，(1) 式は**決定方程式**とよばれる $(4\beta^2-1)c_0 = 0$ となる．$c_0 \neq 0$ と仮定すると $4\beta^2-1=0$，$\beta = \pm 1/2$ を得る．ここでは，$\beta = 1/2, -1/2$ と 2 つの場合があるので，小さい方の値 $-1/2$ を先に考えることにする．

$\beta = -1/2$ の場合，(1) 式は

$$
\{4(k-\tfrac{1}{2})^2 - 1\} c_k + c_{k-2} = 0 \quad \text{または} \quad 4k(k-1)c_k + c_{k-2} = 0. \tag{2}
$$

(2) 式において $k=1,2,3,4,\dots$ とおくと，以下を得る．

$$c_{-1}=0,\quad c_2=\frac{-c_0}{4\cdot 2\cdot 1},\quad c_3=\frac{-c_1}{4\cdot 3\cdot 2},\quad c_4=\frac{-c_2}{4\cdot 4\cdot 3}=\frac{c_0}{4^2\cdot 4\cdot 3\cdot 2\cdot 1}$$
$$c_5=\frac{-c_3}{4\cdot 5\cdot 4}=\frac{c_1}{4^2\cdot 5\cdot 4\cdot 3\cdot 2},\quad c_6=\frac{-c_4}{4\cdot 6\cdot 5}=\frac{-c_0}{4^3\cdot 6\cdot 5\cdot 4\cdot 3\cdot 2\cdot 1}$$

これらの式から，$c_0$ と $c_1$ は未定であることは明らかだが，$c_2, c_3, c_4, \dots$ は次のように $c_0$ と $c_1$ を用いて求められる．

$$c_2=\frac{-c_0}{4\cdot 2!},\quad c_3=\frac{-c_1}{4\cdot 3!},\quad c_4=\frac{c_0}{4^2\cdot 4!},\quad c_5=\frac{c_1}{4^2\cdot 5!},\quad c_6=\frac{-c_0}{4^3\cdot 6!},\quad \cdots$$

したがって，対応する解は

$$\begin{aligned}
y&=\sum c_k x^{k+\beta}=\sum c_k x^{k-1/2}\\
&=c_0\left(x^{-1/2}-\frac{x^{3/2}}{4\cdot 2!}+\frac{x^{7/2}}{4^2\cdot 4!}-\frac{x^{11/2}}{4^3\cdot 6!}+\cdots\right)\\
&\qquad+c_1\left(x^{1/2}-\frac{x^{5/2}}{4\cdot 3!}+\frac{x^{9/2}}{4^2\cdot 5!}-\cdots\right)\\
&=\frac{c_0}{\sqrt{x}}\left(1-\frac{(x/2)^2}{2!}+\frac{(x/2)^4}{4!}-\frac{(x/2)^6}{6!}+\cdots\right)\\
&\qquad+\frac{2c_1}{\sqrt{x}}\left((x/2)-\frac{(x/2)^3}{3!}+\frac{(x/2)^5}{5!}-\cdots\right)\\
&=\frac{c_0\cos(x/2)+2c_1\sin(x/2)}{\sqrt{x}}
\end{aligned}$$

となり，問題 3.36で得た解と同じものが得られる．

以上，この微分方程式に関しては既に必要な解が得られているので，$\beta=1/2$ の場合を考慮する必要はない．また $\beta=1/2$ を先に考えていたら上記の一般解は得られないことにも注意する必要がある．これは一般に，決定方程式の根がゼロ以外の整数値で異なる場合において見られる（訳注：今回は $\beta=\pm 1/2$ だからこの場合に当てはまる）．(今回とは異なる) 他の微分方程式では，決定方程式の根の両方を考慮しなければならず，それぞれが級数解を導出することになる．そしてこの場合の一般解は，これらの級数解に任意定数をかけて足し合わせることで得られる．

## 連立微分方程式

**問題 3.41**　以下の連立微分方程式を解け．

$$\frac{d^2x}{dt^2}+\frac{dy}{dt}+3x=e^{-t},\qquad \frac{d^2y}{dt^2}-4\frac{dx}{dt}+3y=\sin 2t$$

**解答**

連立微分方程式を以下のようにかく．

$$(D^2+3)x+Dy=e^{-t},\qquad -4Dx+(D^2+3)y=\sin 2t. \tag{1}$$

**方法 1. 行列式を用いる方法**

線形方程式を解くためのクラメルの公式を形式的に適用することができ，

$$x = \frac{\begin{vmatrix} e^{-t} & D \\ \sin 2t & D^2+3 \end{vmatrix}}{\begin{vmatrix} D^2+3 & D \\ -4D & D^2+3 \end{vmatrix}} = \frac{(D^2+3)(e^{-t}) - D(\sin 2t)}{D^4+10D^2+9} = \frac{4e^{-t} - 2\cos 2t}{(D^2+1)(D^2+9)}$$

$$y = \frac{\begin{vmatrix} D^2+3 & e^{-t} \\ -4D & \sin 2t \end{vmatrix}}{\begin{vmatrix} D^2+3 & D \\ -4D & D^2+3 \end{vmatrix}} = \frac{(D^2+3)(\sin 2t) - (-4D)(e^{-t})}{D^4+10D^2+9} = \frac{-\sin 2t - 4e^{-t}}{(D^2+1)(D^2+9)}$$

と求めることができる．なお行列式を計算していくとき演算子が関数の前に来るようにしている．

この結果は以下のようになる．

$$(D^2+1)(D^2+9)x = 4e^{-t} - 2\cos 2t, \qquad (D^2+1)(D^2+9)y = -\sin 2t - 4e^{-t}.$$

これらの微分方程式を解くと

$$x = c_1 \cos t + c_2 \sin t + c_3 \cos 3t + c_4 \sin 3t + \tfrac{1}{5}e^{-t} + \tfrac{2}{15}\cos 2t$$
$$y = c_5 \cos t + c_6 \sin t + c_7 \cos 3t + c_8 \sin 3t - \tfrac{1}{5}e^{-t} + \tfrac{1}{15}\sin 2t$$

と求まる．解にある任意定数の個数は，行列式

$$\begin{vmatrix} D^2+3 & D \\ -4D & D^2+3 \end{vmatrix} = D^4 + 10D^2 + 9$$

で得られる $D$ の多項式の階数と同じであることを示すことができる．今回の場合は 4 である．ゆえに定数 $c_1, c_2, c_3, c_4$ と $c_5, c_6, c_7, c_8$ との間には関係式が成り立つことになる．この関係式は，上記で得た $x$ と $y$ を元の微分方程式に代入することで求めることができる．これを行うと，

$$c_5 = 2c_2, \quad c_6 = -2c_1, \quad c_7 = -2c_4, \quad c_8 = 2c_3$$

と関係式が求まる．したがって，目的の解は，

$$x = c_1 \cos t + c_2 \sin t + c_3 \cos 3t + c_4 \sin 3t + \tfrac{1}{5}e^{-t} + \tfrac{2}{15}\cos 2t$$
$$y = 2c_2 \cos t - 2c_1 \sin t - 2c_4 \cos 3t + 2c_3 \sin 3t - \tfrac{1}{5}e^{-t} + \tfrac{1}{15}\sin 2t.$$

**方法 2.**

変数のうちのひとつを消去することもできる．例えば $x$ を消去するために，(1) の第 1 式に $4D$ を，第 2 式に $(D^2+3)$ を作用させて両式を足し合わせる．そこからその結果得られる式を解くために，未定係数法を用いることができる．

## 応用例

**問題 3.42** 質量 2[g] の粒子 $P$ が $x$ 軸上を原点 $O$ に向かって，$8x$ に等しい力で引きつけられるように移動している．最初は $x = 10$[cm] で静止しているとして，以下に答えよ．

($a$) 他の力が作用していないと仮定する．任意の時間における粒子の位置を求めよ．

($b$) 瞬間速度の 8 倍に等しい減衰力が作用すると仮定する．任意の時間における粒子の位置を求めよ．

**解答**

($a$) 右を正方向に選ぶ [図 3-1]．$x > 0$ のとき，正味の力は左方向 (すなわち負) なので，$-8x$ となる．$x < 0$ のとき，正味の力は右方向 (すなわち正) なので，$-8x$ となる．したがって，ニュートンの法則を用いることで，

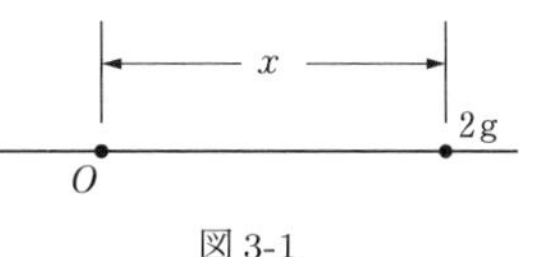


図 3-1

$$2\frac{d^2x}{dt^2} = -8x \qquad \text{または,} \qquad \frac{d^2x}{dt^2} + 4x = 0.$$

これを解くと，次を得る．

$$x = c_1 \cos 2t + c_2 \sin 2t.$$

$t = 0$ のとき，$x = 10$, $dx/dt = 0$ となるから，$x = 10\cos 2t$ と求まる．

このときの動作のグラフを図 3-2 に示す．**振幅** [0 からの最大変位] は 10[cm] である．**周期** [1 回の振動 (1 サイクル) にかかる時間] は $\pi$[sec] である．**周波数** [1 秒あたりの振動回数 (1 サイクル毎秒)] は $1/\pi$[サイクル毎秒] である．このような運動は**単振動**と呼ばれる．

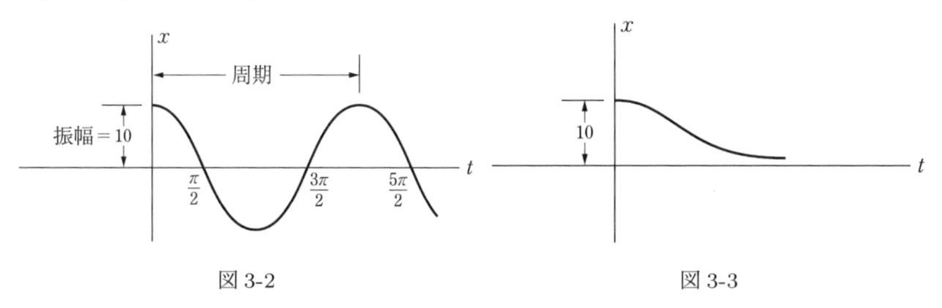


図 3-2　　　図 3-3

($b$) 減衰力は，粒子の位置に関係なく，$-8\,dx/dt$ で与えられる．したがって，例えば $x < 0$ かつ $dx/dt > 0$ であれば，粒子は $O$ の左側に位置しており，右へ動いているので，減衰力は左側，すなわち負方向となる．したがって，ニュートンの法則より，

$$2\frac{d^2x}{dt^2} = -8x - 8\frac{dx}{dt} \qquad \text{または,} \qquad \frac{d^2x}{dt^2} + 4\frac{dx}{dt} + 4x = 0.$$

この一般解は $x = e^{-2t}(c_1 + c_2 t)$ となる．$t = 0$ のとき，$x = 10$，$dx/dt = 0$ となるから，$c_1 = 10$，$c_2 = 20$ より，$x = 10e^{-2t}(1 + 2t)$ と求まる．この運動は**非振動運動**とよばれる．粒子は $O$ に接近するが，$O$ に到達することはない [図 3-3]．

**問題 3.43**　垂直のばねの端に 20 ポンドのおもりをつけて上から吊り下げると，ばねが 6 インチ下に伸びた (訳注：1 インチ [inch]$=\frac{1}{12}$ フィート [ft])．外力がないと仮定したとき，以下の問いに答えよ．

($a$) おもりを 2 インチ下に引いて静かに離す．おもりの任意の時間における位置および，その周期や振幅を求めよ．

($b$) おもりを 3 インチ下に引いて下向きに 2[フィート/sec] の初速を与える．おもりの任意の時間における位置および，その周期や振幅を求めよ．

**解答**

$A$ と $B$ [図 3-4] はそれぞれ，おもり $W$ をつける前とつけた後のばねの端の位置を表すとする．特に $B$ を**平衡位置**という．そして $y$ を，任意の位置 $C$ における $W$ の平衡位置からの変位とする．また $y$ は下方向に正であるとする．

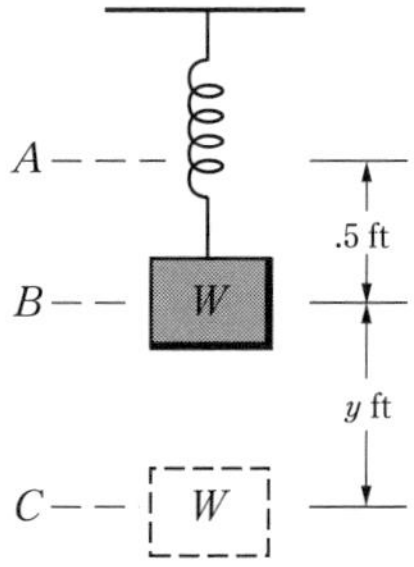

図 3-4

**フックの法則**により，20 ポンドで 0.5 フィート，40 ポンドで 1 フィート伸びるので，$40(0.5 + y)$ ポンドで $(0.5 + y)$ フィート伸びることになる．したがって，$W$ が $C$ に位置するとき，ばねの張力は $40(0.5 + y)g$ になる．

ニュートンの法則により，

$$\begin{aligned} \text{質量} \cdot \text{加速度} &= W\text{にかかる正味の力} \\ &= \text{下向きの重力} - \text{上向きの張力}. \end{aligned}$$

$g(= 32[\text{フィート}/\text{sec}^2])$ を重力加速度とすると，以下を得る[2)]．

$$\begin{aligned} 20\frac{d^2y}{dt^2} &= 20g - 40(0.5 + y)g \\ \frac{20}{32}\frac{d^2y}{dt^2} &= 20 - 40(0.5 + y). \end{aligned}$$

2)　訳注：おもりにかかる力は，$k$ をばね定数とすると，

$$m\frac{d^2y}{dt^2} = mg - k(0.5 + y).$$

ばね定数を決定するため，おもりが静止している状況を考える．このとき，重力との釣り合いから $mg = 0.5k$ となるので，これを $k$ について解くと，$k = \dfrac{mg}{0.5}$ を得る．これを元の式に代入すると，

$$m\frac{d^2y}{dt^2} = mg - (\frac{mg}{0.5})(0.5 + y).$$

$m = 20$ と $g = 32[\text{フィート}/\text{sec}^2]$ を代入することで，本文の式が得られる．

これを整理して解くと.

$$\frac{d^2y}{dt^2}+64y=0 \qquad \text{または,} \qquad y=c_1\cos 8t+c_2\sin 8t.$$

$(a)$ $t=0$ において, $y=\frac{1}{6}$[フィート], $dy/dt=0$ より, $c_1=\frac{1}{6}$, $c_2=0$ となるから, $y=\frac{1}{6}\cos 8t$ を得る. このとき振幅は $\frac{1}{6}$[フィート], 周期は $2\pi/8=\pi/4$[sec].

$(b)$ $t=0$ において, $y=\frac{1}{4}$[フィート], $dy/dt=2$[フィート/sec] より, $c_1=1/4$, $c_2=1/4$ となるから,

$$y=\frac{1}{4}\cos 8t+\frac{1}{4}\sin 8t=\sqrt{\left(\frac{1}{4}\right)^2+\left(\frac{1}{4}\right)^2}\sin\left(8t+\frac{\pi}{4}\right)=\frac{\sqrt{2}}{4}\sin\left(8t+\frac{\pi}{4}\right).$$

このとき振幅は約 $\sqrt{2}/4=0.35$[フィート], 周期は $\pi/4$[sec].

**問題 3.44** 問題 3.43 の状況において, $\beta v$ の外部減衰力を考慮に入れる. $v$ を瞬間速度[フィート/sec] とし, $\beta$ を以下で与えたとき, おもりの任意の時間における位置を求めよ.

$(a)$ $\beta=8$, $(b)$ $\beta=10$, $(c)$ $\beta=12.5$.

解答

減衰力を $\beta v=\beta\, dy/dt$ とした運動方程式は,

$$\frac{20}{32}\frac{d^2y}{dt^2}=-40y-\beta\frac{dy}{dt} \qquad \text{あるいは,}\ \frac{d^2y}{dt^2}+\frac{8\beta}{5}\frac{dy}{dt}+64y=0.$$

$(a)$ $\beta=8$ のとき, $\frac{d^2y}{dt^2}+12.8\frac{dy}{dt}+64y=0$ となる. $t=0$ において $y=1/6$, $dy/dt=0$ の条件で解くと,

$$y=\frac{1}{18}e^{-6.4t}(3\cos 4.8t+4\sin 4.8t)=\frac{5}{18}e^{-6.4t}\sin(4.8t+36.87[\text{度}]).$$

この運動は, 周期 $2\pi/4.8=5\pi/12$[sec] の**減衰振動**という.

$(b)$ $\beta=10$ のとき, $\frac{d^2y}{dt^2}+16\frac{dy}{dt}+64y=0$ となる. $(a)$ と同条件で解くと, $y=\frac{1}{6}e^{-4t}(1+4t)$ を得る. $\beta$ の値を 10 より小さくすると, 振動運動が発生するため, この運動を**臨界減衰**という.

$(c)$ $\beta=12.5$ のとき, $\frac{d^2y}{dt^2}+20\frac{dy}{dt}+64y=0$ となり, これを解くと $y=\frac{1}{6}e^{-4t}-\frac{1}{24}e^{-16t}$ を得る. この運動を**過減衰**という.

**問題 3.45** 問題 3.43 $(a)$ の状況において, 以下に答えよ.

$(a)$ $F(t)=40\cos 8t$ で与えられる外力を $t>0$ の間加えた場合, おもりの任意の時間における位置を求めよ.

$(b)$ $t$ が大きくなるとどうなるか, 物理的な解釈を述べよ.

解答

$(a)$ この場合における運動方程式は,

$$\frac{20}{32}\frac{d^2y}{dt^2}=20-40(0.5+y)+40\cos 8t$$

または,

$$\frac{d^2y}{dt^2}+64y=64\cos 8t.$$

$t=0$ において，$y=1/6$，$dy/dt=0$ とすると，この方程式の解は,

$$y=\tfrac{1}{6}\cos 8t+4t\sin 8t.$$

$(b)$　$t$ が大きくなると，$4t\sin 8t$ の項は無制限に増加し，最終的には物理的にばねが壊れることになる．これは**共振**の現象を示しており，加えられた力の振動数が系の固有振動数と等しい場合に何が起こるかを示している．

**問題 3.46**　棒 $AOB$ は，点 $O$ を中心に垂直面内を一定の角速度 $\omega$ で回転している [図 3-5]．そして質量 $m$ の粒子 $P$ は，棒に沿って移動するように拘束されているとする．摩擦力は働かないと仮定したとき，以下に答えよ．

$(a)$ 動径方向に関して，$P$が従う運動方程式を立てよ．

$(b)$ 任意の時間における $P$の位置を求めよ．

$(c)$ $P$が単振動を行うための条件を求めよ．

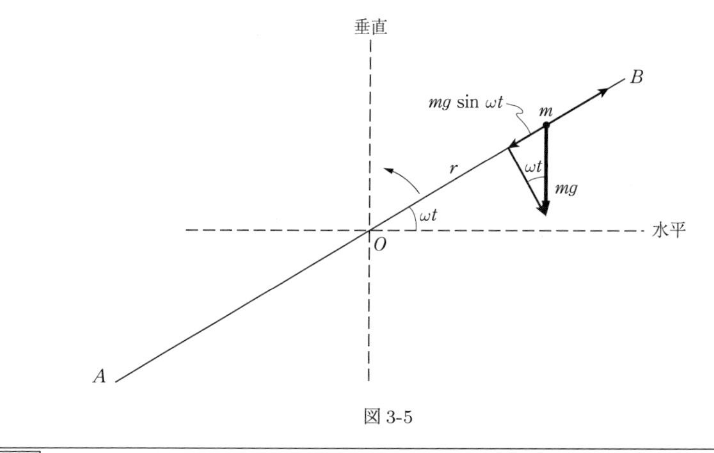


図 3-5

**解答**

$(a)$　$r$ を $O$ から $P$までの距離とし，棒が $t=0$ のとき水平に位置しているとき,

$$正味の力 = 遠心力 - 重力の動径成分$$

$$m\frac{d^2r}{dt^2}=m\omega^2 r-mg\sin\omega t$$

または,

$$\frac{d^2r}{dt^2}-\omega^2 r=-g\sin\omega t. \tag{1}$$

この運動方程式は以下を満たす．

$$r = r_0, \quad dr/dt = v_0. \qquad (t=0) \tag{2}$$

ここで，$r_0$ と $v_0$ は，それぞれ $P$ の初期変位と初速度である．

(*b*) (1) を (2) に従って解くと，

$$r = \left(\frac{r_0}{2} + \frac{v_0}{2\omega} - \frac{g}{4\omega^2}\right)e^{\omega t} + \left(\frac{r_0}{2} - \frac{v_0}{2\omega} + \frac{g}{4\omega^2}\right)e^{-\omega t} + \frac{g\sin\omega t}{2\omega^2}.$$

(*c*) $r_0 = 0$ かつ $v_0 = g/2\omega$ の場合に限り，棒に沿った運動は単振動となる．

**問題 3.47**　2 ヘンリーのインダクタ，16 オームの抵抗器，0.02 ファラドのコンデンサが，$E = 100\sin 3t$ の起電力を持つ電池と直列接続されている．$t=0$ のとき，コンデンサの電荷と電力は 0 である．このとき，$t>0$ における，(*a*) 電荷と (*b*) 電流を求めよ．

**解答**

時間 $t$ における瞬間の電荷と電流を $Q$ と $I$ とおくと，キルヒホッフの法則により，

$$2\frac{dI}{dt} + 16I + \frac{Q}{0.02} = 100\sin 3t.$$

さらに，$I = dQ/dt$ より，

$$\frac{d^2Q}{dt^2} + 8\frac{dQ}{dt} + 25Q = 50\sin 3t.$$

この式を $t=0$ において，$Q=0$，$dQ/dt=0$ として解くと，以下が求まる．

(*a*) $Q = \dfrac{25}{52}(2\sin 3t - 3\cos 3t) + \dfrac{25}{52}e^{-4t}(3\cos 3t + 2\sin 3t)$

(*b*) $I = \dfrac{dQ}{dt} = \dfrac{75}{52}(2\cos 3t + 3\sin 3t) - \dfrac{25}{52}e^{-4t}(17\sin 3t + 6\cos 3t)$

第一項は**定常電流**，時間の経過とともに無視できるようになる第二項は**過渡電流**と呼ばれる．

**問題 3.48**　図 3-6 の電気回路を考える．初期電流が 0 のとき，各枝に流れる電流を求めよ．

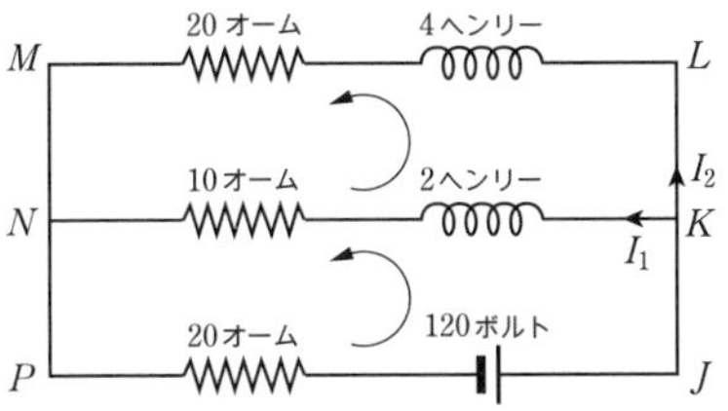

$M$　20 オーム　4 ヘンリー　$L$
$N$　10 オーム　2 ヘンリー　$K$　$I_1$　$I_2$
$P$　20 オーム　120 ボルト　$J$

図 3-6

**解答**

キルヒホッフの第二法則は「閉じた回路上の電位差の代数和は 0 になる」ことを述べている．図のように，ループ $KLMNK$ と $JKNPJ$ を反時計周りに辿ってみる．これらのループを辿る際は，電位降下を正 (プラス) とみなし，電位上昇は電位降下の負 (マイナス) と考える．なお，$NPJKN$ に流れる電流を $I$ とすると，この電流は接続点 $K$ で $I_1$ と $I_2$ に分流し，$I = I_1 + I_2$ を満たすことになる (キルヒホッフの第一法則)．

ループ $JKNPJ$ と $KLMNK$ にそれぞれキルヒホッフの第二法則を適用すると，以下を得る．

$$20I - 120 + 2\frac{dI_1}{dt} + 10I_1 = 0, \tag{1}$$

$$-10I_1 - 2\frac{dI_1}{dt} + 4\frac{dI_2}{dt} + 20I_2 = 0. \tag{2}$$

$I = I_1 + I_2$ を代入し，演算子 $D = d/dt$ を用いると，

$$(D + 15)I_1 + 10I_2 = 60, \tag{3}$$

$$-(D + 5)I_1 + (2D + 10)I_2 = 0. \tag{4}$$

$t = 0$ において，$I_1 = I_2 = 0$ となることを使ってこれらの方程式を解くことで以下を得る．

$$I_1 = 3(1 - e^{-20t}), \qquad I_2 = \tfrac{3}{2}(1 - e^{-20t}), \qquad I = \tfrac{9}{2}(1 - e^{-20t}).$$

# 第4章

# ラプラス変換

## ラプラス変換の定義

関数 $f(t)$ のラプラス変換は以下のように定義される．

$$\mathcal{L}\{f(t)\} = F(s) = \int_0^\infty e^{-st} f(t) dt. \tag{1}$$

$\mathcal{L}\{f(t)\}$ の存在は，(1) の積分が存在する（収束する）か，存在しない（発散する）かで決まる．本章において $s$ は実数であると仮定するが，後の章（14章）では，$s$ を複素数として捉えることが便利な結果をもたらすことを示す．

実際に (1) について，$s > s_0$ では収束するが $s \leq s_0$ では発散するような，数 $s_0$ が存在することがある．(1) が収束する値 $s > s_0$ の集合は $\mathcal{L}\{f(t)\}$ の**収束域**または**存在域**とよばれる．しかし一方で (1) がどのような値 $s$ に対しても発散するようなこともありうる 問題 4.50(補).

(1) の記号 $\mathcal{L}$ は**ラプラス変換演算子**という．$\mathcal{L}$ は以下のように線形演算子であることが示せる．

$$\mathcal{L}\{c_1 f_1(t) + c_2 f_2(t)\} = c_1 \mathcal{L}\{f_1(t)\} + c_2 \mathcal{L}\{f_2(t)\}. \tag{2}$$

## 初等関数のラプラス変換

以下の表でいくつかの初等関数に対するラプラス変換とその収束域をまとめた．収束域は必要なときに簡単に与えることができるので，実際に求めるときは省略してよい．

| | $f(t)$ | $\mathcal{L}\{f(t)\} = F(s)$ |
|---|---|---|
| **1.** | $1$ | $\dfrac{1}{s} \quad (s > 0)$ |
| **2.** | $t^n \quad (n = 1, 2, 3, \ldots)$ | $\dfrac{n!}{s^{n+1}} \quad (s > 0)$ |
| **3.** | $t^p \quad (p > -1)$ | $\dfrac{\Gamma(p+1)}{s^{p+1}} \quad (s > 0)$ |

| | $f(t)$ | $\mathcal{L}\{f(t)\} = F(s)$ |
|---|---|---|
| **4.** | $e^{at}$ | $\dfrac{1}{s-a} \quad (s > a)$ |
| **5.** | $\cos wt$ | $\dfrac{s}{s^2+w^2} \quad (s > 0)$ |
| **6.** | $\sin wt$ | $\dfrac{w}{s^2+w^2} \quad (s > 0)$ |
| **7.** | $\cosh at$ | $\dfrac{a}{s^2-a^2} \quad (s > \lvert a \rvert)$ |
| **8.** | $\sinh at$ | $\dfrac{s}{s^2-a^2} \quad (s > \lvert a \rvert)$ |

上の表の 3 にある $\Gamma(p+1)$ は**ガンマ関数**といい，以下のように定義される．

$$\Gamma(p+1) = \int_0^\infty x^p e^{-x} dx \qquad (p > -1) \tag{3}$$

この関数についての詳細は 9 章でみていく．本章においては以下の性質だけ押さえておけばよい．

$$\Gamma(p+1) = p\Gamma(p), \qquad \Gamma\left(\frac{1}{2}\right) = \sqrt{\pi}, \qquad \Gamma(1) = 1. \tag{4}$$

1 つ目の等式は「ガンマ関数の**漸化式**」という．$p$ が任意の正の整数 $n$ であるとき，この漸化式から $\Gamma(n+1) = n!$ が導ける．このことより，変換表の 2 と 3 の間の関係が説明できる．

## ラプラス変換存在のための十分条件

$\mathcal{L}\{f(t)\}$ の存在を保証する十分条件（訳注：どういった条件をおけばラプラス変換の存在が成立するか）を $f(t)$ を用いて記述できるように，**区分的連続性**および**指数位数**の概念を導入する．

**1. 区分的連続性：** 関数 $f(t)$ がある区間で**区分的に連続**であるとは，(i) 区間を有限個の部分区間に分割したとき，部分区間上で（端点を除いて）$f(t)$ が連続であり，(ii) その部分区間上の端点における $f(t)$ の（片側）極限値が存在することをいう．別の言い方をすれば，区分的に連続であるとは，有限個の不連続点が存在してもそれらの点で極限値が定まる性質を持つ関数を指す．区分的に連続である関数の一例を図 4-1 に示した．

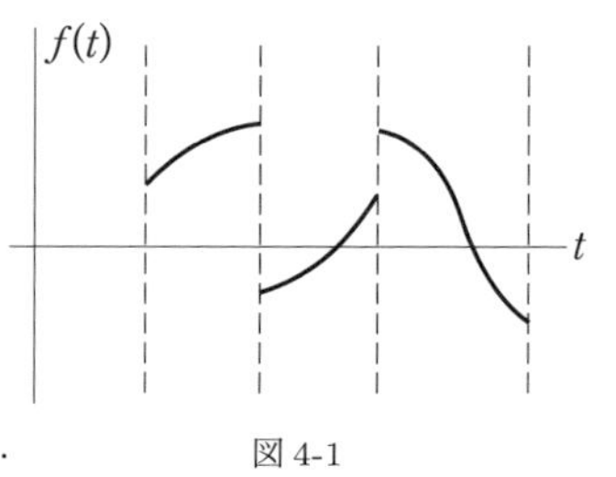


図 4-1

**2. 指数位数：** 「関数 $f(t)$ が $t > T$ に対して**指数位数**である」とは，$t > T$ に対して $|f(t)| \leq Me^{\alpha t}$ を満たすような定数 $M$ と $\alpha$ が存在することをいう．

**定理 4.1**
$f(t)$ が $0 \leq t \leq T$ において区分的に連続かつ $t > T$ に対して指数位数であるとする．このとき，$s > \alpha$ であるすべての $s$ について $F(s) = \mathcal{L}\{f(t)\}$ は存在する．

ここで強調しておきたいのは，これらの条件は単に十分条件であり必要条件ではないということである．すなわち上記の条件を満たさなくても $\mathcal{L}\{f(t)\}$ が存在することはあり得る．例えば，$t^{-1/2}$ は $0 \leq t \leq T$ で区分的に連続ではないが，$\mathcal{L}\{t^{-1/2}\}$ は存在する．

定理 4.1 に関連する興味深い定理を以下に示す．

**定理 4.2**
$f(t)$ が定理 4.1 の 2 つの条件を満たす．このとき，

$$\lim_{s\to\infty} \mathcal{L}\{f(t)\} = \lim_{s\to\infty} F(s) = 0$$

が成り立つ．このことから，$\lim_{s\to\infty} F(s) \neq 0$ のとき，$f(t)$ は，定理 4.1 における 2 つの条件のうち少なくとも一方を満たさないことがいえる（訳注：定理 4.2 の対偶命題である）．

## 逆ラプラス変換

$\mathcal{L}\{f(t)\} = F(s)$ のとき，$f(t)$ を $F(s)$ の**逆ラプラス変換**といい，$\mathcal{L}^{-1}\{F(s)\} = f(t)$ と表すことにする．

例 1.

$\mathcal{L}\{t\} = \dfrac{1}{s^2}$ の逆ラプラス変換は，$\mathcal{L}^{-1}\{\dfrac{1}{s^2}\} = t$ となる．

ラプラス変換が存在する場合，その変換先は一意であることは明らかだが，逆ラプラス変換については一意であるとは限らない．

例 2.

$f(t) = \begin{cases} t & (t \neq 2) \\ 10 & (t = 2) \end{cases}$ の場合，$\mathcal{L}\{f(t)\} = \dfrac{1}{s^2}$ となる．この関数 $f(t)$ は $t = 2$ での値は，例 1 の関数とは異なるが，どちらも同じラプラス変換を持つことがわかる．このことから $\mathcal{L}^{-1}\{1/s^2\}$ は 2 つ（またはそれ以上）の異なる関数を表すことになるので，逆ラプラス変換は一意ではないことになる．

もし 2 つの関数のそれぞれのラプラス変換が同じならば，どんなに小さくても正の長さの区間では互いに異なることはないことを示すことができる．この言明は**レルヒの定理**として知られる．レルヒの定理を踏まえれば，2 つの関数が同じラプラス変換を持つ場合，それらの関数は実用的な目

的に際しては一致しており，逆ラプラス変換を**本質的**に一意であるものとして取り扱うことができる[1)]．特に，2 つの連続関数が同じラプラス変換を持つ場合，それらの関数は同一でなければならない．

記号 $\mathcal{L}^{-1}$ は**逆ラプラス変換演算子**といい，線形演算子である．すなわち，以下が成り立つ．

$$\mathcal{L}^{-1}\{c_1F_1(s)+c_2F_2(s)\}=c_1f_1(t)+c_2f_2(t).$$

## 導関数のラプラス変換

ラプラス変換が線形微分方程式を解くのに有用な手段であることをみていく．そのためには，導関数のラプラス変換を求める必要がある．以下の定理が基本となる．

**定理 4.3**
有限区間 $0 \le t \le T$ において，$f(t)$ は連続で，その導関数 $f'(t)$ は区分的に連続であるとする．さらに，$f(t)$ は $t>T$ に対して指数位数であるとする．このとき，

$$\mathcal{L}\{f'(t)\}=s\mathcal{L}\{f(t)\}-f(0).$$

定理 4.3 は以下のように拡張できる．

**定理 4.4**
有限区間 $0 \le t \le T$ において，$f^{(n-1)}(t)$ は連続で，$f^{(n)}(t)$ は区分的に連続であるような $f(t)$ を考える．さらに，$f(t), f'(t), \dots, f^{(n-1)}(t)$ は $t>T$ に対して指数位数であるとする．このとき，次が成り立つ．

$$\mathcal{L}\{f^{(n)}(t)\}=s^n\mathcal{L}\{f(t)\}-s^{n-1}f(0)-s^{n-2}f'(0)-\cdots-f^{(n-1)}(0).$$

---

1)　訳注：以下に定義する零関数 (null function) を用いて，レルヒの定理を述べる．

**定義　零関数** $N(t)$：

$$\int_0^t N(u)du=0 \quad (t>0).$$

つまり，任意区間 $t$ についての積分が 0 となるような関数である．以下で示すように，零関数のラプラス変換は 0 になるという特徴を持つ．

$$\mathcal{L}\{N(t)\}=\int_0^\infty e^{-st}N(t)dt=\left[e^{-st}\int_0^t N(u)du\right]_0^\infty+s\int_0^\infty e^{-st}\left(\int_0^t N(u)du\right)dt=0, \quad (s>0).$$

**定理　レルヒの定理**：
$F(s)=\mathcal{L}\{f(t)\}=\mathcal{L}\{g(t)\}$ となる 2 つの関数が $f(t)\neq g(t)$ $(t\ge 0)$ となる場合，$N(t)=f(t)-g(t)$ は零関数である．特に，同じラプラス変換を持つ $f(t)$ と $g(t)$ が連続関数であれば，$f(t)=g(t)$ $(t\ge 0)$ となる．

本文の例 2 では 1 点においてのみ値が異なる 2 つ関数を扱ったが，これらの関数の差も零関数であり $\mathcal{L}^{-1}\{F(s)\}=f(t)+N(t)$ が成立する．(どのみち零関数のラプラス変換は 0 になるから) こうした任意性を排除すれば，それらの関数を本質的に一意だと扱ってしまおうということである．

## 単位階段関数

**単位階段関数**または**ヘヴィサイドの単位階段関数**は

$$\mathcal{U}(t-a) = \begin{cases} 0 & t < a \\ 1 & t > a \end{cases}$$

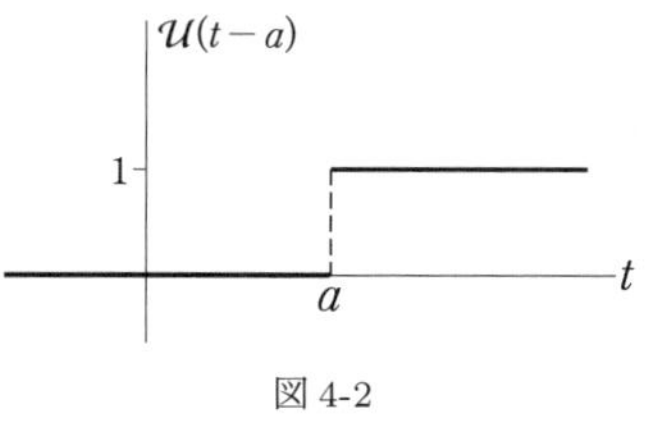

図 4-2

として定義される（図 4-2）.

様々な不連続関数は，単位階段関数を用いて表現することが可能である.

また，単位階段関数のラプラス変換は

$$\mathcal{L}\{\mathcal{U}(t-a)\} = \frac{e^{-as}}{s} \qquad (s > 0)$$

であり，同様に

$$\mathcal{L}^{-1}\left\{\frac{e^{-as}}{s}\right\} = \mathcal{U}(t-a)$$

となることが示せる問題 4.17.

## ラプラス変換に関する諸定理

ラプラス変換と逆ラプラス変換の関係から，ラプラス変換を含む定理は，逆ラプラス変換を含む定理に対応することになる．以下では，ラプラス変換とそれに対応する逆ラプラス変換に関する重要な定理をいくつか見ていく．いずれの場合も，$f(t)$ は定理 4.1 の条件を満たすと仮定する.

**定理 4.5 (第一移動定理)**
$\mathcal{L}\{f(t)\} = F(s)$ のとき，

$$\mathcal{L}\{e^{at}f(t)\} = F(s-a)$$

同様に，$\mathcal{L}^{-1}\{F(s)\} = f(t)$ のとき，

$$\mathcal{L}^{-1}\{F(s-a)\} = e^{at}f(t)$$

**定理 4.6 (第二移動定理)**
$\mathcal{L}\{f(t)\} = F(s)$ のとき，

$$\mathcal{L}^{-1}\{\mathcal{U}(t-a)f(t-a)\} = e^{-as}F(s)$$

同様に，$\mathcal{L}\{F(s)\} = f(t)$ のとき，

$$\mathcal{L}^{-1}\{e^{-as}F(s)\} = \mathcal{U}(t-a)f(t-a)$$

**定理 4.7**

$\mathcal{L}\{f(t)\} = F(s)$ のとき，

$$\mathcal{L}\{f(at)\} = \frac{1}{a}F\left(\frac{s}{a}\right)$$

同様に，$\mathcal{L}^{-1}\{F(s)\} = f(t)$ のとき，

$$\mathcal{L}^{-1}\left\{F\left(\frac{s}{a}\right)\right\} = af(at)$$

**定理 4.8**

$\mathcal{L}\{f(t)\} = F(s)$ のとき，

$$\mathcal{L}\{t^n f(t)\} = (-1)^n \frac{d^n F}{ds^n} = (-1)^n F^{(n)}(s) \quad (n = 1,\, 2,\, 3, \ldots)$$

**定理 4.9 (周期関数)**

$f(t)$ が周期 $P > 0$ を持つ，すなわち $f(t+P) = f(t)$ であるとき，

$$\mathcal{L}\{f(t)\} = \frac{\displaystyle\int_0^P e^{-st} f(t)dt}{1 - e^{-sP}}$$

**定理 4.10 (積分)**

$\mathcal{L}\{f(t)\} = F(s)$ のとき，

$$\mathcal{L}\left\{\int_0^t f(u)du\right\} = \frac{F(s)}{s}$$

同様に，$\mathcal{L}^{-1}\{F(s)\} = f(t)$ のとき，

$$\mathcal{L}^{-1}\left\{\frac{F(s)}{s}\right\} = \int_0^t f(u)du$$

**定理 4.11**

$\displaystyle\lim_{t \to 0} f(t)/t$ が存在し，$\mathcal{L}\{f(t)\} = F(s)$ のとき，

$$\mathcal{L}\left\{\frac{f(t)}{t}\right\} = \int_s^\infty F(u)du$$

**定理 4.12 (畳み込み定理)**

$\mathcal{L}\{f(t)\} = F(s)$, $\mathcal{L}\{g(t)\} = G(s)$ のとき，

$$\mathcal{L}\left\{\int_0^t f(u)g(t-u)du\right\} = F(s)G(s)$$

同様に，$\mathcal{L}^{-1}\{F(s)\} = f(t)$, $\mathcal{L}^{-1}\{G(s)\} = g(t)$ のとき，

$$\mathcal{L}^{-1}\{F(s)G(s)\} = \int_0^t f(u)g(t-u)du$$

この定理においてラプラス変換を行う対象は，$f$ と $g$ の**畳み込み積分**といい

$$f * g = \int_0^t f(u)g(t-u)du$$

と定義される．畳み込み積分は $f * g = g * f$ が成り立つので可換である．同様に結合法則や分配法則も成り立つことが証明できる問題 4.75(補).

## 部分分数分解

逆ラプラス変換を求める際，上で述べた定理を使っていくことになるが，おそらくそれに先立つであろう最も基本となる方法は**部分分数分解**である．というのは，逆ラプラス変換を行う対象の関数の形は，$P(s)$ と $Q(s)$ を多項式としたとき $P(s)/Q(s)$ となる場合が多いからである（ここで $Q(s)$ の次数は $P(s)$ の次数よりも大きいものとする）．この方法の概要については演習問題を参照せよ問題 4.39〜問題 4.41.

## ラプラス変換を用いた微分方程式の解法

ラプラス変換は，初期条件が付随した定数係数線形微分方程式を解くにあたり，特に有効である．そのために，初期条件を用いて与えられた（連立）微分方程式のラプラス変換を行う．これにより「ラプラス変換された，目的の解に関する（連立）代数方程式」が導ける．そして，（ラプラス変換された）代数方程式を解いたあと，逆ラプラス変換を行うことで目的の解が得られる．この方法の詳細は実際に演習問題を解くことで確認せよ問題 4.42〜問題 4.44.

## 物理学への応用

物理学上の問題の多くは，初期条件を持つ線形微分方程式として定式化されるので，ラプラス変換はその解を求めるのに適している．様々な分野における応用例については演習問題を確認せよ問題 4.45〜問題 4.47.

## ラプラス変換の反転公式

**反転公式**と呼ばれる逆ラプラス変換を直接求める方法がある．このテーマは複素関数論を用いる必要があり，14 章で検討する．

# 演習問題

## 初等関数のラプラス変換

**問題 4.1**　以下が成り立つことを示せ.

$$\mathcal{L}\{e^{at}\} = \frac{1}{s-a} \quad (s > a)$$

**解答**

$$\begin{aligned}\mathcal{L}\{e^{at}\} &= \int_0^\infty e^{-st}e^{at}dt = \int_0^\infty e^{-(s-a)t}dt = -\left.\frac{e^{-(s-a)t}}{s-a}\right|_0^\infty \\ &= \frac{1}{s-a} \qquad (s-a>0,\ \text{すなわち},\ s>a\text{と仮定する})\end{aligned}$$

**問題 4.2**　以下に答えよ.

$(a)$ 次の式が成り立つことを確かめよ.

$$\mathcal{L}\{t^p\} = \frac{\Gamma(p+1)}{s^{p+1}} \qquad (s>0,\ p>-1)$$

$(b)$ $p=n$(正の整数) のとき, $\mathcal{L}\{t^n\} = \dfrac{n!}{s^{n+1}}$ $(s>0)$ となることを示せ.

**解答**

$(a)$ $\mathcal{L}\{t^p\} = \int_0^\infty e^{-st}t^p dt$ において, $st=u$ とおき変数変換を行う. 積分が収束するためには $s>0$ でなければならない. すると, 以下の等式が得られる.

$$\frac{1}{s^{p+1}}\int_0^\infty u^p e^{-u}du = \frac{\Gamma(p+1)}{s^{p+1}}$$

ガンマ関数を定義している積分は $p>-1$ の場合にのみ収束するから $p>-1$ を満たすという制約式が必要である.

$(b)$ 部分積分を行う.

$$\begin{aligned}\Gamma(p+1) &= \int_0^\infty x^p e^{-x}dx = (x^p)(-e^{-x})\Big|_0^\infty - \int_0^\infty (px^{p-1})(-e^{-x})dx \\ &= p\int_0^\infty x^{p-1}e^{-x}dx \\ &= p\Gamma(p)\end{aligned}$$

よって, 以下の等式が成り立つ.

$$\Gamma(p+1) = p\Gamma(p)$$

$p=n$ のとき，

$$\Gamma(n+1)=n\Gamma(n)=n(n-1)\Gamma(n-1)$$
$$=n(n-1)(n-2)\Gamma(n-2)=n(n-1)\cdots 1\Gamma(1)$$

ここで，$\Gamma(1)=\int_0^\infty e^{-x}dx=-e^{-x}\Big|_0^\infty=1$ より，$\Gamma(n+1)=n!$ となるから，$(a)$ の結果を用いることで $\mathcal{L}\{t^n\}=\dfrac{n!}{s^{n+1}}$ がいえる．

**問題 4.3**　$\mathcal{L}$ は線形演算子であることを証明せよ．

**解答**

$c_1, c_2$ を任意の定数，$f_1(t), f_2(t)$ をラプラス変換が存在する任意の関数としたとき，以下を示さなければならない．

$$\mathcal{L}\{c_1f_1(t)+c_2f_2(t)\}=c_1\mathcal{L}\{f_1(t)\}+c_2\mathcal{L}\{f_2(t)\}$$

よって，

$$\mathcal{L}\{c_1f_1(t)+c_2f_2(t)\}=\int_0^\infty e^{-st}\{c_1f_1(t)+c_2f_2(t)\}dt$$
$$=c_1\int_0^\infty e^{-st}f_1(t)dt+c_2\int_0^\infty e^{-st}f_2(t)dt$$
$$=c_1\mathcal{L}\{f_1(t)\}+c_2\mathcal{L}\{f_2(t)\}$$

より，$\mathcal{L}$ が線形演算子であることがわかる．

**問題 4.4**　以下を証明せよ．

$$(a)\ \mathcal{L}\{\cos\omega t\}=\frac{s}{s^2+\omega^2}\qquad (b)\ \mathcal{L}\{\sin\omega t\}=\frac{\omega}{s^2+\omega^2}$$

**解答**

**方法 1.** $s>0$ のとき，以下を得る．

$$\int_0^\infty e^{-st}e^{i\omega t}dt=\int_0^\infty e^{-(s-i\omega)t}dt=-\frac{e^{-(s-i\omega)t}}{s-i\omega}\Bigg|_0^\infty=\frac{1}{s-i\omega}$$

そして実部と虚部をとることで，以下のようになる．

$$\int_0^\infty e^{-st}(\cos\omega t+i\sin\omega t)dt=\frac{s+i\omega}{s^2+\omega^2}=\frac{s}{s^2+\omega^2}+i\frac{\omega}{s^2+\omega^2}$$

したがって，

$$\int_0^\infty e^{-st}\cos\omega tdt=\frac{s}{s^2+\omega^2},\qquad \int_0^\infty e^{-st}\sin\omega tdt=\frac{\omega}{s^2+\omega^2}$$

**方法 2.** 積分を直接行うことで求められる.

$$\int_0^\infty e^{-st}\cos\omega t\,dt = \left.\frac{e^{-st}(\omega\sin\omega t - s\cos\omega t)}{s^2+\omega^2}\right|_0^\infty = \frac{s}{s^2+\omega^2}$$

$$\int_0^\infty e^{-st}\sin\omega t\,dt = \left.\frac{-e^{-st}(s\sin\omega t + \omega\cos\omega t)}{s^2+\omega^2}\right|_0^\infty = \frac{\omega}{s^2+\omega^2}$$

**問題 4.5**　以下のラプラス変換を求めよ.

$(a)\ 3e^{-4t},\quad (b)\ 2t^2,\quad (c)\ 4\cos 5t,\quad (d)\ \sin\pi t,\quad (e)\ -3/\sqrt{t}$

**解答**

(a) $\mathcal{L}\{3e^{-4t}\} = 3\mathcal{L}\{e^{-4t}\} = \dfrac{3}{s-(-4)} = \dfrac{3}{s+4}\quad (s>-4)$

(b) $\mathcal{L}\{2t^2\} = 2\mathcal{L}\{t^2\} = \dfrac{2\Gamma(3)}{s^3} = \dfrac{2\cdot 2!}{s^3} = \dfrac{4}{s^3}\quad (s>0)$

(c) $\mathcal{L}\{4\cos 5t\} = 4\mathcal{L}\{\cos 5t\} = 4\cdot\dfrac{s}{s^2+25} = \dfrac{4s}{s^2+25}\quad (s>0)$

(d) $\mathcal{L}\{\sin\pi t\} = \dfrac{\pi}{s^2+\pi^2}\quad (s>0)$

(e) $\mathcal{L}\left\{-\dfrac{3}{\sqrt{t}}\right\} = -3\mathcal{L}\{t^{-1/2}\} = -\dfrac{3\Gamma(1/2)}{s^{1/2}} = -\dfrac{3\sqrt{\pi}}{\sqrt{s}} = -3\sqrt{\dfrac{\pi}{s}}\quad (s>0)$

**問題 4.6**　以下のラプラス変換を求めよ.

$(a)\ 3t^4-2t^{3/2}+6,\quad (b)\ 5\sin 2t - 3\cos 2t,\quad (c)\ 3\sqrt[3]{t}+4e^{2t},\quad (d)\ 1/t^2$

**解答**

(a)

$$\begin{aligned}\mathcal{L}\{3t^4-2t^{3/2}+6\} &= 3\mathcal{L}\{t^4\} - 2\mathcal{L}\{t^{3/2}\} + 6\mathcal{L}\{1\}\\ &= \frac{3\Gamma(5)}{s^5} - \frac{2\Gamma(5/2)}{s^{5/2}} + \frac{6}{s}\\ &= \frac{3\cdot 4!}{s^5} - \frac{2\cdot(3/2)(1/2)\Gamma(1/2)}{s^{5/2}} + \frac{6}{s}\\ &= \frac{72}{s^5} - \frac{3\sqrt{\pi}}{2s^{5/2}} + \frac{6}{s}.\end{aligned}$$

(b)

$$\begin{aligned}\mathcal{L}\{5\sin 2t - 3\cos 2t\} &= 5\mathcal{L}\{\sin 2t\} - 3\mathcal{L}\{\cos 2t\}\\ &= \frac{5\cdot 2}{s^2+4} - \frac{3\cdot s}{s^2+4} = \frac{10-3s}{s^2+4}.\end{aligned}$$

(c)

$$\begin{aligned}\mathcal{L}\{3\sqrt[3]{t}+4e^{2t}\} &= 3\mathcal{L}\{t^{1/3}\} + 4\mathcal{L}\{e^{2t}\} = \frac{3\Gamma(4/3)}{s^{4/3}} + \frac{4}{s-2}\\ &= \frac{3(1/3)\Gamma(1/3)}{s^{4/3}} + \frac{4}{s-2} = \frac{\Gamma(1/3)}{s^{4/3}} + \frac{4}{s-2}.\end{aligned}$$

$(d)$ $\mathcal{L}\left\{\dfrac{1}{t^2}\right\} = \displaystyle\int_0^\infty \frac{e^{-st}}{t^2}dt$. この積分は収束しないので，ラプラス変換は存在しない．

上記の $(a)$，$(b)$，$(c)$ の収束域を省略しているが，それらの収束域は容易に与えることができる．

**問題 4.7**　以下の関数のラプラス変換 $\mathcal{L}\{f(t)\}$ を求めよ．

$$f(t) = \begin{cases} 3 & 0 < t < 2 \\ -1 & 2 < t < 4 \\ 0 & t \geq 4 \end{cases}$$

**解答**

$$\begin{aligned}
\mathcal{L}\{f(t)\} &= \int_0^2 e^{-st}f(t)dt + \int_2^4 e^{-st}f(t)dt + \int_4^\infty e^{-st}f(t)dt \\
&= \int_0^2 e^{-st}(3)dt + \int_2^4 e^{-st}(-1)dt + \int_4^\infty e^{-st}(0)dt \\
&= 3\left(\frac{e^{-st}}{-s}\right)\Bigg|_0^2 - \left(\frac{e^{-st}}{-s}\right)\Bigg|_2^4 + 0 \\
&= \frac{3(1-e^{-2s})}{s} + \frac{e^{-4s}-e^{-2s}}{s} = \frac{3-4e^{-2s}+e^{-4s}}{s}.
\end{aligned}$$

**問題 4.8**　$\mathcal{L}\{\sin t \cos t\}$ を求めよ．

**解答**

$\sin 2t = 2\sin t\cos t$ より，$\sin t \cos t = \frac{1}{2}\sin 2t$ となることから，

$$\mathcal{L}\{\sin t\cos t\} = \frac{1}{2}\mathcal{L}\{\sin 2t\} = \frac{1}{2}\cdot\frac{2}{s^2+4} = \frac{1}{s^2+4}.$$

## ラプラス変換存在のための十分条件

**問題 4.9**　以下を証明せよ．

$(a)$ 定理 4.1(p.133)　　$(b)$ 定理 4.2(p.133)

**解答**

$(a)$
$$F(s) = \mathcal{L}\{f(t)\} = \int_0^\infty e^{-st}f(t)dt = \int_0^T e^{-st}f(t)dt + \int_T^\infty e^{-st}f(t)dt$$

とする．$f(t)$ は $0 \leq t \leq T$ において区分的に連続であることから，$e^{-st}f(t)$ も同様に区分的に連続であるので，右辺の第一項の積分は存在する[2]．

2）　訳注：区分的に連続の関数は，不連続点を境にして分割した区間のそれぞれで広義積分が定義可能である．

右辺の第二項の積分についても，$|f(t)| \leq Me^{\alpha t}$ という事実より，$s > \alpha$ に対して，

$$\left| \int_T^\infty e^{-st} f(t) dt \right| \leq \int_T^\infty e^{-st} |f(t)| dt \leq \int_T^\infty e^{-st} M e^{\alpha t} dt$$
$$\leq M \int_0^\infty e^{-(s-\alpha)} dt = \frac{M}{s-\alpha} \tag{1}$$

となるので積分可能である．よって題意は示せた．

$(b)$ $(a)$ のときと同様に，

$$|F(s)| = |\mathcal{L}\{f(t)\}| \leq \int_0^T e^{-st} |f(t)| dt + \int_T^\infty e^{-st} |f(t)| dt$$

が得られる．$f(t)$ は $0 \leq t \leq T$ において区分的に連続であるので，有界，すなわち，ある定数 $K$ が存在して $|f(t)| \leq K$ が成立する．この事実と (1) 式を用いることで，

$$|F(s)| \leq \int_0^T e^{-st} K dt + \frac{M}{s-\alpha} \leq \int_0^\infty e^{-st} K dt + \frac{M}{s-\alpha} \leq \frac{K+M}{s-\alpha}$$

となる．ここで極限 $s \to \infty$ をとると，$\lim_{s \to \infty} F(s) = 0$ がいえる．

**問題 4.10**　以下に答えよ．

$(a)$ $\mathcal{L}\left\{\frac{e^{2t}}{t+4}\right\}$ は存在するか．　　$(b)$ $\lim_{s \to \infty} \mathcal{L}\left\{\frac{e^{2t}}{t+4}\right\} = 0$ は成り立つか．

**解答**

$(a)$ あらゆる有限区間で $e^{2t}/(t+4)$ は連続 [ゆえに区分的に連続]．また，$t \geq 0$ に対して，

$$\frac{e^{2t}}{t+4} < \frac{e^{2t}}{4}$$

となるから $e^{2t}/(t+4)$ は指数位数である．したがって，問題 4.9$(a)$ よりラプラス変換は存在する．

$(b)$ 問題 4.9$(b)$ と 問題 4.10$(a)$ の結果から，ただちに成り立つことがわかる．

## 逆ラプラス変換

**問題 4.11**　$\mathcal{L}^{-1}$ は線形演算子であることを証明せよ．

**解答**

$\mathcal{L}$ は 問題 4.3 より線形演算子である．

$$\mathcal{L}\{c_1 f_1(t) + c_2 f_2(t)\} = c_1 \mathcal{L}\{f_1(t)\} + c_2 \mathcal{L}\{f_2(t)\} = c_1 F_1(s) + c_2 F_2(s)$$

したがって，定義より

$$\mathcal{L}^{-1}\{c_1 F_1(s) + c_2 F_2(s)\} = c_1 f_1(t) + c_2 f_2(t)$$

$$= c_1\mathcal{L}^{-1}\{F_1(s)\} + c_2\mathcal{L}^{-1}\{F_2(s)\}$$

が成り立つので，$\mathcal{L}^{-1}$ は線形演算子である．

**問題 4.12**　以下を求めよ．

$$(a)\ \mathcal{L}^{-1}\left\{\frac{5}{s+2}\right\},\ (b)\ \mathcal{L}^{-1}\left\{\frac{4s-3}{s^2+4}\right\},\ (c)\ \mathcal{L}^{-1}\left\{\frac{2s-5}{s^2}\right\},\ (d)\ \mathcal{L}^{-1}\left\{\frac{1}{s^k}\right\}\ (k>0)$$

**解答**

(a) $\mathcal{L}^{-1}\left\{\frac{5}{s+2}\right\} = 5\mathcal{L}^{-1}\left\{\frac{1}{s+2}\right\} = 5e^{-2t}$

(b) $\mathcal{L}^{-1}\left\{\frac{4s-3}{s^2+4}\right\} = 4\mathcal{L}^{-1}\left\{\frac{s}{s^2+4}\right\} - \frac{3}{2}\mathcal{L}^{-1}\left\{\frac{2}{s^2+4}\right\} = 4\cos 2t - \frac{3}{2}\sin 2t$

(c) $\mathcal{L}^{-1}\left\{\frac{2s-5}{s^2}\right\} = 2\mathcal{L}^{-1}\left\{\frac{1}{s}\right\} - 5\mathcal{L}^{-1}\left\{\frac{1}{s^2}\right\} = 2-5t$

(d) $\mathcal{L}\{t^p\} = \frac{\Gamma(p+1)}{s^{p+1}}$ より，

$$\mathcal{L}\left\{\frac{t^p}{\Gamma(p+1)}\right\} = \frac{1}{s^{p+1}} \qquad \text{または} \qquad \mathcal{L}^{-1}\left\{\frac{1}{s^{p+1}}\right\} = \frac{t^p}{\Gamma(p+1)}$$

となる．このとき $p=k-1$ とすることで，

$$\mathcal{L}^{-1}\left\{\frac{1}{s^k}\right\} = \frac{t^{k-1}}{\Gamma(k)}.$$

**問題 4.13**　以下を求めよ．

$$(a)\ \mathcal{L}^{-1}\left\{\frac{4-5s}{s^{3/2}}\right\}, \qquad (b)\ \mathcal{L}^{-1}\left\{\frac{1}{s^2+2s}\right\}$$

**解答**

(a)

$$\begin{aligned}\mathcal{L}^{-1}\left\{\frac{4-5s}{s^{3/2}}\right\} &= 4\mathcal{L}^{-1}\left\{\frac{1}{s^{3/2}}\right\} - 5\mathcal{L}^{-1}\left\{\frac{1}{s^{1/2}}\right\} \\ &= 4\cdot\frac{t^{1/2}}{\Gamma(3/2)} - 5\cdot\frac{t^{-1/2}}{\Gamma(1/2)} \\ &= \frac{8t^{1/2}}{\sqrt{\pi}} - \frac{5t^{-1/2}}{\sqrt{\pi}} = \frac{8t^{1/2}-5t^{-1/2}}{\sqrt{\pi}}\end{aligned}$$

(b)

$$\begin{aligned}\mathcal{L}^{-1}\left\{\frac{1}{s^2+2s}\right\} &= \mathcal{L}^{-1}\left\{\frac{1}{s(s+2)}\right\} = \tfrac{1}{2}\mathcal{L}^{-1}\left\{\frac{1}{s} - \frac{1}{s+2}\right\} \\ &= \tfrac{1}{2}\mathcal{L}^{-1}\left\{\frac{1}{s}\right\} - \tfrac{1}{2}\mathcal{L}^{-1}\left\{\frac{1}{s+2}\right\} \\ &= \tfrac{1}{2} - \tfrac{1}{2}e^{-2t} = \tfrac{1}{2}(1-e^{-2t})\end{aligned}$$

## 導関数のラプラス変換

**問題 4.14**　定理 4.3(p.134) を証明せよ．

解答

$f'(t)$ は $0 \leq t \leq T$ で区分的に連続であるから，有限個の部分区間 $(0, T_1)$，$(T_1, T_2)$，…，$(T_n, T)$ が存在して，その部分区間のそれぞれで $f'(t)$ は連続かつ端点での極限値が有限である．ゆえに，

$$\int_0^T e^{-st} f'(t)dt = \int_0^{T_1} e^{-st} f'(t)dt + \int_{T_1}^{T_2} e^{-st} f'(t)dt + \cdots + \int_{T_n}^{T} e^{-st} f'(t)dt$$

次に右辺を部分積分していくと，

$$\left[ e^{-st} f(t)\Big|_0^{T_1} + s\int_0^{T_1} e^{-st} f(t)dt \right] + \left[ e^{-st} f(t)\Big|_{T_1}^{T_2} + s\int_{T_1}^{T_2} e^{-st} f(t)dt \right] + \cdots + \left[ e^{-st} f(t)\Big|_{T_n}^{T} + s\int_{T_n}^{T} e^{-st} f(t)dt \right]$$

が得られる．この式は，$f(t)$ は連続であることから，

$$\int_0^T e^{-st} f'(t)dt = e^{-st} f(T) - f(0) + s\int_0^T e^{-st} f(t)dt \tag{1}$$

とかける．さらに，$f(t)$ は指数位数なので $T$ が十分に大きいならば，

$$|e^{-sT} f(T)| \leq |e^{-sT} M e^{\alpha T}| = M e^{-(s-\alpha)T} \tag{2}$$

が成り立つ．

したがって，(1) 式において $T \to \infty$ と極限をとり，$\lim_{T\to\infty} e^{-st} f(T) = 0$ となる事実を用いることで，

$$\mathcal{L}\{f'(t)\} = \int_0^\infty e^{-st} f'(t)dt = s\int_0^\infty e^{-st} f(t)dt - f(0) = s\mathcal{L}\{f(t)\} - f(0)$$

となり，目的の式が得られる．

**問題 4.15**　あらゆる有限区間 $0 \leq t \leq T$ において，$f'(t)$ は連続，$f''(t)$ は区分的に連続であり，また，$f(t)$ と $f'(t)$ は $t > T$ に対して指数位数であるとする．このとき，以下の成立を示せ．

$$\mathcal{L}\{f''(t)\} = s^2 \mathcal{L}\{f(t)\} - sf(0) - f'(0)$$

解答

$g(t) = f'(t)$ とおく．すると $g(t)$ は定理 4.3 の条件を満たしていることから，

$$\mathcal{L}\{g'(t)\} = s\mathcal{L}\{g(t)\} - g(0)$$

となる．したがって，

$$\begin{aligned}\mathcal{L}\{f''(t)\} &= s\mathcal{L}\{f'(t)\} - f'(0)\\ &= s[s\mathcal{L}\{f(t)\} - f(0)] - f'(0)\\ &= s^2\mathcal{L}\{f(t)\} - sf(0) - f'(0)\end{aligned}$$

**問題 4.16**　$f(t) = te^{at}$ とおく．以下に答えよ．

(a) $f(t)$ が $f'(t) = af(t) + e^{at}$ を満たすことを示せ．
(b) (a) の結果を用いて $\mathcal{L}\{te^{at}\}$ を求めよ．

解答

(a) $f'(t) = t(ae^{at}) + e^{at} = af(t) + e^{at}$
(b) 演算子の線形性より $\mathcal{L}\{f'(t)\} = \mathcal{L}\{af(t) + e^{at}\} = a\mathcal{L}\{f(t)\} + \mathcal{L}\{e^{at}\}$ がいえる．したがって，問題 4.14 と $f(0) = 0$ であることを用いることで，

$$s\mathcal{L}\{f(t)\} - f(0) = a\mathcal{L}\{f(t)\} + \frac{1}{s-a} \quad \text{または} \quad (s-a)\mathcal{L}\{f(t)\} = \frac{1}{s-a}$$

となり，

$$\mathcal{L}\{f(t)\} = \mathcal{L}\{te^{at}\} = \frac{1}{(s-a)^2}.$$

## 単位階段関数

**問題 4.17**　以下を証明せよ．

$$\mathcal{L}\{\mathcal{U}(t-a)\} = \frac{e^{-as}}{s} \quad (s > 0)$$

解答

$\mathcal{U}(t-a) = \begin{cases} 0 & t < a \\ 1 & t > a \end{cases}$ より，

$$\begin{aligned}\mathcal{L}\{\mathcal{U}(t-a)\} &= \int_0^a e^{-st}(0)dt + \int_a^\infty e^{-st}(1)dt = 0 + \left.\frac{e^{-st}}{-s}\right|_a^\infty\\ &= \frac{e^{-as}}{s} \quad (s > 0)\end{aligned}$$

問題 **4.18**　以下に答えよ.

(a) $f(t) = \begin{cases} 8 & t < 2 \\ 6 & t > 2 \end{cases}$ を単位階段関数を用いて表現せよ.

(b) 関数 $f(t)$ のラプラス変換を求めよ.

**解答**

(a)
$$f(t) = 8 + \begin{cases} 0 & t < 2 \\ -2 & t > 2 \end{cases} = 8 - 2\begin{cases} 0 & t < 2 \\ 1 & t > 2 \end{cases} = 8 - 2\mathcal{U}(t-1)$$

(b)
$$\mathcal{L}\{f(t)\} = \mathcal{L}\{8 - 2\mathcal{U}(t-1)\} = \frac{8}{s} - \frac{2e^{-s}}{s} = \frac{8-2e^{-s}}{s}$$

この結果は階段関数を用いずに直接求めることもできる.

## ラプラス変換に関する諸定理

問題 **4.19**　定理 4.5(p.135) を証明せよ.

**解答**

$\mathcal{L}\{f(t)\} = F(s) = \int_0^\infty e^{-st}f(t)dt$ より,

$$\mathcal{L}\{e^{at}f(t)\} = \int_0^\infty e^{-st}[e^{at}f(t)]dt = \int_0^\infty e^{-(s-a)t}f(t)dt = F(s-a)$$

問題 **4.20**　定理 4.6(p.135) を証明せよ.

**解答**

**方法 1.** $\mathcal{U}(t-a) = \begin{cases} 0 & t < a \\ 1 & t > a \end{cases}$ を用いて,

$$\begin{aligned}
\mathcal{L}\{\mathcal{U}(t-a)f(t-a)\} &= \int_0^\infty e^{-st}\mathcal{U}(t-a)f(t-a)dt \\
&= \int_0^a e^{-st}(0)dt + \int_a^\infty e^{-st}f(t-a)dt \\
&= \int_a^\infty e^{-st}f(t-a)dt = \int_0^\infty e^{-s(v+a)}f(v)dv \\
&= e^{-as}\int_0^\infty e^{-sv}f(v)dv \\
&= e^{-as}F(s)
\end{aligned}$$

**方法 2.** $F(s) = \int_0^\infty e^{-st} f(t)dt$ より，

$$
\begin{aligned}
e^{-as}F(s) &= \int_0^\infty e^{-s(t+a)} f(t)dt = \int_a^\infty e^{-sv} f(v-a)dv \\
&= \int_0^a e^{-sv}(0)dv + \int_a^\infty e^{-sv} f(v-a)dv \\
&= \int_0^\infty e^{-st} \left\{ \begin{array}{ll} 0 & t < a \\ f(t-a) & t > a \end{array} \right\} dt \\
&= \int_0^\infty e^{-st} f(t-a) \left\{ \begin{array}{ll} 0 & t < a \\ 1 & t > a \end{array} \right\} dt \\
&= \mathcal{L}\{f(t-a)\mathcal{U}(t-a)\}
\end{aligned}
$$

**問題 4.21**　定理 4.7(p.136) を証明せよ.

**解答**

$$
\mathcal{L}\{f(at)\} = \int_0^\infty e^{-st} f(at)dt = \frac{1}{a}\int_0^\infty e^{-sv/a} f(v)dv = \frac{1}{a}F\left(\frac{s}{a}\right).
$$

ここで，$t = v/a$ を用いて変数変換を行った.

**問題 4.22**　以下の場合に対して，それぞれ定理 4.8(p.136) が成り立つことを証明せよ.

(a) $n = 1$　　(b) 任意の正の整数 $n$

**解答**

(a) $F(s) = \int_0^\infty e^{-st} f(t)dt$ に対して，$s$ で微分し，ライプニッツの積分法則 (p.15) を用いることで，

$$
\begin{aligned}
\frac{dF}{ds} = F'(s) &= \frac{d}{ds}\int_0^\infty e^{-st} f(t)dt = \int_0^\infty \frac{\partial}{\partial s}[e^{-st} f(t)]dt \\
&= -\int_0^\infty e^{-st} t f(t)dt = -\mathcal{L}\{tf(t)\}
\end{aligned}
$$

とする．ゆえに，$\mathcal{L}\{tf(t)\} = -F'(s)$.

(b)

$$
\begin{aligned}
\frac{d^nF}{ds^n} &= \frac{d^n}{ds^n}\int_0^\infty e^{-st} f(t)dt = \int_0^\infty \frac{\partial^n}{\partial s^n}[e^{-st} f(t)]dt \\
&= (-1)^n \int_0^\infty e^{-st}[t^n f(t)]dt = (-1)^n \mathcal{L}\{t^n f(t)\}.
\end{aligned}
$$

ゆえに，$\mathcal{L}\{t^n f(t)\} = (-1)^n F^{(n)}(s)$.

**問題 4.23**　定理 4.9(p.136) を証明せよ.

解答

以下のように変形していく．

$$\begin{aligned}\int_0^\infty e^{-st}f(t)dt &= \int_0^P e^{-st}f(t)dt + \int_P^{2P} e^{-st}f(t)dt + \int_{2P}^{3P} e^{-st}f(t)dt + \cdots \\ &= \int_0^P e^{-st}f(t)dt + \int_0^P e^{-s(v+P)}f(v+P)dv \\ &\quad + \int_0^P e^{-s(v+2P)}f(v+2P)dv + \cdots .\end{aligned}$$

ここで，$f(t)$ は周期 $P>0$ なので，$f(v+P)=f(v)$, $f(v+2P)=f(v),\cdots$ が成り立つ．さらに $v$ を $t$ と置き換えると，

$$\begin{aligned}\int_0^\infty e^{-st}f(t)dt &= \int_0^P e^{-st}f(t)dt + e^{-sP}\int_0^P e^{-st}f(t)dt + e^{-2sP}\int_0^P e^{-st}f(t)dt + \cdots \\ &= (1+e^{-sP}+e^{-2sP}+\cdots)\int_0^P e^{-st}f(t)dt \\ &= \frac{1}{1-e^{-sP}}\int_0^P e^{-st}f(t)dt \qquad (s>0).\end{aligned}$$

**問題 4.24**　定理 4.10(p.136) を証明せよ．

解答

$G(t)=\displaystyle\int_0^t f(u)du$ とおくと，$G'(t)=f(t)$, $G(0)=0$ が成り立つ．ゆえに，

$$\mathcal{L}\{G'(t)\} = s\mathcal{L}\{G(t)\} - G(0) \quad \text{または} \quad \mathcal{L}\{f(t)\} = s\mathcal{L}\{G(t)\}$$

となるから，

$$\mathcal{L}\{G(t)\} = \mathcal{L}\left\{\int_0^t f(u)du\right\} = \frac{1}{s}\mathcal{L}\{f(t)\} = \frac{F(s)}{s}$$

が得られる．よってこの式から，

$$\mathcal{L}^{-1}\left\{\frac{F(s)}{s}\right\} = \int_0^t f(u)du.$$

**問題 4.25**　定理 4.11(p.136) を証明せよ．

解答

ラプラス変換の存在を保証するため $\displaystyle\lim_{t\to 0}\frac{f(t)}{t}$ が存在すると仮定する [定理 4.1 の条件も同様に成り立つとする]．次に，$g(t)=f(t)/t$ または $f(t)=tg(t)$ とおけば，

$$F(s) = \mathcal{L}\{f(t)\} = \mathcal{L}\{tg(t)\} = -\frac{d}{ds}\mathcal{L}\{g(t)\} = -\frac{dG(s)}{ds} \qquad (1)$$

よって，

$$G(s) = -\int_c^s F(u)du = \int_s^c F(u)du \tag{2}$$

が得られる．$g(t)$ は定理 4.1 の条件を満たしているので，$\lim_{s\to\infty} G(s) = 0$ となることがわかる．したがって，(2) 式より $c$ は無限大であり（訳注：$\int_\infty^c F(u)du = 0 \implies c = \infty$），

$$G(s) = \mathcal{L}\left\{\frac{f(t)}{t}\right\} = \int_s^\infty F(u)du.$$

**問題 4.26**　定理 4.12(p.136) を証明せよ．

解答

$$F(s) = \int_0^\infty e^{-su} f(u)du, \qquad G(s) = \int_0^\infty e^{-sv} g(v)dv$$

より，

$$\begin{aligned}
F(s)G(s) &= \left[\int_0^\infty e^{-su} f(u)du\right]\left[\int_0^\infty e^{-sv} g(v)dv\right] \\
&= \int_0^\infty \int_0^\infty e^{-s(u+v)} f(u)g(v)dudv \\
&= \int_{t=0}^\infty \int_{\tau=0}^t e^{-st} f(\tau)g(t-\tau)d\tau dt \\
&= \int_{t=0}^\infty e^{-st}\left[\int_{\tau=0}^t f(\tau)g(t-\tau)d\tau\right]dt \\
&= \mathcal{L}\left\{\int_0^t f(\tau)g(t-\tau)d\tau\right\} = \mathcal{L}\left\{\int_0^t f(u)g(t-u)du\right\}
\end{aligned}$$

となるので題意が示せた（$t = u + v$, $\tau = u$ より $uv$ 平面から $\tau t$ 平面への変数変換を行っている）[3]．

## ラプラス変換の諸定理を用いた応用

**問題 4.27**　以下を求めよ．

$$(a)\ \mathcal{L}\{e^{3t}\sin 4t\}, \quad (b)\ \mathcal{L}\{t^2 e^{-2t}\}, \quad (c)\ \mathcal{L}\{e^t/\sqrt{t}\}$$

解答

3)　訳注：最後の等式は単に文字の書き換えを行っただけである．変数変換前後の平面はそれぞれ以下のようになる．

$$uv\text{平面} = \{(u,v)\,|\,u>0, v>0\}, \qquad \tau t\text{平面} = \{(\tau,t)\,|\,t>\tau>0\}.$$

(a) $\mathcal{L}\{\sin 4t\} = \dfrac{4}{s^2+16}$ となるから，定理 4.5 より，

$$\mathcal{L}\{e^{3t}\sin 4t\} = \frac{4}{(s-3)^2+16} = \frac{4}{s^2-6s+25}.$$

(b) $\mathcal{L}\{t^2\} = \dfrac{2!}{s^3}$ より，

$$\mathcal{L}\{t^2 e^{-2t}\} = \frac{2!}{(s+2)^3}.$$

(c) $\mathcal{L}\{1/\sqrt{t}\} = \mathcal{L}\{t^{-1/2}\} = \Gamma(1/2)/s^{1/2} = \sqrt{\pi/s}$ より，

$$\mathcal{L}\left\{e^t/\sqrt{t}\right\} = \sqrt{\pi/(s-1)}.$$

**問題 4.28**　以下の関数のラプラス変換 $\mathcal{L}\{f(t)\}$ を求めよ．

$$f(t) = \begin{cases} \sin t & t < \pi \\ t & t > \pi \end{cases}$$

**解答**

$$\begin{aligned} f(t) &= \sin t + \begin{cases} 0 & t < \pi \\ t - \sin t & t > \pi \end{cases} \\ &= \sin t + (t - \sin t)\mathcal{U}(t-\pi) \\ &= \sin t + [\pi + (t-\pi) + \sin(t-\pi)]\mathcal{U}(t-\pi) \end{aligned}$$

である．このとき定理 4.6 を用いると，

$$\begin{aligned} \mathcal{L}\{f(t)\} &= \mathcal{L}\{\sin t\} + \mathcal{L}\{[\pi + (t-\pi) + \sin(t-\pi)]\mathcal{U}(t-\pi)\} \\ &= \frac{1}{s^2+1} + e^{-\pi s}\left[\frac{\pi}{s} + \frac{1}{s^2} + \frac{1}{s^2+1}\right] \end{aligned}$$

を得る．この結果は定理 4.6 を使わずとも直接求めることもできる．

**問題 4.29**　$\mathcal{L}\left\{\dfrac{\sin t}{t}\right\} = \tan^{-1}\left(\dfrac{1}{s}\right)$ としたとき，$\mathcal{L}\left\{\dfrac{\sin at}{t}\right\}$ を求めよ．

**解答**

定理 4.7(p.136) より，

$$\mathcal{L}\left\{\frac{\sin at}{at}\right\} = \frac{1}{a}\tan^{-1}\left(\frac{1}{s/a}\right) \quad \text{すなわち，} \quad \mathcal{L}\left\{\frac{\sin at}{t}\right\} = \tan^{-1}\left(\frac{a}{s}\right)$$

**問題 4.30**　以下を求めよ．

(a) $\mathcal{L}\{t\sin 2t\}$，　(b) $\mathcal{L}\{t^2\sin 2t\}$

**解答**

定理 4.8(p.136) より，$\mathcal{L}\{\sin 2t\} = \dfrac{2}{s^2+4}$ となるから，

(a) $\mathcal{L}\{t\sin 2t\} = -\dfrac{d}{ds}\left(\dfrac{2}{s^2+4}\right) = \dfrac{4s}{(s^2+4)^2}$

(b) $\mathcal{L}\{t^2\sin 2t\} = \dfrac{d^2}{ds^2}\left(\dfrac{2}{s^2+4}\right) = \dfrac{-12s^2+16}{(s^2+4)^3}$

**問題 4.31**　区間 $0 \leq t < 2\pi$ において，周期 $2\pi$ を持つ関数を以下のように与える．

$$f(t) = \begin{cases} \sin t & 0 \leq t < \pi \\ 0 & \pi \leq t < 2\pi \end{cases}$$

この関数のラプラス変換を求めよ．

**解答**

この関数は，**整流波**といい，図 4-3 にそのグラフを示した．

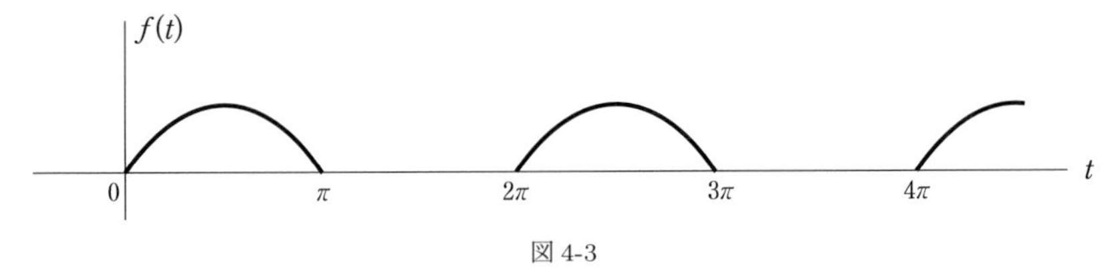


図 4-3

定理 4.9 より，この関数のラプラス変換は

$$\frac{1}{1-e^{-2\pi s}}\int_0^{\pi} e^{-st}\sin t dt = \frac{1}{1-e^{-2\pi s}}\left(\frac{1+e^{-\pi s}}{s^2+1}\right) = \frac{1}{(s^2+1)(1-e^{-\pi s})}$$

**問題 4.32**　$\mathcal{L}\left\{\dfrac{1-e^{-t}}{t}\right\}$ を求めよ．

**解答**

ロピタルの定理より $\lim_{t\to 0}\dfrac{1-e^{-t}}{t} = \lim_{t\to 0}\dfrac{e^{-t}}{1} = 1$ となり，また $(1-e^{-t})$ は連続で指数位数であるので，定理 4.11 の条件が当てはまる．したがって，$\mathcal{L}\{1-e^{-t}\} = \dfrac{1}{s} - \dfrac{1}{s+1}$ となり，

$$\begin{aligned} \mathcal{L}\left\{\frac{1-e^{-t}}{t}\right\} &= \int_s^{\infty}\left(\frac{1}{u} - \frac{1}{u+1}\right)du = \lim_{K\to\infty}\int_s^{K}\left(\frac{1}{u} - \frac{1}{u+1}\right)du \\ &= \lim_{K\to\infty}\left[\ln u - \ln(u+1)\right]_s^K \end{aligned}$$

$$= \lim_{K\to\infty}\left[\ln\left(1+\frac{1}{s}\right)-\ln\left(1+\frac{1}{K}\right)\right]=\ln\left(1+\frac{1}{s}\right)$$

## 逆ラプラス変換の諸定理を用いた応用

**問題 4.33**　以下を求めよ．

$$(a)\ \mathcal{L}^{-1}\left\{\frac{2s+3}{s^2-2s+5}\right\},\quad (b)\ \mathcal{L}^{-1}\left\{\frac{1}{\sqrt{s+3}}\right\},\quad (c)\ \mathcal{L}^{-1}\left\{\frac{3s-4}{(2s-3)^5}\right\}$$

**解答**

(a)

$$\mathcal{L}^{-1}\left\{\frac{2s+3}{s^2-2s+5}\right\}=\mathcal{L}^{-1}\left\{\frac{2(s-1)+5}{(s-1)^2+4}\right\}$$
$$=2\mathcal{L}^{-1}\left\{\frac{s-1}{(s-1)^2+4}\right\}+\frac{5}{2}\mathcal{L}^{-1}\left\{\frac{2}{(s-1)^2+4}\right\}$$

とする．ここで，

$$\mathcal{L}^{-1}\left\{\frac{s}{s^2+4}\right\}=\cos 2t,\qquad \mathcal{L}^{-1}\left\{\frac{2}{s^2+4}\right\}=\sin 2t$$

となるので定理 4.5 より，

$$\mathcal{L}^{-1}\left\{\frac{s-1}{(s-1)^2+4}\right\}=e^t\cos 2t,\qquad \mathcal{L}^{-1}\left\{\frac{2}{(s-1)^2+4}\right\}=e^t\sin 2t.$$

したがって，

$$\mathcal{L}^{-1}\left\{\frac{2s+3}{s^2-2s+5}\right\}=2e^t\cos 2t+\tfrac{5}{2}e^t\sin 2t=\tfrac{1}{2}e^t(4\cos 2t+5\sin 2t)$$

(b) 問題 4.12(d)から $\mathcal{L}^{-1}\left\{\frac{1}{s^k}\right\}=\frac{t^{k-1}}{\Gamma(k)}$，または $k=\frac{1}{2}$ のときは $\mathcal{L}^{-1}\left\{\frac{1}{\sqrt{s}}\right\}=\frac{t^{-1/2}}{\sqrt{\pi}}$ となる．そして定理 4.5 から，

$$\mathcal{L}^{-1}\left\{\frac{1}{\sqrt{s+3}}\right\}=\frac{e^{-3t}t^{-1/2}}{\sqrt{\pi}}.$$

(c)

$$\mathcal{L}^{-1}\left\{\frac{3s-4}{(2s-3)^5}\right\}=\frac{1}{2^5}\mathcal{L}^{-1}\left\{\frac{3s-4}{(s-3/2)^5}\right\}=\frac{1}{32}\mathcal{L}^{-1}\left\{\frac{3(s-3/2)+1/2}{(s-3/2)^5}\right\}$$
$$=\frac{3}{32}\mathcal{L}^{-1}\left\{\frac{1}{(s-3/2)^4}\right\}+\frac{1}{64}\mathcal{L}^{-1}\left\{\frac{1}{(s-3/2)^5}\right\}$$
$$=\frac{3}{32}\cdot\frac{t^3}{3!}e^{3t/2}+\frac{1}{64}\frac{t^4}{4!}e^{3t/2}=\frac{t^3(t+8)e^{3t/2}}{1536}.$$

**問題 4.34**　以下を求めよ．

$$(a)\ \mathcal{L}^{-1}\left\{\frac{se^{-2s}}{s^2+16}\right\},\qquad (b)\ \mathcal{L}^{-1}\left\{\frac{e^{-5s}}{\sqrt{s-2}}\right\}$$

**解答**

$(a)$ $\mathcal{L}^{-1}\left\{\dfrac{s}{s^2+16}\right\} = \cos 4t$ となるから，定理 4.6 より，

$$\mathcal{L}^{-1}\left\{\frac{se^{-2s}}{s^2+16}\right\} = \mathcal{U}(t-2)\cos 4(t-2) = \begin{cases} 0 & t<2 \\ \cos 4(t-2) & t>2 \end{cases}$$

$(b)$ $\mathcal{L}^{-1}\left\{\dfrac{1}{\sqrt{s}}\right\} = \dfrac{t^{-1/2}}{\sqrt{\pi}}$ より $\mathcal{L}^{-1}\left\{\dfrac{1}{\sqrt{s-2}}\right\} = \dfrac{t^{-1/2}e^{2t}}{\sqrt{\pi}}$ となり，定理 4.6 から，

$$\mathcal{L}^{-1}\left\{\frac{e^{-5s}}{\sqrt{s-2}}\right\} = \mathcal{U}(t-5)\frac{(t-5)^{-1/2}e^{2(t-5)}}{\sqrt{\pi}} = \begin{cases} 0 & t<5 \\ \dfrac{(t-5)^{-1/2}e^{2(t-5)}}{\sqrt{\pi}} & t>5 \end{cases}$$

**問題 4.35**　$\mathcal{L}^{-1}\left\{\ln\left(1+\dfrac{1}{s}\right)\right\}$ を求めよ．

**解答**

$F(s) = \ln\left(1+\dfrac{1}{s}\right)$ とおくと，$F'(s) = \dfrac{1}{s+1} - \dfrac{1}{s}$ となる．したがって定理 4.8 より，

$$\mathcal{L}^{-1}\{F'(s)\} = -t\mathcal{L}^{-1}\left\{\ln\left(1+\frac{1}{s}\right)\right\}$$

または,

$$\mathcal{L}^{-1}\left\{\ln\left(1+\frac{1}{s}\right)\right\} = -\frac{1}{t}\mathcal{L}^{-1}\left\{\frac{1}{s+1}-\frac{1}{s}\right\} = \frac{1-e^{-t}}{t}$$

**問題 4.36**　$\mathcal{L}^{-1}\left\{\dfrac{1}{s\sqrt{s+1}}\right\}$ を求めよ．

**解答**

$\mathcal{L}^{-1}\left\{\dfrac{1}{\sqrt{s+1}}\right\} = \dfrac{t^{-1/2}e^{-t}}{\sqrt{\pi}}$ なので，定理 4.10 を用い，$u=v^2$ とすると，

$$\mathcal{L}^{-1}\left\{\frac{1}{s\sqrt{s+1}}\right\} = \int_0^t \frac{u^{-1/2}e^{-u}}{\sqrt{\pi}}du = \frac{1}{\sqrt{\pi}}\int_0^{\sqrt{t}} e^{-v^2}dv$$

**問題 4.37**　$\mathcal{L}^{-1}\left\{\dfrac{1}{(s^2+a^2)^2}\right\}$ を求めよ．

**解答**

$F(s) = G(s) = \dfrac{1}{s^2+a^2}$ とおくと $f(t) = g(t) = \dfrac{\sin at}{a}$ が得られる．したがって，畳み込み積分に

関する定理 4.12 により，

$$\mathcal{L}^{-1}\left\{\frac{1}{(s^2+a^2)^2}\right\} = \int_0^t \frac{\sin au}{a}\cdot\frac{\sin a(t-u)}{a}du = \frac{1}{a^2}\int_0^t \sin au \sin a(t-u)du$$
$$= \frac{1}{2a^2}\int_0^t [\cos a(2u-t)-\cos at]du = \frac{1}{2a^3}(\sin at - at\cos at)$$

**問題 4.38**　以下の式を $y(t)$ について解け．

$$y(t) = 1 + \int_0^t y(u)\sin(t-u)du$$

解答

方程式に対してラプラス変換を行うと，畳み込み積分に関する定理から，

$$Y(s) = \frac{1}{s} + \mathcal{L}\{y(t)*\sin t\} = \frac{1}{s} + \frac{Y(s)}{s^2+1}$$

したがって，

$$\left[1-\frac{1}{s^2+1}\right]Y(s) = \frac{1}{s} \quad \text{または} \quad Y(s) = \frac{s^2+1}{s^3} = \frac{1}{s} + \frac{1}{s^3}$$

となるから，

$$y(t) = \mathcal{L}^{-1}\left\{\frac{1}{s}+\frac{1}{s^3}\right\} = 1 + \frac{t^2}{2}$$

が得られる．

与えられた方程式は，未知関数が積分の中にあるので，**積分方程式**とよばれる．

## 部分分数分解

**問題 4.39**　$\mathcal{L}^{-1}\left\{\frac{2s^2-4}{(s-2)(s+1)(s-3)}\right\}$ を求めよ，

解答

$$\frac{2s^2-4}{(s-2)(s+1)(s-3)} = \frac{A}{s-2} + \frac{B}{s+1} + \frac{C}{s-3}$$

とする．定数 $A, B, C$ を決定するために，$(s-2)(s+1)(s-3)$ をかけると，

$$2s^2-4 = A(s+1)(s-3) + B(s-2)(s-3) + C(s-2)(s+1)$$

が得られる．この式は，任意の $s$ に対して成立しなければならない．そこで $s = 2, -1, 3$ とおくと，$A = -4/3, B = -1/6, C = 7/2$ と求まる．よって，

$$\mathcal{L}^{-1}\left\{\frac{2s^2-4}{(s-2)(s+1)(s-3)}\right\} = \mathcal{L}^{-1}\left\{\frac{-4/3}{s-2} + \frac{-1/6}{s+1} + \frac{7/2}{s-3}\right\} = -\tfrac{4}{3}e^{2t} - \tfrac{1}{6}e^{-t} + \tfrac{7}{2}e^{3t}$$

**問題 4.40**　$\mathcal{L}^{-1}\left\{\dfrac{3s+1}{(s-1)(s^2+1)}\right\}$ を求めよ．

**解答**

$$\frac{3s+1}{(s-1)(s^2+1)} = \frac{A}{s-1} + \frac{Bs+C}{s^2+1} \tag{1}$$

または，

$$3s+1 = A(s^2+1) + (Bs+C)(s-1)$$

とする．ここで，$s=1$ とおくことで $A=2$ となり，$s=0$ とおくと $A–C=1$ となるので $C=1$ が得られる．$s$ は任意におけるので $-1$ とすると $-2=2A-2(C-B)$，よって $B=-2$ となる．したがって，

$$\mathcal{L}^{-1}\left\{\frac{3s+1}{(s-1)(s^2+1)}\right\} = \mathcal{L}^{-1}\left\{\frac{2}{s-1}\right\} + \mathcal{L}^{-1}\left\{\frac{-2s+1}{s^2+1}\right\} = 2e^t - 2\cos t + \sin t$$

**別解.**

(1) 式に $s$ をかけて $A$ を求め，$s \to \infty$ とすると，$A+B=0$ または $B=-A=-2$ となり，$A+B=0$ または $B=-A=-2$ が得られる．この方法によってある程度手順は簡単になる．

**問題 4.41**　$\mathcal{L}^{-1}\left\{\dfrac{5s^2-15s+7}{(s+1)(s-2)^3}\right\}$ を求めよ．

**解答**

$$\frac{5s^2-15s+7}{(s+1)(s-2)^3} = \frac{A}{s+1} + \frac{B}{(s-2)^3} + \frac{C}{(s-2)^2} + \frac{D}{s-2} \tag{1}$$

とおく．そしてこの式を整理し，

$$5s^2-15s+7 = A(s-2)^3 + B(s+1) + C(s+1)(s-2) + D(s+1)(s-2)^2$$

とする．ここで，$s=-1$ とおくと $A=-1$ と求まる．次に $s=2$ おくと，$B=-1$ を得る．そして $s$ を先の 2 つの数字とは別の数字，例えば 0 および 1 とおくと，$-2C+4D=0$ および $-2C+2D=-2$ が得られ，これより $C=2$, $D=1$ となる．したがって，

$$\begin{aligned}\mathcal{L}^{-1}\left\{\frac{5s^2-15s+7}{(s+1)(s-2)^3}\right\} &= \mathcal{L}^{-1}\left\{\frac{-1}{s+1} + \frac{-1}{(s-2)^3} + \frac{2}{(s-2)^2} + \frac{1}{s-2}\right\} \\ &= -e^{-t} - \tfrac{1}{2}t^2e^{2t} + 2te^{2t} + e^{2t}.\end{aligned}$$

**別解.**

(1) 式に $s$ をかけて $A$ を求め，$s \to \infty$ とすると，$A+D=0$ または $D=1$ が得られ，より簡単に結果が得られる．

## ラプラス変換を用いた微分方程式の解法

**問題 4.42**　$y(0) = 1$，$y'(0) = 0$ のとき，$y''(t) + y(t) = 1$ の解を求めよ．

解答

微分方程式の両辺に対してラプラス変換をとり，$Y = Y(s) = \mathcal{L}\{y(t)\}$ とおく．すると，

$$\mathcal{L}\{y''(t) + y(t)\} = \mathcal{L}\{1\} \quad \text{または} \quad s^2Y - sy(0) - y'(0) + Y = 1/s$$

となる．そして $y(0) = 1, y'(0) = 0$ だから，

$$s^2Y - s + Y = \frac{1}{s}, \quad (s^2+1)Y = s + \frac{1}{s} \quad \text{または} \quad Y = \frac{s + 1/s}{s^2+1} = \frac{1}{s}$$

が得られる．したがって解は，

$$y(t) = \mathcal{L}^{-1}\{Y\} = \mathcal{L}^{-1}\left\{\frac{1}{s}\right\} = 1.$$

**問題 4.43**　$y(0) = 2$，$y'(0) = -1$ のとき，$y'' - 3y' + 2y = 2e^{-t}$ の解を求めよ．

解答

微分方程式の両辺に対してラプラス変換をとると，

$$[s^2Y - sy(0) - y'(0)] - 3[sY - y(0)] + 2Y = \frac{2}{s+1}$$

を得る．$y(0) = 2$，$y'(0) = -1$ を用い，部分分数分解を用いて $Y$ について解くと，

$$Y = \frac{2s^2 - 5s - 5}{(s+1)(s-1)(s-2)} = \frac{1/3}{s+1} + \frac{4}{s-1} + \frac{-7/3}{s-2}$$

となる．この結果の逆ラプラス変換をとると，目的の解は

$$y = \tfrac{1}{3}e^{-t} + 4e^{t} - \tfrac{7}{3}e^{2t}.$$

**問題 4.44**　$y(0) = 1$，$y'(0) = -2$，$y''(0) = 3$，$y'''(0) = 0$ のとき，$y^{(5)} + 2y'' + y = \sin t$ の解を求めよ．

解答

微分方程式の両辺に対してラプラス変換を行い，初期条件を用いると，

$$[s^4Y - s^3(1) - s^2(-2) - s(3) - 0] + 2[s^2Y - s(1) - (-2)] + Y = \frac{1}{s^2+1}$$

となり，

$$(s^4+2s^2+1)Y=\frac{1}{s^2+1}+s^3-2s^2+5s-4$$

さらに整理すると，

$$\begin{aligned}Y&=\frac{1}{(s^2+1)^3}+\frac{s^3-2s^2+5s-4}{(s^2+1)^2}=\frac{1}{(s^2+1)^3}+\frac{(s^3+s)-2(s^2+1)+4s-2}{(s^2+1)^2}\\&=\frac{1}{(s^2+1)^3}+\frac{s}{s^2+1}-\frac{2}{s^2+1}+\frac{4s-2}{(s^2+1)^2}\end{aligned}$$

を得る．ここで，ラプラス変換に関する公式問題 4.78(補)，

$$\mathcal{L}^{-1}\left\{\frac{1}{(s^2+1)^3}\right\}=\tfrac{3}{8}\sin t-\tfrac{3}{8}t\cos t-\tfrac{1}{8}t^2\sin t$$

$$\mathcal{L}^{-1}\left\{\frac{4s-2}{(s^2+1)^2}\right\}=2t\sin t-\sin t+t\cos t$$

を用いることで，目的の解は，

$$y=(1+\tfrac{5}{8}t)\cos t-(\tfrac{21}{8}-2t+\tfrac{1}{8}t^2)\sin t.$$

## 物理学への応用

**問題 4.45**　p.79 の 問題 2.32 をラプラス変換を用いて解け．

**解答**

問題 2.32 と同様に，微分方程式は以下のように与えられる．

$$\frac{dI}{dt}+5I=\frac{E}{2},\qquad I(0)=0. \tag{1}$$

$(a)$　$E=40$ のとき，(1) のラプラス変換は $\bar{I}=\mathcal{L}\{I\}$ とおくことで，

$$[s\bar{I}-I(0)]+5\bar{I}=\frac{20}{s}.$$

$I(0)=0$ を用いて $\bar{I}$ に関して解くと，

$$\bar{I}=\frac{20}{s(s+5)}=\frac{20}{5}\left(\frac{1}{s}-\frac{1}{s+5}\right)=4\left(\frac{1}{s}-\frac{1}{s+5}\right).$$

したがって，

$$I=4(1-e^{-5t})$$

$(b)$ $E=20e^{-3t}$ のとき，

$$[s\bar{I}-I(0)]+5\bar{I}=\frac{10}{s+3}$$

より，

$$\bar{I} = \frac{10}{(s+3)(s+5)} = \frac{10}{2}\left(\frac{1}{s+3} - \frac{1}{s+5}\right) = 5\left(\frac{1}{s+3} - \frac{1}{s+5}\right).$$

したがって，

$$I = 5(e^{-3t} - e^{-5t}).$$

$(c)$ $E = 50\sin 5t$ のとき，

$$[s\bar{I} - I(0)] + 5\bar{I} = \frac{125}{s^2+25}$$

より，

$$\bar{I} = \frac{125}{(s+5)(s^2+25)} = \frac{5/2}{s+5} + \frac{(-5/2)s + (25/2)}{s^2+25}.$$

したがって，

$$I = \frac{5}{2}e^{-5t} - \frac{5}{2}\cos 5t + \frac{5}{2}\sin 5t.$$

**問題 4.46** ばね定数 $\kappa$ が一定となる鉛直ばねの端に，質量 $m$ のおもりが吊り下がっている[図 4-4]．質量には外力 $F(t)$ と，瞬間速度に比例した抵抗力が作用している．時間 $t$ における おもりの変位を $x$ とし，$x=0$ で静止していると仮定する．このとき以下に答えよ．

$(a)$ 運動方程式を立てよ．

$(b)$ （方程式を解くことで）任意の時間 $t$ における $x$ を求めよ．

解答

$(a)$ 抵抗力は $-\beta\dfrac{dx}{dt}$ で与えられる．復元力は $-\kappa x$ となる．したがって，ニュートンの法則により，

$$m\frac{d^2x}{dt^2} = -\beta\frac{dx}{dt} - \kappa x + F(t).$$

または，

$$m\frac{d^2x}{dt^2} + \beta\frac{dx}{dt} + \kappa x = F(t) \qquad (1)$$

$$x(0) = 0, \qquad x'(0) = 0. \qquad (2)$$

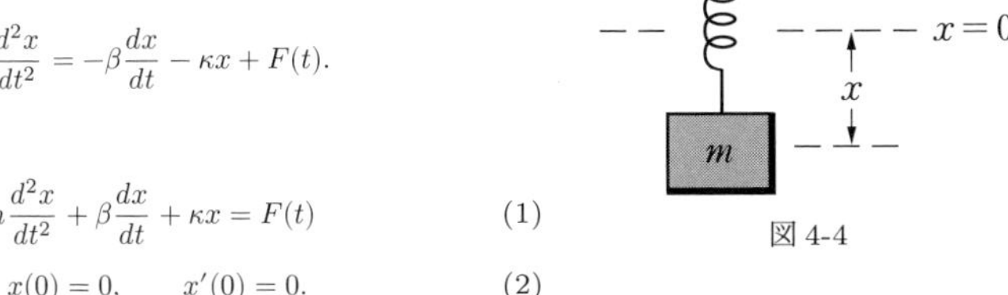


図 4-4

$(b)$ (1) にラプラス変換を施し，$\mathcal{L}\{F(t)\} = \bar{F}(s)$，$\mathcal{L}\{x\} = X$ を用いると以下を得る．

$$m[s^2X - sx(0) - x'(0)] + \beta[sX - x(0)] + \kappa X = \bar{F}(s).$$

よって (2) を用いることで，

$$X = \frac{\bar{F}(s)}{ms^2 + \beta s + \kappa} = \frac{\bar{F}(s)}{m[(s+\beta/2m)^2 + R]}. \qquad (3)$$

ここで，$R = \dfrac{\kappa}{m} - \dfrac{\beta^2}{4m^2}$ である．この式で考えられるケースは 3 つある．

**Case 1.** $R > 0$ **のとき**

この場合 $R = \omega^2$ と置くことで以下を得る．

$$\mathcal{L}^{-1}\left\{\frac{1}{(s+\beta/2m)^2+\omega^2}\right\} = e^{-\beta t/2m}\frac{\sin\omega t}{\omega}.$$

したがって，畳み込み積分を用いることで，(3) から以下が求まる．

$$x = \frac{1}{\omega m}\int_0^t F(u)e^{-\beta(t-u)/2m}\sin\omega(t-u)\,du.$$

**Case 2.** $R = 0$ **のとき**

この場合 $\mathcal{L}^{-1}\left\{\frac{1}{(s+\beta/2m)^2}\right\} = te^{-\beta t/2m}$ が成り立つこと，また畳み込み積分を用いることで，(3) から以下が求まる．

$$x = \frac{1}{m}\int_0^t F(u)(t-u)e^{-\beta(t-u)/m}\,du.$$

**Case 3.** $R < 0$ **のとき**

この場合 $R = -\alpha^2$ と置くことで以下を得る．

$$\mathcal{L}^{-1}\left\{\frac{1}{(s+\beta/2m)^2-\alpha^2}\right\} = e^{-\beta t/2m}\frac{\sinh\alpha t}{\alpha}.$$

したがって，畳み込み積分を用いることで，(3) から以下が求まる．

$$x = \frac{1}{\alpha m}\int_0^t F(u)e^{-\beta(t-u)/2m}\sinh\alpha(t-u)\,du.$$

**問題 4.47**　p.129 の (問題 3.48) をラプラス変換を用いて解け．

**解答**

(問題 3.48) の (1) と (2) から，$\mathcal{L}\{I_1\} = \bar{I}_1$，$\mathcal{L}\{I_2\} = \bar{I}_2$，$I = I_1 + I_2$，$\mathcal{L}\{I\} = \bar{I}_1 + \bar{I}_2$ としてラプラス変換を施すと以下を得る．

$$20(\bar{I}_1+\bar{I}_2) - \frac{120}{s} + 2[s\bar{I}_1 - \bar{I}_1(0)] + 10\bar{I}_1 = 0$$
$$-10\bar{I}_1 - 2[s\bar{I}_1 - I_1(0)] + 4[s\bar{I}_2 - I_2(0)] + 20\bar{I}_2 = 0.$$

ここで $I_1(0) = 0$，$I_2(0) = 0$ を用いると，

$$(30+2s)\bar{I}_1 + 20\bar{I}_2 = 120/s,$$
$$(-10-2s)\bar{I}_1 + (4s+20)\bar{I}_2 = 0.$$

これを解くと,

$$\bar{I}_1 = \frac{\begin{vmatrix} 120/s & 20 \\ 0 & 4s+20 \end{vmatrix}}{\begin{vmatrix} 30+2s & 20 \\ -10-2s & 4s+20 \end{vmatrix}}, \quad \bar{I}_2 = \frac{\begin{vmatrix} 30+2s & 120/s \\ -10-2s & 0 \end{vmatrix}}{\begin{vmatrix} 30+2s & 20 \\ -10-2s & 4s+20 \end{vmatrix}}$$

または,

$$\bar{I}_1 = \frac{60}{s(s+20)} = 3\left(\frac{1}{s} - \frac{1}{s+20}\right), \quad \bar{I}_2 = \frac{30}{s(s+20)} = \frac{3}{2}\left(\frac{1}{s} - \frac{1}{s+20}\right).$$

したがって,

$$I_1 = 3(1-e^{-20t}), \quad I_2 = \tfrac{3}{2}(1-e^{-20t}), \quad I = I_1 + I_2 = \tfrac{9}{2}(1-e^{-20t}).$$

# 第 5 章

# ベクトル解析

## ベクトル，スカラー

物理学では，質点の移動や速度，力，加速度など，「大きさ」と「方向」を持つ量を扱う．このような量を表現するために，**始点**というある点 $P$ から**終点**という別の点 $Q$ までの有向線分 $\overrightarrow{PQ}$ である，**ベクトル**という概念を導入する．ここでは，ベクトルを太字または矢印付きの文字で表すことにする．よって，$\overrightarrow{PQ}$ は，図 5-1 に示すように $\boldsymbol{A}$ または $\vec{A}$ で表示される．また，ベクトルの**大きさ**または**長さ**は $|\overrightarrow{PQ}|$ や $\overline{PQ}$, $|\boldsymbol{A}|$, $|\vec{A}|$ などと表される．物理学では

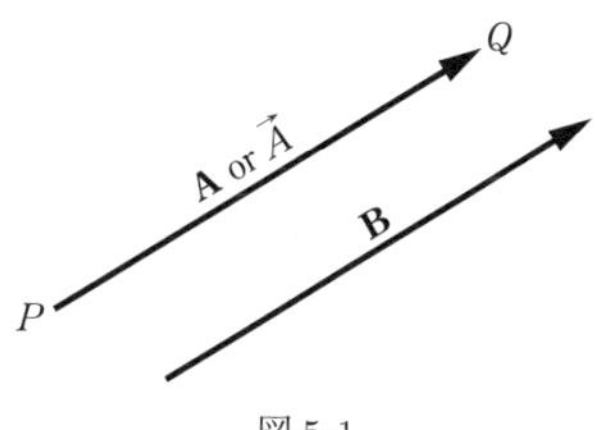


図 5-1

他に，質量や長さ，温度など，大きさだけで特徴づけられる量が存在する．そのような量は，ベクトルと区別するためにしばしば**スカラー**というが，メートル [m] や度数 [°C] などの単位を除けば，これらは単に実数に過ぎない．だから，スカラーは通常の文字で表すことができる．

## ベクトル代数

数の代数でおなじみの和，差，積の操作は，適切な定義をすることでベクトル代数に拡張することができる．以下に基本的な定義をまとめた．

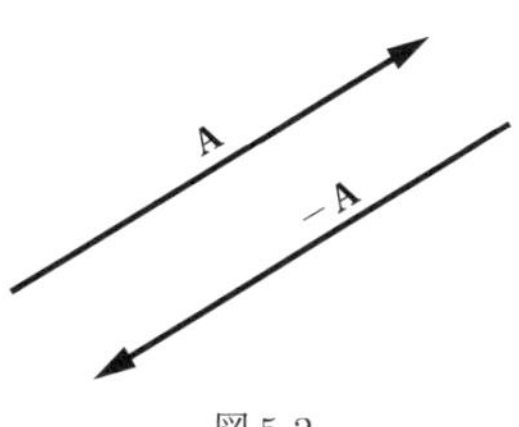


図 5-2

**1.** 2 ベクトル $\boldsymbol{A}$ と $\boldsymbol{B}$ は，始点に依らず同じ大きさと方向を持っていれば**等しい**．よって，図 5-1 では $\boldsymbol{A} = \boldsymbol{B}$ が成立する．

**2.** ベクトル $\boldsymbol{A}$ と反対の方向を持ち，同じ大きさを持つベクトルは $-\boldsymbol{A}$ と表す (図 5-2).

**3.** 図 5-3($a$) のベクトル $\boldsymbol{A}$ と $\boldsymbol{B}$ の**和**は，$\boldsymbol{A}$ の終点に $\boldsymbol{B}$ の始点をおき，$\boldsymbol{A}$ の始点と $\boldsymbol{B}$ の終点をつなげて形成されるベクトル $\boldsymbol{C}$ である（図 5-3($b$)）．このベクトル $\boldsymbol{C}$ は $\boldsymbol{C} = \boldsymbol{A} + \boldsymbol{B}$ と表す．ベクトルの和の定義は，以下の図 5-3($c$) のような**平行四辺形の法則**に従う．

この定義を拡張することで，2 つ以上のベクトルの和が直ちに得られる．例として，どのように $\boldsymbol{A}, \boldsymbol{B}, \boldsymbol{C}, \boldsymbol{D}$ の和 $\boldsymbol{E}$ が表されるかを図 5-4 に示した．

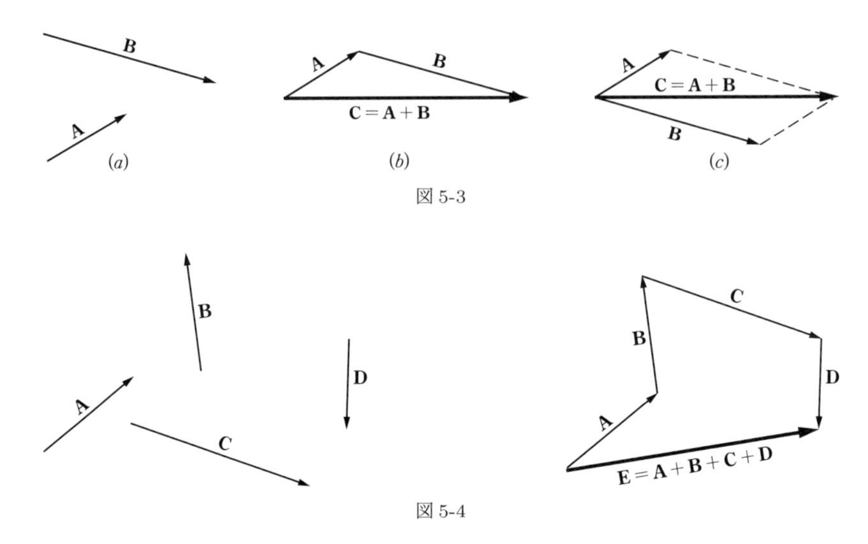


図 5-3

図 5-4

4. $\boldsymbol{C} = \boldsymbol{A} - \boldsymbol{B}$ で表されるベクトル $\boldsymbol{A}$ と $\boldsymbol{B}$ の**差**は，$\boldsymbol{B}$ に加えて $\boldsymbol{A}$ を与えるようなベクトル $\boldsymbol{C}$ を指す．また同じことであるが，$\boldsymbol{A} - \boldsymbol{B}$ は $\boldsymbol{A} + (-\boldsymbol{B})$ と定義してもよい．$\boldsymbol{A} = \boldsymbol{B}$ の場合，$\boldsymbol{A} - \boldsymbol{B}$ は**ヌルベクトル**または**ゼロベクトル**と定義し，記号 $\mathbf{0}$ で表す．ヌルベクトルの大きさは 0 だが，その方向は定義されていない．

5. ベクトル $\boldsymbol{A}$ にスカラー $m$ を掛けると，大きさが $\boldsymbol{A}$ の $|m|$ 倍で，$m$ が正か負に応じて $\boldsymbol{A}$ と同じか反対の方向を持つベクトル $m\boldsymbol{A}$ が生成される．$m = 0$ の場合，$m\boldsymbol{A} = \mathbf{0}$，すなわちヌルベクトルとなる．

## ベクトル代数の諸法則

$\boldsymbol{A}$，$\boldsymbol{B}$，$\boldsymbol{C}$ がベクトル，$m$ と $n$ がスカラーの場合，以下が成り立つ．

**1.** $\boldsymbol{A} + \boldsymbol{B} = \boldsymbol{B} + \boldsymbol{A}$　　和に関する交換法則

**2.** $\boldsymbol{A} + (\boldsymbol{B} + \boldsymbol{C}) = (\boldsymbol{A} + \boldsymbol{B}) + \boldsymbol{C}$　　和に関する結合法則

**3.** $m(n\boldsymbol{A}) = (mn)\boldsymbol{A} = n(m\boldsymbol{A})$　　積に関する結合法則

**4.** $(m + n)\boldsymbol{A} = m\boldsymbol{A} + n\boldsymbol{A}$　　分配法則

**5.** $m(\boldsymbol{A} + \boldsymbol{B}) = m\boldsymbol{A} + m\boldsymbol{B}$　　分配法則

なお，これらの法則では，1 つ以上のスカラーとベクトルの間の積のみについて述べられていることに注意．ベクトル同士の積については p.166 で定義する．

## 単位ベクトル

単位ベクトルは，大きさが 1 となるベクトルである．$\boldsymbol{A}$ が長さ $A > 0$ を持つ任意のベクトルならば，$\boldsymbol{A}/A$ は $\boldsymbol{A}$ と同じ方向を持つ単位ベクトルであり，$\boldsymbol{a}$ と表される．すなわち，$\boldsymbol{A} = A\boldsymbol{a}$ が成り立つ．

## 直交単位ベクトル

直交単位ベクトル $\boldsymbol{i}$, $\boldsymbol{j}$, $\boldsymbol{k}$ は直交座標系の $x$ 軸，$y$ 軸，$z$ 軸の方向を持つ単位ベクトルである（図 5-5）．特に指定がない限り，直交座標系は右手系としている．右手系という名前は，$Ox$ の方向から $Oy$ の方向へ 90° 回転する右ねじの向きが，$z$ 軸の正方向に進むことに由来している．一般的に，始点が一致して同一平面上にはない 3 つのベクトルを $\boldsymbol{A}$, $\boldsymbol{B}$, $\boldsymbol{C}$ とし，$\boldsymbol{A}$ から $\boldsymbol{B}$ に向けて 180° 以下の角度で回転した右ねじが $\boldsymbol{C}$ の方向に進むとき，これらのベクトルは「**右手系**を成す」という（図 5-6）．

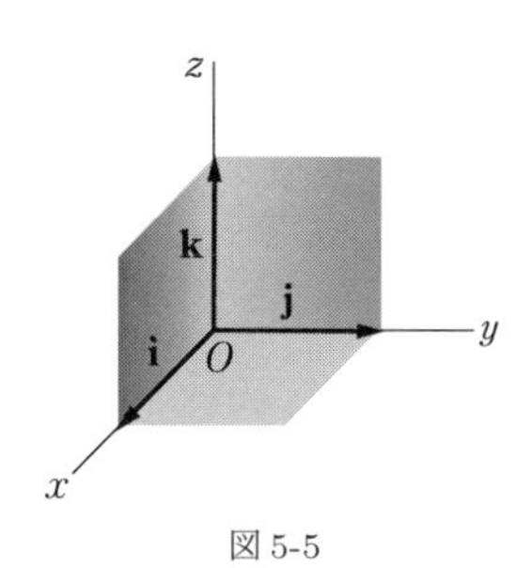


図 5-5

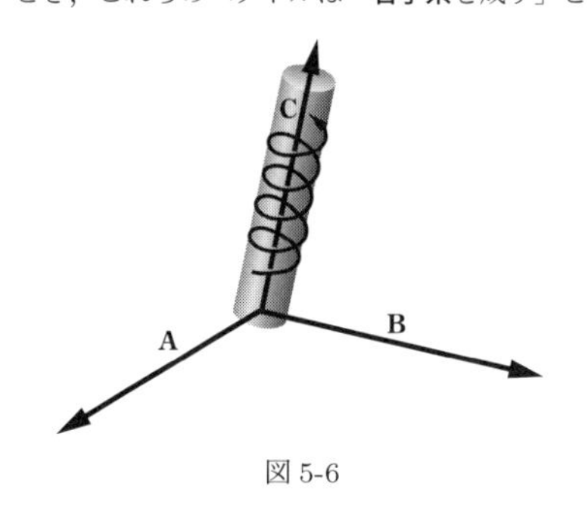


図 5-6

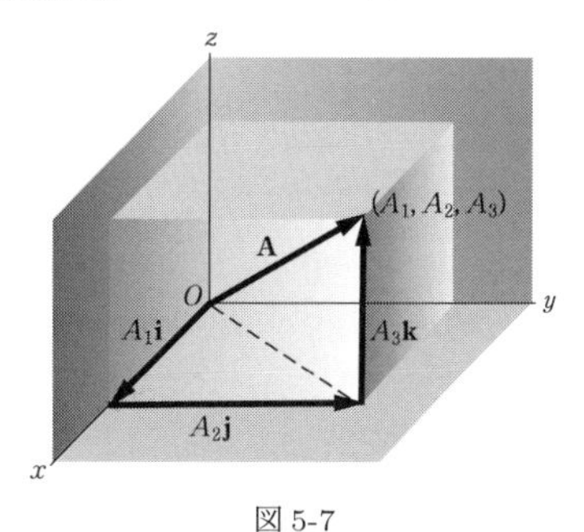


図 5-7

## ベクトルの成分

3 次元上の任意ベクトル $\boldsymbol{A}$ は，直交座標系の原点 $O$ を始点として表現できる（図 5-7）．始点を $O$ とする直交座標上において，ベクトルの終点を $(A_1, A_2, A_3)$ とする．ベクトル $A_1\boldsymbol{i}$, $A_2\boldsymbol{j}$, $A_3\boldsymbol{k}$ は，それぞれ $\boldsymbol{A}$ の $x$, $y$, $z$ 方向の**直交成分ベクトル**，または単に**成分ベクトル**とよばれる．そして，$A_1$, $A_2$, $A_3$ は，それぞれ $\boldsymbol{A}$ の $x$, $y$, $z$ 方向の**直交成分**または単に**成分**という．

$A_1\boldsymbol{i}$, $A_2\boldsymbol{j}$, $A_3\boldsymbol{k}$ の和のベクトルを $\boldsymbol{A}$ とすると，

$$\boldsymbol{A} = A_1\boldsymbol{i} + A_2\boldsymbol{j} + A_3\boldsymbol{k} \tag{1}$$

とかける．このとき $\boldsymbol{A}$ の大きさは，

$$A = |\boldsymbol{A}| = \sqrt{A_1^2 + A_2^2 + A_3^2} \tag{2}$$

である．特に，$O$ から点 $(x, y, z)$ までの**位置ベクトル**または**動径ベクトル** $\boldsymbol{r}$ は，

$$\boldsymbol{r} = x\boldsymbol{i} + y\boldsymbol{j} + z\boldsymbol{k} \tag{3}$$

とかけ，大きさ $r = |\boldsymbol{r}| = \sqrt{x^2 + y^2 + z^2}$ を持つ．

## 内積（スカラー積）

2つのベクトル $\boldsymbol{A}$ と $\boldsymbol{B}$ の**内積**または**スカラー積**は，$\boldsymbol{A} \cdot \boldsymbol{B}$ と表す演算で，その値は $\boldsymbol{A}$ と $\boldsymbol{B}$ の大きさ，さらにその2ベクトルのなす角のコサイン値との間の積として定義される．これを式で表すと以下のようになる．

$$\boldsymbol{A} \cdot \boldsymbol{B} = AB\cos\theta \quad (0 \leq \theta \leq \pi) \tag{4}$$

$\boldsymbol{A} \cdot \boldsymbol{B}$ の結果はスカラーであり，ベクトルではないことに注意せよ．

この演算に関しては以下の法則が成り立つ．

1. $\boldsymbol{A} \cdot \boldsymbol{B} = \boldsymbol{B} \cdot \boldsymbol{A}$　　内積に関する交換法則
2. $\boldsymbol{A} \cdot (\boldsymbol{B} + \boldsymbol{C}) = \boldsymbol{A} \cdot \boldsymbol{B} + \boldsymbol{A} \cdot \boldsymbol{C}$　　分配法則
3. $m(\boldsymbol{A} \cdot \boldsymbol{B}) = (m\boldsymbol{A}) \cdot \boldsymbol{B} = \boldsymbol{A} \cdot (m\boldsymbol{B}) = (\boldsymbol{A} \cdot \boldsymbol{B})m$　($m$ はスカラー)
4. $\boldsymbol{i} \cdot \boldsymbol{i} = \boldsymbol{j} \cdot \boldsymbol{j} = \boldsymbol{k} \cdot \boldsymbol{k} = 1, \quad \boldsymbol{i} \cdot \boldsymbol{j} = \boldsymbol{j} \cdot \boldsymbol{k} = \boldsymbol{k} \cdot \boldsymbol{i} = 0$
5. $\boldsymbol{A} = A_1\boldsymbol{i} + A_2\boldsymbol{j} + A_3\boldsymbol{k}$ および $\boldsymbol{B} = B_1\boldsymbol{i} + B_2\boldsymbol{j} + B_3\boldsymbol{k}$ のとき，

$$\boldsymbol{A} \cdot \boldsymbol{B} = A_1B_1 + A_2B_2 + A_3B_3$$
$$\boldsymbol{A} \cdot \boldsymbol{A} = A^2 = A_1^2 + A_2^2 + A_3^2$$
$$\boldsymbol{B} \cdot \boldsymbol{B} = B^2 = B_1^2 + B_2^2 + B_3^2$$

6. $\boldsymbol{A} \cdot \boldsymbol{B} = 0$ および，$\boldsymbol{A}$ と $\boldsymbol{B}$ がヌルベクトルでないとき，$\boldsymbol{A}$ と $\boldsymbol{B}$ は直交している．

## 外積（ベクトル積）

$\boldsymbol{A}$ と $\boldsymbol{B}$ の**外積**または**ベクトル積**は，$\boldsymbol{C} = \boldsymbol{A} \times \boldsymbol{B}$ のようにベクトルとして表現される．$\boldsymbol{A} \times \boldsymbol{B}$ の「大きさ」は，$\boldsymbol{A}$ と $\boldsymbol{B}$ の大きさ，そしてその2ベクトルのなす角のサイン値との間の積として定義

される．また，$\boldsymbol{C}=\boldsymbol{A}\times\boldsymbol{B}$ の「方向」は，$\boldsymbol{A}$ と $\boldsymbol{B}$ から成る平面に垂直で，$\boldsymbol{A}$，$\boldsymbol{B}$，$\boldsymbol{C}$ が右手系を形成する方向として定義される．これを式で表すと以下のようになる．

$$\boldsymbol{A}\times\boldsymbol{B}=AB\sin\theta\,\boldsymbol{u},\quad (0\leq\theta\leq\pi) \tag{5}$$

ここで，$\boldsymbol{u}$ は $\boldsymbol{A}\times\boldsymbol{B}$ の方向を向く単位ベクトルである．$\boldsymbol{A}=\boldsymbol{B}$ または $\boldsymbol{A}$ と $\boldsymbol{B}$ が平行しているとき，$\sin\theta=0$ より $\boldsymbol{A}\times\boldsymbol{B}=\boldsymbol{0}$ となる．

この演算に関しては以下の法則が成り立つ．

1. $\boldsymbol{A}\times\boldsymbol{B}=-\boldsymbol{B}\times\boldsymbol{A}$　（外積は交換法則を満たさない）
2. $\boldsymbol{A}\times(\boldsymbol{B}+\boldsymbol{C})=\boldsymbol{A}\times\boldsymbol{B}+\boldsymbol{A}\times\boldsymbol{C}$　（分配法則）
3. $m(\boldsymbol{A}\times\boldsymbol{B})=(m\boldsymbol{A})\times\boldsymbol{B}=\boldsymbol{A}\times(m\boldsymbol{B})=(\boldsymbol{A}\times\boldsymbol{B})m$　（$m$ はスカラー）
4. $\boldsymbol{i}\times\boldsymbol{i}=\boldsymbol{j}\times\boldsymbol{j}=\boldsymbol{k}\times\boldsymbol{k}=\boldsymbol{0},\quad \boldsymbol{i}\times\boldsymbol{j}=\boldsymbol{k},\quad \boldsymbol{j}\times\boldsymbol{k}=\boldsymbol{i},\quad \boldsymbol{k}\times\boldsymbol{i}=\boldsymbol{j}$
5. $\boldsymbol{A}=A_1\boldsymbol{i}+A_2\boldsymbol{j}+A_3\boldsymbol{k}$，$\boldsymbol{B}=B_1\boldsymbol{i}+B_2\boldsymbol{j}+B_3\boldsymbol{k}$ のとき，

$$\boldsymbol{A}\times\boldsymbol{B}=\begin{vmatrix}\boldsymbol{i} & \boldsymbol{j} & \boldsymbol{k}\\ A_1 & A_2 & A_3\\ B_1 & B_2 & B_3\end{vmatrix}$$

6. $|\boldsymbol{A}\times\boldsymbol{B}|$ は，$\boldsymbol{A}$ と $\boldsymbol{B}$ を辺に持つ平行四辺形の面積となる．
7. $\boldsymbol{A}\times\boldsymbol{B}=0$ が成り立ち，$\boldsymbol{A}$ と $\boldsymbol{B}$ がどちらもヌルベクトルでない場合，$\boldsymbol{A}$ と $\boldsymbol{B}$ は平行である．

## 三重積

3 つのベクトル $\boldsymbol{A},\boldsymbol{B},\boldsymbol{C}$ に対して内積および外積の組み合わせることで，$(\boldsymbol{A}\cdot\boldsymbol{B})\boldsymbol{C}$ や，$\boldsymbol{A}\cdot(\boldsymbol{B}\times\boldsymbol{C})$，$\boldsymbol{A}\times(\boldsymbol{B}\times\boldsymbol{C})$ の形をした意味のある積を生成することができる．これらの積に関して以下の法則が成立することがわかっている．

1. 一般に，$(\boldsymbol{A}\cdot\boldsymbol{B})\boldsymbol{C}\neq\boldsymbol{A}(\boldsymbol{B}\cdot\boldsymbol{C})$ である．
2. $\boldsymbol{A}\cdot(\boldsymbol{B}\times\boldsymbol{C})=\boldsymbol{B}\cdot(\boldsymbol{C}\times\boldsymbol{A})=\boldsymbol{C}\cdot(\boldsymbol{A}\times\boldsymbol{B})$ は，$\boldsymbol{A},\boldsymbol{B},\boldsymbol{C}$ を辺に持つ平行六面体の体積となる．ここで，$\boldsymbol{A},\boldsymbol{B},\boldsymbol{C}$ が右手系を形成するかしないかに応じて（訳注：右手系でない場合は左手系という），その体積の符号は正または負となる．また，$\boldsymbol{A}=A_1\boldsymbol{i}+A_2\boldsymbol{j}+A_3\boldsymbol{k}$，$\boldsymbol{B}=B_1\boldsymbol{i}+B_2\boldsymbol{j}+B_3\boldsymbol{k}$，$\boldsymbol{C}=C_1\boldsymbol{i}+C_2\boldsymbol{j}+C_3\boldsymbol{k}$ としたとき，

$$\boldsymbol{A}\cdot(\boldsymbol{B}\times\boldsymbol{C})=\begin{vmatrix}A_1 & A_2 & A_3\\ B_1 & B_2 & B_3\\ C_1 & C_2 & C_3\end{vmatrix}. \tag{6}$$

3. $\boldsymbol{A}\times(\boldsymbol{B}\times\boldsymbol{C})\neq(\boldsymbol{A}\times\boldsymbol{B})\times\boldsymbol{C}$　（外積については結合法則を満たさない）
4. $\boldsymbol{A}\times(\boldsymbol{B}\times\boldsymbol{C})=(\boldsymbol{A}\cdot\boldsymbol{C})\boldsymbol{B}-(\boldsymbol{A}\cdot\boldsymbol{B})\boldsymbol{C},\qquad (\boldsymbol{A}\times\boldsymbol{B})\times\boldsymbol{C}=(\boldsymbol{A}\cdot\boldsymbol{C})\boldsymbol{B}-(\boldsymbol{B}\cdot\boldsymbol{C})\boldsymbol{A}.$

積 $\boldsymbol{A}\cdot(\boldsymbol{B}\times\boldsymbol{C})$ は多くの場合**スカラー三重積**とよばれ，$[\boldsymbol{ABC}]$ と表す．一方，積 $\boldsymbol{A}\times(\boldsymbol{B}\times\boldsymbol{C})$ は**ベクトル三重積**という．

$\boldsymbol{A}\cdot(\boldsymbol{B}\times\boldsymbol{C})$ において括弧は省略され，$\boldsymbol{A}\cdot\boldsymbol{B}\times\boldsymbol{C}$ とかく場合がある．しかしながら，$\boldsymbol{A}\times(\boldsymbol{B}\times\boldsymbol{C})$ にある括弧は省略することはできない(問題 5.25)．

$\boldsymbol{A}\cdot(\boldsymbol{B}\times\boldsymbol{C})=(\boldsymbol{A}\times\boldsymbol{B})\cdot\boldsymbol{C}$ であることに注意せよ．スカラー三重積では，結果に影響を与えることなく，内積と外積を交換できる(問題 5.22)．

## ベクトル値関数

各スカラー $u$ の値に対してベクトル $\boldsymbol{A}$ が対応している場合，$\boldsymbol{A}$ は $\boldsymbol{A}(u)$ と表され，$u$ の**関数**であるという．特に3次元では，$\boldsymbol{A}(u)=A_1(u)\boldsymbol{i}+A_2(u)\boldsymbol{j}+A_3(u)\boldsymbol{k}$ とかけ，関数の概念を次のように簡単に拡張することができる：もし各点 $(x,y,z)$ に対してベクトル $\boldsymbol{A}$ が対応するならば，$\boldsymbol{A}$ は $(x,y,z)$ の関数であり，$\boldsymbol{A}(x,y,z)=A_1(x,y,z)\boldsymbol{i}+A_2(x,y,z)\boldsymbol{j}+A_3(x,y,z)\boldsymbol{k}$ で表現できる．

ベクトル値関数 $\boldsymbol{A}(x,y,z)$ は，領域の各点にベクトルを関連付けているので，**ベクトル場**であるということがある．同様に，$\phi(x,y,z)$ はスカラーを領域の各点に関連付けるので，**スカラー場**であるという．

## ベクトル値関数の極限，連続性，導関数

ベクトル関数の極限や連続性，導関数は，すでに見てきたスカラー関数と同様の規則に従う．以下にその規則を示す．

**1**. ベクトル値関数 $\boldsymbol{A}(u)$ が $u_0$ で**連続**であるとは，「任意の正の値 $\varepsilon$ に対して，ある正の値 $\delta$ が存在して，$|u-u_0|<\delta$ ならば $|\boldsymbol{A}(u)-\boldsymbol{A}(u_0)|<\varepsilon$ が成り立つ」ことをいう．この定義は $\lim_{u\to u_0}\boldsymbol{A}(u)=\boldsymbol{A}(u_0)$ となることと等価である．

**2**. $\boldsymbol{A}(u)$ の導関数は

$$\frac{d\boldsymbol{A}}{du}=\lim_{\Delta u\to 0}\frac{\boldsymbol{A}(u+\Delta u)-\boldsymbol{A}(u)}{\Delta u} \tag{7}$$

と定義される（極限が存在する必要がある）．$\boldsymbol{A}(u)=A_1(u)\boldsymbol{i}+A_2(u)\boldsymbol{j}+A_3(u)\boldsymbol{k}$ とする場合，

$$\frac{d\boldsymbol{A}}{du}=\frac{dA_1}{du}\boldsymbol{i}+\frac{dA_2}{du}\boldsymbol{j}+\frac{dA_3}{du}\boldsymbol{k}$$

となる．$d^2\boldsymbol{A}/du^2$ などの高階微分も同様に定義できる．

**3**. $\boldsymbol{A}(x,y,z)=A_1(x,y,z)\boldsymbol{i}+A_2(x,y,z)\boldsymbol{j}+A_3(x,y,z)\boldsymbol{k}$ ならば，

$$d\boldsymbol{A}=\frac{\partial\boldsymbol{A}}{\partial x}dx+\frac{\partial\boldsymbol{A}}{\partial y}dy+\frac{\partial\boldsymbol{A}}{\partial z}dz \tag{8}$$

となり，これを $\boldsymbol{A}$ の**全微分**という．

**4**. 「積の微分公式」はスカラー関数と同様の規則に従う．しかし，外積の場合 (交換法則を満たさないので) その順番が重要になってくる．例を以下に示す．

$(a)\ \dfrac{d}{du}(\phi \boldsymbol{A}) = \phi \dfrac{d\boldsymbol{A}}{du} + \dfrac{d\phi}{du}\boldsymbol{A}$

$(b)\ \dfrac{\partial}{\partial y}(\boldsymbol{A} \cdot \boldsymbol{B}) = \boldsymbol{A} \cdot \dfrac{\partial \boldsymbol{B}}{\partial y} + \dfrac{\partial \boldsymbol{A}}{\partial y} \cdot \boldsymbol{B}$

$(c)\ \dfrac{\partial}{\partial z}(\boldsymbol{A} \times \boldsymbol{B}) = \boldsymbol{A} \times \dfrac{\partial \boldsymbol{B}}{\partial z} + \dfrac{\partial \boldsymbol{A}}{\partial z} \times \boldsymbol{B}$

## ベクトル値関数の微分の幾何学的解釈

座標系の原点 $O$ と点 $(x, y, z)$ を結ぶベクトルを $\boldsymbol{r}$ とすると，ベクトル値関数 $\boldsymbol{r}(u)$ は $x, y, z$ を $u$ の関数として定義することになる．$u$ が変化すると，$\boldsymbol{r}$ の終点は，パラメトリック方程式 $x = x(u), y = y(u), z = z(u)$ に従う**空間曲線**を描くことになる（図 5-8）．パラメータ $u$ を，曲線上のある定点から測った弧長 $s$ とする場合，

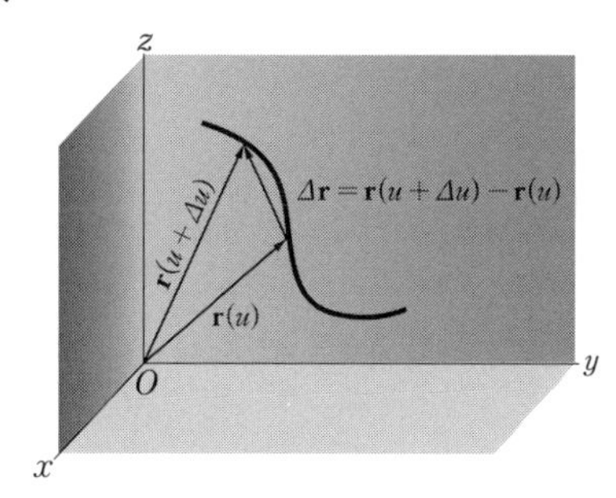


図 5-8

$$\frac{d\boldsymbol{r}}{ds} = \boldsymbol{T} \tag{9}$$

は曲線の接線方向の単位ベクトルとなり，これを**単位接ベクトル**と呼ぶ．$u$ が時間 $t$ である場合，

$$\frac{d\boldsymbol{r}}{dt} = \boldsymbol{v} \tag{10}$$

は $\boldsymbol{r}$ の終点が曲線を描く**速度**となる．ここで，

$$\boldsymbol{v} = \frac{d\boldsymbol{r}}{dt} = \frac{d\boldsymbol{r}}{ds}\frac{ds}{dt} = \frac{ds}{dt}\boldsymbol{T} = v\boldsymbol{T} \tag{11}$$

となることから**速さ**とよばれる $\boldsymbol{v}$ の大きさは $v = ds/dt$ であることがわかる．同様に，

$$\frac{d^2\boldsymbol{r}}{dt^2} = \boldsymbol{a} \tag{12}$$

は $\boldsymbol{r}$ の終点が曲線を描く**加速度**となる．以上の概念は**力学**への応用においてとても重要である．

## 勾配，発散，回転

ベクトル演算子 $\nabla$(ナブラ) を考え

$$\nabla \equiv \boldsymbol{i}\frac{\partial}{\partial x} + \boldsymbol{j}\frac{\partial}{\partial y} + \boldsymbol{k}\frac{\partial}{\partial z} \tag{13}$$

と定義する．このとき $\phi(x, y, z)$ および $\boldsymbol{A}(x, y, z)$ がある領域で連続な 1 階導関数を持つとき（多くの場合必要以上に強い条件である），以下の演算が定義できる．

**1. 勾配.** $\phi$ の**勾配**は以下のように定義される.

$$\operatorname{grad}\phi = \nabla\phi = \left(\boldsymbol{i}\frac{\partial}{\partial x} + \boldsymbol{j}\frac{\partial}{\partial y} + \boldsymbol{k}\frac{\partial}{\partial z}\right)\phi = \boldsymbol{i}\frac{\partial\phi}{\partial x} + \boldsymbol{j}\frac{\partial\phi}{\partial y} + \boldsymbol{k}\frac{\partial\phi}{\partial z} \tag{14}$$
$$= \frac{\partial\phi}{\partial x}\boldsymbol{i} + \frac{\partial\phi}{\partial y}\boldsymbol{j} + \frac{\partial\phi}{\partial z}\boldsymbol{k}.$$

$\phi(x, y, z) = c$ が曲面の方程式の場合, ベクトル $\nabla\phi$ がその曲面に直交することは興味深い(問題 5.33).

**2. 発散.** $\boldsymbol{A}$ の**発散**は以下のように定義される.

$$\operatorname{div}\boldsymbol{A} = \nabla\cdot\boldsymbol{A} = \left(\boldsymbol{i}\frac{\partial}{\partial x} + \boldsymbol{j}\frac{\partial}{\partial y} + \boldsymbol{k}\frac{\partial}{\partial z}\right)\cdot(A_1\boldsymbol{i} + A_2\boldsymbol{j} + A_3\boldsymbol{k}) \tag{15}$$
$$= \frac{\partial A_1}{\partial x} + \frac{\partial A_2}{\partial y} + \frac{\partial A_3}{\partial z}.$$

**3. 回転.** $\boldsymbol{A}$ の**回転**は以下のように定義される.

$$\operatorname{curl}\boldsymbol{A} = \nabla\times\boldsymbol{A} = \left(\boldsymbol{i}\frac{\partial}{\partial x} + \boldsymbol{j}\frac{\partial}{\partial y} + \boldsymbol{k}\frac{\partial}{\partial z}\right)\times(A_1\boldsymbol{i} + A_2\boldsymbol{j} + A_3\boldsymbol{k}) \tag{16}$$
$$= \begin{vmatrix} \boldsymbol{i} & \boldsymbol{j} & \boldsymbol{k} \\ \dfrac{\partial}{\partial x} & \dfrac{\partial}{\partial y} & \dfrac{\partial}{\partial z} \\ A_1 & A_2 & A_3 \end{vmatrix}$$
$$= \boldsymbol{i}\begin{vmatrix} \dfrac{\partial}{\partial y} & \dfrac{\partial}{\partial z} \\ A_2 & A_3 \end{vmatrix} - \boldsymbol{j}\begin{vmatrix} \dfrac{\partial}{\partial x} & \dfrac{\partial}{\partial z} \\ A_1 & A_2 \end{vmatrix} + \boldsymbol{k}\begin{vmatrix} \dfrac{\partial}{\partial x} & \dfrac{\partial}{\partial y} \\ A_1 & A_2 \end{vmatrix}$$
$$= \left(\frac{\partial A_3}{\partial y} - \frac{\partial A_2}{\partial z}\right)\boldsymbol{i} + \left(\frac{\partial A_1}{\partial z} - \frac{\partial A_3}{\partial x}\right)\boldsymbol{j} + \left(\frac{\partial A_2}{\partial x} - \frac{\partial A_1}{\partial y}\right)\boldsymbol{k}.$$

行列式の計算において, 演算子 $\partial/\partial x, \partial/\partial y, \partial/\partial z$ は $A_1, A_2, A_3$ に作用させる形で計算する必要があることに注意.

## $\nabla$ に関する公式

$\boldsymbol{A}, \boldsymbol{B}, U, V$ の偏導関数が存在する場合を考える. このとき以下の公式が成立する.

1. $\nabla(U+V) = \nabla U + \nabla V$　または　$\operatorname{grad}(U+V) = \operatorname{grad}U + \operatorname{grad}V$

2. $\nabla\cdot(\boldsymbol{A}+\boldsymbol{B}) = \nabla\cdot\boldsymbol{A} + \nabla\cdot\boldsymbol{B}$　または　$\operatorname{div}(\boldsymbol{A}+\boldsymbol{B}) = \operatorname{div}\boldsymbol{A} + \operatorname{div}\boldsymbol{B}$

3. $\nabla\times(\boldsymbol{A}+\boldsymbol{B}) = \nabla\times\boldsymbol{A} + \nabla\times\boldsymbol{B}$　または　$\operatorname{curl}(\boldsymbol{A}+\boldsymbol{B}) = \operatorname{curl}\boldsymbol{A} + \operatorname{curl}\boldsymbol{B}$

4. $\nabla\cdot(U\boldsymbol{A}) = (\nabla U)\cdot\boldsymbol{A} + U(\nabla\cdot\boldsymbol{A})$

**5**. $\nabla \times (U\boldsymbol{A}) = (\nabla U) \times \boldsymbol{A} + U(\nabla \times \boldsymbol{A})$

**6**. $\nabla \cdot (\boldsymbol{A} \times \boldsymbol{B}) = \boldsymbol{B} \cdot (\nabla \times \boldsymbol{A}) - \boldsymbol{A} \cdot (\nabla \times \boldsymbol{B})$

**7**. $\nabla \times (\boldsymbol{A} \times \boldsymbol{B}) = (\boldsymbol{B} \cdot \nabla)\boldsymbol{A} - \boldsymbol{B}(\nabla \cdot \boldsymbol{A}) - (\boldsymbol{A} \cdot \nabla)\boldsymbol{B} + \boldsymbol{A}(\nabla \cdot \boldsymbol{B})$

**8**. $\nabla(\boldsymbol{A} \cdot \boldsymbol{B}) = (\boldsymbol{B} \cdot \nabla)\boldsymbol{A} + (\boldsymbol{A} \cdot \nabla)\boldsymbol{B} + \boldsymbol{B} \times (\nabla \times \boldsymbol{A}) + \boldsymbol{A} \times (\nabla \times \boldsymbol{B})$

**9**. $\nabla \cdot (\nabla U) \equiv \nabla^2 U \equiv \dfrac{\partial^2 U}{\partial x^2} + \dfrac{\partial^2 U}{\partial y^2} + \dfrac{\partial^2 U}{\partial z^2}$ は $U$ の**ラプラシアン**という．また，$\nabla^2 \equiv \dfrac{\partial^2}{\partial x^2} + \dfrac{\partial^2}{\partial y^2} + \dfrac{\partial^2}{\partial z^2}$ は**ラプラス演算子**という．

**10**. $U$ の勾配の回転はゼロとなる．すなわち，$\nabla \times (\nabla U) = \mathbf{0}$

**11**. $\boldsymbol{A}$ の回転の発散はゼロとなる．すなわち，$\nabla \cdot (\nabla \times \boldsymbol{A}) = 0$

**12**. $\nabla \times (\nabla \times \boldsymbol{A}) = \nabla(\nabla \cdot \boldsymbol{A}) - \nabla^2 \boldsymbol{A}$

## 直交曲線座標系，ヤコビアン

**座標変換式**を，

$$x = f(u_1, u_2, u_3), \quad y = g(u_1, u_2, u_3), \quad z = h(u_1, u_2, u_3) \tag{17}$$

として定めると，点 $xyz$ と点 $u_1u_2u_3$ との間に 1 対 1 対応を構成できる [ここで，$f, g, h$ は連続かつ連続な導関数を持ち，$u_1, u_2, u_3$ の値に対して $f, g, h$ の値がただ一つに定まることを仮定する]．(17) の変換式はベクトル表記を用いれば

$$\boldsymbol{r} = x\boldsymbol{i} + y\boldsymbol{j} + z\boldsymbol{k} = f(u_1, u_2, u_3)\boldsymbol{i} + g(u_1, u_2, u_3)\boldsymbol{j} + h(u_1, u_2, u_3)\boldsymbol{k} \tag{18}$$

とかける．このことから，図 5-9 の点 $P$ は，**直交座標**の $(x, y, z)$ だけでなく座標 $(u_1, u_2, u_3)$ を用いることによっても定義できる．$(u_1, u_2, u_3)$ を**曲線座標**という．

$u_2$ と $u_3$ を固定させた上で $u_1$ を変化させたとき，$\boldsymbol{r}$ は「$u_1$ **座標曲線**」とよばれる曲線を描くことになる．同様に $P$ を通る $u_2$ や $u_3$ の座標曲線も定義できる．

(18) より，全微分 $d\boldsymbol{r}$ は以下のようになる．

$$d\boldsymbol{r} = \frac{\partial \boldsymbol{r}}{\partial u_1}du_1 + \frac{\partial \boldsymbol{r}}{\partial u_2}du_2 + \frac{\partial \boldsymbol{r}}{\partial u_3}du_3. \tag{19}$$

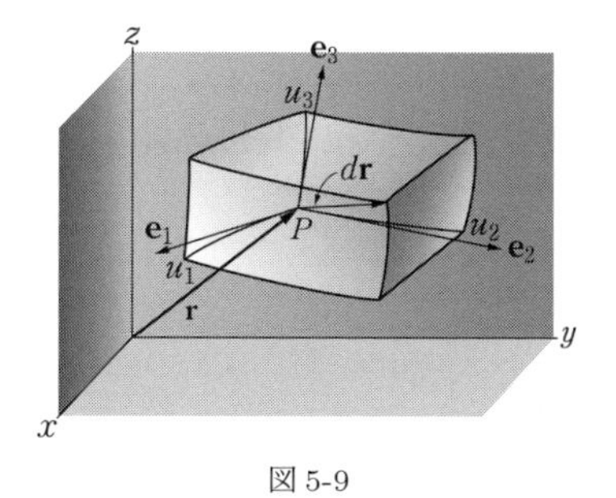

図 5-9

ベクトル $\partial \boldsymbol{r}/\partial u_1$ は $u_1$ 座標曲線上の $P$ における接線である．この $P$ における接線方向の単位ベクトルを $\mathbf{e}_1$ とすると，$\partial \boldsymbol{r}/\partial u_1 = h_1\mathbf{e}_1$ $(h_1 = |\partial \boldsymbol{r}/\partial u_1|)$ とかける．同様に，それぞれ $\partial \boldsymbol{r}/\partial u_2 = h_2\mathbf{e}_2$ $(h_2 = |\partial \boldsymbol{r}/\partial u_2|)$ や $\partial \boldsymbol{r}/\partial u_3 = h_3\mathbf{e}_3$ $(h_3 = |\partial \boldsymbol{r}/\partial u_3|)$ とかける．この等式より (19) は以下のようにかける．

$$d\boldsymbol{r} = h_1 du_1 \mathbf{e}_1 + h_2 du_2 \mathbf{e}_2 + h_3 du_3 \mathbf{e}_3. \tag{20}$$

$h_1, h_2, h_3$ はしばしば**スケール因子**とよばれる．

$\mathbf{e}_1, \mathbf{e}_2, \mathbf{e}_3$ が任意の $P$ で互いに直交しているとき，曲線座標は**直交**しているといい，$(u_1, u_2, u_3)$ は**直交曲線座標**という．この場合，弧長 $ds$ は

$$ds^2 = d\boldsymbol{r} \cdot d\boldsymbol{r} = h_1^2 du_1^2 + h_2^2 du_2^2 + h_3^2 du_3^2 \tag{21}$$

で与えられ，この値は図 5-9 にある平行六面体の対角線の長さの 2 乗に対応している．

また，直交曲線座標の場合，平行六面体の体積は

$$dV = |(h_1 du_1 \mathbf{e}_1) \cdot (h_2 du_2 \mathbf{e}_2) \times (h_3 du_3 \mathbf{e}_3)| = h_1 h_2 h_3 du_1 du_2 du_3 \tag{22}$$

で与えられ，この式は以下のようにかける．

$$dV = \left| \frac{\partial \boldsymbol{r}}{\partial u_1} \cdot \frac{\partial \boldsymbol{r}}{\partial u_2} \times \frac{\partial \boldsymbol{r}}{\partial u_3} \right| du_1 du_2 du_3 = \left| \frac{\partial(x,\, y,\, z)}{\partial(u_1,\, u_2,\, u_3)} \right| du_1 du_2 du_3. \tag{23}$$

このとき，

$$\frac{\partial(x,\, y,\, z)}{\partial(u_1,\, u_2,\, u_3)} = \begin{vmatrix} \dfrac{\partial x}{\partial u_1} & \dfrac{\partial x}{\partial u_2} & \dfrac{\partial x}{\partial u_3} \\ \dfrac{\partial y}{\partial u_1} & \dfrac{\partial y}{\partial u_2} & \dfrac{\partial y}{\partial u_3} \\ \dfrac{\partial z}{\partial u_1} & \dfrac{\partial z}{\partial u_2} & \dfrac{\partial z}{\partial u_3} \end{vmatrix} \tag{24}$$

は座標変換の**ヤコビアン**という．

ヤコビアンが恒等的にゼロになるとき，平行六面体が存在しないことは明らかである．このような場合，$x, y, z$ の間にはある関数的な関係，すなわち，恒等的に $\phi(x,\, y,\, z) = 0$ となるような関数 $\phi$ が存在することになる．

## 直交曲線座標における勾配，発散，回転，ラプラシアン

$\Phi$ はスカラー関数で $\boldsymbol{A} = A_1\mathbf{e}_1 + A_2\mathbf{e}_2 + A_3\mathbf{e}_3$ は直交曲線座標 $u_1, u_2, u_3$ から成るベクトル値関数であるとき，以下が成り立つ．

**1**. $\nabla \Phi = \mathrm{grad}\Phi = \dfrac{1}{h_1}\dfrac{\partial \Phi}{\partial u_1}\mathbf{e}_1 + \dfrac{1}{h_2}\dfrac{\partial \Phi}{\partial u_2}\mathbf{e}_2 + \dfrac{1}{h_3}\dfrac{\partial \Phi}{\partial u_3}\mathbf{e}_3$

**2**. $\nabla \cdot \boldsymbol{A} = \mathrm{div}\boldsymbol{A} = \dfrac{1}{h_1 h_2 h_3}\left[\dfrac{\partial}{\partial u_1}(h_2 h_3 A_1) + \dfrac{\partial}{\partial u_2}(h_3 h_1 A_2) + \dfrac{\partial}{\partial u_3}(h_1 h_2 A_3)\right]$

$$3.\ \nabla \times \boldsymbol{A} = \mathrm{curl}\boldsymbol{A} = \frac{1}{h_1h_2h_3}\begin{vmatrix} h_1\mathbf{e}_1 & h_2\mathbf{e}_2 & h_3\mathbf{e}_3 \\ \dfrac{\partial}{\partial u_1} & \dfrac{\partial}{\partial u_2} & \dfrac{\partial}{\partial u_3} \\ h_1\boldsymbol{A}_1 & h_2\boldsymbol{A}_2 & h_3\boldsymbol{A}_3 \end{vmatrix}$$

$$4.\ \nabla^2\Phi = \frac{1}{h_1h_2h_3}\left[\frac{\partial}{\partial u_1}\left(\frac{h_2h_3}{h_1}\frac{\partial\Phi}{\partial u_1}\right) + \frac{\partial}{\partial u_2}\left(\frac{h_3h_1}{h_2}\frac{\partial\Phi}{\partial u_2}\right) + \frac{\partial}{\partial u_3}\left(\frac{h_1h_2}{h_3}\frac{\partial\Phi}{\partial u_3}\right)\right]$$

これらの式は，$(u_1, u_2, u_3)$ を $(x, y, z)$ に置き換えれば，直交座標での通常の表現が得られる．ただしその場合は，$\mathbf{e}_1, \mathbf{e}_2, \mathbf{e}_3$ を $\boldsymbol{i}, \boldsymbol{j}, \boldsymbol{k}$ とするほか，$h_1 = h_2 = h_3 = 1$ と置く必要がある．

## 曲線座標の例

**1. 円柱座標** $(\rho, \phi, z)$．**（図 5-10）**

**座標変換式**

$$x = \rho\cos\phi, \quad y = \rho\sin\phi, \quad z = z$$
$$(\rho \geq 0, \quad 0 \leq \phi < 2\pi, \quad -\infty < z < \infty)$$

**スケール因子** $h_1 = 1, \quad h_2 = \rho, \quad h_3 = 1$

**線素** $ds^2 = d\rho^2 + \rho^2 d\phi^2 + dz^2$

**ヤコビアン** $\dfrac{\partial(x, y, z)}{\partial(\rho, \phi, z)} = \rho$

**体積要素** $dV = \rho\, d\rho\, d\phi\, dz$

**ラプラシアン**

$$\nabla^2 U = \frac{1}{\rho}\frac{\partial}{\partial\rho}\left(\rho\frac{\partial U}{\partial\rho}\right) + \frac{1}{\rho^2}\frac{\partial^2 U}{\partial\phi^2} + \frac{\partial^2 U}{\partial z^2} = \frac{\partial^2 U}{\partial\rho^2} + \frac{1}{\rho}\frac{\partial U}{\partial\rho} + \frac{1}{\rho^2}\frac{\partial^2 U}{\partial\phi^2} + \frac{\partial^2 U}{\partial z^2}$$

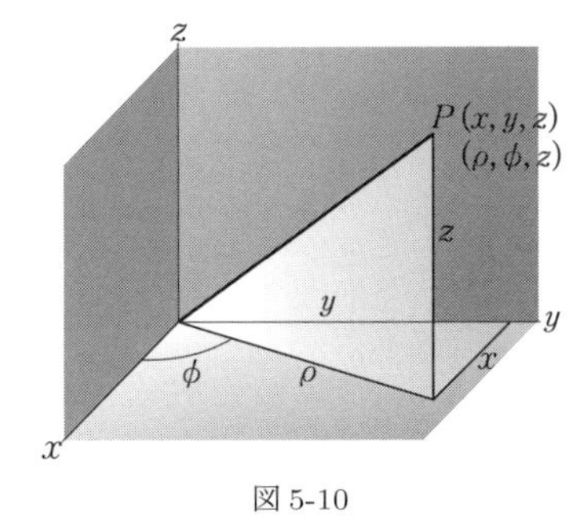


図 5-10

平面内の極座標については，上記の式から $z$ を省略することで得られる．その場合，線素は $ds^2 = d\rho^2 + \rho^2 d\phi^2$ となり，体積要素は面積要素に置き換えられ $dA = \rho\, d\rho\, d\phi$ となる．

**2. 球座標** $(r, \theta, \phi)$．**（図 5-11）**

**座標変換式**

$$x = r\sin\theta\cos\phi, \quad y = r\sin\theta\sin\phi, \quad z = r\cos\theta$$
$$(r \geq 0, \quad 0 \leq \theta \leq \pi, \quad 0 \leq \phi < 2\pi)$$

**スケール因子** $h_1 = 1, h_2 = r, h_3 = r\sin\theta$

**線素** $ds^2 = dr^2 + r^2 d\theta^2 + r^2\sin^2\theta d\phi^2$

**ヤコビアン** $\dfrac{\partial(x, y, z)}{\partial(r, \theta, \phi)} = r^2\sin\theta$

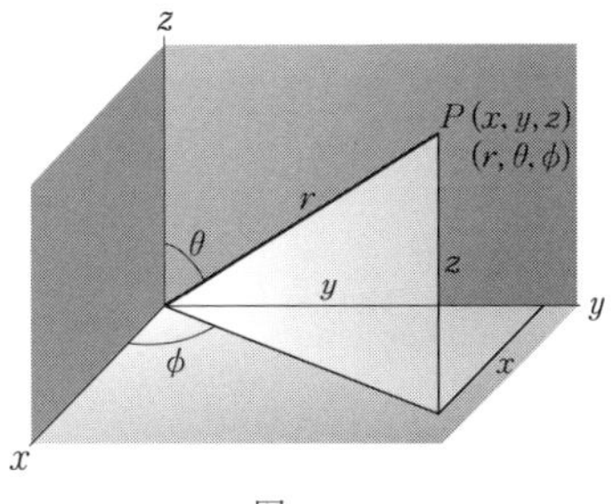


図 5-11

**体積要素** $dV = r^2 \sin\theta \, dr \, d\theta \, d\phi$

**ラプラシアン**

$$\nabla^2 U = \frac{1}{r^2} \frac{\partial}{\partial r} \left( r^2 \frac{\partial U}{\partial r} \right) + \frac{1}{r^2 \sin\theta} \frac{\partial}{\partial \theta} \left( \sin\theta \frac{\partial U}{\partial \theta} \right) + \frac{1}{r^2 \sin^2\theta} \frac{\partial^2 U}{\partial \phi^2}$$

他の種類の座標系も同様に定義可能である.

# 演習問題

## ベクトル代数

**問題 5.1**　ベクトルの和が可換であること，すなわち $\boldsymbol{A}+\boldsymbol{B}=\boldsymbol{B}+\boldsymbol{A}$ となることを示せ（下の図 $(a)$ を参照せよ）.

解答

$$\boldsymbol{OP}+\boldsymbol{PQ}=\boldsymbol{OQ} \quad \text{または} \quad \boldsymbol{A}+\boldsymbol{B}=\boldsymbol{C}$$

$$\boldsymbol{OR}+\boldsymbol{RQ}=\boldsymbol{OQ} \quad \text{または} \quad \boldsymbol{B}+\boldsymbol{A}=\boldsymbol{C}$$

とすると，$\boldsymbol{A}+\boldsymbol{B}=\boldsymbol{B}+\boldsymbol{A}$ が成り立つ.

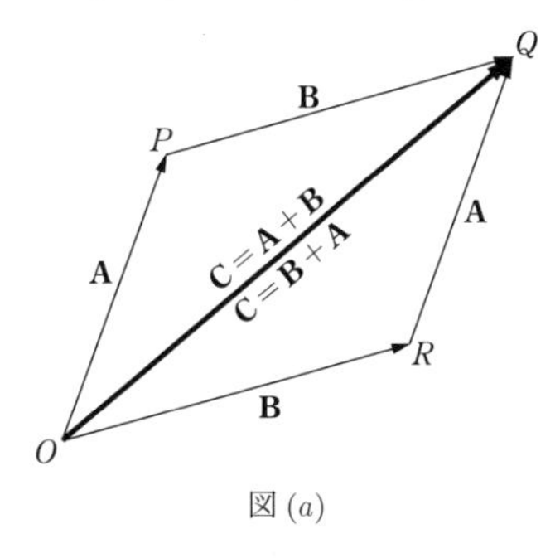

図 $(a)$

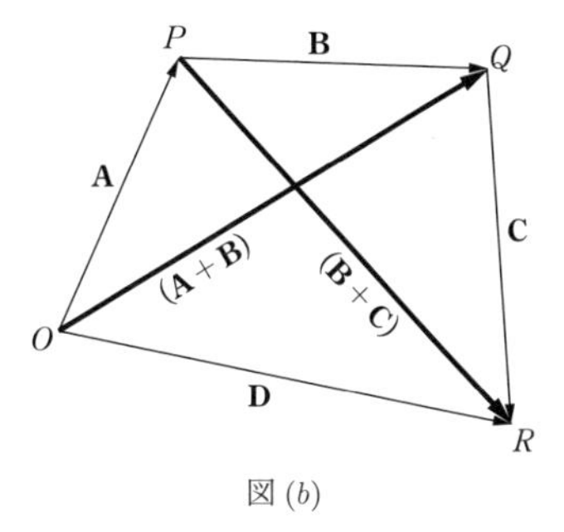

図 $(b)$

**問題 5.2**　ベクトルの和に関する結合法則，$\boldsymbol{A}+(\boldsymbol{B}+\boldsymbol{C})=(\boldsymbol{A}+\boldsymbol{B})+\boldsymbol{C}$ を示せ（上の図 $(b)$ を参照せよ）.

解答

$$\boldsymbol{OP}+\boldsymbol{PQ}=\boldsymbol{OQ}=(\boldsymbol{A}+\boldsymbol{B}), \qquad \boldsymbol{PQ}+\boldsymbol{QR}=\boldsymbol{PR}=(\boldsymbol{B}+\boldsymbol{C})$$

とすると，

$$\boldsymbol{OP}+\boldsymbol{PR}=\boldsymbol{OR}=\boldsymbol{D}, \quad \text{すなわち } \boldsymbol{A}+(\boldsymbol{B}+\boldsymbol{C})=\boldsymbol{D}$$

$$\boldsymbol{OQ}+\boldsymbol{QR}=\boldsymbol{OR}=\boldsymbol{D}, \quad \text{すなわち } (\boldsymbol{A}+\boldsymbol{B})+\boldsymbol{C}=\boldsymbol{D}$$

となるから，$\boldsymbol{A}+(\boldsymbol{B}+\boldsymbol{C})=(\boldsymbol{A}+\boldsymbol{B})+\boldsymbol{C}$ を得る.

問題 5.1と問題 5.2の結果を一般化することで，任意の数のベクトルの加算順序は重要でないことが示せる.

**問題 5.3**　三角形の 2 辺の中点を結ぶ線が 3 辺目に平行で長さが半分であることを証明せよ．

**解答**

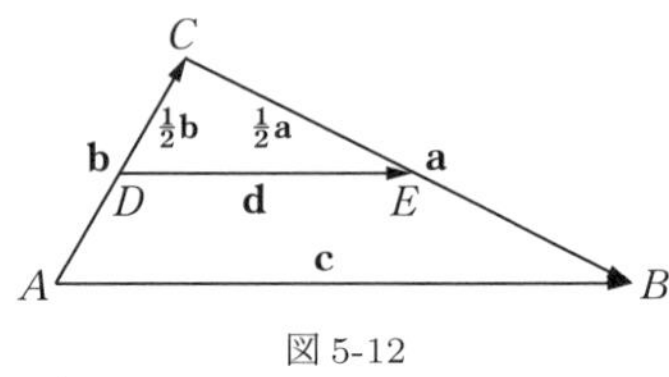

図 5-12

図 5-12 より，$\boldsymbol{AC} + \boldsymbol{CB} = \boldsymbol{AB}$ または $\boldsymbol{b} + \boldsymbol{a} = \boldsymbol{c}$.

辺 $AC$ および辺 $CB$ の中点同士を結ぶ線を $\boldsymbol{DE} = \boldsymbol{d}$ とする．すると，

$$\boldsymbol{d} = \boldsymbol{DC} + \boldsymbol{CE} = \frac{1}{2}\boldsymbol{b} + \frac{1}{2}\boldsymbol{a} = \frac{1}{2}(\boldsymbol{b} + \boldsymbol{a}) = \frac{1}{2}\boldsymbol{c}.$$

したがって，$\boldsymbol{d}$ は $\boldsymbol{c}$ に平行で長さが半分であることがわかった．

**問題 5.4**　ベクトル $\boldsymbol{A} = A_1\boldsymbol{i} + A_2\boldsymbol{j} + A_3\boldsymbol{k}$ の大きさ $A$ が，$A = \sqrt{A_1^2 + A_2^2 + A_3^2}$ となることを証明せよ（図 5-13 を参照せよ）．

**解答**

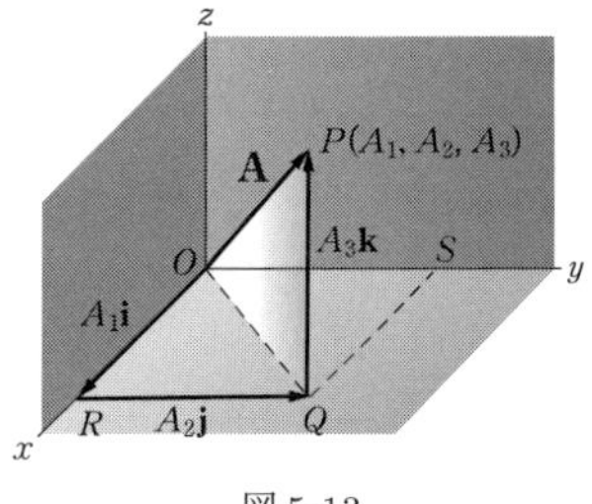

図 5-13

ピタゴラスの定理より，

$$(\overline{OP})^2 = (\overline{OQ})^2 + (\overline{QP})^2.$$

ここで，$\overline{OP}(\overline{OQ}, \overline{QP})$ はベクトル $\boldsymbol{OP}(\boldsymbol{OQ}, \boldsymbol{QP})$ の大きさを表している．同様に，$(\overline{OQ})^2 = (\overline{OR})^2 + (\overline{RQ})^2$ を得る．

したがって，$(\overline{OP})^2 = (\overline{OR})^2 + (\overline{RQ})^2 + (\overline{QP})^2$ となり，

$$A^2 = A_1^2 + A_2^2 + A_3^2$$

つまり，$A = \sqrt{A_1^2 + A_2^2 + A_3^2}$ が成り立つ．

**問題 5.5**　始点 $P(x_1, y_1, z_1)$ と終点 $Q(x_2, y_2, z_2)$ を持つベクトルを位置ベクトルを用いて表し，その大きさを求めよ（図 5-14 を参照せよ）．

**解答**

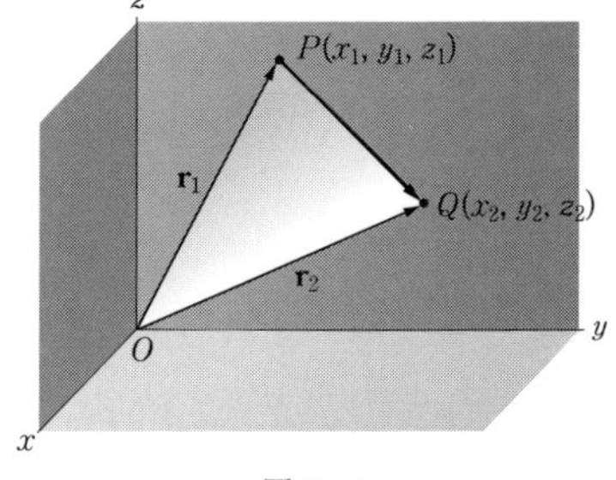

図 5-14

$P$ の位置ベクトルは $\boldsymbol{r}_1 = x_1\boldsymbol{i} + y_1\boldsymbol{j} + z_1\boldsymbol{k}$.

$Q$ の位置ベクトルは $\boldsymbol{r}_2 = x_2\boldsymbol{i} + y_2\boldsymbol{j} + z_2\boldsymbol{k}$.

すると，$\boldsymbol{r}_1 + \boldsymbol{PQ} = \boldsymbol{r}_2$ と表わせ，

$$\begin{aligned}\boldsymbol{PQ} &= \boldsymbol{r}_2 - \boldsymbol{r}_1\\ &= (x_2\boldsymbol{i} + y_2\boldsymbol{j} + z_2\boldsymbol{k}) - (x_1\boldsymbol{i} + y_1\boldsymbol{j} + z_1\boldsymbol{k})\\ &= (x_2 - x_1)\boldsymbol{i} + (y_2 - y_1)\boldsymbol{j} + (z_2 - z_1)\boldsymbol{k}\end{aligned}$$

となる．

$\boldsymbol{PQ}$ の大きさは，点 $P$ と点 $Q$ 間の距離を表す，以下となる．

$$\boldsymbol{PQ}\text{の大きさ} = \overline{PQ} = \sqrt{(x_2 - x_1)^2 + (y_2 - y_1)^2 + (z_2 - z_1)^2}.$$

## 内積（スカラー積）

**問題 5.6**　$\boldsymbol{A}$ の $\boldsymbol{B}$ への射影が $\boldsymbol{A} \cdot \boldsymbol{b}$ に等しくなることを証明せよ．ただし，$\boldsymbol{b}$ は $\boldsymbol{B}$ 方向の単位ベクトルである．

解答

図 5-15 のように，$\boldsymbol{A}$ の始点と終点を通る $\boldsymbol{B}$ に垂直な面は，それぞれ $G$ と $H$ を通ることになる．したがって，

$$\boldsymbol{A}\text{ の }\boldsymbol{B}\text{ への射影} = \overline{GH} = \overline{EF} = A\cos\theta = \boldsymbol{A} \cdot \boldsymbol{b}$$

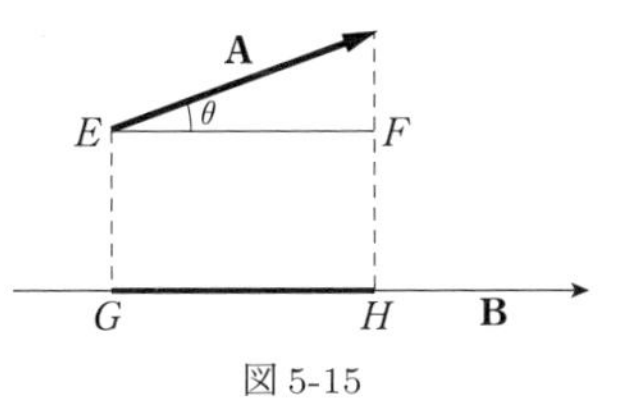


図 5-15

**問題 5.7**　以下を証明せよ．

$$\boldsymbol{A} \cdot (\boldsymbol{B} + \boldsymbol{C}) = \boldsymbol{A} \cdot \boldsymbol{B} + \boldsymbol{A} \cdot \boldsymbol{C}$$

解答

$\boldsymbol{a}$ を $\boldsymbol{A}$ 方向の単位ベクトルとすると，図 5-16 より，

$$(\boldsymbol{B} + \boldsymbol{C})\text{ の }\boldsymbol{A}\text{ への射影} = \boldsymbol{B}\text{ の }\boldsymbol{A}\text{ への射影} + \boldsymbol{C}\text{ の }\boldsymbol{A}\text{ への射影}$$

$$(\boldsymbol{B} + \boldsymbol{C}) \cdot \boldsymbol{a} = \boldsymbol{B} \cdot \boldsymbol{a} + \boldsymbol{C} \cdot \boldsymbol{a}.$$

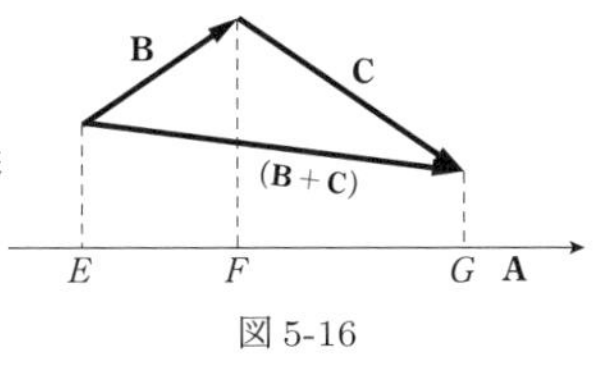


図 5-16

ここで $A$ をかけると，

$$(\boldsymbol{B} + \boldsymbol{C}) \cdot A\boldsymbol{a} = \boldsymbol{B} \cdot A\boldsymbol{a} + \boldsymbol{C} \cdot A\boldsymbol{a}$$

$$(\boldsymbol{B} + \boldsymbol{C}) \cdot \boldsymbol{A} = \boldsymbol{B} \cdot \boldsymbol{A} + \boldsymbol{C} \cdot \boldsymbol{A}$$

となる．したがって，内積に対する交換法則を使うと，

$$\boldsymbol{A} \cdot (\boldsymbol{B} + \boldsymbol{C}) = \boldsymbol{A} \cdot \boldsymbol{B} + \boldsymbol{A} \cdot \boldsymbol{C}$$

となり，分配法則が成り立つことがわかった．

**問題 5.8**　以下を証明せよ．

$$(\boldsymbol{A} + \boldsymbol{B}) \cdot (\boldsymbol{C} + \boldsymbol{D}) = \boldsymbol{A} \cdot \boldsymbol{C} + \boldsymbol{A} \cdot \boldsymbol{D} + \boldsymbol{B} \cdot \boldsymbol{C} + \boldsymbol{B} \cdot \boldsymbol{D}$$

解答

(問題 5.7) より，

$$(\boldsymbol{A}+\boldsymbol{B})\cdot(\boldsymbol{C}+\boldsymbol{D}) = \boldsymbol{A}\cdot(\boldsymbol{C}+\boldsymbol{D})+\boldsymbol{B}\cdot(\boldsymbol{C}+\boldsymbol{D}) = \boldsymbol{A}\cdot\boldsymbol{C}+\boldsymbol{A}\cdot\boldsymbol{D}+\boldsymbol{B}\cdot\boldsymbol{C}+\boldsymbol{B}\cdot\boldsymbol{D}.$$

以上より，内積に対しては代数の通常の法則が有効である．

**問題 5.9**　以下を求めよ．

(a) $\boldsymbol{i}\cdot\boldsymbol{i}$　(b) $\boldsymbol{i}\cdot\boldsymbol{k}$　(c) $\boldsymbol{k}\cdot\boldsymbol{j}$　(d) $\boldsymbol{j}\cdot(2\boldsymbol{i}-3\boldsymbol{j}+\boldsymbol{k})$　(e) $(2\boldsymbol{i}-\boldsymbol{j})\cdot(3\boldsymbol{i}+\boldsymbol{k})$

解答

(a) $\boldsymbol{i}\cdot\boldsymbol{i} = |\boldsymbol{i}||\boldsymbol{i}|\cos 0^\circ = (1)(1)(1) = 1$

(b) $\boldsymbol{i}\cdot\boldsymbol{k} = |\boldsymbol{i}||\boldsymbol{k}|\cos 90^\circ = (1)(1)(0) = 0$

(c) $\boldsymbol{k}\cdot\boldsymbol{j} = |\boldsymbol{k}||\boldsymbol{j}|\cos 90^\circ = (1)(1)(0) = 0$

(d) $\boldsymbol{j}\cdot(2\boldsymbol{i}-3\boldsymbol{j}+\boldsymbol{k}) = 2\boldsymbol{j}\cdot\boldsymbol{i}-3\boldsymbol{j}\cdot\boldsymbol{j}+\boldsymbol{j}\cdot\boldsymbol{k} = 0-3+0 = -3$

(e) $(2\boldsymbol{i}-\boldsymbol{j})\cdot(3\boldsymbol{i}+\boldsymbol{k}) = 2\boldsymbol{i}\cdot(3\boldsymbol{i}+\boldsymbol{k})-\boldsymbol{j}\cdot(3\boldsymbol{i}+\boldsymbol{k}) = 6\boldsymbol{i}\cdot\boldsymbol{i}+2\boldsymbol{i}\cdot\boldsymbol{k}-3\boldsymbol{j}\cdot\boldsymbol{i}-\boldsymbol{j}\cdot\boldsymbol{k} = 6+0-0-0 = 6$

**問題 5.10**　$\boldsymbol{A} = A_1\boldsymbol{i}+A_2\boldsymbol{j}+A_3\boldsymbol{k}$ と $\boldsymbol{B} = B_1\boldsymbol{i}+B_2\boldsymbol{j}+B_3\boldsymbol{k}$ としたとき，$\boldsymbol{A}\cdot\boldsymbol{B} = A_1B_1+A_2B_2+A_3B_3$ を証明せよ．

解答

$$\begin{aligned}
\boldsymbol{A}\cdot\boldsymbol{B} &= (A_1\boldsymbol{i}+A_2\boldsymbol{j}+A_3\boldsymbol{k})\cdot(B_1\boldsymbol{i}+B_2\boldsymbol{j}+B_3\boldsymbol{k})\\
&= A_1\boldsymbol{i}\cdot(B_1\boldsymbol{i}+B_2\boldsymbol{j}+B_3\boldsymbol{k})+A_2\boldsymbol{j}\cdot(B_1\boldsymbol{i}+B_2\boldsymbol{j}+B_3\boldsymbol{k})\\
&\quad+A_3\boldsymbol{k}\cdot(B_1\boldsymbol{i}+B_2\boldsymbol{j}+B_3\boldsymbol{k})\\
&= A_1B_1\boldsymbol{i}\cdot\boldsymbol{i}+A_1B_2\boldsymbol{i}\cdot\boldsymbol{j}+A_1B_3\boldsymbol{i}\cdot\boldsymbol{k}+A_2B_1\boldsymbol{j}\cdot\boldsymbol{i}+A_2B_2\boldsymbol{j}\cdot\boldsymbol{j}+A_2B_3\boldsymbol{j}\cdot\boldsymbol{k}\\
&\quad+A_3B_1\boldsymbol{k}\cdot\boldsymbol{i}+A_3B_2\boldsymbol{k}\cdot\boldsymbol{j}+A_3B_3\boldsymbol{k}\cdot\boldsymbol{k}\\
&= A_1B_1+A_2B_2+A_3B_3
\end{aligned}$$

上記の計算において，$\boldsymbol{i}\cdot\boldsymbol{i} = \boldsymbol{j}\cdot\boldsymbol{j} = \boldsymbol{k}\cdot\boldsymbol{k} = 1$ となること，また，他の組み合わせの内積はすべてゼロとなることを使った．

**問題 5.11**　$\boldsymbol{A} = A_1\boldsymbol{i}+A_2\boldsymbol{j}+A_3\boldsymbol{k}$ のとき，$A = \sqrt{\boldsymbol{A}\cdot\boldsymbol{A}} = \sqrt{A_1^2+A_2^2+A_3^2}$ を示せ．

解答

$\boldsymbol{A}\cdot\boldsymbol{A} = (A)(A)\cos 0^\circ = A^2$ より，$A = \sqrt{\boldsymbol{A}\cdot\boldsymbol{A}}$．また，(問題 5.10) において $\boldsymbol{B} = \boldsymbol{A}$ とすると，

$$\begin{aligned}
\boldsymbol{A}\cdot\boldsymbol{A} &= (A_1\boldsymbol{i}+A_2\boldsymbol{j}+A_3\boldsymbol{k})\cdot(A_1\boldsymbol{i}+A_2\boldsymbol{j}+A_3\boldsymbol{k})\\
&= (A_1)(A_1)+(A_2)(A_2)+(A_3)(A_3) = A_1^2+A_1^2+A_3^2.
\end{aligned}$$

ここで，$A = \sqrt{\boldsymbol{A}\cdot\boldsymbol{A}} = \sqrt{A_1^2+A_2^2+A_3^2}$ は $\boldsymbol{A}$ の大きさである．$\boldsymbol{A}\cdot\boldsymbol{A}$ は $A^2$ とかくこともある．

## 外積（ベクトル積）

> **問題 5.12**　$\boldsymbol{A}\times\boldsymbol{B}=-\boldsymbol{B}\times\boldsymbol{A}$ を証明せよ．

解答

$\boldsymbol{A}\times\boldsymbol{B}=\boldsymbol{C}$ の大きさは $AB\sin\theta$ であり，$\boldsymbol{A}, \boldsymbol{B}, \boldsymbol{C}$ が右手系を形成するような方向を持つ（図 5-17($a$) 参照）．

$\boldsymbol{B}\times\boldsymbol{A}=\boldsymbol{D}$ の大きさは $BA\sin\theta$ であり，$\boldsymbol{B}, \boldsymbol{A}, \boldsymbol{D}$ が右手系を形成するような方向を持つ（図 5-17($b$) 参照）．

以上から，$\boldsymbol{D}$ は $\boldsymbol{C}$ と同じ大きさを持つが，反対方向を向いているので $\boldsymbol{C}=-\boldsymbol{D}$ となり，$\boldsymbol{A}\times\boldsymbol{B}=-\boldsymbol{B}\times\boldsymbol{A}$ を得る．

外積に関する交換法則は成り立たないことに注意しよう．

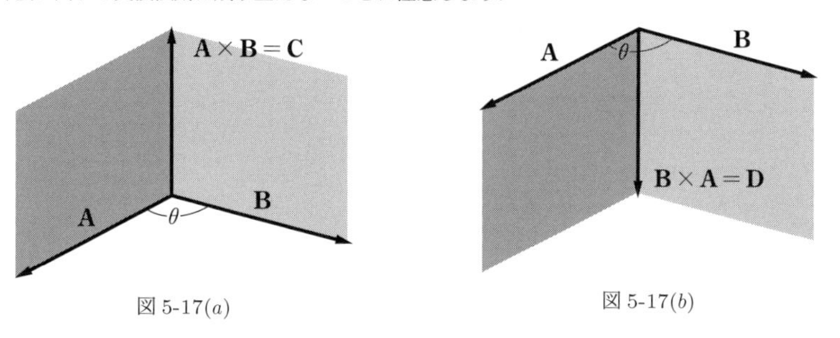


図 5-17($a$)　　図 5-17($b$)

> **問題 5.13**　$\boldsymbol{A}$ が $\boldsymbol{B}$ と $\boldsymbol{C}$ に対して直交しているとき，$\boldsymbol{A}\times(\boldsymbol{B}+\boldsymbol{C})=\boldsymbol{A}\times\boldsymbol{B}+\boldsymbol{A}\times\boldsymbol{C}$ が成り立つことを証明せよ．

解答

$\boldsymbol{A}$ は $\boldsymbol{B}$ と $\boldsymbol{C}$ に対して直交しているので，$\boldsymbol{A}\times\boldsymbol{B}$ は $\boldsymbol{A}$ と $\boldsymbol{B}$ が張る平面に対して直交し大きさ $AB\sin 90^\circ=AB$ を持つベクトルとなる．一方でベクトル $\boldsymbol{AB}$ の大きさとも一致しており，$\boldsymbol{A}\times\boldsymbol{B}$ は，ベクトル $\boldsymbol{B}$ に $A$ をかけ，その結果得られたベクトルを図 5-18 に示す位置まで $90^\circ$ 回転させたものに相当する．また，$\boldsymbol{A}\times\boldsymbol{C}$ は $\boldsymbol{C}$ に $A$ をかけ，その結果得られたベクトルを $90^\circ$ 回転させたものに相当する．

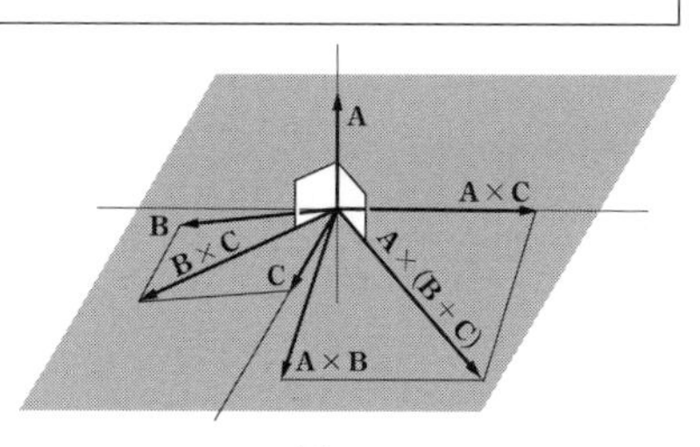


図 5-18

同じように，$\boldsymbol{A} \times (\boldsymbol{B}+\boldsymbol{C})$ は $\boldsymbol{B}+\boldsymbol{C}$ に $A$ をかけ，その結果得られたベクトルを $90^\circ$ 回転させたものに相当する．

$\boldsymbol{A} \times (\boldsymbol{B}+\boldsymbol{C})$ は $\boldsymbol{A} \times \boldsymbol{B}$ と $\boldsymbol{A} \times \boldsymbol{C}$ を辺に持った平行四辺形の対角になっているので，$\boldsymbol{A} \times (\boldsymbol{B}+\boldsymbol{C}) = \boldsymbol{A} \times \boldsymbol{B} + \boldsymbol{A} \times \boldsymbol{C}$ を得る．

**問題 5.14**　$\boldsymbol{A}, \boldsymbol{B}, \boldsymbol{C}$ が同一平面上にない一般的な場合において，$\boldsymbol{A}\times(\boldsymbol{B}+\boldsymbol{C}) = \boldsymbol{A}\times\boldsymbol{B}+\boldsymbol{A}\times\boldsymbol{C}$ が成り立つことを証明せよ．

**解答**

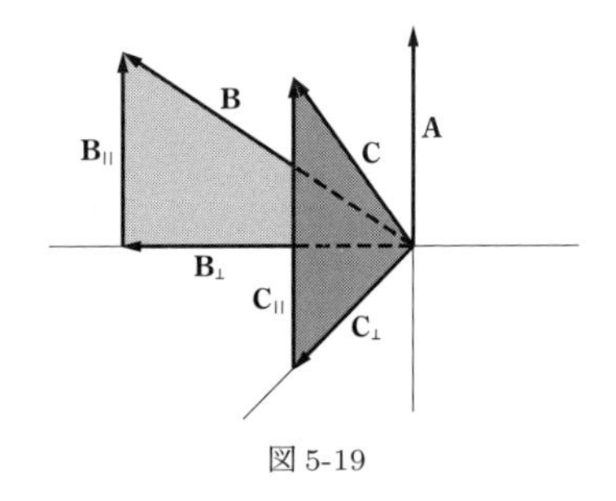


図 5-19

$\boldsymbol{B}$ を，$\boldsymbol{A}$ に垂直なベクトルと，$\boldsymbol{A}$ に平行なベクトルに分解し，それぞれ $\boldsymbol{B}_\perp$ および $\boldsymbol{B}_\parallel$ と表記する．このとき，$\boldsymbol{B} = \boldsymbol{B}_\perp + \boldsymbol{B}_\parallel$ である．

$\theta$ を $\boldsymbol{A}$ と $\boldsymbol{B}$ のなす角とすると，$B_\perp = B\sin\theta$ だから $\boldsymbol{A} \times \boldsymbol{B}_\perp$ の大きさは $AB\sin\theta$ となり $\boldsymbol{A} \times \boldsymbol{B}$ の大きさと等しくなる．また，$\boldsymbol{A}\times\boldsymbol{B}_\perp$ は $\boldsymbol{A}\times\boldsymbol{B}$ と同じ向きを持つので，結局 $\boldsymbol{A} \times \boldsymbol{B}_\perp = \boldsymbol{A} \times \boldsymbol{B}$ が得られる．

同様に $\boldsymbol{C}$ を $\boldsymbol{A}$ に平行なベクトルと垂直なベクトルに分解し，それぞれ $\boldsymbol{C}_\parallel$ および $\boldsymbol{C}_\perp$ とおく．すると $\boldsymbol{A} \times \boldsymbol{C}_\perp = \boldsymbol{A} \times \boldsymbol{C}$ が得られる．

一方で，$\boldsymbol{B}+\boldsymbol{C} = \boldsymbol{B}_\perp + \boldsymbol{B}_\parallel + \boldsymbol{C}_\perp + \boldsymbol{C}_\parallel = (\boldsymbol{B}_\perp + \boldsymbol{C}_\perp) + (\boldsymbol{B}_\parallel + \boldsymbol{C}_\parallel)$ より

$$\boldsymbol{A} \times (\boldsymbol{B}_\perp + \boldsymbol{C}_\perp) = \boldsymbol{A} \times (\boldsymbol{B}+\boldsymbol{C})$$

が成り立つ．ここで $\boldsymbol{B}_\perp$ と $\boldsymbol{C}_\perp$ は $\boldsymbol{A}$ に対して垂直なベクトルであるから 問題 5.13 の結果より，

$$\boldsymbol{A} \times (\boldsymbol{B}_\perp + \boldsymbol{C}_\perp) = \boldsymbol{A} \times \boldsymbol{B}_\perp + \boldsymbol{A} \times \boldsymbol{C}_\perp$$

となり，

$$\boldsymbol{A} \times (\boldsymbol{B}+\boldsymbol{C}) = \boldsymbol{A} \times \boldsymbol{B} + \boldsymbol{A} \times \boldsymbol{C}$$

が成り立つ．以上より分配法則が成立することがわかった．なお，この式に $-1$ をかけて 問題 5.12 を用いると $(\boldsymbol{B}+\boldsymbol{C}) \times \boldsymbol{A} = \boldsymbol{B} \times \boldsymbol{A} + \boldsymbol{C} \times \boldsymbol{A}$ も得られる．外積に関する分配法則は，ベクトルの順番を間違えなければ通常の代数と同じように成り立つことに注意しよう．

**問題 5.15**　$\boldsymbol{A} = A_1\boldsymbol{i} + A_2\boldsymbol{j} + A_3\boldsymbol{k}$，$\boldsymbol{B} = B_1\boldsymbol{i} + B_2\boldsymbol{j} + B_3\boldsymbol{k}$ のとき，以下を証明せよ．

$$\boldsymbol{A} \times \boldsymbol{B} = \begin{vmatrix} \boldsymbol{i} & \boldsymbol{j} & \boldsymbol{k} \\ A_1 & A_2 & A_3 \\ B_1 & B_2 & B_3 \end{vmatrix}.$$

解答

$$
\begin{aligned}
\boldsymbol{A}\times\boldsymbol{B} &= (A_1\boldsymbol{i}+A_2\boldsymbol{j}+A_3\boldsymbol{k})\times(B_1\boldsymbol{i}+B_2\boldsymbol{j}+B_3\boldsymbol{k})\\
&= A_1\boldsymbol{i}\times(B_1\boldsymbol{i}+B_2\boldsymbol{j}+B_3\boldsymbol{k})+A_2\boldsymbol{j}\times(B_1\boldsymbol{i}+B_2\boldsymbol{j}+B_3\boldsymbol{k})\\
&\qquad +A_3\boldsymbol{k}\times(B_1\boldsymbol{i}+B_2\boldsymbol{j}+B_3\boldsymbol{k})\\
&= A_1B_1\boldsymbol{i}\times\boldsymbol{i}+A_1B_2\boldsymbol{i}\times\boldsymbol{j}+A_1B_3\boldsymbol{i}\times\boldsymbol{k}+A_2B_1\boldsymbol{j}\times\boldsymbol{i}+A_2B_2\boldsymbol{j}\times\boldsymbol{j}+A_2B_3\boldsymbol{j}\times\boldsymbol{k}\\
&\qquad +A_3B_1\boldsymbol{k}\times\boldsymbol{i}+A_3B_2\boldsymbol{k}\times\boldsymbol{j}+A_3B_3\boldsymbol{k}\times\boldsymbol{k}\\
&= (A_2B_3-A_3B_2)\boldsymbol{i}+(A_3B_1-A_1B_3)\boldsymbol{j}+(A_1B_2-A_2B_1)\boldsymbol{k}=\begin{vmatrix}\boldsymbol{i}&\boldsymbol{j}&\boldsymbol{k}\\A_1&A_2&A_3\\B_1&B_2&B_3\end{vmatrix}.
\end{aligned}
$$

**問題 5.16**　$\boldsymbol{A}=3i-\boldsymbol{j}+2\boldsymbol{k}$, $\boldsymbol{B}=2\boldsymbol{i}+3\boldsymbol{j}-\boldsymbol{k}$ のとき，$\boldsymbol{A}\times\boldsymbol{B}$ を求めよ.

解答

$$
\boldsymbol{A}\times\boldsymbol{B}=\begin{vmatrix}\boldsymbol{i}&\boldsymbol{j}&\boldsymbol{k}\\3&-1&2\\2&3&-1\end{vmatrix}=\boldsymbol{i}\begin{vmatrix}-1&2\\3&-1\end{vmatrix}-\boldsymbol{j}\begin{vmatrix}3&2\\2&-1\end{vmatrix}+\boldsymbol{k}\begin{vmatrix}3&-1\\2&3\end{vmatrix}=-5\boldsymbol{i}+7\boldsymbol{j}+11\boldsymbol{k}.
$$

**問題 5.17**　$\boldsymbol{A},\boldsymbol{B}$ を辺とした平行四辺形の面積が $|\boldsymbol{A}\times\boldsymbol{B}|$ であると証明せよ (図 5-20 参照).

解答

平行四辺形の面積 $=h|\boldsymbol{B}|=|\boldsymbol{A}|\sin\theta|\boldsymbol{B}|=|\boldsymbol{A}\times\boldsymbol{B}|$ より題意が成り立つ.

なお．$\boldsymbol{A}$ と $\boldsymbol{B}$ を辺に持った三角形の面積は $\frac{1}{2}|\boldsymbol{A}\times\boldsymbol{B}|$ と求められることに注意せよ.

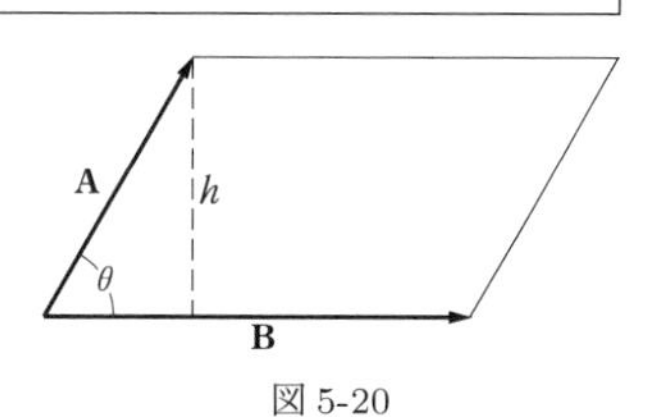


図 5-20

**問題 5.18**　頂点を $P(2,3,5)$，$Q(4,2,-1)$，$R(3,6,4)$ とした三角形の面積を求めよ.

解答

$$
\boldsymbol{PQ}=(4-2)\boldsymbol{i}+(2-3)\boldsymbol{j}+(-1-5)\boldsymbol{k}=2\boldsymbol{i}-\boldsymbol{j}-6\boldsymbol{k}
$$

$$
\boldsymbol{PR}=(3-2)\boldsymbol{i}+(6-3)\boldsymbol{j}+(4-5)\boldsymbol{k}=\boldsymbol{i}+3\boldsymbol{j}-\boldsymbol{k}
$$

より，

$$
\text{三角形の面積}=\frac{1}{2}|\boldsymbol{PQ}\times\boldsymbol{PR}|=\frac{1}{2}|(2\boldsymbol{i}-\boldsymbol{j}-6\boldsymbol{k})\times(\boldsymbol{i}+3\boldsymbol{j}-\boldsymbol{k})|
$$

$$= \frac{1}{2}\left|\begin{vmatrix} \boldsymbol{i} & \boldsymbol{j} & \boldsymbol{k} \\ 2 & -1 & -6 \\ 1 & 3 & -1 \end{vmatrix}\right| = \frac{1}{2}|19\boldsymbol{i} - 4\boldsymbol{j} + 7\boldsymbol{k}|$$

$$= \frac{1}{2}\sqrt{(19)^2 + (-4)^2 + (7)^2} = \frac{1}{2}\sqrt{426}.$$

## 三重積

**問題 5.19**　$\boldsymbol{A}\cdot(\boldsymbol{B}\times\boldsymbol{C})$ が，$\boldsymbol{A},\boldsymbol{B},\boldsymbol{C}$ を辺に持つ平行六面体の体積の絶対値に等しいことを示せ（図 5-21 参照）．

解答

$\boldsymbol{n}$ を，$\boldsymbol{B}\times\boldsymbol{C}$ の方向を持った平行四辺形 $I$ に対する単位法線ベクトルとする．そして $h$ を平行四辺形 $I$ から $\boldsymbol{A}$ の終点までの高さとする．すると以下が導ける．

$$\begin{aligned} \text{平行六面体の体積} &= (\text{高さ}h)(\text{平行四辺形の面積}I) \\ &= (\boldsymbol{A}\cdot\boldsymbol{n})(|\boldsymbol{B}\times\boldsymbol{C}|) \\ &= \boldsymbol{A}\cdot\{|\boldsymbol{B}\times\boldsymbol{C}|\boldsymbol{n}\} = \boldsymbol{A}\cdot(\boldsymbol{B}\times\boldsymbol{C}) \end{aligned}$$

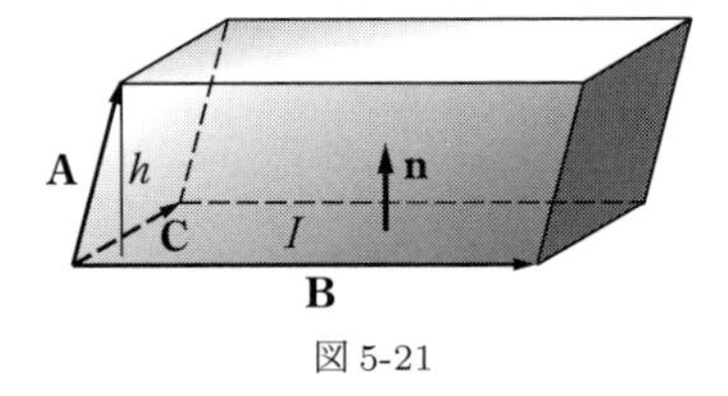

図 5-21

$\boldsymbol{A},\boldsymbol{B},\boldsymbol{C}$ が右手系を成さない場合は $\boldsymbol{A}\cdot\boldsymbol{n} < 0$ だから，絶対値をつけて「体積 $= |\boldsymbol{A}\cdot(\boldsymbol{B}\times\boldsymbol{C})|$」と表す．

**問題 5.20**　$\boldsymbol{A} = A_1\boldsymbol{i} + A_2\boldsymbol{j} + A_3\boldsymbol{k}$，$\boldsymbol{B} = B_1\boldsymbol{i} + B_2\boldsymbol{j} + B_3\boldsymbol{k}$，$\boldsymbol{C} = C_1\boldsymbol{i} + C_2\boldsymbol{j} + C_3\boldsymbol{k}$ のとき，以下を示せ．

$$\boldsymbol{A}\cdot(\boldsymbol{B}\times\boldsymbol{C}) = \begin{vmatrix} A_1 & A_2 & A_3 \\ B_1 & B_2 & B_3 \\ C_1 & C_2 & C_3 \end{vmatrix}$$

解答

$$\begin{aligned} \boldsymbol{A}\cdot(\boldsymbol{B}\times\boldsymbol{C}) &= \boldsymbol{A}\cdot\begin{vmatrix} \boldsymbol{i} & \boldsymbol{j} & \boldsymbol{k} \\ B_1 & B_2 & B_3 \\ C_1 & C_2 & C_3 \end{vmatrix} \\ &= (A_1\boldsymbol{i} + A_2\boldsymbol{j} + A_3\boldsymbol{k})\cdot[(B_2C_3 - B_3C_2)\boldsymbol{i} + (B_3C_1 - B_1C_3)\boldsymbol{j} + (B_1C_2 - B_2C_1)\boldsymbol{k}] \\ &= A_1(B_2C_3 - B_3C_2) + A_2(B_3C_1 - B_1C_3) + A_3(B_1C_2 - B_2C_1) \\ &= \begin{vmatrix} A_1 & A_2 & A_3 \\ B_1 & B_2 & B_3 \\ C_1 & C_2 & C_3 \end{vmatrix}. \end{aligned}$$

**問題 5.21**　$\boldsymbol{A}=3\boldsymbol{i}-\boldsymbol{j},\ \boldsymbol{B}=\boldsymbol{j}+2\boldsymbol{k},\ \boldsymbol{C}=\boldsymbol{i}+5\boldsymbol{j}+4\boldsymbol{k}$ を辺に持つ平行六面体の体積を求めよ.

**解答**

問題 5.19 や 問題 5.20 より,

$$\text{平行六面体の体積}=|\boldsymbol{A}\cdot(\boldsymbol{B}\times\boldsymbol{C})|=|\begin{vmatrix}3&-1&0\\0&1&2\\1&5&4\end{vmatrix}|=|-20|=20.$$

**問題 5.22**　三重積において内積と外積の交換が可能であること，すなわち $\boldsymbol{A}\cdot(\boldsymbol{B}\times\boldsymbol{C})=(\boldsymbol{A}\times\boldsymbol{B})\cdot\boldsymbol{C}$ を証明せよ.

**解答**

問題 5.20 より,

$$\boldsymbol{A}\cdot(\boldsymbol{B}\times\boldsymbol{C})=\begin{vmatrix}A_1&A_2&A_3\\B_1&B_2&B_3\\C_1&C_2&C_3\end{vmatrix},\qquad(\boldsymbol{A}\times\boldsymbol{B})\cdot\boldsymbol{C}=\boldsymbol{C}\cdot(\boldsymbol{A}\times\boldsymbol{B})=\begin{vmatrix}C_1&C_2&C_3\\A_1&A_2&A_3\\B_1&B_2&B_3\end{vmatrix}.$$

と表せる．行列式の性質により，この 2 つの行列式は等しいので (訳注：p.448 の定理 15.3 より)，目的の結果が得られた.

**問題 5.23**　$\boldsymbol{r}_1=x_1\boldsymbol{i}+y_1\boldsymbol{j}+z_1\boldsymbol{k},\quad \boldsymbol{r}_2=x_2\boldsymbol{i}+y_2\boldsymbol{j}+z_2\boldsymbol{k},\quad \boldsymbol{r}_3=x_3\boldsymbol{i}+y_3\boldsymbol{j}+z_3\boldsymbol{k}$ を，それぞれ点 $P_1(x_1,y_1,z_1)$，$P_2(x_2,y_2,z_2)$，$P_3(x_3,y_3,z_3)$ の位置ベクトルとする．このとき，$P_1$, $P_2$, $P_3$ を通る平面に関する方程式を導け（図 5-22 参照).

**解答**

$P_1$, $P_2$, $P_3$ は同一直線上にないと仮定する．そうすることで平面の存在が保証される.

平面上の任意点 $P(x,y,z)$ を $\boldsymbol{r}=x\boldsymbol{i}+y\boldsymbol{j}+z\boldsymbol{k}$ と表すことにする．また，ベクトル $\boldsymbol{P_1P_2}=\boldsymbol{r}_2-\boldsymbol{r}_1$, $\boldsymbol{P_1P_3}=\boldsymbol{r}_3-\boldsymbol{r}_1$, $\boldsymbol{P_1P}=\boldsymbol{r}-\boldsymbol{r}_1$ を考えるとこれらは平面上のベクトルとみなせる．以上より,

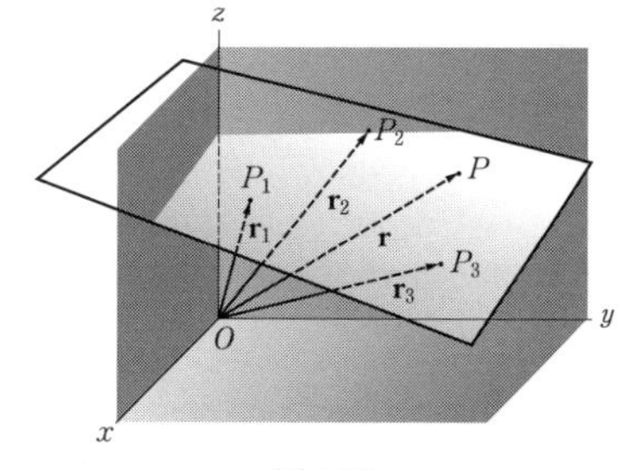


図 5-22

$$\boldsymbol{P_1P}\cdot\boldsymbol{P_1P_2}\times\boldsymbol{P_1P_3}=0$$

または,

$$(\boldsymbol{r}-\boldsymbol{r}_1)\cdot(\boldsymbol{r}_2-\boldsymbol{r}_1)\times(\boldsymbol{r}_3-\boldsymbol{r}_1)=0$$

となる．直交座標系においては,

$$[(x-x_1)\boldsymbol{i}+(y-y_1)\boldsymbol{j}+(z-z_1)\boldsymbol{k}]\cdot[(x_2-x_1)\boldsymbol{i}+(y_2-y_1)\boldsymbol{j}+(z_2-z_1)\boldsymbol{k}]$$

$$\times [(x_3 - x_1)\boldsymbol{i} + (y_3 - y_1)\boldsymbol{j} + (z_3 - z_1)\boldsymbol{k}] = 0$$

または 問題 5.20 より，

$$\begin{vmatrix} x - x_1 & y - y_1 & z - z_1 \\ x_2 - x_1 & y_2 - y_1 & z_2 - z_1 \\ x_3 - x_1 & y_3 - y_1 & z_3 - z_1 \end{vmatrix} = 0$$

と表せる．

**問題 5.24**　点 $P_1(3, 1, -2)$，$P_2(-1, 2, 4)$，$P_3(2, -1, 1)$ を通る平面の方程式を求めよ．

**解答**

$P_1, P_2, P_3$ の位置ベクトルと平面上の任意点 $P(x, y, z)$ はそれぞれ以下のように表せる．

$$\boldsymbol{r}_1 = 3\boldsymbol{i} + \boldsymbol{j} - 2\boldsymbol{k}, \quad \boldsymbol{r}_2 = -\boldsymbol{i} + 2\boldsymbol{j} + 4\boldsymbol{k}, \quad \boldsymbol{r}_3 = 2\boldsymbol{i} - \boldsymbol{j} + \boldsymbol{k}, \quad \boldsymbol{r} = x\boldsymbol{i} + y\boldsymbol{j} + z\boldsymbol{k}$$

このとき，$\boldsymbol{PP_1} = \boldsymbol{r} - \boldsymbol{r}_1$，$\boldsymbol{P_2P_1} = \boldsymbol{r}_2 - \boldsymbol{r}_1$，$\boldsymbol{P_3P_1} = \boldsymbol{r}_3 - \boldsymbol{r}_1$ とすると，これらのベクトルは平面上に存在するから目的の方程式は $(\boldsymbol{r} - \boldsymbol{r}_1) \cdot (\boldsymbol{r}_2 - \boldsymbol{r}_1) \times (\boldsymbol{r}_3 - \boldsymbol{r}_1) = 0$ となる．実際に代入して求めると，

$$\{(x-3)\boldsymbol{i} + (y-1)\boldsymbol{j} + (z+2)\boldsymbol{k}\} \cdot \{-4\boldsymbol{i} + \boldsymbol{j} + 6\boldsymbol{k}\} \times \{-\boldsymbol{i} - 2\boldsymbol{j} + 3\boldsymbol{k}\} = 0$$

$$\{(x-3)\boldsymbol{i} + (y-1)\boldsymbol{j} + (z+2)\boldsymbol{k}\} \cdot \{15\boldsymbol{i} + 6\boldsymbol{j} + 9\boldsymbol{k}\} = 0$$

$$15(x-3) + 6(y-1) + 9(z+2) = 0 \qquad \text{または} \qquad 5x + 2y + 3z = 11.$$

**別解.**

問題 5.23 の結果を用いると，目的の方程式は以下のように求められる．

$$\begin{vmatrix} x - 3 & y - 1 & z + 2 \\ -1 - 3 & 2 - 1 & 4 + 2 \\ 2 - 3 & -1 - 1 & 1 + 2 \end{vmatrix} = 0 \qquad \text{または，} \qquad 5x + 2y + 3z = 11$$

**問題 5.25**　$\boldsymbol{A} = \boldsymbol{i} + \boldsymbol{j}$，$\boldsymbol{B} = 2\boldsymbol{i} - 3\boldsymbol{j} + \boldsymbol{k}$，$\boldsymbol{C} = 4\boldsymbol{j} - 3\boldsymbol{k}$ のとき，以下を求めよ．
(a) $(\boldsymbol{A} \times \boldsymbol{B}) \times \boldsymbol{C}$,　　(b) $\boldsymbol{A} \times (\boldsymbol{B} \times \boldsymbol{C})$

**解答**

(a) $\boldsymbol{A} \times \boldsymbol{B} = \begin{vmatrix} \boldsymbol{i} & \boldsymbol{j} & \boldsymbol{k} \\ 1 & 1 & 0 \\ 2 & -3 & 1 \end{vmatrix} = \boldsymbol{i} - \boldsymbol{j} - 5\boldsymbol{k}$ となる．よって，

$$(\boldsymbol{A} \times \boldsymbol{B}) \times \boldsymbol{C} = \begin{vmatrix} \boldsymbol{i} & \boldsymbol{j} & \boldsymbol{k} \\ 1 & -1 & -5 \\ 0 & 4 & -3 \end{vmatrix} = 23\boldsymbol{i} + 3\boldsymbol{j} + 4\boldsymbol{k}.$$

(b) $\boldsymbol{B}\times\boldsymbol{C}=\begin{vmatrix}\boldsymbol{i} & \boldsymbol{j} & \boldsymbol{k}\\ 2 & -3 & 1\\ 0 & 4 & -3\end{vmatrix}=5\boldsymbol{i}+6\boldsymbol{j}+8\boldsymbol{k}$ となる．よって，

$$\boldsymbol{A}\times(\boldsymbol{B}\times\boldsymbol{C})=\begin{vmatrix}\boldsymbol{i} & \boldsymbol{j} & \boldsymbol{k}\\ 1 & 1 & 0\\ 5 & 6 & 8\end{vmatrix}=8\boldsymbol{i}-8\boldsymbol{j}+\boldsymbol{k}.$$

以上より，一般に，$(\boldsymbol{A}\times\boldsymbol{B})\times\boldsymbol{C}\neq\boldsymbol{A}\times(\boldsymbol{B}\times\boldsymbol{C})$ である．

## 微分

**問題 5.26** $\boldsymbol{r}=(t^3+2t)\boldsymbol{i}-3e^{-2t}\boldsymbol{j}+2\sin 5t\boldsymbol{k}$ のとき，以下の式を計算し，$t=0$ における値を求めよ．また，それぞれの物理的な意味を説明せよ．

$$(a)\ \frac{d\boldsymbol{r}}{dt},\quad (b)\ \left|\frac{d\boldsymbol{r}}{dt}\right|,\quad (c)\ \frac{d^2\boldsymbol{r}}{dt^2},\quad (d)\ \left|\frac{d^2\boldsymbol{r}}{dt^2}\right|$$

解答

(a) $\boldsymbol{r}$ を $t$ で微分する．

$$\begin{aligned}\frac{d\boldsymbol{r}}{dt}&=\frac{d}{dt}(t^3+2t)\boldsymbol{i}+\frac{d}{dt}(-3e^{-2t})\boldsymbol{j}+\frac{d}{dt}(2\sin 5t)\boldsymbol{k}\\&=(3t^2+2)\boldsymbol{i}+6e^{-2t}\boldsymbol{j}+10\cos 5t\boldsymbol{k}\end{aligned}$$

したがって，$t=0$ においては，$d\boldsymbol{r}/dt=2\boldsymbol{i}+6\boldsymbol{j}+10\boldsymbol{k}$ となる．

(b) (a) の結果より，$t=0$ においては，$|d\boldsymbol{r}/dt|=\sqrt{(2)^2+(6)^2+(10)^2}=\sqrt{140}=2\sqrt{35}$ となる．

(c) $d\boldsymbol{r}/dt$ を $t$ で微分する．

$$\begin{aligned}\frac{d^2\boldsymbol{r}}{dt^2}&=\frac{d}{dt}\left(\frac{d\boldsymbol{r}}{dt}\right)=\frac{d}{dt}\{(3t^2+2)\boldsymbol{i}+6e^{-2t}\boldsymbol{j}+10\cos 5t\boldsymbol{k}\}\\&=6t\boldsymbol{i}-12e^{-2t}\boldsymbol{j}-50\sin 5t\boldsymbol{k}\end{aligned}$$

したがって，$t=0$ においては，$d^2r/dt^2=-12\boldsymbol{j}$ となる．

(d) (c) の結果より，$t=0$ においては，$|d^2\boldsymbol{r}/dt^2|=12$ となる．

$t$ を時間とみなしたとき，上記の式は，空間曲線 $x=t^3+2t$，$y=-3e^{-2t}$，$z=2\sin 5t$ に沿って運動する粒子の，$t=0$ における，速度，速度の大きさ，加速度，加速度の大きさをそれぞれ表している．

**問題 5.27** $\boldsymbol{A}$ と $\boldsymbol{B}$ が微分可能な関数であるとき，以下が成り立つことを証明せよ．

$$\frac{d}{du}(\boldsymbol{A}\cdot\boldsymbol{B})=\boldsymbol{A}\cdot\frac{d\boldsymbol{B}}{du}+\frac{d\boldsymbol{A}}{du}\cdot\boldsymbol{B}$$

解答

**方法** 1.

$$\frac{d}{du}(\boldsymbol{A}\cdot\boldsymbol{B}) = \lim_{\Delta u\to 0}\frac{(\boldsymbol{A}+\Delta\boldsymbol{A})\cdot(\boldsymbol{B}+\Delta\boldsymbol{B})-\boldsymbol{A}\cdot\boldsymbol{B}}{\Delta u}$$
$$= \lim_{\Delta u\to 0}\frac{\boldsymbol{A}\cdot\Delta\boldsymbol{B}+\Delta\boldsymbol{A}\cdot\boldsymbol{B}+\Delta\boldsymbol{A}\cdot\Delta\boldsymbol{B}}{\Delta u}$$
$$= \lim_{\Delta u\to 0}\left(\boldsymbol{A}\cdot\frac{\Delta\boldsymbol{B}}{\Delta u}+\frac{\Delta\boldsymbol{A}}{\Delta u}\cdot\boldsymbol{B}+\frac{\Delta\boldsymbol{A}}{\Delta u}\cdot\Delta\boldsymbol{B}\right) = \boldsymbol{A}\cdot\frac{d\boldsymbol{B}}{du}+\frac{d\boldsymbol{A}}{du}\cdot\boldsymbol{B}$$

**方法** 2. $\boldsymbol{A} = A_1\boldsymbol{i}+A_2\boldsymbol{j}+A_3\boldsymbol{k}$，$\boldsymbol{B} = B_1\boldsymbol{i}+B_2\boldsymbol{j}+B_3\boldsymbol{k}$ とおく．すると，

$$\frac{d}{du}(\boldsymbol{A}\cdot\boldsymbol{B}) = \frac{d}{du}(A_1B_1+A_2B_2+A_3B_3)$$
$$= \left(A_1\frac{dB_1}{du}+A_2\frac{dB_2}{du}+A_3\frac{dB_3}{du}\right)+\left(\frac{dA_1}{du}B_1+\frac{dA_2}{du}B_2+\frac{dA_3}{du}B_3\right)$$
$$= \boldsymbol{A}\cdot\frac{d\boldsymbol{B}}{du}+\frac{d\boldsymbol{A}}{du}\cdot\boldsymbol{B}.$$

**問題 5.28**　$\phi(x,y,z) = x^2yz$，$\boldsymbol{A} = 3x^2y\boldsymbol{i}+yz^2\boldsymbol{j}-xz\boldsymbol{k}$ のとき，点 $(1,-2,1)$ における $\dfrac{\partial^2}{\partial y\partial z}(\phi\boldsymbol{A})$ を求めよ．

解答

$$\phi\boldsymbol{A} = (x^2yz)(3x^2y\boldsymbol{i}+yz^2\boldsymbol{j}-xz\boldsymbol{k}) = 3x^4y^2z\boldsymbol{i}+x^2y^2z^3\boldsymbol{j}-x^3yz^2\boldsymbol{k}$$

$$\frac{\partial}{\partial z}(\phi\boldsymbol{A}) = \frac{\partial}{\partial z}(3x^4y^2z\boldsymbol{i}+x^2y^2z^3\boldsymbol{j}-x^3yz^2\boldsymbol{k}) = 3x^4y^2\boldsymbol{i}+3x^2y^2z^2\boldsymbol{j}-2x^3yz\boldsymbol{k}$$

$$\frac{\partial^2}{\partial y\partial z}(\phi\boldsymbol{A}) = \frac{\partial}{\partial y}(3x^4y^2\boldsymbol{i}+3x^2y^2z^2\boldsymbol{j}-2x^3yz\boldsymbol{k}) = 6x^4y\boldsymbol{i}+6x^2yz^2\boldsymbol{j}-2x^3z\boldsymbol{k}$$

$x=1$，$y=-2$，$z=-1$ のとき，$\dfrac{\partial^2}{\partial y\partial z}(\phi\boldsymbol{A}) = -12\boldsymbol{i}-12\boldsymbol{j}+2\boldsymbol{k}$ となる．

**問題 5.29**　$\boldsymbol{A} = x^2\sin y\boldsymbol{i}+z^2\cos y\boldsymbol{j}-xy^2\boldsymbol{k}$ のとき，全微分 $d\boldsymbol{A}$ を求めよ．

解答

**方法** 1.　$\dfrac{\partial\boldsymbol{A}}{\partial x} = 2x\sin y\boldsymbol{i}-y^2\boldsymbol{k}$，　$\dfrac{\partial\boldsymbol{A}}{\partial y} = x^2\cos y\boldsymbol{i}-z^2\sin y\boldsymbol{j}-2xy\boldsymbol{k}$，　$\dfrac{\partial\boldsymbol{A}}{\partial z} = 2z\cos y\boldsymbol{j}$，

$$d\boldsymbol{A} = \frac{\partial\boldsymbol{A}}{\partial x}dx+\frac{\partial\boldsymbol{A}}{\partial y}dy+\frac{\partial\boldsymbol{A}}{\partial z}dz$$
$$= (2x\sin y\boldsymbol{i}-y^2\boldsymbol{k})dx+(x^2\cos y\boldsymbol{i}-z^2\sin y\boldsymbol{j}-2xy\boldsymbol{k})dy+(2z\cos y\boldsymbol{j})dz$$
$$= (2x\sin ydx+x^2\cos ydy)\boldsymbol{i}+(2z\cos ydz-z^2\sin ydy)\boldsymbol{j}-(y^2dx+2xydy)\boldsymbol{k}.$$

**方法** 2.　$d\boldsymbol{A} = d(x^2\sin y)\boldsymbol{i}+d(z^2\cos y)\boldsymbol{j}-d(xy^2)\boldsymbol{k}$

$$= (2x \sin y dx + x^2 \cos y dy)\boldsymbol{i} + (2z \cos y dz - z^2 \sin y dy)\boldsymbol{j} - (y^2 dx + 2xy dy)\boldsymbol{k}.$$

**問題 5.30** 空間曲線 $\boldsymbol{r} = \boldsymbol{r}(t)$ に沿って粒子が運動している．ここで，$t$ はある初期時間から測定した時間である．粒子の速さを $v = |d\boldsymbol{r}/dt| = ds/dt$ としたとき（$s$ は初期位置から測定した空間曲線に沿った弧長である），粒子の加速度 $\boldsymbol{a}$ が

$$\boldsymbol{a} = \frac{dv}{dt}\boldsymbol{T} + \frac{v^2}{\rho}\boldsymbol{N}$$

と与えられることを証明せよ．ここで，$\boldsymbol{T}$ や $\boldsymbol{N}$ は空間曲線に対する単位接線ベクトルと単位法線ベクトルで，また，

$$\rho = \left|\frac{d^2\boldsymbol{r}}{ds^2}\right|^{-1} = \left\{\left(\frac{d^2x}{ds^2}\right)^2 + \left(\frac{d^2y}{ds^2}\right)^2 + \left(\frac{d^2z}{ds^2}\right)^2\right\}^{-1/2}$$

とおいている．

解答

粒子の速度は $\boldsymbol{v} = v\boldsymbol{T}$ で与えられる．このとき，加速度は

$$\boldsymbol{a} = \frac{d\boldsymbol{v}}{dt} = \frac{d}{dt}(v\boldsymbol{T}) = \frac{dv}{dt}\boldsymbol{T} + v\frac{d\boldsymbol{T}}{dt} = \frac{dv}{dt}\boldsymbol{T} + v\frac{d\boldsymbol{T}}{ds}\frac{ds}{dt} = \frac{dv}{dt}\boldsymbol{T} + v^2\frac{d\boldsymbol{T}}{ds} \tag{1}$$

$\boldsymbol{T}$ は単位ベクトルだから $\boldsymbol{T}\cdot\boldsymbol{T} = 1$ を得る．この式を $s$ で微分すると，

$$\boldsymbol{T}\cdot\frac{d\boldsymbol{T}}{ds} + \frac{d\boldsymbol{T}}{ds}\cdot\boldsymbol{T} = 0, \qquad 2\boldsymbol{T}\cdot\frac{d\boldsymbol{T}}{ds} = 0 \quad \text{または} \quad \boldsymbol{T}\cdot\frac{d\boldsymbol{T}}{ds} = 0$$

となるので，$d\boldsymbol{T}/ds$ は $\boldsymbol{T}$ に垂直であることがわかる．$\boldsymbol{N}$ は $d\boldsymbol{T}/ds$ 方向の単位ベクトルであったから，これを空間曲線の**主法線ベクトル**とよび，$\kappa$ を $d\boldsymbol{T}/ds$ の大きさとして

$$\frac{d\boldsymbol{T}}{ds} = \kappa\boldsymbol{N} \tag{2}$$

と表すことができる．ここで，$\boldsymbol{T} = d\boldsymbol{r}/ds$ であったから [p.169 の (9) を参照]，$d\boldsymbol{T}/ds = d^2\boldsymbol{r}/ds^2$ を得る．ゆえに，

$$\kappa = \left|\frac{d^2\boldsymbol{r}}{ds^2}\right| = \left\{\left(\frac{d^2x}{ds^2}\right)^2 + \left(\frac{d^2y}{ds^2}\right)^2 + \left(\frac{d^2z}{ds^2}\right)^2\right\}^{1/2}$$

$\rho = 1/\kappa$ と定義すると，(2) は $d\boldsymbol{T}/ds = \boldsymbol{N}/\rho$ となる．したがって，(1) より目的の式

$$\boldsymbol{a} = \frac{dv}{dt}\boldsymbol{T} + \frac{v^2}{\rho}\boldsymbol{N}$$

を得る．

$dv/dt$ と $v^2/\rho$ は $\boldsymbol{T}$ と $\boldsymbol{N}$ 方向の成分であり，これらはそれぞれ加速度の**接線成分**と**法線成分**とよばれる．なお後者は**向心加速度**ともよばれることがある．$\rho$ と $\kappa$ の量はそれぞれ空間曲線の**曲率半径**や**曲率**である．

## 勾配，発散，回転

**問題 5.31**　$\phi = x^2yz^3$,　$\boldsymbol{A} = xz\boldsymbol{i} - y^2\boldsymbol{j} + 2x^2y\boldsymbol{k}$ のとき，以下を求めよ．
(a) $\nabla\phi$,　(b) $\nabla \cdot \boldsymbol{A}$,　(c) $\nabla \times \boldsymbol{A}$,　(d) $\mathrm{div}(\phi\boldsymbol{A})$　(e) $\mathrm{curl}(\phi\boldsymbol{A})$

**解答**

(a)
$$\nabla\phi = \left(\frac{\partial}{\partial x}\boldsymbol{i} + \frac{\partial}{\partial y}\boldsymbol{j} + \frac{\partial}{\partial z}\boldsymbol{k}\right)\phi = \frac{\partial\phi}{\partial x}\boldsymbol{i} + \frac{\partial\phi}{\partial y}\boldsymbol{j} + \frac{\partial\phi}{\partial z}\boldsymbol{k}$$
$$= \frac{\partial}{\partial x}(x^2yz^3)\boldsymbol{i} + \frac{\partial}{\partial y}(x^2yz^3)\boldsymbol{j} + \frac{\partial}{\partial z}(x^2yz^3)\boldsymbol{k} = 2xyz^3\boldsymbol{i} + x^2z^3\boldsymbol{j} + 3x^2yz^2\boldsymbol{k}$$

(b)
$$\nabla \cdot \boldsymbol{A} = \left(\frac{\partial}{\partial x}\boldsymbol{i} + \frac{\partial}{\partial y}\boldsymbol{j} + \frac{\partial}{\partial z}\boldsymbol{k}\right) \cdot (xz\boldsymbol{i} - y^2\boldsymbol{j} + 2x^2y\boldsymbol{k})$$
$$= \frac{\partial}{\partial x}(xz) + \frac{\partial}{\partial y}(-y^2) + \frac{\partial}{\partial z}(2x^2y) = z - 2y$$

(c)
$$\nabla \times \boldsymbol{A} = \left(\frac{\partial}{\partial x}\boldsymbol{i} + \frac{\partial}{\partial y}\boldsymbol{j} + \frac{\partial}{\partial z}k\right) \times (xz\boldsymbol{i} - y^2\boldsymbol{j} + 2x^2yk)$$
$$= \begin{vmatrix} \boldsymbol{i} & \boldsymbol{j} & \boldsymbol{k} \\ \partial/\partial x & \partial/\partial y & \partial/\partial z \\ xz & -y^2 & 2x^2y \end{vmatrix}$$
$$= \left(\frac{\partial}{\partial y}(2x^2y) - \frac{\partial}{\partial z}(-y^2)\right)\boldsymbol{i} + \left(\frac{\partial}{\partial z}(xz) - \frac{\partial}{\partial x}(2x^2y)\right)\boldsymbol{j}$$
$$+ \left(\frac{\partial}{\partial x}(-y^2) - \frac{\partial}{\partial y}(xz)\right)\boldsymbol{k}$$
$$= 2x^2\boldsymbol{i} + (x - 4xy)\boldsymbol{j}$$

(d)
$$\mathrm{div}(\phi\boldsymbol{A}) = \nabla \cdot (\phi\boldsymbol{A}) = \nabla \cdot (x^3yz^4\boldsymbol{i} - x^2y^3z^3\boldsymbol{j} + 2x^4y^2z^3\boldsymbol{k})$$
$$= \frac{\partial}{\partial x}(x^3yz^4) + \frac{\partial}{\partial y}(-x^2y^3z^3) + \frac{\partial}{\partial z}(2x^4y^2z^3)$$
$$= 3x^2yz^4 - 3x^2y^2z^3 + 6x^4y^2z^2$$

(e)
$$\mathrm{curl}(\phi\boldsymbol{A}) = \nabla \times (\phi\boldsymbol{A}) = \nabla \times (x^3yz^4\boldsymbol{i} - x^2y^3z^3\boldsymbol{j} + 2x^4y^2z^3\boldsymbol{k})$$
$$= \begin{vmatrix} \boldsymbol{i} & \boldsymbol{j} & \boldsymbol{k} \\ \partial/\partial x & \partial/\partial y & \partial/\partial z \\ x^3yz^4 & -x^2y^3z^3 & 2x^4y^2z^3 \end{vmatrix}$$
$$= (4x^4yz^3 + 3x^2y^3z^2)\boldsymbol{i} + (4x^3yz^3 - 8x^3y^2z^3)\boldsymbol{j} - (2xy^3z^3 + x^3z^4)\boldsymbol{k}$$

**問題 5.32**　以下を証明せよ．

$$\nabla \cdot (\phi \boldsymbol{A}) = (\nabla \phi) \cdot \boldsymbol{A} + \phi(\nabla \cdot \boldsymbol{A})$$

解答

$$\begin{aligned}
\nabla \cdot (\phi \boldsymbol{A}) &= \nabla \cdot (\phi A_1 \boldsymbol{i} + \phi A_2 \boldsymbol{j} + \phi A_3 \boldsymbol{k}) \\
&= \frac{\partial}{\partial x}(\phi A_1) + \frac{\partial}{\partial y}(\phi A_2) + \frac{\partial}{\partial z}(\phi A_3) \\
&= \frac{\partial \phi}{\partial x} A_1 + \frac{\partial \phi}{\partial y} A_2 + \frac{\partial \phi}{\partial z} A_3 + \phi\left(\frac{\partial A_1}{\partial x} + \frac{\partial A_2}{\partial y} + \frac{\partial A_3}{\partial z}\right) \\
&= \left(\frac{\partial \phi}{\partial x}\boldsymbol{i} + \frac{\partial \phi}{\partial y}\boldsymbol{j} + \frac{\partial \phi}{\partial z}\boldsymbol{k}\right) \cdot (A_1 \boldsymbol{i} + A_2 \boldsymbol{j} + A_3 \boldsymbol{k}) \\
&\qquad + \phi\left(\frac{\partial}{\partial x}\boldsymbol{i} + \frac{\partial}{\partial y}\boldsymbol{j} + \frac{\partial}{\partial z}\boldsymbol{k}\right) \cdot (A_1 \boldsymbol{i} + A_2 \boldsymbol{j} + A_3 \boldsymbol{k}) \\
&= (\nabla \phi) \cdot \boldsymbol{A} + \phi(\nabla \cdot \boldsymbol{A}).
\end{aligned}$$

**問題 5.33**　ベクトル $\nabla \phi$ が，曲面 $\phi(x,\, y,\, z) = c$ に垂直であることを証明せよ ($c$ は定数).

解答

$\boldsymbol{r} = x\boldsymbol{i} + y\boldsymbol{j} + z\boldsymbol{k}$ を曲面上の任意点 $P(x,\, y,\, z)$ の位置ベクトルであるとしよう．
すると，$d\boldsymbol{r} = dx\boldsymbol{i} + dy\boldsymbol{j} + dz\boldsymbol{k}$ は曲面の $P$ における接平面となる．そして，

$$d\phi = \frac{\partial \phi}{\partial x}dx + \frac{\partial \phi}{\partial y}dy + \frac{\partial \phi}{\partial z}dz = 0 \quad \text{または} \quad \left(\frac{\partial \phi}{\partial x}\boldsymbol{i} + \frac{\partial \phi}{\partial y}\boldsymbol{j} + \frac{\partial \phi}{\partial z}\boldsymbol{k}\right) \cdot (dx\,\boldsymbol{i} + dy\,\boldsymbol{j} + dz\,\boldsymbol{k}) = 0$$

となる．すなわち，$\nabla \phi \cdot d\boldsymbol{r} = 0$ であるから $\nabla \phi$ は，$d\boldsymbol{r}$ つまり曲面に垂直であることがわかった．

**問題 5.34**　曲面 $2x^2 + 4yz - 5z^2 = -10$ の点 $P(3, -1, 2)$ における単位法線ベクトルを求めよ．

解答

問題 5.33 より，与えられた曲面の法線ベクトルは点 $(3, -1, 2)$ においては

$$\nabla(2x^2 + 4yz - 5z^2) = 4x\boldsymbol{i} + 4z\boldsymbol{j} + (4y - 10z)\boldsymbol{k} = 12\boldsymbol{i} + 8\boldsymbol{j} - 24\boldsymbol{k}$$

と表される．ゆえに $P$ における単位法線ベクトルは，

$$\frac{12\boldsymbol{i} + 8\boldsymbol{j} - 24\boldsymbol{k}}{\sqrt{(12)^2 + (8)^2 + (-24)^2}} = \frac{3\boldsymbol{i} + 2\boldsymbol{j} - 6\boldsymbol{k}}{7}$$

となる．なお，$-\dfrac{3\boldsymbol{i} + 2\boldsymbol{j} - 6\boldsymbol{k}}{7}$ は $P$ における別の単位法線ベクトルである．

**問題 5.35**　$\phi = 2x^2y - xz^3$ のとき，以下を求めよ．

(a) $\nabla \phi$　　(b) $\nabla^2 \phi$

**解答**

(a) $\nabla\phi = \dfrac{\partial\phi}{\partial x}\boldsymbol{i} + \dfrac{\partial\phi}{\partial y}\boldsymbol{j} + \dfrac{\partial\phi}{\partial z}\boldsymbol{k} = (4xy - z^3)\boldsymbol{i} + 2x^2\boldsymbol{j} - 3xz^2\boldsymbol{k}$

(b) $\nabla^2\phi = \nabla\cdot\nabla\phi = \dfrac{\partial}{\partial x}(4xy - z^3) + \dfrac{\partial}{\partial y}(2x^2) + \dfrac{\partial}{\partial z}(-3xz^2) = 4y - 6xz$

(b) **の別解**

$$\begin{aligned}\nabla^2\phi &= \frac{\partial^2\phi}{\partial x^2} + \frac{\partial^2\phi}{\partial y^2} + \frac{\partial^2\phi}{\partial z^2} \\ &= \frac{\partial^2}{\partial x^2}(2x^2y - xz^3) + \frac{\partial^2}{\partial y^2}(2x^2y - xz^3) + \frac{\partial^2}{\partial z^2}(2x^2y - xz^3) \\ &= 4y - 6xz\end{aligned}$$

**問題 5.36**　$\mathrm{div}\,\mathrm{curl}\boldsymbol{A} = 0$ を証明せよ.

**解答**

$$\mathrm{div}\,\mathrm{curl}\boldsymbol{A} = \nabla\cdot(\nabla\times\boldsymbol{A}) = \nabla\cdot\begin{vmatrix}\boldsymbol{i} & \boldsymbol{j} & \boldsymbol{k} \\ \partial/\partial x & \partial/\partial y & \partial/\partial z \\ A_1 & A_2 & A_3\end{vmatrix}$$

$$\begin{aligned}&= \nabla\cdot\left[\left(\frac{\partial A_3}{\partial y} - \frac{\partial A_2}{\partial z}\right)\boldsymbol{i} + \left(\frac{\partial A_1}{\partial z} - \frac{\partial A_3}{\partial x}\right)\boldsymbol{j} + \left(\frac{\partial A_2}{\partial x} - \frac{\partial A_1}{\partial y}\right)\boldsymbol{k}\right] \\ &= \frac{\partial}{\partial x}\left(\frac{\partial A_3}{\partial y} - \frac{\partial A_2}{\partial z}\right) + \frac{\partial}{\partial y}\left(\frac{\partial A_1}{\partial z} - \frac{\partial A_3}{\partial x}\right) + \frac{\partial}{\partial z}\left(\frac{\partial A_2}{\partial x} - \frac{\partial A_1}{\partial y}\right) \\ &= \frac{\partial^2 A_3}{\partial x\partial y} - \frac{\partial^2 A_2}{\partial x\partial z} + \frac{\partial^2 A_1}{\partial y\partial z} - \frac{\partial^2 A_3}{\partial y\partial x} + \frac{\partial^2 A_2}{\partial z\partial x} - \frac{\partial^2 A_1}{\partial z\partial y} = 0.\end{aligned}$$

ここで $\boldsymbol{A}$ について，2 階の偏導関数が存在して連続であると仮定しているので，（偏）微分の順番は変えても良いことを用いている (訳注：p.12 参照).

**問題 5.37**　曲面 $F(x, y, z) = 0$ に関する以下の方程式を求めよ (図 5-23 参照).
(a) 点 $P(x_0, y_0, z_0)$ における接平面　　(b) 点 $P(x_0, y_0, z_0)$ における法線

**解答**

(a) 与えられた曲面の $P$ における法線ベクトルは $\boldsymbol{N}_0 = \nabla F|_P$ である．$O$ から平面上の $P(x_0, y_0, z_0)$，$Q(x, y, z)$ に向かうベクトルをそれぞれ $\boldsymbol{r}_0$，$\boldsymbol{r}$ とすると，$\boldsymbol{r}-\boldsymbol{r}_0$ は $\boldsymbol{N}_0$ に垂直なので，

$$(\boldsymbol{r} - \boldsymbol{r}_0)\cdot\boldsymbol{N}_0 = (\boldsymbol{r} - \boldsymbol{r}_0)\cdot\nabla F|_P = 0$$

となる．直交座標系では以下のように表せる．

$$F_x|_P(x - x_0) + F_y|_P(y - y_0) + F_z|_P(z - z_0) = 0.$$

(b) 図 5-23 の $O$ から法線ベクトル上の任意点 $(x, y, z)$ にひいたベクトルを $\boldsymbol{r}$ とすると $\boldsymbol{r}-\boldsymbol{r}_0$ は $\boldsymbol{N}_0$ と同一線上にあるので

$$(\boldsymbol{r}-\boldsymbol{r}_0)\times\boldsymbol{N}_0=(\boldsymbol{r}-\boldsymbol{r}_0)\times\nabla F|_P=\boldsymbol{0}$$

となる．直交座標系では以下のように表せる．

$$\frac{x-x_0}{F_x|_P}=\frac{y-y_0}{F_y|_P}=\frac{z-z_0}{F_z|_P}.$$

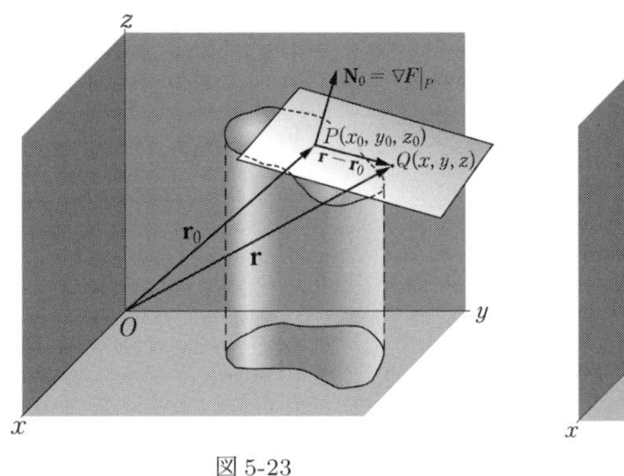


図 5-23

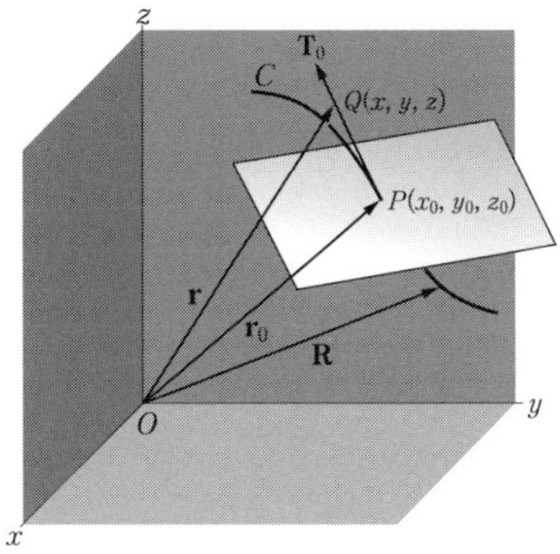

図 5-24

> **問題 5.38**　空間曲線 $x=f(u)$, $y=g(u)$, $z=h(u)$ に関する以下の方程式を求めよ（図 5-24 参照）．
>
> (a) 点 $u=u_0$ における接線，　(b) 点 $u=u_0$ における法平面

**解答**

(a)　$\boldsymbol{R}=f(u)\boldsymbol{i}+g(u)\boldsymbol{j}+h(u)\boldsymbol{k}$ のとき，曲線 $C$ の点 $P$ に接するベクトルは $\boldsymbol{T}_0=\left.\dfrac{d\boldsymbol{R}}{du}\right|_P$ と与えられる．このとき，$O$ からそれぞれ接線上の $P$, $Q$ にひかれたベクトルをそれぞれ $\boldsymbol{r}_0$，$\boldsymbol{r}$ とすると，$\boldsymbol{r}-\boldsymbol{r}_0$ は $\boldsymbol{T}_0$ と同一線上にあるので

$$(\boldsymbol{r}-\boldsymbol{r}_0)\times\boldsymbol{T}_0=(\boldsymbol{r}-\boldsymbol{r}_0)\times\left.\frac{d\boldsymbol{R}}{du}\right|_P=\boldsymbol{0}$$

となる．直交座標系では以下のように表せる．

$$\frac{x-x_0}{f'(u_0)}=\frac{y-y_0}{g'(u_0)}=\frac{z-z_0}{h'(u_0)}.$$

$(b)$　$O$ から法平面上の任意点 $(x,\,y,\,z)$ までのベクトルを $\boldsymbol{r}$ とすると，$\boldsymbol{r}-\boldsymbol{r}_0$ は $\boldsymbol{T}_0$ に対して垂直である．よって，目的の方程式は，

$$(\boldsymbol{r}-\boldsymbol{r}_0)\cdot\boldsymbol{T}_0=(\boldsymbol{r}-\boldsymbol{r}_0)\cdot\left.\frac{d\boldsymbol{R}}{du}\right|_P=0$$

または，直交座標系では以下のように表せる．

$$f'(u_0)(x-x_0)+g'(u_0)(y-y_0)+h'(u_0)(z-z_0)=0.$$

**問題 5.39**　曲線 $C$ の任意点で $F(x,\,y,\,z)$ が定義されており (訳注：スカラー場)，曲線上のある点から $(x,y,z)$ までの弧長を $s$ としたとき，以下を示せ．

$$\frac{dF}{ds}=\nabla F\cdot\frac{d\boldsymbol{r}}{ds}=\nabla F\cdot\boldsymbol{T}$$

ここで，$\boldsymbol{T}=d\boldsymbol{r}/ds$ は曲線 $C$ の $(x,y,z)$ における単位接ベクトルである．

解答

$$\begin{aligned}\frac{dF}{ds}&=\frac{\partial F}{\partial x}\frac{dx}{ds}+\frac{\partial F}{\partial y}\frac{dy}{ds}+\frac{\partial F}{\partial z}\frac{dz}{ds}\\&=\left(\frac{\partial F}{\partial x}\boldsymbol{i}+\frac{\partial F}{\partial y}\boldsymbol{j}+\frac{\partial F}{\partial z}\boldsymbol{k}\right)\cdot\left(\frac{dx}{ds}\boldsymbol{i}+\frac{dy}{ds}\boldsymbol{j}+\frac{dz}{ds}\boldsymbol{k}\right)\\&=\nabla F\cdot\frac{d\boldsymbol{r}}{ds}=\nabla F\cdot\boldsymbol{T}\end{aligned}$$

$dr^2=dx^2+dy^2+dz^2$ より，$\boldsymbol{T}=d\boldsymbol{r}/ds$ は単位ベクトルであることがわかる．$dF/ds$ は，$F$ の曲線 $C$ に沿った $(x,y,z)$ における**方向微分**とよばれる．

## 曲線座標とヤコビアン

**問題 5.40**　以下の座標系において，$ds^2$ およびスケール因子 $h_1,\,h_2,\,h_3$ を求めよ．
$(a)$ 円柱座標系，　$(b)$ 球座標系

解答

$(a)$ **方法 1**

$$x=\rho\cos\phi,\qquad y=\rho\sin\phi,\qquad z=z$$

$$dx=-\rho\sin\phi d\phi+\cos\phi d\rho,\quad dy=\rho\cos\phi d\phi+\sin\phi d\rho,\quad dz=dz$$

より，

$$ds^2=dx^2+dy^2+dz^2$$

$$= (-\rho\sin\phi d\phi + \cos\phi d\rho)^2 + (\rho\cos\phi d\phi + \sin\phi d\rho)^2 + (dz)^2$$

$$= (d\rho)^2 + \rho^2(d\phi)^2 + (dz)^2 = h_1^2(d\rho)^2 + h_2^2(d\rho)^2 + h_3^2(dz)^2$$

を得る．スケール因子は $h_1 = h_\rho = 1,\ h_2 = h_\phi = \rho,\ h_3 = h_z = 1$ となる．

$(a)$ **方法 2**

位置ベクトルは $\boldsymbol{r} = \rho\cos\phi\boldsymbol{i} + \rho\sin\phi\boldsymbol{j} + z\boldsymbol{k}$ であるから，

$$d\boldsymbol{r} = \frac{\partial\boldsymbol{r}}{\partial\rho}d\rho + \frac{\partial\boldsymbol{r}}{\partial\phi}d\phi + \frac{\partial\boldsymbol{r}}{\partial z}dz$$

$$= (\cos\phi\boldsymbol{i} + \sin\phi\boldsymbol{j})d\rho + (-\rho\sin\phi\boldsymbol{i} + \rho\cos\phi\boldsymbol{j})d\phi + \boldsymbol{k}dz$$

$$= (\cos\phi d\rho - \rho\sin\phi d\phi)\boldsymbol{i} + (\sin\phi d\rho + \rho\cos\phi d\phi)\boldsymbol{j} + \boldsymbol{k}dz$$

となる．したがって，

$$ds^2 = d\boldsymbol{r}\cdot d\boldsymbol{r} = (\cos\phi d\rho - \rho\sin\phi d\phi)^2 + (\sin\phi d\rho + \rho\cos\phi d\phi)^2 + (dz)^2$$

$$= (d\rho)^2 + \rho^2(d\phi)^2 + (dz)^2.$$

$(b)$ $x = r\sin\theta\cos\phi,\quad y = r\sin\theta\sin\phi,\quad z = r\cos\theta$ より，

$$dx = -r\sin\theta\sin\phi d\phi + r\cos\theta\cos\phi d\theta + \sin\theta\cos\phi dr$$

$$dy = r\sin\theta\cos\phi d\phi + r\cos\theta\sin\phi d\theta + \sin\theta\sin\phi dr$$

$$dz = -r\sin\theta d\theta + \cos\theta dr$$

となるから，

$$(ds)^2 = (dx)^2 + (dy)^2 + (dz)^2 = (dr)^2 + r^2(d\theta)^2 + r^2\sin^2\theta(d\phi)^2.$$

スケール因子は，$h_1 = h_r = 1,\ h_2 = h_\theta = r,\ h_3 = h_\phi = r\sin\theta$ である．

**問題 5.41**　以下の座標系において，体積要素 $dV$ を求めよ．
$(a)$ 円柱座標系，　$(c)$ 球座標系

**解答**

直交曲線座標 $u_1,\ u_2,\ u_3$ における体積要素は

$$dV = h_1h_2h_3du_1du_2du_3 = \left|\frac{\partial(x,\ y,\ z)}{\partial(u_1,\ u_2,\ u_3)}\right|du_1\,du_2\,du_3$$

と表すことができる．

$(a)$ 円柱座標では，$u_1 = \rho, u_2 = \phi, u_3 = z$ だから，スケール因子は $h_1 = 1, h_2 = \rho, h_3 = 1$ となる 問題 5.40($a$).
したがって，

$$dV = (1)(\rho)(1)d\rho d\phi dz = \rho d\rho d\phi dz.$$

この結果は，図 5-25($a$) にあるように直接求めることもできる．

$(b)$ 球座標では，$u_1 = r, u_2 = \theta, u_3 = \phi$ だから，スケール因子は $h_1 = 1, h_2 = r, h_3 = r\sin\theta$ となる 問題 5.40($b$).
したがって，

$$dV = (1)(r)(r\sin\theta)drd\theta d\phi = r^2\sin\theta drd\theta d\phi$$

この結果は，図 5-25($b$) にあるように直接求めることもできる．

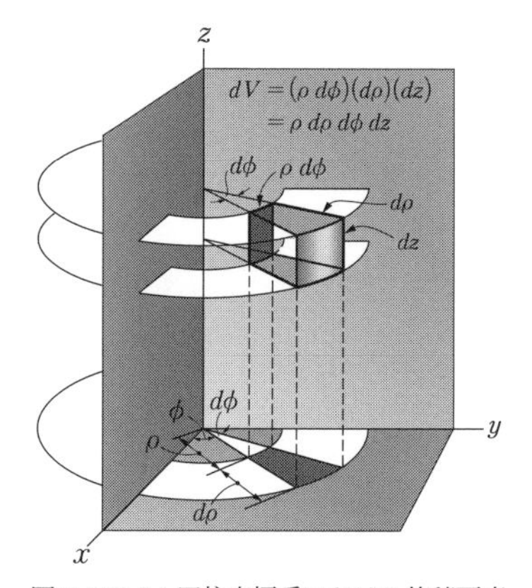


図 5-25($a$)：円柱座標系における体積要素

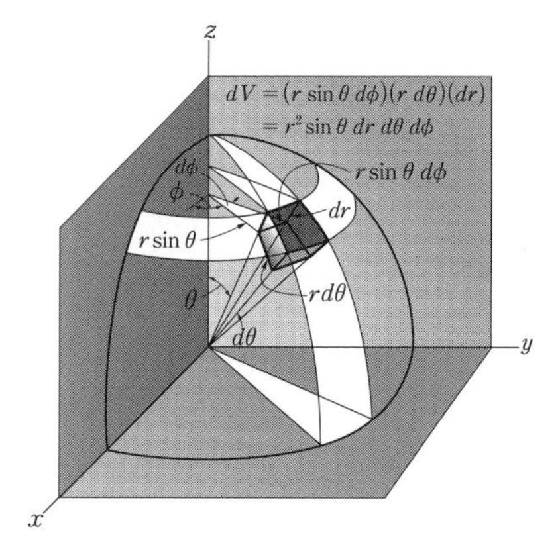


図 5-25($b$)：球座標系における体積要素

**問題 5.42**　円柱座標系における以下の量を求めよ．

$(a)$ grad$\,\Phi$,　　$(b)$ div$\boldsymbol{A}$,　　$(c)$ $\nabla^2\Phi$

**解答**

$u_1 = \rho,\ u_2 = \phi,\ u_3 = z$ だから，スケール因子は $h_1 = 1,\ h_2 = \rho,\ h_3 = 1$ となる 問題 5.40($a$).
したがって，『直交曲線座標における勾配，発散，回転，ラプラシアン (p.172)』の式より，

$(a)$ $\mathrm{grad}\,\Phi = \nabla\Phi = \dfrac{1}{1}\dfrac{\partial\Phi}{\partial\rho}\mathbf{e}_1 + \dfrac{1}{\rho}\dfrac{\partial\Phi}{\partial\phi}\mathbf{e}_2 + \dfrac{1}{1}\dfrac{\partial\Phi}{\partial z}\mathbf{e}_3 = \dfrac{\partial\Phi}{\partial\rho}\mathbf{e}_1 + \dfrac{1}{\rho}\dfrac{\partial\Phi}{\partial\phi}\mathbf{e}_2 + \dfrac{\partial\Phi}{\partial z}\mathbf{e}_3$

このとき，$\mathbf{e}_1, \mathbf{e}_2, \mathbf{e}_3$ は $\rho, \phi, z$ が増加する方向の単位ベクトルである．

$(b)$ $\boldsymbol{A} = A_1\mathbf{e}_1 + A_2\mathbf{e}_2 + A_3\mathbf{e}_3$ とおくと，

$$\begin{aligned}
\mathrm{div}\boldsymbol{A} &= \nabla \cdot \boldsymbol{A} \\
&= \frac{1}{(1)(\rho)(1)}\left[\frac{\partial}{\partial \rho}((\rho)(1)A_1) + \frac{\partial}{\partial \phi}((1)(1)A_2) + \frac{\partial}{\partial z}((1)(\rho)A_3)\right] \\
&= \frac{1}{\rho}\left[\frac{\partial}{\partial \rho}(\rho A_1) + \frac{\partial A_2}{\partial \phi} + \frac{\partial A_3}{\partial z}\right].
\end{aligned}$$

$(c)$

$$\begin{aligned}
\nabla^2 \varPhi &= \frac{1}{(1)(\rho)(1)}\left[\frac{\partial}{\partial \rho}\left(\frac{(\rho)(1)}{(1)}\frac{\partial \varPhi}{\partial \rho}\right) + \frac{\partial}{\partial \phi}\left(\frac{(1)(1)}{(\rho)}\frac{\partial \varPhi}{\partial \phi}\right) + \frac{\partial}{\partial z}\left(\frac{(1)(\rho)}{(1)}\frac{\partial \varPhi}{\partial z}\right)\right] \\
&= \frac{1}{\rho}\frac{\partial}{\partial \rho}\left(\rho\frac{\partial \varPhi}{\partial \rho}\right) + \frac{1}{\rho^2}\frac{\partial^2 \varPhi}{\partial \phi^2} + \frac{\partial^2 \varPhi}{\partial z^2}.
\end{aligned}$$

**問題 5.43**　$F(x, y, u, v) = 0$ および $G(x, y, u, v) = 0$ のとき，以下を求めよ．

$(a)$ $\partial u/\partial x$,　$(b)$ $\partial u/\partial y$,　$(c)$ $\partial v/\partial x$,　$(d)$ $\partial v/\partial y$

**解答**

一般に 2 つの方程式を，従属変数 $u$ と $v$ を独立変数 $x$ と $y$ の（陰）関数として定義する．(偏微分に関する) 添字の記法を用いると，

$$dF = F_x dx + F_y dy + F_u du + F_v dv = 0 \tag{1}$$

$$dG = G_x dx + G_y dy + G_u du + G_v dv = 0 \tag{2}$$

が得られる．また，$u$ と $v$ は $x$ と $y$ の変数であることから，

$$du = u_x dx + u_y dy \quad (3) \qquad\qquad dv = v_x dx + v_y dy \quad (4)$$

である．(3) と (4) を (1) と (2) に代入すると，

$$dF = (F_x + F_u u_x + F_v v_x)dx + (F_y + F_u u_y + F_v v_y)dy = 0 \tag{5}$$

$$dG = (G_x + G_u u_x + G_v v_x)dx + (G_y + G_u u_y + G_v v_y)dy = 0 \tag{6}$$

となる．ここで $x$ と $y$ は独立変数であるから，(5) と (6) における $dx$ と $dy$ の係数はゼロとなる．ゆえに，

$$\begin{cases} F_u u_x + F_v v_x = -F_x \\ G_u u_x + G_v v_x = -G_x \end{cases} \quad (7) \qquad\qquad \begin{cases} F_u u_y + F_v v_y = -F_y \\ G_u u_y + G_v v_y = -G_y \end{cases} \quad (8)$$

を得る．(7) と (8) を解くと，

$$(a)\ u_x = \frac{\partial u}{\partial x} = \frac{\begin{vmatrix} -F_x & F_v \\ -G_x & G_v \end{vmatrix}}{\begin{vmatrix} F_u & F_v \\ G_u & G_v \end{vmatrix}} = -\frac{\dfrac{\partial(F,\,G)}{\partial(x,\,v)}}{\dfrac{\partial(F,\,G)}{\partial(u,\,v)}} \qquad (b)\ v_x = \frac{\partial v}{\partial x} = \frac{\begin{vmatrix} F_u & -F_x \\ G_u & -G_x \end{vmatrix}}{\begin{vmatrix} F_u & F_v \\ G_u & G_v \end{vmatrix}} = -\frac{\dfrac{\partial(F,\,G)}{\partial(u,\,x)}}{\dfrac{\partial(F,\,G)}{\partial(u,\,v)}}$$

$$(c)\ u_y = \frac{\partial u}{\partial y} = \frac{\begin{vmatrix} -F_y & F_v \\ -G_y & G_v \end{vmatrix}}{\begin{vmatrix} F_u & F_v \\ G_u & G_v \end{vmatrix}} = -\frac{\dfrac{\partial(F,\,G)}{\partial(y,\,v)}}{\dfrac{\partial(F,\,G)}{\partial(u,\,v)}} \qquad (d)\ v_y = \frac{\partial v}{\partial y} = \frac{\begin{vmatrix} F_u & -F_y \\ G_u & -G_y \end{vmatrix}}{\begin{vmatrix} F_u & F_v \\ G_u & G_v \end{vmatrix}} = -\frac{\dfrac{\partial(F,\,G)}{\partial(u,\,y)}}{\dfrac{\partial(F,\,G)}{\partial(u,\,v)}}$$

行列式 $\begin{vmatrix} F_u & F_v \\ G_u & G_v \end{vmatrix}$ は 0 でないと仮定され，$\dfrac{\partial(F,\,G)}{\partial(u,\,v)}$ または $J\left(\dfrac{F,\,G}{u,\,v}\right)$ で表すことができる．これは $u$ と $v$ に関する $F$ と $G$ の**ヤコビアン**である．

以上のように必要な偏微分をヤコビアンを用いて表すと覚えやすいので便利である．

# 第 6 章

# 多重積分，線積分，面積分

## 二重積分

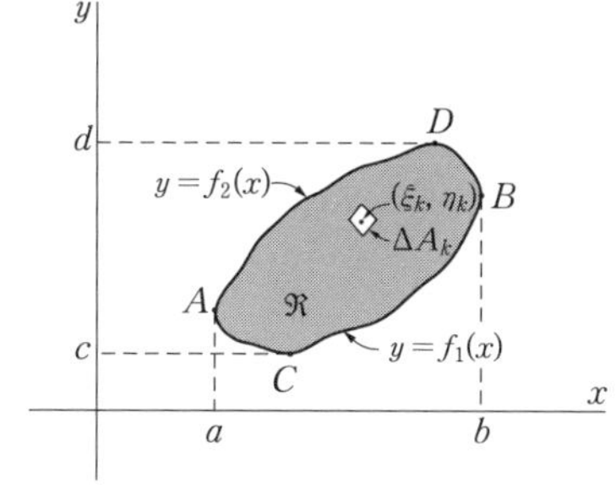

図 6-1

$xy$ 平面の閉領域 $\mathcal{R}$ 上に $F(x, y)$ を定義する（図 6-1 参照）．そして $\mathcal{R}$ を $n$ 個の，面積が $\Delta A_k$ となる小領域 $\Delta\mathcal{R}_k$ に分割する（$k = 1, 2, \ldots, n$）．ここで，$(\xi_k, \eta_k)$ がひとつの $\Delta\mathcal{R}_k$ を示す点であることにし，和

$$\sum_{k=1}^{n} F(\xi_k, \eta_k)\Delta A_k \tag{1}$$

を考える．この和において，分割数 $n$ を限りなく増加させ，各 $\Delta\mathcal{R}_k$ の面積が限りなく 0 に近づくような以下の極限を考える．

$$\lim_{n\to\infty}\sum_{k=1}^{n} F(\xi_k, \eta_k)\Delta A_k \tag{2}$$

(2) の極限が存在する場合，

$$\iint_{\mathcal{R}} F(x, y)dA \tag{3}$$

のように表すことができる．この表式を領域 $\mathcal{R}$ 上の $F(x, y)$ の**二重積分**という．

実際，$F(x, y)$ が $\mathcal{R}$ において連続（または区分的に連続）でさえあれば，(2) の極限の存在が証明できる．

## 累次積分

図 6-1 のように，$y$ 軸に平行な直線が $\mathcal{R}$ の境界にたかだか 2 点で接するような場合，$\mathcal{R}$ を囲む曲線 ACB，ADB をそれぞれ $y = f_1(x)$，$y = f_2(x)$ とかける（ここで，$f_1(x)$，$f_2(x)$ は一価関数[1]で $a \leq x \leq b$ 上で連続とする）．このとき，$x$ 軸と $y$ 軸に平行な線を格子状に配置する．この図形中の矩形領域を $\Delta\mathcal{R}_k$ とし，その面積を $\Delta A_k$ とすることで (3) の二重積分を評価できる．すると (3) は

1） 訳注：**一価関数**とは，独立変数 $(x)$ の一つの値に対し，従属変数 $(y)$ の値がただ一つ定まるような関数 $y(x)$ である．そうでない場合を**多価関数**という．例えば，$x^2+y^2 = 1$ を $y$ について解いた場合，$x$ の値に対応する $y$ の値は 2 通りなので一価関数ではない (二価関数である) ことがわかる．この概念は複素関数論 (第 13 章) でも必要になる (p.375)．

以下のようにかける．

$$\iint_{\mathcal{R}} F(x,\,y)dx\,dy = \int_{x=a}^{b}\int_{y=f_1(x)}^{f_2(x)} F(x,\,y)dy\,dx$$

$$= \int_{x=a}^{b}\left\{\int_{y=f_1(x)}^{f_2(x)} F(x,\,y)dy\right\}dx. \tag{4}$$

この式は，「式中の括弧内の $y$ に関する積分をまず（$x$ を一定に固定しながら）評価し，それから $x$ に関して $a$ から $b$ にかけて積分する」ことを言っている．(4) の結果は，二重積分を**累次積分**という 2 つの（通常の）積分で評価できることを示している．

他方，$x$ 軸に平行な直線が $\mathcal{R}$ の境界にたかだか 2 点で接するような場合 (図 6-1 参照)，$\mathcal{R}$ を囲む曲線 CAD，CBD をそれぞれ $x = g_1(y)$，$x = g_2(y)$ とかくことができる．したがって，(3) は以下のようにかける．

$$\iint_{\mathcal{R}} F(x,\,y)dxdy = \int_{y=c}^{d}\int_{x=g_1(y)}^{g_2(y)} F(x,\,y)\,dx\,dy$$

$$= \int_{y=c}^{d}\left\{\int_{x=g_1(y)}^{g_2(y)} F(x,\,y)dx\right\}dy. \tag{5}$$

二重積分が定義できるとき，一般には (4) や (5) が与える結果は同値である．だから二重積分を記述する際は (4) または (5) のうち好きな形式を選んで使用してよい．一方の形式（例えば (4)）からもう片方の形式（例えば (5)）への変換は**積分順序の入れ替え**という．

$\mathcal{R}$ において累次積分で評価ができない場合があるが，一般には，累次積分を使った評価が可能な小領域 $\mathcal{R}_1, \mathcal{R}_2, \ldots$ に分割することができる．このとき $\mathcal{R}$ 全体の二重積分は，小領域 $\mathcal{R}_1, \mathcal{R}_2, \ldots$ の二重積分の和をとることで求められる．

## 三重積分

上記の結果は，3 次元中の閉領域の重積分へ容易に一般化できる．例えば，ある 3 次元の閉領域 $\mathcal{R}$ で定義されている関数 $F(x,\,y,\,z)$ を考える．この領域を $n$ 個の，体積が $\Delta V_k (k = 1, 2, \ldots, n)$ となるような，小領域に分割する．各小領域を指す点を $(\xi_k,\,\eta_k,\,\zeta_k)$ とし，以下の式をたてる．

$$\lim_{n\to\infty}\sum_{k=1}^{n} F(\xi_k,\,\eta_k,\,\zeta_k)\Delta V_k \tag{6}$$

この式は，分割個数 $n$ を無限大に近づくように増加させ，各小領域の体積が限りなく 0 に近づくような極限値を与えている．この極限が存在する場合，

$$\iiint_{\mathcal{R}} F(x,\,y,\,z)dV \tag{7}$$

のように表せる．この表式を $\mathcal{R}$ 内の $F(x,\,y,\,z)$ の**三重積分**という．実際，$F(x,\,y,\,z)$ が $\mathcal{R}$ において連続（または区分的に連続）でさえあれば，(6) の極限の存在が証明できる．

領域 $\mathcal{R}$ は，$xy$ 平面，$yz$ 平面，$xz$ 平面に平行な平面を格子状におくことで，直方体である小領域に分割される．このとき (7) で与えた $\mathcal{R}$ 上の三重積分を

$$\int_{x=a}^{b}\int_{y=g_1(x)}^{g_2(x)}\int_{z=f_1(x,y)}^{f_2(x,y)} F(x,y,z)dxdydz = \int_{x=a}^{b}\left[\int_{y=g_1(x)}^{g_2(x)}\left\{\int_{z=f_1(x,y)}^{f_2(x,y)} F(x,y,z)dz\right\}dy\right]dx \tag{8}$$

のような累次積分の形式で表すことができる（計算するときは最も内側の積分から始めることに注意）．また，順序を変えて積分を行っても同等の結果が得られる．

以上が三重積分についての説明になるが，より高次元の積分についても同様の議論を展開できる．

## 多重積分の変換

$\mathcal{R}$ 内の多重積分を計算するにあたって，直交座標ではない座標系（例えば 5 章で論じた曲線座標系など）を用いる方が便利である場合がある．

まず 2 次元平面を考える．この平面上の点の 2 次元曲線座標を $(u,\ v)$ とすると，$xy$ 平面上の点 $(x,\ y)$ を $uv$ 平面上の点 $(u,\ v)$ に写す変換式 $x = f(u,\ v)$，$y = g(u,\ v)$ が存在する．このとき $xy$ 平面の領域 $\mathcal{R}$ は，$uv$ 平面の領域 $\mathcal{R}'$ へ写される．これにより，

$$\iint_{\mathcal{R}} F(x,\ y)dxdy = \iint_{\mathcal{R}'} G(u,\ v)\left|\frac{\partial(x,\ y)}{\partial(u,\ v)}\right|dudv \tag{9}$$

という式が得られる．ここで，$G(u,v) \equiv F\{f(u,v), g(u,v)\}$ であり，

$$\frac{\partial(x,\ y)}{\partial(u,\ v)} \equiv \begin{vmatrix} \dfrac{\partial x}{\partial u} & \dfrac{\partial x}{\partial v} \\ \dfrac{\partial y}{\partial u} & \dfrac{\partial y}{\partial v} \end{vmatrix} \tag{10}$$

は $x, y$ の $u, v$ に関する**ヤコビアン**である（第 5 章参照）．

次に 3 次元空間を考える．同様に $(u,\ v,\ w)$ が 3 次元での曲線座標であるとすると，変換式 $x = f(u,\ v,\ w)$，$y = g(u,\ v,\ w)$，$z = h(u,\ v,\ w)$ が成り立ち，

$$\iiint_{\mathcal{R}} F(x,\ y,\ z)dxdydz = \iiint_{\mathcal{R}'} G(u,\ v,\ w)\left|\frac{\partial(x,\ y,\ z)}{\partial(u,\ v,\ w)}\right|dudvdw \tag{11}$$

とかける．ここで，$G(u,v,w) \equiv F\{f(u,v,w),\ g(u,v,w),\ h(u,v,w)\}$ であり，

$$\frac{\partial(x,\ y,\ z)}{\partial(u,\ v,\ w)} \equiv \begin{vmatrix} \dfrac{\partial x}{\partial u} & \dfrac{\partial x}{\partial v} & \dfrac{\partial x}{\partial w} \\ \dfrac{\partial y}{\partial u} & \dfrac{\partial y}{\partial v} & \dfrac{\partial y}{\partial w} \\ \dfrac{\partial z}{\partial u} & \dfrac{\partial z}{\partial v} & \dfrac{\partial z}{\partial w} \end{vmatrix} \tag{12}$$

は $x, y, z$ の $u, v, w$ に関するヤコビアンである．

(9) と (11) は二重積分や三重積分における変数変換を意味している．3 次元より高い次元に関する一般化も容易に展開できる．

## 線積分

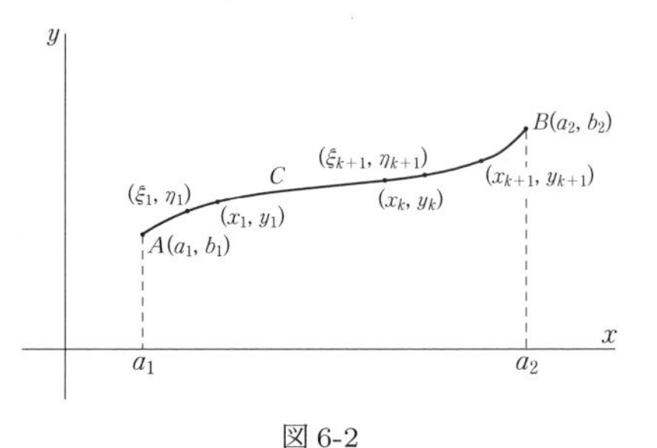

図 6-2

$C$ を，点 $A(a_1, b_1)$ と点 $B(a_2, b_2)$ を結ぶ $xy$ 平面上の曲線であるとしよう (図 6-2)．また，$P(x, y)$ および $Q(x, y)$ を $C$ 上の全ての点で定義されている一価関数であるとする．ここで $(x_1, y_1), (x_2, y_2), \ldots, (x_{n-1}, y_{n-1})$ で与えられる $(n-1)$ 個の点を選ぶことで $C$ を $n$ 個の部分に分割することを考える．このとき $\Delta x_k = x_k - x_{k-1}$，$\Delta y_k = y_k - y_{k-1}$ とし $(k = 1, 2, \ldots, n\,;\, (a_1, b_1) \equiv (x_0, y_0), (a_2, b_2) \equiv (x_n, y_n))$，$C$ 上の点 $(x_{k-1}, y_{k-1})$ と $(x_k, y_k)$ の間に位置する点を $(\xi_k, \eta_k)$ と表す．以上の表現を用いて次の式をたてる．

$$\lim_{n\to\infty} \sum_{k=1}^{n} \{P(\xi_k, \eta_k)\Delta x_k + Q(\xi_k, \eta_k)\Delta y_k\} \tag{13}$$

この式は，すべての $\Delta x_k, \Delta y_k$ がゼロに近づくように，$n \to \infty$ とする極限である．この極限が存在するならば，$C$ に沿った**線積分**として (13) を

$$\int_C [P(x, y)dx + Q(x, y)dy] \qquad \text{または} \qquad \int_{(a_1, b_1)}^{(a_2, b_2)} [Pdx + Qdy] \tag{14}$$

と表せる．実際，$C$ 上のすべての点で $P$ と $Q$ が連続（または区分的に連続）でさえあれば，(13) の極限が存在することが証明できる．一般的に線積分の値は，その形から，$P$ や $Q$，曲線 $C$，$(a_1, b_1)$，$(a_2, b_2)$ の値に依存していることがわかる．

以上と全く同じ議論で，3 次元空間の曲線 $C$ に沿った線積分を

$$\lim_{n\to\infty} \sum_{k=1}^{n} \{A_1(\xi_k, \eta_k, \zeta_k)\Delta x_k + A_2(\xi_k, \eta_k, \zeta_k)\Delta y_k + A_3(\xi_k, \eta_k, \zeta_k)\Delta z_k\} \tag{15}$$

$$= \int_C [A_1 dx + A_2 dy + A_3 dz]$$

と定義することができる．ここで，$A_1, A_2, A_3$ は $x, y, z$ の関数である．

このほかにも，特定の曲線に依存した線積分を定義することが可能である．例えば，$\Delta s_k$ が曲線 $C$ の点 $(x_k, y_k)$ と点 $(x_{k+1}, y_{k+1})$ 間の弧長を表すとき，

$$\lim_{n\to\infty} \sum_{k=1}^{n} U(\xi_k, \eta_k)\Delta s_k = \int_C U(x, y)ds \tag{16}$$

は，曲線 $C$ に沿った $U(x, y)$ の線積分という．当然 3 次元（またはより高い次元）への拡張も可能である．

## 線積分のベクトル記法

多くの場合，ベクトルを用いて線積分を表現することは，物理的または幾何学的な理解の助けになるだけでなく，表記がよりシンプルになるため便利である．例えば，(15) の線積分は

$$\begin{aligned}\int_C [A_1 dx + A_2 dy + A_3 dz] &= \int_C (A_1 \boldsymbol{i} + A_2 \boldsymbol{j} + A_3 \boldsymbol{k}) \cdot (dx\boldsymbol{i} + dy\boldsymbol{j} + dz\boldsymbol{k}) \\ &= \int_C \boldsymbol{A} \cdot d\boldsymbol{r}\end{aligned} \tag{17}$$

の形に置き換えることができる．ここで，$\boldsymbol{A} = A_1\boldsymbol{i} + A_2\boldsymbol{j} + A_3\boldsymbol{k}$，$d\boldsymbol{r} = dx\boldsymbol{i} + dy\boldsymbol{j} + dz\boldsymbol{k}$ である．(14) の線積分は上式において $z = 0$ となるような特殊な場合に対応している．

ここで，$\boldsymbol{A}$ に，各点 $(x, y, z)$ で物体に作用する力 $\boldsymbol{F}$ を関連付けるとしよう．すると，

$$\int_C \boldsymbol{F} \cdot d\boldsymbol{r} \tag{18}$$

は，物理学において，曲線 $C$ に沿って物体を移動させるのに生じる「仕事」を表している．

## 線積分の計算

$z = 0$ とし，曲線 $C$ の式を $y = f(x)$ と与える場合，線積分 (14) は，$y = f(x)$, $dy = f'(x)dx$ と置き換えることで，

$$\int_{a_1}^{a_2} [P\{x, f(x)\}\, dx + Q\{x, f(x)\}\, f'(x)dx] \tag{19}$$

という定積分になるので，通常の積分のように計算できる．

同様に，$C$ を $x = g(y)$ と与える場合，$dx = g'(y)dy$ となるので線積分は次のようになる．

$$\int_{b_1}^{b_2} [P\{g(y), y\}\, g'(y)dy + Q\{g(y), y\}\, dy]. \tag{20}$$

さらに，$C$ が，媒介変数（パラメータ）$t$ を用いて $x = \phi(t)$, $y = \psi(t)$ と与えられる場合，線積分は

$$\int_{t_1}^{t_2} [P\{\phi(t), \psi(t)\}\, \phi'(t)dt + Q\{\phi(t), \psi(t)\}\, \psi'(t)dt] \tag{21}$$

となる．ここで，$t_1$ と $t_2$ は，それぞれ点 $A$ と点 $B$ に対応する $t$ の値を表している．

実際に線積分の値を求める際は，上記の方法を組み合わせてよい．

3 次元空間中の曲線に関する線積分の計算においても，上記の方法が使える．

## 線積分の性質

線積分は通常の積分に似た，以下の性質を持つ．

1. $\displaystyle\int_C [P(x,y)dx + Q(x,y)dy] = \int_C P(x,y)dx + \int_C Q(x,y)dy$

2. $\displaystyle\int_{(a_1,b_1)}^{(a_2,b_2)} [Pdx + Qdy] = -\int_{(a_2,b_2)}^{(a_1,b_1)} [Pdx + Qdy]$

   つまり，積分経路を逆転させると，線積分の符号が変わる．

3. $\displaystyle\int_{(a_1,b_1)}^{(a_2,b_2)} [Pdx + Qdy] = \int_{(a_1,b_1)}^{(a_3,b_3)} [Pdx + Qdy] + \int_{(a_3,b_3)}^{(a_2,b_2)} [Pdx + Qdy]$

   なお，$(a_3, b_3)$ は $C$ 上の別の点である．

上記の性質は 3 次元空間中の線積分でも成り立つ．

## 単純閉曲線，単連結領域，多重連結領域

**単純閉曲線**は自身と交わらない閉じた曲線のことである．このことを数学的に表現しよう．パラメータ $t$ を用いて $x = \phi(t)$, $y = \psi(t)$ と定義された $xy$ 平面中の曲線を考える（$\phi$ と $\psi$ は一価の関数で区間 $t_1 \leq t \leq t_2$ で連続とする）．このとき $\phi(t_1) = \phi(t_2)$ および $\psi(t_1) = \psi(t_2)$ が成り立つ場合，その曲線は**閉じている**という．さらに，$t_1 \leq u, v \leq t_2$ を満たす $u$, $v$ を考える．$u = v$ のときに限り $\phi(u) = \phi(v)$ かつ $\psi(u) = \psi(v)$ が成り立つとき，その曲線は閉じているだけでなく自身と交わることがないので単純閉曲線であるという（ただし，$u = t_1$, $v = t_2$ の場合は例外とする）．また特に断りのない限り，$t_1 \leq t \leq t_2$ において $\phi$ と $\psi$ は区分的に微分可能であるとする．

ある平面領域が，その領域内の任意の閉曲線を，その領域から出ることなく連続的に一点に縮めることができる性質を持つ場合，その領域を**単連結領域**といい，そうでない場合は**多重連結領域**という 問題 6.19．

パラメータ $t$ を $t_1$ から $t_2$ へ変化させるとき，平面中の曲線は「方向性を持って」描かれることになる．そこで，$xy$ 平面上の曲線の方向 (訳注：正負) を，次のように定める：人が曲線上にいて，$z$ の正方向に頭を向けて曲線上を歩く状況を考える．その人が曲線を一周するとき，曲線で囲まれた領域を常に左，または右に見てまわることになる．この領域を左に見てまわる場合を**正**，右に見てまわる場合を**負**とする．つまり，$xy$ 平面上の単純閉曲線を上から見下ろした場合，反時計回りの移動を正，時計回りの移動を負としていることになる．

## グリーンの定理 (2 次元)

関数 $P, Q, \partial P/\partial y, \partial Q/\partial x$ を考え，これらは単純閉曲線 $C$ で囲まれた単連結領域 $\mathcal{R}$ において一価で，かつ連続であるとしよう．すると，

$$\oint_C [Pdx + Qdy] = \iint_{\mathcal{R}} \left( \frac{\partial Q}{\partial x} - \frac{\partial P}{\partial y} \right) dxdy \tag{22}$$

が成り立つ．$\oint_C$ は曲線 $C$ が閉じていることと，正の方向に記述されていることを強調するために用いられる線積分の表記である．

この定理は，2 つ以上の閉曲線で囲まれた領域（多重連結領域）にも適用することができる (問題 6.19).

## 線積分が経路に依存しないための条件

**定理 6.1**
$\int_C [Pdx + Qdy]$ の値が，領域 $\mathcal{R}$ 内の任意の 2 点を結ぶ経路 $C$ に依らないための必要十分条件は，$\mathcal{R}$ において以下の関係式が成立することである．

$$\frac{\partial P}{\partial y} = \frac{\partial Q}{\partial x} \tag{23}$$

ただし，これらの偏導関数は $\mathcal{R}$ において連続であることが仮定される．

条件 (23) は，$Pdx + Qdy$ が完全微分であること，すなわち $Pdx + Qdy = d\phi$ を満たすような関数 $\phi(x, y)$ が存在していることを示している．このとき，曲線 $C$ の端点を $(x_1, y_1)$ および $(x_2, y_2)$ とすると，線積分の値は

$$\int_{(x_1,y_1)}^{(x_2,y_2)} [Pdx + Qdy] = \int_{(x_1,y_1)}^{(x_2,y_2)} d\phi = \phi(x_2, y_2) - \phi(x_1, y_1) \tag{24}$$

と与えられる．特に (23) が成り立ち，曲線 $C$ が閉じているとき，$x_1 = x_2$, $y_1 = y_2$ となるから，

$$\oint_C [Pdx + Qdy] = 0 \tag{25}$$

となる．この事実の証明，および関連するほかの定理についての詳細は，演習問題を参照せよ (問題 6.22〜問題 6.23).

定理 6.1 の結果は 3 次元空間上の線積分にも適用できる．したがって，以下の定理を得る．

**定理 6.2**
$\int_C [A_1 dx + A_2 dy + A_3 dz]$ が領域 $\mathcal{R}$ 内の任意の 2 点を結ぶ経路 $C$ に依らないための必要十分条件は，$\mathcal{R}$ において以下の関係式が成立することである．

$$\frac{\partial A_1}{\partial y} = \frac{\partial A_2}{\partial x}, \qquad \frac{\partial A_3}{\partial x} = \frac{\partial A_1}{\partial z}, \qquad \frac{\partial A_2}{\partial z} = \frac{\partial A_3}{\partial y}. \tag{26}$$

ただし，これらの偏導関数は $\mathcal{R}$ において連続であることが仮定される．

以上の結果はベクトルの記法を用いることでより簡潔に表現できる．$\boldsymbol{A} = A_1\boldsymbol{i} + A_2\boldsymbol{j} + A_3\boldsymbol{k}$ としたとき，線積分は $\int_C \boldsymbol{A}\cdot d\boldsymbol{r}$ とかくことができ，また条件 (26) は $\nabla\times\boldsymbol{A} = \boldsymbol{0}$ とかける．$\boldsymbol{A}$ を物体に作用する力場 $\boldsymbol{F}$ としてみよう．すると，物体をある点から別の点に移動させるときに生じる「仕事（線積分）」は，$\nabla\times\boldsymbol{F} = \boldsymbol{0}$ を満たす場合に限り，2 点を結ぶ経路に依存しないことになる．このような力場 $\boldsymbol{F}$ は**保存力**であるといわれる．

条件 (26)（$\nabla\times\boldsymbol{A} = \boldsymbol{0}$）が成り立つことは，$A_1dx + A_2dy + A_3dz$（$\boldsymbol{A}\cdot d\boldsymbol{r}$）が完全微分であるという条件でもある．つまり，$A_1dx + A_2dy + A_3dz = d\phi$ を満たす $\phi(x, y, z)$ が存在していることを示している．このような場合，曲線の端点を $(x_1, y_1, z_1)$ および $(x_2, y_2, z_2)$ とすると，線積分の値は

$$\int_{(x_1,y_1,z_1)}^{(x_2,y_2,z_2)} \boldsymbol{A}\cdot d\boldsymbol{r} = \int_{(x_1,y_1,z_1)}^{(x_2,y_2,z_2)} d\phi = \phi(x_2, y_2, z_2) - \phi(x_1, y_1, z_1) \tag{27}$$

と与えられる．特に $C$ が閉じていて，$\nabla\times\boldsymbol{A} = \boldsymbol{0}$ が成り立つとき，

$$\oint_C \boldsymbol{A}\cdot d\boldsymbol{r} = 0 \tag{28}$$

となる．

## 面積分

図 6-3 のように，$xy$ 平面上への射影が $\mathcal{R}$ となるような両側曲面を $S$ とする．また，$S$ に関する方程式を $z = f(x, y)$ とする（$f$ は一価で $\mathcal{R}$ 内のすべての $x$ と $y$ で連続であると仮定）．$\mathcal{R}$ を，面積が $\Delta A_p (p = 1, 2, \ldots, n)$ となる，$n$ 個の小領域に分割し，それぞれの小領域に垂直の柱をたてて $S$ と交差させ，交差した箇所の面積を $\Delta S_p$ と表す．

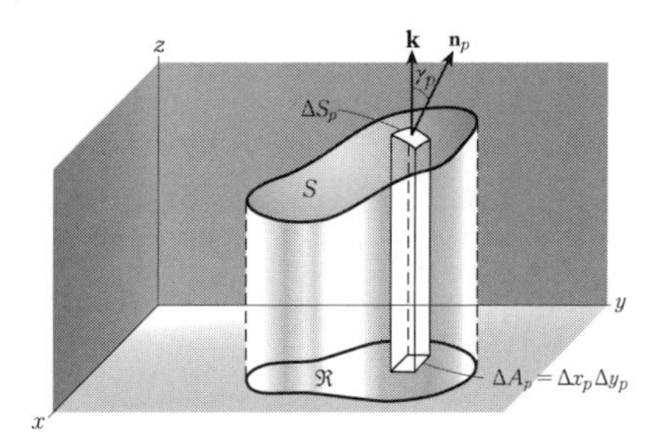


図 6-3

さらに，$\phi(x, y, z)$ を一価でかつ $S$ のあらゆる点で連続な関数，$(\xi_p, \eta_p, \zeta_p)$ を $\Delta S_p$ 内の一点を指しているとしたとき，以下の式をたてる．

$$\sum_{p=1}^{n} \phi(\xi_p, \eta_p, \zeta_p)\Delta S_p \tag{29}$$

この和について，$\Delta S_p \to 0$ となるように $n\to\infty$ と取ったとする．このとき得られる極限値を，$S$ 上の $\phi(x, y, z)$ の**面積分**といい，以下のように表す．

$$\iint_S \phi(x, y, z)dS. \tag{30}$$

$S$ の法線ベクトルと $z$ 軸の正方向のベクトル間のなす角を $\gamma_p$ とする．このとき近似式 $\Delta S_p = |\sec\gamma_p|\Delta A_p$ が成り立つから，和の極限 (29) は以下のようにかける．

$$\iint_{\mathcal{R}} \phi(x,y,z)|\sec\gamma| dA. \tag{31}$$

ここで，$|\sec\gamma|$ は

$$|\sec\gamma| = \frac{1}{|\boldsymbol{n}_p \cdot \boldsymbol{k}|} = \sqrt{1 + \left(\frac{\partial z}{\partial x}\right)^2 + \left(\frac{\partial z}{\partial y}\right)^2} \tag{32}$$

と与えられる．そして，$z = f(x,y)$ が $\mathcal{R}$ において連続（または区分的に連続）な導関数を持つと仮定することで，(31) を直交座標系を使って以下のように表せる．

$$\iint_{\mathcal{R}} \phi(x,y,z)\sqrt{1 + \left(\frac{\partial z}{\partial x}\right)^2 + \left(\frac{\partial z}{\partial y}\right)^2} dxdy. \tag{33}$$

また $S$ に関する方程式が $F(x,y,z) = 0$ として与えられる場合では，(33) は以下のように表せる．

$$\iint_{S} \phi(x,y,z)\frac{\sqrt{(F_x)^2 + (F_y)^2 + (F_z)^2}}{|F_z|} dxdy. \tag{34}$$

以上のことから，(30) の値を求めるために (33) または (34) を利用できる．

ここまでの議論では，$S$ は，$z$ 軸に平行な直線が $S$ と 1 点でしか交わらないようなものであると仮定していたが，$S$ がこのパターンに当てはまらないことがある．そのような場合においても，このパターンに当てはまるような $S_1, S_2, \ldots$ に分割することが一般に可能である．そして，$S$ 上の面積分は，これら $S_1, S_2, \ldots$ 上の面積分の和として定義される．

また，上記の結果は，$S$ を $xy$ 平面の領域 $\mathcal{R}$ に射影したものについてであったが，場合によっては $S$ を $yz$ 平面や $xz$ 平面に射影した方がよいこともある．そのような場合，(33) と (34) を適切に修正することで，(30) の値を求めることができる．

## ガウスの発散定理

ある体積 $V$ の領域を囲む閉曲面を $S$ としよう．このとき，曲面に垂直で外側に向いたベクトルを**正の法線ベクトル**と定め，この法線と正の $x, y, z$ 軸との間のなす角をそれぞれ $\alpha, \beta, \gamma$ とする．そして，$A_1, A_2, A_3$ が連続かつ連続な導関数を持つとしたとき，以下が成り立つ．

$$\iiint_V \left(\frac{\partial A_1}{\partial x} + \frac{\partial A_2}{\partial y} + \frac{\partial A_3}{\partial z}\right) dV = \iint_S (A_1\cos\alpha + A_2\cos\beta + A_3\cos\gamma) dS. \tag{35}$$

この式は以下のようにもかける．

$$\iiint_V \left(\frac{\partial A_1}{\partial x} + \frac{\partial A_2}{\partial y} + \frac{\partial A_3}{\partial z}\right) dV = \iint_S \left[A_1 dydz + A_2 dzdx + A_3 dxdy\right]. \tag{36}$$

$\boldsymbol{A} = A_1\boldsymbol{i} + A_2\boldsymbol{j} + A_3\boldsymbol{k}$ と $\boldsymbol{n} = \cos\alpha\boldsymbol{i} + \cos\beta\boldsymbol{j} + \cos\gamma\boldsymbol{k}$ を用いると，上の式はベクトル記法によって簡潔に次のように表せる．

$$\iiint_V \nabla \cdot \boldsymbol{A} dV = \iint_S \boldsymbol{A} \cdot \boldsymbol{n} dS. \tag{37}$$

この定理は，**ガウスの発散定理**といい，言葉にするならば「ベクトル $\boldsymbol{A}$ の閉曲面上の法線成分の面積分は，その曲面で囲まれた体積内における $\boldsymbol{A}$ の発散の積分に等しい」ということができる．

## ストークスの定理

自身と交差しない閉曲線 $C$（単純閉曲線）を境界 (縁) とした両側**開**曲面[2)]を $S$ とする．$S$ に垂直な有向線を考え，$S$ の一方を正，他方の側にあれば負とする．どちらを正とするかは任意だが事前に決めておく必要がある．そして正の法線方向に頭を向けて $S$ の「境界上」を人が歩く状況を考える．その人が境界上を一周する際，左に曲面 $S$ を見てまわる場合，その $C$ の方向を正という．このとき，$A_1, A_2, A_3$ が一価関数で，かつ $S$ を含む空間において連続かつ連続な 1 階偏導関数を持つならば，以下の等式をが成り立つ．

$$\int_C [A_1 dx + A_2 dy + A_3 dz] = \iint_S \left[ \left( \frac{\partial A_3}{\partial y} - \frac{\partial A_2}{\partial z} \right) \cos\alpha + \left( \frac{\partial A_1}{\partial z} - \frac{\partial A_3}{\partial x} \right) \cos\beta + \left( \frac{\partial A_2}{\partial x} - \frac{\partial A_1}{\partial y} \right) \cos\gamma \right] dS \tag{38}$$

$\boldsymbol{A} = A_1\boldsymbol{i} + A_2\boldsymbol{j} + A_3\boldsymbol{k}$ と $\boldsymbol{n} = \cos\alpha\boldsymbol{i} + \cos\beta\boldsymbol{j} + \cos\gamma\boldsymbol{k}$ を用いると，上の式はベクトル記法によって簡潔に次のように表せる．

$$\int_C \boldsymbol{A} \cdot d\boldsymbol{r} = \iint_S (\nabla \times \boldsymbol{A}) \cdot \boldsymbol{n} dS \tag{39}$$

この定理を**ストークスの定理**という．定理の意味を言葉で言い表すならば，「単純閉曲線 $C$ 上における，ベクトル $\boldsymbol{A}$ の接線成分を線積分した値と，$C$ を境界とした任意の曲面 $S$ 上における，$\boldsymbol{A}$ の回転 (curl) の法線成分を面積分した値は等しい」となる．なお，(39) において $\nabla \times \boldsymbol{A} = \boldsymbol{0}$ であるとすると，(28) の結果が得られることに注目せよ．

2）訳注：**両側曲面**は裏表があるような曲面を指す．そうでない曲面は**片側曲面**という．片側曲面の例については 問題 6.29 を参照せよ．

# 演習問題

## 二重積分

**問題 6.1**　以下に答えよ.

(*a*) $y = x^2, x = 2, y = 1$ で囲まれた $xy$ 平面上の領域 $\mathcal{R}$ を描け.

(*b*) $\iint_{\mathcal{R}} (x^2 + y^2)dxdy$ についての物理的意味を与えよ.

(*c*) (*b*) の二重積分を計算せよ.

**解答**

(*a*) 図 6-4 の塗りつぶされた領域が $\mathcal{R}$ である.

(*b*) $x^2 + y^2$ は任意点 $(x, y)$ から $(0, 0)$ までの距離の 2 乗なので，この二重積分は領域 $\mathcal{R}$ の**慣性モーメント** (原点を通る $z$ 軸周りの慣性モーメント) を表している [ただし，単位密度を仮定している][3].

また，この二重積分は，密度が $x^2+y^2$ として変化する場合の領域 $\mathcal{R}$ の**質量**を表すともみなせる.

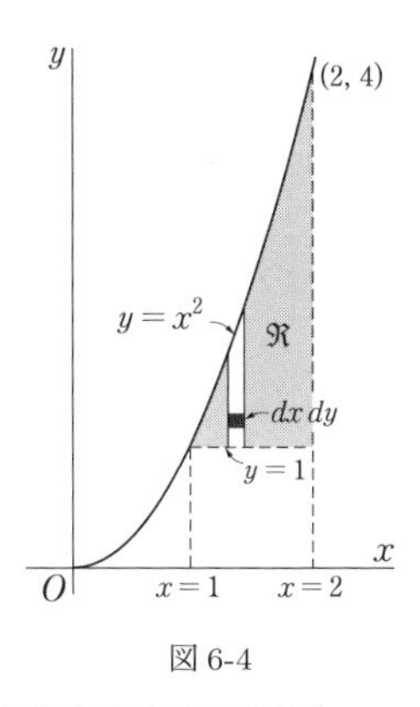


図 6-4

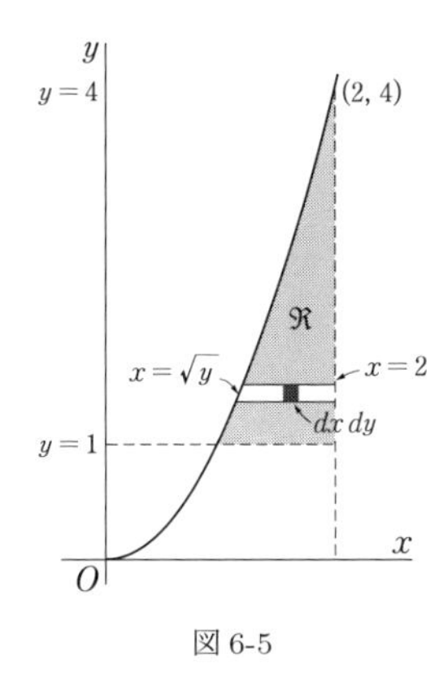


図 6-5

3)　訳注：$z$ 軸まわりの物体の回転を考える．物体の微小部分の質量を，微小体積 $dV$ とその体積密度 $\rho$ の積 $dm = \rho dV$ で表し，その質量部分の $z$ 軸からの距離を $\sqrt{x^2 + y^2}$ とする．このとき，「$z$ 軸まわりの**慣性モーメント** $I_z$」は以下のように体積積分 (三重積分) の形で表すことができる．これは物体の回転のしにくさを表した量である．

$$I_z = \iiint (x^2 + y^2)dm = \iiint (x^2 + y^2)\rho dV.$$

なお，物体の $z$ 軸方向の厚みが無視できるほど薄い場合，$z$ 軸方向の積分を考えない面密度 $\sigma$ を用いた二重積分で慣性モーメントを計算できる．

$$I_z = \iiint (x^2 + y^2)\rho dV \xrightarrow{z\text{軸方向の厚みが無視できる場合}} I_z = \iint (x^2 + y^2)\sigma dS$$

本問の二重積分はこの場合で，単位密度 $\sigma = 1$ とすると．$dm = \sigma dxdy = dxdy$ より (*b*) の積分式を得る．

$(c)$ **方法 1.** 二重積分は次のように累次積分として表すことができる．

$$\int_{x=1}^{2}\int_{y=1}^{x^2}(x^2+y^2)dydx = \int_{x=1}^{2}\left\{\int_{y=1}^{x^2}(x^2+y^2)dy\right\}dx = \int_{x=1}^{2} x^2y + \left.\frac{y^3}{3}\right|_{y=1}^{x^2} dx$$
$$= \int_{x=1}^{2}\left(x^4+\frac{x^6}{3}-x^2-\frac{1}{3}\right)dx = \frac{1006}{105}.$$

（$x$ は一定のまま）$y=1$ から $y=x^2$ までの $y$ に関して積分することは，形式的には $x$ 軸に垂直な縦向き柱に沿って和をとることに相当している（図 6-4 参照）．そしてその後に続く $x=1$ から $x=2$ までの $x$ に関する積分は，$x=1$ と $x=2$ 間の全ての縦向き柱を加え合わせていくことに対応する．

**方法 2.** 二重積分は次のような累次積分としても表せる．

$$\int_{y=1}^{4}\int_{x=\sqrt{y}}^{2}(x^2+y^2)dxdy = \int_{y=1}^{4}\left\{\int_{x=\sqrt{y}}^{2}(x^2+y^2)dx\right\}dy = \int_{y=1}^{4}\frac{x^3}{3} + \left. xy^2\right|_{x=\sqrt{y}}^{2} dy$$
$$= \int_{y=1}^{4}\left(\frac{8}{3}+2y^2-\frac{y^{3/2}}{3}-y^{5/2}\right)dy = \frac{1006}{105}$$

この累次積分の表し方の場合，図 6-4 の領域 $\mathcal{R}$ 中の縦向き柱は，図 6-5 のように横向き柱に置き換えられる．だから，($y$ は一定のまま) $x=\sqrt{y}$ から $x=2$ までの $x$ に関する積分は，その横向き柱に沿って和をとることに相当している．その後に続く $y=1$ から $y=4$ までの $y$ に関する積分は，$y=1$ と $y=4$ 間の全ての横向き柱を加え合わせていくことに対応する．

**問題 6.2**　交差する 2 つの円柱 $x^2+y^2=a^2$ と $x^2+z^2=a^2$ を考える．これら円柱の交差部分 (共通部分) の体積を求めよ．

解答

$$\text{体積} = 8\times\text{図 6-6 で示した領域}$$
$$= 8\int_{x=0}^{a}\int_{y=0}^{\sqrt{a^2-x^2}} zdydx = 8\int_{x=0}^{a}\int_{y=0}^{\sqrt{a^2-x^2}}\sqrt{a^2-x^2}dydx$$
$$= 8\int_{x=0}^{a}(a^2-x^2)dx = \frac{16a^3}{3}$$

積分を与える際，$zdydx$ は図 6-6 で示すように，$z$ 軸に沿った (白い) 柱の体積に対応していることに注意．このとき，$x$ を一定のまま $y=0$ から $y=\sqrt{a^2-x^2}$ までの $y$ に関する積分は，$yz$ 平面に平行な領域に立つすべての柱の体積を加えていくことに相当する．最後に $x=0$ から $x=a$ までの $x$ に関する積分を行うことで，2 つの円柱の共通部分内の体積が得られる．

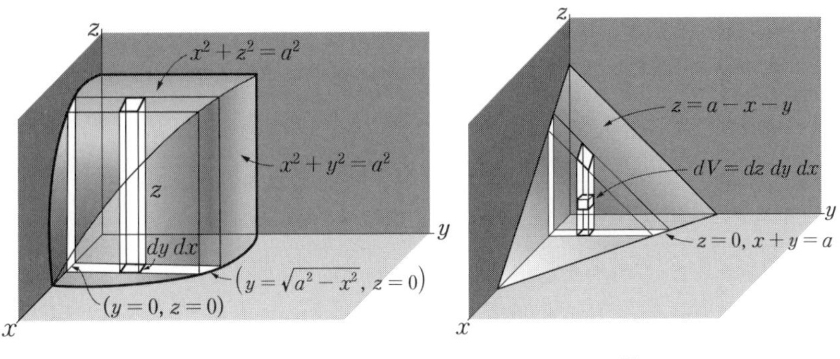


図 6-6　　　　図 6-7

## 三重積分

**問題 6.3**　以下に答えよ．

(a) $x+y+z=a\,(a>0), x=0, y=0, z=0$ で囲まれた 3 次元領域 $\mathcal{R}$ を描け．

(b) 以下の積分の物理的意味を述べよ．

$$\iiint_{\mathcal{R}}(x^2+y^2+z^2)dxdydz$$

(c) (b) の三重積分を計算せよ．

**解答**

(a)　図 6-7 を参照せよ．

(b)　この三重積分は，密度を $x^2+y^2+z^2$ としてみたときの，領域 $\mathcal{R}$ の**質量**を表すと考えられる．

(c) 三重積分は次のように累次積分として表すことができる．

$$\begin{aligned}
&\int_{x=0}^{a}\int_{y=0}^{a-x}\int_{z=0}^{a-x-y}(x^2+y^2+z^2)dzdydx\\
&\quad=\int_{x=0}^{a}\int_{y=0}^{a-x} x^2z+y^2z+\left.\frac{z^3}{3}\right|_{z=0}^{a-x-y}dydx\\
&\quad=\int_{x=0}^{a}\int_{y=0}^{a-x}\left\{x^2(a-x)-x^2y+(a-x)y^2-y^3+\frac{(a-x-y)^3}{3}\right\}dydx\\
&\quad=\int_{x=0}^{a} x^2(a-x)y-\frac{x^2y^2}{2}+\frac{(a-x)y^3}{3}-\frac{y^4}{4}-\left.\frac{(a-x-y)^4}{12}\right|_{y=0}^{a-x}dx\\
&\quad=\int_{0}^{a}\left\{x^2(a-x)^2-\frac{x^2(a-x)^2}{2}+\frac{(a-x)^4}{3}-\frac{(a-x)^4}{4}+\frac{(a-x)^4}{12}\right\}dx
\end{aligned}$$

$$= \int_0^a \left\{ \frac{x^2(a-x)^2}{2} + \frac{(a-x)^4}{6} \right\} dx = \frac{a^5}{20}$$

$z=0$ から $z=a-x-y$ までの $z$ に関する積分 ($x$ と $y$ は一定に保つ) は，図に示した柱の各立方体に対応する質量の，$z$ 軸に沿った和に相当する．その後に続く，$y=0$ から $y=a-x$ までの $y$ に関する積分 ($x$ を一定に保つ) は，$yz$ 平面に平行な領域に立つすべての柱に沿った和に対応する．最後に $x=0$ から $x=a$ までの $x$ に関する積分は，$xz$ 平面に平行な領域に沿った和である．

上記の積分は $z, y, x$ の順に行ったが，他の順序で行っても最終的に得られる答えは一致する．

**問題 6.4**　$z=4-x^2$ を満たす放物型の柱と，4 つの平面 $x=0, y=0, y=6, z=0$ で囲まれた領域 $\mathcal{R}$ について，以下の量を求めよ．

($a$) 体積，　($b$) 重心位置 (密度は一定で $\rho$ としてよい)[4)]

**解答**

図 6-8 に領域 $\mathcal{R}$ を示した．

($a$) 累次積分を行う．

$$\begin{aligned}
\text{体積} &= \iiint_{\mathcal{R}} dxdydz \\
&= \int_{x=0}^{2} \int_{y=0}^{6} \int_{z=0}^{4-x^2} dzdydx \\
&= \int_{x=0}^{2} \int_{y=0}^{6} (4-x^2) dydx \\
&= \int_{x=0}^{2} (4-x^2)y\Big|_{y=0}^{6} dx \\
&= \int_{x=0}^{2} (24-6x^2)dx = 32
\end{aligned}$$

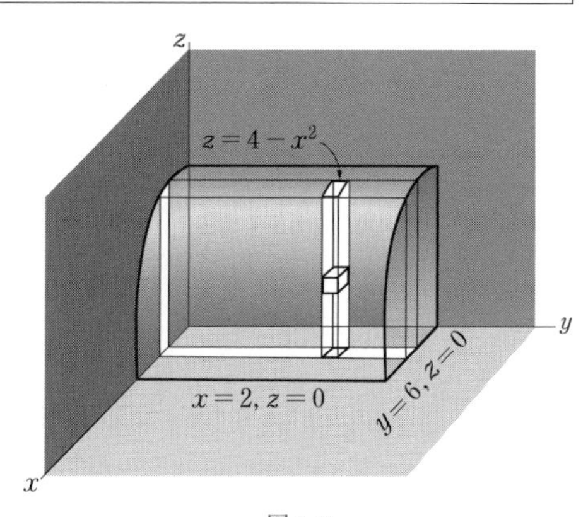


図 6-8

($b$) $\rho$ は一定だから，($a$) より 全質量 $= \displaystyle\int_{x=0}^{2} \int_{y=0}^{6} \int_{z=0}^{4-x^2} \rho dzdydx = 32\rho$ となる．したがって，

$$\bar{x} = \frac{\displaystyle\int_{x=0}^{2} \int_{y=0}^{6} \int_{z=0}^{4-x^2} \rho x\, dzdydx}{\text{全質量}} = \frac{24\rho}{32\rho} = \frac{3}{4}$$

4)　訳注：質点の質量 $m_1, m_2$ とその位置ベクトル $\boldsymbol{r}_1 = (x_1, y_1)$, $\boldsymbol{r}_2 = (x_2, y_2)$ を考える．このとき，**重心** $\bar{\boldsymbol{r}}$ は，

$$\bar{\boldsymbol{r}} = \frac{m_1\boldsymbol{r}_1 + m_2\boldsymbol{r}_2}{m_1 + m_2}.$$

と定義される．これは質点の質量 $m_1, m_2$ を重みとした，$\boldsymbol{r}_1$ と $\boldsymbol{r}_2$ の**重み付き平均 (位置)** として見ることができる．本問ではこの概念を，ある体積領域に微小質量が分布した場合に拡張するので，三重積分を用いた計算を行っている．

$$\bar{\boldsymbol{r}} = \frac{\iiint \boldsymbol{r}\rho dV}{\iiint \rho dV}.$$

$$\bar{y} = \frac{\displaystyle\int_{x=0}^{2}\int_{y=0}^{6}\int_{z=0}^{4-x^2} \rho y \, dz dy dx}{全質量} = \frac{96\rho}{32\rho} = 3$$

$$\bar{z} = \frac{\displaystyle\int_{x=0}^{2}\int_{y=0}^{6}\int_{z=0}^{4-x^2} \rho z \, dz dy dx}{全質量} = \frac{256\rho/5}{32\rho} = \frac{8}{5}.$$

以上より，重心位置は $(3/4, 3, 8/5)$ となる．

なお，$\bar{y}$ の値は，上のような計算をしなくても対称性を用いて求めることもできる．

## 二重積分の変数変換

**問題 6.5** 二重積分の変数変換に関する式 (9)[p.199] が成り立つことを示せ．

**解答**

(図 6-9 で示した) $\mathcal{R}$ 上での $F(x, y)$ の二重積分は，直交座標を用いて $\displaystyle\iint_{\mathcal{R}} F(x, y)dxdy$ と表せる．一方でこの二重積分は，曲線座標を $u, v$ とし，図のようにそれらの曲線群を座標軸として領域 $\mathcal{R}$ 上に設定することでも求められる．

$P$ を座標 $(x, y)$ または $(u, v)$ を持つ任意の点とし，$x = f(u, v), y = g(u, v)$ とおく．このとき，$O$ から $P$ を向くベクトル $\boldsymbol{r}$ を $\boldsymbol{r} = x\boldsymbol{i} + y\boldsymbol{j} = f(u, v)\boldsymbol{i} + g(u, v)\boldsymbol{j}$ と与える．また，座標曲線 $u = c_1, v = c_2$ ($c_1$ と $c_2$ は定数) の接ベクトルをそれぞれ $\partial\boldsymbol{r}/\partial v, \partial\boldsymbol{r}/\partial u$ とする．すると，図 6-9 で示す領域 $\Delta\mathcal{R}$ の面積は近似的に $\left|\dfrac{\partial \boldsymbol{r}}{\partial u} \times \dfrac{\partial \boldsymbol{r}}{\partial v}\right| \Delta u \Delta v$ と与えられることがわかる．

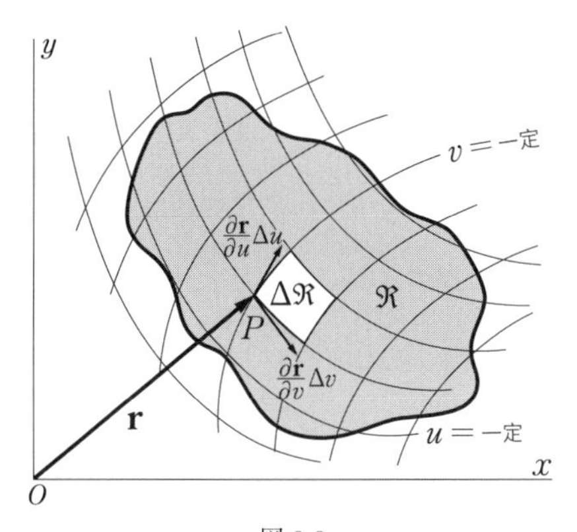


図 6-9

接ベクトル同士の外積は，

$$\frac{\partial \boldsymbol{r}}{\partial u} \times \frac{\partial \boldsymbol{r}}{\partial v} = \begin{vmatrix} \boldsymbol{i} & \boldsymbol{j} & \boldsymbol{k} \\ \dfrac{\partial x}{\partial u} & \dfrac{\partial y}{\partial u} & 0 \\ \dfrac{\partial x}{\partial v} & \dfrac{\partial y}{\partial v} & 0 \end{vmatrix} = \begin{vmatrix} \dfrac{\partial x}{\partial u} & \dfrac{\partial y}{\partial u} \\ \dfrac{\partial x}{\partial v} & \dfrac{\partial y}{\partial v} \end{vmatrix} \boldsymbol{k} = \frac{\partial(x, y)}{\partial(u, v)} \boldsymbol{k}$$

となるから，

$$\left|\frac{\partial \boldsymbol{r}}{\partial u} \times \frac{\partial \boldsymbol{r}}{\partial v}\right| \Delta u \Delta v = \left|\frac{\partial(x, y)}{\partial(u, v)}\right| \Delta u \Delta v.$$

二重積分は，領域 $\mathcal{R}$ 全体の和

$$\sum F\{f(u, v), g(u, v)\}\left|\frac{\partial(x, y)}{\partial(u, v)}\right|\Delta u\Delta v$$

の極限として表される．この極限値は，

$$\iint_{\mathcal{R}'} F\{f(u, v), g(u, v)\}\left|\frac{\partial(x, y)}{\partial(u, v)}\right|dudv.$$

ここで，領域 $\mathcal{R}'$ は $x = f(u, v), y = g(u, v)$ の変換で領域 $\mathcal{R}$ が写像される $uv$ 平面上の領域である．

**問題 6.6**　式 $x^2 + y^2 = 4$ と $x^2 + y^2 = 9$ に囲まれた $xy$ 平面上の領域を $\mathcal{R}$ とする．このとき，$\iint_{\mathcal{R}} \sqrt{x^2 + y^2}dxdy$ を求めよ．

**解答**

$x^2 + y^2$ の項がある場合は，$x = \rho\cos\phi, y = \rho\sin\phi$ とした極座標系 $(\rho, \phi)$ を使用することが多い．この変換の下で，領域 $\mathcal{R}$[図 6-10$(a)$] は領域 $\mathcal{R}'$[図 6-10$(b)$] に写像される．

すると $\dfrac{\partial(x, y)}{\partial(\rho, \phi)} = \rho$ より，二重積分は

$$\begin{aligned}\iint_{\mathcal{R}} \sqrt{x^2 + y^2}dxdy &= \iint_{\mathcal{R}'} \sqrt{x^2 + y^2}\left|\frac{\partial(x, y)}{\partial(\rho, \phi)}\right|d\rho d\phi = \iint_{\mathcal{R}'} \rho\cdot\rho\, d\rho d\phi \\ &= \int_{\phi=0}^{2\pi}\int_{\rho=2}^{3}\rho^2 d\rho d\phi = \int_{\phi=0}^{2\pi}\left.\frac{\rho^3}{3}\right|_2^3 d\phi = \int_{\phi=0}^{2\pi}\frac{19}{3}d\phi = \frac{38\pi}{3}.\end{aligned}$$

他方，領域 $\mathcal{R}$ を見て直ちに $\mathcal{R}'$ の積分の上限・下限を書くこともできる．なぜなら，一定の $\phi$ に対して，図 6-10$(a)$ の扇形 (破線) の内側で $\rho$ は $\rho = 2$ から $\rho = 3$ に変化することがわかるからである．そして $\phi = 0$ から $\phi = 2\pi$ まで $\phi$ に関して積分すると全扇形からの寄与を考慮できるので結果として面積が得られる．図 6-10$(a)$ に示すように，$\rho d\rho d\phi$ は幾何学的に面積 $dA$ を表している．

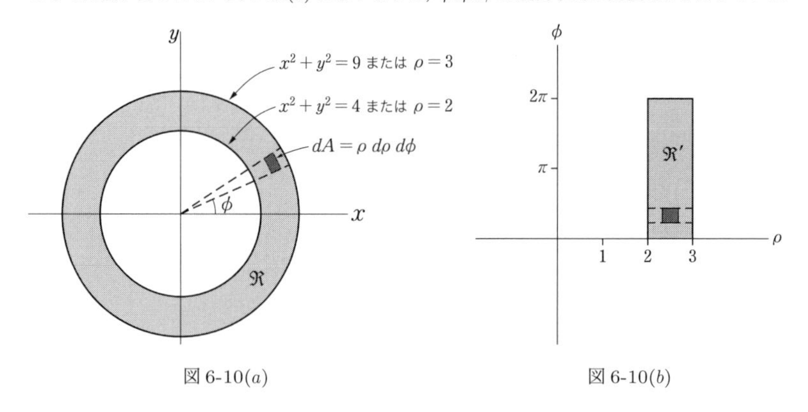


図 6-10$(a)$　　図 6-10$(b)$

## 三重積分の変数変換

> **問題 6.7**　三重積分の変数変換に関する式 (11)[p.199] が成り立つことを示せ．

**解答**

(問題 6.5)のときの議論と同じように，領域 $\mathcal{R}$ を小領域に分割するような，曲線座標面となる座標軸を設定する．小領域の一つを $\Delta\mathcal{R}$ として図 6-11 に示した．

原点 $O$ から $P$ を向いたベクトル $\boldsymbol{r}$ を

$$\boldsymbol{r} = x\boldsymbol{i} + y\boldsymbol{j} + z\boldsymbol{k} = f(u,\,v,\,w)\boldsymbol{i} + g(u,\,v,\,w)\boldsymbol{j} + h(u,\,v,\,w)\boldsymbol{k}$$

と置く．これは変換式を $x = f(u,\,v,\,w)$, $y = g(u,\,v,\,w)$, $z = h(u,\,v,\,w)$ と仮定していることになる．

3 つの座標面の交点での曲線座標軸に対する接ベクトルは，それぞれ $\partial\boldsymbol{r}/\partial u$, $\partial\boldsymbol{r}/\partial v$, $\partial\boldsymbol{r}/\partial w$ となる．すると，図 6-11 上の領域 $\Delta\mathcal{R}$ の体積は近似的に以下のように与えられる．

$$\left|\frac{\partial\boldsymbol{r}}{\partial u}\cdot\frac{\partial\boldsymbol{r}}{\partial v}\times\frac{\partial\boldsymbol{r}}{\partial w}\right|\Delta u\Delta v\Delta w = \left|\frac{\partial(x,\,y,\,z)}{\partial(u,\,v,\,w)}\right|\Delta u\Delta v\Delta w.$$

領域すべてにわたる $F(x,\,y,\,z)$ の三重積分は，和

$$\sum F\{f(u,v,w),\,g(u,v,w),\,h(u,v,w)\}\left|\frac{\partial(x,\,y,\,z)}{\partial(u,\,v,\,w)}\right|\Delta u\Delta v\Delta w$$

の極限として表される．この極限値は

$$\iiint_{\mathcal{R}'} F\{f(u,v,w),\,g(u,v,w),\,h(u,v,w)\}\left|\frac{\partial(x,\,y,\,z)}{\partial(u,\,v,\,w)}\right| dudvdw$$

となる．$\mathcal{R}'$ は，領域 $\mathcal{R}$ が変数変換で写像される $uvw$ 空間上の領域である．

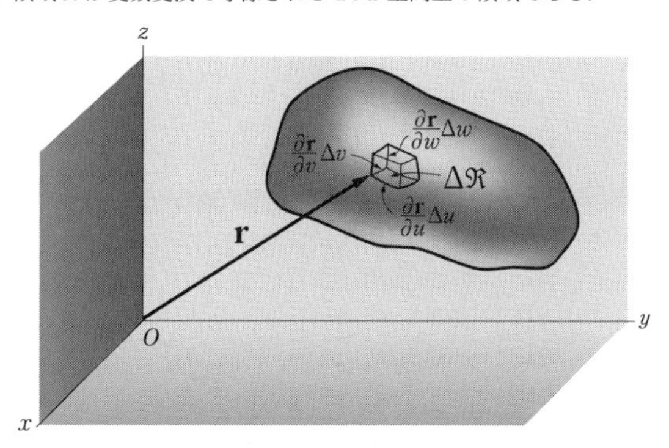


図 6-11

**問題 6.8**　$\iiint_{\mathcal{R}} F(x, y, z)dxdydz$ を円柱座標で表せ．

**解答**

円柱座標への変換式は $x = \rho\cos\phi$, $y = \rho\sin\phi$, $z = z$ である．この変換式のヤコビアンは

$$\frac{\partial(x,y,z)}{\partial(\rho,\phi,z)} = \begin{vmatrix} \cos\phi & -\rho\sin\phi & 0 \\ \sin\phi & \rho\cos\phi & 0 \\ 0 & 0 & 1 \end{vmatrix} = \rho$$

したがって，問題 6.7 より三重積分は

$$\iiint_{\mathcal{R}'} G(\rho,\phi,z)\rho\, d\rho\, d\phi\, dz.$$

ここで $\mathcal{R}'$ は，$\rho, \phi, z$ 空間中の $\mathcal{R}$ に対応する領域であり，また，$G(\rho, \phi, z) = F(\rho\cos\phi, \rho\sin\phi, z)$ としている．

**問題 6.9**　放物面 $z = x^2 + y^2$ と円柱 $x^2 + y^2 = a^2$ で囲まれた部分の体積を求めよ．

**解答**

この体積を簡単に求めるには，円柱座標を用いるとよい．これらの座標系においては放物面と円柱の方程式は，それぞれ $z = \rho^2$ と $\rho = a$ となる．すると，体積は

$$\begin{aligned}
\text{体積} &= 4 \times \text{「図 6-12 に示す体積」} \\
&= 4\int_{\phi=0}^{\pi/2}\int_{\rho=0}^{a}\int_{z=0}^{\rho^2} \rho\, dz\, d\rho\, d\phi \\
&= 4\int_{\phi=0}^{\pi/2}\int_{\rho=0}^{a} \rho^3\, d\rho\, d\phi \\
&= 4\int_{\phi=0}^{\pi/2} \left.\frac{\rho^4}{4}\right|_{\rho=0}^{a} d\phi = \frac{\pi}{2}a^4.
\end{aligned}$$

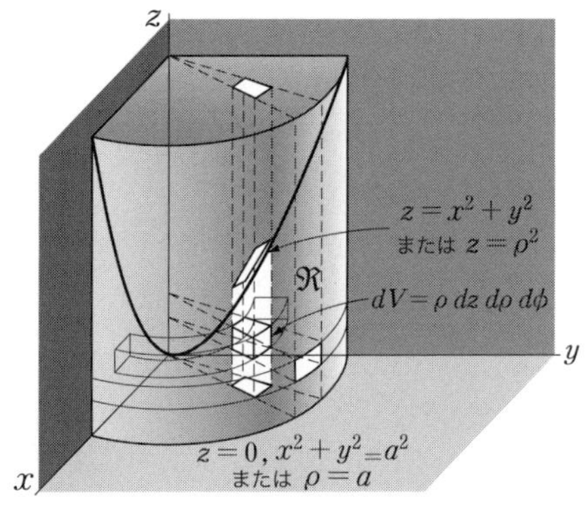


図 6-12

($\rho$ と $\phi$ を一定のまま) $z$ に関する $z = 0$ から $z = \rho^2$ までの積分は，$xy$ 平面から放物面に向かって $z$ 軸方向を向いた柱内の，($dV$で示した) 立方体の体積の総和に相当している．続く $\rho$ に関する ($\phi$ を一定とした) $\rho = 0$ から $\rho = a$ までの積分は，(図中の点線で示された) くさび形 ($V$字形) の領域内に立つ柱の体積を加える操作に対応する．最後の $\phi$ に関する積分は，くさび形の体積を全領域で加えていくことに対応し，求めたい体積が得られる．

もちろん，この積分は他の順序で行っても同じ結果が得られる．

また，円柱座標変換によって $\mathcal{R}$ が写される $\rho, \phi, z$ 空間の領域 $\mathcal{R}'$ を決定することによって積分を設定することもできる．

## 線積分

**問題 6.10**
線積分 $\displaystyle\int_{(0,1)}^{(1,2)}[(x^2-y)dx+(y^2+x)dy]$ を以下の経路に沿って求めよ.

(*a*) (0, 1) から (1, 2) までの直線を経路としたときの値

(*b*) (0, 1) から (1, 1) まで直線に沿って進み，そこから (1, 1) から (1, 2) まで直線に沿って進んだときの値

(*c*) 放物線 $x=t,\ y=t^2+1$ を経路としたときの値

**解答**

(*a*) $xy$ 平面において，(0, 1) と (1, 2) を結ぶ直線の方程式は $y=x+1$ である．したがって，$dy=dx$ となり，線積分の値は

$$\int_{x=0}^{1}\left[\left\{x^2-(x+1)\right\}dx+\left\{(x+1)^2+x\right\}dx\right]=\int_0^1(2x^2+2x)dx=5/3.$$

(*b*) (0, 1) から (1, 1) への直線は，$y=1,\ dy=0$ だから，この経路の線積分の値は

$$\int_{x=0}^{1}[(x^2-1)dx+(1+x)(0)]=\int_0^1(x^2-1)dx=-2/3.$$

次に (1, 1) から (1, 2) への直線は，$x=1,\ dx=0$ だから，この経路の線積分の値は

$$\int_{y=1}^{2}[(1-y)(0)+(y^2+1)dy]=\int_1^2(y^2+1)dy=10/3.$$

以上より，2 つの経路を結んだ線積分の値は $-2/3+10/3=8/3$ となる．

(*c*) (0, 1) において $t=0$，(1, 2) において $t=1$ だから，線積分の値は

$$\int_{t=0}^{1}\left[\left\{t^2-(t^2+1)\right\}dt+\left\{(t^2+1)^2+t\right\}2t\,dt\right]=\int_0^1\left(2t^5+4t^3+2t^2+2t-1\right)dt=2.$$

**問題 6.11**　以下に (0, 0, 0) から (1, 1, 1) までの経路 $C$ をいくつか与えた．$\boldsymbol{A}=(3x^2-6yz)\boldsymbol{i}+(2y+3xz)\boldsymbol{j}+(1-4xyz^2)\boldsymbol{k}$ としたとき，$\displaystyle\int_C\boldsymbol{A}\cdot d\boldsymbol{r}$ の値を求めよ．

(*a*) $x=t,\quad y=t^2,\quad z=t^3$ とした経路

(*b*) (0, 0, 0) から (0, 0, 1) までの直線，そこから (0, 1, 1) までの直線，次に (1, 1, 1) までの直線を結んだ経路

(*c*) (0, 0, 0) から (1, 1, 1) までを直線で結んだ経路

**解答**

まず $\boldsymbol{A}$ を用いて線積分の式を次のように展開する．

$$\begin{aligned}\int_C \boldsymbol{A}\cdot d\boldsymbol{r} &= \int_C \{(3x^2-6yz)\boldsymbol{i}+(2y+3xz)\boldsymbol{j}+(1-4xyz^2)\boldsymbol{k}\}\cdot(dx\boldsymbol{i}+dy\boldsymbol{j}+dz\boldsymbol{k})\\ &= \int_C [(3x^2-6yz)dx+(2y+3xz)dy+(1-4xyz^2)dz]\end{aligned}$$

$(a)$ $x=t,\ y=t^2,\ z=t^3$ のとき，点 $(0,0,0)$ から点 $(1,1,1)$ までの経路は，$t=0$ から $t=1$ までの経路に対応している．だから，

$$\begin{aligned}\int_C \boldsymbol{A}\cdot d\boldsymbol{r} &= \int_{t=0}^{1} [\{3t^2-6(t^2)(t^3)\}\,dt+\{2t^2+3(t)(t^3)\}\,d(t^2)+\{1-4(t)(t^2)(t^3)^2\}\,d(t^3)]\\ &= \int_{t=0}^{1} [(3t^2-6t^5)dt+(4t^3+6t^5)dt+(3t^2-12t^{11})dt]=2.\end{aligned}$$

$(a)$**(別解)** $C$ に沿うとき，$\boldsymbol{A}=(3t^2-6t^5)\boldsymbol{i}+(2t^2+3t^4)\boldsymbol{j}+(1-4t^9)\boldsymbol{k}$，また $\boldsymbol{r}=x\boldsymbol{i}+y\boldsymbol{j}+z\boldsymbol{k}=t\boldsymbol{i}+t^2\boldsymbol{j}+t^3\boldsymbol{k}$ より $d\boldsymbol{r}=(\boldsymbol{i}+2t\boldsymbol{j}+3t^2\boldsymbol{k})dt$ と表すことができる．よって，

$$\int_C \boldsymbol{A}\cdot d\boldsymbol{r} = \int_0^1 [(3t^2-6t^5)dt+(4t^3+6t^5)dt+(3t^2-12t^{11})dt]=2.$$

$(b)$ $(0,0,0)$ から $(0,0,1)$ までの直線上において，$z$ が 0 から 1 へと変化する間 $x=0,\ y=0,\ dx=0,\ dy=0$ となる．よって，この経路上の線積分は次のように求められる．

$$\int_{z=0}^{1} [\{3(0)^2-6(0)(z)\}\,0+\{2(0)+3(0)(z)\}\,0+\{1-4(0)(0)(z^2)\}\,dz] = \int_{z=0}^{1} dz = 1$$

次に，$(0,0,1)$ から $(0,1,1)$ までの直線上では，$y$ が 0 から 1 へと変化する間 $x=0,\ z=1,\ dx=0,\ dz=0$ となる．よって，この経路上の線積分は次のように求められる．

$$\int_{y=0}^{1} [\{3(0)^2-6(y)(1)\}\,0+\{2y+3(0)(1)\}\,dy+\{1-4(0)(y)(1)^2\}\,0] = \int_{y=0}^{1} 2y\,dy = 1$$

最後に，$(0,1,1)$ から $(1,1,1)$ までの直線上では，$x$ が 0 から 1 へと変化する間 $y=1,\ z=1,\ dy=0,\ dz=0$ となる．よって，この経路上の線積分は次のように求められる．

$$\int_{x=0}^{1} [\{3x^2-6(1)(1)\}\,dx+\{2(1)+3x(1)\}\,0+\{1-4x(1)(1)^2\}\,0] = \int_{x=0}^{1} (3x^2-6)dx = -5$$

以上，求めた結果を足し合わせると，$\int_C \boldsymbol{A}\cdot d\boldsymbol{r}=1+1-5=-3$ を得る．

$(c)$ $(0,0,0)$ から $(1,1,1)$ までを結んだ直線は，$t$ をパラメータとして $x=t,\ y=t,\ z=t$ と表せる．したがって，

$$\int_C \boldsymbol{A}\cdot d\boldsymbol{r} = \int_{t=0}^{1} [(3t^2-6t^2)dt+(2t+3t^2)dt+(1-4t^4)dt]=6/5.$$

**問題 6.12**　図 6-13 に示すように，長半径と短半径がそれぞれ 4 と 3 である楕円の中心を原点とする．また，力場が次のように与えられているとする．

$$\boldsymbol{F} = (3x - 4y + 2z)\boldsymbol{i} + (4x + 2y - 3z^2)\boldsymbol{j} + (2xz - 4y^2 + z^3)\boldsymbol{k}$$

このとき，$xy$ 平面上の楕円 $C$ の周りを粒子が 1 周するとき，生じる仕事を求めよ．

解答

$z = 0$ の平面では，$\boldsymbol{F} = (3x - 4y)\boldsymbol{i} + (4x + 2y)\boldsymbol{j} - 4y^2\boldsymbol{k}, d\boldsymbol{r} = dx\boldsymbol{i} + dy\boldsymbol{j}$ なので，粒子が行う仕事は以下になる．

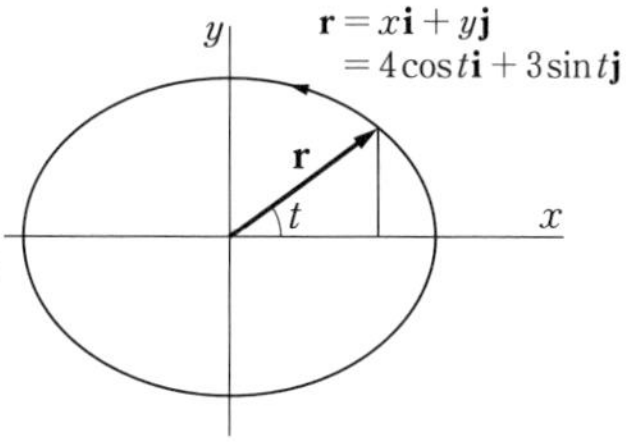

$$\oint_C \boldsymbol{F} \cdot d\boldsymbol{r} = \oint_C \{(3x - 4y)\boldsymbol{i} + (4x + 2y)\boldsymbol{j} - 4y^2\boldsymbol{k}\} \cdot (dx\boldsymbol{i} + dy\boldsymbol{j})$$
$$= \oint_C [(3x - 4y)dx + (4x + 2y)dy].$$



図 6-13

パラメータ $t$ を用いて楕円の方程式を表すと $x = 4\cos t, y = 3\sin t$ となる．ここで，$t$ は 0 から $2\pi$ までの範囲を動く (図 6-13 参照)．このとき，線積分は

$$\int_{t=0}^{2\pi} [\{3(4\cos t) - 4(3\sin t)\}\{-4\sin t\}dt + \{4(4\cos t) + 2(3\sin t)\}\{3\cos t\}dt]$$
$$= \int_{t=0}^{2\pi} (48 - 30\sin t\cos t)dt = (48t - 15\sin^2 t)\Big|_0^{2\pi} = 96\pi.$$

$C$ の向きとして，図 6-13 に示すように反時計回りの方向を採用している．この向きは**正**方向であるといい，$C$ を「**正方向に沿って**線積分する」という言い方をする．もし $C$ を時計回り (負) の向きに沿って線積分した場合，積分値は $-96\pi$ となる．

**問題 6.13**　曲線 $C$ を $y = 2\sqrt{x}$ とする．この曲線に沿って $x = 3$ から $x = 24$ までの線積分 $\int_C y\,ds$ の値を求めよ．

解答

$ds = \sqrt{dx^2 + dy^2} = \sqrt{1 + (y')^2}dx = \sqrt{1 + 1/x}\,dx$ だから，

$$\int_C y\,ds = \int_3^{24} 2\sqrt{x}\sqrt{1 + 1/x}\,dx = 2\int_3^{24} \sqrt{x + 1}\,dx = \frac{4}{3}(x + 1)^{3/2}\Big|_3^{24} = 156.$$

## グリーンの定理 (2 次元)

**問題 6.14**　$C$ を，「座標軸に平行な任意の直線がこの $C$ を最大 2 点でしか交わらない」という性質を持つ閉曲線とする．このとき，グリーンの定理が成り立つことを証明せよ．

**解答**

曲線 AEB と AFB をそれぞれ $y = Y_1(x)$ と $y = Y_2(x)$ と定める（図 6-14 参照）．$C$ で囲まれた領域を $\mathcal{R}$ とすると，以下を得る．

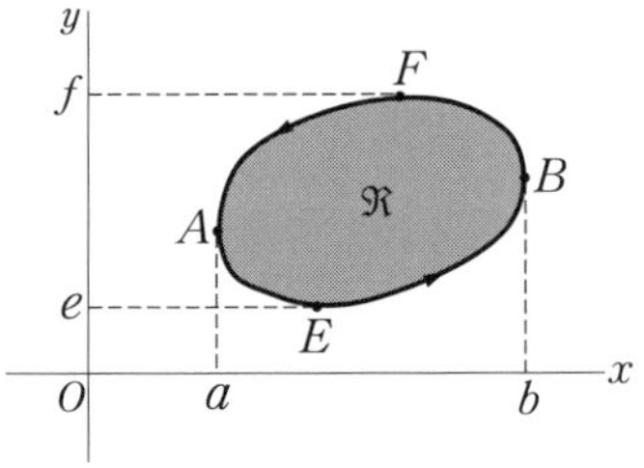

図 6-14

$$
\begin{aligned}
\iint_{\mathcal{R}} \frac{\partial P}{\partial y} dxdy &= \int_{x=a}^{b} \left[ \int_{y=Y_1(x)}^{Y_2(x)} \frac{\partial P}{\partial y} dy \right] dx \\
&= \int_{x=a}^{b} P(x,\, y) \Big|_{y=Y_1(x)}^{Y_2(x)} dx \\
&= \int_{a}^{b} [P(x,\, Y_2) - P(x,\, Y_1)]\, dx \\
&= -\int_{a}^{b} P(x,\, Y_1) dx - \int_{b}^{a} P(x,\, Y_2) dx = -\oint_C P dx
\end{aligned}
$$

よって，以下が成り立つ．

$$
\oint_C P dx = -\iint_{\mathcal{R}} \frac{\partial P}{\partial y} dxdy. \tag{1}
$$

同様に，曲線 EAF と EBF をそれぞれ $x = X_1(y)$ と $x = X_2(y)$ と定める．このとき，

$$
\begin{aligned}
\iint_{\mathcal{R}} \frac{\partial Q}{\partial x} dxdy &= \int_{y=e}^{f} \left[ \int_{x=X_1(y)}^{X_2(y)} \frac{\partial Q}{\partial x} dx \right] dy = \int_{e}^{f} [Q(X_2,\, y) - Q(X_1,\, y)] dy \\
&= \int_{f}^{e} Q(X_1,\, y) dy + \int_{e}^{f} Q(X_2,\, y) dy = \oint_C Q dy.
\end{aligned}
$$

よって，以下が成り立つ．

$$
\oint_C Q dy = \iint_{\mathcal{R}} \frac{\partial Q}{\partial x} dxdy. \tag{2}
$$

以上の結果から，(1) と (2) を足し合わせることにより，

$$
\oint_C [P dx + Q dy] = \iint_{\mathcal{R}} \left( \frac{\partial Q}{\partial x} - \frac{\partial P}{\partial y} \right) dxdy.
$$

**問題 6.15**　$C$ を $y=x^2$ と $y^2=x$ で囲まれた閉曲線であるとする．このとき以下の線積分について，グリーンの定理が成り立つことを確かめよ．

$$\oint_C [(2xy-x^2)dx+(x+y^2)dy]$$

**解答**

平面上の曲線 $y=x^2$ と $y^2=x$ は $(0,0)$ と $(1,1)$ で交わり，$C$ の正方向は図 6-15 のようになる．

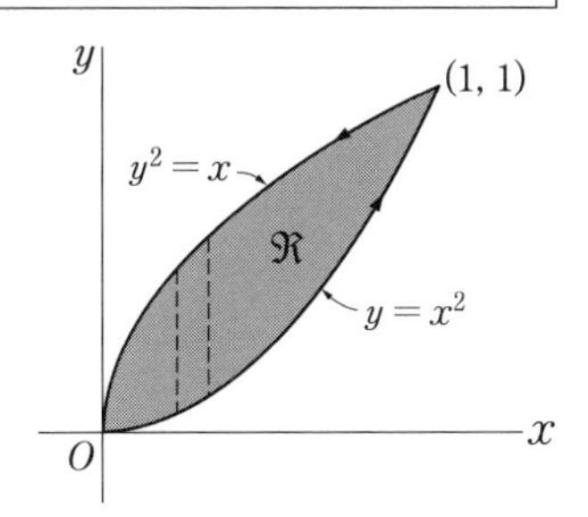


図 6-15

$y=x^2$ に沿った線積分は以下のように求められる．

$$\int_{x=0}^{1}[\{(2x)(x^2)-x^2\}dx+\{x+(x^2)^2\}d(x^2)]$$
$$=\int_0^1(2x^3+x^2+2x^5)dx=7/6.$$

また，$y^2=x$ に沿った線積分は以下のように求められる．

$$\int_{y=1}^{0}[\{2(y^2)(y)-(y^2)^2\}d(y^2)+\{y^2+y^2\}dy]=\int_1^0(4y^4-2y^5+2y^2)dy$$
$$=-17/15.$$

したがって，全体の線積分は $7/6-17/15=1/30$ となる．

一方で，

$$\iint_{\mathcal{R}}\left(\frac{\partial Q}{\partial x}-\frac{\partial P}{\partial y}\right)dxdy=\iint_{\mathcal{R}}\left\{\frac{\partial}{\partial x}(x+y^2)-\frac{\partial}{\partial y}(2xy-x^2)\right\}dxdy$$
$$=\iint_{\mathcal{R}}(1-2x)dxdy$$
$$=\int_{x=0}^{1}\int_{y=x^2}^{\sqrt{x}}(1-2x)dydx$$
$$=\int_{x=0}^{1}(y-2xy)\Big|_{y=x^2}^{\sqrt{x}}dx$$
$$=\int_0^1(x^{1/2}-2x^{3/2}-x^2+2x^3)dx$$
$$=1/30.$$

以上の結果から，グリーンの定理が成り立つことを確かめることができた．

**問題 6.16**　$C$ を，「座標軸に平行な直線が，この $C$ を 3 点以上で交わる」ような閉曲線とする．このような曲線 $C$ においても，問題 6.14 で与えたグリーンの定理が成り立つことを証明せよ．

解答

図 6-16 に示す閉曲線 $C$ を考えると，この閉曲線 $C$ と 3 点以上で交わるような，座標軸に平行な線が存在することになる．そこで，線分 ST を設けることで，閉曲線内の領域を $\mathcal{R}_1$ と $\mathcal{R}_2$ に分割する．これらの領域を囲む 2 つの閉曲線は問題 6.14で考えたものであり，いずれの領域でもグリーンの定理が成り立つことがわかる．

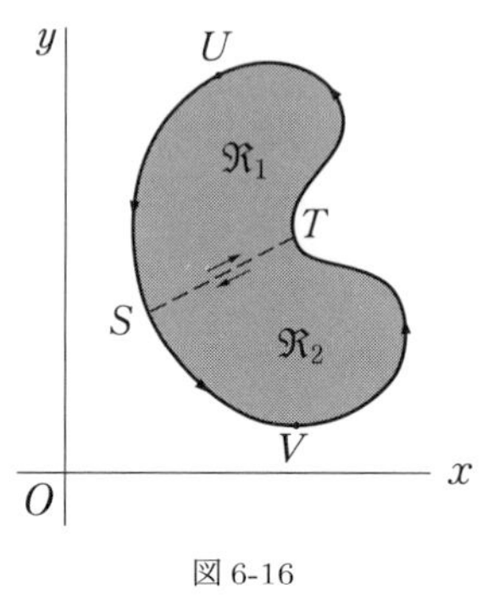

図 6-16

$$\int_{\mathrm{STUS}}[Pdx+Qdy]=\iint_{\mathcal{R}_1}\left(\frac{\partial Q}{\partial x}-\frac{\partial P}{\partial y}\right)dxdy \qquad (1)$$

$$\int_{\mathrm{SVTS}}[Pdx+Qdy]=\iint_{\mathcal{R}_2}\left(\frac{\partial Q}{\partial x}-\frac{\partial P}{\partial y}\right)dxdy \qquad (2)$$

(1) と (2) の左辺を足し合わせると，$\int_{\mathrm{ST}}=-\int_{\mathrm{TS}}$ という事実より，

$$\int_{\mathrm{STUS}}+\int_{\mathrm{SVTS}}=\int_{\mathrm{ST}}+\int_{\mathrm{TUS}}+\int_{\mathrm{SVT}}+\int_{\mathrm{TS}}=\int_{\mathrm{TUS}}+\int_{\mathrm{SVT}}=\int_{\mathrm{TUSVT}}$$

が得られる（被積分関数 $Pdx+Qdy$ は省略）．

一方，(1) と (2) の右辺を足し合わせると，$\iint_{\mathcal{R}_1}+\iint_{\mathcal{R}_2}=\iint_{\mathcal{R}}$ が成り立ち（被積分関数は省略），$\mathcal{R}$ は $\mathcal{R}_1$ と $\mathcal{R}_2$ から成ることがわかる．

したがって，

$$\int_{\mathrm{TUSVT}}[Pdx+Qdy]=\iint_{\mathcal{R}}\left(\frac{\partial Q}{\partial x}-\frac{\partial P}{\partial y}\right)dxdy$$

が成り立つので，定理が証明できた．

今回考えたような，領域 $\mathcal{R}$ 内の任意の閉曲線が連続的に 1 点に収縮可能であるとき，この領域 $\mathcal{R}$ を**単連結領域**であるという．他方で単連結でない領域は**多重連結領域**という．今回の問いは，グリーンの定理が，閉曲線で囲まれた単連結領域で成り立つことを示したのである．そして問題 6.19ではこの定理が多重連結領域においても成り立つことをみていく．

ところで，もし今回の問いで考えた領域 $\mathcal{R}$ がより複雑な形をした単連結領域だったならば，定理が成り立つことを示すために，線分 ST のような線を多数用意する必要があったかもしれない．

**問題 6.17**　単純閉曲線 $C$ で囲まれた領域の面積が以下の式で与えられることを示せ．

$$\frac{1}{2}\oint_C[xdy-ydx].$$

解答

グリーンの定理より，$P=-y, Q=x$ とおくと，

$$\oint_C[xdy-ydx]=\iint_{\mathcal{R}}\left(\frac{\partial}{\partial x}(x)-\frac{\partial}{\partial y}(-y)\right)dxdy=2\iint_{\mathcal{R}}dxdy=2A$$

となり，面積 $A$ を導出できる．よって，$A = \dfrac{1}{2}\oint_C [xdy - ydx]$ となる．

**問題 6.18**　$x = a\cos\theta,\ y = b\sin\theta$ とした楕円の面積を求めよ．

解答

$$
\begin{aligned}
\text{面積} = \frac{1}{2}\oint_C [xdy - ydx] &= \frac{1}{2}\int_0^{2\pi} [(a\cos\theta)(b\cos\theta)d\theta - (b\sin\theta)(-a\sin\theta)d\theta] \\
&= \frac{1}{2}\int_0^{2\pi} ab(\cos^2\theta + \sin^2\theta)d\theta = \frac{1}{2}\int_0^{2\pi} ab\, d\theta = \pi ab.
\end{aligned}
$$

**問題 6.19**　グリーンの定理は，図 6-17 に示すような多重連結領域 $\mathcal{R}$ においても有効であることを示せ．

解答

図 6-17 に示した塗りつぶし領域 $\mathcal{R}$ は，例えば DEFGD を囲む閉曲線が 1 点に収縮できないことからわかるように，多重連結領域である．ここで，$\mathcal{R}$ の外側の境界 AHJKLA と内側の境界 DEFGD の正方向は，その閉曲線上を辿る際に常に左側に領域があるような向きであるから，図 6-17 に示されている方向であることがわかる．

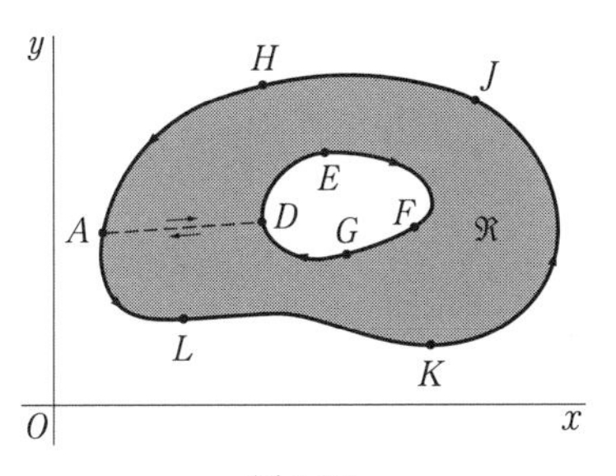

図 6-17

定理が成立するために，線分 AD のような，外側と内側の境界を結ぶ**切り込み**を入れる．

すると，ADEFGDALKJHA で囲まれた領域は単連結領域になるので，グリーンの定理が適用できる．したがって，

$$\oint_{ADEFGDALKJHA} [Pdx + Qdy] = \iint_{\mathcal{R}} \left(\frac{\partial Q}{\partial x} - \frac{\partial P}{\partial y}\right) dxdy.$$

この式の左辺の積分は，被積分を省略すると，$\displaystyle\int_{\mathrm{AD}} = -\int_{\mathrm{DA}}$ より，

$$\int_{\mathrm{AD}} + \int_{\mathrm{DEFGD}} + \int_{\mathrm{DA}} + \int_{\mathrm{ALKJHA}} = \int_{\mathrm{DEFGD}} + \int_{\mathrm{ALKJHA}}$$

となる．ゆえに，$C_1$ が曲線 ALKJHA，$C_2$ が曲線 DEFGD とし，$C$ が $C_1$ と $C_2$ から成る $\mathcal{R}$ の（正方向の）境界であれば，$\displaystyle\int_{C_1} + \int_{C_2} = \int_C$ なので，

$$\oint_C [Pdx + Qdy] = \iint_{\mathcal{R}} \left(\frac{\partial Q}{\partial x} - \frac{\partial P}{\partial y}\right) dxdy.$$

## 経路の依存性

**問題 6.20**　単連結領域 $\mathscr{R}$ 内の各点で，$P(x, y)$ と $Q(x, y)$ が連続でかつ連続な一階導関数を持つとする．$\mathscr{R}$ 内のあらゆる閉曲線 $C$ で $\oint_C [Pdx+Qdy] = 0$ となる必要十分条件は，$\mathscr{R}$ において恒等的に $\dfrac{\partial P}{\partial y} = \dfrac{\partial Q}{\partial x}$ が成り立つことであると証明せよ．

**解答**

$\Leftarrow$) $\partial P/\partial y = \partial Q/\partial x$ と仮定する．このときグリーンの定理より，

$$\oint_C [Pdx + Qdy] = \iint_{\mathscr{R}} \left( \frac{\partial Q}{\partial x} - \frac{\partial P}{\partial y} \right) dxdy = 0$$

となる．ここで，$\mathscr{R}$ は $C$ で囲まれた領域である．

$\Rightarrow$) $\mathscr{R}$ 内のあらゆる閉路 $C$ で $\oint_C [Pdx + Qdy] = 0$ が成り立つが，$\mathscr{R}$ のある点で $\partial P/\partial y \neq \partial Q/\partial x$ となることを仮定する（訳注：背理法）．そしてこの点 $(x_0, y_0)$ では $\partial P/\partial y - \partial Q/\partial x > 0$ とおく．

$\partial P/\partial y$ と $\partial Q/\partial x$ は $\mathscr{R}$ において連続であったから，$\partial P/\partial y - \partial Q/\partial x > 0$ となる $(x_0, y_0)$ を内点に持つ領域 $\tau$ が存在する．そして領域 $\tau$ の境界を $\Gamma$ としたとき，グリーンの定理より

$$\oint_\Gamma [Pdx + Qdy] = \iint_\tau \left( \frac{\partial Q}{\partial x} - \frac{\partial P}{\partial y} \right) dxdy < 0$$

となり，これは $\mathscr{R}$ 内の**あらゆる**閉曲線で $\oint [Pdx+Qdy] = 0$ という仮定と矛盾する．したがって，$\partial Q/\partial x - \partial P/\partial y > 0$ とはならない．

同様の議論により，$\partial Q/\partial x - \partial P/\partial y < 0$ も成り立たない．以上より，$\partial Q/\partial x - \partial P/\partial y = 0$ でなければならず，$\mathscr{R}$ では恒等的に $\partial P/\partial y = \partial Q/\partial x$ が成り立つことになる．

**問題 6.21**　$P$ と $Q$ を 問題 6.20 のように定義する．
$\mathscr{R}$ 上の点 $A$ と $B$ を結ぶ $\int_A^B [Pdx+Qdy]$ について，その値が経路の選び方に依らないための必要十分条件は，「$\mathscr{R}$ において恒等的に $\partial P/\partial y = \partial Q/\partial x$ が成り立つこと」であると証明せよ．

**解答**

$\Leftarrow$) $\partial P/\partial y = \partial Q/\partial x$ のとき，問題 6.20 より

$$\int_{\text{ADBEA}} [Pdx + Qdy] = 0$$

となる (図 6-18)．このことから，簡略化のために被積分関数である $Pdx + Qdy$ を省略すると，

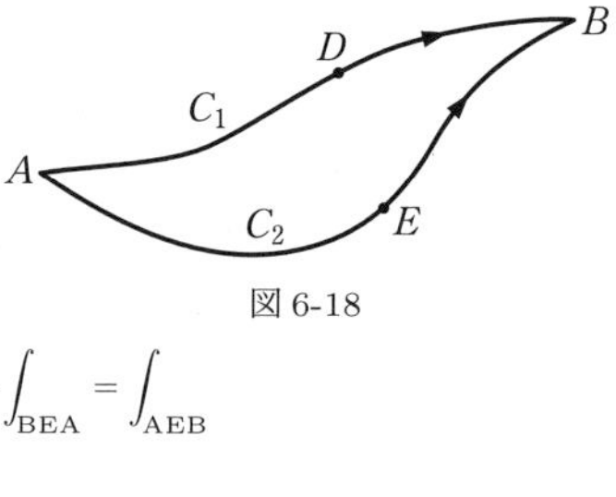

図 6-18

$$\int_{\text{ADB}} + \int_{\text{BEA}} = 0, \quad \int_{\text{ADB}} = -\int_{\text{BEA}} = \int_{\text{AEB}}$$

より，

$$\int_{C_1} = \int_{C_2}$$

となる．つまり，積分値は経路に依存しないことがわかる (訳注：本議論の逆も含めることで，必要十分条件が得られる)．

**問題 6.22**　以下に答えよ．

(a) $\displaystyle\int_{(1,2)}^{(3,4)}[(6xy^2-y^3)dx+(6x^2y-3xy^2)dy]$ が，(1, 2) と (3, 4) を結ぶ経路の選び方に依らないことを示せ．

(b) (a) の線積分の値を求めよ．

**解答**

(a) $P=6xy^2-y^3$, $Q=6x^2y-3xy^2$ とおく．すると $\partial P/\partial y=12xy-3y^2=\partial Q/\partial x$ となるから，問題 6.21 よりこの線積分は経路の選び方に依らないことがわかる．

(b) **解法 1.**

この線積分の値は (1, 2) と (3, 4) を結ぶ経路の選び方に依らないので，例えば (1, 2) から (3, 2) までの線 $[y=2,\ dy=0]$ と，(3, 2) から (3, 4) までの線 $[x=3,\ dx=0]$ を用いて構成できる．すると，

$$\int_{x=1}^{3}(24x-8)dx+\int_{y=2}^{4}(54y-9y^2)dy=80+156=236.$$

(b) **解法 2.**

$\dfrac{\partial P}{\partial y}=\dfrac{\partial Q}{\partial x}$ より，

$$(1)\ \frac{\partial \phi}{\partial x}=6xy^2-y^3, \qquad (2)\ \frac{\partial \phi}{\partial y}=6x^2y-3xy^2.$$

(1) より $\phi=3x^2y^2-xy^3+f(y)$ が得られ，(2) からも $\phi=3x^2y^2-xy^3+g(x)$ が得られる．この $\phi$ の 2 つの式が等しくなるのは，$f(y)=g(x)=c$ という定数となる場合に限られる．ゆえに $\phi=3x^2y^2-xy^3+c$ となるから，

$$\begin{aligned}\int_{(1,2)}^{(3,4)}[(6xy^2-y^3)dx+(6x^2y-3xy^2)dy] &= \int_{(1,2)}^{(3,4)}d(3x^2y^2-xy^3+c)\\ &= 3x^2y^2-xy^3+c\Big|_{(1,2)}^{(3,4)}=236.\end{aligned}$$

上記から，任意定数 $c$ は省略してしまって良いことがわかる．

また，

$$\begin{aligned}(6xy^2-y^3)dx+(6x^2y-3xy^2)dy &= (6xy^2dx+6x^2ydy)-(y^3dx+3xy^2dy)\\ &= d(3x^2y^2)-d(xy^3)=d(3x^2y^2-xy^3)\end{aligned}$$

となることからも，$\phi = 3x^2y^2 - xy^3 + c$ であることは明らかである．

**問題 6.23**
内サイクロイド $x^{2/3} + y^{2/3} = a^{2/3}$ に沿った線積分 $\oint[(x^2 y \cos x + 2xy \sin x - y^2 e^x)dx + (x^2 \sin x - 2ye^x)dy]$ の値を求めよ．

解答

$P = x^2 y \cos x + 2xy \sin x - y^2 e^x$，$Q = x^2 \sin x - 2ye^x$ とする．

$\partial P/\partial y = x^2 \cos x + 2x \sin x - 2ye^x = \partial Q/\partial x$ となるから，問題 6.20 より任意の閉曲線（今回の場合は $x^{2/3} + y^{2/3} = a^{2/3}$）を経路とした線積分の値はゼロとなる．

## 面積分

**問題 6.24**　ある曲面 $S$ 上の任意点 $(x, y, z)$ における法線ベクトルと正の $z$ 軸方向のベクトル間のなす角を $\gamma$ とする．$S$ の方程式を $z = f(x, y)$ または $F(x, y, z) = 0$ と表すとき，

$$|\sec \gamma| = \sqrt{1 + z_x^2 + z_y^2} = \frac{\sqrt{F_x^2 + F_y^2 + F_z^2}}{|F_z|}$$

となることを証明せよ．

解答

$S$ の方程式が $F(x, y, z) = 0$ であるとき，$S$ の $(x, y, z)$ における法線ベクトルは $\nabla F = F_x \boldsymbol{i} + F_y \boldsymbol{j} + F_z \boldsymbol{k}$ となる．すると，

$$\nabla F \cdot \boldsymbol{k} = |\nabla F||\boldsymbol{k}| \cos \gamma \quad \text{または，} \quad F_z = \sqrt{F_x^2 + F_y^2 + F_z^2} \cos \gamma$$

であるから，$|\sec \gamma| = \dfrac{\sqrt{F_x^2 + F_y^2 + F_z^2}}{|F_z|}$ が得られる．

曲面の方程式が $z = f(x, y)$ のとき，$F(x, y, z) = z - f(x, y) = 0$ とかけるから，$F_x = -z_x$, $F_y = -z_y$, $F_z = 1$ となり，$|\sec \gamma| = \sqrt{1 + z_x^2 + z_y^2}$ が得られる．

**問題 6.25**　$S$ を放物面 $z = 2 - (x^2 + y^2)$ の曲面であるとする．このとき，

$$\iint_S U(x, y, z) dS$$

について，$U(x, y, z)$ を以下として与えた場合の面積分をそれぞれ求めよ．また，これらの積分から言える物理的な意味も述べよ．

$(a)\ 1 \qquad (b)\ x^2 + y^2 \qquad (c)\ 3z$

解答

面積分の式は，

$$\iint_{\mathcal{R}} U(x,\,y,\,z)\sqrt{1+z_x^2+z_y^2}\,dxdy. \qquad (1)$$

ここで $\mathcal{R}$ は，$x^2+y^2=2,\,z=0$ で与えられる $S$ の $xy$ 平面への射影である．

$z_x=-2x,\,z_y=-2y$ より，(1) は以下のようにかける．

$$\iint_{\mathcal{R}} U(x,\,y,\,z)\sqrt{1+4x^2+4y^2}\,dxdy. \quad (2)$$

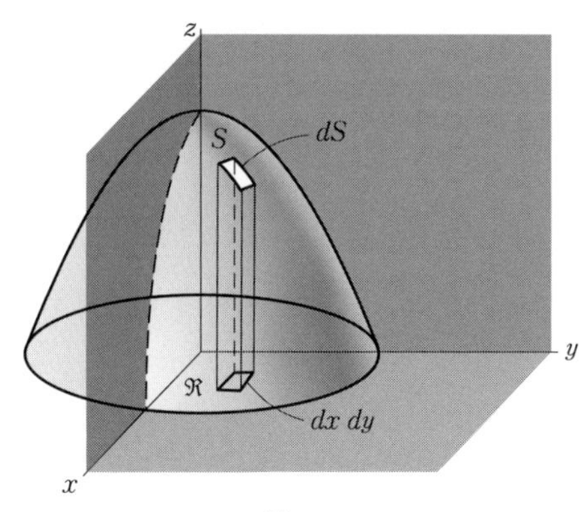


図 6-19

(a) $U(x,\,y,\,z)=1$ のとき，(2) は，

$$\iint_{\mathcal{R}} \sqrt{1+4x^2+4y^2}\,dxdy.$$

この積分値を求める際，極座標系 $(\rho,\,\phi)$ に変換する．すると，

$$\int_{\phi=0}^{2\pi}\int_{\rho=0}^{\sqrt{2}} \sqrt{1+4\rho^2}\rho d\rho d\phi = \int_{\phi=0}^{2\pi} \frac{1}{12}\,(1+4\rho^2)^{3/2}\Big|_{\rho=0}^{\sqrt{2}}\,d\phi$$
$$= \frac{13\pi}{3}.$$

これは $S$ の表面積，物理的には単位密度を仮定した場合の $S$ の質量を表している．

(b) $U(x,\,y,\,z)=x^2+y^2$ のとき，(2) は

$$\iint_{\mathcal{R}} (x^2+y^2)\sqrt{1+4x^2+4y^2}\,dxdy$$

または極座標を用いて，

$$\int_{\phi=0}^{2\pi}\int_{\rho=0}^{\sqrt{2}} \rho^3\sqrt{1+4\rho^2}\;d\rho\,d\phi = \frac{149\pi}{30}.$$

ここで，$\rho$ に関する積分は $\sqrt{1+4\rho^2}=u$ と置換することで求められる．

物理的には，単位密度を仮定した $S$ の $z$ 軸周りの慣性モーメント，もしくは，密度を $x^2+y^2$ としたときの $S$ の質量を表している．

(c) $U(x,\,y,\,z)=3z$ のとき，(2) は

$$\iint_{\mathcal{R}} 3z\sqrt{1+4x^2+4y^2}\,dxdy = \iint_{\mathcal{R}} 3\left\{2-(x^2+y^2)\right\}\sqrt{1+4x^2+4y^2}\,dxdy$$

または極座標を用いて，

$$\int_{\phi=0}^{2\pi}\int_{\rho=0}^{\sqrt{2}} 3\rho(2-\rho^2)\sqrt{1+4\rho^2}\,d\rho\,d\phi = \frac{111\pi}{10}.$$

物理的には，密度を $3z$ としたときの $S$ の質量を表す

**問題 6.26**　半径 $a$ の半球を，この半径を直径とする円柱で切り取ったときの表面積を求めよ．

**解答**

半球と円柱（図 6-20）の方程式は，ぞれぞれ

$$x^2+y^2+z^2=a^2 \quad (z=\sqrt{a^2-x^2-y^2}),$$
$$(x-a/2)^2+y^2=a^2/4 \quad (x^2+y^2=ax)$$

と与えられる．したがって，

$$z_x=\frac{-x}{\sqrt{a^2-x^2-y^2}}, \qquad z_y=\frac{-y}{\sqrt{a^2-x^2-y^2}}$$

より，

$$\begin{aligned}\text{曲面の面積}&=2\iint_{\mathcal{R}}\sqrt{1+z_x^2+z_y^2}\,dxdy\\&=2\iint_{\mathcal{R}}\frac{a}{\sqrt{a^2-x^2-y^2}}\,dx\,dy\end{aligned}$$

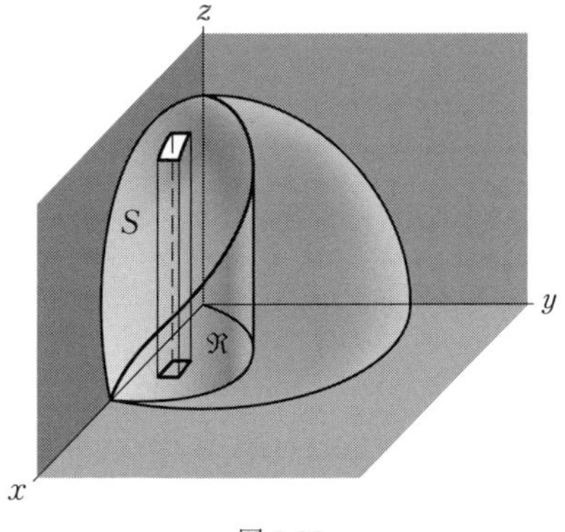


図 6-20

となる．この値を求めるには 2 つの方法がある．

**方法 1.** 極座標を用いる．

$x^2+y^2=ax$ は極座標系では $\rho=a\cos\phi$ となるから，積分の式は

$$\begin{aligned}2\int_{\phi=0}^{\pi/2}\int_{\rho=0}^{a\cos\phi}\frac{a}{\sqrt{a^2-\rho^2}}\rho\,d\rho\,d\phi&=2a\int_{\phi=0}^{\pi/2}-\sqrt{a^2-\rho^2}\Big|_{\rho=0}^{a\cos\phi}d\phi\\&=2a^2\int_0^{\pi/2}(1-\sin\phi)d\phi=(\pi-2)a^2.\end{aligned}$$

**方法 2.**（極座標を用いず直接求めると）積分の値は，

$$\begin{aligned}2\int_{x=0}^{a}\int_{y=0}^{\sqrt{ax-x^2}}\frac{a}{\sqrt{a^2-x^2-y^2}}\,dy\,dx&=2a\int_{x=0}^{a}\sin^{-1}\frac{y}{\sqrt{a^2-x^2}}\Bigg|_{y=0}^{\sqrt{ax-x^2}}dx\\&=2a\int_0^a\sin^{-1}\sqrt{\frac{x}{a+x}}\,dx.\end{aligned}$$

この積分は，$x=a\tan^2\theta$ とおくと次のようになる．

$$\begin{aligned}4a^2\int_0^{\pi/4}\theta\tan\theta\sec^2\theta\,d\theta&=4a^2\left\{\frac{1}{2}\theta\tan^2\theta\Big|_0^{\pi/4}-\frac{1}{2}\int_0^{\pi/4}\tan^2\theta\,d\theta\right\}\\&=2a^2\left\{\theta\tan^2\theta\Big|_0^{\pi/4}-\int_0^{\pi/4}(\sec^2\theta-1)\,d\theta\right\}\end{aligned}$$

$$= 2a^2 \left\{ \pi/4 - \left. (\tan\theta - \theta) \right|_0^{\pi/4} \right\} = (\pi - 2)a^2.$$

**問題 6.27** 問題 6.25 で考えた曲面の重心を求めよ.

**解答**

まず対称性より $\bar{x} = \bar{y} = 0$ となる. $z$ の重心については,

$$\bar{z} = \frac{\displaystyle\iint_S z\,dS}{\displaystyle\iint_S dS} = \frac{\displaystyle\iint_{\mathcal{R}} z\sqrt{1 + 4x^2 + 4y^2}\,dx\,dy}{\displaystyle\iint_{\mathcal{R}} \sqrt{1 + 4x^2 + 4y^2}\,dx\,dy}.$$

分子と分母に現れている積分はそれぞれ, 問題 6.25($c$) および 問題 6.25($a$) の結果から得ることができる. よって, $\bar{z} = \dfrac{37\pi/10}{13\pi/3} = \dfrac{111}{130}$ となる.

**問題 6.28** $\boldsymbol{A} = xy\boldsymbol{i} - x^2\boldsymbol{j} + (x+z)\boldsymbol{k}$ とし, $S$ は平面 $2x + 2y + z = 6$ の第 1 象限に含まれる部分とする. また, $\boldsymbol{n}$ を $S$ に垂直な単位ベクトルとしたとき, $\displaystyle\iint_S \boldsymbol{A}\cdot\boldsymbol{n}\,dS$ の値を求めよ.

**解答**

$S$ の法線ベクトルは $\nabla(2x + 2y + z - 6) = 2\boldsymbol{i} + 2\boldsymbol{j} + \boldsymbol{k}$ となるから, $\boldsymbol{n} = \dfrac{2\boldsymbol{i} + 2\boldsymbol{j} + \boldsymbol{k}}{\sqrt{2^2 + 2^2 + 1^2}} = \dfrac{2\boldsymbol{i} + 2\boldsymbol{j} + \boldsymbol{k}}{3}$ である. よって,

$$\begin{aligned}
\boldsymbol{A}\cdot\boldsymbol{n} &= \{xy\boldsymbol{i} - x^2\boldsymbol{j} + (x+z)\boldsymbol{k}\} \cdot \left( \frac{2\boldsymbol{i} + 2\boldsymbol{j} + \boldsymbol{k}}{3} \right) \\
&= \frac{2xy - 2x^2 + (x+z)}{3} \\
&= \frac{2xy - 2x^2 + (x + 6 - 2x - 2y)}{3} \\
&= \frac{2xy - 2x^2 - x - 2y + 6}{3}.
\end{aligned}$$

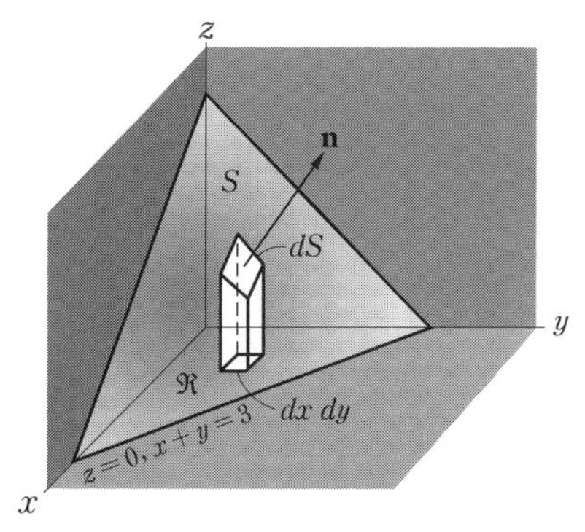


図 6-21

この式を用いると, 面積分は以下のように求められる.

$$\begin{aligned}
\iint_S \left( \frac{2xy - 2x^2 - x - 2y + 6}{3} \right) dS &= \iint_{\mathcal{R}} \left( \frac{2xy - 2x^2 - x - 2y + 6}{3} \right) \sqrt{1 + z_x^2 + z_y^2}\,dx\,dy \\
&= \iint_{\mathcal{R}} \left( \frac{2xy - 2x^2 - x - 2y + 6}{3} \right) \sqrt{1^2 + 2^2 + 2^2}\,dx\,dy \\
&= \int_{x=0}^{3} \int_{y=0}^{3-x} (2xy - 2x^2 - x - 2y + 6)\,dy\,dx \\
&= \int_{x=0}^{3} \left. (xy^2 - 2x^2y - xy - y^2 + 6y) \right|_0^{3-x} dx = 27/4.
\end{aligned}$$

**問題 6.29**　面積分を扱う際，我々は裏表がある曲面（両側曲面）に限定している．そこで，裏表が存在しない曲面の例を 1 つ挙げよ．

解答

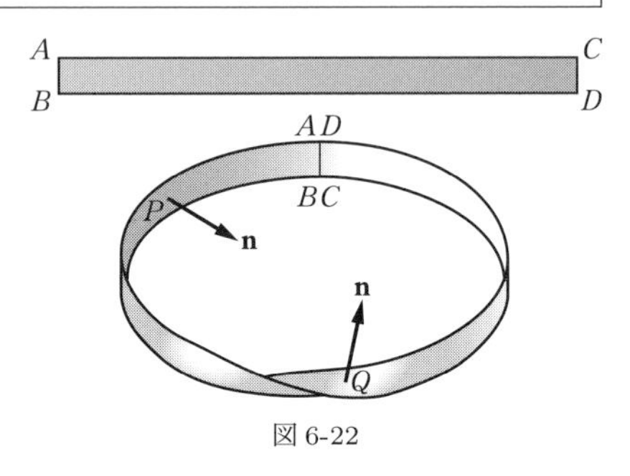


図 6-22

図 6-22 に示した ABCD のような帯状の紙を用意する．帯をねじり，図のように $A$ と $B$ がそれぞれ $D$ と $C$ にくるように合わせる．そして $\boldsymbol{n}$ をこの曲面の点 $P$ における正の法線ベクトルとし，$\boldsymbol{n}$ をその曲面上を周回させると，再び $P$ に到達したときには元の向きとは逆になってしまうことがわかる．こうした曲面は，曲面の片側だけに色をつけようとすると全体に色がついてしまうことになる．今回見た帯状の曲面は，**メビウスの帯**といい，片側曲面の一例である．また，片側曲面は**向き付け不可能**とも表現され，一方で両側曲面は**向き付け可能**ともいう．

## ガウスの発散定理

**問題 6.30**　ガウスの発散定理を証明せよ．

解答

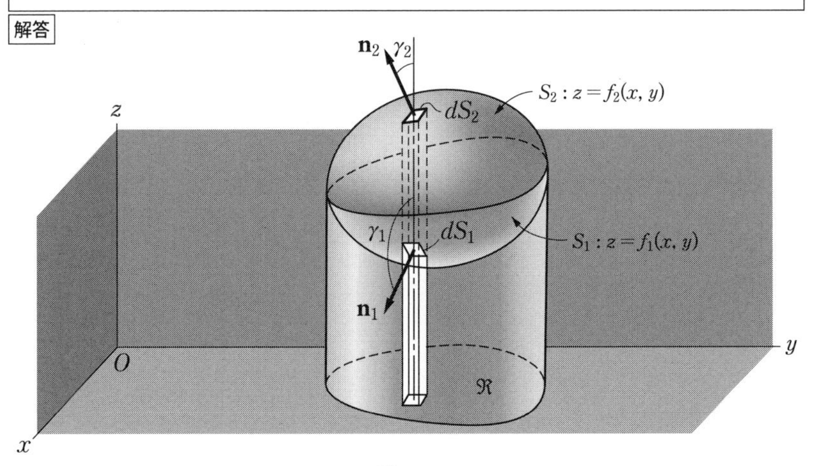


図 6-23

$S$ を，座標軸に平行な任意の直線がその $S$ を高々 2 点で貫くような閉曲面とする (図 6-23)．そして閉曲面の下部 $S_1$ と上部 $S_2$ を考え，それらの方程式を $z = f_1(x, y)$ と $z = f_2(x, y)$ とする．また，曲面の $xy$ 平面への射影を $\mathcal{R}$ と表す． このとき，まず以下の変形を行う．

$$\begin{aligned}\iiint_V \frac{\partial A_3}{\partial z} dV = \iiint_V \frac{\partial A_3}{\partial z}\, dz\, dy\, dx &= \iint_{\mathcal{R}} \left[\int_{z=f_1(x,y)}^{f_2(x,y)} \frac{\partial A_3}{\partial z}\, dz\right] dy\, dx \\ &= \iint_{\mathcal{R}} A_3(x, y, z)\Big|_{z=f_1}^{f_2}\, dy\, dx \\ &= \iint_{\mathcal{R}} [A_3(x, y, f_2) - A_3(x, y, f_1)]\, dy\, dx\end{aligned}$$

上部 $S_2$ については，$S_2$ の法線ベクトル $\boldsymbol{n}_2$ が $\boldsymbol{k}$ と (90 度未満の) 鋭角 $\gamma_2$ をなすので，$dydx = \cos\gamma_2\, dS_2 = \boldsymbol{k}\cdot\boldsymbol{n}_2\, dS_2$ となる．

下部 $S_1$ については，$S_1$ の法線ベクトル $\boldsymbol{n}_1$ が $\boldsymbol{k}$ と (90 度よりも大きい) 鈍角 $\gamma_1$ をなすので，$dydx = -\cos\gamma_1\, dS_1 = -\boldsymbol{k}\cdot\boldsymbol{n}_1\, dS_1$ となる[4)]．

これらの事実を用いると，

$$\iint_{\mathcal{R}} A_3(x, y, f_2)\, dy\, dx = \iint_{S_2} A_3\boldsymbol{k}\cdot\boldsymbol{n}_2\, dS_2$$

$$\iint_{\mathcal{R}} A_3(x, y, f_1)\, dy\, dx = -\iint_{S_1} A_3\boldsymbol{k}\cdot\boldsymbol{n}_1\, dS_1$$

となるから，

$$\begin{aligned}\iint_{\mathcal{R}} A_3(x, y, f_2)\, dy\, dx - \iint_{\mathcal{R}} A_3(x, y, f_1)\, dy\, dx &= \iint_{S_2} A_3\boldsymbol{k}\cdot\boldsymbol{n}_2\, dS_2 + \iint_{S_1} A_3\boldsymbol{k}\cdot\boldsymbol{n}_1\, dS_1 \\ &= \iint_S A_3\boldsymbol{k}\cdot\boldsymbol{n}\, dS\end{aligned}$$

したがって，

$$\iiint_V \frac{\partial A_3}{\partial z} dV = \iint_S A_3\boldsymbol{k}\cdot\boldsymbol{n} dS. \tag{1}$$

同様に，$S$ を他の座標面に投影させることで，

$$\iiint_V \frac{\partial A_1}{\partial x}\, dV = \iint_S A_1\boldsymbol{i}\cdot\boldsymbol{n}\, dS \tag{2}$$

$$\iiint_V \frac{\partial A_2}{\partial y}\, dV = \iint_S A_2\boldsymbol{j}\cdot\boldsymbol{n}\, dS \tag{3}$$

を得る．以上から，(1) と (2)，(3) を足し合わせると

$$\iiint_V \left(\frac{\partial A_1}{\partial x} + \frac{\partial A_2}{\partial y} + \frac{\partial A_3}{\partial z}\right) dV = \iint_S (A_1\boldsymbol{i} + A_2\boldsymbol{j} + A_3\boldsymbol{k})\cdot\boldsymbol{n}\, dS$$

---

4) 訳注：鈍角のとき内積値は負となるから，$dS = |\sec\gamma| dA$ (p.205 の (31) 式) より，負号をつけて調整する．

つまり以下となる．

$$\iiint_V \nabla \cdot \boldsymbol{A}\, dV = \iint_S \boldsymbol{A} \cdot \boldsymbol{n}\, dS.$$

ガウスの発散定理は，座標軸に平行な線が 3 点以上で曲面と交わるような場合でも成り立つように拡張でき，$S$ で囲まれた領域を，この条件を満たす複数の曲面に分割することで達せられる．この方法は，グリーンの定理の拡張時に用いた方法と同様な議論を行う問題 6.16．

**問題 6.31**　$x = 0, x = 1, y = 0, y = 1, z = 0, z = 1$ で囲まれた領域を考える．$\boldsymbol{A} = (2x - z)\boldsymbol{i} + x^2 y\boldsymbol{j} - xz^2\boldsymbol{k}$ について，ガウスの発散定理が成り立っていることを確かめよ．

**解答**

まず図 6-24 の立方体の表面を曲面 $S$ として $\iint_S \boldsymbol{A} \cdot \boldsymbol{n}\, dS$ を求める．

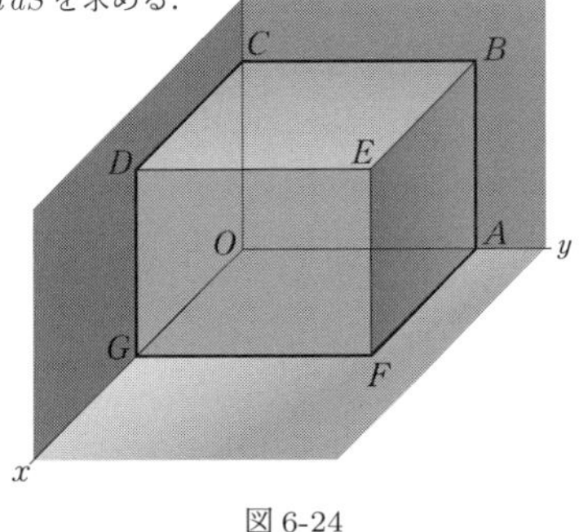


図 6-24

**DEFG 面：** $\boldsymbol{n} = \boldsymbol{i}, x = 1$ とする．よって，

$$\iint_{\text{DEFG}} \boldsymbol{A} \cdot \boldsymbol{n}\, dS = \int_0^1 \int_0^1 \{(2 - z)\boldsymbol{i} + \boldsymbol{j} - z^2\boldsymbol{k}\} \cdot \boldsymbol{i}\, dy\, dz$$
$$= \int_0^1 \int_0^1 (2 - z)\, dy\, dz = 3/2$$

**ABCO 面：** $\boldsymbol{n} = -\boldsymbol{i}, x = 0$ とする．よって，

$$\iint_{\text{ABCO}} \boldsymbol{A} \cdot \boldsymbol{n}\, dS = \int_0^1 \int_0^1 (-z\boldsymbol{i}) \cdot (-\boldsymbol{i})\, dy\, dz$$
$$= \int_0^1 \int_0^1 z\, dy\, dz = 1/2$$

**ABEF 面：** $\boldsymbol{n} = \boldsymbol{j}, y = 1$ とする．よって，

$$\iint_{\text{ABEF}} \boldsymbol{A} \cdot \boldsymbol{n}\, dS = \int_0^1 \int_0^1 \{(2x - z)\boldsymbol{i} + x^2\boldsymbol{j} - xz^2\boldsymbol{k}\} \cdot \boldsymbol{j}\, dx\, dz$$
$$= \int_0^1 \int_0^1 x^2\, dx\, dz = 1/3$$

**OGDC 面：** $\boldsymbol{n} = -\boldsymbol{j}, y = 0$ とする．よって，

$$\iint_{\text{OGDC}} \boldsymbol{A} \cdot \boldsymbol{n}\, dS = \int_0^1 \int_0^1 \{(2x - z)\boldsymbol{i} - xz^2\boldsymbol{k}\} \cdot (-\boldsymbol{j})\, dxdz = 0$$

**BCDE 面：** $\boldsymbol{n} = \boldsymbol{k}, z = 1$ とする．よって，

$$\iint_{\text{BCDE}} \boldsymbol{A} \cdot \boldsymbol{n}\, dS = \int_0^1 \int_0^1 \{(2x - 1)\boldsymbol{i} + x^2\boldsymbol{y}\boldsymbol{j} - x\boldsymbol{k}\} \cdot \boldsymbol{k}\, dx\, dy$$
$$= \int_0^1 \int_0^1 -x\, dx\, dy = -1/2$$

**AFGO 面：** $\boldsymbol{n} = -\boldsymbol{k}, z = 0$ とする．よって，

$$\iint_{\text{AFGO}} \boldsymbol{A} \cdot \boldsymbol{n}\, dS = \int_0^1 \int_0^1 \{2x\boldsymbol{i} - x^2 y\boldsymbol{j}\} \cdot (-\boldsymbol{k})\, dxdy = 0$$

上記を全て足し合わせると，

$$\iint_S \boldsymbol{A}\cdot\boldsymbol{n}\,dS = \frac{3}{2}+\frac{1}{2}+\frac{1}{3}+0-\frac{1}{2}+0=\frac{11}{6}.$$

一方で，

$$\iiint_V \nabla\cdot\boldsymbol{A}\,dV = \int_0^1\int_0^1\int_0^1 (2+x^2-2xz)\,dx\,dy\,dz = \frac{11}{6}$$

ともなることから，ガウスの発散定理が成り立つことが確認できた．

**問題 6.32**　$S$ が閉曲面のとき，$\displaystyle\iint_S \boldsymbol{r}\cdot\boldsymbol{n}\,dS$ を求めよ．

解答

ガウスの発散定理を用いることにより，

$$\begin{aligned}\iint_S \boldsymbol{r}\cdot\boldsymbol{n}\,dS &= \iiint_V \nabla\cdot\boldsymbol{r}\,dV\\ &= \iiint_V \left(\frac{\partial}{\partial x}\boldsymbol{i}+\frac{\partial}{\partial y}\boldsymbol{j}+\frac{\partial}{\partial z}\boldsymbol{k}\right)\cdot(x\boldsymbol{i}+y\boldsymbol{j}+z\boldsymbol{k})\,dV\\ &= \iiint_V \left(\frac{\partial x}{\partial x}+\frac{\partial y}{\partial y}+\frac{\partial z}{\partial z}\right)dV = 3\iiint_V dV = 3V.\end{aligned}$$

ここで，$V$ は $S$ で囲まれた体積を表している．

**問題 6.33**　$z=\sqrt{a^2-x^2-y^2}$ と $z=0$ で囲まれた半球の領域全体の表面を曲面 $S$ としたとき，

$$\iint_S [xz^2\,dy\,dz+(x^2y-z^3)\,dz\,dx+(2xy+y^2z)\,dx\,dy]$$

の値を以下に従い求めよ．

$(a)$ ガウスの発散定理を用いて値を求める
$(b)$ 直接的に積分を実行し値を求める

解答

$(a)$ $dydz=dS\cos\alpha$, $dzdx=dS\cos\beta$, $dxdy=dS\cos\gamma$ より，積分は以下のようにかける．

$$\iint_S \{xz^2\cos\alpha+(x^2y-z^3)\cos\beta+(2xy+y^2z)\cos\gamma\}\,dS = \iint_S \boldsymbol{A}\cdot\boldsymbol{n}\,dS$$

ここで，$\boldsymbol{A}=xz^2\boldsymbol{i}+(x^2y-z^3)\boldsymbol{j}+(2xy+y^2z)\boldsymbol{k}$，また曲面の外向き単位法線ベクトルを $\boldsymbol{n}=(\cos\alpha)\boldsymbol{i}+(\cos\beta)\boldsymbol{j}+(\cos\gamma)\boldsymbol{k}$ とした．

そしてガウスの発散定理を用いることで

$$\iiint_V \nabla\cdot\boldsymbol{A}\,dV = \iiint_V \left\{\frac{\partial}{\partial x}(xz^2)+\frac{\partial}{\partial y}(x^2y-z^3)+\frac{\partial}{\partial z}(2xy+y^2z)\right\}dV$$

$$= \iiint_V (x^2 + y^2 + z^2)\, dV$$

となる．$V$ は $xy$ 平面と半球で囲まれた領域である．

ここで球座標系を用いると，

$$4 \int_{\phi=0}^{\pi/2} \int_{\theta=0}^{\pi/2} \int_{r=0}^{a} r^2 \cdot r^2 \sin\theta \, dr\, d\theta\, d\phi = \frac{2\pi a^5}{5}.$$

$(b)$ $S_1$ を半球の凸曲面，$S_2$ を半球の底 $(z=0)$ とした場合，以下が得られる．

$$\cdot \iint_{S_1} xz^2 dy\, dz = \int_{y=-a}^{a} \int_{z=0}^{\sqrt{a^2-y^2}} z^2 \sqrt{a^2-y^2-z^2}\, dz\, dy - \int_{y=-a}^{a} \int_{z=0}^{\sqrt{a^2-y^2}} -z^2 \sqrt{a^2-y^2-z^2}\, dz\, dy$$

$$\cdot \iint_{S_1} (x^2 y - z^3)\, dz\, dx = \int_{x=-a}^{a} \int_{z=0}^{\sqrt{a^2-x^2}} \left\{ x^2 \sqrt{a^2-x^2-z^2} - z^3 \right\} dz\, dx - \int_{x=-a}^{a} \int_{z=0}^{\sqrt{a^2-x^2}} \left\{ -x^2 \sqrt{a^2-x^2-z^2} - z^3 \right\} dz\, dx$$

$$\cdot \iint_{S_1} (2xy + y^2 z)\, dx\, dy = \int_{x=-a}^{a} \int_{y=-\sqrt{a^2-x^2}}^{\sqrt{a^2-x^2}} \left\{ 2xy + y^2 \sqrt{a^2-x^2-y^2} \right\} dy\, dx$$

$$\cdot \iint_{S_2} xz^2\, dy\, dz = 0, \qquad \cdot \iint_{S_2} (x^2 y - z^3)\, dz\, dx = 0$$

$$\cdot \iint_{S_2} (2xy + y^2 z)\, dx\, dy = \iint_{S_2} \{2xy + y^2(0)\}\, dx\, dy = \int_{x=-a}^{a} \int_{y=-\sqrt{a^2-x^2}}^{\sqrt{a^2-x^2}} 2xy\, dy\, dx = 0$$

上記を足し合わせると，

$$4 \int_{y=0}^{a} \int_{z=0}^{\sqrt{a^2-y^2}} z^2 \sqrt{a^2-y^2-z^2}\, dz\, dy + 4 \int_{x=0}^{a} \int_{z=0}^{\sqrt{a^2-x^2}} x^2 \sqrt{a^2-x^2-z^2}\, dz\, dx + 4 \int_{x=0}^{a} \int_{y=0}^{\sqrt{a^2-x^2}} y^2 \sqrt{a^2-x^2-y^2}\, dy\, dx$$

となる．これらの積分は対称性によりすべて等しくなるので，極座標を用いることで，

$$12 \int_{x=0}^{a} \int_{y=0}^{\sqrt{a^2-x^2}} y^2 \sqrt{a^2-x^2-y^2}\, dy\, dx = 12 \int_{\phi=0}^{\pi/2} \int_{\rho=0}^{a} \rho^2 \sin^2\phi \sqrt{a^2-\rho^2}\, \rho\, d\rho d\phi = \frac{2\pi a^5}{5}.$$

## ストークスの定理

**問題 6.34**　ストークスの定理を証明せよ.

**解答**

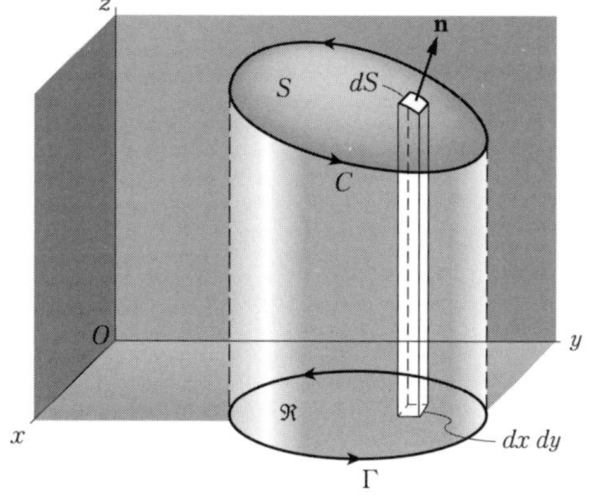

図 6-25

$S$ を, $xy$ 面, $yz$ 面, $xz$ 面への射影が単純閉曲線で囲まれた領域となるような曲面とする (図 6-25). $S$ は $z = f(x, y)$ または $x = g(y, z)$, $y = h(x, z)$ と表せると仮定する. また, $f, g, h$ は一価で連続, かつ微分可能な関数とする. ストークスの定理を証明するためには, $C$ が $S$ の境界であるとき,

$$\iint_S (\nabla \times \boldsymbol{A}) \cdot \boldsymbol{n}\, dS = \iint_S [\nabla \times (A_1\boldsymbol{i} + A_2\boldsymbol{j} + A_3\boldsymbol{k})] \cdot \boldsymbol{n}\, dS = \int_C \boldsymbol{A} \cdot d\boldsymbol{r}$$

となることを示さなければならない.

まず, $\iint_S [\nabla \times (A_1\boldsymbol{i})] \cdot \boldsymbol{n}\, dS$ について考える. 被積分関数は,

$$\nabla \times (A_1\boldsymbol{i}) = \begin{vmatrix} \boldsymbol{i} & \boldsymbol{j} & \boldsymbol{k} \\ \dfrac{\partial}{\partial x} & \dfrac{\partial}{\partial y} & \dfrac{\partial}{\partial z} \\ A_1 & 0 & 0 \end{vmatrix} = \frac{\partial A_1}{\partial z}\boldsymbol{j} - \frac{\partial A_1}{\partial y}\boldsymbol{k}$$

より,

$$[\nabla \times (A_1\boldsymbol{i})] \cdot \boldsymbol{n}\, dS = \left( \frac{\partial A_1}{\partial z}\boldsymbol{n} \cdot \boldsymbol{j} - \frac{\partial A_1}{\partial y}\boldsymbol{n} \cdot \boldsymbol{k} \right) dS. \tag{1}$$

$z = f(x, y)$ を $S$ の方程式とすると, $S$ 上の任意点の位置ベクトルは $\boldsymbol{r} = x\boldsymbol{i} + y\boldsymbol{j} + z\boldsymbol{k} = x\boldsymbol{i} + y\boldsymbol{j} + f(x, y)\boldsymbol{k}$ となるので, $\dfrac{\partial \boldsymbol{r}}{\partial y} = \boldsymbol{j} + \dfrac{\partial z}{\partial y}\boldsymbol{k} = \boldsymbol{j} + \dfrac{\partial f}{\partial y}\boldsymbol{k}$ を得る. $\dfrac{\partial \boldsymbol{r}}{\partial y}$ は $S$ に接するベクトル, つまり $\boldsymbol{n}$ に垂直なベクトルなので,

$$\boldsymbol{n} \cdot \frac{\partial \boldsymbol{r}}{\partial y} = \boldsymbol{n} \cdot \boldsymbol{j} + \frac{\partial z}{\partial y}\boldsymbol{n} \cdot \boldsymbol{k} = 0 \quad \text{または} \quad \boldsymbol{n} \cdot \boldsymbol{j} = -\frac{\partial z}{\partial y}\boldsymbol{n} \cdot \boldsymbol{k}$$

となる．この式を (1) に代入すると

$$\left(\frac{\partial A_1}{\partial z}\boldsymbol{n}\cdot\boldsymbol{j}-\frac{\partial A_1}{\partial y}\boldsymbol{n}\cdot\boldsymbol{k}\right)dS=\left(-\frac{\partial A_1}{\partial z}\frac{\partial z}{\partial y}\boldsymbol{n}\cdot\boldsymbol{k}-\frac{\partial A_1}{\partial y}\boldsymbol{n}\cdot\boldsymbol{k}\right)dS$$

または

$$[\nabla\times(A_1\boldsymbol{i})]\cdot\boldsymbol{n}\,dS=-\left(\frac{\partial A_1}{\partial y}+\frac{\partial A_1}{\partial z}\frac{\partial z}{\partial y}\right)\boldsymbol{n}\cdot\boldsymbol{k}\,dS \tag{2}$$

が得られる．

ここで $S$ の上では，$A_1(x,\,y,\,z)\;=\;A_1[x,\,y,\,f(x,y)]\;=\;F(x,y)$ である．したがって，$\dfrac{\partial A_1}{\partial y}+\dfrac{\partial A_1}{\partial z}\dfrac{\partial z}{\partial y}=\dfrac{\partial F}{\partial y}$ となるから，(2) は以下のようになる．

$$[\nabla\times(A_1\boldsymbol{i})]\cdot\boldsymbol{n}\,dS=-\frac{\partial F}{\partial y}\boldsymbol{n}\cdot\boldsymbol{k}\,dS=-\frac{\partial F}{\partial y}\,dxdy$$

ゆえに，

$$\iint_S[\nabla\times(A_1\boldsymbol{i})]\cdot\boldsymbol{n}\,dS=\iint_{\mathcal{R}}-\frac{\partial F}{\partial y}\,dx\,dy.$$

ここで，$\mathcal{R}$ は $S$ の $xy$ 平面への射影である．グリーンの定理より右辺の積分は，$\Gamma$ を $\mathcal{R}$ の境界であるとして，$\oint_\Gamma F\,dx$ とかける．また，$\Gamma$ の各点 $(x,\,y)$ での $F$ の値は $C$ の各点 $(x,\,y,\,z)$ での $A_1$ の値と等しいことと，$dx$ についてはどちらの曲線も同じであることから，

$$\oint_\Gamma F\,dx=\oint_C A_1\,dx$$

が成り立つ．したがって，

$$\iint_S[\nabla\times(A_1\boldsymbol{i})]\cdot\boldsymbol{n}\,dS=\oint_C A_1\,dx.$$

同様に，他の座標平面への射影によって，

$$\iint_S[\nabla\times(A_2\boldsymbol{j})]\cdot\boldsymbol{n}\,dS=\oint_C A_2\,dy,\qquad\iint_S[\nabla\times(A_3\boldsymbol{k})]\cdot\boldsymbol{n}\,dS=\oint_C A_3\,dz$$

も得られるから，これらを足し合わせることで次のように定理が導出できる．

$$\iint_S(\nabla\times\boldsymbol{A})\cdot\boldsymbol{n}\,dS=\oint_C\boldsymbol{A}\cdot d\boldsymbol{r}.$$

ガウスの発散定理は，本問の冒頭に述べた制約を満たさないような曲面 $S$ に対しても有効である．その場合，$S$ を，制約を満たす境界 $C_1,C_2,\dots,C_k$ を持つ曲面 $S_1,S_2,\dots,S_k$ に分割できるとする．この分割を行うと，ストークスの定理はそのような曲面の各々について個別に成立するから，これらの面積分を足し合わせると，$S$ 全体の面積分が得られることになる．このとき当然，$C_1,C_2,\dots,C_k$ 上の対応する線積分を加えると，$C$ 上の線積分も得られる．

**問題 6.35**　曲面 $S$ を $z=2$ までの放物面 $2z=x^2+y^2$ とし，$C$ をその境界とする．このとき，$\boldsymbol{A}=3y\boldsymbol{i}-xz\boldsymbol{j}+yz^2\boldsymbol{k}$ に対してストークスの定理が成り立つことを確かめよ．

解答

$S$ の境界 $C$ は方程式 $x^2+y^2=4,\ z=2$ を満たす円であり，パラメータ $t(0 \le t < 2\pi)$ を用いて $x=2\cos t,\ y=2\sin t,\ z=2$ とおく．すると，

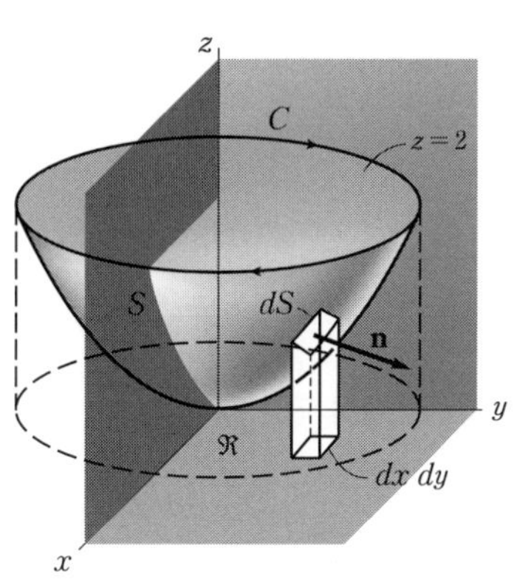


図 6-26

$$\begin{aligned}
&\oint_C \boldsymbol{A}\cdot d\boldsymbol{r}\\
&\quad=\oint_C [3y\,dx - xz\,dy + yz^2\,dz]\\
&\quad=\int_{2\pi}^{0}[3(2\sin t)(-2\sin t)\,dt-(2\cos t)(2)(2\cos t)\,dt]\\
&\quad=\int_{0}^{2\pi}(12\sin^2 t+8\cos^2 t)\,dt=20\pi
\end{aligned}$$

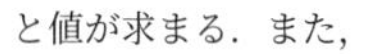

と値が求まる．また，

$$\nabla\times\boldsymbol{A}=\begin{vmatrix}\boldsymbol{i} & \boldsymbol{j} & \boldsymbol{k}\\ \dfrac{\partial}{\partial x} & \dfrac{\partial}{\partial y} & \dfrac{\partial}{\partial z}\\ 3y & -xz & yz^2\end{vmatrix}=(z^2+x)\boldsymbol{i}-(z+3)\boldsymbol{k}$$

および

$$\boldsymbol{n}=\frac{\nabla(x^2+y^2-2z)}{|\nabla(x^2+y^2-2z)|}=\frac{x\boldsymbol{i}+y\boldsymbol{j}-\boldsymbol{k}}{\sqrt{x^2+y^2+1}}$$

を用いると，

$$\begin{aligned}
\iint_S(\nabla\times\boldsymbol{A})\cdot\boldsymbol{n}\,dS&=\iint_{\mathcal{R}}(\nabla\times\boldsymbol{A})\cdot\boldsymbol{n}\frac{dxdy}{|\boldsymbol{n}\cdot\boldsymbol{k}|}=\iint_{\mathcal{R}}(xz^2+x^2+z+3)\,dx\,dy\\
&=\iint_{\mathcal{R}}\left\{x\left(\frac{x^2+y^2}{2}\right)^2+x^2+\frac{x^2+y^2}{2}+3\right\}dx\,dy
\end{aligned}$$

この式は極座標を用いて計算できる．

$$\int_{\phi=0}^{2\pi}\int_{\rho=0}^{2}\left\{(\rho\cos\phi)(\rho^4/2)+\rho^2\cos^2\phi+\rho^2/2+3\right\}\rho\,d\rho\,d\phi=20\pi.$$

**問題 6.36**

恒等的に $\nabla\times\boldsymbol{A}=\boldsymbol{0}$ となる必要十分条件は，「任意の閉曲線 $C$ に対して $\oint_C \boldsymbol{A}\cdot d\boldsymbol{r}=0$ が成り立つ」ことであると証明せよ．

解答

⇒）$\nabla\times\boldsymbol{A}=\boldsymbol{0}$ であると仮定する．するとストークスの定理より，

$$\oint_C \boldsymbol{A}\cdot d\boldsymbol{r}=\iint_S(\nabla\times\boldsymbol{A})\cdot\boldsymbol{n}\,dS=0.$$

$\Leftarrow$) 任意の閉曲線 $C$ で $\oint_C \boldsymbol{A}\cdot d\boldsymbol{r}=0$ が成り立つが，ある点 $P$ で $\nabla\times\boldsymbol{A}\neq\boldsymbol{0}$ となってしまうと仮定する．$\nabla\times\boldsymbol{A}$ が連続の場合，$\nabla\times\boldsymbol{A}\neq\boldsymbol{0}$ を満たす $P$ を内点に持った領域が存在することになる．この領域に収まる曲面で，その各点での法線ベクトル $\boldsymbol{n}$ が $\nabla\times\boldsymbol{A}$ と同じ方向，すなわち $\nabla\times\boldsymbol{A}=\alpha\boldsymbol{n}$ であるものを $S$ とする（$\alpha$ は正の定数）．$C$ が $S$ の境界であることに注意することで，ストークスの定理より以下が導かれる．

$$\oint_C \boldsymbol{A}\cdot d\boldsymbol{r}=\iint_S(\nabla\times\boldsymbol{A})\cdot\boldsymbol{n}\,dS=\alpha\iint_S\boldsymbol{n}\cdot\boldsymbol{n}\,dS>0$$

この式は，仮定 $\oint_C \boldsymbol{A}\cdot d\boldsymbol{r}=0$ と矛盾している．よって，$\nabla\times\boldsymbol{A}=\boldsymbol{0}$ としなければならないことがわかり，題意が示せた．

また，以上の結果から，$\nabla\times\boldsymbol{A}=\boldsymbol{0}$ は，線積分 $\int_{P_1}^{P_2}\boldsymbol{A}\cdot d\boldsymbol{r}$ が点 $P_1$ と $P_2$ を結ぶ経路の選び方に依らないための必要十分条件でもあることがわかる．

**問題 6.37**　以下を証明せよ．

$$\nabla\times\boldsymbol{A}=\boldsymbol{0}\quad\Leftrightarrow\quad\boldsymbol{A}=\nabla\phi$$

**解答**

$\Leftarrow$) $\boldsymbol{A}=\nabla\phi$ としたとき，問題 5.80(補)の結果より $\nabla\times\boldsymbol{A}=\nabla\times\nabla\phi=\boldsymbol{0}$ が得られる．

$\Rightarrow$) $\nabla\times\boldsymbol{A}=\boldsymbol{0}$ のとき，問題 6.36より，任意の閉曲線に対して $\oint\boldsymbol{A}\cdot d\boldsymbol{r}=0$ となる．また $\int_C\boldsymbol{A}\cdot d\boldsymbol{r}$ の値は経路の選び方に依らないので，$(a,\,b,\,c)$ と $(x,\,y,\,z)$ の 2 点を結ぶ経路を考え，

$$\phi(x,\,y,\,z)=\int_{(a,\,b,\,c)}^{(x,\,y,\,z)}\boldsymbol{A}\cdot d\boldsymbol{r}=\int_{(a,\,b,\,c)}^{(x,\,y,\,z)}[A_1\,dx+A_2\,dy+A_3\,dz]$$

と定義する．すると，

$$\phi(x+\Delta x,\,y,\,z)-\phi(x,\,y,\,z)=\int_{(x,\,y,\,z)}^{(x+\Delta x,\,y,\,z)}[A_1\,dx+A_2\,dy+A_3\,dz]$$

が得られる．

式の最後の積分は，$(x,\,y,\,z)$ と $(x+\Delta x,\,y,\,z)$ を結ぶ経路の選び方に依らないことから，$dy$ と $dz$ がゼロになるように，これらの点を結ぶ直線を経路として選ぶことができる．そうすると，

$$\begin{aligned}\frac{\phi(x+\Delta x,\,y,\,z)-\phi(x,\,y,\,z)}{\Delta x}&=\frac{1}{\Delta x}\int_{(x,\,y,\,z)}^{(x+\Delta x,\,y,\,z)}A_1\,dx\\&=A_1(x+\theta\Delta x,\,y,\,z)\qquad(0<\theta<1)\end{aligned}$$

となる．上の変形では「積分の平均値の定理」を適用している．

そして $\Delta x\to 0$ として両辺の極限をとると，$\partial\phi/\partial x=A_1$ となる．

同様の議論を行うことで，$\partial\phi/\partial y = A_2$ や $\partial\phi/\partial z = A_3$ も導出できる．
以上の結果から，

$$\boldsymbol{A} = A_1\boldsymbol{i} + A_2\boldsymbol{j} + A_3\boldsymbol{k} = \frac{\partial\phi}{\partial x}\boldsymbol{i} + \frac{\partial\phi}{\partial y}\boldsymbol{j} + \frac{\partial\phi}{\partial z}\boldsymbol{k} = \nabla\phi.$$

**問題 6.38**　以下に答えよ．
$(a)$ 以下を証明せよ．

$$\nabla\times\boldsymbol{A} = \boldsymbol{0}\ (\boldsymbol{A} = A_1\boldsymbol{i} + A_2\boldsymbol{j} + A_3\boldsymbol{k}) \Leftrightarrow A_1\,dx + A_2\,dy + A_3\,dz = d\phi\ (\text{完全微分})$$

$(b)$ $(a)$ が成り立つとき，以下が成立することを示せ．

$$\begin{aligned}\int_{(x_1,\,y_1,\,z_1)}^{(x_2,\,y_2,\,z_2)} [A_1\,dx + A_2\,dy + A_3\,dz] &= \int_{(x_1,\,y_1,\,z_1)}^{(x_2,\,y_2,\,z_2)} d\phi \\ &= \phi(x_2,\,y_2,\,z_2) - \phi(x_1,\,y_1,\,z_1)\end{aligned}$$

解答

$(a)$

$\Leftarrow$)　$A_1\,dx + A_2\,dy + A_3\,dz = d\phi = \dfrac{\partial\phi}{\partial x}\,dx + \dfrac{\partial\phi}{\partial y}\,dy + \dfrac{\partial\phi}{\partial z}\,dz$ のとき，以下が成り立つ．

$$(1)\ \frac{\partial\phi}{\partial x} = A_1 \qquad (2)\ \frac{\partial\phi}{\partial y} = A_2 \qquad (3)\ \frac{\partial\phi}{\partial z} = A_3$$

これらの式を微分すると，偏微分の連続性を仮定して，

$$\frac{\partial A_1}{\partial y} = \frac{\partial A_2}{\partial x}, \qquad \frac{\partial A_2}{\partial z} = \frac{\partial A_3}{\partial y}, \qquad \frac{\partial A_1}{\partial z} = \frac{\partial A_3}{\partial x}$$

が得られ，これはまさしく $\nabla\times\boldsymbol{A} = \boldsymbol{0}$ であることになる．

$\Leftarrow$) **(別解)**

$A_1\,dx + A_2\,dy + A_3\,dz = d\phi$ のとき，

$$\boldsymbol{A} = A_1\boldsymbol{i} + A_2\boldsymbol{j} + A_3\boldsymbol{k} = \frac{\partial\phi}{\partial x}\boldsymbol{i} + \frac{\partial\phi}{\partial y}\boldsymbol{j} + \frac{\partial\phi}{\partial z}\boldsymbol{k} = \nabla\phi$$

より，$\nabla\times\boldsymbol{A} = \nabla\times\nabla\phi = \boldsymbol{0}$ が得られる．

$\Rightarrow$) $\nabla\times\boldsymbol{A} = \boldsymbol{0}$ のとき，問題 6.37 の結果より $\boldsymbol{A} = \nabla\phi$ となるから，

$$\begin{aligned}A_1\,dx + A_2\,dy + A_3\,dz &= \boldsymbol{A}\cdot d\boldsymbol{r} = \nabla\phi\cdot d\boldsymbol{r} \\ &= \frac{\partial\phi}{\partial x}\,dx + \frac{\partial\phi}{\partial y}\,dy + \frac{\partial\phi}{\partial z}\,dz = d\phi.\end{aligned}$$

$(b)$ $(a)$ より，

$$\phi(x,\,y,\,z) = \int_{(a,\,b,\,c)}^{(x,\,y,\,z)} [A_1\,dx + A_2\,dy + A_3\,dz]$$

とすると，

$$\int_{(x_1,\,y_1,\,z_1)}^{(x_2,\,y_2,\,z_2)} = \int_{(a,\,b,\,c)}^{(x_2,\,y_2,\,z_2)} - \int_{(a,\,b,\,c)}^{(x_1,\,y_1,\,z_1)} = \phi(x_2,\,y_2,\,z_2) - \phi(x_1,\,y_1,\,z_1)$$

が得られる（被積分関数 $A_1\,dx + A_2\,dy + A_3\,dz$ を省略して変形を行っている）．

**問題 6.39**　以下に答えよ．

(*a*) $\boldsymbol{F} = (2xz^3 + 6y)\boldsymbol{i} + (6x - 2yz)\boldsymbol{j} + (3x^2z^2 - y^2)\boldsymbol{k}$ が保存力であることを示せ．
(*b*) $C$ を $(1,\,-1,\,1)$ から $(2,\,1,\,-1)$ までの任意の経路としたとき，$\displaystyle\int_C \boldsymbol{F}\cdot d\boldsymbol{r}$ の値を求めよ．
(*c*) (*b*) の結果の物理的意味を与えよ．

**解答**

(*a*) 場 $\boldsymbol{F}$は，任意の 2 点を結ぶ線積分 $\displaystyle\int_C \boldsymbol{F}\cdot d\boldsymbol{r}$ の値が経路の選択に依存しないとき，保存力であるという．よって $\boldsymbol{F}$が保存力であるための条件は，$\nabla\times\boldsymbol{F} = \boldsymbol{0}$ が成り立てばよいことになる．

したがって，

$$\nabla\times\boldsymbol{F} = \begin{vmatrix} \boldsymbol{i} & \boldsymbol{j} & \boldsymbol{k} \\ \dfrac{\partial}{\partial x} & \dfrac{\partial}{\partial y} & \dfrac{\partial}{\partial z} \\ 2xz^3 + 6y & 6x - 2yz & 3x^2z^2 - y^2 \end{vmatrix} = \boldsymbol{0}$$

より $\boldsymbol{F}$は保存力である．

(*b*) **方法 1.**

問題 6.38 より，$\boldsymbol{F}\cdot d\boldsymbol{r} = (2xz^3 + 6y)\,dx + (6x - 2yz)\,dy + (3x^2z^2 - y^2)\,dz$ は完全微分であるから，$d\phi$ となる $\phi$ が存在し，以下の等式が成り立つ．

$$(1)\ \frac{\partial\phi}{\partial x} = 2xz^3 + 6y \qquad (2)\ \frac{\partial\phi}{\partial y} = 6x - 2yz \qquad (3)\ \frac{\partial\phi}{\partial z} = 3x^2z^2 - y^2$$

そしてこれらの等式からそれぞれ，

$$\phi = x^2z^3 + 6xy + f_1(y,\,z) \quad \phi = 6xy - y^2z + f_2(x,\,z) \quad \phi = x^2z^3 - y^2z + f_3(x,\,y)$$

が得られる．これらの式は，$f_1(y,\,z) = -y^2z + c$, $f_2(x,\,z) = x^2z^3 + c$, $f_3(x,\,y) = 6xy + c$ とおくことで整合的になるので，$\phi = x^2z^3 + 6xy - y^2z + c$ となることがわかる．したがって，問題 6.38 より

$$\int_{(1,-1,1)}^{(2,1,-1)} \boldsymbol{F}\cdot d\boldsymbol{r} = x^2z^3 + 6xy - y^2z + c\Big|_{(1,-1,1)}^{(2,1,-1)} = 15.$$

なお，$\phi$ を決定するには，

$$\begin{aligned} \boldsymbol{F}\cdot d\boldsymbol{r} &= (2xz^3\,dx + 3x^2z^2\,dz) + (6y\,dx + 6x\,dy) - (2yz\,dy + y^2\,dz) \\ &= d(x^2z^3) + d(6xy) - d(y^2z) = d(x^2z^3 + 6xy - y^2z + c) \end{aligned}$$

としても良い．

(*b*) **方法 2.**

積分が経路の選び方に依存しないので，どのような経路を選んでも同じ値が得られることに注目

する．特に $(1,\,-1,\,1)$ から $(2,\,-1,\,1)$，$(2,\,-1,\,1)$ から $(2,\,1,\,1)$，$(2,\,1,\,1)$ から $(2,\,1,\,-1)$ の順に，直線から成る経路を選ぶこともできる．この経路を用いると，

$$\int_{x=1}^{2} (2x-6)\,dx + \int_{y=-1}^{1} (12-2y)\,dy + \int_{z=1}^{-1} (12z^2-1)\,dz = 15$$

が得られる．ここで，最初の積分は $y=-1, z=1, dy=0, dz=0$．2 番目の積分は $x=2, z=1, dx=0, dz=0$．3 番目の積分は $x=2, y=1, dx=0, dy=0$ としている．

(c) $\displaystyle\int_C \boldsymbol{F}\cdot d\boldsymbol{r}$ は物理的には，物体を $C$ に沿って $(1,\,-1,\,1)$ から $(2,\,1,\,-1)$ に移動させる際に生じる「仕事」を表している．保存場で行う仕事は積分経路 $C$ に依らない．

# 第 7 章

# フーリエ級数

## 周期関数

関数 $f(x)$ は，任意の $x$ について $f(x+T)=f(x)$ となる場合（$T$ は正の定数），**周期** $T$ **を持つ周期関数**であるという．$T>0$ の最小値を $f(x)$ の**最小周期**または単に $f(x)$ の**周期**とよぶ．

例 1.

関数 $\sin x$ は，$\sin(x+2\pi), \sin(x+4\pi), \sin(x+6\pi), \ldots$ がすべて $\sin x$ に等しいことから，周期 $2\pi, 4\pi, 6\pi, \ldots,$ を持つといえる．$\sin x$ の**最小周期**は $2\pi$ である．

例 2.

$n$ を正の整数としたとき，$\sin nx$ または $\cos nx$ の周期は $2\pi/n$ となる．

例 3.

$\tan x$ の周期は $\pi$ である．

例 4.

定数は，任意の正の数を周期としてもつ．

他の周期関数の例を，以下の図 7-1 の $(a), (b), (c)$ にグラフとして示した．

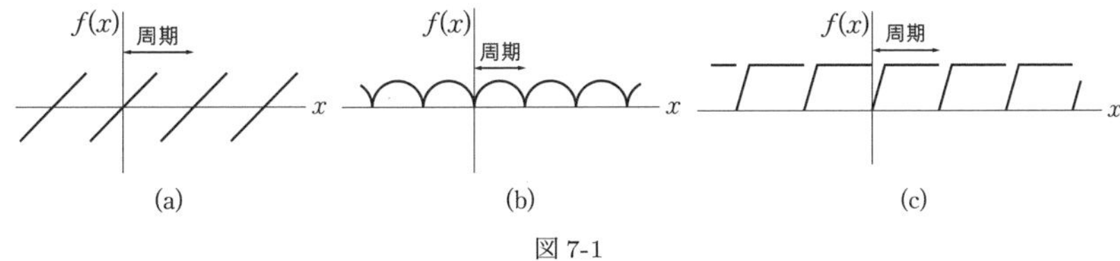


図 7-1

## フーリエ級数

$f(x)$ が区間 $(-L, L)$ で定義され，この区間の外側では $f(x+2L) = f(x)$ とする．つまり，$f(x)$ は $2L$ の周期を持つと仮定しよう．$f(x)$ の**フーリエ級数**または**フーリエ展開**は以下で与えられる．

$$\frac{a_0}{2} + \sum_{n=1}^{\infty}\left(a_n \cos\frac{n\pi x}{L} + b_n \sin\frac{n\pi x}{L}\right) \tag{1}$$

ここで，**フーリエ係数**とよばれる $a_n$ および $b_n$ については，以下のように定義される．

$$\begin{cases} a_n = \dfrac{1}{L}\displaystyle\int_{-L}^{L} f(x)\cos\frac{n\pi x}{L}\,dx \\ b_n = \dfrac{1}{L}\displaystyle\int_{-L}^{L} f(x)\sin\frac{n\pi x}{L}\,dx \end{cases} \qquad (n = 0,\, 1,\, 2,\, \ldots) \tag{2}$$

$f(x)$ が $2L$ の周期を持つ場合，係数である $a_n$ と $b_n$ は以下のようにも定義できる．

$$\begin{cases} a_n = \dfrac{1}{L}\displaystyle\int_{c}^{c+2L} f(x)\cos\frac{n\pi x}{L}\,dx \\ b_n = \dfrac{1}{L}\displaystyle\int_{c}^{c+2L} f(x)\sin\frac{n\pi x}{L}\,dx \end{cases} \qquad (c = \text{任意の実数}) \tag{3}$$

この場合は $c = -L$ とすると，(3) は (2) に帰着することがわかる．

(1) における $a_0$ を決定するためには，(2) または (3) の式で $n = 0$ とした式を用いれば良い．例えば (2) の場合，$a_0 = \dfrac{1}{L}\displaystyle\int_{-L}^{L} f(x)\,dx$ が得られることがわかる．(1) の定数項は結局 $\dfrac{a_0}{2} = \dfrac{1}{2L}\displaystyle\int_{-L}^{L} f(x)\,dx$ となるが，注目したいのは，この式は周期に渡る $f(x)$ の**平均値**を表している点である．

特に $L = \pi$ の場合，級数 (1) と，係数 (2), (3) は簡単にかけることになる．この場合の関数は周期 $2\pi$ を持つ．

## ディリクレ条件

**定理 7.1**

以下の条件を満たす関数 $f(x)$ を考える．

(1) $f(x)$ は，$(-L, L)$ 内の有限個の点を除いて定義され，一価である．

(2) $f(x)$ は，周期 $2L$ を持つ（$(-L, L)$ の外側での値は周期的）．

(3) $f(x)$ と $f'(x)$ は，$(-L, L)$ において区分的に連続である．

このとき，フーリエ係数 (2) または (3) を持つフーリエ級数 (1) は，以下のいずれかに収束する．

$$\begin{cases} (a) \quad f(x) & (x\text{が連続点のとき}) \\ (b) \quad \dfrac{f(x+0)+f(x-0)}{2} & (x\text{が不連続点のとき}) \end{cases}$$

本定理における $f(x+0)$ と $f(x-0)$ は，それぞれ，$f(x)$ の $x$ における**右極限**と**左極限**といい，$\lim_{\varepsilon\to 0} f(x+\varepsilon)$ と $\lim_{\varepsilon\to 0} f(x-\varepsilon)$ で表される $(\varepsilon > 0)$．これらの式は $\varepsilon$ が正の値からゼロに近づいていることを強調するために，$\lim_{\varepsilon\to 0+} f(x+\varepsilon)$ や $\lim_{\varepsilon\to 0+} f(x-\varepsilon)$ と表す場合もある．定理の証明については演習問題を参照 問題 7.18〜問題 7.23．

$f(x)$ に課す条件 (1), (2), (3) は，実際には満たされることが多いが，**十分条件**であって必要条件ではないことに注意しよう．これまでのところ，フーリエ級数の収束に対する必要十分条件は知られていない．興味深いのは，$f(x)$ の連続性**だけ**ではフーリエ級数の収束を保証できない点である．

## 奇関数，偶関数

関数 $f(x)$ は，$f(-x) = -f(x)$ のとき，**奇関数**という．例として，$x^3, x^5 - 3x^3 + 2x, \sin x, \tan 3x$ などは奇関数である．

関数 $f(x)$ は，$f(-x) = f(x)$ のとき，**偶関数**という．例として，$x^4, 2x^6 - 4x^2 + 5, \cos x, e^x + e^{-x}$ などは偶関数である．

図 7-1$(a)$ と $(b)$ の関数はそれぞれ奇関数と偶関数である．一方，図 7-1$(c)$ の関数は奇関数でも偶関数でもない．

奇関数に対応するフーリエ級数は，sin 項である．一方偶関数に対応するフーリエ級数は，cos 項である（定数項は cos 項とみなす）．

## フーリエ・サイン級数，フーリエ・コサイン級数

フーリエ・サイン級数またはフーリエ・コサイン級数とは，それぞれサイン項 (sin) またはコサイン項 (cos) のみが存在するフーリエ級数である．ある関数に対応するこれらの級数を求める場合，一般には関数を区間 $(0, L)$ で定義し [区間 $(-L, L)$ の半分]，その関数に奇関数または偶関数を指定することで，区間の残り半分 $(-L, 0)$ を明確に定義する．この方法を用いることでそれぞれのフーリエ級数は以下のように表すことができる．

$$\begin{cases} a_n = 0, \quad b_n = \dfrac{2}{L}\displaystyle\int_0^L f(x)\sin\frac{n\pi x}{L}\,dx & (\text{フーリエ・サイン級数}) \\ b_n = 0, \quad a_n = \dfrac{2}{L}\displaystyle\int_0^L f(x)\cos\frac{n\pi x}{L}\,dx & (\text{フーリエ・コサイン級数}) \end{cases} \tag{4}$$

## パーセヴァルの等式

$f(x)$ に対応するフーリエ係数を $a_n$ と $b_n$ とし，$f(x)$ がディリクレ条件を満たすとき，以下の**パーセヴァルの等式**とよばれる等式が成り立つ．

$$\frac{1}{L}\int_{-L}^{L}\{f(x)\}^2\,dx = \frac{a_0^2}{2} + \sum_{n=1}^{\infty}(a_n^2 + b_n^2) \tag{5}$$

## フーリエ級数の微積分

フーリエ級数の微積分は，(第 1 章で述べた) 一般的な級数に関する諸定理を用いて導くことができる．しかし，それらの定理は十分条件を提供するものであり，必要条件ではないことを強調しておきたい．以下の積分に関する定理は特に有用である．

**定理 7.2**

$f(x)$ に対応するフーリエ級数は，$a$ から $x$ まで項別積分しても，$f(x)$ が $-L \leq x \leq L$ で区分的に連続であり，$a$ も $x$ もこの区間にあれば，得られる級数は $\displaystyle\int_a^x f(u)\,du$ に一様収束する．

## 複素フーリエ級数

オイラーの公式

$$e^{i\theta} = \cos\theta + i\sin\theta, \qquad e^{-i\theta} = \cos\theta - i\sin\theta \qquad (i = \sqrt{-1}) \tag{6}$$

を用いると 問題 1.61 (p.48)，$f(x)$ のフーリエ級数は以下のようにかける．

$$f(x) = \sum_{n=-\infty}^{\infty} c_n e^{-in\pi x/L} \tag{7}$$

$$c_n = \frac{1}{2L}\int_{-L}^{L} f(x)e^{-in\pi x/L}\,dx \tag{8}$$

(7) は，ディリクレ条件が満たされていること，さらにいえば $f(x)$ が $x$ で連続であることを前提としている．もし $f(x)$ が $x$ で不連続点ある場合は，(7) の左辺は $\dfrac{f(x+0)+f(x-0)}{2}$ と置き換える必要がある．

## 直交関数

2 つのベクトル $\boldsymbol{A}$ と $\boldsymbol{B}$ を $\boldsymbol{A} = A_1\boldsymbol{i} + A_2\boldsymbol{j} + A_3\boldsymbol{k}$, $\boldsymbol{B} = B_1\boldsymbol{i} + B_2\boldsymbol{j} + B_3\boldsymbol{k}$ とする．このとき，$\boldsymbol{A}\cdot\boldsymbol{B} = 0$ または $A_1B_1 + A_2B_2 + A_3B_3 = 0$ が成り立つ場合，これらのベクトルは**直交**していると

いう（垂直であるともいう）．3 成分以上のベクトルに対しても，幾何学的にも物理的にもその意味するところを直感的に把握することは困難だが，直交という考え方を一般化できる．特に $A(x)$ という関数を，**無限の成分**を持つベクトル（**無限次元ベクトル**）として捉えてみる．すると各成分の値は，ある区間 $(a, b)$ 内の特定の値 $x$ を代入することによって指定できる．この考え方の下で，

$$\int_a^b A(x)B(x)\,dx = 0 \tag{9}$$

となった場合，「2 つの関数 $A(x)$ と $B(x)$ は $(a, b)$ において直交する」と定義するのが自然である．

ベクトル $\boldsymbol{A}$ は，その大きさ (長さ) が 1，すなわち $\boldsymbol{A}\cdot\boldsymbol{A} = A^2 = 1$ が成り立つとき，**単位ベクトル**または**正規化されたベクトル**という．この概念を拡張すると，関数 $A(x)$ は，

$$\int_a^b \{A(x)\}^2\,dx = 1 \tag{10}$$

となるとき，$(a, b)$ において**正規化**されているという．

以上のことから，

$$\int_a^b \phi_m(x)\phi_n(x)\,dx = 0 \quad (m \neq n) \tag{11}$$

$$\int_a^b \{\phi_m(x)\}^2\,dx = 1 \quad (m = 1, 2, 3, \ldots) \tag{12}$$

の性質を持つ関数の集合 $\{\phi_k(x)\}$ $(k = 1, 2, 3, \ldots)$ を考えることができる．この場合，集合の各元（関数）は，集合の他の全ての元（関数）に対して直交しており，かつ正規化されているといえる．このような関数の集合は，$(a, b)$ における**正規直交関数系 (集合)** と呼ばれる．

ところで (11) と (12) の式は，**クロネッカーの記号**とよばれる $\delta_{mn}$ を用いて

$$\int_a^b \phi_m(x)\phi_n(x)\,dx = \delta_{mn} \qquad \left(\delta_{mn} = \begin{cases} 1 & (m = n) \\ 0 & (m \neq n) \end{cases}\right) \tag{13}$$

と一つにまとめることができる．

任意の 3 次元ベクトル $\boldsymbol{r}$ が，相互に直交する単位ベクトルの集合 $\{\boldsymbol{i}, \boldsymbol{j}, \boldsymbol{k}\}$ を用いて $\boldsymbol{r} = c_1\boldsymbol{i} + c_2\boldsymbol{j} + c_3\boldsymbol{k}$ の形に展開できるように，関数 $f(x)$ についても，正規直交関数の集合を用いた以下のような展開を考えることができる．

$$f(x) = \sum_{n=1}^{\infty} c_n\phi_n(x) \quad (a \leq x \leq b) \tag{14}$$

このような級数は**正規直交級数**といい，フーリエ級数の一般化に対応しており，理論的にも応用的にも非常に興味深いものである．

ところで，

$$\int_a^b w(x)\,\psi_m(x)\,\psi_n(x)\,dx = \delta_{mn} \quad (w(x) \geq 0) \tag{15}$$

となる場合は，「**密度関数**または**重み関数** $w(x)$ を通して，$\psi_m(x)$ と $\psi_n(x)$ は直交している」という．このような場合，関数の集合 $\left\{\sqrt{w(x)}\,\psi_n(x)\right\}$ は $(a, b)$ における正規直交系となる．

# 演習問題

## フーリエ級数

**問題 7.1**　以下の関数を図示せよ．

$$(a)\ f(x) = \begin{cases} 3 & 0 < x < 5 \\ -3 & -5 < x < 0 \end{cases} \quad (周期 = 10)$$

$$(b)\ f(x) = \begin{cases} \sin x & 0 \leq x \leq \pi \\ 0 & \pi < x < 2\pi \end{cases} \quad (周期 = 2\pi)$$

$$(c)\ f(x) = \begin{cases} 0 & 0 \leq x < 2 \\ 1 & 2 \leq x < 4 \\ 0 & 4 \leq x < 6 \end{cases} \quad (周期 = 6)$$

**解答**

$(a)$　周期は 10 なので，グラフの $-5 < x < 5$ の部分（図 7-2 の太い実線）は，その範囲の外側に周期的に広がっている（図 7-2 の破線）．$f(x)$ が $x = 0, 5, -5, 10, -10, 15, -15, \ldots$ などで定義されていないことに注意．これらは $f(x)$ の**不連続点**である．

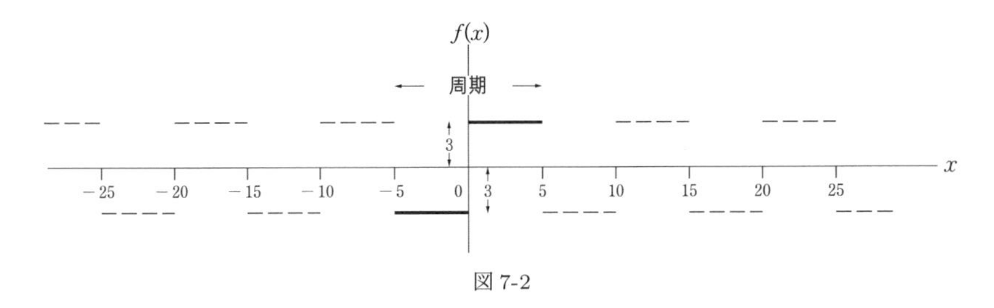


図 7-2

$(b)$　図 7-3 参照．$f(x)$ は $x$ のいたるところで定義されており，連続であることに注意．

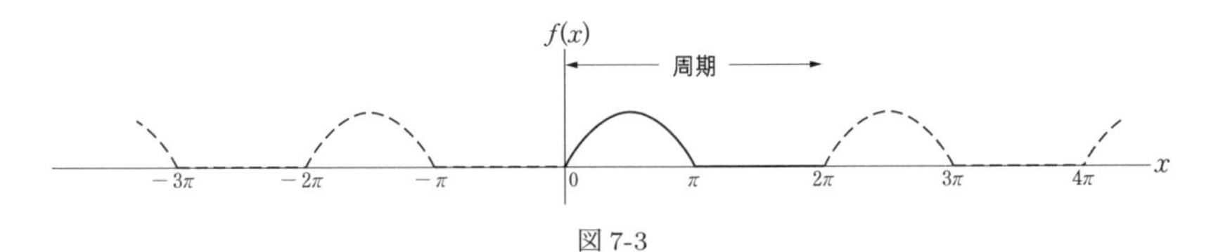


図 7-3

$(c)$ 図 7-4 参照．$f(x)$ は $x$ のいたるところで定義されているが，$x = \pm 2, \pm 4, \pm 8, \pm 10, \pm 14, \ldots$ で不連続である．

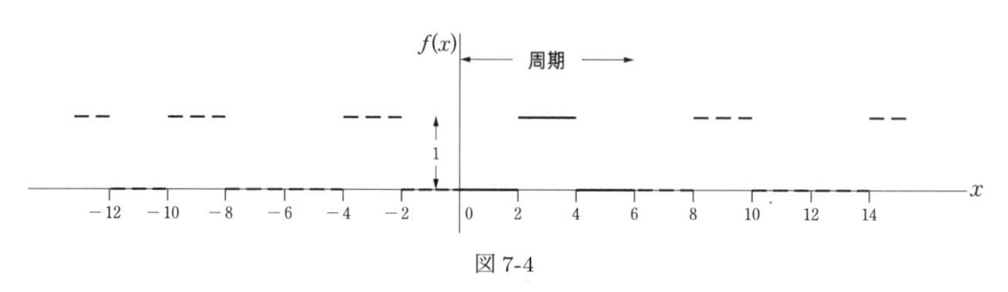


図 7-4

**問題 7.2**　以下を証明せよ．

$$\int_{-L}^{L} \sin \frac{k\pi x}{L} dx = \int_{-L}^{L} \cos \frac{k\pi x}{L} dx = 0 \quad (k = 1, 2, 3, \ldots)$$

**解答**

$$\int_{-L}^{L} \sin \frac{k\pi x}{L} dx = -\frac{L}{k\pi} \cos \frac{k\pi x}{L} \Big|_{-L}^{L} = -\frac{L}{k\pi} \cos k\pi + \frac{L}{k\pi} \cos(-k\pi) = 0$$

$$\int_{-L}^{L} \cos \frac{k\pi x}{L} dx = \frac{L}{k\pi} \sin \frac{k\pi x}{L} \Big|_{-L}^{L} = \frac{L}{k\pi} \sin k\pi - \frac{L}{k\pi} \sin(-k\pi) = 0$$

**問題 7.3**　以下を証明せよ．ここで，$m$ と $n$ は $1, 2, 3, \ldots$ のいずれかの値をとる．

$(a)$ $\displaystyle\int_{-L}^{L} \cos \frac{m\pi x}{L} \cos \frac{n\pi x}{L} dx = \int_{-L}^{L} \sin \frac{m\pi x}{L} \sin \frac{n\pi x}{L} dx = \begin{cases} 0 & m \neq n \\ L & m = n \end{cases}$

$(b)$ $\displaystyle\int_{-L}^{L} \sin \frac{m\pi x}{L} \cos \frac{n\pi x}{L} dx = 0$

**解答**

$(a)$ 三角関数の公式より等式

$$\cos A \cos B = \tfrac{1}{2} \{\cos(A - B) + \cos(A + B)\},$$
$$\sin A \sin B = \tfrac{1}{2} \{\cos(A - B) - \cos(A + B)\}$$

を得る．

これらの等式を用いると，$m \neq n$ の場合，問題 7.2 より以下を得る．

$$\int_{-L}^{L} \cos \frac{m\pi x}{L} \cos \frac{n\pi x}{L} dx = \frac{1}{2} \int_{-L}^{L} \left\{ \cos \frac{(m-n)\pi x}{L} + \cos \frac{(m+n)\pi x}{L} \right\} dx = 0$$

同様に，$m \neq n$ の場合は以下を得る．

$$\int_{-L}^{L} \sin\frac{m\pi x}{L}\sin\frac{n\pi x}{L}dx = \frac{1}{2}\int_{-L}^{L}\left\{\cos\frac{(m-n)\pi x}{L} - \cos\frac{(m+n)\pi x}{L}\right\}dx = 0$$

$m = n$ の場合は，

$$\int_{-L}^{L} \cos\frac{m\pi x}{L}\cos\frac{n\pi x}{L}dx = \frac{1}{2}\int_{-L}^{L}\left(1 + \cos\frac{2n\pi x}{L}\right)dx = L,$$

$$\int_{-L}^{L} \sin\frac{m\pi x}{L}\sin\frac{n\pi x}{L}dx = \frac{1}{2}\int_{-L}^{L}\left(1 - \cos\frac{2n\pi x}{L}\right)dx = L.$$

なお，$m = n = 0$ の場合，これらの積分値はそれぞれ $2L$ と $0$ となる．

$(b)$ 三角関数の公式より等式

$$\sin A\cos B = \tfrac{1}{2}\{\sin(A-B) + \sin(A+B)\}$$

を得る．この等式と 問題 7.2 より，$m \neq n$ の場合，

$$\int_{-L}^{L} \sin\frac{m\pi x}{L}\cos\frac{n\pi x}{L}dx = \frac{1}{2}\int_{-L}^{L}\left\{\sin\frac{(m-n)\pi x}{L} + \sin\frac{(m+n)\pi x}{L}\right\}dx = 0.$$

$m = n$ の場合，

$$\int_{-L}^{L} \sin\frac{m\pi x}{L}\cos\frac{n\pi x}{L}dx = \frac{1}{2}\int_{-L}^{L}\sin\frac{2n\pi x}{L}dx = 0.$$

積分の範囲である $-L, L$ をそれぞれ $c, c+2L$ に置き換えても，$(a)$ と $(b)$ の結果は依然として有効である (訳注：$c$ は任意の実数)．

**問題 7.4**　級数 $A + \sum_{n=1}^{\infty}\left(a_n\cos\frac{n\pi x}{L} + b_n\sin\frac{n\pi x}{L}\right)$ が $(-L, L)$ で $f(x)$ に一様収束するとき，$n = 1, 2, 3, \ldots,$ に対して以下を示せ．

$$(a)\ \ a_n = \frac{1}{L}\int_{-L}^{L} f(x)\cos\frac{n\pi x}{L}dx \qquad (b)\ \ b_n = \frac{1}{L}\int_{-L}^{L} f(x)\sin\frac{n\pi x}{L}dx \qquad (c)\ \ A = \frac{a_0}{2}$$

**解答**

$(a)$ $\cos\frac{m\pi x}{L}$ を

$$f(x) = A + \sum_{n=1}^{\infty}\left(a_n\cos\frac{n\pi x}{L} + b_n\sin\frac{n\pi x}{L}\right) \tag{1}$$

にかけて，$-L$ から $L$ まで積分すると，問題 7.3 より

$$\begin{aligned}\int_{-L}^{L} f(x)\cos\frac{m\pi x}{L}dx &= A\int_{-L}^{L}\cos\frac{m\pi x}{L}dx \\ &+ \sum_{n=1}^{\infty}\left\{a_n\int_{-L}^{L}\cos\frac{m\pi x}{L}\cos\frac{n\pi x}{L}dx + b_n\int_{-L}^{L}\cos\frac{m\pi x}{L}\sin\frac{n\pi x}{L}dx\right\}\end{aligned} \tag{2}$$

$$= a_m L \quad (m \neq 0)$$

したがって，

$$a_m = \frac{1}{L}\int_{-L}^{L} f(x)\cos\frac{m\pi x}{L}dx \quad (m = 1, 2, 3, \ldots).$$

$(b)$ $\sin\dfrac{m\pi x}{L}$ を (1) にかけて，$-L$ から $L$ まで積分すると，問題 7.3 より

$$\int_{-L}^{L} f(x)\sin\frac{m\pi x}{L}dx = A\int_{-L}^{L}\sin\frac{m\pi x}{L}dx + \sum_{n=1}^{\infty}\left\{a_n\int_{-L}^{L}\sin\frac{m\pi x}{L}\cos\frac{n\pi x}{L}dx + b_n\int_{-L}^{L}\sin\frac{m\pi x}{L}\sin\frac{n\pi x}{L}dx\right\} = b_m L$$

したがって，

$$b_m = \frac{1}{L}\int_{-L}^{L} f(x)\sin\frac{m\pi x}{L}dx \quad (m = 1, 2, 3, \ldots).$$

$(c)$ (1) を $-L$ から $L$ まで積分すると，問題 7.2 より，

$$\int_{-L}^{L} f(x)dx = 2AL \quad \text{または，} \quad A = \frac{1}{2L}\int_{-L}^{L} f(x)dx$$

$(a)$ の結果に $m = 0$ を代入すると，$a_0 = \dfrac{1}{L}\displaystyle\int_{-L}^{L} f(x)dx$ となり，$A = \dfrac{a_0}{2}$ を得る．

上記の結果は，積分区間 $-L, L$ を $c, c+2L$ に置き換えても成立する (訳注：$c$ は任意の実数)．

また今回の状況では，級数が $(-L, L)$ で $f(x)$ に一様収束すると仮定したため，和と積分の交換が可能だったことに注意．この仮定が成り立たなかったとしても，上記で得られた係数 $a_m, b_m$ を $f(x)$ の**フーリエ係数**と呼び，これらの $a_m, b_m$ を持つ級数を $f(x)$ の**フーリエ級数**とよぶことがある．このとき重要となってくる問題は，フーリエ級数の $f(x)$ への収束条件を調べることである．この収束のための十分条件が，本文で述べた**ディリクレ条件**である．

**問題 7.5**　以下の関数について，次の問いに答えよ．

$$f(x) = \begin{cases} 0 & -5 < x < 0 \\ 3 & 0 < x < 5 \end{cases} \quad (\text{周期} = 10)$$

$(a)$ フーリエ係数を求めよ．

$(b)$ フーリエ級数を求めよ．

$(c)$ フーリエ級数が $-5 \leq x \leq 5$ 内で $f(x)$ に収束するためには，$x = -5, x = 0, x = 5$ における $f(x)$ をどのように定義すればよいか答えよ．

**解答**

$f(x)$ のグラフを図 7-5 に示した.

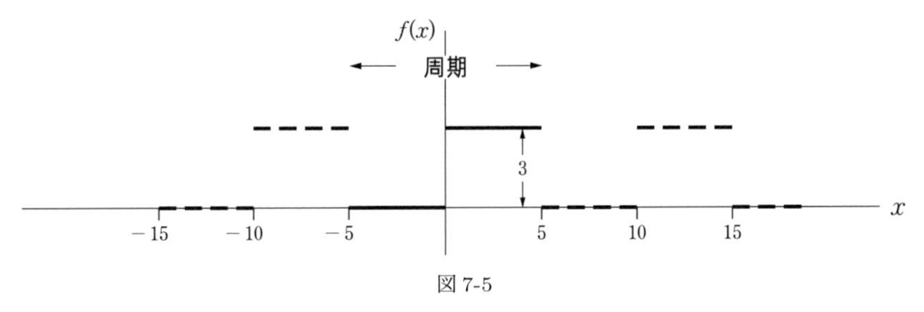


図 7-5

(a) 周期 $= 2L = 10$ より $L = 5$, そして区間 $(c, c+2L)$ を $(-5, 5)$ とする ($c = -5$). このとき,

$$
\begin{aligned}
a_n &= \frac{1}{L}\int_c^{c+2L} f(x)\cos\frac{n\pi x}{L}dx = \frac{1}{5}\int_{-5}^{5} f(x)\cos\frac{n\pi x}{5}dx \\
&= \frac{1}{5}\left\{\int_{-5}^{0}(0)\cos\frac{n\pi x}{5}dx + \int_0^5 (3)\cos\frac{n\pi x}{5}dx\right\} = \frac{3}{5}\int_0^5 \cos\frac{n\pi x}{5}dx \\
&= \frac{3}{5}\left(\frac{5}{n\pi}\sin\frac{n\pi x}{5}\right)\Bigg|_0^5 = 0 \quad (n \neq 0).
\end{aligned}
$$

$n = 0$ の場合, $a_n = a_0 = \dfrac{3}{5}\displaystyle\int_0^5 \cos\frac{0\pi x}{5}dx = \frac{3}{5}\int_0^5 dx = 3$ となる.

一方で $b_n$ は,

$$
\begin{aligned}
b_n &= \frac{1}{L}\int_c^{c+2L} f(x)\sin\frac{n\pi x}{L}dx = \frac{1}{5}\int_{-5}^{5} f(x)\sin\frac{n\pi x}{5}dx \\
&= \frac{1}{5}\left\{\int_{-5}^{0}(0)\sin\frac{n\pi x}{5}dx + \int_0^5 (3)\sin\frac{n\pi x}{5}dx\right\} = \frac{3}{5}\int_0^5 \sin\frac{n\pi x}{5}dx \\
&= \frac{3}{5}\left(-\frac{5}{n\pi}\cos\frac{n\pi x}{5}\right)\Bigg|_0^5 = \frac{3(1-\cos n\pi)}{n\pi}
\end{aligned}
$$

(b) フーリエ級数は次のようになる.

$$
\begin{aligned}
\frac{a_0}{2} + \sum_{n=1}^{\infty}\left(a_n\cos\frac{n\pi x}{L} + b_n\sin\frac{n\pi x}{L}\right) &= \frac{3}{2} + \sum_{n=1}^{\infty}\frac{3(1-\cos n\pi)}{n\pi}\sin\frac{n\pi x}{5} \\
&= \frac{3}{2} + \frac{6}{\pi}\left(\sin\tfrac{\pi x}{5} + \tfrac{1}{3}\sin\tfrac{3\pi x}{5} + \tfrac{1}{5}\sin\tfrac{5\pi x}{5} + \cdots\right)
\end{aligned}
$$

(c) $f(x)$ はディリクレ条件を満たしているので, 連続点では $f(x)$ に, 不連続点では $\dfrac{f(x+0)+f(x-0)}{2}$ に収束する. 不連続点である $x = -5, 0, 5$ では, グラフからわかるように級数は $(3+0)/2 = 3/2$ に収束する. そこで, $f(x)$ を以下のように定義しなおせば, フーリエ級数は

$-5 \leq x \leq 5$ で $f(x)$ に収束することになる．

$$f(x) = \begin{cases} 3/2 & x = -5 \\ 0 & -5 < x < 0 \\ 3/2 & x = 0 \\ 3 & 0 < x < 5 \\ 3/2 & x = 5 \end{cases} \quad (\text{周期} = 10)$$

**問題 7.6**　以下の条件の下で，$f(x) = x^2$, $(0 < x < 2\pi)$ をフーリエ級数展開せよ．

$(a)$周期が $2\pi$ のとき．　$(b)$周期の指定がないとき．

**解答**

$(a)$ 周期 $2\pi$ を持つ $f(x)$ のグラフを図 7-6 に示した．

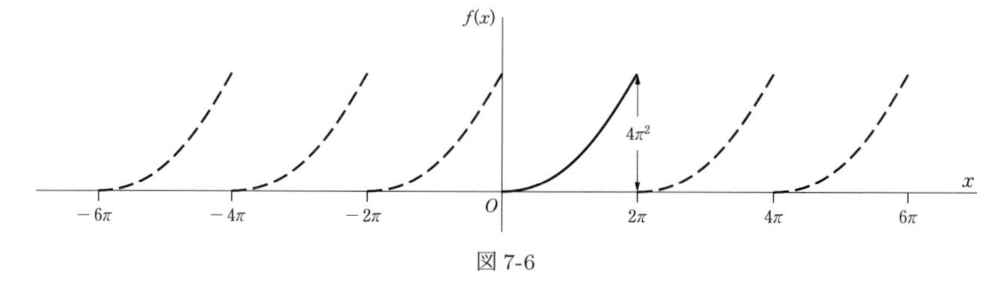


図 7-6

周期 $= 2L = 2\pi$ より $L = \pi$．$c = 0$ とおくと，

$$a_n = \frac{1}{L}\int_c^{c+2L} f(x)\cos\frac{n\pi x}{L}dx = \frac{1}{\pi}\int_0^{2\pi} x^2 \cos nx dx$$
$$= \frac{1}{\pi}\left\{(x^2)\left(\frac{\sin nx}{n}\right) - (2x)\left(\frac{-\cos nx}{n^2}\right) + 2\left(\frac{-\sin nx}{n^3}\right)\right\}\Bigg|_0^{2\pi} = \frac{4}{n^2}, \quad (n \neq 0),$$

$$b_n = \frac{1}{L}\int_c^{c+2L} f(x)\sin\frac{n\pi x}{L}dx = \frac{1}{\pi}\int_0^{2\pi} x^2 \sin nx dx$$
$$= \frac{1}{\pi}\left\{(x^2)\left(-\frac{\cos nx}{n}\right) - (2x)\left(-\frac{\sin nx}{n^2}\right) + (2)\left(\frac{\cos nx}{n^3}\right)\right\}\Bigg|_0^{2\pi} = \frac{-4\pi}{n}.$$

$n = 0$ のときは，$a_0 = \dfrac{1}{\pi}\displaystyle\int_0^{2\pi} x^2 dx = \dfrac{8\pi^2}{3}$ だから，フーリエ級数は

$$f(x) = x^2 = \frac{4\pi^2}{3} + \sum_{n=1}^{\infty}\left(\frac{4}{n^2}\cos nx - \frac{4\pi}{n}\sin nx\right).$$

これは $0 < x < 2\pi$ の場合に有効である．$x = 0$ と $x = 2\pi$ では，フーリエ級数は $2\pi^2$ に収束する．
$(b)$ 周期が指定されていない場合，一般的にフーリエ級数を一意に決定することができない．

**問題 7.7** 問題 7.6 の結果を用いて以下を証明せよ．

$$\frac{1}{1^2} + \frac{1}{2^2} + \frac{1}{3^2} + \cdots = \frac{\pi^2}{6}$$

解答

問題 7.6 のフーリエ級数は，$x = 0$ において $\dfrac{4\pi^2}{3} + \displaystyle\sum_{n=1}^{\infty} \frac{4}{n^2}$ となる．ディリクレ条件によれば $x = 0$ におけるフーリエ級数は $\frac{1}{2}(0 + 4\pi^2) = 2\pi^2$ である．したがって，

$$\frac{4\pi^2}{3} + \sum_{n=1}^{\infty} \frac{4}{n^2} = 2\pi^2$$

となるからこれを整理し，

$$\sum_{n=1}^{\infty} \frac{1}{n^2} = \frac{\pi^2}{6}.$$

## 奇関数，偶関数，フーリエ・サイン級数，フーリエ・コサイン級数

**問題 7.8** 以下の関数が，偶関数か奇関数かまたはそのどちらにも属さないか，分類せよ．

$$(a)\quad f(x) = \begin{cases} 2 & 0 < x < 3 \\ -2 & -3 < x < 0 \end{cases} \quad (\text{周期} = 6), \quad (b)\quad f(x) = \begin{cases} \cos x & 0 < x < \pi \\ 0 & \pi < x < 2\pi \end{cases} \quad (\text{周期} = 2\pi),$$

$$(c)\quad f(x) = x(10 - x), \quad 0 < x < 10 \quad (\text{周期} = 10).$$

解答

$(a)$ 図 7-7 より $f(-x) = -f(x)$ であることがわかるので，奇関数である．

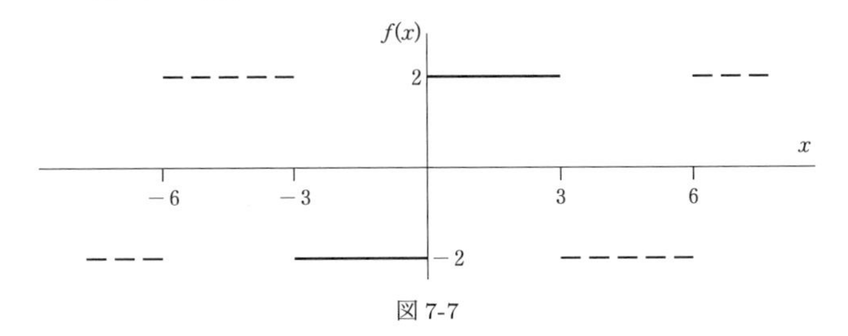


図 7-7

$(b)$ 図 7-8 より奇関数でも偶関数でもないことがわかる.

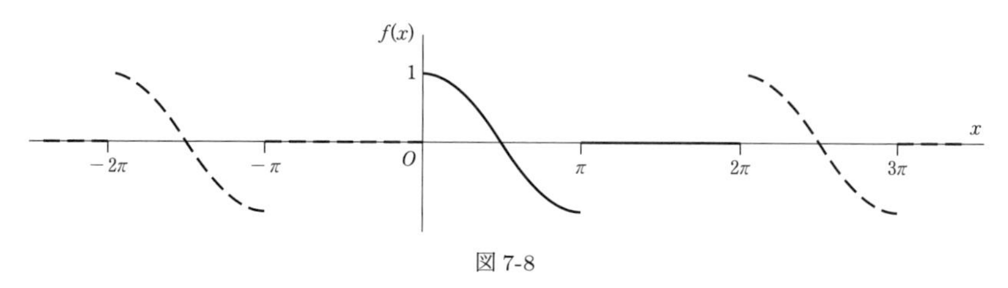


図 7-8

$(c)$ 図 7-9 より，偶関数である.

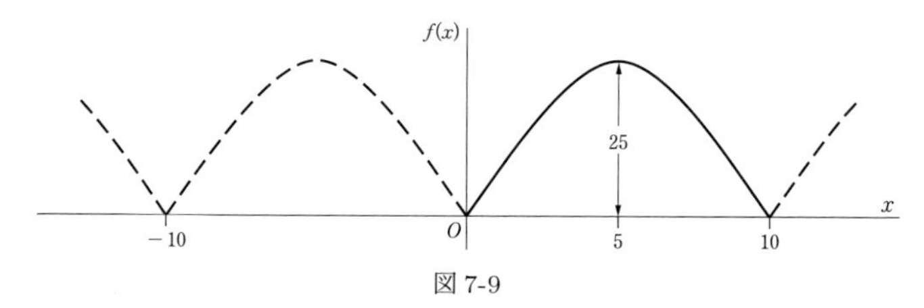


図 7-9

**問題 7.9**　偶関数のフーリエ級数展開を行うとき，sin 項を持たないことを示せ.

**解答**

**方法 1.**

sin 項を持たないとき $b_n = 0\,(n = 1, 2, 3, \dots)$ が成り立つ. これを示すために,

$$b_n = \frac{1}{L}\int_{-L}^{L} f(x)\sin\frac{n\pi x}{L}dx = \frac{1}{L}\int_{-L}^{0} f(x)\sin\frac{n\pi x}{L}dx + \frac{1}{L}\int_{0}^{L} f(x)\sin\frac{n\pi x}{L}dx \qquad (1)$$

とおく. (1) の右辺第一項の積分において $x = -u$ と変数変換を行うと,

$$\begin{aligned}\frac{1}{L}\int_{-L}^{0} f(x)\sin\frac{n\pi x}{L}dx &= \frac{1}{L}\int_{0}^{L} f(-u)\sin\left(-\frac{n\pi u}{L}\right)du = -\frac{1}{L}\int_{0}^{L} f(-u)\sin\frac{n\pi u}{L}du \qquad (2)\\ &= -\frac{1}{L}\int_{0}^{L} f(u)\sin\frac{n\pi u}{L}du = -\frac{1}{L}\int_{0}^{L} f(x)\sin\frac{n\pi x}{L}dx.\end{aligned}$$

この式変形では，偶関数である事実 $f(-u) = f(u)$ を利用したり，最後の行で積分のダミー変数 $u$ を他の記号に，ここでは $x$ で置き換えられるという事実を用いた. ゆえに (1) は，(2) を用いると,

$$b_n = -\frac{1}{L}\int_{0}^{L} f(x)\sin\frac{n\pi x}{L}dx + \frac{1}{L}\int_{0}^{L} f(x)\sin\frac{n\pi x}{L}dx = 0$$

**方法 2.**

$$f(x) = \frac{a_0}{2} + \sum_{n=1}^{\infty}\left(a_n \cos\frac{n\pi x}{L} + b_n \sin\frac{n\pi x}{L}\right)$$

とすると,

$$f(-x) = \frac{a_0}{2} + \sum_{n=1}^{\infty}\left(a_n \cos\frac{n\pi x}{L} - b_n \sin\frac{n\pi x}{L}\right)$$

を得る.

$f(x)$ が偶関数 $f(-x) = f(x)$ ならば,

$$\frac{a_0}{2} + \sum_{n=1}^{\infty}\left(a_n \cos\frac{n\pi x}{L} + b_n \sin\frac{n\pi x}{L}\right) = \frac{a_0}{2} + \sum_{n=1}^{\infty}\left(a_n \cos\frac{n\pi x}{L} - b_n \sin\frac{n\pi x}{L}\right)$$

となるから,

$$\sum_{n=1}^{\infty} b_n \sin\frac{n\pi x}{L} = 0.$$

すなわち,

$$f(x) = \frac{a_0}{2} + \sum_{n=1}^{\infty} a_n \cos\frac{n\pi x}{L}$$

となり, sin 項を持たないことを示せた.

同様にして, 奇関数のフーリエ級数展開では cos 項（定数項）を持たないことが示せる.

**問題 7.10** $f(x)$ が偶関数であるとき, 以下を示せ.

$$(a)\quad a_n = \frac{2}{L}\int_0^L f(x)\cos\frac{n\pi x}{L}dx, \qquad (b)\quad b_n = 0.$$

**解答**

(a) $a_n = \dfrac{1}{L}\displaystyle\int_{-L}^{L} f(x)\cos\frac{n\pi x}{L}dx = \frac{1}{L}\int_{-L}^{0} f(x)\cos\frac{n\pi x}{L}dx + \frac{1}{L}\int_0^L f(x)\cos\frac{n\pi x}{L}dx$

とする. ここで変数変換 $x = -u$ を行うと, 偶関数の定義 $f(-u) = f(u)$ より,

$$\frac{1}{L}\int_{-L}^{0} f(x)\cos\frac{n\pi x}{L}dx = \frac{1}{L}\int_0^L f(-u)\cos\left(\frac{-n\pi u}{L}\right)du = \frac{1}{L}\int_0^L f(u)\cos\frac{n\pi u}{L}du.$$

したがって,

$$a_n = \frac{1}{L}\int_0^L f(u)\cos\frac{n\pi u}{L}du + \frac{1}{L}\int_0^L f(x)\cos\frac{n\pi x}{L}dx = \frac{2}{L}\int_0^L f(x)\cos\frac{n\pi x}{L}dx$$

(b) 問題 7.9 の方法 1 による解答を参照せよ.

**問題 7.11** $f(x) = \sin x \ (0 < x < \pi)$ をフーリエ・コサイン級数に展開せよ.

**解答**

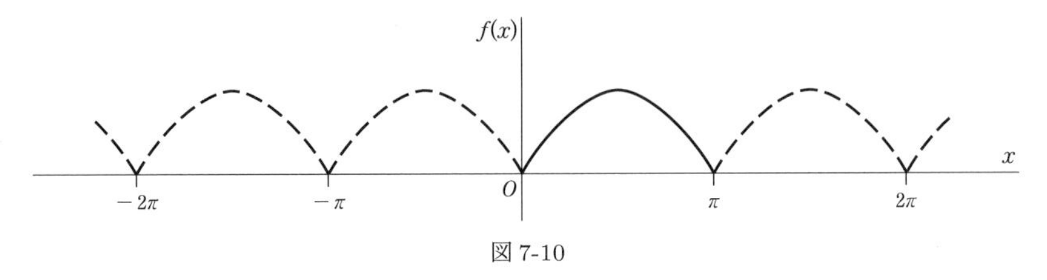


図 7-10

cos 項だけで構成されるフーリエ級数が得られるのは，関数が偶関数の場合のみである．そこで，$f(x)$ の定義を拡張して，$f(x)$ を偶関数にする必要がある（図 7-10 の破線）．だから，$f(x)$ を長さ $2\pi$ の区間で定義できるように拡張する．このとき周期は $2\pi$ となるので，$2L = 2\pi$ より，$L = \pi$ である．問題 7.10 より，

$$b_n = 0$$

$$\begin{aligned}
a_n &= \frac{2}{L}\int_0^L f(x)\cos\frac{n\pi x}{L}dx = \frac{2}{\pi}\int_0^\pi \sin x\cos nx dx \\
&= \frac{1}{\pi}\int_0^\pi \{\sin(x+nx)+\sin(x-nx)\}\,dx = \frac{1}{\pi}\left\{-\frac{\cos(n+1)x}{n+1}+\frac{\cos(n-1)x}{n-1}\right\}\Bigg|_0^\pi \\
&= \frac{1}{\pi}\left\{\frac{1-\cos(n+1)\pi}{n+1}+\frac{\cos(n-1)\pi-1}{n-1}\right\} = \frac{1}{\pi}\left\{-\frac{1+\cos n\pi}{n+1}-\frac{1+\cos n\pi}{n-1}\right\} \\
&= \frac{-2(1+\cos n\pi)}{\pi(n^2-1)} \quad (n \neq 1),
\end{aligned}$$

$$a_1 = \frac{2}{\pi}\int_0^\pi \sin x\cos x dx = \frac{2}{\pi}\frac{\sin^2 x}{2}\Bigg|_0^\pi = 0 \quad (n = 1),$$

$$a_0 = \frac{2}{\pi}\int_0^\pi \sin x dx = \frac{2}{\pi}(-\cos x)\Bigg|_0^\pi = \frac{4}{\pi} \quad (n = 0).$$

ゆえに，

$$\begin{aligned}
f(x) &= \frac{2}{\pi} - \frac{2}{\pi}\sum_{n=2}^{\infty}\frac{(1+\cos n\pi)}{n^2-1}\cos nx \\
&= \frac{2}{\pi} - \frac{4}{\pi}\left(\frac{\cos 2x}{2^2-1}+\frac{\cos 4x}{4^2-1}+\frac{\cos 6x}{6^2-1}+\cdots\right).
\end{aligned}$$

**問題 7.12**　$f(x) = x\ (0 < x < 2)$ としたとき，以下に答えよ．
(a) $f(x)$ をフーリエ・サイン級数に展開せよ．　(a) $f(x)$ をフーリエ・コサイン級数に展開せよ．

解答

$(a)$ 与えられた関数の定義を，周期が 4 となる奇関数へと拡張し（図 7-11），$2L = 4$, $L = 2$ とする．この手法は $f(x)$ の**奇関数拡張**といわれる．

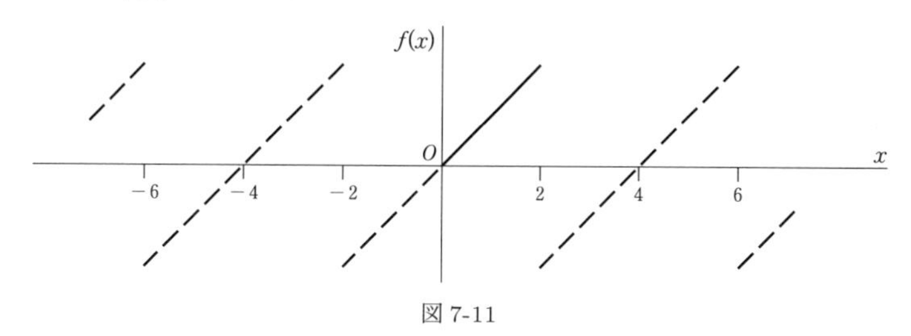


図 7-11

するとフーリエ・サイン級数展開は,

$$
\begin{aligned}
a_n &= 0 \\
b_n &= \frac{2}{L}\int_0^L f(x)\sin\frac{n\pi x}{L}dx = \frac{2}{2}\int_0^2 x\sin\frac{n\pi x}{2}dx \\
&= \left\{(x)\left(\frac{-2}{n\pi}\cos\frac{n\pi x}{2}\right) - (1)\left(\frac{-4}{n^2\pi^2}\sin\frac{n\pi x}{2}\right)\right\}\Bigg|_0^2 = \frac{-4}{n\pi}\cos n\pi,
\end{aligned}
$$

となるので,

$$
\begin{aligned}
f(x) &= \sum_{n=1}^{\infty}\frac{-4}{n\pi}\cos n\pi\sin\frac{n\pi x}{2} \\
&= \frac{4}{\pi}\left(\sin\frac{\pi x}{2} - \frac{1}{2}\sin\frac{2\pi x}{2} + \frac{1}{3}\sin\frac{3\pi x}{2} - \cdots\right).
\end{aligned}
$$

$(b)$ 関数 $f(x)$ の定義を，周期が 4 となる偶関数へと拡張し（図 7-12），$2L = 4$, $L = 2$ とする．この手法は $f(x)$ の**偶関数拡張**といわれる．

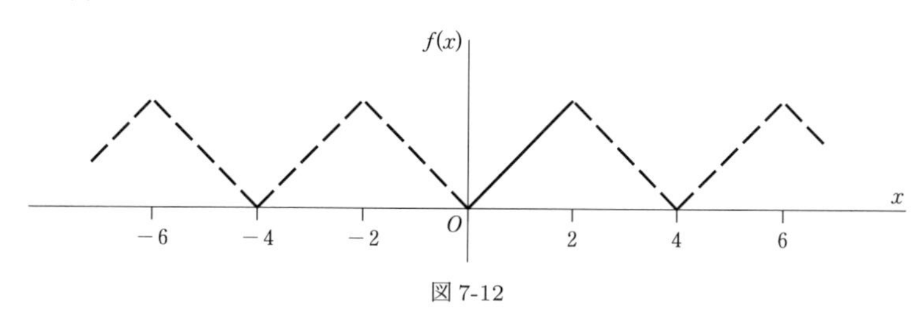


図 7-12

するとフーリエ・コサイン級数展開は,

$$
b_n = 0,
$$

$$a_n = \frac{2}{L}\int_0^L f(x)\cos\frac{n\pi x}{L}dx = \frac{2}{2}\int_0^2 x\cos\frac{n\pi x}{2}dx$$
$$= \left\{(x)\left(\frac{2}{n\pi}\sin\frac{n\pi x}{2}\right) - (1)\left(\frac{-4}{n^2\pi^2}\cos\frac{n\pi x}{2}\right)\right\}\Bigg|_0^2$$
$$= \frac{4}{n^2\pi^2}(\cos n\pi - 1) \quad (n \neq 0),$$
$$a_0 = \int_0^2 xdx = 2 \quad (n = 0).$$

となるので，

$$f(x) = 1 + \sum_{n=1}^{\infty}\frac{4}{n^2\pi^2}(\cos n\pi - 1)\cos\frac{n\pi x}{2}$$
$$= 1 - \frac{8}{\pi^2}\left(\cos\frac{\pi x}{2} + \frac{1}{3^2}\cos\frac{3\pi x}{2} + \frac{1}{5^2}\cos\frac{5\pi x}{2} + \cdots\right).$$

なお，(a) と (b) の 2 つの**異なる**級数において，関数 $f(x) = x\ (0 < x < 2)$ は**同程度**に表現されることに注意せよ．

## パーセヴァルの等式

**問題 7.13**　$f(x)$ に対応するフーリエ級数が，$(-L, L)$ において $f(x)$ に一様収束すると仮定する．このとき，パーセヴァルの等式

$$\frac{1}{L}\int_{-L}^{L}\{f(x)\}^2 dx = \frac{a_0^2}{2} + \sum(a_n^2 + b_n^2)$$

を証明せよ．なお，関数 $f(x)$ は二乗可積分であるとする．

**解答**

$f(x) = \frac{a_0}{2} + \sum_{n=1}^{\infty}\left(a_n\cos\frac{n\pi x}{L} + b_n\sin\frac{n\pi x}{L}\right)$ のとき，この式に $f(x)$ をかけ，項ごとに区間 $(-L, L)$ で積分する（この操作は，本問におけるフーリエ級数が一様収束するので正当化される）．すると以下の式が得られる．

$$\int_{-L}^{L}\{f(x)\}^2 dx = \frac{a_0}{2}\int_{-L}^{L}f(x)dx + \sum_{n=1}^{\infty}\left\{a_n\int_{-L}^{L}f(x)\cos\frac{n\pi x}{L}dx + b_n\int_{-L}^{L}f(x)\sin\frac{n\pi x}{L}dx\right\}$$
$$= \frac{a_0^2}{2}L + L\sum_{n=1}^{\infty}(a_n^2 + b_n^2). \tag{1}$$

目的の等式は (1) の両辺を $L$ で割ることで得られる．なお，2 行目の変形においては，フーリエ係数から得られる以下の結果を用いた．

$$\int_{-L}^{L}f(x)\cos\frac{n\pi x}{L}dx = La_n,\quad \int_{-L}^{L}f(x)\sin\frac{n\pi x}{L}dx = Lb_n,\quad \int_{-L}^{L}f(x)dx = La_0. \tag{2}$$

パーセヴァルの等式は，ここで課された条件よりも制限の緩い条件（ディリクレ条件）でも有効である．

**問題 7.14**　以下に答えよ．

($a$)　問題 7.12($b$) で扱った関数のフーリエ級数に対応するパーセヴァルの等式を与えよ．

($b$)　無限級数 $\frac{1}{1^4}+\frac{1}{2^4}+\frac{1}{3^4}+\cdots+\frac{1}{n^4}+\cdots$ の和 $S$ を ($a$) の結果を用いて求めよ．[1)]

**解答**

($a$) 問題 7.12($b$) より，$L=2$, $a_0=2$, $a_n=\frac{4}{n^2\pi^2}(\cos n\pi-1)$, $n\neq 0$, $b_n=0$ である．

これらを用いるとパーセヴァルの等式は,

$$\frac{1}{2}\int_{-2}^{2}\{f(x)\}^2\,dx=\frac{1}{2}\int_{-2}^{2}x^2dx=\frac{(2)^2}{2}+\sum_{n=1}^{\infty}\frac{16}{n^4\pi^4}(\cos n\pi-1)^2.$$

この式は,

$$\frac{8}{3}=2+\frac{64}{\pi^4}\left(\frac{1}{1^4}+\frac{1}{3^4}+\frac{1}{5^4}+\cdots\right)$$

となるから,

$$\frac{1}{1^4}+\frac{1}{3^4}+\frac{1}{5^4}+\cdots=\frac{\pi^4}{96}$$

が得られる．

($b$) 無限級数の和 $S$ は,

$$\begin{aligned}S=\frac{1}{1^4}+\frac{1}{2^4}+\frac{1}{3^4}+\cdots&=\left(\frac{1}{1^4}+\frac{1}{3^4}+\frac{1}{5^4}+\cdots\right)+\left(\frac{1}{2^4}+\frac{1}{4^4}+\frac{1}{6^4}+\cdots\right)\\&=\left(\frac{1}{1^4}+\frac{1}{3^4}+\frac{1}{5^4}+\cdots\right)+\frac{1}{2^4}\left(\frac{1}{1^4}+\frac{1}{2^4}+\frac{1}{3^4}+\cdots\right)\\&=\frac{\pi^4}{96}+\frac{S}{16}.\end{aligned}$$

ゆえに,

$$S=\frac{\pi^4}{90}.$$

**問題 7.15**　任意の正の整数 $M$ に対して，以下の不等式が成り立つことを証明せよ．

$$\frac{a_0^2}{2}+\sum_{n=1}^{M}(a_n^2+b_n^2)\ \le\ \frac{1}{L}\int_{-L}^{L}\{f(x)\}^2\,dx$$

ここで，$a_n$ と $b_n$ は $f(x)$ に対応するフーリエ係数であり，$f(x)$ は $(-L,L)$ で区分的に連続であると仮定する．

**解答**

$$S_M(x)=\frac{a_0}{2}+\sum_{n=1}^{M}\left(a_n\cos\frac{n\pi x}{L}+b_n\sin\frac{n\pi x}{L}\right)\tag{1}$$

1)　訳注：無限級数が収束するとき，その値を「無限級数の和」という (p.8).

とおく．(1) は $f(x)$ に対応するフーリエ級数の部分和である ($M = 1, 2, 3, \ldots$)．

また，$\{f(x) - S_M(x)\}^2$ は非負だから

$$\int_{-L}^{L} \{f(x) - S_M(x)\}^2 \, dx \geq 0 \tag{2}$$

が成り立つ．この被積分関数を展開すると，

$$2\int_{-L}^{L} f(x) S_M(x) dx - \int_{-L}^{L} S_M^2(x) dx \leq \int_{-L}^{L} \{f(x)\}^2 \, dx. \tag{3}$$

(1) に $2f(x)$ をかけ，区間 $(-L, L)$ で積分し，問題 7.13 の (2) を用いることで，

$$2\int_{-L}^{L} f(x) S_M(x) dx = 2L \left\{ \frac{a_0^2}{2} + \sum_{n=1}^{M} (a_n^2 + b_n^2) \right\}. \tag{4}$$

さらに，問題 7.3 を用いて，(1) を 2 乗し，区間 $(-L, L)$ で積分すると，

$$\int_{-L}^{L} S_M^2(x) dx = L \left\{ \frac{a_0^2}{2} + \sum_{n=1}^{M} (a_n^2 + b_n^2) \right\} \tag{5}$$

(4) と (5) を (3) に代入し $L$ で割ると，目的の不等式が得られる．

この不等式において $M \to \infty$ と極限をとると，**ベッセルの不等式**とよばれる以下の式を得る．

$$\frac{a_0^2}{2} + \sum_{n=1}^{\infty} (a_n^2 + b_n^2) \leq \frac{1}{L} \int_{-L}^{L} \{f(x)\}^2 \, dx. \tag{6}$$

この式において等式 (=) が成り立てば，問題 7.13 で扱ったパーセヴァルの等式が得られる．

(2) の左辺を $2L$ で割った値は近似値の**平均二乗誤差**を表しているから，$S_M(x)$ は $f(x)$ の**近似値**として考えることができる．$M \to \infty$ のとき，パーセヴァルの等式が成り立つ場合は平均二乗誤差がゼロに近づくが，ベッセルの不等式によればこの平均二乗誤差がゼロにならない可能性があることを示唆している．

以上の結果は，正規直交関数系の**完全性** (completeness) の概念と関連している．例えば，フーリエ級数の項 (例えば $\cos 4\pi x/L$) を 1 つでも省いてしまうと，いくら項を足し合わせようが平均二乗誤差がゼロに近づくことはない．このことに関する 3 次元ベクトルでの例については問題 7.46(補) を参照せよ．

## フーリエ級数の微積分

**問題 7.16**

(*a*) 問題 7.12(*a*) の級数を積分することで，$f(x) = x^2 \, (0 < x < 2)$ に対応するフーリエ級数を求めよ．

(*b*) (*a*) の結果を使って級数 $\displaystyle\sum_{n=1}^{\infty} \frac{(-1)^{n-1}}{n^2}$ の値を求めよ．

解答

($a$) 問題 7.12($a$) より，

$$x = \frac{4}{\pi}\left(\sin\frac{\pi x}{2} - \frac{1}{2}\sin\frac{2\pi x}{2} + \frac{1}{3}\sin\frac{3\pi x}{2} - \cdots\right). \tag{1}$$

両辺を 0 から $x$ まで積分し（定理 7.2[p.244] を適用する），2 をかけると，

$$x^2 = C - \frac{16}{\pi^2}\left(\cos\frac{\pi x}{2} - \frac{1}{2^2}\cos\frac{2\pi x}{2} + \frac{1}{3^2}\cos\frac{3\pi x}{2} - \cdots\right). \tag{2}$$

このとき，

$$C = \frac{16}{\pi^2}\left(1 - \frac{1}{2^2} + \frac{1}{3^2} - \frac{1}{4^2} + \cdots\right)$$

である[1)]．($b$) $C$ を別の方法で決定するには，(2) が，$0 < x < 2$ における $x^2$ のフーリエ・コサイン級数を表していることに注意する．すると $L = 2$ より，

$$C = \frac{a_0}{2} = \frac{1}{L}\int_0^L f(x)dx = \frac{1}{2}\int_0^2 x^2 dx = \frac{4}{3}.$$

ゆえに ($a$) における $C$ の値も考慮すると，

$$\sum_{n=1}^{\infty}\frac{(-1)^{n-1}}{n^2} = 1 - \frac{1}{2^2} + \frac{1}{3^2} - \frac{1}{4^2} + \cdots = \frac{\pi^2}{16}\cdot\frac{4}{3} = \frac{\pi^2}{12}.$$

**問題 7.17**　問題 7.12($a$) の級数に対する（項別の）微分は有効ではないことを示せ．

解答

問題 7.12($a$) の級数に対して項別の微分を行うと，$2\left(\cos\frac{\pi x}{2} - \cos\frac{2\pi x}{2} + \cos\frac{3\pi x}{2} - \cdots\right)$ を得る．

この級数の第 $n$ 項は 0 に近づかないので，どのような $x$ の値でもこの級数は収束せず，有効ではない．

## フーリエ級数の収束

**問題 7.18**　以下を証明せよ．

($a$) $\displaystyle \frac{1}{2} + \cos t + \cos 2t + \cdots + \cos Mt = \frac{\sin(M + \frac{1}{2})t}{2\sin\frac{1}{2}t}.$

($b$) $\displaystyle \frac{1}{\pi}\int_0^{\pi}\frac{\sin(M + \frac{1}{2})t}{2\sin\frac{1}{2}t}dt = \frac{1}{2}, \quad \frac{1}{\pi}\int_{-\pi}^{0}\frac{\sin(M + \frac{1}{2})t}{2\sin\frac{1}{2}t}dt = \frac{1}{2}.$

解答

1)　訳注：$x = 0$ における評価によって得られる．

$(a)$ $\cos nt \sin \frac{1}{2}t = \frac{1}{2}\{\sin(n+\frac{1}{2})t - \sin(n-\frac{1}{2})t\}$ の関係を用いる．

すると，$n=1$ から $M$ までの和は，

$$\begin{aligned}\sin \tfrac{1}{2}t\{\cos t + \cos 2t + \cdots + \cos Mt\} &= (\sin \tfrac{3}{2}t - \sin \tfrac{1}{2}t) + (\sin \tfrac{5}{2}t - \sin \tfrac{3}{2}t) \\ &\quad + \cdots + \left(\sin(M+\tfrac{1}{2})t - \sin(M-\tfrac{1}{2})t\right) \\ &= \tfrac{1}{2}\{\sin(M+\tfrac{1}{2})t - \sin \tfrac{1}{2}t\}\end{aligned}$$

得られた式を $\sin \frac{1}{2}t$ で割って $\frac{1}{2}$ を加えると，必要な結果が得られる．

$(b)$ $(a)$ の結果を，それぞれ $-\pi$ から $0$，$0$ から $\pi$ まで積分する．すべての cos 項の積分がゼロになることから，必要な結果が得られる．

**問題 7.19**　$f(x)$ が区分的に連続であるとき，以下が成り立つことを証明せよ．

$$\lim_{n\to\infty}\int_{-\pi}^{\pi} f(x)\sin nx dx = \lim_{n\to\infty}\int_{-\pi}^{\pi} f(x)\cos nx dx = 0.$$

**解答**

問題 7.15 より，級数 $\frac{a_0^2}{2} + \sum_{n=1}^{\infty}(a_n^2 + b_n^2)$ が収束している場合，$\lim_{n\to\infty} a_n = \lim_{n\to\infty} b_n = 0$ となるので，目的の関係式が成立することがわかる．

本問で証明した関係式は**リーマン・ルベーグの補助定理**という．

**問題 7.20**　$f(x)$ が区分的に連続であるとき，以下が成り立つことを証明せよ．

$$\lim_{M\to\infty}\int_{-\pi}^{\pi} f(x)\sin(M+\tfrac{1}{2})x dx = 0.$$

**解答**

与式から以下を得る．

$$\int_{-\pi}^{\pi} f(x)\sin(M+\tfrac{1}{2})x dx = \int_{-\pi}^{\pi}\{f(x)\sin \tfrac{1}{2}x\}\cos Mx dx + \int_{-\pi}^{\pi}\{f(x)\cos \tfrac{1}{2}x\}\sin Mx dx.$$

このとき，$f(x)$ が区分的に連続であれば，$f(x)$ をそれぞれ $f(x)\sin \frac{1}{2}x$ と $f(x)\cos \frac{1}{2}x$ に置き換えることで問題 7.19 の結果が使えるので，目的の関係式が成立することが直ちにわかる．

この結果は，積分区間が $(-\pi,\pi)$ ではなく，$(a,b)$ であっても証明可能である．

**問題 7.21**　$L=\pi$，すなわち $f(x)$ に対応するフーリエ級数が周期 $2L=2\pi$ を持つと仮定したとき，以下が成り立つことを示せ．

$$S_M(x) = \frac{a_0}{2} + \sum_{n=1}^{M}(a_n\cos nx + b_n\sin nx) = \frac{1}{\pi}\int_{-\pi}^{\pi} f(t+x)\frac{\sin(M+\frac{1}{2})t}{2\sin \frac{1}{2}t}dt$$

**解答**

$L=\pi$ としたフーリエ係数の公式を用いると，次のような変形が可能である．

$$
\begin{aligned}
a_n \cos nx + b_n \sin nx &= \left(\frac{1}{\pi}\int_{-\pi}^{\pi} f(u)\cos nu du\right)\cos nx + \left(\frac{1}{\pi}\int_{-\pi}^{\pi} f(u)\sin nu du\right)\sin nx \\
&= \frac{1}{\pi}\int_{-\pi}^{\pi} f(u)(\cos nu\cos nx + \sin nu \sin nx)du \\
&= \frac{1}{\pi}\int_{-\pi}^{\pi} f(u)\cos n(u-x)du, \\
\frac{a_0}{2} &= \frac{1}{2\pi}\int_{-\pi}^{\pi} f(u)du.
\end{aligned}
$$

したがって，問題 7.18 の結果を用いると，

$$
\begin{aligned}
S_M(x) &= \frac{a_0}{2} + \sum_{n=1}^{M}(a_n\cos nx + b_n \sin nx) \\
&= \frac{1}{2\pi}\int_{-\pi}^{\pi} f(u)du + \frac{1}{\pi}\sum_{n=1}^{M}\int_{-\pi}^{\pi} f(u)\cos n(u-x)du \\
&= \frac{1}{\pi}\int_{-\pi}^{\pi} f(u)\left\{\frac{1}{2} + \sum_{n=1}^{M}\cos n(u-x)\right\}du \\
&= \frac{1}{\pi}\int_{-\pi}^{\pi} f(u)\frac{\sin(M+\frac{1}{2})(u-x)}{2\sin\frac{1}{2}(u-x)}du.
\end{aligned}
$$

得られた式を $u-x=t$ で変数変換すると，

$$
S_M(x) = \frac{1}{\pi}\int_{-\pi-x}^{\pi-x} f(t+x)\frac{\sin(M+\frac{1}{2})t}{2\sin\frac{1}{2}t}dt.
$$

被積分関数の周期が $2\pi$ であることから，区間 $(-\pi-x, \pi-x)$ を長さが $2\pi$ となるような任意の区間，とりわけ本問においては $(-\pi,\pi)$ に置き換えることができる．この置き換えによって，目的の関係式が得られる．

**問題 7.22**　以下の関係式を証明せよ．

$$
\begin{aligned}
S_M(x) - \left(\frac{f(x+0)+f(x-0)}{2}\right) &= \frac{1}{\pi}\int_{-\pi}^{0}\left(\frac{f(t+x)-f(x-0)}{2\sin\frac{1}{2}t}\right)\sin(M+\tfrac{1}{2})tdt \\
&\quad + \frac{1}{\pi}\int_{0}^{\pi}\left(\frac{f(t+x)-f(x+0)}{2\sin\frac{1}{2}t}\right)\sin(M+\tfrac{1}{2})tdt.
\end{aligned}
$$

**解答**

問題 7.21 より，

$$
S_M(x) = \frac{1}{\pi}\int_{-\pi}^{0} f(t+x)\frac{\sin(M+\frac{1}{2})t}{2\sin\frac{1}{2}t}dt + \frac{1}{\pi}\int_{0}^{\pi} f(t+x)\frac{\sin(M+\frac{1}{2})t}{2\sin\frac{1}{2}t}dt. \tag{1}
$$

問題 7.18($b$) で示した 2 つの積分値にそれぞれ $f(x+0)$ と $f(x-0)$ をかけて足し合わせると，

$$\frac{f(x+0)+f(x-0)}{2}=\frac{1}{\pi}\int_{-\pi}^{0}f(x-0)\frac{\sin(M+\frac{1}{2})t}{2\sin\frac{1}{2}t}dt+\frac{1}{\pi}\int_{0}^{\pi}f(x+0)\frac{\sin(M+\frac{1}{2}t)}{2\sin\frac{1}{2}t}dt. \quad (2)$$

最後に，(1) から (2) をひくことで，目的の関係式が得られる．

**問題 7.23**　$f(x)$ および $f'(x)$ が $(-\pi,\pi)$ で区分的に連続であるとき，以下を証明せよ．

$$\lim_{M\to\infty}S_M(x)=\frac{f(x+0)+f(x-0)}{2}$$

解答

$f(x)$ は区分的に連続だから，関数 $\dfrac{f(t+x)-f(x+0)}{2\sin\frac{1}{2}t}$ は $0<t\leq\pi$ において区分的に連続である．

また，極限値

$$\lim_{t\to0+}\frac{f(t+x)-f(x+0)}{2\sin\frac{1}{2}t}=\lim_{t\to0+}\frac{f(t+x)-f(x+0)}{t}\cdot\frac{t}{2\sin\frac{1}{2}t}=\lim_{t\to0+}\frac{f(t+x)-f(x+0)}{t}$$

が存在していることがわかる．なぜなら，仮定より $f'(x)$ が区分的に連続であるため，各 $x$ における右側微分係数が存在しているからである．

したがって，$\dfrac{f(t+x)-f(x+0)}{2\sin\frac{1}{2}t}$ は $0\leq t\leq\pi$ で区分的に連続であることがいえた．同様にして，$\dfrac{f(t+x)-f(x-0)}{2\sin\frac{1}{2}t}$ も $-\pi\leq t\leq0$ で区分的に連続であることがいえる．

以上より，問題 7.20 および 問題 7.22 の結果を用いることで，

$$\lim_{M\to\infty}S_M(x)-\left\{\frac{f(x+0)+f(x-0)}{2}\right\}=0\quad\text{または，}\quad\lim_{M\to\infty}S_M(x)=\frac{f(x+0)+f(x-0)}{2}.$$

# 直交関数

**問題 7.24**

($a$) 以下の関数系が区間 $(-L,L)$ で直交系を成すことを示せ．

$$1,\quad \sin\frac{\pi x}{L},\quad \cos\frac{\pi x}{L},\quad \sin\frac{2\pi x}{L},\quad \cos\frac{2\pi x}{L},\quad \sin\frac{3\pi x}{L},\quad \cos\frac{3\pi x}{L},\quad \ldots$$

($b$) ($a$) の関数系が $(-L,L)$ で正規直交するように，対応する正規化定数を求めよ．

解答

($a$) 問題 7.2 および 問題 7.3 の結果から直ちに示せる．

(b) (問題 7.3) より，

$$\int_{-L}^{L} \sin^2 \frac{m\pi x}{L} dx = L, \qquad \int_{-L}^{L} \cos^2 \frac{m\pi x}{L} dx = L$$

だから，

$$\int_{-L}^{L} \left(\sqrt{\frac{1}{L}} \sin \frac{m\pi x}{L}\right)^2 dx = 1, \qquad \int_{-L}^{L} \left(\sqrt{\frac{1}{L}} \cos \frac{m\pi x}{L}\right)^2 dx = 1$$

とできる．

また，

$$\int_{-L}^{L} (1)^2 dx = 2L \qquad \text{または,} \qquad \int_{-L}^{L} \left(\frac{1}{\sqrt{2L}}\right)^2 dx = 1.$$

以上より，正規直交関数系は以下のように与えることができる．

$$\frac{1}{\sqrt{2L}},\ \frac{1}{\sqrt{L}} \sin \frac{\pi x}{L},\ \frac{1}{\sqrt{L}} \cos \frac{\pi x}{L},\ \frac{1}{\sqrt{L}} \sin \frac{2\pi x}{L},\ \frac{1}{\sqrt{L}} \cos \frac{2\pi x}{L},\ ...$$

**問題 7.25**　$\{\phi_n(x)\}$ を $(a, b)$ における正規直交関数系であるとする．$\sum_{n=1}^{\infty} c_n \phi_n(x)$ が $(a, b)$ において $f(x)$ に一様収束するとき，以下の式が成立することを証明せよ．

$$c_n = \int_a^b f(x)\phi_n(x)dx$$

**解答**

$$f(x) = \sum_{n=1}^{\infty} c_n \phi_n(x) \tag{1}$$

の両辺に $\phi_m(x)$ をかけ，$(a, b)$ で積分すると，

$$\int_a^b f(x)\phi_m(x)dx = \sum_{n=1}^{\infty} c_n \int_a^b \phi_m(x)\phi_n(x)dx. \tag{2}$$

ここで，和と積分の交換は，本問の仮定で級数が $f(x)$ に一様収束することから正当化される．そして，関数系 $\{\phi_n(x)\}$ は $(a, b)$ で互いに直交しているので，

$$\int_a^b \phi_m(x)\phi_n(x)dx = \begin{cases} 0 & m \neq n \\ 1 & m = n \end{cases}$$

となり，目的の式が得られる．

$$\int_a^b f(x)\phi_m(x)dx = c_m. \tag{3}$$

(3) の係数 $c_m$ は，(1) の級数の収束に関する情報が与えられていなくても，$f(x)$ に対応する**一般フーリエ係数**という．これまで見てきたフーリエ級数と同様に，(3) の係数を用いることで $\sum_{n=1}^{\infty} c_n \phi_n(x)$ が収束するかを調べる．当然のことだが収束条件は使用する直交関数の種類によって異なる．

# 第 8 章

# フーリエ変換

## フーリエ積分定理

$f(x)$ について以下の条件を仮定する：

1. $f(x)$ は，あらゆる有限区間 $(-L, L)$ 内でディリクレ条件 (p.242) を満たす．

2. $\displaystyle\int_{-\infty}^{\infty} |f(x)|\,dx$ は収束する．すなわち，$f(x)$ は $(-\infty, \infty)$ で絶対可積分である．

このとき，**フーリエ積分定理**によれば，以下の関係式が成り立つ．

$$f(x) = \int_0^{\infty} \{A(\alpha)\cos\alpha x + B(\alpha)\sin\alpha x\}\,d\alpha. \tag{1}$$

ここで，$A(\alpha)$ と $B(\alpha)$ は以下のように与える．

$$\begin{cases} A(\alpha) = \dfrac{1}{\pi}\displaystyle\int_{-\infty}^{\infty} f(x)\cos\alpha x dx, \\ B(\alpha) = \dfrac{1}{\pi}\displaystyle\int_{-\infty}^{\infty} f(x)\sin\alpha x dx. \end{cases} \tag{2}$$

(1) の式は，$x$ が $f(x)$ の連続点である場合に成立する．$x$ が不連続点の場合は，フーリエ級数のときと同様に，$f(x)$ を $\dfrac{f(x+0)+f(x-0)}{2}$ に置き換える必要がある．なお，上記で示した条件は十分条件であって必要条件ではないことに注意しよう．

(1) と (2) は，フーリエ級数の結果と類似していることがわかる．(1) の右辺の式は，$f(x)$ の**フーリエ積分展開**とよばれる．

## フーリエ積分定理と等価な式

フーリエ積分定理は以下のような形で表すこともできる．

$$f(x) = \frac{1}{\pi}\int_{\alpha=0}^{\infty}\int_{u=-\infty}^{\infty} f(u)\cos\alpha(x-u)\,du\,d\alpha \tag{3}$$

$$\begin{aligned} f(x) &= \frac{1}{2\pi}\int_{-\infty}^{\infty} e^{-i\alpha x}d\alpha \int_{-\infty}^{\infty} f(u)e^{i\alpha u}du \\ &= \frac{1}{2\pi}\int_{-\infty}^{\infty}\int_{-\infty}^{\infty} f(u)e^{i\alpha(u-x)}du\,d\alpha \end{aligned} \tag{4}$$

ただし，$f(x)$ が $x$ で連続でない場合，上式の左辺は $\dfrac{f(x+0)+f(x-0)}{2}$ に置き換える必要がある．

これらの結果は，$f(x)$ が偶関数または奇関数に応じて，以下のように簡略化できる．

$$f(x)=\frac{2}{\pi}\int_0^{\infty}\cos\alpha x d\alpha\int_0^{\infty}f(u)\cos\alpha u du \quad (f(x)\text{が偶関数のとき}) \tag{5}$$

$$f(x)=\frac{2}{\pi}\int_0^{\infty}\sin\alpha x d\alpha\int_0^{\infty}f(u)\sin\alpha u du \quad (f(x)\text{が奇関数のとき}) \tag{6}$$

## フーリエ変換

(4) から，以下の関係式が得られることがわかる．

$$F(\alpha)=\frac{1}{\sqrt{2\pi}}\int_{-\infty}^{\infty}f(u)e^{i\alpha u}du \tag{7}$$

$$f(x)=\frac{1}{\sqrt{2\pi}}\int_{-\infty}^{\infty}F(\alpha)e^{-i\alpha x}d\alpha \tag{8}$$

関数 $F(\alpha)$ を $f(x)$ の**フーリエ変換**といい，$F(\alpha)=\mathscr{F}\{f(x)\}$ と表記される．一方で関数 $f(x)$ は $F(\alpha)$ の**逆フーリエ変換**であり，$f(x)=\mathscr{F}^{-1}\{F(\alpha)\}$ と表記される．

**注意:** (7) と (8) の積分記号の前の定数を $1/\sqrt{2\pi}$ としたが，それらの積で $1/2\pi$ となればよいので，ゼロ以外の任意定数とすることができる．上の定義では，その形から**対称形**であるという．

$f(x)$ が偶関数ならば，式 (5) は以下のようになる．

$$\begin{cases} F_c(\alpha)=\sqrt{\dfrac{2}{\pi}}\displaystyle\int_0^{\infty}f(u)\cos\alpha u du \\ f(x)=\sqrt{\dfrac{2}{\pi}}\displaystyle\int_0^{\infty}F_c(\alpha)\cos\alpha x d\alpha \end{cases} \tag{9}$$

このとき $F_c(\alpha)$ および $f(x)$ を互いの**フーリエ・コサイン変換**という．

$f(x)$ が奇関数ならば，式 (6) は以下のようになる．

$$\begin{cases} F_s(\alpha)=\sqrt{\dfrac{2}{\pi}}\displaystyle\int_0^{\infty}f(u)\sin\alpha u du \\ f(x)=\sqrt{\dfrac{2}{\pi}}\displaystyle\int_0^{\infty}F_s(\alpha)\sin\alpha x d\alpha \end{cases} \tag{10}$$

このとき $F_s(\alpha)$ および $f(x)$ を互いの**フーリエ・サイン変換**という．

## フーリエ変換に対するパーセヴァルの等式

$F_s(\alpha)$ と $G_s(\alpha)$ がそれぞれ $f(x)$ と $g(x)$ のフーリエ・サイン変換であるとき，以下が成り立つ．

$$\int_0^{\infty}F_s(\alpha)G_s(\alpha)d\alpha=\int_0^{\infty}f(x)g(x)dx \tag{11}$$

同様に $F_c(\alpha)$ と $G_c(\alpha)$ がそれぞれ $f(x)$ と $g(x)$ のフーリエ・コサイン変換であるとき，以下が成り立つ．

$$\int_0^\infty F_c(\alpha)G_c(\alpha)d\alpha = \int_0^\infty f(x)g(x)dx \tag{12}$$

特に $f(x) = g(x)$ の場合，(11) と (12) はそれぞれ以下のようになる．

$$\int_0^\infty \{F_s(\alpha)\}^2 d\alpha = \int_0^\infty \{f(x)\}^2 dx \tag{13}$$

$$\int_0^\infty \{F_c(\alpha)\}^2 d\alpha = \int_0^\infty \{f(x)\}^2 dx \tag{14}$$

これらの関係式は，フーリエ変換に対する**パーセヴァルの等式**として知られている．同様の関係式は，一般のフーリエ変換の下でも成り立つ．したがって，$F(\alpha)$ と $G(\alpha)$ がそれぞれ $f(x)$ と $g(x)$ のフーリエ変換であれば，以下が成り立つことが証明できる．

$$\int_{-\infty}^\infty F(\alpha)\overline{G(\alpha)}d\alpha = \int_{-\infty}^\infty f(x)\overline{g(x)}dx \tag{15}$$

ここで，関数の上にあるバーは，$i$ を $-i$ に置き換えるような「複素共役」という操作を意味している 問題 8.24(補)．

## 畳み込み定理

$F(\alpha)$ と $G(\alpha)$ がそれぞれ $f(x)$ と $g(x)$ のフーリエ変換であるとき，以下の関係式が成り立つ．

$$\int_{-\infty}^\infty F(\alpha)G(\alpha)e^{-i\alpha x}d\alpha = \int_{-\infty}^\infty f(u)g(x-u)du. \tag{16}$$

そして関数 $f$ と $g$ の**畳み込み積分** ($f * g$ と表記) を以下のように定義する．

$$f * g = \frac{1}{\sqrt{2\pi}}\int_{-\infty}^\infty f(u)g(x-u)du. \tag{17}$$

すると，(16) は，

$$\mathcal{F}\{f * g\} = \mathcal{F}\{f\}\mathcal{F}\{g\} \tag{18}$$

とかける．つまり，2 つの関数の畳み込み積分のフーリエ変換は，それらのフーリエ変換の積に等しいことがわかる．これを**フーリエ変換の畳み込み定理**という．

# 演習問題

## フーリエ積分およびフーリエ変換

**問題 8.1**　以下に答えよ．

$(a)$　$f(x) = \begin{cases} 1 & |x| < a \\ 0 & |x| > a \end{cases}$ のフーリエ変換を求めよ．

$(b)$　$a = 3$ としたとき，$f(x)$ 及びそのフーリエ変換のグラフを描け．

解答

$(a)$ $f(x)$ のフーリエ変換は，

$$F(\alpha) = \frac{1}{\sqrt{2\pi}} \int_{-\infty}^{\infty} f(u) e^{i\alpha u} du = \frac{1}{\sqrt{2\pi}} \int_{-a}^{a} (1) e^{i\alpha u} du = \frac{1}{\sqrt{2\pi}} \left. \frac{e^{i\alpha u}}{i\alpha} \right|_{-a}^{a}$$

$$= \frac{1}{\sqrt{2\pi}} \left( \frac{e^{i\alpha a} - e^{-i\alpha a}}{i\alpha} \right) = \sqrt{\frac{2}{\pi}} \frac{\sin \alpha a}{\alpha}, \quad (\alpha \neq 0).$$

$\alpha = 0$ に対しては，$F(\alpha) = \sqrt{2/\pi}a$ を得る．$(b)$ $a = 3$ としたときに得られる $f(x)$ と $F(\alpha)$ のグラフを，図 8-1 および図 8-2 にそれぞれ示した．

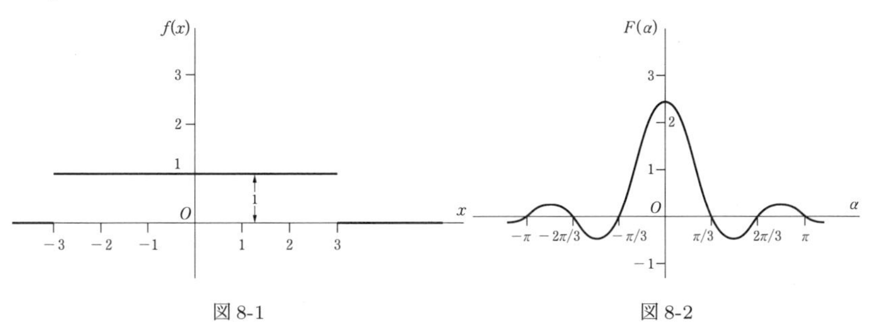


図 8-1　　図 8-2

**問題 8.2**　以下に答えよ．

$(a)$　問題 8.1 の結果を用いて，$\displaystyle\int_{-\infty}^{\infty} \frac{\sin \alpha a \cos \alpha x}{\alpha} d\alpha$ の値を求めよ．

$(b)$　$(a)$ から $\displaystyle\int_{0}^{\infty} \frac{\sin u}{u} du$ の値を導け．

解答

$(a)$ フーリエ積分定理より，

$$F(\alpha) = \frac{1}{\sqrt{2\pi}} \int_{-\infty}^{\infty} f(u) e^{i\alpha u} du \text{ ならば，} \quad f(x) = \frac{1}{\sqrt{2\pi}} \int_{-\infty}^{\infty} F(\alpha) e^{-i\alpha x} d\alpha.$$

このとき，問題 8.1 から，

$$\frac{1}{\sqrt{2\pi}} \int_{-\infty}^{\infty} \sqrt{\frac{2}{\pi}} \frac{\sin \alpha a}{\alpha} e^{-i\alpha x} d\alpha = \begin{cases} 1 & |x| < a \\ 1/2 & |x| = a \\ 0 & |x| > a \end{cases} \tag{1}$$

(1) の左辺を整理すると，

$$\frac{1}{\pi} \int_{-\infty}^{\infty} \frac{\sin \alpha a \cos \alpha x}{\alpha} d\alpha - \frac{i}{\pi} \int_{-\infty}^{\infty} \frac{\sin \alpha a \sin \alpha x}{\alpha} d\alpha \tag{2}$$

(2) の第二項の積分値は，被積分関数が奇関数であることからゼロになる．したがって，(1) と (2) より，

$$\int_{-\infty}^{\infty} \frac{\sin \alpha a \cos \alpha x}{\alpha} d\alpha = \begin{cases} \pi & |x| < a \\ \pi/2 & |x| = a \\ 0 & |x| > a \end{cases} \tag{3}$$

$(b)$ $x = 0, a = 1$ とすると，$(a)$ の結果より，

$$\int_{-\infty}^{\infty} \frac{\sin \alpha}{\alpha} d\alpha = \pi,$$

または，被積分関数が偶関数であることから，

$$\int_{0}^{\infty} \frac{\sin \alpha}{\alpha} d\alpha = \frac{\pi}{2}.$$

**問題 8.3**　$f(x)$ が 偶関数であるとき，以下を示せ．

$$(a)\ \ F(\alpha) = \sqrt{\frac{2}{\pi}} \int_{0}^{\infty} f(u) \cos \alpha\, u du, \qquad (b)\ \ f(x) = \sqrt{\frac{2}{\pi}} \int_{0}^{\infty} F(\alpha) \cos \alpha x\, d\alpha$$

**解答**

$$F(\alpha) = \frac{1}{\sqrt{2\pi}} \int_{-\infty}^{\infty} f(u) e^{i\alpha u} du = \frac{1}{\sqrt{2\pi}} \int_{-\infty}^{\infty} f(u) \cos \alpha u du + \frac{i}{\sqrt{2\pi}} \int_{-\infty}^{\infty} f(u) \sin \alpha u du. \tag{1}$$

とする．

$(a)$ $f(u)$ が偶関数のとき，$f(u) \cos \lambda u$ は偶関数で $f(u) \sin \lambda u$ は奇関数である．ゆえに，(1) 右辺の第二項はゼロとなるから，

$$F(\alpha) = \frac{2}{\sqrt{2\pi}} \int_{0}^{\infty} f(u) \cos \alpha u du = \sqrt{\frac{2}{\pi}} \int_{0}^{\infty} f(u) \cos \alpha u du.$$

$(b)$ $(a)$ の結果より，$F(-\alpha) = F(\alpha)$ となるから $F(\alpha)$ は偶関数である．このとき，$(a)$ と全く同様な証明の流れを経ることで必要な結果が得られる．

$f(x)$ が奇関数である場合でも，結果の式の cos を sin に置き換えることで必要な結果が得られる．

**問題 8.4**　以下の積分方程式をみたす関数 $f(x)$ を求めよ．

$$\int_0^\infty f(x)\cos\alpha x dx = \begin{cases} 1-\alpha & 0 \le \alpha \le 1 \\ 0 & \alpha > 1 \end{cases}$$

**解答**

$\sqrt{\dfrac{2}{\pi}}\displaystyle\int_0^\infty f(x)\cos\alpha x dx = F(\alpha)$ とおくことで，$F(\alpha) = \begin{cases} \sqrt{2/\pi}(1-\alpha) & 0 \le \alpha \le 1 \\ 0 & \alpha > 1 \end{cases}$ とする．

したがって，問題 8.3 の結果より，

$$\begin{aligned} f(x) &= \sqrt{\frac{2}{\pi}}\int_0^\infty F(\alpha)\cos\alpha x d\alpha = \sqrt{\frac{2}{\pi}}\int_0^1 \sqrt{\frac{2}{\pi}}(1-\alpha)\cos\alpha x d\alpha \\ &= \frac{2}{\pi}\int_0^1 (1-\alpha)\cos\alpha x d\alpha = \frac{2(1-\cos x)}{\pi x^2}. \end{aligned}$$

**問題 8.5**　問題 8.4 の結果を利用して，以下を示せ．

$$\int_0^\infty \frac{\sin^2 u}{u^2} du = \frac{\pi}{2}$$

**解答**

問題 8.4 より，

$$\frac{2}{\pi}\int_0^\infty \frac{1-\cos x}{x^2}\cos\alpha x dx = \begin{cases} 1-\alpha & 0 \le \alpha \le 1 \\ 0 & \alpha > 1 \end{cases}$$

となる．この式において極限 $\alpha \to 0+$ をとると

$$\int_0^\infty \frac{1-\cos x}{x^2} dx = \frac{\pi}{2}.$$

この積分は $\displaystyle\int_0^\infty \frac{2\sin^2(x/2)}{x^2} dx$ と変形でき，さらに変数変換 $x = 2u$ を行うことで $\displaystyle\int_0^\infty \frac{\sin^2 u}{u^2} du$ となるので，目的の式が得られた．

**問題 8.6**　以下の関係式を示せ．

$$\int_0^\infty \frac{\cos \alpha x}{\alpha^2+1} d\alpha = \frac{\pi}{2} e^{-x} \quad (x \geq 0).$$

解答

フーリエ積分定理より $f(x) = e^{-x}$ を以下のように表す[1]．

$$f(x) = \frac{2}{\pi} \int_0^\infty \cos \alpha x d\alpha \int_0^\infty f(u) \cos \alpha u du.$$

すると，

$$\frac{2}{\pi} \int_0^\infty \cos \alpha x d\alpha \int_0^\infty e^{-u} \cos \alpha u \, du. = e^{-x}.$$

この式において，p.8 の結果 16 から $\int_0^\infty e^{-u} \cos \alpha u du = \frac{1}{\alpha^2+1}$ を得る．したがって，

$$\frac{2}{\pi} \int_0^\infty \frac{\cos \alpha x}{\alpha^2+1} d\alpha = e^{-x} \qquad \text{または,} \qquad \int_0^\infty \frac{\cos \alpha x}{\alpha^2+1} d\alpha = \frac{\pi}{2} e^{-x}.$$

## フーリエ変換に対するパーセヴァルの等式

**問題 8.7**　問題 8.1で計算したフーリエ変換について，「フーリエ変換に対するパーセヴァルの等式」が成立することを確かめよ．

解答

以下の成立を示す必要がある．

$$\int_{-\infty}^\infty \{f(x)\}^2 \, dx = \int_{-\infty}^\infty \{F(\alpha)\}^2 \, d\alpha.$$

ここで，$f(x) = \begin{cases} 1 & |x| < a \\ 0 & |x| > a \end{cases}$ および $F(\alpha) = \sqrt{\frac{2}{\pi}} \frac{\sin \alpha a}{\alpha}$ とする．

実際にこれらを代入すると，

$$\int_{-a}^a (1)^2 dx = \int_{-\infty}^\infty \frac{2}{\pi} \frac{\sin^2 \alpha a}{\alpha^2} d\alpha.$$

右辺については，

$$\int_{-\infty}^\infty \frac{\sin^2 \alpha a}{\alpha^2} d\alpha = 2 \int_0^\infty \frac{\sin^2 \alpha a}{\alpha^2} d\alpha = \pi a,$$

すなわち，

$$\int_0^\infty \frac{\sin^2 \alpha a}{\alpha^2} d\alpha = \frac{\pi a}{2}.$$

---

1)　訳注：フーリエ・コサイン変換するため，$e^{-x}$ を偶関数拡張 ($e^{-|x|}$) する必要がある．

ここから，$\alpha a = u$ と変数変換を行い，問題 8.5 を用いれば，パーセヴァルの等式が成立していることが確かめられる．

なお，パーセヴァルの等式を前提とすれば $\displaystyle\int_0^\infty \frac{\sin^2 u}{u^2}du$ を直接求めることもできる．

## 畳み込み定理

**問題 8.8** $g(x)$ と $r(x)$ が与えられたとき，以下の積分方程式をみたす関数 $y(x)$ を求めよ．

$$y(x) = g(x) + \int_{-\infty}^{\infty} y(u)r(x-u)du$$

**解答**

$y(x)$ と $g(x)$，$r(x)$ のフーリエ変換が存在すると仮定し，それらをそれぞれ $Y(\alpha)$ と $G(\alpha)$，$R(\alpha)$ と表記することにする．そして，与えられた積分方程式の両辺をフーリエ変換すると，畳み込み定理より，

$$Y(\alpha) = G(\alpha) + \sqrt{2\pi}Y(\alpha)R(\alpha) \quad \text{または，} \quad Y(\alpha) = \frac{G(\alpha)}{1-\sqrt{2\pi}R(\alpha)}.$$

したがって，この逆フーリエ変換が存在すれば，以下のように $y(x)$ が得られる．

$$y(x) = \mathcal{F}^{-1}\left\{\frac{G(\alpha)}{1-\sqrt{2\pi}R(\alpha)}\right\} = \frac{1}{\sqrt{2\pi}}\int_{-\infty}^{\infty}\frac{G(\alpha)}{1-\sqrt{2\pi}R(\alpha)}e^{-i\alpha x}d\alpha.$$

**問題 8.9** 以下の積分方程式をみたす関数 $y(x)$ を求めよ．

$$\int_{-\infty}^{\infty}\frac{y(u)du}{(x-u)^2+a^2} = \frac{1}{x^2+b^2} \quad 0 < a < b$$

**解答**

積分方程式の右辺は，

$$\mathcal{F}\left\{\frac{1}{x^2+b^2}\right\} = \frac{1}{\sqrt{2\pi}}\int_{-\infty}^{\infty}\frac{e^{i\alpha u}}{u^2+b^2}du = \sqrt{\frac{2}{\pi}}\int_0^\infty \frac{\cos\alpha u}{u^2+b^2}du$$
$$= \frac{1}{b}\sqrt{\frac{2}{\pi}}\int_0^\infty\frac{\cos b\alpha v}{v^2+1}dv = \frac{1}{b}\sqrt{\frac{2}{\pi}}\frac{\pi}{2}e^{-b\alpha} = \frac{1}{b}\sqrt{\frac{\pi}{2}}e^{-b\alpha}.$$

上記計算においては，変数変換 $u = bv$ と，問題 8.6 の結果を用いている．そして，与えられた積分方程式の両辺をフーリエ変換すると，

$$\sqrt{2\pi}\mathcal{F}\{y\}\mathcal{F}\left\{\frac{1}{x^2+a^2}\right\} = \mathcal{F}\left\{\frac{1}{x^2+b^2}\right\},$$

すなわち

$$\sqrt{2\pi}Y(\alpha)\cdot\frac{1}{a}\sqrt{\frac{\pi}{2}}e^{-a\alpha} = \frac{1}{b}\sqrt{\frac{\pi}{2}}e^{-b\alpha} \quad \text{または，} \quad Y(\alpha) = \frac{1}{\sqrt{2\pi}}\frac{a}{b}e^{-(b-a)\alpha},$$

となる．したがって，

$$y(x) = \frac{1}{\sqrt{2\pi}} \int_{-\infty}^{\infty} e^{-i\alpha x} Y(\alpha) d\alpha = \frac{a}{b\pi} \int_{0}^{\infty} e^{-(b-a)\alpha} \cos \alpha x d\alpha = \frac{a(b-a)}{b\pi[x^2 + (b-a)^2]}.$$

## フーリエ積分定理の証明

**問題 8.10**　フーリエ積分定理を，フーリエ級数に対する極限操作により直感的に示せ．

解答

$$f(x) = \frac{a_0}{2} + \sum_{n=1}^{\infty} \left( a_n \cos \frac{n\pi x}{L} + b_n \sin \frac{n\pi x}{L} \right) \tag{1}$$

とする．ただし，フーリエ係数は以下のように与えられる．

$$a_n = \frac{1}{L} \int_{-L}^{L} f(u) \cos \frac{n\pi u}{L} du \qquad b_n = \frac{1}{L} \int_{-L}^{L} f(u) \sin \frac{n\pi u}{L} du.$$

(1) にフーリエ係数を代入して整理すると，

$$f(x) = \frac{1}{2L} \int_{-L}^{L} f(u) du + \frac{1}{L} \sum_{n=1}^{\infty} \int_{-L}^{L} f(u) \cos \frac{n\pi}{L} (u - x) du. \tag{2}$$

$\int_{-\infty}^{\infty} |f(u)| du$ の収束を仮定すれば，(2) の右辺第一項は $L \to \infty$ でゼロに近づき，一方で第二項は以下の式に近づくように見える．

$$\lim_{L \to \infty} \frac{1}{L} \sum_{n=1}^{\infty} \int_{-\infty}^{\infty} f(u) \cos \frac{n\pi}{L} (u - x) du \tag{3}$$

後者の操作は厳密ではなく，直感的な感覚に基づくことに注意されたい．

そして，$\Delta\alpha = \pi/L$ とおくと，(3) は以下のようにかける．

$$f(x) = \lim_{\Delta\alpha \to 0} \sum_{n=1}^{\infty} \Delta\alpha F(n\Delta\alpha). \tag{4}$$

ここで，

$$F(\alpha) = \frac{1}{\pi} \int_{-\infty}^{\infty} f(u) \cos \alpha (u - x) du \tag{5}$$

とおいた．

(4) の極限は

$$f(x) = \int_{0}^{\infty} F(\alpha) d\alpha = \frac{1}{\pi} \int_{0}^{\infty} d\alpha \int_{-\infty}^{\infty} f(u) \cos \alpha (u - x) du$$

のように表せる．この式はフーリエ積分定理である．

以上の流れは，あくまでも可能性を示すものである．厳密には，積分

$$\frac{1}{\pi}\int_0^\infty d\alpha\int_{-\infty}^\infty f(u)\cos\alpha(u-x)du$$

から始めてその収束性を調べる．この方法は問題 8.11から問題 8.14にわたって検討していく．

**問題 8.11**　以下を証明せよ．

$$(a)\ \lim_{\alpha\to\infty}\int_0^L \frac{\sin\alpha v}{v}dv=\frac{\pi}{2},\quad (b)\ \lim_{\alpha\to\infty}\int_{-L}^0 \frac{\sin\alpha v}{v}dv=\frac{\pi}{2}$$

解答

$(a)$ 変数変換 $\alpha v=y$ を行うことで，

$$\lim_{\alpha\to\infty}\int_0^L\frac{\sin\alpha v}{v}dv=\lim_{\alpha\to\infty}\int_0^{\alpha L}\frac{\sin y}{y}dy=\int_0^\infty\frac{\sin y}{y}dy=\frac{\pi}{2}.$$

最後の等式は問題 8.27(補)の結果を用いた[2)]．

$(b)$ 変数変換 $\alpha v=-y$ を行うことで，

$$\lim_{\alpha\to\infty}\int_{-L}^0\frac{\sin\alpha v}{v}dv=\lim_{\alpha\to\infty}\int_0^{\alpha L}\frac{\sin y}{y}dy=\frac{\pi}{2}.$$

**問題 8.12**　リーマン・ルベーグの補助定理によれば，$F(x)$ が $(a,b)$ において区分的に連続ならば，以下の式が成立する（cos についても同様．証明については問題 8.28(補)で行う）．

$$\lim_{\alpha\to\infty}\int_a^b F(x)\sin\alpha x dx=0$$

この関係式を用いて，以下が成り立つことを証明せよ．

$$(a)\ \lim_{\alpha\to\infty}\int_0^L f(x+v)\frac{\sin\alpha v}{v}dv=\frac{\pi}{2}f(x+0)$$

$$(b)\ \lim_{\alpha\to\infty}\int_{-L}^0 f(x+v)\frac{\sin\alpha v}{v}dv=\frac{\pi}{2}f(x-0)$$

ただし，$f(x)$ と $f'(x)$ は，ともに $(0,L)$ と $(-L,0)$ で区分的に連続であるとする．

解答

$(a)$ 問題 8.11$(a)$を使って目的の式を整理すると，(妥当性の証明が必要となる) 以下の式が得られる．

$$\lim_{\alpha\to\infty}\int_0^L\{f(x+v)-f(x+0)\}\frac{\sin\alpha v}{v}dv=0.$$

2)　訳注：フーリエ積分定理の証明を行うことが目的なので，問題 8.2$(b)$の結果を用いてはならない．

$\lim_{v \to 0+} F(v)$ が存在し，$f(x)$ が区分的に連続であることから，$F(v) = \dfrac{f(x+v) - f(x+0)}{v}$ はは $(0, L)$ で区分的に連続であるといえる．したがって，リーマン・ルベーグの補助定理を用いることで，式の妥当性が証明できた．

$(b)$ 問題 8.11$(b)$ を利用すれば，$(a)$ の場合と同様に証明できる．

**問題 8.13**　前問の $f(x)$ について，$\int_{-\infty}^{\infty} |f(x)|\,dx$ が収束するという追加条件を満たす場合，以下の関係式が成り立つことを証明せよ．

$(a)$ $\lim_{\alpha \to \infty} \int_0^{\infty} f(x+v) \dfrac{\sin \alpha v}{v} dv = \dfrac{\pi}{2} f(x+0)$,　$(b)$ $\lim_{\alpha \to \infty} \int_{-\infty}^{0} f(x+v) \dfrac{\sin \alpha v}{v} dv = \dfrac{\pi}{2} f(x-0)$.

**解答**

$(a)$ 与えられた式の両辺をそれぞれ以下のように表す．

$$\int_0^{\infty} f(x+v) \frac{\sin \alpha v}{v} dv = \int_0^{L} f(x+v) \frac{\sin \alpha v}{v} dv + \int_L^{\infty} f(x+v) \frac{\sin \alpha v}{v} dv \tag{1}$$

$$\int_0^{\infty} f(x+0) \frac{\sin \alpha v}{v} dv = \int_0^{L} f(x+0) \frac{\sin \alpha v}{v} dv + \int_L^{\infty} f(x+0) \frac{\sin \alpha v}{v} dv \tag{2}$$

(1) から (2) を引くと，

$$\begin{aligned} &\int_0^{\infty} \{f(x+v) - f(x+0)\} \frac{\sin \alpha v}{v} dv \qquad (3) \\ &\quad = \int_0^{L} \{f(x+v) - f(x+0)\} \frac{\sin \alpha v}{v} dv + \int_L^{\infty} f(x+v) \frac{\sin \alpha v}{v} dv - \int_L^{\infty} f(x+0) \frac{\sin \alpha v}{v} dv. \end{aligned}$$

(3) 中の積分をそれぞれ $I, I_1, I_2, I_3$ と表せば $I = I_1 + I_2 + I_3$ となり，以下の不等式を得る．

$$|I| \leq |I_1| + |I_2| + |I_3|. \tag{4}$$

そして，

$$|I_2| \quad \leq \quad \int_L^{\infty} \left| f(x+v) \frac{\sin \alpha v}{v} \right| dv \quad \leq \quad \frac{2}{L} \int_L^{\infty} |f(x+v)| dv,$$

さらには，

$$|I_3| \quad \leq \quad |f(x+0)| \left| \int_L^{\infty} \frac{\sin \alpha v}{v} dv \right|,$$

が成り立つことを踏まえて，(4) の右辺がゼロに収束することを以下に示す．

まず，$\int_0^{\infty} |f(x)| dx$ および $\int_0^{\infty} \dfrac{\sin \alpha v}{v} dv$ が収束することから，$|I_2| \leq \varepsilon/3$，$|I_3| \leq \varepsilon/3$ を満たすように十分大きな $L$ を選ぶことができる[3]．また一方で，$|I_1| \leq \varepsilon/3$ を満たすように十分に大きな $\alpha$ も選ぶことができる．よって $L$ と $\alpha$ のうちの大きい方を選ぶことで，(4) より $|I| < \varepsilon$ が成り立つ．

3)　訳注：$\varepsilon$ は任意の正の実数．

$\varepsilon$ は (任意だから) いくらでも小さくすることができるので結局 (4) の右辺はゼロに収束し，(3) の右辺はゼロとおけることになる．得られた式を整理すると，目的の式が得られる．
$(b)$ この結果は，$(a)$ と同様の推論により導出できる．

**問題 8.14**　$f(x)$ が p.267 で述べた 2 つの条件をみたすとき，フーリエ積分定理が成り立つことを証明せよ．

**解答**

以下の等式を証明する．

$$\lim_{L\to\infty}\frac{1}{\pi}\int_{\alpha=0}^{L}\int_{u=-\infty}^{\infty}f(u)\cos\alpha(x-u)dud\alpha=\frac{f(x+0)+f(x-0)}{2}.$$

$\left|\int_{-\infty}^{\infty}f(u)\cos\alpha(x-u)du\right|\le\int_{-\infty}^{\infty}|f(u)|du$ としたとき，右辺は仮定より収束するから，ワイエルシュトラスの $M$ 判定法により，$\int_{-\infty}^{\infty}f(u)\cos\alpha(x-u)du$ は任意の $\alpha$ について絶対かつ一様収束する問題 1.123(補)．よって，積分の順序を入れ替えることができ，以下のように式変形ができる．

$$\begin{aligned}\frac{1}{\pi}\int_{\alpha=0}^{L}\int_{u=-\infty}^{\infty}f(u)\cos\alpha(x-u)dud\alpha&=\frac{1}{\pi}\int_{u=-\infty}^{\infty}f(u)\int_{\alpha=0}^{L}\cos\alpha(x-u)d\alpha\,du\\&=\frac{1}{\pi}\int_{u=-\infty}^{\infty}f(u)\frac{\sin L(u-x)}{u-x}du\\&=\frac{1}{\pi}\int_{v=-\infty}^{\infty}f(x+v)\frac{\sin Lv}{v}dv\\&=\frac{1}{\pi}\int_{-\infty}^{0}f(x+v)\frac{\sin Lv}{v}dv+\frac{1}{\pi}\int_{0}^{\infty}f(x+v)\frac{\sin Lv}{v}dv\end{aligned}$$

なお，2 行目から 3 行目にかけては変数変換 $u=x+v$ を行っている．

最後に，得られた式の両辺において $L\to\infty$ とすると，問題 8.13の結果からその右辺は $\dfrac{f(x+0)+f(x-0)}{2}$ に収束するから，目的の等式が証明できた．

# 第9章

# ガンマ関数，ベータ関数，その他特殊関数

## ガンマ関数

**ガンマ関数**は $\Gamma(n)$ で表し，

$$\Gamma(n) = \int_0^\infty x^{n-1}e^{-x}dx \tag{1}$$

と定義される（$n > 0$ で収束する）.

また，(1) について漸化式

$$\Gamma(n+1) = n\Gamma(n) \tag{2}$$

が成り立つことがわかる．ただし，$\Gamma(1) = 1$ とする [問題 9.1].

(2) の公式を使うと，例えば $1 \leq n < 2$ に対するガンマ関数の値（下表参照）さえわかっていれば（1 の長さを持つ他の区間でも良い)，任意の $n > 0$ についての $\Gamma(n)$ の値が計算できる.

さらに，$n$ が正の整数であれば,

$$\Gamma(n+1) = n!, \quad (n = 1, 2, 3, \dots) \tag{3}$$

が成り立つ．このことから $\Gamma(n)$ は**階乗関数**とよばれることもある.

例 1.

$$\Gamma(2) = 1! = 1, \qquad \Gamma(6) = 5! = 120, \qquad \frac{\Gamma(5)}{\Gamma(3)} = \frac{4!}{2!} = 12.$$

(1) の定義を用いれば

$$\Gamma(\frac{1}{2}) = \sqrt{\pi} \tag{4}$$

が得られる [問題 9.4].

(2) の漸化式は，(1) を解とする差分方程式[1] とみなせる．(1) を $n > 0$ に対する $\Gamma(n)$ の定義だ

---

1）訳注：(隣接二項) **漸化式**は $\Gamma(n+1) = F(\Gamma(n))$ と書けるので，「次点の値 $\Gamma(n+1)$ は現在の値 $\Gamma(n)$ で決まる」と言い表せる．つまり，初期値 $\Gamma(1)$ を決めれば，以下のように逐次的に次点の値が求められる.

$$\Gamma(2) = F(\Gamma(1)), \quad \Gamma(3) = F(F(\Gamma(1))), \quad \Gamma(4) = F(F(F(\Gamma(1)))), \quad \dots$$

一方，この漸化式を

$$\Gamma(n+1) - \Gamma(n) = F(\Gamma(n)) - \Gamma(n) = G(\Gamma(n)).$$

と書くと，$\Gamma(n+1) - \Gamma(n)$ が $\Gamma(n)$ で決まるという見方になる，このような形を**差分方程式**という．本書では，この差分 (変化) という見方の下で，$\Gamma(n)$ $(n > 0)$ に対する $\Gamma(n)$ $(n < 0)$ を求めていっている.

とすると，(2) を

$$\Gamma(n) = \frac{\Gamma(n+1)}{n} \tag{5}$$

の形で利用することで，$n < 0$ に対するガンマ関数に一般化できる問題 9.7．このような定義域の拡大方法は**解析接続**とよばれる．

## ガンマ関数の値の表とグラフ表示

| $n$ | $\Gamma(n)$ |
|---|---|
| 1.00 | 1.0000 |
| 1.10 | 0.9514 |
| 1.20 | 0.9182 |
| 1.30 | 0.8975 |
| 1.40 | 0.8873 |
| 1.50 | 0.8862 |
| 1.60 | 0.8935 |
| 1.70 | 0.9086 |
| 1.80 | 0.9314 |
| 1.90 | 0.9618 |
| 2.00 | 1.0000 |

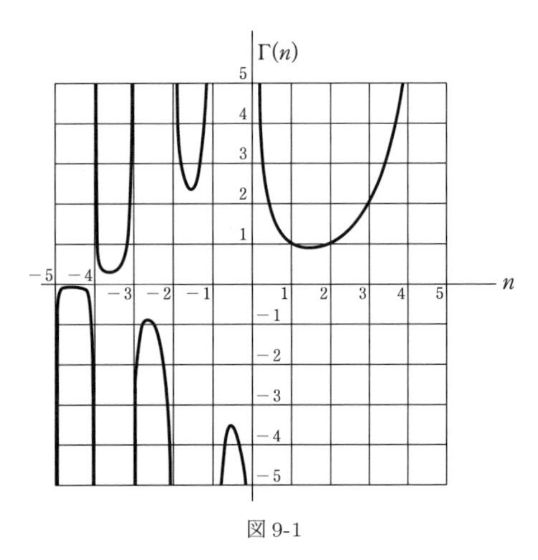


図 9-1

## $\Gamma(n)$ の漸近展開

$n$ が大きいと $\Gamma(n)$ の計算が困難になる．このときに有効となるのが以下の関係式である．

$$\Gamma(n+1) = \sqrt{2\pi n}n^n e^{-n} e^{\theta/12(n+1)} \qquad 0 < \theta < 1 \tag{6}$$

実用的な局面において最後の係数 $e^{\theta/12(n+1)}$ は，$n$ が大きければ 1 に非常に近くなるので，省略できる．よって $n$ が正の整数の場合，以下が成り立つ．

$$n! \sim \sqrt{2\pi n}n^n e^{-n} \tag{7}$$

ここで，式中の $\sim$ は「大きな $n$ の場合にほぼ等しくなる」という意味である．この関係式は $\boldsymbol{n!}$ に関する**スターリングの階乗近似**または**スターリングの漸近公式**という．

## ガンマ関数に関する諸公式

**1.** $$\Gamma(x)\Gamma(1-x)=\frac{\pi}{\sin x\pi}\qquad(0<x<1).$$

特に $x=\frac{1}{2}$ の場合，(4) でみたように $\Gamma(\frac{1}{2})=\sqrt{\pi}$ となる．

**2.** $$2^{2x-1}\Gamma(x)\Gamma(x+\tfrac{1}{2})=\sqrt{\pi}\Gamma(2x).$$

この関係式はガンマ関数に対する**乗法定理**とよばれる．

**3.** $$\Gamma(x)\Gamma\left(x+\frac{1}{m}\right)\Gamma\left(x+\frac{2}{m}\right)\cdots\Gamma\left(x+\frac{m-1}{m}\right)=m^{1/2-mx}(2\pi)^{(m-1)/2}\Gamma(mx).$$

**2.** は，この関係式の特別な場合であり，$m=2$ とすることで得られる．

**4.** $$\Gamma(x+1)=\sqrt{2\pi x}x^xe^{-x}\left\{1+\frac{1}{12x}+\frac{1}{288x^2}-\frac{139}{51,840x^3}+\cdots\right\}.$$

この関係式はガンマ関数に対する**スターリングの漸近級数**とよばれる．右辺中カッコ内の級数は漸近級数である（p.285 および p.295 を参照せよ）．

**5.** $$\Gamma'(1)=\int_0^\infty e^{-x}\ln x dx=-\gamma.$$

ここで，$\gamma$ はガンマ関数に対する**オイラーの定数**といい，以下のように定義される．

$$\lim_{M\to\infty}\left(1+\frac{1}{2}+\frac{1}{3}+\cdots+\frac{1}{M}-\ln M\right)=.577215\ldots$$

**6.** $$\frac{\Gamma'(p+1)}{\Gamma(p+1)}=1+\frac{1}{2}+\frac{1}{3}+\cdots+\frac{1}{p}-\gamma.$$

## ベータ関数

**ベータ関数**は $B(m,n)$ と表し，以下のように定義される ($m>0,n>0$ で収束する)．

$$B(m,n)=\int_0^1 x^{m-1}(1-x)^{n-1}dx. \tag{8}$$

ベータ関数はガンマ関数と次のような関係で結ばれている[問題 9.11].

$$B(m,n)=\frac{\Gamma(m)\Gamma(n)}{\Gamma(m+n)}. \tag{9}$$

多くの積分は，ベータ関数やガンマ関数を使ってその値を求めることできる．2 つの有用な結果として，$m > 0$ と $n > 0$ で有効な

$$\int_0^{\pi/2} \sin^{2m-1}\theta \cos^{2n-1}\theta d\theta = \frac{1}{2}B(m,n) = \frac{\Gamma(m)\Gamma(n)}{2\Gamma(m+n)}. \tag{10}$$

や問題 9.11問題 9.14，また，

$$\int_0^{\infty} \frac{x^{p-1}}{1+x}dx = \Gamma(p)\Gamma(1-p) = \frac{\pi}{\sin p\pi}, \qquad (0 < p < 1) \tag{11}$$

がある問題 9.18.

## ディリクレ積分

曲面 $\left(\frac{x}{a}\right)^p + \left(\frac{y}{b}\right)^q + \left(\frac{z}{c}\right)^r = 1$ と座標面で囲まれた第一象限中の閉領域を $V$ と表す．このとき，すべての定数が正のとき，以下の式が成り立つ．

$$\iiint_V x^{\alpha-1}y^{\beta-1}z^{\gamma-1}dxdydz = \frac{a^\alpha b^\beta c^\gamma}{pqr}\frac{\Gamma\left(\frac{\alpha}{p}\right)\Gamma\left(\frac{\beta}{q}\right)\Gamma\left(\frac{\gamma}{r}\right)}{\Gamma\left(1+\frac{\alpha}{p}+\frac{\beta}{q}+\frac{\gamma}{r}\right)}. \tag{12}$$

この形の積分を**ディリクレ積分**といい，多重積分の計算時にしばしば利用される問題 9.24問題 9.25.

## その他の特殊関数

理工系分野では様々な特殊関数が重要な役割を果たす．その一部を以下にまとめた．その他は後の章で説明する．

**1. 誤差関数:**
$$\mathrm{erf}(x) = \frac{2}{\sqrt{\pi}}\int_0^x e^{-u^2}du = 1 - \frac{2}{\sqrt{\pi}}\int_x^\infty e^{-u^2}du.$$

**2. 指数積分:**
$$Ei(x) = \int_x^\infty \frac{e^{-u}}{u}du.$$

**3. サイン積分:**
$$Si(x) = \int_0^x \frac{\sin u}{u}du = \frac{\pi}{2} - \int_x^\infty \frac{\sin u}{u}du.$$

**4. コサイン積分:**
$$Ci(x) = \int_x^\infty \frac{\cos u}{u}du.$$

**5. フレネル・サイン積分:**

$$S(x) = \sqrt{\frac{2}{\pi}}\int_0^x \sin u^2 du = 1 - \sqrt{\frac{2}{\pi}}\int_x^\infty \sin u^2 du.$$

**6. フレネル・コサイン積分:**

$$C(x)=\sqrt{\frac{2}{\pi}}\int_0^x \cos u^2 du = 1-\sqrt{\frac{2}{\pi}}\int_x^\infty \cos u^2 du.$$

## 漸近級数，漸近展開

級数

$$S(x)=a_0+\frac{a_1}{x}+\frac{a_2}{x^2}+\cdots+\frac{a_n}{x^n}+\cdots \tag{13}$$

を考え，その部分和を

$$S_n(x)=a_0+\frac{a_1}{x}+\frac{a_2}{x^2}+\cdots+\frac{a_n}{x^n} \tag{14}$$

とする．

$f(x)$ が与えられ，$R_n(x)=f(x)-S_n(x)$ とし，任意の $n$ に対して

$$\lim_{x\to\infty} x^n|R_n(x)|=0 \tag{15}$$

が成り立つとき，$S(x)$ を $f(x)$ の**漸近級数**または**漸近展開**といい，これを「$f(x)\sim S(x)$」と表す．

実際には (13) の級数は発散する．しかし，この級数の連続する項の和をとり，項が増え始める直前で止めることで，$f(x)$ の有用な近似値を得ることができる場合がある．この近似値は，$x$ の値が大きくなるほど良い精度を与える．

漸近級数を用いた様々な操作が可能である．例えば，漸近級数を項ごとに掛け合わせたり積分したりすることで，別の漸近級数を得ることもできる．

# 演習問題

## ガンマ関数

**問題 9.1**　以下を証明せよ.

$$(a)\ \Gamma(n+1) = n\Gamma(n) \quad n > 0, \qquad (b)\ \Gamma(n+1) = n! \quad n = 1, 2, 3, ...$$

解答

(a)

$$\begin{aligned}\Gamma(n+1) &= \int_0^\infty x^n e^{-x} dx = \lim_{M\to\infty}\int_0^M x^n e^{-x} dx \\ &= \lim_{M\to\infty}\left\{ (x^n)(-e^{-x})\Big|_0^M - \int_0^M (-e^{-x})(nx^{n-1})dx \right\} \\ &= \lim_{M\to\infty}\left\{ -M^n e^{-M} + n\int_0^M x^{n-1}e^{-x}dx \right\} = n\Gamma(n), \quad n > 0.\end{aligned}$$

(b)

$$\Gamma(1) = \int_0^\infty e^{-x}dx = \lim_{M\to\infty}\int_0^M e^{-x}dx = \lim_{M\to\infty}(1 - e^{-M}) = 1.$$

$\Gamma(n+1) = n\Gamma(n)$ において $n = 1, 2, 3, ...$ とおくと,

$$\Gamma(2) = 1\Gamma(1) = 1, \quad \Gamma(3) = 2\Gamma(2) = 2\cdot 1 = 2!, \quad \Gamma(4) = 3\Gamma(3) = 3\cdot 2! = 3!.$$

だから，一般的に，$n$ が正の整数ならば $\Gamma(n+1) = n!$ である.

**問題 9.2**　以下の値を求めよ.

$$(a)\ \frac{\Gamma(6)}{2\Gamma(3)}, \quad (b)\ \frac{\Gamma(\frac{5}{2})}{\Gamma(\frac{1}{2})}, \quad (c)\ \frac{\Gamma(3)\Gamma(2.5)}{\Gamma(5.5)}, \quad (d)\ \frac{6\Gamma(\frac{8}{3})}{5\Gamma(\frac{2}{3})}.$$

解答

$$(a)\ \frac{\Gamma(6)}{2\Gamma(3)} = \frac{5!}{2\cdot 2!} = \frac{5\cdot 4\cdot 3\cdot 2}{2\cdot 2} = 30, \quad (b)\ \frac{\Gamma(\frac{5}{2})}{\Gamma(\frac{1}{2})} = \frac{\frac{3}{2}\Gamma(\frac{3}{2})}{\Gamma(\frac{1}{2})} = \frac{\frac{3}{2}\cdot\frac{1}{2}\Gamma(\frac{1}{2})}{\Gamma(\frac{1}{2})} = \frac{3}{4},$$

$$(c)\ \frac{\Gamma(3)\Gamma(2.5)}{\Gamma(5.5)} = \frac{2!(1.5)(0.5)\Gamma(0.5)}{(4.5)(3.5)(2.5)(1.5)(0.5)\Gamma(0.5)} = \frac{16}{315}, \quad (d)\ \frac{6\Gamma(\frac{8}{3})}{5\Gamma(\frac{2}{3})} = \frac{6(\frac{5}{3})(\frac{2}{3})\Gamma(\frac{2}{3})}{5\Gamma(\frac{2}{3})} = \frac{4}{3}.$$

**問題 9.3**　以下の積分を計算せよ.

$$(a)\ \int_0^\infty x^3 e^{-x}dx. \qquad (b)\ \int_0^\infty x^6 e^{-2x}dx$$

解答

(a) $\displaystyle\int_0^\infty x^3 e^{-x}dx = \Gamma(4) = 3! = 6,$

$(b)$ $2x = y$ とおいて変数変換を行うことで，

$$\int_0^\infty \left(\frac{y}{2}\right)^6 e^{-y}\frac{dy}{2} = \frac{1}{2^7}\int_0^\infty y^6 e^{-y}dy = \frac{\Gamma(7)}{2^7} = \frac{6!}{2^7} = \frac{45}{8}.$$

**問題 9.4**　$\Gamma(\frac{1}{2}) = \sqrt{\pi}$ を証明せよ．

**解答**

$x = u^2$ とおいて変数変換を行うことで，$\Gamma(\frac{1}{2}) = \displaystyle\int_0^\infty x^{-1/2}e^{-x}dx = 2\int_0^\infty e^{-u^2}du$ を得る．この式を二乗し，以下のように式変形を行う．

$$\left\{\Gamma(\tfrac{1}{2})\right\}^2 = \left\{2\int_0^\infty e^{-u^2}du\right\}\left\{2\int_0^\infty e^{-v^2}dv\right\} = 4\int_0^\infty\int_0^\infty e^{-(u^2+v^2)}dudv.$$

最後の式において，極座標 $(\rho, \phi)$ に変更すれば（$u = \rho\cos\phi, v = \rho\sin\phi$），

$$4\int_{\phi=0}^{\pi/2}\int_{\rho=0}^\infty e^{-\rho^2}\rho\, d\rho\, d\phi = 4\int_{\phi=0}^{\pi/2} -\left.\tfrac{1}{2}e^{-\rho^2}\right|_{\rho=0}^\infty d\phi = \pi,$$

となるから，元の式より $\Gamma(\frac{1}{2}) = \sqrt{\pi}$ が得られる．

**問題 9.5**　以下の積分を計算せよ．

$$(a)\int_0^\infty \sqrt{y}e^{-y^3}dy, \quad (b)\int_0^\infty 3^{-4z^2}dz, \quad (c)\int_0^1 \frac{dx}{\sqrt{-\ln x}}$$

**解答**

$(a)$ $y^3 = x$ とおいて変数変換を行うと，

$$\int_0^\infty \sqrt{x^{1/3}}e^{-x}\cdot\tfrac{1}{3}x^{-2/3}dx = \frac{1}{3}\int_0^\infty x^{-1/2}e^{-x}dx = \frac{1}{3}\Gamma(\tfrac{1}{2}) = \frac{\sqrt{\pi}}{3}$$

$(b)$ $\displaystyle\int_0^\infty 3^{-4z^2}dz = \int_0^\infty (e^{\ln 3})^{-4z^2}dz = \int_0^\infty e^{-(4\ln 3)z^2}dz$ とする．ここで $(4\ln 3)z^2 = x$ とおいて変数変換を行うと，

$$\int_0^\infty e^{-x}d\left(\frac{x^{1/2}}{\sqrt{4\ln 3}}\right) = \frac{1}{2\sqrt{4\ln 3}}\int_0^\infty x^{-1/2}e^{-x}dx = \frac{\Gamma(1/2)}{2\sqrt{4\ln 3}} = \frac{\sqrt{\pi}}{4\sqrt{\ln 3}}.$$

$(c)$ $-\ln x = u$ とおくと，$x = e^{-u}$ とでき，この式の下で変数変換を行う．積分範囲について $x = 1$ のときは $u = 0$，$x = 0$ のときは $u = \infty$ となることに注意すると，

$$\int_0^\infty \frac{e^{-u}}{\sqrt{u}}du = \int_0^\infty u^{-1/2}e^{-u}du = \Gamma(1/2) = \sqrt{\pi}.$$

**問題 9.6**　$\displaystyle\int_0^\infty x^m e^{-ax^n}dx$ を計算せよ．ただし，$m, n, a$ は正の定数とする．

**解答**

$ax^n = y$ とおいて変数変換を行うと，

$$\int_0^\infty \left\{\left(\frac{y}{a}\right)^{1/n}\right\}^m e^{-y} d\left\{\left(\frac{y}{a}\right)^{1/n}\right\} = \frac{1}{na^{(m+1)/n}}\int_0^\infty y^{(m+1)/n-1}e^{-y}dy = \frac{1}{na^{(m+1)/n}}\Gamma\left(\frac{m+1}{n}\right).$$

**問題 9.7** 以下を計算せよ．

$$(a)\ \Gamma(-1/2), \qquad (b)\ \Gamma(-5/2).$$

**解答**

$\Gamma(n) = \dfrac{\Gamma(n+1)}{n}$ を用いることによって負の値への一般化が実現できるので，これを利用する．

(a) $n = -\frac{1}{2}$ とすると，$\Gamma(-1/2) = \dfrac{\Gamma(1/2)}{-1/2} = -2\sqrt{\pi}$.

(b) $n = -3/2$ とすると，(a) の結果より，$\Gamma(-3/2) = \dfrac{\Gamma(-1/2)}{-3/2} = \dfrac{-2\sqrt{\pi}}{-3/2} = \dfrac{4\sqrt{\pi}}{3}$ を得る．したがって，

$$\Gamma(-5/2) = \frac{\Gamma(-3/2)}{-5/2} = -\frac{8}{15}\sqrt{\pi}.$$

**問題 9.8** $\displaystyle\int_0^1 x^m(\ln x)^n dx = \frac{(-1)^n n!}{(m+1)^{n+1}}$ を証明せよ．ただし，$n$ は正の整数，$m > -1$ であるとする．

**解答**

$x = e^{-y}$ とおいて変数変換を行うと，$(-1)^n\displaystyle\int_0^\infty y^n e^{-(m+1)y}dy$ を得る．ここでさらに $(m+1)y = u$ とおいて変数変換を行うことで，

$$(-1)^n\int_0^\infty \frac{u^n}{(m+1)^n}e^{-u}\frac{du}{m+1} = \frac{(-1)^n}{(m+1)^{n+1}}\int_0^\infty u^n e^{-u}du = \frac{(-1)^n}{(m+1)^{n+1}}\Gamma(n+1) = \frac{(-1)^n n!}{(m+1)^{n+1}}.$$

**問題 9.9** 以下の関係式を証明せよ．

$$\int_0^\infty e^{-\alpha\lambda^2}\cos\beta\lambda d\lambda = \frac{1}{2}\sqrt{\frac{\pi}{\alpha}}e^{-\beta^2/4\alpha}.$$

**解答**

$I = I(\alpha,\beta) = \displaystyle\int_0^\infty e^{-\alpha\lambda^2}\cos\beta\lambda d\lambda$ であるとみなす．すると，

$$\begin{aligned}\frac{\partial I}{\partial\beta} &= \int_0^\infty(-\lambda e^{-\alpha\lambda^2})\sin\beta\lambda d\lambda \\ &= \frac{e^{-\alpha\lambda^2}}{2\alpha}\sin\beta\lambda\bigg|_0^\infty - \frac{\beta}{2\alpha}\int_0^\infty e^{-\alpha\lambda^2}\cos\beta\lambda d\lambda = -\frac{\beta}{2\alpha}I.\end{aligned}$$

得られた式を

$$\frac{1}{I}\frac{\partial I}{\partial \beta} = -\frac{\beta}{2\alpha} \qquad \text{または,} \qquad \frac{\partial}{\partial \beta}\ln I = -\frac{\beta}{2\alpha} \tag{1}$$

とし，$\beta$ に関して積分すると，

$$\ln I = -\frac{\beta^2}{4\alpha} + c_1$$

$$I = I(\alpha, \beta) = Ce^{-\beta^2/4\alpha}. \tag{2}$$

ここで，$C$ を求めるために，$\beta = 0$ とし，$x = \alpha\lambda^2$ を使って変数変換を行うと，

$$I(\alpha, 0) = \int_0^\infty e^{-\alpha\lambda^2} d\lambda = \frac{1}{2\sqrt{\alpha}}\int_0^\infty x^{-1/2}e^{-x}dx = \frac{\Gamma(\frac{1}{2})}{2\sqrt{\alpha}} = \frac{1}{2}\sqrt{\frac{\pi}{\alpha}}.$$

が得られ，この式と先程求めた (2) により，$C = \sqrt{\pi}/2\sqrt{\alpha}$ となる．したがって，

$$I = \frac{1}{2}\sqrt{\frac{\pi}{\alpha}}e^{-\beta^2/4\alpha}.$$

**問題 9.10**　ある粒子が，固定点 $O$ からの瞬間的な距離に反比例した力で，$O$ に向かって引き寄せられている．この粒子を静止させた状態から静かに放したとき，$O$ に到達するまでの時間 $T$ を求めよ．

**解答**

時間 $t = 0$ において，粒子は $x$ 軸上の $x = a > 0$ に位置しているとし，$O$ を原点とする．このときニュートン力学により，

$$m\frac{d^2x}{dt^2} = -\frac{k}{x} \tag{1}$$

となる．ここで，$m$ は粒子の質量であり，$k > 0$ は比例定数である．

粒子の速度を $\dfrac{dx}{dt} = v$ とすれば，$\dfrac{d^2x}{dt^2} = \dfrac{dv}{dt} = \dfrac{dv}{dx}\cdot\dfrac{dx}{dt} = v\cdot\dfrac{dv}{dx}$ より，(1) は以下のように表せる．

$$mv\frac{dv}{dx} = -\frac{k}{x} \qquad \text{または} \qquad \frac{mv^2}{2} = -k\ln x + c. \tag{2}$$

$x = a$ のとき $v = 0$ であるという初期条件から $c = k\ln a$ と積分定数が定まり，これを代入すると，

$$\frac{mv^2}{2} = k\ln\frac{a}{x} \qquad \text{または} \qquad v = \frac{dx}{dt} = -\sqrt{\frac{2k}{m}}\sqrt{\ln\frac{a}{x}} \tag{3}$$

が得られる（$x$ は $t$ が増加するにつれて減少するため，負の符号が選択されることに注意）．この式から，粒子が $x = a$ から $x = 0$ に移動するまでにかかる時間 $T$ は以下の式を計算することで求められる．

$$T = \sqrt{\frac{m}{2k}}\int_0^a \frac{dx}{\sqrt{\ln a/x}}. \tag{4}$$

この式は，$\ln a/x = u$ または $x = ae^{-u}$ とおいて変数変換を行うことで求められる．

$$T = a\sqrt{\frac{m}{2k}}\int_0^\infty u^{-1/2}e^{-u}du = a\sqrt{\frac{m}{2k}}\Gamma(\tfrac{1}{2}) = a\sqrt{\frac{\pi m}{2k}}.$$

## ベータ関数

**問題 9.11**　以下を証明せよ.

$$(a)\ B(m,n)=B(n,m), \qquad (b)\ B(m,n)=2\int_0^{\pi/2}\sin^{2m-1}\theta\cos^{2n-1}\theta d\theta.$$

解答

$(a)$ $x=1-y$ とおいて変数変換を行うと,

$$B(m,n)=\int_0^1 x^{m-1}(1-x)^{n-1}dx=\int_0^1(1-y)^{m-1}y^{n-1}dy=\int_0^1 y^{n-1}(1-y)^{m-1}dy=B(n,m).$$

$(b)$ $x=\sin^2\theta$ とおいて変数変換を行うと,

$$\begin{aligned}B(m,n)=\int_0^1 x^{m-1}(1-x)^{n-1}dx&=\int_0^{\pi/2}(\sin^2\theta)^{m-1}(\cos^2\theta)^{n-1}2\sin\theta\cos\theta d\theta\\&=2\int_0^{\pi/2}\sin^{2m-1}\theta\cos^{2n-1}\theta d\theta.\end{aligned}$$

**問題 9.12**　$B(m,n)=\dfrac{\Gamma(m)\Gamma(n)}{\Gamma(m+n)},\quad (m,n>0)$　を証明せよ.

解答

$z=x^2$ とおいて変数変換を行うと，$\Gamma(m)=\int_0^\infty z^{m-1}e^{-z}dz=2\int_0^\infty x^{2m-1}e^{-x^2}dx$ を得る.
同様に，$\Gamma(n)=2\int_0^\infty y^{2n-1}e^{-y^2}dy$ とする．これらをかけて式を整理する.

$$\begin{aligned}\Gamma(m)\Gamma(n)&=4\left(\int_0^\infty x^{2m-1}e^{-x^2}dx\right)\left(\int_0^\infty y^{2n-1}e^{-y^2}dy\right)\\&=4\int_0^\infty\int_0^\infty x^{2m-1}y^{2n-1}e^{-(x^2+y^2)}dxdy.\end{aligned}$$

ここで，極座標 $x=\rho\cos\phi, y=\rho\sin\phi$ に変数変換し，問題 9.11 の結果を用いると以下を得る.

$$\begin{aligned}\Gamma(m)\Gamma(n)&=4\int_{\phi=0}^{\pi/2}\int_{\rho=0}^\infty\rho^{2(m+n)-1}e^{-\rho^2}\cos^{2m-1}\phi\sin^{2n-1}\phi d\rho d\phi\\&=4\left(\int_{\rho=0}^\infty\rho^{2(m+n)-1}e^{-\rho^2}d\rho\right)\left(\int_{\phi=0}^{\pi/2}\cos^{2m-1}\phi\sin^{2n-1}\phi d\phi\right)\\&=2\Gamma(m+n)\int_0^{\pi/2}\cos^{2m-1}\phi\sin^{2n-1}\phi d\phi=\Gamma(m+n)B(n,m)\\&=\Gamma(m+n)B(m,n)\end{aligned}$$

以上から，目的の式を導ける．

上記の議論は，極限の操作を適切に用いることで厳密に行うことができる．

**問題 9.13**　以下の積分の計算をせよ．

$$(a)\int_0^1 x^4(1-x)^3dx,\quad (b)\int_0^2 \frac{x^2dx}{\sqrt{2-x}},\quad (c)\int_0^a y^4\sqrt{a^2-y^2}dy.$$

**解答**

$(a)$ $\displaystyle\int_0^1 x^4(1-x)^3dx = B(5,4) = \frac{\Gamma(5)\Gamma(4)}{\Gamma(9)} = \frac{4!3!}{8!} = \frac{1}{280}.$

$(b)$ $x = 2v$ とおいて変数変換を行うと，

$$4\sqrt{2}\int_0^1 \frac{v^2}{\sqrt{1-v}}dv = 4\sqrt{2}\int_0^1 v^2(1-v)^{-1/2}dv = 4\sqrt{2}B(3,\tfrac{1}{2}) = \frac{4\sqrt{2}\Gamma(3)\Gamma(1/2)}{\Gamma(7/2)} = \frac{64\sqrt{2}}{15}.$$

$(c)$ $y^2 = a^2x$ または $y = a\sqrt{x}$ とおいて変数変換を行うと，

$$\frac{a^6}{2}\int_0^1 x^{3/2}(1-x)^{1/2}dx = \frac{a^6}{2}B(5/2,3/2) = \frac{a^6\Gamma(5/2)\Gamma(3/2)}{2\Gamma(4)} = \frac{\pi a^6}{32}.$$

**問題 9.14**　$\displaystyle\int_0^{\pi/2}\sin^{2m-1}\theta\cos^{2n-1}\theta d\theta = \frac{\Gamma(m)\Gamma(n)}{2\Gamma(m+n)},\quad (m,n>0)$ を示せ．

**解答**

この関係式が成り立つことは，問題 9.11 と 問題 9.12 からただちにわかる．

**問題 9.15**　以下の積分を計算せよ．

$$(a)\int_0^{\pi/2}\sin^6\theta d\theta,\quad (b)\int_0^{\pi/2}\sin^4\theta\cos^5\theta d\theta,\quad (c)\int_0^{\pi}\cos^4\theta d\theta.$$

**解答**

$(a)$ 問題 9.14 の関係式において，$2m-1=6,\ 2n-1=0$，すなわち $m=7/2,\ n=1/2$ とおく．
すると，求める積分の値が得られ，$\dfrac{\Gamma(7/2)\Gamma(1/2)}{2\Gamma(4)} = \dfrac{5\pi}{32}$ となる．

$(b)$ 問題 9.14 の関係式において $2m-1=4,\ 2n-1=5$ とおく．
すると，求める積分の値は，$\dfrac{\Gamma(5/2)\Gamma(3)}{2\Gamma(11/2)} = \dfrac{8}{315}$ となる．

$(c)$ $\displaystyle 2\int_0^{\pi/2}\cos^4\theta d\theta$ とする．
よって，$2m-1=0,\ 2n-1=4$ とし，問題 9.14 の関係式を使えば $\dfrac{2\Gamma(1/2)\Gamma(5/2)}{2\Gamma(3)} = \dfrac{3\pi}{8}$.

**問題 9.16**　以下が成り立つことを証明せよ．

(*a*) $p$ が偶数の正整数のとき，$\displaystyle\int_0^{\pi/2}\sin^p\theta d\theta=\int_0^{\pi/2}\cos^p\theta d\theta=\frac{1\cdot3\cdot5\cdots(p-1)}{2\cdot4\cdot6\cdots p}\frac{\pi}{2}$

(*b*) $p$ が奇数の正整数のとき，$\displaystyle\int_0^{\pi/2}\sin^p\theta d\theta=\int_0^{\pi/2}\cos^p\theta d\theta=\frac{2\cdot4\cdot6\cdots(p-1)}{1\cdot3\cdot5\cdots p}$

**解答**

問題 9.14 より，$2m-1=p,\ 2n-1=0$ とすることで，以下のようにおく．

$$\int_0^{\pi/2}\sin^p\theta d\theta=\frac{\Gamma\left[\frac{1}{2}(p+1)\right]\Gamma(\frac{1}{2})}{2\Gamma\left[\frac{1}{2}(p+2)\right]}.$$

(*a*) $p=2r$ とすると，

$$\frac{\Gamma(r+\frac{1}{2})\Gamma(\frac{1}{2})}{2\Gamma(r+1)}=\frac{(r-\frac{1}{2})(r-\frac{3}{2})\cdots\frac{1}{2}\Gamma(\frac{1}{2})\cdot\Gamma(\frac{1}{2})}{2r(r-1)\cdots1}=\frac{(2r-1)(2r-3)\cdots1}{2r(2r-2)\cdots2}\frac{\pi}{2}=\frac{1\cdot3\cdot5\cdots(2r-1)}{2\cdot4\cdot6\cdots2r}\frac{\pi}{2}.$$

(*b*) $p=2r+1$ とおくと，

$$\frac{\Gamma(r+1)\Gamma(\frac{1}{2})}{2\Gamma(r+\frac{3}{2})}=\frac{r(r-1)\cdots1\cdot\sqrt{\pi}}{2(r+\frac{1}{2})(r-\frac{1}{2})\cdots\frac{1}{2}\sqrt{\pi}}=\frac{2\cdot4\cdot6\cdots2r}{1\cdot3\cdot5\cdots(2r+1)}.$$

(*a*) と (*b*) のどちらの場合でも，$\theta=\pi/2-\phi$ とおけば，$\displaystyle\int_0^{\pi/2}\sin^p\theta d\theta=\int_0^{\pi/2}\cos^p\theta d\theta$ が得られるから，目的の結果が示せたことになる．

**問題 9.17**　以下の積分を計算せよ．

$$(a)\int_0^{\pi/2}\cos^6\theta d\theta,\qquad(b)\int_0^{\pi/2}\sin^3\theta\cos^2\theta d\theta,\qquad(c)\int_0^{2\pi}\sin^8\theta d\theta.$$

**解答**

(*a*) 問題 9.16 より，$\dfrac{1\cdot3\cdot5}{2\cdot4\cdot6}\dfrac{\pi}{2}=\dfrac{5\pi}{32}$ と求まる [問題 9.15(*a*) の結果と比較せよ]．

(*b*) 以下のように式変形をすることで 問題 9.16 が使える形にし，値を求める．

$$\int_0^{\pi/2}\sin^3\theta(1-\sin^2\theta)d\theta=\int_0^{\pi/2}\sin^3\theta d\theta-\int_0^{\pi/2}\sin^5\theta d\theta=\frac{2}{1\cdot3}-\frac{2\cdot4}{1\cdot3\cdot5}=\frac{2}{15}.$$

問題 9.15(*b*) で行った計算方法で求めても構わない．

(*c*) $\displaystyle 4\int_0^{\pi/2}\sin^8\theta d\theta=4\left(\frac{1\cdot3\cdot5\cdot7}{2\cdot4\cdot6\cdot8}\frac{\pi}{2}\right)=\frac{35\pi}{64}.$

**問題 9.18**　$\displaystyle\int_0^{\infty}\frac{x^{p-1}}{1+x}dx=\frac{\pi}{\sin p\pi}$ と与えられたとき，以下が成り立つことを示せ．

$$\Gamma(p)\Gamma(1-p)=\frac{\pi}{\sin p\pi}\quad(0<p<1).$$

**解答**

$\dfrac{x}{1+x}=y$ または $x=\dfrac{y}{1-y}$ とおいて変数変換を行うと，

$$\int_0^1 y^{p-1}(1-y)^{-p}dy = B(p,1-p) = \Gamma(p)\Gamma(1-p).$$

---

**問題 9.19**　$\displaystyle\int_0^\infty \frac{dy}{1+y^4}$ を計算せよ．

---

**解答**

$y^4=x$ とおいて変数変換を行い，$p=\frac{1}{4}$ とした（問題 9.18）の関係式を用いると，$\displaystyle\frac{1}{4}\int_0^\infty \frac{x^{-3/4}}{1+x}dx = \frac{\pi}{4\sin(\pi/4)} = \frac{\pi\sqrt{2}}{4}$ と求められる．

この結果は，$y^2=\tan\theta$ とおくことによっても得られる．

---

**問題 9.20**　$\displaystyle\int_0^2 x\sqrt[3]{8-x^3}dx = \frac{16\pi}{9\sqrt{3}}$ を計算せよ．

---

**解答**

$x^3=8y$ または $x=2y^{1/3}$ とおいて変数変換を行うと，

$$\begin{aligned}\int_0^1 2y^{1/3}\cdot\sqrt[3]{8(1-y)}\cdot\tfrac{2}{3}y^{-2/3}dy &= \frac{8}{3}\int_0^1 y^{-1/3}(1-y)^{1/3}dy = \frac{8}{3}B(\tfrac{2}{3},\tfrac{4}{3})\\ &= \frac{8}{3}\frac{\Gamma(\frac{2}{3})\Gamma(\frac{4}{3})}{\Gamma(2)} = \frac{8}{9}\Gamma(\tfrac{1}{3})\Gamma(\tfrac{2}{3}) = \frac{8}{9}\cdot\frac{\pi}{\sin\pi/3} = \frac{16\pi}{9\sqrt{3}}.\end{aligned}$$

---

**問題 9.21**　以下の**乗法定理**を証明せよ．

$$2^{2p-1}\Gamma(p)\Gamma(p+\tfrac{1}{2}) = \sqrt{\pi}\Gamma(2p).$$

---

**解答**

$\displaystyle I=\int_0^{\pi/2}\sin^{2p}xdx,\ J=\int_0^{\pi/2}\sin^{2p}2xdx$ とおく．

$I$ については，$I=\frac{1}{2}B(p+\frac{1}{2},\frac{1}{2}) = \dfrac{\Gamma(p+\frac{1}{2})\sqrt{\pi}}{2\Gamma(p+1)}$ と表せる．

$J$ については，$2x=u$ とおいて変数変換し，式を整理すると，$I$ に一致することがわかる．

$$J=\frac{1}{2}\int_0^\pi \sin^{2p}udu = \int_0^{\pi/2}\sin^{2p}udu = I.$$

一方で $J$ は，以下のような式変形が可能である．

$$J=\int_0^{\pi/2}(2\sin x\cos x)^{2p}dx = 2^{2p}\int_0^{\pi/2}\sin^{2p}x\cos^{2p}xdx$$

$$= 2^{2p-1}B(p+\tfrac{1}{2}, p+\tfrac{1}{2}) = \frac{2^{2p-1}\left\{\Gamma(p+\frac{1}{2})\right\}^2}{\Gamma(2p+1)}.$$

したがって，$I = J$ より，

$$\frac{\Gamma(p+\frac{1}{2})\sqrt{\pi}}{2p\Gamma(p)} = \frac{2^{2p-1}\left\{\Gamma(p+\frac{1}{2})\right\}^2}{2p\Gamma(2p)}.$$

**問題 9.22** $\displaystyle\int_0^\infty \frac{\cos x}{x^p}dx = \frac{\pi}{2\Gamma(p)\cos(p\pi/2)}$，$(0 < p < 1)$ となることを証明せよ．

**解答**

$$\frac{1}{x^p} = \frac{1}{\Gamma(p)}\int_0^\infty u^{p-1}e^{-xu}du.$$

とおく．この式に $\cos x$ をかけて積分すると，

$$\begin{aligned}\int_0^\infty \frac{\cos x}{x^p}dx &= \frac{1}{\Gamma(p)}\int_0^\infty\int_0^\infty u^{p-1}e^{-xu}\cos x\,du\,dx \\ &= \frac{1}{\Gamma(p)}\int_0^\infty \frac{u^p}{1+u^2}du. \qquad (1)\end{aligned}$$

ここで，積分の順序を交換し，p.8 の積分公式 16 を使った．

さらに $u^2 = v$ とおいて変数変換を行い，問題 9.18 の式を用いることで，

$$\int_0^\infty \frac{u^p}{1+u^2}du = \frac{1}{2}\int_0^\infty \frac{v^{(p-1)/2}}{1+v}dv = \frac{\pi}{2\sin(p+1)\pi/2} = \frac{\pi}{2\cos p\pi/2} \qquad (2)$$

が得られるから，この式を (1) に代入することで，目的の式が得られる．

## スターリングの公式

**問題 9.23** 大きな $n$ の場合，$n! = \sqrt{2\pi n}n^n e^{-n}$ の近似式が成り立つことを示せ．

**解答**

$$\Gamma(n+1) = \int_0^\infty x^n e^{-x}dx = \int_0^\infty e^{n\ln x - x}dx \qquad (1)$$

とおく．

初等的な解析学を用いると関数 $n\ln x - x$ は，$x = n$ で極大値を持つことがわかる．よって $x = n + y$ とおいて変数変換を行う．すると，(1) は以下のようになる．

$$\begin{aligned}\Gamma(n+1) &= e^{-n}\int_{-n}^\infty e^{n\ln(n+y)-y}dy = e^{-n}\int_{-n}^\infty e^{n\ln n + n\ln(1+y/n)-y}dy \\ &= n^n e^{-n}\int_{-n}^\infty e^{n\ln(1+y/n)-y}dy. \qquad (2)\end{aligned}$$

ここまでの解析は厳密であり，この後も，適切な極限操作に基づいて厳密に解析を進めることができる．しかし，証明の内容が複雑になってしまうので，極限に関わる操作については省略してしまっていることに注意せよ．

この後の解析を進めていこう．

$$\ln(1+x) = x - \frac{x^2}{2} + \frac{x^3}{3} - \cdots \tag{3}$$

という結果に $x = y/n$ を代入したものを用いて，(2) の計算を進める．そして $y = \sqrt{n}v$ とした変数変換も途中で行うことで，

$$\Gamma(n+1) = n^n e^{-n} \int_{-n}^{\infty} e^{-y^2/2n + y^3/3n^2 - \cdots} dy = n^n e^{-n} \sqrt{n} \int_{-\sqrt{n}}^{\infty} e^{-v^2/2 + v^3/3\sqrt{n} - \cdots} dv \tag{4}$$

を得る．ここで $n$ が十分に大きければ，以下の近似式が得られる．

$$\Gamma(n+1) = n^n e^{-n} \sqrt{n} \int_{-\infty}^{\infty} e^{-v^2/2} dv = \sqrt{2\pi n} n^n e^{-n}. \tag{5}$$

なお，(4) から始めて，p.283 で紹介した結果 4 の式を導出することもできる問題 9.38(補)．

## ディリクレ積分

**問題 9.24**　球面 $x^2 + y^2 + z^2 = 1$ と座標面で囲まれた，第一象限の領域を $V$ とする．このとき，以下の積分を計算せよ．

$$I = \iiint_V x^{\alpha-1} y^{\beta-1} z^{\gamma-1} dx\, dy\, dz$$

**解答**

$x^2 = u$, $y^2 = v$, $z^2 = w$ とおいて変数変換を行うと，

$$\begin{aligned} I &= \iiint_{\mathcal{R}} u^{(\alpha-1)/2} v^{(\beta-1)/2} w^{(\gamma-1)/2} \frac{du}{2\sqrt{u}} \frac{dv}{2\sqrt{v}} \frac{dw}{2\sqrt{w}} \\ &= \frac{1}{8} \iiint_{\mathcal{R}} u^{(\alpha/2)-1} v^{(\beta/2)-1} w^{(\gamma/2)-1} du\, dv\, dw. \end{aligned} \tag{1}$$

ここで $\mathcal{R}$ は，図 9-2 にあるように，平面 $u + v + w = 1$ と $uv$, $vw$, $uw$ の各平面で囲まれた $uvw$ 空間上の領域である．したがって，以下のように計算を進めることができる．

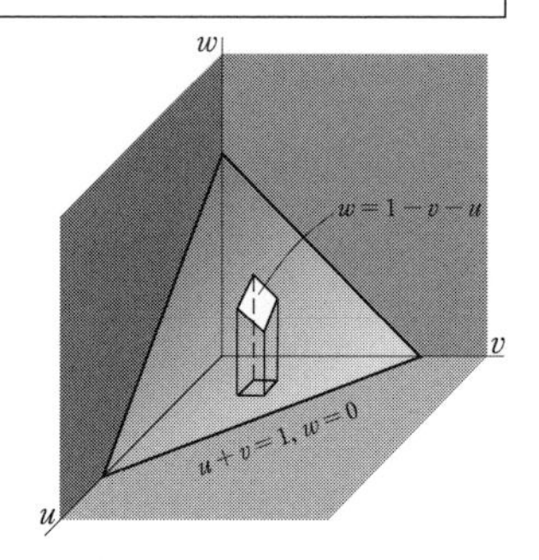


図 9-2

$$\begin{aligned} I &= \frac{1}{8} \int_{u=0}^{1} \int_{v=0}^{1-u} \int_{w=0}^{1-u-v} u^{(\alpha/2)-1} v^{(\beta/2)-1} w^{(\gamma/2)-1} dw\, dv\, du \\ &= \frac{1}{4\gamma} \int_{u=0}^{1} \int_{v=0}^{1-u} u^{(\alpha/2)-1} v^{(\beta/2)-1} (1-u-v)^{\gamma/2} dv\, du \end{aligned}$$

$$= \frac{1}{4\gamma}\int_{u=0}^{1} u^{(\alpha/2)-1}\left\{\int_{v=0}^{1-u} v^{(\beta/2)-1}(1-u-v)^{\gamma/2}dv\right\}du. \tag{2}$$

ここで $v = (1-u)t$ とおいて変数変換を行うと,

$$\begin{aligned}\int_{v=0}^{1-u} v^{(\beta/2)-1}(1-u-v)^{\gamma/2}dv &= (1-u)^{(\beta+\gamma)/2}\int_{t=0}^{1} t^{(\beta/2)-1}(1-t)^{\gamma/2}dt \\ &= (1-u)^{(\beta+\gamma)/2}\frac{\Gamma(\beta/2)\Gamma(\gamma/2+1)}{\Gamma[(\beta+\gamma)/2+1]},\end{aligned}$$

となるから, (2) は以下のように求まる.

$$\begin{aligned} I &= \frac{1}{4\gamma}\frac{\Gamma(\beta/2)\Gamma(\gamma/2+1)}{\Gamma[(\beta+\gamma)/2+1]}\int_{u=0}^{1} u^{(\alpha/2)-1}(1-u)^{(\beta+\gamma)/2}du \\ &= \frac{1}{4\gamma}\frac{\Gamma(\beta/2)\Gamma(\gamma/2+1)}{\Gamma[(\beta+\gamma)/2+1]}\cdot\frac{\Gamma(\alpha/2)\Gamma[(\beta+\gamma)/2+1]}{\Gamma[(\alpha+\beta+\gamma)/2+1]} = \frac{\Gamma(\alpha/2)\Gamma(\beta/2)\Gamma(\gamma/2)}{8\Gamma[(\alpha+\beta+\gamma)/2+1]}. \end{aligned} \tag{3}$$

ここで, $(\gamma/2)\Gamma(\gamma/2) = \Gamma(\gamma/2+1)$ の関係式を使った.

p.284 の式 (12) で示したディリクレ積分の特別な場合が, 本問で計算した積分である. この一般的なディリクレ積分についても本問と同様に計算できる.

**問題 9.25** 密度を $\sigma = x^2y^2z^2$ としたとき, $x^2+y^2+z^2=a^2$ で囲まれた領域の質量を求めよ.

**解答**

質量を求めるためには, $8\iiint_V x^2y^2z^2\,dx\,dy\,dz$ を計算する. ここで, 球面 $x^2+y^2+z^2=a^2$ と第一象限上の座標面で囲まれた領域を $V$ とした.

p.284 の (12) 式のディリクレ積分において, $b=c=a,\ p=q=r=2,\ \alpha=\beta=\gamma=3$ とおけば,

$$8\cdot\frac{a^3\cdot a^3\cdot a^3}{2\cdot 2\cdot 2}\frac{\Gamma(3/2)\Gamma(3/2)\Gamma(3/2)}{\Gamma(1+3/2+3/2+3/2)} = \frac{4\pi a^9}{945}.$$

## 特殊関数と漸近展開

**問題 9.26**　以下に答えよ．

$(a)$ $x > 0, p > 0$ とし，

$$S_n(x) = e^{-x}\left\{\frac{1}{x^p} - \frac{p}{x^{p+1}} + \frac{p(p+1)}{x^{p+2}} - \cdots (-1)^n \frac{p(p+1)\cdots(p+n)}{x^{p+n}}\right\},$$

$$R_n(x) = (-1)^{n+1}p(p+1)\cdots(p+n)\int_x^\infty \frac{e^{-u}}{u^{p+n+1}}du.$$

とおく．このとき，以下が成り立つことを証明せよ．

$$I_p = \int_x^\infty \frac{e^{-u}}{u^p}du = S_n(x) + R_n(x)$$

$(b)$ 以下の等式を証明せよ．

$$\lim_{x\to\infty}\left\{\int_x^\infty \frac{e^{-u}}{u^p}du - S_n(x)\right\}x^n = \lim_{x\to\infty} x^n\,|R_n(x)| = 0$$

$(c)$ $(b)$ の結果が意味することを説明せよ．

**解答**

$(a)$ 部分積分を使うと，

$$I_p = \int_x^\infty \frac{e^{-u}}{u^p}du = \frac{e^{-x}}{x^p} - p\int_x^\infty \frac{e^{-u}}{u^{p+1}}du = \frac{e^{-x}}{x^p} - pI_{p+1}.$$

同様に，$I_{p+1} = \dfrac{e^{-x}}{x^{p+1}} - (p+1)I_{p+2}$ となるから，

$$I_p = \frac{e^{-x}}{x^p} - p\left\{\frac{e^{-x}}{x^{p+1}} - (p+1)I_{p+2}\right\} = \frac{e^{-x}}{x^p} - \frac{pe^{-x}}{x^{p+1}} + p(p+1)I_{p+2}.$$

この方法を繰り返せば，目的の式を導ける．

$(b)$

$$|R_n(x)| = p(p+1)\cdots(p+n)\int_x^\infty \frac{e^{-u}}{u^{p+n+1}}du \le p(p+1)\cdots(p+n)\int_x^\infty \frac{e^{-u}}{x^{p+n+1}}du$$
$$\le \frac{p(p+1)\cdots(p+n)}{x^{p+n+1}}.$$

ここで，$\displaystyle\int_x^\infty e^{-u}du \le \int_0^\infty e^{-u}du = 1$ を用いた．したがって，

$$\lim_{x\to\infty} x^n\,|R_n(x)| \le \lim_{x\to\infty}\frac{p(p+1)\cdots(p+n)}{x^{p+1}} = 0.$$

$(c)$ $(b)$ の結果から，

$$\int_x^\infty \frac{e^{-u}}{u^p}du \sim e^{-x}\left\{\frac{1}{x^p} - \frac{p}{x^{p+1}} + \frac{p(p+1)}{x^{p+2}} - \cdots\right\} \tag{1}$$

が成り立つ．すなわち，右辺の級数は，左辺の関数の漸近展開である．

**問題 9.27** $\operatorname{erf}(x) \sim 1 - \dfrac{e^{-x^2}}{\sqrt{\pi}}\left(\dfrac{1}{x} - \dfrac{1}{2x^3} + \dfrac{1\cdot 3}{2^2x^5} - \dfrac{1\cdot 3\cdot 5}{2^3x^7} + \cdots\right)$ を示せ．

**解答**

$$\begin{aligned}\operatorname{erf}(x) &= \frac{2}{\sqrt{\pi}}\int_0^x e^{-v^2}dv = \frac{1}{\sqrt{\pi}}\int_0^{x^2} u^{-1/2}e^{-u}du \\ &= 1 - \frac{1}{\sqrt{\pi}}\int_{x^2}^{\infty} u^{-1/2}e^{-u}du.\end{aligned}$$

問題 9.26 の (1) において，$p = 1/2$，また $x$ を $x^2$ とすれば，

$$\int_{x^2}^{\infty} u^{-1/2}e^{-u}du \sim e^{-x^2}\left(\frac{1}{x} - \frac{1}{2x^3} + \frac{1\cdot 3}{2^2x^5} - \frac{1\cdot 3\cdot 5}{2^3x^7} + \cdots\right).$$

# 第 10 章

# ベッセル関数

## ベッセルの微分方程式

ベッセル関数は，**ベッセルの微分方程式**とよばれる微分方程式

$$x^2y'' + xy' + (x^2 - n^2)y = 0, \quad (n \geq 0) \tag{1}$$

の解として現れる．(1) の一般解は以下のように与えられる．

$$y = c_1 J_n(x) + c_2 Y_n(x). \tag{2}$$

極限 $x \to 0$ で有限値を持つ解 $J_n(x)$ は，**第一種 $n$ 次ベッセル関数**という．一方で $x \to 0$ で有限値を持たない (非有界である) 解 $Y_n(x)$ は，**第二種 $n$ 次ベッセル関数**または **$n$ 次ノイマン関数**という．

(1) の独立変数 $x$ を $\lambda x$ に置き換えたとき ($\lambda$ は定数)，微分方程式は

$$x^2y'' + xy' + (\lambda^2 x^2 - n^2)y = 0 \tag{3}$$

となり，一般解は

$$y = c_1 J_n(\lambda x) + c_2 Y_n(\lambda x) \tag{4}$$

で与えられる．

## 第一種ベッセル関数

第一種 $n$ 次ベッセル関数は，

$$J_n(x) = \frac{x^n}{2^n \Gamma(n+1)} \left\{ 1 - \frac{x^2}{2(2n+2)} + \frac{x^4}{2 \cdot 4(2n+2)(2n+4)} - \cdots \right\} \tag{5}$$

または，

$$J_n(x) = \sum_{r=0}^{\infty} \frac{(-1)^r (x/2)^{n+2r}}{r! \Gamma(n+r+1)} \tag{6}$$

と定義される．ここで，$\Gamma(n+1)$ は第 9 章で扱った**ガンマ関数**であり，$n$ が正の整数のときは $\Gamma(n+1) = n!$，$\Gamma(1) = 1$ と計算できる．また，$n = 0$ の場合 (6) は以下のように与えられる．

$$J_0(x) = 1 - \frac{x^2}{2^2} + \frac{x^4}{2^2 4^2} - \frac{x^6}{2^2 4^2 6^2} + \cdots \tag{7}$$

(6) の級数はあらゆる $x$ で収束する．$J_0(x)$ および $J_1(x)$ のグラフを図 10-1 に示した．

$n$ が半整数の場合，$J_n(x)$ はサインとコサインを用いて表せる問題 10.4問題 10.7.

関数 $J_{-n}(x)$ $(n > 0)$ については，(5) または (6) 中の $n$ を $-n$ に置き換えることで定義できる．また，$n$ が整数の場合は，以下の関係式が成り立つ問題 10.3.

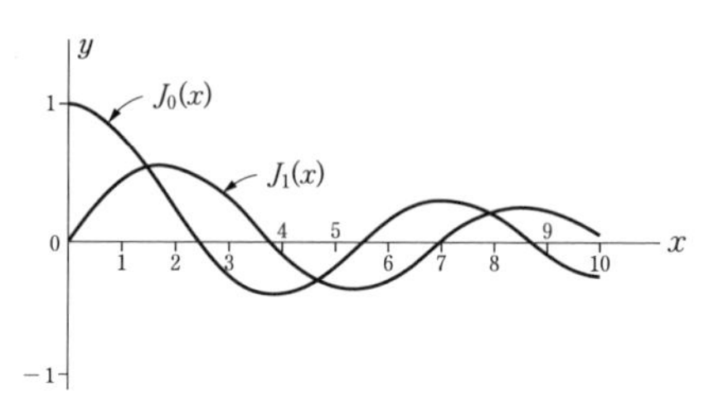


図 10-1

$$J_{-n}(x) = (-1)^n J_n(x) \tag{8}$$

一方で $n$ が整数でないときは，$J_n(x)$ と $J_{-n}(x)$ は線形独立となり，この場合 (1) の一般解は

$$y = AJ_n(x) + BJ_{-n}(x) \quad (n \neq 0, 1, 2, 3, \dots) \tag{9}$$

となる[1)]．

## 第二種ベッセル関数

第二種 $n$ 次ベッセル関数は以下のように定義される．

$$Y_n(x) = \begin{cases} \dfrac{J_n(x)\cos n\pi - J_{-n}(x)}{\sin n\pi} & (n \neq 0, 1, 2, 3, \dots) \\ \lim\limits_{p\to n} \dfrac{J_p(x)\cos p\pi - J_{-p}(x)}{\sin p\pi} & (n = 0, 1, 2, 3, \dots) \end{cases} \tag{10}$$

$n = 0, 1, 2, 3, \dots$ の場合，$Y_n(x)$ の級数展開として以下を得る．

$$\begin{aligned} Y_n(x) = {}& \frac{2}{\pi}\{\ln(x/2) + \gamma\}J_n(x) - \frac{1}{\pi}\sum_{k=0}^{n-1}(n-k-1)!(x/2)^{2k-n} \\ & - \frac{1}{\pi}\sum_{k=0}^{\infty}(-1)^k \{\Phi(k) + \Phi(n+k)\} \frac{(x/2)^{2k+n}}{k!(n+k)!} \end{aligned} \tag{11}$$

ここで，$\gamma = .5772156\dots$ は**オイラーの定数**と呼ばれ，

$$\Phi(p) = 1 + \frac{1}{2} + \frac{1}{3} + \cdots + \frac{1}{p}, \qquad \Phi(0) = 0. \tag{12}$$

と与えられる．

1）訳注：$n$ が整数でない場合の一般解 (9) は，係数を調整することで，第二種ベッセル関数 $Y_n(x)\,(n \neq 0, 1, 2, 3, \dots)$ を用いた一般解 (2) の形に整理できる．詳細については問題 10.15を参照せよ．

## ベッセル関数の母関数

次の関数を，第一種**整数**次ベッセル関数の**母関数**という．

$$e^{\frac{x}{2}(t-\frac{1}{t})} = \sum_{m=-\infty}^{\infty} J_m(x)t^m \quad (m = 整数) \tag{13}$$

この関数は，整数次数に対する第一種ベッセル関数が満たす様々な性質を得るために非常に有用である（得られた性質は，多くの場合，整数次 $m$ 以外の，あらゆる $n$ について成り立つことが証明できる）．

## 漸化式

以下の公式は，あらゆる $n$ の値に対して成り立つ．

**1.** $J_{n+1}(x) = \dfrac{2n}{x}J_n(x) - J_{n-1}(x)$

**2.** $J'_n(x) = \frac{1}{2}[J_{n-1}(x) - J_{n+1}(x)]$

**3.** $xJ'_n(x) = nJ_n(x) - xJ_{n+1}(x)$

**4.** $xJ'_n(x) = xJ_{n-1}(x) - nJ_n(x)$

**5.** $\dfrac{d}{dx}[x^n J_n(x)] = x^n J_{n-1}(x)$

**6.** $\dfrac{d}{dx}[x^{-n} J_n(x)] = -x^{-n} J_{n+1}(x)$

$n$ が整数なら，上の公式は母関数を用いて証明できる．公式 3 と公式 4 はそれぞれ公式 5 と公式 6 に等しいことに注目せよ．

第二種ベッセル関数 $Y_n(x)$ についても上と全く同じ結果が成立するので，$J_n(x)$ を $Y_n(x)$ と置き換えても問題ない．

## ベッセル関数に関連するその他関数

### 1. 第一種ハンケル関数 $H_n^{(1)}(x)$，第二種ハンケル関数 $H_n^{(2)}(x)$

それぞれ以下のように定義される．

$$H_n^{(1)}(x) = J_n(x) + iY_n(x), \qquad H_n^{(2)}(x) = J_n(x) - iY_n(x)$$

## 2. 変形ベッセル関数

**第一種 $n$ 次変形ベッセル関数**は以下のように定義される.

$$I_n(x) = i^{-n} J_n(ix) = e^{-n\pi i/2} J_n(ix). \tag{14}$$

$n$ が整数の場合,

$$I_{-n}(x) = I_n(x) \tag{15}$$

が成り立つが, $n$ が整数でない場合は, $I_n(x)$ と $I_{-n}(x)$ は線形独立である.

**第二種 $n$ 次変形ベッセル関数**は以下のように定義される.

$$K_n(x) = \begin{cases} \dfrac{\pi}{2}\left[\dfrac{I_{-n}(x) - I_n(x)}{\sin n\pi}\right] & (n \neq 0, 1, 2, 3, \dots) \\ \displaystyle\lim_{p\to n} \dfrac{\pi}{2}\left[\dfrac{I_{-p}(x) - I_p(x)}{\sin p\pi}\right] & (n = 0, 1, 2, 3, \dots) \end{cases} \tag{16}$$

これらの関数は以下の微分方程式を満たす.

$$x^2 y'' + xy' - (x^2 + n^2)y = 0. \tag{17}$$

また, この微分方程式の一般解は,

$$y = c_1 I_n(x) + c_2 K_n(x) \tag{18}$$

であり, 特に $n \neq 0, 1, 2, 3, \dots$ の場合は,

$$y = AI_n(x) + BI_{-n}(x) \tag{19}$$

となる.

## 3. Ber, Bei, Ker, Kei 関数

関数 $\mathrm{Ber}_n(x)$ と $\mathrm{Bei}_n(x)$ は, $J_n(i^{3/2}x)$ の実部と虚部にあたる ($i^{3/2} = e^{3\pi i/4} = (\sqrt{2}/2)(1-i)$). すなわち,

$$J_n(i^{3/2}x) = \mathrm{Ber}_n(x) + i\mathrm{Bei}_n(x) \tag{20}$$

と表せる. 一方で関数 $\mathrm{Ker}_n(x)$ と $\mathrm{Kei}_n(x)$ は, $e^{-n\pi i/2}K_n(i^{1/2}x)$ の実部と虚部にあたる ($i^{1/2} = e^{\pi i/4} = (\sqrt{2}/2)(1+i)$). すなわち,

$$e^{-n\pi i/2}K_n(i^{1/2}x) = \mathrm{Ker}_n(x) + i\mathrm{Kei}_n(x) \tag{21}$$

と表せる. これらの関数は, 電気工学などで現れる以下の微分方程式に関して有用である.

$$x^2 y'' + xy' - (ix^2 + n^2)y = 0 \tag{22}$$

この微分方程式の一般解は,

$$y = c_1 J_n(i^{3/2}x) + c_2 K_n(i^{1/2}x) \tag{23}$$

である.

## ベッセルの微分方程式への変換

微分方程式

$$x^2y'' + (2k+1)xy' + (\alpha^2 x^{2r} + \beta^2)y = 0 \quad (k, \alpha, r, \beta = \text{定数}) \tag{24}$$

は，一般解

$$y = x^{-k}[c_1 J_{\kappa/r}(\alpha x^r/r) + c_2 Y_{\kappa/r}(\alpha x^r/r)], \quad (\kappa = \sqrt{k^2 - \beta^2})) \tag{25}$$

を持つ．$\alpha = 0$ のとき，(24) はオイラーの微分方程式として解くことができる [p.102 を参照].

## ベッセル関数の漸近式

$x$ の値が大きい場合，次のような漸近式が成り立つ．

$$J_n(x) \sim \sqrt{\frac{2}{\pi x}}\cos\left(x - \frac{\pi}{4} - \frac{n\pi}{2}\right), \qquad Y_n(x) \sim \sqrt{\frac{2}{\pi x}}\sin\left(x - \frac{\pi}{4} - \frac{n\pi}{2}\right). \tag{26}$$

## ベッセル関数の零点

$n$ を任意の実数とすると，$J_n(x) = 0$ を満たす根 $x$(零点) はすべて実数で，その数は無限個あることが示せる．そして，零点の値が大きくなるにつれて，連続した零点同士の差は $\pi$ に近づいていく．このことは (26) からもわかる．また，$J_n(x) = 0$ の零点は，$J_{n-1}(x) = 0$ と $J_{n+1}(x) = 0$ の零点の間に存在していることがわかる．$Y_n(x)$ についても同様のことがいえる．

## ベッセル関数の直交性

$\lambda$ と $\mu$ が 2 つの異なる定数であった場合，

$$\int_0^1 xJ_n(\lambda x)J_n(\mu x)dx = \frac{\mu J_n(\lambda)J_n'(\mu) - \lambda J_n(\mu)J_n'(\lambda)}{\lambda^2 - \mu^2}. \tag{27}$$

および，

$$\int_0^1 xJ_n^2(\lambda x)dx = \frac{1}{2}\left[J_n'^2(\lambda) + \left(1 - \frac{n^2}{\lambda^2}\right)J_n^2(\lambda)\right] \tag{28}$$

が成り立つことが示せる (問題 10.21〜問題 10.22).
また，(27) から，$R$ と $S$ を定数とした方程式

$$RJ_n(x) + SxJ_n'(x) = 0 \tag{29}$$

を満たす，2 つの異なる零点を $\lambda, \mu$ とする．このとき，

$$\int_0^1 xJ_n(\lambda x)J_n(\mu x)dx = 0 \tag{30}$$

となり，関数 $\sqrt{x}J_n(\lambda x)$ と $\sqrt{x}J_n(\mu x)$ は区間 $(0,1)$ において**直交**していることがわかる．なお，(29) の特別な場合として，$\lambda$ と $\mu$ を，$J_n(x) = 0$ または $J'_n(x) = 0$ のどちらか一方を満たす 2 つの異なる零点としても良い問題 10.23．また，関数 $J_n(\lambda x)$, $J_n(\mu x)$ は「密度関数（重み関数）$x$ を通して直交している」ともいえる．

## ベッセル関数による級数展開

フーリエ級数と同様に，$f(x)$ がディリクレ条件を満たす場合 [p.242 参照]，区間 $0 < x < 1$ における $f(x)$ のあらゆる連続点で，

$$f(x) = A_1J_n(\lambda_1 x) + A_2J_n(\lambda_2 x) + \cdots = \sum_{p=1}^{\infty} A_pJ_n(\lambda_p x) \tag{31}$$

の形のような，ベッセル級数展開が存在することを示せる．ここで，$\lambda_1, \lambda_2, \lambda_3, \ldots$ は $R/S \geq 0$, $S \neq 0$ を満たす (29) の正の零点であり，また，

$$A_p = \frac{2\lambda_p^2}{(\lambda_p^2 - n^2 + R^2/S^2)J_n^2(\lambda_p)} \int_0^1 xJ_n(\lambda_p x)f(x)dx \tag{32}$$

である．一方どの不連続点においても (31) の右の級数は $\frac{1}{2}[f(x+0) + f(x-0)]$ に収束するので，この級数を (31) の左辺の代わりに用いることができる．

$S = 0$ となる場合，$\lambda_1, \lambda_2, \ldots$ は $J_n(x) = 0$ の零点となるから，

$$A_p = \frac{2}{J_{n+1}^2(\lambda_p)} \int_0^1 xJ_n(\lambda_p x)f(x)dx \tag{33}$$

となる．

$R = 0$ かつ $n = 0$ となる場合，級数 (31) は定数項

$$A_1 = 2\int_0^1 xf(x)dx \tag{34}$$

から始まる．

# 演習問題

## ベッセルの微分方程式

> **問題 10.1**　フロベニウスの方法 (p.104) を用いて，ベッセルの微分方程式 $x^2y''+xy'+(x^2-n^2)y=0$ の級数解を求めよ．

**解答**

$y=\sum c_k x^{k+\beta}$ の形を持った解を仮定する（$k$ は $-\infty$ から $\infty$ までの範囲にわたり，$k<0$ については $c_k=0$ であるとする）．このとき，以下を得る．

$$\begin{aligned}(x^2-n^2)y&=\sum c_k x^{k+\beta+2}-\sum n^2c_kx^{k+\beta}=\sum c_{k-2}x^{k+\beta}-\sum n^2c_kx^{k+\beta},\\ xy'&=\sum (k+\beta)c_kx^{k+\beta},\\ x^2y''&=\sum (k+\beta)(k+\beta-1)c_kx^{k+\beta}.\end{aligned}$$

これらの式を足し合わせると，

$$\sum[(k+\beta)(k+\beta-1)c_k+(k+\beta)c_k+c_{k-2}-n^2c_k]x^{k+\beta}=0$$

となり，$x^{k+\beta}$ の係数がゼロであることから，

$$[(k+\beta)^2-n^2]c_k+c_{k-2}=0. \tag{1}$$

(1) において $k=0$ とすると，$c_{-2}=0$ より決定方程式は $(\beta^2-n^2)c_0=0$ となり，さらに $c_0\neq 0$ と仮定すると $\beta^2=n^2$ が得られる．このとき，$\beta=-n$ と $\beta=n$ の 2 つの場合がある．最初に $\beta=n$ の場合を考え，それから $n$ を $-n$ に置き換えることで $\beta=-n$ の場合による結果を得ることにしよう．

**Case 1.**　$\beta=n$.

この場合 (1) は，

$$k(2n+k)c_k+c_{k-2}=0. \tag{2}$$

(2) で $k=1,2,3,4,\ldots$ と順においてみると以下を得る．

$$c_1=0,\quad c_2=\frac{-c_0}{2(2n+2)},\quad c_3=0,\quad c_4=\frac{-c_2}{4(2n+4)}=\frac{c_0}{2\cdot 4(2n+2)(2n+4)},\ \ldots\ .$$

したがって，目的の級数は

$$y=c_0x^n+c_2x^{n+2}+c_4x^{n+4}+\cdots=c_0x^n\left[1-\frac{x^2}{2(2n+2)}+\frac{x^4}{2\cdot 4(2n+2)(2n+4)}-\cdots\right]. \tag{3}$$

**Case 1.**　$\beta = -n$.

Case 1.. の結果において $n$ を $-n$ に置き換えることで以下の級数が得られる.

$$y = c_0 x^{-n}\left[1 - \frac{x^2}{2(2-2n)} + \frac{x^4}{2\cdot 4(2-2n)(4-2n)} - \cdots\right]. \tag{4}$$

ここで，$n = 0$ の場合，両ケースで得られた級数は一致し，$n = 1, 2, \ldots$ の場合，Case 2. の級数は定義できない．一方で，$n \neq 0, 1, 2, \ldots$ の場合，2 つの級数は線形独立の関係であることが示せるので 問題 10.10，この場合における一般解は以下のようになる.

$$\begin{aligned} y = Cx^n &\left[1 - \frac{x^2}{2(2n+2)} + \frac{x^4}{2\cdot 4(2n+2)(2n+4)} - \cdots\right] \\ &+ Dx^{-n}\left[1 - \frac{x^2}{2(2-2n)} + \frac{x^4}{2\cdot 4(2-2n)(4-2n)} - \cdots\right]. \end{aligned} \tag{5}$$

$n = 0, 1, 2, 3, \ldots$ の場合における一般解については後述する 問題 10.15〜問題 10.16.

## 第一種ベッセル関数

**問題 10.2**　$n \neq 0, 1, 2, \ldots$ とした場合，p.301 で与えられている $J_n(x)$ の定義式 (5) を用いることで，ベッセルの微分方程式の一般解が $y = AJ_n(x) + BJ_{-n}(x)$ であることを示せ.

**解答**

p.301 の $J_n(x)$ の定義は，$n$ にのみ依存する定数係数を除けば，問題 10.1 の Case 1. で得た級数と一致していることがわかる．よって，「問題 10.1 の式 (5)」は，$n \neq 0, 1, 2, \ldots$ の場合においては $y = A\,J_n(x) + B\,J_{-n}(x)$ とかける.

**問題 10.3**　($a$)　$J_{-n}(x) = (-1)^n J_n(x)$　$(n = 1, 2, 3, \ldots)$ となることを証明せよ．($b$)　($a$) で得た式を使って，$n$ を整数値とした $AJ_n(x) + BJ_{-n}(x)$ の式が，ベッセルの微分方程式の一般解とはならない理由を説明せよ.

**解答**

($a$) p.301 の (5) や (6) において，$n$ を $-n$ に置き換えると，

$$\begin{aligned} J_{-n}(x) &= \sum_{r=0}^{\infty} \frac{(-1)^r (x/2)^{-n+2r}}{r!\,\Gamma(-n+r+1)} \\ &= \sum_{r=0}^{n-1} \frac{(-1)^r (x/2)^{-n+2r}}{r!\,\Gamma(-n+r+1)} + \sum_{r=n}^{\infty} \frac{(-1)^r (x/2)^{-n+2r}}{r!\,\Gamma(-n+r+1)}. \end{aligned}$$

ここで $r = 0, 1, \ldots, n-1$ のとき，$\Gamma(-n+r+1)$ は無限大となるから，右辺第一項の和はゼロとなる．よって，$r = n + k$ とおくと，残った第二項の和を以下のように変形でき，結果の等式が得られる.

$$\sum_{k=0}^{\infty} \frac{(-1)^{n+k}(x/2)^{n+2k}}{(n+k)!\,\Gamma(k+1)} = (-1)^n \sum_{k=0}^{\infty} \frac{(-1)^k (x/2)^{n+2k}}{\Gamma(n+k+1)k!} = (-1)^n J_n(x).$$

(*b*) $n$ の整数値に対しては, (*a*) の結果から $J_{-n}(x)$ と $J_n(x)$ は線形従属であるので $AJ_n(x)+BJ_{-n}(x)$ をベッセルの微分方程式の一般解とすることができない．一方で $n$ が整数値でない場合，$J_{-n}(x)$ と $J_n(x)$ は線形独立であることが示せるので，$AJ_n(x)+BJ_{-n}(x)$ は一般解といえる (問題 10.10).

**問題 10.4**　以下の式が成り立つことを証明せよ．

$$(a)\quad J_{1/2}(x)=\sqrt{\frac{2}{\pi x}}\sin x,\qquad (b)\quad J_{-1/2}(x)=\sqrt{\frac{2}{\pi x}}\cos x.$$

**解答**

(*a*)

$$\begin{aligned}J_{1/2}(x)&=\sum_{r=0}^{\infty}\frac{(-1)^r(x/2)^{1/2+2r}}{r!\Gamma(r+3/2)}=\frac{(x/2)^{1/2}}{\Gamma(3/2)}-\frac{(x/2)^{5/2}}{1!\Gamma(5/2)}+\frac{(x/2)^{9/2}}{2!\Gamma(7/2)}-\cdots\\&=\frac{(x/2)^{1/2}}{(1/2)\sqrt{\pi}}-\frac{(x/2)^{5/2}}{1!(3/2)(1/2)\sqrt{\pi}}+\frac{(x/2)^{7/2}}{2!(5/2)(3/2)(1/2)\sqrt{\pi}}-\cdots\\&=\frac{(x/2)^{1/2}}{(1/2)\sqrt{\pi}}\left\{1-\frac{x^2}{3!}+\frac{x^4}{5!}-\cdots\right\}=\frac{(x/2)^{1/2}}{(1/2)\sqrt{\pi}}\frac{\sin x}{x}=\sqrt{\frac{2}{\pi x}}\sin x.\end{aligned}$$

(*b*)

$$\begin{aligned}J_{-1/2}(x)&=\sum_{r=0}^{\infty}\frac{(-1)^r(x/2)^{-1/2+2r}}{r!\Gamma(r+1/2)}=\frac{(x/2)^{-1/2}}{\Gamma(1/2)}-\frac{(x/2)^{3/2}}{1!\Gamma(3/2)}+\frac{(x/2)^{7/2}}{2!\Gamma(5/2)}-\cdots\\&=\frac{(x/2)^{-1/2}}{\sqrt{\pi}}\left\{1-\frac{x^2}{2!}+\frac{x^4}{4!}-\cdots\right\}=\sqrt{\frac{2}{\pi x}}\cos x.\end{aligned}$$

**問題 10.5**　任意の $n$ に対して，以下の関係式が成り立つことを証明せよ．

$$(a)\quad \frac{d}{dx}\{x^nJ_n(x)\}=x^nJ_{n-1}(x),\qquad (b)\quad \frac{d}{dx}\{x^{-n}J_n(x)\}=-x^{-n}J_{n+1}(x)$$

**解答**

(*a*)

$$\begin{aligned}\frac{d}{dx}\{x^nJ_n(x)\}&=\frac{d}{dx}\sum_{r=0}^{\infty}\frac{(-1)^rx^{2n+2r}}{2^{n+2r}r!\Gamma(n+r+1)}\\&=\sum_{r=0}^{\infty}\frac{(-1)^rx^{2n+2r-1}}{2^{n+2r-1}r!\Gamma(n+r)}\\&=x^n\sum_{r=0}^{\infty}\frac{(-1)^rx^{(n-1)+2r}}{2^{(n-1)+2r}r!\Gamma[(n-1)+r+1]}=x^nJ_{n-1}(x).\end{aligned}$$

(*b*)

$$\begin{aligned}\frac{d}{dx}\{x^{-n}J_n(x)\}&=\frac{d}{dx}\sum_{r=0}^{\infty}\frac{(-1)^rx^{2r}}{2^{n+2r}r!\Gamma(n+r+1)}\\&=x^{-n}\sum_{r=1}^{\infty}\frac{(-1)^rx^{n+2r-1}}{2^{n+2r-1}(r-1)!\Gamma(n+r+1)}\\&=x^{-n}\sum_{k=0}^{\infty}\frac{(-1)^{k+1}x^{n+2k+1}}{2^{n+2k+1}k!\Gamma(n+k+2)}=-x^{-n}J_{n+1}(x).\end{aligned}$$

**問題 10.6**　任意の $n$ に対して，以下の関係式が成り立つことを証明せよ．

$$(a)\quad J_n'(x)=\tfrac{1}{2}[J_{n-1}(x)-J_{n+1}(x)],\qquad (b)\quad J_{n-1}(x)+J_{n+1}(x)=\frac{2n}{x}J_n(x)$$

**解答**

問題 10.5(a) より，$x^nJ_n'(x)+nx^{n-1}J_n(x)=x^nJ_{n-1}(x)$ となり，

$$xJ_n'(x)+nJ_n(x)=xJ_{n-1}(x) \tag{1}$$

を得る．また，問題 10.5(b) より，$x^{-n}J_n'(x)-nx^{-n-1}J_n(x)=-x^{-n}J_{n+1}(x)$ となり，

$$xJ_n'(x)-nJ_n(x)=-xJ_{n+1}(x) \tag{2}$$

を得る．

$(a)$ (1) と (2) を足し合わせ，$2x$ で割ることで，

$$J_n'(x)=\tfrac{1}{2}[J_{n-1}(x)-J_{n+1}(x)].$$

$(b)$ (1) から (2) を引き，$x$ で割ることで，

$$J_{n-1}(x)+J_{n+1}(x)=\frac{2n}{x}J_n(x).$$

**問題 10.7**　以下の関係式が成り立つことを示せ．

$$(a)\quad J_{3/2}(x)=\sqrt{\frac{2}{\pi x}}\left(\frac{\sin x-x\cos x}{x}\right),\qquad (b)\quad J_{-3/2}(x)=-\sqrt{\frac{2}{\pi x}}\left(\frac{x\sin x+\cos x}{x}\right)$$

**解答**

$(a)$ 問題 10.6(b) の関係式において $n=\frac{1}{2}$ とおき，問題 10.4 の結果を用いることで，

$$J_{3/2}(x)=\frac{1}{x}J_{1/2}(x)-J_{-1/2}(x)=\sqrt{\frac{2}{\pi x}}\left(\frac{\sin x}{x}-\cos x\right)=\sqrt{\frac{2}{\pi x}}\left(\frac{\sin x-x\cos x}{x}\right).$$

$(b)$ 問題 10.6(b) の関係式において $n=-\frac{1}{2}$ とおき，問題 10.4 の結果を用いることで，

$$J_{-3/2}(x)=-\sqrt{\frac{2}{\pi x}}\left(\frac{x\sin x+\cos x}{x}\right).$$

**問題 10.8**　以下の積分を計算せよ．

$$(a)\quad \int x^nJ_{n-1}(x)dx,\qquad (b)\quad \int\frac{J_{n+1}(x)}{x^n}dx$$

**解答**

問題 10.5 の関係式を用いる．

(a) $\dfrac{d}{dx}\{x^n J_n(x)\} = x^n J_{n-1}(x)$ より， $\displaystyle\int x^n J_{n-1}(x)dx = x^n J_n(x) + c.$

(b) $\dfrac{d}{dx}\{x^{-n} J_n(x)\} = -x^{-n} J_{n+1}(x)$ より， $\displaystyle\int \frac{J_{n+1}(x)}{x^n}dx = -x^{-n} J_n(x) + c.$

**問題 10.9**　以下の積分を計算せよ．

$$(a)\ \int x^4 J_1(x)dx, \qquad (b)\ \int x^3 J_3(x)dx$$

**解答**

(a) **方法 1.**　部分積分を行うことで，

$$\begin{aligned}
\int x^4 J_1(x)dx &= \int (x^2)[x^2 J_1(x)dx] \\
&= x^2[x^2 J_2(x)] - \int [x^2 J_2(x)][2xdx] \\
&= x^4 J_2(x) - 2\int x^3 J_2(x)dx \\
&= x^4 J_2(x) - 2x^3 J_3(x) + c.
\end{aligned}$$

**方法 2.** $J_1(x) = -J_0'(x)$ を用いることで 問題 10.27(b)(補),

$$\begin{aligned}
\int x^4 J_1(x)dx &= -\int x^4 J_0'(x)dx = -\left\{x^4 J_0(x) - \int 4x^3 J_0(x)dx\right\}, \\
\int x^3 J_0(x)dx &= \int x^2[xJ_0(x)dx] = x^2[xJ_1(x)] - \int [xJ_1(x)][2xdx], \\
\int x^2 J_1(x)dx &= -\int x^2 J_0'(x)dx = -\left\{x^2 J_0(x) - \int 2xJ_0(x)dx\right\} \\
&= -x^2 J_0(x) + 2xJ_1(x).
\end{aligned}$$

したがって，

$$\begin{aligned}
\int x^4 J_1(x)dx &= -x^4 J_0(x) + 4[x^3 J_1(x) - 2\{-x^2 J_0(x) + 2xJ_1(x)\}] + c \\
&= (8x^2 - x^4)J_0(x) + (4x^3 - 16x)J_1(x) + c.
\end{aligned}$$

(b)

$$\begin{aligned}
\int x^3 J_3(x)dx &= \int x^5[x^{-2} J_3(x)dx] \\
&= x^5[-x^{-2} J_2(x)] - \int [-x^{-2} J_2(x)]5x^4 dx \\
&= -x^3 J_2(x) + 5\int x^2 J_2(x)dx, \\
\int x^2 J_2(x)dx &= \int x^3[x^{-1} J_2(x)]dx \\
&= x^3[-x^{-1} J_1(x)] - \int [-x^{-1} J_1(x)]3x^2 dx
\end{aligned}$$

$$= -x^2 J_1(x) + 3\int xJ_1(x)dx,$$

$$\int xJ_1(x)dx = -\int xJ_0'(x)dx = -[xJ_0(x) - \int J_0(x)dx]$$
$$= -xJ_0(x) + \int J_0(x)dx.$$

したがって，

$$\int x^3 J_3(x)dx = -x^3 J_2(x) + 5\left\{-x^2 J_1(x) + 3[-xJ_0(x) + \int J_0(x)dx]\right\}$$
$$= -x^3 J_2(x) - 5x^2 J_1(x) - 15xJ_0(x) + 15\int J_0(x)dx.$$

積分 $\int J_0(x)dx$ は閉形式[2]では得られない．一般に $\int x^p J_q(x)dx$ の形の積分結果は，$p+q$ が奇数でかつ $p+q \geq 0$ となる場合，閉形式で得られる（$p$ と $q$ は整数）．一方，$p+q$ が偶数の場合，積分結果は $\int J_0(x)dx$ の項を含む形で得ることになる．

**問題 10.10**　(*a*) $J_n'(x)J_{-n}(x) - J_{-n}'(x)J_n(x) = \dfrac{2\sin n\pi}{\pi x}$ を証明せよ．
(*b*) $J_n(x)$ と $J_{-n}(x)$ の線形従属性の観点から，(*a*) の結果の意味を論ぜよ．

**解答**

(*a*) $J_n(x)$ と $J_{-n}(x)$ をそれぞれ $J_n$ と $J_{-n}$ と略記する．これらの関数がベッセルの微分方程式を満たすので，

$$x^2 J_n'' + xJ_n' + (x^2 - n^2)J_n = 0, \qquad x^2 J_{-n}'' + xJ_{-n}' + (x^2 - n^2)J_{-n} = 0.$$

左側の式に $J_{-n}$ を掛け，そこから右側の式に $J_n$ を掛けて引くと，

$$x^2[J_n'' J_{-n} - J_{-n}'' J_n] + x[J_n' J_{-n} - J_{-n}' J_n] = 0,$$

となり，この式は

$$x\frac{d}{dx}[J_n' J_{-n} - J_{-n}' J_n] + [J_n' J_{-n} - J_{-n}' J_n] = 0,$$

または，

$$\frac{d}{dx}\{x[J_n' J_{-n} - J_{-n}' J_n]\} = 0$$

とかける．この式を積分すると，

$$J_n' J_{-n} - J_{-n}' J_n = c/x. \tag{1}$$

$c$ を求めるには，$J_n$ と $J_{-n}$ の級数展開

$$J_n = \frac{x^n}{2^n \Gamma(n+1)} - \cdots, \qquad J_n' = \frac{x^{n-1}}{2^n \Gamma(n)} - \cdots,$$

2）訳注：有限の初等関数で作られた項で表現できる式を**閉形式**という．

$$J_{-n} = \frac{x^{-n}}{2^{-n}\Gamma(-n+1)} - \cdots, \qquad J'_{-n} = \frac{x^{-n-1}}{2^{-n}\Gamma(-n)} - \cdots.$$

を求め，これを (1) に代入する．すると，『ガンマ関数に関する諸公式 1.(p.283)』を用いることで，

$$c = \frac{1}{\Gamma(n)\Gamma(1-n)} - \frac{1}{\Gamma(n+1)\Gamma(-n)} = \frac{2}{\Gamma(n)\Gamma(1-n)} = \frac{2\sin n\pi}{\pi}$$

となるから，目的の結果が得られた．

$(b)$ $(a)$ を解く過程で得られた $J'_n J_{-n} - J'_{-n} J_n$ は，$J_n$ と $J_{-n}$ の**ロンスキアン**である (p.97)．$n$ が整数の場合，$(a)$ よりロンスキアンはゼロとなるから $J_n$ と $J_{-n}$ は線形従属となる．このことは 問題 10.3$(a)$ の結果からも明らかである．一方で $n$ が非整数の場合，ロンスキアンはゼロでない値を持つことになるので $J_n$ と $J_{-n}$ は線形独立となる．

## 母関数およびその他関係式

**問題 10.11**　以下を証明せよ．

$$e^{(x/2)(t-1/t)} = \sum_{n=-\infty}^{\infty} J_n(x)t^n.$$

解答

$$e^{(x/2)(t-1/t)} = e^{xt/2}e^{-x/2t} = \left\{\sum_{r=0}^{\infty}\frac{(xt/2)^r}{r!}\right\}\left\{\sum_{k=0}^{\infty}\frac{(-x/2t)^k}{k!}\right\} = \sum_{r=0}^{\infty}\sum_{k=0}^{\infty}\frac{(-1)^k(x/2)^{r+k}t^{r-k}}{r!k!}.$$

$r-k=n$ とおくと，$n$ の総和は $-\infty$ から $\infty$ までの範囲をわたる．したがって，

$$\sum_{n=-\infty}^{\infty}\sum_{k=0}^{\infty}\frac{(-1)^k(x/2)^{n+2k}t^n}{(n+k)!k!} = \sum_{n=-\infty}^{\infty}\left\{\sum_{k=0}^{\infty}\frac{(-1)^k(x/2)^{n+2k}}{k!(n+k)!}\right\}t^n = \sum_{n=-\infty}^{\infty}J_n(x)t^n.$$

**問題 10.12**　以下を証明せよ．

$(a)$　$\cos(x\sin\theta) = J_0(x) + 2J_2(x)\cos 2\theta + 2J_4(x)\cos 4\theta + \cdots$

$(b)$　$\sin(x\sin\theta) = 2J_1(x)\sin\theta + 2J_3(x)\sin 3\theta + 2J_5(x)\sin 5\theta + \cdots$

解答

問題 10.11 で証明した式において $t = e^{i\theta}$ とおく．すると，

$$\begin{aligned}
e^{\frac{1}{2}x(e^{i\theta}-e^{-i\theta})} &= e^{ix\sin\theta} = \sum_{-\infty}^{\infty}J_n(x)e^{in\theta} = \sum_{-\infty}^{\infty}J_n(x)[\cos n\theta + i\sin n\theta] \\
&= \{J_0(x) + [J_{-1}(x)+J_1(x)]\cos\theta + [J_{-2}(x)+J_2(x)]\cos 2\theta + \cdots\} \\
&\quad + i\{[J_1(x)-J_{-1}(x)]\sin\theta + [J_2(x)-J_{-2}(x)]\sin 2\theta + \cdots\} \\
&= \{J_0(x) + 2J_2(x)\cos 2\theta + \cdots\} + i\{2J_1(x)\sin\theta + 2J_3(x)\sin 3\theta + \cdots\}
\end{aligned}$$

ここで，問題 10.3(a) の関係式を使った．得られた式の実部と虚部が目的の結果である．

**問題 10.13**　以下を証明せよ．

$$J_n(x) = \frac{1}{\pi}\int_0^\pi \cos(n\theta - x\sin\theta)d\theta, \quad n = 0, 1, 2, \ldots$$

**解答**

問題 10.12 で得た 2 つの式にそれぞれ $\cos n\theta$ と $\sin n\theta$ を掛けて，0 から $\pi$ まで積分することを考える．このとき，以下の関係式を用いる．

$$\int_0^\pi \cos m\theta \cos n\theta d\theta = \begin{cases} 0 & m \neq n \\ \pi/2 & m = n \end{cases}, \qquad \int_0^\pi \sin m\theta \sin n\theta d\theta = \begin{cases} 0 & m \neq n \\ \pi/2 & m = n \neq 0 \end{cases}.$$

$n$ が偶数またはゼロのとき，

$$J_n(x) = \frac{1}{\pi}\int_0^\pi \cos(x\sin\theta)\cos n\theta d\theta, \qquad 0 = \frac{1}{\pi}\int_0^\pi \sin(x\sin\theta)\sin n\theta d\theta$$

となり，これらを足し合わせると，

$$J_n(x) = \frac{1}{\pi}\int_0^\pi [\cos(x\sin\theta)\cos n\theta + \sin(x\sin\theta)\sin n\theta]d\theta = \frac{1}{\pi}\int_0^\pi \cos(n\theta - x\sin\theta)d\theta.$$

同様に，$n$ が奇数のときは，

$$J_n(x) = \frac{1}{\pi}\int_0^\pi \sin(x\sin\theta)\sin n\theta d\theta, \qquad 0 = \frac{1}{\pi}\int_0^\pi \cos(x\sin\theta)\cos n\theta d\theta$$

となり，これらを足し合わせると，

$$J_n(x) = \frac{1}{\pi}\int_0^\pi \cos(n\theta - x\sin\theta)d\theta.$$

このようにして，$n$ が偶数でも奇数でも，すなわち $n = 0, 1, 2, \cdots$ に対して目的の結果が得られた．

**問題 10.14**　母関数を用いて，問題 10.6(b) の関係式（$n$ は整数値）を証明せよ．

**解答**

母関数の定義式の両辺を $t$ に関して微分すると，和の範囲を省略して，

$$e^{(x/2)(t-1/t)}\frac{x}{2}\left(1 + \frac{1}{t^2}\right) = \sum nJ_n(x)t^{n-1},$$

または，

$$\frac{x}{2}\left(1 + \frac{1}{t^2}\right)\sum J_n(x)t^n = \sum nJ_n(x)t^{n-1},$$

となり，

$$\sum \frac{x}{2}\left(1 + \frac{1}{t^2}\right)J_n(x)t^n = \sum nJ_n(x)t^{n-1},$$

を得る．この式からさらに，

$$\sum \frac{x}{2} J_n(x) t^n + \sum \frac{x}{2} J_n(x) t^{n-2} = \sum n J_n(x) t^{n-1},$$

または，

$$\sum \frac{x}{2} J_n(x) t^n + \sum \frac{x}{2} J_{n+2}(x) t^n = \sum (n+1) J_{n+1}(x) t^n,$$

となり，

$$\sum \left[ \frac{x}{2} J_n(x) + \frac{x}{2} J_{n+2}(x) \right] t^n = \sum (n+1) J_{n+1}(x) t^n,$$

を得る．ここで，$t^n$ の係数が等しいことから，

$$\frac{x}{2} J_n(x) + \frac{x}{2} J_{n+2}(x) = (n+1) J_{n+1}(x)$$

となる．目的の結果はこの式において $n$ を $n-1$ と置き換えることで得られる．

## 第二種ベッセル関数

**問題 10.15**

(*a*) $n$ が整数でないとき，ベッセルの微分方程式の一般解が，以下のようになることを示せ．

$$y = EJ_n(x) + F\left[\frac{J_n(x)\cos n\pi - J_{-n}(x)}{\sin n\pi}\right]$$

(*b*) $n$ が整数のとき，ベッセルの微分方程式の一般解をどのように求められるか，(*a*) の結果を使って説明せよ．

**解答**

(*a*) $n$ が整数でない場合，$J_{-n}$ と $J_n$ が線形独立であるから，ベッセルの微分方程式の一般解は，

$$y = c_1 J_n(x) + c_2 J_{-n}(x)$$

となり，任意定数 $c_1, c_2$ を，$E, F$ を用いて

$$c_1 = E + \frac{F\cos n\pi}{\sin n\pi}, \qquad c_2 = \frac{-F}{\sin n\pi}$$

と置き換えることで目的の結果が得られる．なお，$n$ が整数でない場合，第二種ベッセル関数は

$$Y_n(x) = \frac{J_n(x)\cos n\pi - J_{-n}(x)}{\sin n\pi}$$

と定義する．

(*b*) $n$ が整数の場合，以下の式は $0/0$ という形になり，「不定」となる．

$$\frac{J_n(x)\cos n\pi - J_{-n}(x)}{\sin n\pi}.$$

これは，整数 $n$ に対して，$\cos n\pi = (-1)^n$ および $J_{-n}(x) = (-1)^n J_n(x)$ が成立するためである (問題 10.3)．この「不定形」は，極限

$$\lim_{p\to n}\left[\frac{J_p(x)\cos p\pi - J_{-p}(x)}{\sin p\pi}\right]$$

とおき，ロピタルの定理を使うことによって求められる (問題 10.16)．このことが，p.302 の式 (10) の定義につながっている．

**問題 10.16**　(問題 10.15) の結果を参照して，$n = 0$ としたベッセルの微分方程式の一般解を求めよ．

**解答**

以下の極限を求める必要がある．

$$\lim_{p\to 0}\left[\frac{J_p(x)\cos p\pi - J_{-p}(x)}{\sin p\pi}\right]. \tag{1}$$

ロピタルの定理を用いると [分子と分母を $p$ で微分する]，この極限は次のように求められる．

$$\lim_{p\to 0}\left[\frac{(\partial J_p/\partial p)\cos p\pi - (\partial J_{-p}/\partial p)}{\pi\cos p\pi}\right] = \frac{1}{\pi}\left[\frac{\partial J_p}{\partial p} - \frac{\partial J_{-p}}{\partial p}\right]_{p=0}.$$

右辺は，$p$ に関して $J_p(x)$ と $J_{-p}(x)$ の偏微分を行い，その後 $p = 0$ と置くことを表している．また $\partial J_{-p}/\partial(-p) = -\partial J_{-p}/\partial p$ より，極限の式は

$$\frac{2}{\pi}\frac{\partial J_p}{\partial p}\bigg|_{p=0}$$

とかける．$\partial J_p/\partial p$ を得るために，級数

$$J_p(x) = \sum_{r=0}^{\infty}\frac{(-1)^r(x/2)^{p+2r}}{r!\Gamma(p+r+1)}$$

を $p$ で微分すると，

$$\frac{\partial J_p}{\partial p} = \sum_{r=0}^{\infty}\frac{(-1)^r}{r!}\frac{\partial}{\partial p}\left\{\frac{(x/2)^{p+2r}}{\Gamma(p+r+1)}\right\}. \tag{2}$$

ここで，$\dfrac{(x/2)^{p+2r}}{\Gamma(p+r+1)} = G$ とおくと，

$$\ln G = (p+2r)\ln(x/2) - \ln\Gamma(p+r+1)$$

となるから，

$$\frac{1}{G}\frac{\partial G}{\partial p} = \ln(x/2) - \frac{\Gamma'(p+r+1)}{\Gamma(p+r+1)}.$$

したがって，$p = 0$ に対しては以下を得る．

$$\frac{\partial G}{\partial p}\bigg|_{p=0} = \frac{(x/2)^{2r}}{\Gamma(r+1)}\left[\ln(x/2) - \frac{\Gamma'(r+1)}{\Gamma(r+1)}\right]. \tag{3}$$

(2) と (3) を使うと,

$$\begin{aligned}\frac{2}{\pi}\frac{\partial J_p}{\partial p}\bigg|_{p=0} &= \frac{2}{\pi}\sum_{r=0}^{\infty}\frac{(-1)^r(x/2)^{2r}}{r!\Gamma(r+1)}\left[\ln(x/2)-\frac{\Gamma'(r+1)}{\Gamma(r+1)}\right]\\ &= \frac{2}{\pi}\left\{\ln(x/2)+\gamma\right\}J_0(x)+\frac{2}{\pi}\left[\frac{x^2}{2^2}-\frac{x^4}{2^2 4^2}(1+\tfrac{1}{2})+\frac{x^6}{2^2 4^2 6^2}(1+\tfrac{1}{2}+\tfrac{1}{3})-\cdots\right]\end{aligned}$$

ここで,『ガンマ関数に関する諸公式 6.(p.283)』の関係式を用いた.得られたこの級数は $Y_0(x)$ である.同様にして,p.302 の式 (11) で示した,$n$ が整数となる $Y_n(x)$ についての級数を求めることができる.したがって,$n$ が整数のときの一般解は $y = c_1J_n(x) + c_2Y_n(x)$ と与えられる.

## ベッセル関数に関連したその他の関数

**問題 10.17**　第一種変形ベッセル関数 $I_n(x)$ に関する以下の漸化式を証明せよ.

$$I_{n+1}(x) = I_{n-1}(x) - \frac{2n}{x}I_n(x).$$

**解答**

(問題 10.6($b$)) より,

$$J_{n+1}(x) = \frac{2n}{x}J_n(x) - J_{n-1}(x). \tag{1}$$

$x$ を $ix$ と置き換えると,

$$J_{n+1}(ix) = -\frac{2in}{x}J_n(ix) - J_{n-1}(ix). \tag{2}$$

ここで,定義式 $I_n(x) = i^{-n}J_n(ix)$ または $J_n(ix) = i^nI_n(x)$ より (2) は,

$$i^{n+1}I_{n+1}(x) = -\frac{2in}{x}i^nI_n(x) - i^{n-1}I_{n-1}(x)$$

とかける.この式の両辺を $i^{n+1}$ で割ることで目的の漸化式が得られる.

**問題 10.18**　$n$ が整数でないとき,以下を示せ.

$$(a)\ H_n^{(1)}(x) = \frac{J_{-n}(x) - e^{-in\pi}J_n(x)}{i\sin n\pi}, \qquad (b)\ H_n^{(2)}(x) = \frac{e^{in\pi}J_n(x) - J_{-n}(x)}{i\sin n\pi}$$

**解答**

($a$) $H_n^{(1)}(x)$ と $Y_n(x)$ の定義より [それぞれ p.303 と p.302 参照],

$$\begin{aligned}H_n^{(1)}(x) &= J_n(x) + iY_n(x) = J_n(x) + i\left[\frac{J_n(x)\cos n\pi - J_{-n}(x)}{\sin n\pi}\right]\\ &= \frac{J_n(x)\sin n\pi + iJ_n(x)\cos n\pi - iJ_{-n}(x)}{\sin n\pi}\\ &= i\left[\frac{J_n(x)(\cos n\pi - i\sin n\pi) - J_{-n}(x)}{\sin n\pi}\right]\end{aligned}$$

$$= i\left[\frac{J_n(x)e^{-in\pi} - J_{-n}(x)}{\sin n\pi}\right] = \frac{J_{-n}(x) - e^{-in\pi}J_n(x)}{i\sin n\pi}.$$

$(b)$ $H_n^{(2)}(x) = J_n(x) - iY_n(x)$ より，$(a)$ で得た式の $i$ を $-i$ で置き換えることで，

$$H_n^{(2)}(x) = \frac{J_{-n}(x) - e^{in\pi}J_n(x)}{-i\sin n\pi} = \frac{e^{in\pi}J_n(x) - J_{-n}(x)}{i\sin n\pi}.$$

**問題 10.19**　以下を示せ.

$(a)$ $\mathrm{Ber}_0(x) = 1 - \dfrac{x^4}{2^2 4^2} + \dfrac{x^8}{2^2 4^2 6^2 8^2} - \cdots$　　$(b)$ $\mathrm{Bei}_0(x) = \dfrac{x^2}{2^2} - \dfrac{x^6}{2^2 4^2 6^2} + \dfrac{x^{10}}{2^2 4^2 6^2 8^2 10^2} - \cdots$

**解答**

$$\begin{aligned}
J_0(i^{3/2}x) &= 1 - \frac{(i^{3/2}x)^2}{2^2} + \frac{(i^{3/2}x)^4}{2^2 4^2} - \frac{(i^{3/2}x)^6}{2^2 4^2 6^2} + \frac{(i^{3/2}x)^8}{2^2 4^2 6^2 8^2} - \cdots \\
&= 1 - \frac{i^3 x^2}{2^2} + \frac{i^6 x^4}{2^2 4^2} - \frac{i^9 x^6}{2^2 4^2 6^2} + \frac{i^{12} x^8}{2^2 4^2 6^2 8^2} - \cdots \\
&= 1 + \frac{ix^2}{2^2} - \frac{x^4}{2^2 4^2} - \frac{ix^6}{2^2 4^2 6^2} + \frac{x^8}{2^2 4^2 6^2 8^2} - \cdots \\
&= \left(1 - \frac{x^4}{2^2 4^2} + \frac{x^8}{2^2 4^2 6^2 8^2} - \cdots\right) + i\left(\frac{x^2}{2^2} - \frac{x^6}{2^2 4^2 6^2} + \cdots\right)
\end{aligned}$$

このとき，$J_0(i^{3/2}x) = \mathrm{Ber}_0(x) + i\mathrm{Bei}_0(x)$ に注目し，実部と虚部を比べることで，目的の結果を得る．なお，この $\mathrm{Ber}_0(x), \mathrm{Bei}_0(x)$ の添字 0 が省略され，単に $\mathrm{Ber}(x), \mathrm{Bei}(x)$ と表されることもある．

## ベッセルの微分方程式への変換

**問題 10.20**　微分方程式 $xy'' + y' + ay = 0$ の一般解を求めよ.

**解答**

この微分方程式は，$x^2y'' + xy' + axy = 0$ とかくことができ，p.305 の式 (24) の特別な場合である $(k = 0,\ \alpha = \sqrt{a},\ r = 1/2,\ \beta = 0)$．このとき，解は p.305 の式 (25) として与えられるから，以下のようになる．

$$y = c_1 J_0(2\sqrt{ax}) + c_2 Y_0(2\sqrt{ax}).$$

## ベッセル関数の直交性

**問題 10.21** 以下を証明せよ．

$$\int_0^1 xJ_n(\lambda x)J_n(\mu x)dx = \frac{\mu J_n(\lambda)J_n'(\mu) - \lambda J_n(\mu)J_n'(\lambda)}{\lambda^2 - \mu^2} \qquad (\lambda \neq \mu).$$

解答

p.301 の式 (3) と式 (4) より，$y_1 = J_n(\lambda x)$ と $y_2 = J_n(\mu x)$ は微分方程式

$$x^2y_1'' + xy_1' + (\lambda^2x^2 - n^2)y_1 = 0, \qquad x^2y_2'' + xy_2' + (\mu^2x^2 - n^2)y_2 = 0$$

の解であることがわかる．1 番目の微分方程式に $y_2$ をかけ，そこから，2 番目の微分方程式に $y_1$ をかけたものを引くと，

$$x^2[y_2y_1'' - y_1y_2''] + x[y_2y_1' - y_1y_2'] = (\mu^2 - \lambda^2)x^2y_1y_2.$$

この式を $x$ で割ると，

$$x\frac{d}{dx}[y_2y_1' - y_1y_2'] + [y_2y_1' - y_1y_2'] = (\mu^2 - \lambda^2)xy_1y_2$$

または，

$$\frac{d}{dx}\{x[y_2y_1' - y_1y_2']\} = (\mu^2 - \lambda^2)xy_1y_2$$

を得る．それから，両辺を積分し，積分定数を省略すると，

$$(\mu^2 - \lambda^2)\int xy_1y_2dx = x[y_2y_1' - y_1y_2'].$$

最後に $y_1 = J_n(\lambda x)$, $y_2 = J_n(\mu x)$ を代入し $\mu^2 - \lambda^2 \neq 0$ で割ると，

$$\int xJ_n(\lambda x)J_n(\mu x)dx = \frac{x[\lambda J_n(\mu x)J_n'(\lambda x) - \mu J_n(\lambda x)J_n'(\mu x)]}{\mu^2 - \lambda^2}.$$

したがって，

$$\int_0^1 xJ_n(\lambda x)J_n(\mu x)dx = \frac{\lambda J_n(\mu)J_n'(\lambda) - \mu J_n(\lambda)J_n'(\mu)}{\mu^2 - \lambda^2}.$$

**問題 10.22** 以下を証明せよ．

$$\int_0^1 xJ_n^2(\lambda x)dx = \frac{1}{2}\left[J_n'^2(\lambda) + \left(1 - \frac{n^2}{\lambda^2}\right)J_n^2(\lambda)\right].$$

解答

問題 10.21 の結果において，$\mu \to \lambda$ とする．この式はロピタルの定理を用いることで求められ，

$$\int_0^1 xJ_n^2(\lambda x)dx = \lim_{\mu\to\lambda} \frac{\lambda J_n'(\mu)J_n'(\lambda) - J_n(\lambda)J_n'(\mu) - \mu J_n(\lambda)J_n''(\mu)}{2\mu}$$
$$= \frac{\lambda J_n'^2(\lambda) - J_n(\lambda)J_n'(\lambda) - \lambda J_n(\lambda)J_n''(\lambda)}{2\lambda}.$$

ここで，$\lambda^2 J_n''(\lambda) + \lambda J_n'(\lambda) + (\lambda^2 - n^2)J_n(\lambda) = 0$ となることから，$J_n''(\lambda)$ について解いたものを代入すると，以下の式が得られることがわかる．

$$\int_0^1 xJ_n^2(\lambda x)dx = \frac{1}{2}\left[J_n'^2(\lambda) + \left(1 - \frac{n^2}{\lambda^2}\right)J_n^2(x)\right].$$

**問題 10.23**　$\lambda$ と $\mu$ が，式 $RJ_n(x) + SxJ_n'(x) = 0$ の 2 つの零点であるとき（$R$ と $S$ は定数），

$$\int_0^1 xJ_n(\lambda x)J_n(\mu x)dx = 0$$

が成り立つこと，すなわち $\sqrt{x}J_n(\lambda x)$ と $\sqrt{x}J_n(\mu x)$ は $(0, 1)$ で直交していることを証明せよ．

**解答**

$\lambda$ と $\mu$ は $RJ_n(x) + SxJ_n'(x) = 0$ の零点であるから，

$$RJ_n(\lambda) + S\lambda J_n'(\lambda) = 0, \qquad RJ_n(\mu) + S\mu J_n'(\mu) = 0. \tag{1}$$

$R \neq 0$, $S \neq 0$ の場合，(1) より

$$\mu J_n(\lambda)J_n'(\mu) - \lambda J_n(\mu)J_n'(\lambda) = 0$$

が成り立ち，また，問題 10.21 より以下の目的の結果が得られる．

$$\int_0^1 xJ_n(\lambda x)J_n(\lambda x)dx = 0$$

$R = 0, S \neq 0$ または $R \neq 0$, $S = 0$ の場合もまた，この結果は容易に証明できる．

## ベッセル関数による級数展開

**問題 10.24**　$f(x) = \displaystyle\sum_{p=1}^{\infty} A_p J_n(\lambda_p x)$, $(0 < x < 1)$ としたとき，

$$A_p = \frac{2}{J_{n+1}^2(\lambda_p)}\int_0^1 xJ_n(\lambda_p x)f(x)dx$$

となることを示せ．ただし，$\lambda_p$ $(p = 1, 2, 3, \dots)$ は $J_n(x) = 0$ を満たす正の零点であるとする．

解答

$f(x)$ に対する級数に $xJ_n(\lambda_k x)$ をかけ，0 から 1 までの範囲で項別に積分する．すると，

$$\begin{aligned}\int_0^1 xJ_n(\lambda_k x)f(x)dx &= \sum_{p=1}^{\infty} A_p \int_0^1 xJ_n(\lambda_k x)J_n(\lambda_p x)dx \\ &= A_k \int_0^1 xJ_n^2(\lambda_k x)dx \\ &= \tfrac{1}{2}A_k J_n'^2(\lambda_k)\end{aligned}$$

ここで，(問題 10.22) や (問題 10.23) と，$J_n(\lambda_k)=0$ を用いた．さらにこの式を整理すると，

$$A_k = \frac{2}{J_n'^2(\lambda_k)}\int_0^1 xJ_n(\lambda_k x)f(x)dx.$$

ここから必要な結果を得るには，p.303 の漸化式 3(または同等な p.303 の漸化式 5) から，

$$\lambda_k J_n'(\lambda_k) = nJ_n(\lambda_k) - \lambda_k J_{n+1}(\lambda_k)$$

とし，さらに $J_n(\lambda_k)=0$ とした以下の関係式を使う．

$$J_n'(\lambda_k) = -J_{n+1}(\lambda_k).$$

**問題 10.25**　$f(x)=1, (0<x<1)$ を以下の形で級数展開せよ．なお，$\lambda_p\,(p=1,2,3,\dots)$ は $J_0(x)=0$ を満たす正の零点である．

$$\sum_{p=1}^{\infty} A_p J_0(\lambda_p x)$$

解答

(問題 10.24) の結果より，

$$\begin{aligned}A_p &= \frac{2}{J_1^2(\lambda_p)}\int_0^1 xJ_0(\lambda_p x)dx = \frac{2}{\lambda_p^2 J_1^2(\lambda_p)}\int_0^{\lambda_p} vJ_0(v)dv \\ &= \frac{2}{\lambda_p^2 J_1^2(\lambda_p)} vJ_1(v)\Big|_0^{\lambda_p} = \frac{2}{\lambda_p J_1(\lambda_p)}.\end{aligned}$$

ここで，$v=\lambda_p x$ とおいて変数変換を行い，$n=1$ とおいた (問題 10.8(a)) の結果を用いている．

以上から，目的の級数展開は

$$f(x) = 1 = \sum_{p=1}^{\infty}\frac{2}{\lambda_k J_1(\lambda_p)}J_0(\lambda_p x)$$

となり，これは

$$\frac{J_0(\lambda_1 x)}{\lambda_1 J_1(\lambda_1)} + \frac{J_0(\lambda_2 x)}{\lambda_2 J_1(\lambda_2)} + \cdots = \frac{1}{2}$$

とかける．

# 第 11 章

# ルジャンドル多項式，その他直交多項式

## ルジャンドルの微分方程式

ルジャンドル関数は，**ルジャンドルの微分方程式**とよばれる微分方程式

$$(1-x^2)y''-2xy'+n(n+1)y=0 \tag{1}$$

の解として現れる．$n=0,1,2,3,\dots$ の場合，(1) の一般解は，

$$y=c_1P_n(x)+c_2Q_n(x)$$

と与えられる．ここで，$P_n(x)$ は**ルジャンドル多項式**とよばれる多項式で，$x=\pm1$ で非有界となる $Q_n(x)$ は**第二種ルジャンドル関数**とよばれる．

## ルジャンドル多項式

ルジャンドル多項式は以下のように定義される．

$$P_n(x)=\frac{(2n-1)(2n-3)\cdots1}{n!}\left\{x^n-\frac{n(n-1)}{2(2n-1)}x^{n-2}+\frac{n(n-1)(n-2)(n-3)}{2\cdot4(2n-1)(2n-3)}x^{n-4}-\cdots\right\}. \tag{2}$$

$P_n(x)$ は $n$ 次多項式であることに注意．最初の数個のルジャンドル多項式を以下に示した．

1. $P_0(x)=1$
2. $P_1(x)=x$
3. $P_2(x)=\frac{1}{2}(3x^2-1)$
4. $P_3(x)=\frac{1}{2}(5x^3-3x)$
5. $P_4(x)=\frac{1}{8}(35x^4-30x^2+3)$
6. $P_5(x)=\frac{1}{8}(63x^5-70x^3+15x)$

いずれの場合も $P_n(1)=1$，$P_n(-1)=(-1)^n$ が成り立つ．

ルジャンドル多項式は以下で与えられる**ロドリグの公式**で表すこともできる．

$$P_n(x)=\frac{1}{2^nn!}\frac{d^n}{dx^n}(x^2-1)^n. \tag{3}$$

## ルジャンドル多項式の母関数

以下の関数はルジャンドル多項式の**母関数**とよばれ，様々な性質を得るのに有効である．

$$\frac{1}{\sqrt{1-2xt+t^2}} = \sum_{n=1}^{\infty} P_n(x)t^n. \tag{4}$$

## 漸化式

1. $P_{n+1}(x) = \dfrac{2n+1}{n+1}xP_n(x) - \dfrac{n}{n+1}P_{n-1}(x)$
2. $P'_{n+1}(x) - P'_{n-1}(x) = (2n+1)P_n(x)$

## 第二種ルジャンドル関数

$|x| < 1$ のとき，第二種ルジャンドル関数は $n$ が偶数か奇数かに応じてそれぞれ次のように与えられる (訳注：(5) が $n =$ 偶数 のとき，(6) が $n =$ 奇数 のときの第二種ルジャンドル関数である)．

$$Q_n(x) = \frac{(-1)^{n/2}2^n[(n/2)!]^2}{n!}\left\{x - \frac{(n-1)(n+2)}{3!}x^3 + \frac{(n-1)(n-3)(n+2)(n+4)}{5!}x^5 - \cdots\right\} \tag{5}$$

$$Q_n(x) = \frac{(-1)^{(n+1)/2}2^{n-1}[(n-1)/2]!^2}{1\cdot 3\cdot 5\cdots n}\left\{1 - \frac{n(n+1)}{2!}x^2 + \frac{n(n-2)(n+1)(n+3)}{4!}x^4 - \cdots\right\} \tag{6}$$

$n > 1$ となる場合のために，$Q_n(x)$ の係数は，上記の $P_n(x)$ の漸化式が $Q_n(x)$ にも適用できるように取られている．

## ルジャンドル多項式の直交性

ルジャンドル多項式については以下の関係式が成り立つことがわかる．

$$\int_{-1}^{1} P_m(x)P_n(x)dx = 0 \qquad (m \neq n) \tag{7}$$

$$\int_{-1}^{1} P_n^2(x)dx = \frac{2}{2n+1} \tag{8}$$

(7) は，互いに異なる次数のルジャンドル多項式が区間 $-1 < x < 1$ で直交することを示す．

## ルジャンドル多項式による級数展開

$f(x)$ がディリクレ条件 [p.242] を満たすならば，区間 $-1 < x < 1$ 内の $f(x)$ のあらゆる連続点で

$$f(x) = A_0P_0(x) + A_1P_1(x) + A_2P_2(x) + \cdots = \sum_{k=0}^{\infty} A_kP_k(x), \tag{9}$$

$$A_k = \frac{2k+1}{2}\int_{-1}^{1} f(x)P_k(x)dx \tag{10}$$

という形のルジャンドル級数展開が存在することになる．一方，任意の不連続点であっても，(9) の右辺の級数は $\frac{1}{2}[f(x+0)+f(x-0)]$ に収束するので，(9) の左辺をこれと置き換えることができる．

## ルジャンドル陪関数

以下の方程式は**ルジャンドルの陪微分方程式**とよばれる．

$$(1-x^2)y'' - 2xy' + \left[n(n+1) - \frac{m^2}{1-x^2}\right]y = 0 \tag{11}$$

$m=0$ のとき，この方程式は (1) のルジャンドルの微分方程式に帰着する．(11) の解は**ルジャンドル陪関数**とよばれる．ここでは，$m$ と $n$ がともに非負整数である場合を考える．このとき，(11) の一般解は，

$$y = c_1 P_n^m(x) + c_2 Q_n^m(x), \tag{12}$$

で与えられる．ここで，$P_n^m(x)$ は**第一種ルジャンドル陪関数**，$Q_n^m(x)$ は**第二種ルジャンドル陪関数**とよばれる．これらは通常のルジャンドル関数を用いて

$$P_n^m(x) = (1-x^2)^{m/2}\frac{d^m}{dx^m}P_n(x) \tag{13}$$

$$Q_n^m(x) = (1-x^2)^{m/2}\frac{d^m}{dx^m}Q_n(x) \tag{14}$$

と与えられる．$m>n$ のとき，$P_n^m(x)=0$ となることに注意．ルジャンドル多項式の場合と同様に，ルジャンドル陪関数 $P_n^m(x)$ は $-1<x<1$ において直交する．すなわち，

$$\int_{-1}^{1} P_n^m(x)P_k^m(x)dx = 0 \qquad (n \neq k). \tag{15}$$

また，以下も成り立つ．

$$\int_{-1}^{1}[P_n^m(x)]^2 dx = \frac{2}{2n+1}\frac{(n+m)!}{(n-m)!}. \tag{16}$$

これらを用いると，関数 $f(x)$ を

$$f(x) = \sum_{k=0}^{\infty} A_k P_k^m(x) \tag{17}$$

の形で級数展開できる．

## その他の特殊関数

以下の特殊関数は，理工学の分野で現れる重要な関数の一例である．

## 1. エルミート多項式

エルミート多項式は $H_n(x)$ と表され，以下の**エルミートの微分方程式**の解である．

$$y'' - 2xy' + 2ny = 0 \tag{18}$$

この多項式は以下の**ロドリグの公式**で与えられる．

$$H_n(x) = (-1)^n e^{x^2} \frac{d^n}{dx^n}(e^{-x^2}) \tag{19}$$

エルミート多項式の母関数は

$$e^{2tx-t^2} = \sum_{n=0}^{\infty} \frac{H_n(x)}{n!} t^n, \tag{20}$$

と与えられ，これらの多項式は以下の**漸化式**を満たす．

$$H_{n+1}(x) = 2xH_n(x) - 2nH_{n-1}(x) \tag{21}$$

$$H_n'(x) = 2nH_{n-1}(x) \tag{22}$$

この多項式が満たす

$$\int_{-\infty}^{\infty} e^{-x^2} H_m(x) H_n(x) dx = 0 \quad (m \neq n) \tag{23}$$

$$\int_{-\infty}^{\infty} e^{-x^2} H_n^2(x) dx = 2^n n! \sqrt{\pi} \tag{24}$$

という重要な結果を用いると，ある関数を

$$f(x) = \sum_{k=0}^{\infty} A_k H_k(x) \tag{25}$$

$$A_k = \frac{1}{2^k k! \sqrt{\pi}} \int_{-\infty}^{\infty} e^{-x^2} f(x) H_k(x) dx \tag{26}$$

という形で**エルミート級数展開**できる．

## 2. ラゲール多項式

ラゲール多項式は $L_n(x)$ と表され，以下の**ラゲールの微分方程式**の解である．

$$xy'' + (1-x)y' + ny = 0. \tag{27}$$

この多項式は以下の**ロドリグの公式**で与えられる．

$$L_n(x) = e^x \frac{d^n}{dx^n}(x^n e^{-x}). \tag{28}$$

これらのラゲール多項式の母関数は

$$\frac{e^{-xt/(1-t)}}{1-t} = \sum_{n=0}^{\infty} \frac{L_n(x)}{n!} t^n. \tag{29}$$

と与えられ，これらの多項式は以下の**漸化式**を満たす．

$$L_{n+1}(x) = (2n+1-x)L_n(x) - n^2 L_{n-1}(x), \tag{30}$$

$$nL_{n-1}(x) = nL'_{n-1}(x) - L'_n(x) \tag{31}$$

この多項式が満たす

$$\int_0^\infty e^{-x} L_m(x) L_n(x) dx = 0 \quad (m \neq n) \tag{32}$$

$$\int_0^\infty e^{-x} L_n^2(x) dx = (n!)^2 \tag{33}$$

という重要な結果を用いると，ある関数を

$$f(x) = \sum_{k=0}^{\infty} A_k L_k(x) \tag{34}$$

$$A_k = \frac{1}{(k!)^2} \int_0^\infty e^{-x} f(x) L_k(x) dx \tag{35}$$

という形で**ラゲール級数展開**できる．

## スツルム・リウヴィル型の微分方程式

以下の形の境界値問題は，**スツルム・リウヴィル型の境界値問題**または**スツルム・リウヴィル型の微分方程式**とよばれる．

$$\begin{cases} \dfrac{d}{dx}\left[p(x)\dfrac{dy}{dx}\right] + [q(x) + \lambda r(x)]y = 0 \qquad (a \leq x \leq b) \\ \alpha_1 y(a) + \alpha_2 y'(a) = 0, \quad \beta_1 y(b) + \beta_2 y'(b) = 0 \end{cases} \tag{36}$$

ここで，$\alpha_1, \alpha_2, \beta_1, \beta_2$ は予め与えられている定数，$p(x), q(x), r(x)$ は微分可能と仮定された予め与えられている関数，$\lambda$ は $x$ に依らない未定パラメータである．

この微分方程式の非自明な解，すなわち恒等的にゼロでない解は，一般にパラメータ $\lambda$ の特定の値の集合に対してのみ存在する．これらの値は，この微分方程式の**特性値**もしくは，より多くの場合**固有値**とよばれている．そしてそれらの値に対応する解は，微分方程式の**特性関数**または**固有関数**という．一般に各固有値には 1 つの固有関数が存在するが，例外も起こり得る．

$p(x), q(x)$ が実数であれば，固有値も実数となる．またこのとき固有関数は，一般に非負とされる**密度関数** $r(x)(\geq 0)$ を用いることで直交関数系を構成する．したがって，適当に正規化することで，固有関数の集合は $r(x)$ を通して $a \leq x \leq b$ で正規直交関数系を成す．

# 演習問題

## ルジャンドルの微分方程式

**問題 11.1**　フロベニウスの方法によってルジャンドルの微分方程式 $(1-x^2)y''-2xy'+n(n+1)y=0$ の級数解を求めよ.

**解答**

$y=\sum c_k x^{k+\beta}$ の形の解を仮定する．ここで和の添字 $k$ は $-\infty$ から $\infty$ に渡り，$k<0$ では $c_k=0$ となるため，以下が成り立つ.

$$\begin{aligned}
n(n+1)y &= \sum n(n+1)c_k x^{k+\beta}\\
-2xy' &= \sum -2(k+\beta)c_k x^{k+\beta}\\
(1-x^2)y'' &= \sum (k+\beta)(k+\beta-1)c_k x^{k+\beta-2} - \sum (k+\beta)(k+\beta-1)c_k x^{k+\beta}\\
&= \sum (k+\beta+2)(k+\beta+1)c_{k+2} x^{k+\beta} - \sum (k+\beta)(k+\beta-1)c_k x^{k+\beta}
\end{aligned}$$

そして，これらを足し合わせると，

$$\sum [(k+\beta+2)(k+\beta+1)c_{k+2}-(k+\beta)(k+\beta-1)c_k-2(k+\beta)c_k+n(n+1)c_k]x^{k+\beta}=0$$

となり，$x^{k+\beta}$ の係数はゼロとなることから，以下が成り立つ.

$$(k+\beta+2)(k+\beta+1)c_{k+2}+[n(n+1)-(k+\beta)(k+\beta+1)]c_k=0 \tag{1}$$

ここで $k=-2$ とすると $c_{-2}=0$ より決定方程式 $\beta(\beta-1)c_0=0$ が得られ，$c_0\neq 0$ と仮定することで $\beta=0$ または $\beta=1$ が得られる.

**Case 1.**　$\beta=0$.

この場合，(1) は以下のようになる.

$$(k+2)(k+1)c_{k+2}+[n(n+1)-k(k+1)]c_k=0 \tag{2}$$

$k=-1,0,1,2,3,\ldots$ と続けて代入していくと，$c_1$ は任意で，

$$c_2=-\frac{n(n+1)}{2\cdot 1}c_0,\quad c_3=\frac{1\cdot 2-n(n+1)}{3\cdot 2}c_1,\quad c_4=\frac{[2\cdot 3-n(n+1)]}{4\cdot 3}c_2,\quad \cdots$$

となるので，以下を得る.

$$\begin{aligned}
y &= c_0\left[1-\frac{n(n+1)}{2!}x^2+\frac{n(n-2)(n+1)(n+3)}{4!}x^4-\cdots\right]\\
&\quad + c_1\left[x-\frac{(n-1)(n+2)}{3!}x^3+\frac{(n-1)(n-3)(n+2)(n+4)}{5!}x^5-\cdots\right].
\end{aligned} \tag{3}$$

この式は 2 つの任意定数を持つ解なので，$\beta = 1$ の場合を考慮する必要はない．

偶数の整数 $n \geq 0$ では，上の級数の第一項は途中で止まるので多項式解を与える．奇数の整数 $n > 0$ においても，第二項が途中で止まるので多項式解を与える．したがって，任意整数 $n \geq 0$ に対して，(3) は多項式解を持つことになる．仮に $n = 0, 1, 2, 3$ とした場合，(3) より多項式

$$c_0,\quad c_1 x,\quad c_0(1-3x^2),\quad c_1\left(\frac{3x-5x^3}{3}\right)$$

を得る．これらは，定数係数を除けばルジャンドル多項式である．

## ルジャンドル多項式

**問題 11.2**　ルジャンドル多項式に関する，p.323 の公式 (2) を導出せよ．

**解答**

(問題 11.1) の (2) から，$k = n$ とすると，$c_{n+2} = 0$ となり，そこから $c_{n+4} = 0, c_{n+6} = 0, \ldots$ となることがわかる．次に $k = n-2, n-4, \ldots$ とおくと，(問題 11.1) の (2) から以下が得られる．

$$c_{n-2} = -\frac{n(n-1)}{2(2n-1)}c_n,\quad c_{n-4} = -\frac{(n-2)(n-3)}{4(2n-3)}c_{n-2} = \frac{n(n-1)(n-2)(n-3)}{2\cdot 4(2n-1)(2n-3)}c_n,\quad \cdots.$$

以上から，多項式解は，

$$y = c_n\left[x^n - \frac{n(n-1)}{2(2n-1)}x^{n-2} + \frac{n(n-1)(n-2)(n-3)}{2\cdot 4(2n-1)(2n-3)}x^{n-4} - \cdots\right].$$

ルジャンドル多項式 $P_n(x)$ は，

$$c_n = \frac{(2n-1)(2n-3)\cdots 3\cdot 1}{n!}$$

とすることで定義される．このように選んだのは，$P_n(1) = 1$ となるようにするためである．

**問題 11.3**　ロドリグの公式 $P_n(x) = \dfrac{1}{2^n n!}\dfrac{d^n}{dx^n}(x^2-1)^n$ を導出せよ．

**解答**

(問題 11.2) よりルジャンドル多項式は以下のように与えられる．

$$P_n(x) = \frac{(2n-1)(2n-3)\cdots 3\cdot 1}{n!}\left\{x^n - \frac{n(n-1)}{2(2n-1)}x^{n-2} + \frac{n(n-1)(n-2)(n-3)}{2\cdot 4(2n-1)(2n-3)}x^{n-4} - \cdots\right\}.$$

この式を 0 から $x$ にかけて $n$ 回積分を行うと，

$$\frac{(2n-1)(2n-3)\cdots 3\cdot 1}{(2n)!}\left\{x^{2n} - nx^{2n-2} + \frac{n(n-1)}{2!}x^{2n-4} - \cdots\right\},$$

となり，以下のように整理できることがわかる．

$$\frac{(2n-1)(2n-3)\cdots 3\cdot 1}{(2n)(2n-1)(2n-2)\cdots 2\cdot 1}(x^2-1)^n \qquad \text{または,} \qquad \frac{1}{2^n n!}(x^2-1)^n.$$

最後に得られた式を $n$ 回微分することで，目的の公式が得られる．

$$P_n(x) = \frac{1}{2^n n!}\frac{d^n}{dx^n}(x^2-1)^n.$$

## 母関数

**問題 11.4**　以下を証明せよ．

$$\frac{1}{\sqrt{1-2xt+t^2}} = \sum_{n=0}^{\infty} P_n(x)t^n.$$

**解答**

二項定理

$$(1+v)^p = 1 + pv + \frac{p(p-1)}{2!}v^2 + \frac{p(p-1)(p-2)}{3!}v^3 + \cdots$$

を用いると，

$$\begin{aligned}\frac{1}{\sqrt{1-2xt+t^2}} &= [1-t(2x-t)]^{-1/2} \\ &= 1 + \frac{1}{2}t(2x-t) + \frac{1\cdot 3}{2\cdot 4}t^2(2x-t)^2 + \frac{1\cdot 3\cdot 5}{2\cdot 4\cdot 6}t^3(2x-t)^3 + \cdots\end{aligned}$$

を得る．また，この展開式において $t^n$ の係数は

$$\begin{aligned}&\frac{1\cdot 3\cdot 5\cdots(2n-1)}{2\cdot 4\cdot 6\cdots 2n}(2x)^n - \frac{1\cdot 3\cdot 5\cdots(2n-3)}{2\cdot 4\cdot 6\cdots(2n-2)}\cdot\frac{(n-1)}{1!}(2x)^{n-2} \\ &\qquad + \frac{1\cdot 3\cdot 5\cdots 2n-5}{2\cdot 4\cdot 6\cdots 2n-4}\cdot\frac{(n-2)(n-3)}{2!}(2x)^{n-4} - \cdots\end{aligned}$$

となり，これは

$$\frac{1\cdot 3\cdot 5\cdots(2n-1)}{n!}\left\{x^n - \frac{n(n-1)}{2(2n-1)}x^{n-2} + \frac{n(n-1)(n-2)(n-3)}{2\cdot 4(2n-1)(2n-3)}x^{n-4} - \cdots\right\}$$

とかくことができ，$P_n(x)$ となる．こうして目的の式が得られた．

## ルジャンドル多項式に関する漸化式

**問題 11.5**　以下を証明せよ．

$$P_{n+1}(x) = \frac{2n+1}{n+1} x P_n(x) - \frac{n}{n+1} P_{n-1}(x).$$

**解答**

問題 11.4 の母関数より，

$$\frac{1}{\sqrt{1-2xt+t^2}} = \sum_{n=0}^{\infty} P_n(x) t^n. \tag{1}$$

$t$ に関して微分すると，

$$\frac{x-t}{(1-2xt+t^2)^{3/2}} = \sum_{n=0}^{\infty} n P_n(x) t^{n-1}.$$

$1-2xt+t^2$ をかけると，

$$\frac{x-t}{\sqrt{1-2xt+t^2}} = \sum_{n=0}^{\infty} (1-2xt+t^2) n P_n(x) t^{n-1}. \tag{2}$$

ここで，(2) の左辺は (1) を用いることで，

$$\sum_{n=0}^{\infty} (x-t) P_n(x) t^n = \sum_{n=0}^{\infty} (1-2xt+t^2) n P_n(x) t^{n-1},$$

すなわち，

$$\sum_{n=0}^{\infty} x P_n(x) t^n - \sum_{n=0}^{\infty} P_n(x) t^{n+1} = \sum_{n=0}^{\infty} n P_n(x) t^{n-1} - \sum_{n=0}^{\infty} 2nx P_n(x) t^n + \sum_{n=0}^{\infty} n P_n(x) t^{n+1}$$

を得る．そして両辺の $t^n$ の係数を比較すると，

$$x P_n(x) - P_{n-1}(x) = (n+1) P_{n+1}(x) - 2nx P_n(x) + (n-1) P_{n-1}(x)$$

となり，必要な結果が得られる．

**問題 11.6**　$P_0(x) = 1$，$P_1(x) = x$ としたとき，(*a*) $P_2(x)$ および (*b*) $P_3(x)$ を求めよ．

**解答**

問題 11.5 の漸化式において，$n = 1$ とおくと，

$$P_2(x) = \frac{3}{2} x P_1(x) - \frac{1}{2} P_0(x) = \frac{3}{2} x^2 - \frac{1}{2} = \frac{1}{2}(3x^2 - 1).$$

同様に $n = 2$ とおくと，

$$P_3(x) = \frac{5}{3} x P_2(x) - \frac{2}{3} P_1(x) = \frac{5}{3} x \left( \frac{3x^2 - 1}{2} \right) - \frac{2}{3} x = \frac{1}{2}(5x^3 - 3x).$$

## 第二種ルジャンドル関数

**問題 11.7**　p.324 で示した，$n$ を非負整数とした第二種ルジャンドル関数の式 (5) と (6) を導出せよ．

解答

第二種ルジャンドル関数は，ルジャンドルの微分方程式の級数解であり，途中で止まって多項式となることはない．問題 11.1 の式 (3) から，$n$ が偶数の場合，途中で止まらない級数は，

$$x - \frac{(n-1)(n+2)}{3!}x^3 + \frac{(n-1)(n-3)(n+2)(n+4)}{5!}x^5 - \cdots$$

であり，他方 $n$ が奇数の場合，途中で止まらない級数は

$$1 - \frac{n(n+1)}{2!}x^2 + \frac{n(n-2)(n+1)(n+3)}{4!}x^4 - \cdots$$

であることがわかる．これらの級数解は，定数係数を除けば p.324 の (5) や (6) で示した，第二種ルジャンドル関数の定義となる．

**問題 11.8**　以下の第二種ルジャンドル関数の値を求めよ．

(a) $Q_0(x)$　(b) $Q_1(x)$　(c) $Q_2(x)$

解答

(a) p.324 の (5) より，$n=0$ とすると，

$$\begin{aligned} Q_0(x) &= x + \frac{2}{3!}x^3 + \frac{1\cdot3\cdot2\cdot4}{5!}x^5 + \frac{1\cdot3\cdot5\cdot2\cdot4\cdot6}{6!}x^7 + \cdots \\ &= x + \frac{x^3}{3} + \frac{x^5}{5} + \frac{x^7}{7} + \cdots = \frac{1}{2}\ln\left(\frac{1+x}{1-x}\right). \end{aligned}$$

この式変形において，展開式 $\ln(1+u) = u - u^2/2 + u^3/3 - u^4/4 + \cdots$ を用いた．

(b) p.324 の (6) より，$n=1$ とすると，

$$\begin{aligned} Q_1(x) &= -\left\{1 - \frac{(1)(2)}{2!}x^2 + \frac{(1)(-1)(2)(4)}{4!}x^4 - \frac{(1)(-1)(-3)(2)(4)(6)}{6!}x^6 + \cdots\right\} \\ &= x\left\{x + \frac{x^3}{3} + \frac{x^5}{5} + \cdots\right\} - 1 = \frac{x}{2}\ln\left(\frac{1+x}{1-x}\right) - 1 \end{aligned}$$

(c) $Q_n(x)$ に関する漸化式は $P_n(x)$ に関する漸化式と同等なので，問題 11.5 より，

$$Q_{n+1}(x) = \frac{2n+1}{n+1}xQ_n(x) - \frac{n}{n+1}Q_{n-1}(x).$$

そして $n=1$ とおき，(a) と (b) の結果を用いると，

$$Q_2(x) = \frac{3}{2}xQ_1(x) - \frac{1}{2}Q_0(x) = \left(\frac{3x^2-1}{4}\right)\ln\left(\frac{1+x}{1-x}\right) - \frac{3x}{2}.$$

## ルジャンドル多項式の直交性

**問題 11.9**　以下を証明せよ．

$$\int_{-1}^{1} P_m(x)P_n(x)dx = 0 \qquad (m \neq n).$$

解答

$P_m(x)$ と $P_n(x)$ はルジャンドルの微分方程式を満たすので，

$$(1-x^2)P_m'' - 2xP_m' + m(m+1)P_m = 0$$
$$(1-x^2)P_n'' - 2xP_n' + n(n+1)P_n = 0$$

2 つの式のうち，上の式に $P_n$ をかけ，そこから，下の式に $P_m$ をかけたものを引くと，以下の式が得られる．

$$(1-x^2)[P_nP_m'' - P_mP_n''] - 2x[P_nP_m' - P_mP_n'] = [n(n+1) - m(m+1)]P_mP_n$$

この式は，

$$(1-x^2)\frac{d}{dx}[P_nP_m' - P_mP_n'] - 2x[P_nP_m' - P_mP_n'] = [n(n+1) - m(m+1)]P_mP_n,$$

または

$$\frac{d}{dx}\left\{(1-x^2)[P_nP_m' - P_mP_n']\right\} = [n(n+1) - m(m+1)]P_mP_n,$$

とかくことができる．そこから，この式を積分することで，

$$[n(n+1) - m(m+1)]\int_{-1}^{1} P_m(x)P_n(x)dx = (1-x^2)[P_nP_m' - P_mP_n']\Big|_{-1}^{1} = 0.$$

したがって，$m \neq n$ とすると，

$$\int_{-1}^{1} P_m(x)P_n(x)dx = 0.$$

**問題 11.10**　以下を証明せよ．

$$\int_{-1}^{1} P_n^2(x)dx = \frac{2}{2n+1}.$$

解答

母関数

$$\frac{1}{\sqrt{1-2tx+t^2}} = \sum_{n=0}^{\infty} P_n(x)t^n$$

より，両辺を二乗すると，

$$\frac{1}{1-2tx+t^2} = \sum_{m=0}^{\infty}\sum_{n=0}^{\infty} P_m(x)P_n(x)t^{m+n}.$$

この式を $-1$ から $1$ まで積分すると，

$$\int_{-1}^{1} \frac{dx}{1-2tx+t^2} = \sum_{m=0}^{\infty}\sum_{n=0}^{\infty} \left\{ \int_{-1}^{1} P_m(x)P_n(x)dx \right\} t^{m+n}.$$

右辺で 問題 11.9 の結果を使い，左辺の積分値を求めると，

$$-\frac{1}{2t}\ \ln(1-2tx+t^2)\Big|_{-1}^{1} = \sum_{n=0}^{\infty} \left\{ \int_{-1}^{1} P_n^2(x)dx \right\} t^{2n}$$

または,

$$\frac{1}{t}\ln\left(\frac{1+t}{1-t}\right) = \sum_{n=0}^{\infty} \left\{ \int_{-1}^{1} P_n^2(x)dx \right\} t^{2n}$$

すなわち,

$$\sum_{n=0}^{\infty} \frac{2t^{2n}}{2n+1} = \sum_{n=0}^{\infty} \left\{ \int_{-1}^{1} P_n^2(x)dx \right\} t^{2n}$$

となる．$t^{2n}$ の係数を比較することで，目的の式を得る．

$$\int_{-1}^{1} P_n^2(x)dx = \frac{2}{2n+1}.$$

## ルジャンドル多項式による級数展開

**問題 11.11**　$f(x) = \sum_{k=0}^{\infty} A_k P_k(x), \quad (-1 < x < 1)$ とするとき，以下を示せ．

$$A_k = \frac{2k+1}{2}\int_{-1}^{1} P_k(x)f(x)dx.$$

解答

与えられた級数に $P_m(x)$ をかけて $-1$ から $1$ まで積分すると，問題 11.9 および 問題 11.10 より，

$$\begin{aligned}\int_{-1}^{1} P_m(x)f(x)dx &= \sum_{k=0}^{\infty} A_k \int_{-1}^{1} P_m(x)P_k(x)dx \\ &= A_m \int_{-1}^{1} P_m^2(x)dx = \frac{2A_m}{2m+1}.\end{aligned}$$

したがって,

$$A_m = \frac{2m+1}{2}\int_{-1}^{1} P_m(x)f(x)dx.$$

**問題 11.12**　関数 $f(x) = \begin{cases} 1 & 0 < x < 1 \\ 0 & -1 < x < 0 \end{cases}$ を，$\displaystyle\sum_{k=0}^{\infty} A_k P_k(x)$ の形で級数展開せよ．

**解答**

問題 11.11 より，

$$A_k = \frac{2k+1}{2}\int_{-1}^{1} P_k(x)f(x)dx = \frac{2k+1}{2}\int_{-1}^{0} P_k(x)[0]dx + \frac{2k+1}{2}\int_{0}^{1} P_k(x)[1]dx$$
$$= \frac{2k+1}{2}\int_{0}^{1} P_k(x)dx.$$

したがって，

$$A_0 = \frac{1}{2}\int_0^1 P_0(x)dx = \frac{1}{2}\int_0^1 (1)dx = \frac{1}{2}$$
$$A_1 = \frac{3}{2}\int_0^1 P_1(x)dx = \frac{3}{2}\int_0^1 xdx = \frac{3}{4}$$
$$A_2 = \frac{5}{2}\int_0^1 P_2(x)dx = \frac{5}{2}\int_0^1 \frac{3x^2-1}{2}dx = 0$$
$$A_3 = \frac{7}{2}\int_0^1 P_3(x)dx = \frac{7}{2}\int_0^1 \frac{5x^3-3x}{2}dx = -\frac{7}{16}$$
$$A_4 = \frac{9}{2}\int_0^1 P_4(x)dx = \frac{9}{2}\int_0^1 \frac{35x^4-30x^2+3}{8}dx = 0$$
$$A_5 = \frac{11}{2}\int_0^1 P_5(x)dx = \frac{11}{2}\int_0^1 \frac{63x^5-70x^3+15x}{8}dx = \frac{11}{32}$$

となるから，

$$f(x) = \frac{1}{2}P_0(x) + \frac{3}{4}P_1(x) - \frac{7}{16}P_3(x) + \frac{11}{32}P_5(x) - \cdots.$$

この級数の係数の一般項は，p.324 の漸化式の公式 2 と 問題 11.29(補) の結果を使って求めることができ，以下のようになる．

$$A_n = \frac{2n+1}{2}\int_0^1 P_n(x)dx = \frac{1}{2}\int_0^1 [P'_{n+1}(x) - P'_{n-1}(x)]dx = \frac{1}{2}[P_{n-1}(0) - P_{n+1}(0)].$$

$n$ が偶数の場合は $A_n = 0$ となり，奇数の場合は 問題 11.29(c)(補) を使うことができる．

## ルジャンドル陪関数

**問題 11.13** 以下のルジャンドル陪関数を求めよ．

$$(a)\ P_2^1(x), \quad (b)\ P_3^2(x), \quad (c)\ P_2^3(x).$$

解答

(a) $P_2^1(x) = (1-x^2)^{1/2}\dfrac{d}{dx}P_2(x) = (1-x^2)^{1/2}\dfrac{d}{dx}\left(\dfrac{3x^2-1}{2}\right) = 3x(1-x^2)^{1/2}$

(b) $P_3^2(x) = (1-x^2)^{2/2}\dfrac{d^2}{dx^2}P_3(x) = (1-x^2)\dfrac{d^2}{dx^2}\left(\dfrac{5x^3-3x}{2}\right) = 15x - 15x^3$

(c) $P_2^3(x) = (1-x^2)^{3/2}\dfrac{d^3}{dx^3}P_2(x) = 0$

**問題 11.14** $m = 2, n = 3$ のとき，$P_3^2(x)$ が，p.325 で示したルジャンドルの陪微分方程式 (11) の解であることを確認せよ．

解答

問題 11.13 より，$P_3^2(x) = 15x - 15x^3$ を得る．これを微分方程式

$$(1-x^2)y'' - 2xy' + \left[3\cdot 4 - \frac{4}{1-x^2}\right]y = 0$$

に代入して整理すると，

$$(1-x^2)(-90x) - 2x(15-45x^2) + \left[12 - \frac{4}{1-x^2}\right][15x - 15x^3] = 0$$

となるので，$P_3^2(x)$ が解であることがわかる．

**問題 11.15** 関数 $P_2^1(x)$ と $P_3^1(x)$ について，p.325 の式 (15) の結果が成り立つことを確かめよ．

解答

問題 11.13(a) より，$P_2^1(x) = 3x(1-x^2)^{1/2}$ を得る．また，

$$P_3^1(x) = (1-x^2)^{1/2}\frac{d}{dx}P_3(x) = (1-x^2)^{1/2}\frac{d}{dx}\left(\frac{5x^3-3x}{2}\right) = (1-x^2)^{1/2}\frac{15x^2-3}{2}.$$

したがって，

$$\int_{-1}^{1} P_2^1(x)P_3^1(x)dx = \int_{-1}^{1} 3x(1-x^2)\frac{15x^2-3}{2}dx = 0. \qquad (\text{奇関数より})$$

**問題 11.16** 関数 $P_2^1(x)$ について，p.325 の式 (16) の結果が成り立つことを確かめよ．

**解答**

$P_2^1(x) = 3x(1-x^2)^{1/2}$ より，

$$\int_{-1}^{1} [P_2^1(x)]^2 dx = 9\int_{-1}^{1} x^2(1-x^2)dx = 9\left[\frac{x^3}{3} - \frac{x^5}{5}\right]\Bigg|_{-1}^{1} = \frac{36}{15} = \frac{12}{5}.$$

ここで p.325 の式 (16) によれば，

$$\frac{2}{2(2)+1}\frac{(2+1)!}{(2-1)!} = \frac{2}{5}\cdot\frac{3!}{1!} = \frac{12}{5},$$

となるから，目的の結果が成り立つことがわかる．

## エルミート多項式

**問題 11.17**　エルミート多項式の母関数を用いて以下を求めよ．

(a) $H_0(x)$,　(b) $H_1(x)$,　(c) $H_2(x)$,　(d) $H_3(x)$.

**解答**

母関数から，

$$e^{2tx-t^2} = \sum_{n=0}^{\infty}\frac{H_n(x)t^n}{n!} = H_0(x) + H_1(x)t + \frac{H_2(x)}{2!}t^2 + \frac{H_3(x)}{3!}t^3 + \cdots.$$

また，

$$\begin{aligned} e^{2tx-t^2} &= 1 + (2tx - t^2) + \frac{(2tx-t^2)^2}{2!} + \frac{(2tx-t^2)^3}{3!} + \cdots \\ &= 1 + (2x)t + (2x^2-1)t^2 + \left(\frac{4x^3-6x}{3}\right)t^3 + \cdots. \end{aligned}$$

2 つの級数を比較すると，

$$H_0(x) = 1,\quad H_1(x) = 2x,\quad H_2(x) = 4x^2 - 2,\quad H_3(x) = 8x^3 - 12x.$$

**問題 11.18**　以下を証明せよ．

$$H_n'(x) = 2nH_{n-1}(x).$$

**解答**

$e^{2tx-t^2} = \sum_{n=0}^{\infty}\frac{H_n(x)}{n!}t^n$ を $x$ に関して微分すると，

$$2te^{2tx-t^2} = \sum_{n=0}^{\infty}\frac{H_n'(x)}{n!}t^n$$

または,

$$\sum_{n=0}^{\infty} \frac{2H_n(x)}{n!} t^{n+1} = \sum_{n=0}^{\infty} \frac{H'_n(x)}{n!} t^n.$$

両辺の $t^n$ の係数を比較すると,

$$\frac{2H_{n-1}(x)}{(n-1)!} = \frac{H'_n(x)}{n!} \quad \text{または,} \quad H'_n(x) = 2nH_{n-1}(x).$$

**問題 11.19** 以下を証明せよ.

$$H_n(x) = (-1)^n e^{x^2} \frac{d^n}{dx^n}(e^{-x^2}).$$

**解答**

母関数より,

$$e^{2tx-t^2} = e^{x^2-(t-x)^2} = \sum_{n=0}^{\infty} \frac{H_n(x)}{n!} t^n.$$

ゆえに,

$$\frac{\partial^n}{\partial t^n}(e^{2tx-t^2})\bigg|_{t=0} = H_n(x).$$

そして,

$$\begin{aligned} \frac{\partial^n}{\partial t^n}(e^{2tx-t^2})\bigg|_{t=0} &= e^{x^2} \frac{\partial^n}{\partial t^n}[e^{-(t-x)^2}]\bigg|_{t=0} \\ &= e^{x^2} \frac{\partial^n}{\partial(-x)^n}[e^{-(t-x)^2}]\bigg|_{t=0} = (-1)^n \frac{d^n}{dx^n}(e^{-x^2}). \end{aligned}$$

**問題 11.20** 以下を証明せよ.

$$\int_{-\infty}^{\infty} e^{-x^2} H_m(x) H_n(x) dx = \begin{cases} 0 & (m \neq n) \\ 2^n n! \sqrt{\pi} & (m = n) \end{cases}.$$

**解答**

母関数より,

$$e^{2tx-t^2} = \sum_{n=0}^{\infty} \frac{H_n(x)t^n}{n!}, \qquad e^{2sx-s^2} = \sum_{m=0}^{\infty} \frac{H_m(x)s^m}{m!}.$$

これらの式をかけあわせると,

$$e^{2tx-t^2+2sx-s^2} = \sum_{m=0}^{\infty} \sum_{n=0}^{\infty} \frac{H_m(x)H_n(x)s^m t^n}{m!n!}.$$

得られた式に $e^{-x^2}$ をかけて $-\infty$ から $\infty$ まで積分すると,

$$\int_{-\infty}^{\infty} e^{-[(x-s-t)^2-2st]} dx = \sum_{m=0}^{\infty} \sum_{n=0}^{\infty} \frac{s^m t^n}{m!n!} \int_{-\infty}^{\infty} e^{-x^2} H_m(x) H_n(x) dx.$$

このとき左辺は，

$$e^{2st}\int_{-\infty}^{\infty}e^{-(x-s-t)^2}dx = e^{2st}\int_{-\infty}^{\infty}e^{-u^2}du = e^{2st}\sqrt{\pi} = \sqrt{\pi}\sum_{m=0}^{\infty}\frac{2^m s^m t^m}{m!}$$

に等しく，係数を比較することで $m=n$ の場合の結果が得られる．

一方，

$$\int_{-\infty}^{\infty}e^{-x^2}H_m(x)H_n(x)dx = 0 \qquad (m \neq n)$$

の結果は(問題 11.9)と同じ解法により証明できる．

## ラゲール多項式

**問題 11.21**　以下のラゲール多項式を求めよ．

(a) $L_0(x)$,　(b) $L_1(x)$,　(c) $L_2(x)$,　(d) $L_3(x)$.

**解答**

$L_n(x) = e^x\dfrac{d^n}{dx^n}(x^n e^{-x})$ より，

(a)　$L_0(x) = 1$,

(b)　$L_1(x) = e^x\dfrac{d}{dx}(xe^{-x}) = 1 - x$,

(c)　$L_2(x) = e^x\dfrac{d^2}{dx^2}(x^2e^{-x}) = 2 - 4x + x^2$,

(d)　$L_3(x) = e^x\dfrac{d^3}{dx^3}(x^3e^{-x}) = 6 - 18x + 9x^2 - x^3$.

**問題 11.22**　ラゲール多項式 $L_n(x)$ が $(0,\infty)$ において，重み関数 $e^{-x}$ を通して直交していることを証明せよ．

**解答**

ラゲールの微分方程式から，任意の 2 つのラゲール多項式 $L_m(x)$ と $L_n(x)$ に対して，

$$xL_m'' + (1-x)L_m' + mL_m = 0,$$
$$xL_n'' + (1-x)L_n' + nL_n = 0.$$

が成り立つ．2 つの式のうち，上の式に $L_n$ をかけ，そこから，下の式に $L_m$ をかけたものを引くと，

$$x[L_nL_m'' - L_mL_n''] + (1-x)[L_nL_m' - L_mL_n'] = (n-m)L_mL_n$$

または,

$$\frac{d}{dx}[L_nL'_m - L_mL'_n] + \frac{1-x}{x}[L_nL'_m - L_mL'_n] = \frac{(n-m)L_mL_n}{x}$$

が得られる．ここで得た式に，積分因子

$$e^{\int(1-x)/x dx} = e^{\ln x - x} = xe^{-x}$$

をかけると,

$$\frac{d}{dx}\left\{xe^{-x}[L_nL'_m - L_mL'_n]\right\} = (n-m)e^{-x}L_mL_n$$

となり，0 から $\infty$ まで積分することで,

$$(n-m)\int_0^\infty e^{-x}L_m(x)L_n(x)dx = xe^{-x}[L_nL'_m - L_mL'_n]\Big|_0^\infty = 0.$$

したがって，$m \neq n$ の場合,

$$\int_0^\infty e^{-x}L_m(x)L_n(x)dx = 0$$

となり，目的の結果を証明できた.

## スツルム・リウヴィル型の微分方程式

**問題 11.23**　以下に答えよ.

($a$) $y'' + \lambda y = 0$, $y(0) = 0$, $y(1) = 0$ の系が，スツルム・リウヴィル型の微分方程式であることを確かめよ.

($b$) この系の固有値および固有関数を求めよ.

($c$) その固有関数が $(0, 1)$ で直交していることを証明せよ.

($d$) 固有関数を正規化し，正規直交関数系をつくれ.

($e$) この正規直交関数系を用いて $f(x) = 1$ を級数展開せよ.

**解答**

($a$)　p.327 の (36) の系において，$p(x) = 1$, $q(x) = 0$, $r(x) = 1$, $a = 0$, $b = 1$, $\alpha_1 = 1$, $\alpha_2 = 0$, $\beta_1 = 0$, $\beta_2 = 0$ を代入すれば，目的の系が得られるのでスツルム・リウヴィル型の微分方程式であることがわかる.

($b$)　$y'' + \lambda y = 0$ の一般解は $y = A\cos\sqrt{\lambda}x + B\sin\sqrt{\lambda}x$ であり，境界条件 $y(0) = 0$ より $A = 0$ となるから，$y = B\sin\sqrt{\lambda}x$ を得る．また境界条件 $y(1) = 0$ より $B\sin\sqrt{\lambda} = 0$ となり，$B$ はゼロになり得ないので（もし $B$ がゼロなら解は恒等的に 0，つまり自明な解になってしまう），$\sin\sqrt{\lambda} = 0$ となる．ゆえに $\sqrt{\lambda} = m\pi$ から，$\lambda = m^2\pi^2 \quad (m = 1, 2, 3, \ldots)$ が目的の固有値となる.

固有値 $\lambda = m^2\pi^2$ に対応する固有関数は $B_m \sin m\pi x$, $(m = 1, 2, 3, \ldots)$ と表せる.

なお，対応する固有関数が 0 という理由から，固有値 $\lambda = 0$ を与える $m = 0$ は除外している.

$(c)$ 固有関数は以下のように，直交している．

$$\begin{aligned}\int_0^1 [B_m \sin m\pi x][B_n \sin n\pi x]dx &= B_m B_n \int_0^1 \sin m\pi x \sin n\pi x dx \\ &= B_m B_n \int_0^1 [\cos(m-n)\pi x - \cos(m+n)\pi x]dx \\ &= B_m B_n \left[\frac{\sin(m-n)\pi x}{(m-n)\pi} - \frac{\sin(m+n)\pi x}{(m+n)\pi}\right]\Bigg|_0^1 = 0, \quad (m \neq n).\end{aligned}$$

$(d)$ 固有関数は

$$\int_0^1 [B_m \sin m\pi x]^2 dx = 1.$$

であるとき，正規直交となる．すなわち，$B_m^2 \int_0^1 \sin^2 n\pi x dx = \frac{B_m^2}{2}\int_0^1 (1-\cos 2n\pi x)dx = \frac{B_m^2}{2} = 1$ より，平方根をとって $B_m = \sqrt{2}$ を得る．したがって，$\sqrt{2}\sin m\pi x$ $(m = 1, 2, ...)$ は正規直交関数系である．

$(e)$ 以下を満たすような定数 $c_1, c_2, ...$ を求める必要がある．

$$f(x) = \sum_{m=1}^{\infty} c_m \phi_m(x)$$

ここで，$f(x) = 1$，$\phi_m(x) = \sqrt{2}\sin m\pi x$ である．第 7 章で扱った方法により，

$$c_m = \int_0^1 f(x)\phi_m(x)dx = \sqrt{2}\int_0^1 \sin m\pi x dx = \frac{\sqrt{2}(1-\cos m\pi)}{m\pi}.$$

したがって，目的の級数（フーリエ級数）は，

$$1 = \sum_{m=1}^{\infty} \frac{2(1-\cos m\pi)}{m\pi} \sin m\pi x.$$

**問題 11.24**　スツルム・リウヴィル型の微分方程式の固有値が全て実数であることを示せ．

**解答**

スツルム・リウヴィル型の微分方程式は以下のように与えられる．

$$\frac{d}{dx}\left[p(x)\frac{dy}{dx}\right] + [q(x) + \lambda r(x)]y = 0 \tag{1}$$

$$\alpha_1 y(a) + \alpha_2 y'(a) = 0, \qquad \beta_1 y(b) + \beta_2 y'(b) = 0 \tag{2}$$

このとき，$p(x)$，$q(x)$，$r(x)$，$\alpha_1$，$\alpha_2$，$\beta_1$，$\beta_2$ は実数，$\lambda$ と $y$ は複素数と仮定すると，複素共役をとることで以下を得る．

$$\frac{d}{dx}\left[p(x)\frac{d\bar{y}}{dx}\right] + [q(x) + \bar{\lambda} r(x)]y = 0 \tag{3}$$

$$\alpha_1\bar{y}(a)+\alpha_2\bar{y}'(a)=0, \qquad \beta_1\bar{y}(b)+\beta_2\bar{y}'(b)=0 \tag{4}$$

(3) に $y$ をかけ，そこから $\bar{y}$ をかけた (1) を引き，式を整理することで，

$$\frac{d}{dx}[p(x)(y\bar{y}'-\bar{y}y')]=(\lambda-\bar{\lambda})r(x)y\bar{y}dx.$$

したがって，$a$ から $b$ まで積分すると，条件 (2) と (4) を用いて，

$$(\lambda-\bar{\lambda})\int_a^b r(x)|y|^2dx=p(x)(y\bar{y}'-\bar{y}y')\Big|_a^b=0. \tag{5}$$

この式において，$r(x)\geq 0$ であり，$(a,b)$ では恒等的に 0 ではないので，(5) の左辺の積分は正となり，$\lambda-\bar{\lambda}=0$ または $\lambda=\bar{\lambda}$ が得られ，$\lambda$ が実数であることがわかる．

**問題 11.25**　2 つの異なる固有値に対応する固有関数が $(a,b)$ で $r(x)$ を通して直交していることを示せ．

解答

$y_1$ と $y_2$ がそれぞれ $\lambda_1$ と $\lambda_2$ に対応する固有関数であるとすると，これらは以下を満たす．

$$\frac{d}{dx}\left[p(x)\frac{dy_1}{dx}\right]+[q(x)+\lambda_1 r(x)]y_1=0 \tag{1}$$

$$\alpha_1 y_1(a)+\alpha_2 y_1'(a)=0, \qquad \beta_1 y_1(b)+\beta_2 y_1'(b)=0 \tag{2}$$

$$\frac{d}{dx}\left[p(x)\frac{dy_2}{dx}\right]+[q(x)+\lambda_2 r(x)]y_2=0 \tag{3}$$

$$\alpha_1 y_2(a)+\alpha_2 y_2'(a)=0, \qquad \beta_1 y_2(b)+\beta_2 y_2'(b)=0 \tag{4}$$

(3) に $y_1$ をかけ，そこから $y_2$ をかけた (1) を引くと，問題 11.24と同様に，

$$\frac{d}{dx}[p(x)(y_1y_2'-y_2y_1')]=(\lambda_1-\lambda_2)r(x)y_1y_2.$$

得た式を $a$ から $b$ まで積分すると，(2) と (4) を用いることで，

$$(\lambda_1-\lambda_2)\int_a^b r(x)y_1y_2dx= p(x)(y_1y_2'-y_2y_1')|_a^b=0$$

となり，$\lambda_1\neq\lambda_2$ となることを考慮すれば，目的の結果である

$$\int_a^b r(x)y_1y_2dx=0$$

が得られる．

# 第 12 章

# 偏微分方程式

## 偏微分方程式の定義

**偏微分方程式**とは，2 つ以上の変数を持つ未知関数と，それらの変数による未知関数の偏微分を含む方程式である．

偏微分方程式の**階数**とは，存在する微分のうち最高階数のことである．

例 1.

$\dfrac{\partial^2 u}{\partial x \partial y} = 2x - y$ は 2 階偏微分方程式である．

偏微分方程式の**解**は，その方程式を恒等的に満たす関数である．

**一般解**は，方程式の階数と同じだけ「本質的な任意関数[1)]」を含む解である．

**特殊解**は，一般解において任意関数を具体的に与えることによって得られる解である．

例 2.

実際に代入するとわかるように，$u = x^2y - \frac{1}{2}xy^2 + F(x) + G(y)$ は例 1. の偏微分方程式の**解**である．この解は 2 つの独立な任意関数 $F(x)$ と $G(y)$ を持つので**一般解**である．特に，$F(x) = 2\sin x$，$G(y) = 3y^4 - 5$ とおくと，**特殊解** $u = x^2y - \frac{1}{2}xy^2 + 2\sin x + 3y^4 - 5$ を得る．

**特異解**は，一般解においてどのように任意関数を定めても得ることができない解である．

偏微分方程式の**境界値問題**は，偏微分方程式の解のうち，**境界条件**とよばれる条件を満たす解をすべて求める問題である．また，このような解の存在や，一意性に関する定理を「**解の存在と一意性定理**」という．

## 線形偏微分方程式

一般的な 2 つの独立変数を持つ 2 階**線形偏微分方程式**は，以下の形をとる．

$$A\frac{\partial^2 u}{\partial x^2} + B\frac{\partial^2 u}{\partial x \partial y} + C\frac{\partial^2 u}{\partial y^2} + D\frac{\partial u}{\partial x} + E\frac{\partial u}{\partial y} + Fu = G. \tag{1}$$

---

1） 訳注：最小個数の任意関数が存在したとき，これらの関数を本質的な任意関数と呼ぶ．本質的な任意定数については p.49 を参照せよ．

ここで，$A, B, \ldots, G$ は $x$ と $y$ に依存することはあるが，$u$ には依存しない．独立変数 $x$ と $y$ を持つ 2 階微分方程式で，(1) の形をとらないものを 2 階**非線形偏微分方程式**という．

$G = 0$ の場合，微分方程式は**同次**といい，$G \neq 0$ の場合は**非同次**という．また，より高階の微分方程式への一般化も容易である．

(1) を満たす解の性質から，微分方程式は $B^2 - 4AC$ が 0 より小さいか，大きいか，あるいは等しいかによって，それぞれ**楕円形**，**双曲型**，**放物型**に分類される．

## いくつかの重要な偏微分方程式

1. **熱伝導方程式**　$\boxed{\dfrac{\partial u}{\partial t} = \kappa \nabla^2 u}$

$u(x, y, z, t)$ は，時間 $t$ における固体中の位置 $(x, y, z)$ における温度である．**熱伝導率** $K$ や**比熱** $\sigma$，（単位体積あたりの質量である）**密度** $\tau$ を一定としたとき，**拡散率**とよばれる定数 $\kappa$ は「$K/\sigma\tau$」に等しい．

$u$ が $y$ と $z$ に依存しない場合，微分方程式は **1 次元熱伝導方程式** $\dfrac{\partial u}{\partial t} = \kappa \dfrac{\partial^2 u}{\partial x^2}$ に帰着する．

2. **振動する弦の方程式**　$\boxed{\dfrac{\partial^2 y}{\partial t^2} = a^2 \dfrac{\partial^2 y}{\partial x^2}}$

この微分方程式は，バイオリンの弦のような張りのある柔軟な弦を $x$ 軸上に初期配置し，運動させたときの小さな横振動に対して適用される [図 12-1 参照]．関数 $y(x, t)$ は，時刻 $t$ の弦の任意点 $x$ における ($x$ 軸に垂直な方向の) 変位である．定数 $a^2 = T/\mu$ について，$T$ は弦にかかる（一定の）張力で，$\mu$ は弦の単位長さあたりの（一定の）質量である．弦には外力が作用しておらず，その弾性のみによって振動していると仮定する．

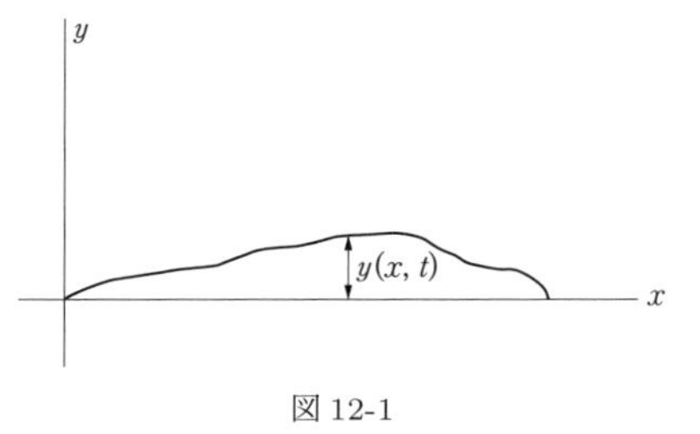


図 12-1

この微分方程式は，例えば膜やドラムヘッド (楽器) 上での 2 次元振動など，より高い次元に容易に一般化できる．仮に 2 次元であれば，以下のような微分方程式となる．

$$\frac{\partial^2 z}{\partial t^2} = a^2 \left( \frac{\partial^2 z}{\partial x^2} + \frac{\partial^2 z}{\partial y^2} \right).$$

3. **ラプラス方程式**　$\boxed{\nabla^2 v = 0}$

この微分方程式は様々な分野で現れる．例として熱伝導の理論では，$v$ は**定常温度**，つまり長い時間が経過した後の温度であり，『1. 熱伝導方程式』の式で $\partial u/\partial t = 0$ と置くことに相当する．また重力理論や電磁気学では，$v$ はそれぞれ**重力ポテンシャル**や**静電ポテンシャル**を表す．このため，この微分方程式は**ポテンシャル方程式**とよばれることもある．

4. **梁 (はり) の縦振動** $\boxed{\dfrac{\partial^2 u}{\partial t^2} = c^2 \dfrac{\partial^2 u}{\partial x^2}}$

この微分方程式は，縦方向（すなわち $x$ 軸方向）に振動する梁の運動を記述する [図 12-2]．変数 $u(x,t)$ は，$x$ での断面における，平衡位置からの縦方向の変位である．また定数 $c^2$ を $c^2 = gE/\tau$ をおく．$g$ は重力加速度，$E$ は梁の性質に依存した弾性係数 [応力 ÷ ひずみ]，$\tau$ は密度 [単位体積あたりの質量] である．

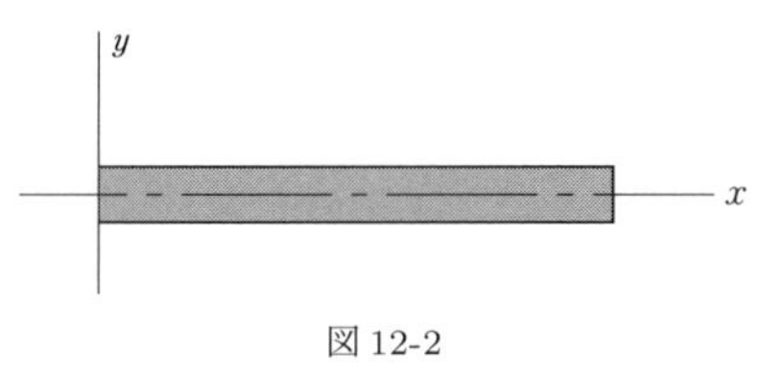

図 12-2

この微分方程式は，振動する弦に関する微分方程式と同じ形であることに注目せよ．

5. **梁の横振動** $\boxed{\dfrac{\partial^2 y}{\partial t^2} + b^2 \dfrac{\partial^4 y}{\partial x^4} = 0}$

この微分方程式は，横方向（すなわち $x$ 軸に垂直な方向）に振動する梁の運動を記述するものである [図 12-3]．このとき $y(x,t)$ は，任意点 $x$ の任意時間 $t$ における横方向の変位（たわみ）である．また定数 $b^2$ を $b^2 = EIg/\mu$ とおく．$E$ は弾性係数，$I$ は任意の断面に関する $x$ 軸周りの慣性モーメント，$g$ は重力加速度，$\mu$ は単位長さあたりの質量である．横方向の外力 $F(x,t)$ がかかる場合は，微分方程式の右辺を $b^2F(x,t)/EI$ とする．

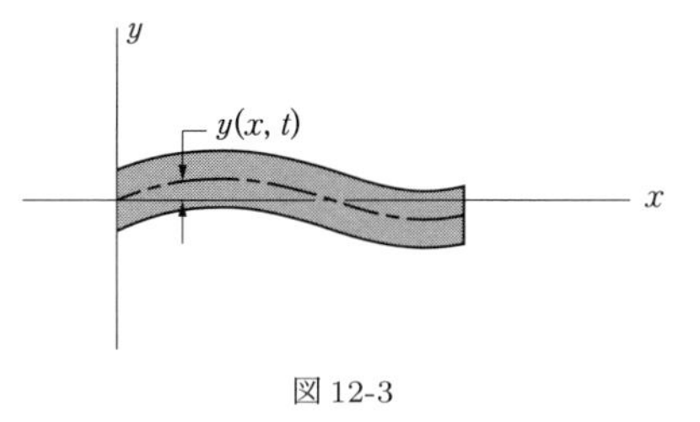

図 12-3

## 境界値問題の解法

線形偏微分方程式を含む境界値問題の解法は様々ある．とりわけ重要なものを以下に挙げている．

### 1. 一般解の求め方

本解法では，まず一般解を求め，次に境界条件を満たす特殊解を求める．以下の定理は重要である．

**定理 12.1 (重ね合わせの原理)**
$u_1, u_2, \ldots, u_n$ を線形同次偏微分方程式の解とすると，$c_1u_1 + c_2u_2 + \cdots + c_nu_n$（$c_1, c_2, \ldots, c_n$ は定数）もまた解となる．

**定理 12.2**
線形非同次偏微分方程式の一般解は，同次方程式の一般解に非同次方程式の特殊解を加えることによって得られる．

常微分方程式の手法を用いて一般解を求められる場合もある(問題 12.8～問題 12.9).
式 (1) の $A, B, \dots, F$ が定数であれば，$u = e^{ax+by}$ とおくことで（$a, b$ は決定されるべき定数），その同次方程式の一般解を求めることができる(問題 12.10～問題 12.13).

## 2. 変数分離

この方法では，解が「未知関数の積」として表現されることを前提としており，各関数のうちのどちらかは独立変数のうちの 1 つのみに依存している必要がある．この方法の成否は方程式を「片方の辺が 1 つの変数にのみ依存し，他方の辺が残りの変数に依存するように式変形することで，両辺が定数と等しくなるように」表せるかどうかにかかっている．この手続きを繰り返すことで，未知関数を決定できる．（各問題設定に対応した）実際の解は，未知関数の解を重ね合わせることで求めることができる(問題 12.15～問題 12.17).
この方法で解く過程において，フーリエ級数やフーリエ積分，ベッセル級数，ルジャンドル級数などがよく利用される(問題 12.18～問題 12.27).

## 3. ラプラス変換による解法

この方法ではまず，独立変数の 1 つに関して，偏微分方程式とそれに付随する境界条件のラプラス変換を求める．次に，変換後の方程式を解いて，得られた式の逆ラプラス変換を行うことで目的の解を得る．逆ラプラス変換が困難な場合は，第 14 章の「反転公式」が利用できる(問題 12.28)(問題 14.15～問題 14.19).

## 4. 複素関数論による解法

この解法に関する説明は第 13 章に譲る．

# 演習問題

## 偏微分方程式の分類

**問題 12.1**　以下の偏微分方程式について，線形か非線形かを判断し，その階数や従属変数，独立変数を述べよ．

$$(a)\ \frac{\partial u}{\partial t} = 4\frac{\partial^2 u}{\partial x^2}, \qquad (b)\ x^2\frac{\partial^3 R}{\partial y^3} = y^3\frac{\partial^2 R}{\partial x^2}, \qquad (c)\ W\frac{\partial^2 W}{\partial r^2} = rst,$$

$$(d)\ \frac{\partial^2 \phi}{\partial x^2} + \frac{\partial^2 \phi}{\partial y^2} + \frac{\partial^2 \phi}{\partial z^2} = 0, \qquad (e)\ \left(\frac{\partial z}{\partial u}\right)^2 + \left(\frac{\partial z}{\partial v}\right)^2 = 1$$

解答

$(a)$ 線形，2 階，従属変数: $u$，独立変数: $x, t$,

$(b)$ 線形，3 階，従属変数: $R$，独立変数: $x, y$,

$(c)$ 非線形，2 階，従属変数: $W$，独立変数: $r, s, t$,

$(d)$ 線形，2 階，従属変数: $\phi$，独立変数: $x, y, z$,

$(e)$ 非線形，1 階，従属変数: $z$，独立変数: $u, v$.

**問題 12.2**　以下の各微分方程式を，楕円形/双曲型/放物型のいずれかに分類せよ．

$$(a)\ \frac{\partial^2 \phi}{\partial x^2} + \frac{\partial^2 \phi}{\partial y^2} = 0, \qquad (b)\ \frac{\partial u}{\partial t} = \kappa\frac{\partial^2 u}{\partial x^2},$$

$$(c)\ \frac{\partial^2 y}{\partial t^2} = a^2\frac{\partial^2 y}{\partial x^2}, \qquad (d)\ \frac{\partial^2 u}{\partial x^2} + 3\frac{\partial^2 u}{\partial x \partial y} + 4\frac{\partial^2 u}{\partial y^2} + 5\frac{\partial u}{\partial x} - 2\frac{\partial u}{\partial y} + 4u = 2x - 3y,$$

$$(e)\ x\frac{\partial^2 u}{\partial x^2} + y\frac{\partial^2 u}{\partial y^2} + 3y^2\frac{\partial u}{\partial x} = 0$$

解答

$(a)$ $u = \phi$，$A = 1$，$B = 0$，$C = 1$ とすると，$B^2 - 4AC = -4 < 0$ より方程式は**楕円型**.

$(b)$ $y = t$，$A = \kappa$，$B = 0$，$C = 0$ とすると，$B^2 - 4AC = 0$ より方程式は**放物型**.

$(c)$ $y = t$，$u = Y$，$A = a^2$，$B = 0$，$C = -1$ とすると，$B^2 - 4AC = 4a^2 > 0$ より方程式は**双曲型**.

$(d)$ $A = 1$，$B = 3$，$C = 4$ とすると，$B^2 - 4AC = -7 < 0$ より方程式は**楕円型**.

$(e)$ $A = x$，$B = 0$，$C = y$ とすると，$B^2 - 4AC = -4xy$ より，

- $xy > 0$ の領域では，方程式は**楕円型**,
- $xy < 0$ の領域では，方程式は**双曲型**,
- $xy = 0$ では，方程式は**放物型**.

# 偏微分方程式の解

**問題 12.3**　$u(x,t)=e^{-8t}\sin 2x$ が以下の境界値問題の解であることを示せ.

$$\frac{\partial u}{\partial t}=2\frac{\partial^2 u}{\partial x^2},\quad u(0,t)=u(\pi,t)=0,\quad u(x,0)=\sin 2x.$$

**解答**

$u(x,t)=e^{-8t}\sin 2x$ より,

$$u(0,t)=e^{-8t}\sin 0=0,\quad u(\pi,t)=e^{-8t}\sin 2\pi=0,\quad u(x,0)=e^{-0}\sin 2x=\sin 2x$$

となり，境界条件を満たしていることがわかる．また,

$$\frac{\partial u}{\partial t}=-8e^{-8t}\sin 2x,\quad \frac{\partial u}{\partial x}=2e^{-8t}\cos 2x,\quad \frac{\partial^2 u}{\partial x^2}=-4e^{-8t}\sin 2x$$

より，これらを微分方程式に代入することで以下の恒等式が成り立つ.

$$-8e^{-8t}\sin 2x=2(-4e^{-8t}\sin 2x).$$

**問題 12.4**　以下に答えよ.

(a)　以下の微分方程式の一般解が $v=F(y-3x)$（$F$ は任意の微分可能な関数）であることを示せ.

$$\frac{\partial v}{\partial x}+3\frac{\partial v}{\partial y}=0$$

(b)　条件 $v(0,y)=4\sin y$ を満たす特殊解を求めよ.

**解答**

(a)　$y-3x=u$ とおくと，$v=F(u)$ となり，また,

$$\frac{\partial v}{\partial x}=\frac{\partial v}{\partial u}\frac{\partial u}{\partial x}=F'(u)(-3)=-3F'(u)$$
$$\frac{\partial v}{\partial y}=\frac{\partial v}{\partial u}\frac{\partial u}{\partial y}=F'(u)(1)=F'(u)$$

より,

$$\frac{\partial v}{\partial x}+3\frac{\partial v}{\partial y}=0.$$

微分方程式は 1 階なので，任意関数を 1 だけ含む解 $v=F(u)=F(y-3x)$ は一般解といえる.

(b)　$v(x,y)=F(y-3x)$ とすれば，$v(0,y)=F(y)=4\sin y$ が成り立つ.　したがって，$F(y)=4\sin y$ の場合，$v(x,y)=F(y-3x)=4\sin(y-3x)$ が目的の解である.

**問題 12.5**　以下に答えよ．

$(a)$ $y(x,t) = F(2x+5t) + G(2x-5t)$ が以下の微分方程式の一般解であることを示せ．

$$4\frac{\partial^2 y}{\partial t^2} = 25\frac{\partial^2 y}{\partial x^2}$$

$(b)$ 以下の条件を満たす特殊解を求めよ．

$$y(0,t) = y(\pi,t) = 0, \quad y(x,0) = \sin 2x, \quad y_t(x,0) = 0$$

解答

$(a)$　$2x+5t = u$，$2x-5t = v$ とおくと，$y = F(u) + G(v)$ とかけ，次の式が得られる．

$$\frac{\partial y}{\partial t} = \frac{\partial F}{\partial u}\frac{\partial u}{\partial t} + \frac{\partial G}{\partial v}\frac{\partial v}{\partial t} = F'(u)(5) + G'(v)(-5) = 5F'(u) - 5G'(v) \tag{1}$$

$$\frac{\partial^2 y}{\partial t^2} = \frac{\partial}{\partial t}(5F'(u) - 5G'(v)) = 5\frac{\partial F'}{\partial u}\frac{\partial u}{\partial t} - 5\frac{\partial G'}{\partial u}\frac{\partial u}{\partial t} = 25F''(u) + 25G''(v) \tag{2}$$

$$\frac{\partial y}{\partial x} = \frac{\partial F}{\partial u}\frac{\partial u}{\partial x} + \frac{\partial G}{\partial v}\frac{\partial v}{\partial x} = F'(u)(2) + G'(v)(2) = 2F'(u) + 2G'(v) \tag{3}$$

$$\frac{\partial^2 y}{\partial x^2} = \frac{\partial}{\partial x}[2F'(u) + 2G'(v)] = 2\frac{\partial F'}{\partial u}\frac{\partial u}{\partial x} + 2\frac{\partial G'}{\partial u}\frac{\partial u}{\partial x} = 4F''(u) + 4G''(v) \tag{4}$$

(2) と (4) より，$4\dfrac{\partial^2 y}{\partial t^2} = 25\dfrac{\partial^2 y}{\partial x^2}$ がいえるから，微分方程式が成り立つことがわかる．また方程式が二階であり，解は 2 つの任意関数を含むので，与えられた解は一般解である．

$(b)$　$y(x,t) = F(2x+5t) + G(2x-5t)$ より，以下を得る．

$$y(x,0) = F(2x) + G(2x) = \sin 2x. \tag{5}$$

また，$y_t(x,t) = \partial y/\partial t = 5F'(2x+5t) - 5G'(2x-5t)$ より

$$y_t(x,0) = 5F'(2x) - 5G'(2x) = 0. \tag{6}$$

式 (5) を微分すると，

$$2F'(2x) + 2G'(2x) = 2\cos 2x,$$

となり，式 (6) より，

$$F'(2x) = G'(2x),$$

となるから，

$$F'(2x) = G'(2x) = \frac{1}{2}\cos 2x.$$

したがって，

$$F(2x) = \frac{1}{2}\sin 2x + c_1, \quad G(2x) = \frac{1}{2}\sin 2x + c_2,$$

すなわち,

$$y(x,t) = \frac{1}{2}\sin(2x+5t) + \frac{1}{2}\sin(2x-5t) + c_1 + c_2.$$

$y(0,t)=0$ または $y(\pi,t)=0$ を用いることで，$c_1+c_2=0$ となるから,

$$y(x,t) = \frac{1}{2}\sin(2x+5t) + \frac{1}{2}\sin(2x-5t) = \sin 2x\cos 5t$$

が目的の解である．

## いくつかの重要な偏微分方程式

**問題 12.6**　時間 $t$ における個体の任意点 $(x,y,z)$ での温度を $u(x,y,z,t)$ とする．個体の熱伝導率 $K$，比熱 $\sigma$，密度 $\tau$ をそれぞれ一定と仮定したとき，以下が成り立つことを示せ．

$$\frac{\partial u}{\partial t} = \kappa\nabla^2 u \qquad (\kappa = K/\sigma\tau)$$

**解答**

個体の任意体積を $V$ とし，その表面積を $S$ とする．$S$ を通る熱流束[2)]，つまり単位時間あたりの $S$ から「外に出ていく」熱は以下のように表せる．

$$\iint_S (-K\nabla u)\cdot\boldsymbol{n}dS.$$

ゆえに単位時間あたりの $S$ に「外から入ってくる」熱は，ガウスの発散定理を用いることで，以下のように与えられる．

$$\iint_S (K\nabla u)\cdot\boldsymbol{n}dS = \iiint_V \nabla\cdot(K\nabla u)dV. \tag{1}$$

一方で，体積 $V$ に含まれる熱量[3)]は以下のように与えられる．

$$\iiint_V \sigma\tau\, udV$$

このとき，熱の時間変化（増加）率は,

$$\frac{\partial}{\partial t}\iiint_V \sigma\tau\, udV = \iiint_V \sigma\tau\frac{\partial u}{\partial t}dV. \tag{2}$$

以上から，(1) と (2) の右辺同士を等式で結んで整理すると,

$$\iiint_V \left[\sigma\tau\frac{\partial u}{\partial t} - \nabla\cdot(K\nabla u)\right]dV = 0$$

2)　訳注：**熱流束**は,「単位時間に単位面積を横切る熱量」と定義される．**フーリエの法則**によれば，熱流束は温度勾配に比例し，$-K\nabla u$ で表すことができる ($K$ は熱伝導率)．

3)　訳注：単位密度当たりの熱量 $q$ は $q=\sigma\tau u$ である．熱量の単位であるジュール [J] になっていることを確かめよ．

となり，$V$は任意だから，連続と仮定した被積分関数は恒等的にゼロでなければならないので，

$$\sigma\tau\frac{\partial u}{\partial t}=\nabla\cdot(K\nabla u)$$

または，$K,\sigma,\tau$が定数なら，

$$\frac{\partial u}{\partial t}=\frac{K}{\sigma\tau}\nabla\cdot\nabla u=\kappa\nabla^2 u.$$

ここで，$\kappa$ は**拡散率**という．定常的な熱流束の場合（すなわち $u$ が時間に依存せず $\partial u/\partial t=0$ となる場合），得られた方程式はラプラス方程式 $\nabla^2 u=0$ に帰着する．

**問題 12.7**　『振動する弦の方程式 (p.346)』で示した振動する弦の方程式を導出せよ．ただし，張力は一定とする．

**解答**

図 12-4 において，$\Delta s$ は弦の部分的な弧を表すとする．張力は一定と仮定しているので，$\Delta s$ に作用する正味の垂直上方向の力は，以下のように与えられる．

$$T\sin\theta_2-T\sin\theta_1 \tag{1}$$

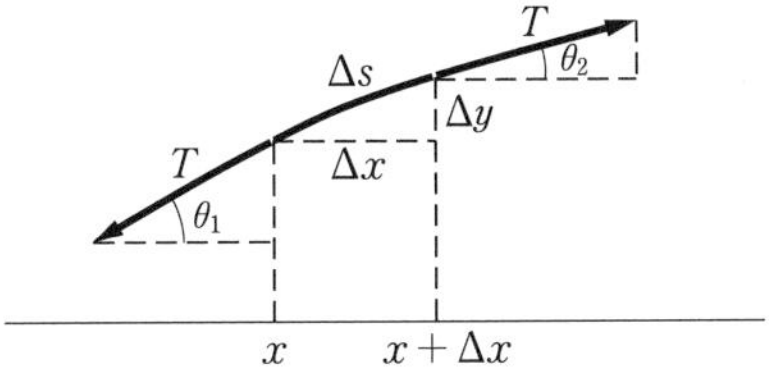

図 12-4

小さな角度ではおよそ $\sin\theta=\tan\theta$ が成り立つので，傾きが $\tan\theta=\partial y/\partial x$ であることを用いて，力は以下のように表せる．

$$T\left.\frac{\partial y}{\partial x}\right|_{x+\Delta x}-T\left.\frac{\partial y}{\partial x}\right|_{x}. \tag{2}$$

ニュートンの運動方程式より弦に作用する正味の力は，弦の質量 $(\mu\Delta s)$ に加速度 $\dfrac{\partial^2 y}{\partial t^2}+\varepsilon$（$\Delta s\to 0$ のとき $\varepsilon\to 0$）をかけたものと等しい．したがって，近似的に以下が成り立つ．

$$T\left[\left.\frac{\partial y}{\partial x}\right|_{x+\Delta x}-\left.\frac{\partial y}{\partial x}\right|_{x}\right]=[\mu\Delta s]\left[\frac{\partial^2 y}{\partial t^2}+\varepsilon\right] \tag{3}$$

もし振動が小さければ $\Delta s=\Delta x$ となり，(3) は，$T\Delta x$ で割ることで，

$$\frac{T}{\mu}\frac{\left.\dfrac{\partial y}{\partial x}\right|_{x+\Delta x}-\left.\dfrac{\partial y}{\partial x}\right|_{x}}{\Delta x}=\frac{\partial^2 y}{\partial t^2}+\varepsilon.$$

そして $\Delta x\to 0$ と極限をとることで [このとき $\varepsilon\to 0$ となる]，

$$\frac{T}{\mu}\frac{\partial}{\partial x}\left(\frac{\partial y}{\partial x}\right)=\frac{\partial^2 y}{\partial t^2}\qquad \text{もしくは，}\qquad \frac{\partial^2 y}{\partial t^2}=a^2\frac{\partial^2 y}{\partial x^2}\qquad (a^2=T/\mu).$$

## 偏微分方程式の解法

**問題 12.8**　以下に答えよ.

(a) $\dfrac{\partial^2 z}{\partial x \partial y} = x^2 y$ を解け.

(b) $z(x,0) = x^2$, $z(1,y) = \cos y$ を満たす特殊解を求めよ.

**解答**

(a) 式を $\dfrac{\partial}{\partial x}\left(\dfrac{\partial z}{\partial y}\right) = x^2 y$ とし, $x$ について積分することで,

$$\partial z/\partial y = \frac{1}{3}x^3 y + F(y) \tag{1}$$

となる. ここで, $F(y)$ は任意関数である.

次に (1) を $y$ について積分すると,

$$z = \frac{1}{6}x^3 y^2 + \int F(y)dy + G(x) \tag{2}$$

となる. ここで, $G(x)$ は任意関数である.

結果として得た (2) は

$$z = z(x,y) = \frac{1}{6}x^3 y^2 + H(y) + G(x) \tag{3}$$

とかくことができ, 2 つの任意関数をもつから, 一般解である.

(b) $z(x,0) = x^2$ なので, (3) より,

$$x^2 = H(0) + G(x) \qquad \text{または,} \qquad G(x) = x^2 - H(0). \tag{4}$$

したがって,

$$z = \frac{1}{6}x^3 y^2 + H(y) + x^2 - H(0). \tag{5}$$

そして, $z(1,y) = \cos y$ なので, (5) より

$$\cos y = \frac{1}{6}y^2 + H(y) + 1 - H(0)$$

または,

$$H(y) = \cos y - \frac{1}{6}y^2 - 1 + H(0). \tag{6}$$

したがって, (5) に (6) を代入すると, 以下の目的の解が得られる.

$$z = \frac{1}{6}x^3 y^2 + \cos y - \frac{1}{6}y^2 + x^2 - 1.$$

**問題 12.9**　$t\dfrac{\partial^2 u}{\partial x \partial t} + 2\dfrac{\partial u}{\partial x} = x^2$ を解け.

**解答**

方程式を $\dfrac{\partial}{\partial x}\left[t\dfrac{\partial u}{\partial t} + 2u\right] = x^2$ とし，$x$ について積分すると，

$$t\frac{\partial u}{\partial t} + 2u = \frac{1}{3}x^3 + F(t)$$

または

$$\frac{\partial u}{\partial t} + \frac{2}{t}u = \frac{1}{3}\frac{x^3}{t} + \frac{F(t)}{t}.$$

これは積分因子 $e^{\int(2/t)dt} = e^{2\ln t} = e^{\ln t^2} = t^2$ を持つ線形方程式である．ゆえに,

$$\frac{\partial}{\partial t}(t^2 u) = \frac{1}{3}tx^3 + tF(t).$$

となり，これを積分すると目的の一般解が得られる．

$$t^2 u = \frac{1}{6}t^2 x^3 + \int tF(t)dt + H(x) = \frac{1}{6}t^2 x^3 + G(t) + H(x).$$

**問題 12.10**　$\dfrac{\partial^2 u}{\partial x^2} + 3\dfrac{\partial^2 u}{\partial x\,\partial y} + 2\dfrac{\partial^2 u}{\partial y^2} = 0$ の一般解を求めよ.

**解答**

$u = e^{ax+by}$ と仮定する．これを与えられた方程式に代入すると,

$$(a^2 + 3ab + 2b^2)e^{ax+by} = 0 \qquad \text{または,} \qquad a^2 + 3ab + 2b^2 = 0$$

したがって，$(a+b)(a+2b) = 0$ から $a = -b$ や $a = -2b$ を得る．$a = -b$ のとき，$e^{-bx+by} = e^{b(y-x)}$ は任意の $b$ の値に対して解になる．一方で $a = -2b$ のとき，$e^{-2bx+by} = e^{b(y-2x)}$ は任意の $b$ の値に対して解となる．

方程式は線形かつ同次なので，これらの解の和も解となる．例えば,（他にもたくさんあるが）$3e^{2(y-x)} - 2e^{3(y-x)} + 5e^{\pi(y-x)}$ は解であり，これより $F(y-x)$ という結果が得られる．$F$ は任意関数で実際に解として検証することができる．同様に $G(y-2x)$ も任意関数で解となる．したがって，これらの和が一般解となり以下のように与えられる．

$$u = F(y-x) + G(y-2x).$$

**問題 12.11**　以下の一般解を求めよ.

$$(a)\ \ 2\frac{\partial u}{\partial x} + 3\frac{\partial u}{\partial y} = 2u, \qquad (b)\ \ 4\frac{\partial^2 u}{\partial x^2} - 4\frac{\partial^2 u}{\partial x\,\partial y} + \frac{\partial^2 u}{\partial y^2} = 0.$$

**解答**

(a) $u = e^{ax+by}$ とおく．すると，$2a + 3b = 2$，$a = \dfrac{2-3b}{2}$ が得られるので $e^{[(2-3b)/2]x+by} = e^{x}e^{(b/2)(2y-3x)}$ が解となる．

したがって，$u = e^{x}F(2y-3x)$ が一般解である．

(b) $u = e^{ax+by}$ とおく．すると，$4a^2 - 4ab + b^2 = 0$ となるので $b = 2a$(重解) が得られる．これより $u = e^{a(x+2y)}$ だから $F(x+2y)$ は解となる．

常微分方程式（定数係数線形微分方程式）の特性方程式が重解を持つときの状況と似ていることから，$xG(x+2y)$ または $yG(x+2y)$ がもう一つの解であると思われるが，実際にそうであることは容易に確認できる．したがって，一般解は，

$$u = F(x+2y) + xG(x+2y) \qquad \text{または，} \qquad u = F(x+2y) + yG(x+2y).$$

**問題 12.12**　$\dfrac{\partial^2 u}{\partial x^2} + \dfrac{\partial^2 u}{\partial y^2} = 10e^{2x+y}$ を解け．

**解答**

問題 12.42(c)(補) より，同次式 $\dfrac{\partial^2 u}{\partial x^2} + \dfrac{\partial^2 u}{\partial y^2} = 0$ は一般解 $u = F(x+iy) + G(x-iy)$ を持つ．

与えられた微分方程式の特殊解を求めるために，$\alpha$ を未定定数とした $u = \alpha e^{2x+y}$ としてみる．これを微分方程式に代入すると $\alpha = 2$ となることがわかるので，目的の一般解は以下のようになる．

$$u = F(x+iy) + G(x-iy) + 2e^{2x+y}$$

この方法は常微分方程式のときと同様に，**未定係数法**とよばれる．

**問題 12.13**　$\dfrac{\partial^2 u}{\partial x^2} - 4\dfrac{\partial^2 u}{\partial y^2} = e^{2x+y}$ を解け．

**解答**

同次式は以下の一般解を持つ．

$$u = F(2x+y) + G(2x-y)$$

特殊解を求めるために，通常，問題 12.12 のように $u = \alpha e^{2x+y}$ と仮定したいが，この解はすでに $F(2x+y)$ に含まれている．そこで，常微分方程式による解法を参考に $u = \alpha x e^{2x+y}$（または $u = \alpha y e^{2x+y}$）と仮定する．これを代入することで $\alpha = \dfrac{1}{4}$ と求まる．

したがって，一般解は，

$$u = F(2x+y) + G(2x-y) + \frac{1}{4}xe^{2x+y}.$$

## 変数分離

**問題 12.14**　以下の境界値問題を，変数分離を使って解け．

$$\frac{\partial u}{\partial x} = 4\frac{\partial u}{\partial y}, \qquad u(0, y) = 8e^{-3y}.$$

**解答**

与えられた式において $u = XY$ とおいてみる．すると，

$$X'Y = 4XY' \qquad \text{または，} \qquad X'/4X = Y'/Y.$$

$X$ は $x$ にのみ依存し，$Y$ は $y$ にのみ依存する．また，$x$ と $y$ は独立変数であることから，それぞれを右辺・左辺にわけることができ，それらの辺が定数，例えば $c$ と等しいことになる．

すると，$X' - 4cX = 0$ や $Y' - cY = 0$ が得られ，これらの解は $X = Ae^{4cx}$ や $Y = Be^{cy}$ となる．

このことから解は以下のように与えられる．

$$u(x, y) = XY = ABe^{c(4x+y)} = Ke^{c(4x+y)}.$$

また，境界条件より，

$$u(0, y) = Ke^{cy} = 8e^{-3y}$$

が成立するためには $K = 8$，$c = -3$ としなければならない．

以上から，$u(x, y) = 8e^{-3(4x+y)} = 8e^{-12x-3y}$ が目的の解である．

**問題 12.15**　問題 12.14の微分方程式について，境界条件を $u(0, y) = 8e^{-3y} + 4e^{-5y}$ とした場合，これを解け．

**解答**

前問同様，解は $Ke^{c(4x+y)}$ となる．

このとき $K_1e^{c_1(4x+y)}$ や $K_2e^{c_2(4x+y)}$ は解であり，重ね合わせの原理よりこれらの和，すなわち，

$$u(x, y) = K_1e^{c_1(4x+y)} + K_2e^{c_2(4x+y)}$$

も解である．また，境界条件より，

$$u(0, y) = K_1e^{c_1y} + K_2e^{c_2y} = 8e^{-3y} + 4e^{-5y}$$

が成立するためには $K_1 = 8$，$K_2 = 4$，$c_1 = -3$，$c_2 = -5$ としなければならない．

したがって，目的の解は，

$$u(x, y) = 8e^{-3(4x+y)} + 4e^{-5(4x+y)} = 8e^{-12x-3y} + 4e^{-20x-5y}.$$

**問題 12.16**　以下の条件が成り立つように $\dfrac{\partial u}{\partial t} = 2\dfrac{\partial^2 u}{\partial x^2}$ $(0 < x < 3,\ t > 0)$ を解け．

$$u(0,t) = u(3,t) = 0,$$

$$u(x,0) = 5\sin 4\pi x - 3\sin 8\pi x + 2\sin 10\pi x, \qquad |u(x,t)| < M$$

なお，最後の条件は $u$ が $0 < x < 3,\ t > 0$ において有界であることを意味している．

**解答**

$u = XT$としてみる．すると，

$$XT' = 2X''T \qquad \text{and} \qquad X''/X = T'/2T.$$

左辺・右辺は定数と等しく，この定数を $-\lambda^2$ とする [この定数を $+\lambda^2$ とした場合，結果として得られる解は，$\lambda$ が実数値のときに境界条件を満たさなくなる]．すると，

$$X'' + \lambda^2 X = 0, \qquad T' + 2\lambda^2 T = 0$$

となり，それぞれの解は，

$$X = A_1 \cos \lambda x + B_1 \sin \lambda x, \qquad T = c_1 e^{-2\lambda^2 t}.$$

したがって，偏微分方程式の解は以下のように与えられる．

$$u(x,t) = XT = c_1 e^{-2\lambda^2 t}(A_1 \cos \lambda x + B_1 \sin \lambda x) = e^{-2\lambda^2 t}(A \cos \lambda x + B \sin \lambda x).$$

そして境界条件 $u(0,t) = 0$ より，$e^{-2\lambda^2 t}(A) = 0$ または $A = 0$ が得られるから，

$$u(x,t) = Be^{-2\lambda^2 t} \sin \lambda x.$$

もう一方の境界条件 $u(3,t) = 0$ より，$Be^{-2\lambda^2 t} \sin 3\lambda = 0$ を得る．このとき $B = 0$ だとしたら解が恒等的にゼロになってしまうので，$\sin 3\lambda = 0$ とする必要があり，これから $3\lambda = m\pi$，$\lambda = m\pi/3$ $(m = 0, \pm 1, \pm 2, \dots)$ を得る．よって解は，

$$u(x,t) = Be^{-2m^2\pi^2 t/9} \sin \frac{m\pi x}{3}.$$

さらに，重ね合わせの原理より，以下もまた解である．

$$u(x,t) = B_1 e^{-2m_1^2\pi^2 t/9} \sin \frac{m_1 \pi x}{3} + B_2 e^{-2m_2^2\pi^2 t/9} \sin \frac{m_2 \pi x}{3} + B_3 e^{-2m_3^2\pi^2 t/9} \sin \frac{m_3 \pi x}{3}. \tag{1}$$

残りの最後の境界条件より，

$$\begin{aligned} u(x,0) &= B_1 \sin \frac{m_1 \pi x}{3} + B_2 \sin \frac{m_2 \pi x}{3} + B_3 \sin \frac{m_3 \pi x}{3} \\ &= 5\sin 4\pi x - 3\sin 8\pi x + 2\sin 10\pi x \end{aligned}$$

が成り立つには，$B_1 = 5$，$m_1 = 12$，$B_2 = -3$，$m_2 = 24$，$B_3 = 2$，$m_3 = 30$ としなければならない．これらを (1) に代入すると，目的の解が得られる．

$$u(x,t) = 5e^{-32\pi^2 t}\sin 4\pi x - 3e^{-128\pi^2 t}\sin 8\pi x + 2e^{-200\pi^2 t}\sin 10\pi x. \tag{2}$$

この境界値問題は，次のような「熱の流れ」による解釈が可能である．表面が断熱された棒 [図 12-5] を考え，長さが 3 単位で拡散率が 2 単位であるとする．その両端を温度ゼロに保ち，初期温度を $u(x,0) = 5\sin 4\pi x - 3\sin 8\pi x + 2\sin 10\pi x$ とする．すると本問の境界値問題は，「これらの条件を満たし，時間 $t$ での位置 $x$ の温度，すなわち $u(x,t)$ を求めよ」ということになる．ここでは CGS 単位系を用いて，温度は摂氏 (°C) であるとしたが，もちろん他の単位系を用いても問題ない．

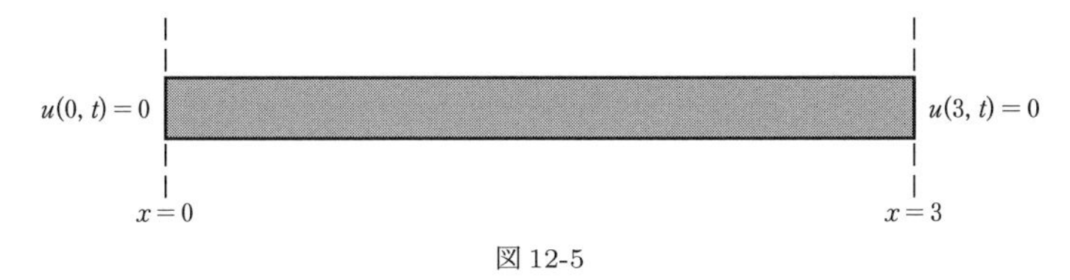


図 12-5

## フーリエ級数を用いた解法

**問題 12.17** 問題 12.16 において，初期温度を 25°C とした場合の棒の温度を求めよ．

**解答**

この問題は，初期条件 $u(x,0) = 25$ を満たすために**無限個の解**を重ね合わせる必要があること，すなわち，前問の式 (1) を

$$u(x,t) = \sum_{m=1}^{\infty} B_m e^{-m^2\pi^2 t/9}\sin\frac{m\pi x}{3}$$

と置き換えることや，$t = 0$ では

$$25 = \sum_{m=1}^{\infty} B_m \sin\frac{m\pi x}{3} \qquad (0 < x < 3)$$

となることを除いては 問題 12.16 と同じである．

これは，「値 25 の**フーリエ・サイン級数展開**」である．そして第 7 章で述べた方法によって，以下のように計算できる．

$$B_m = \frac{2}{L}\int_0^L f(x)\sin\frac{m\pi x}{L}dx = \frac{2}{3}\int_0^3 25\sin\frac{m\pi x}{3}dx = \frac{50(1-\cos m\pi)}{m\pi}.$$

この結果は,

$$u(x,t)=\sum_{m=1}^{\infty}\frac{50(1-\cos m\pi)}{m\pi}e^{-m^2\pi^2t/9}\sin\frac{m\pi x}{3}$$
$$=\frac{100}{\pi}\left\{e^{-\pi^2t/9}\sin\frac{\pi x}{3}+\frac{1}{3}e^{-\pi^2t}\sin\pi x+\cdots\right\}$$

とかくことができ，目的の解であることがわかる．

この問題は，境界値問題を解く上でフーリエ級数 (一般的には直交級数) の重要性を示している．

**問題 12.18**　以下の境界値問題を解け．

$$\frac{\partial u}{\partial t}=2\frac{\partial^2 u}{\partial x^2},\quad u(0,t)=10,\quad u(3,t)=40,\quad u(x,0)=25,\quad |u(x,t)|<M.$$

**解答**

棒の両端の温度が 0°C ではなく，10°C と 40°C であることを除いては, 問題 12.17 と同じである．だが, 問題 12.17 のように $A=0$, $\lambda=m\pi/3$ という結果とはならないので，本問で得られる解はかなり違ったものになる．

この問題を解くには, $u(x,t)=v(x,t)+\psi(x)$ と仮定する．$\psi(x)$ は後で適当に決定される関数である．$v(x,t)$ に関する境界値問題は以下のようになる．

$$\frac{\partial v}{\partial t}=2\frac{\partial^2 v}{\partial x^2}+2\psi''(x),\ v(0,t)+\psi(0)=10,\ v(3,t)+\psi(3)=40,\ v(x,0)+\psi(x)=25,\ |v(x,t)|<M.$$

この問題は,

$$\psi''(x)=0,\quad \psi(0)=10,\quad \psi(3)=40$$

となるように関数 $\psi(x)$ を決定することで簡潔化でき，これより $\psi(x)=10x+10$ と決定される．結果として境界値問題は,

$$\frac{\partial v}{\partial t}=2\frac{\partial^2 v}{\partial x^2},\quad v(0,t)=0,\quad v(3,t)=0,\quad v(x,0)=15-10x.$$

となり, 問題 12.17 のときと同様にこれらの式の最初の 3 つから以下を得る．

$$v(x,t)=\sum_{m=1}^{\infty}B_m e^{-m^2\pi^2t/9}\sin\frac{m\pi x}{3}.$$

さらに残った条件を使えば

$$15-10x=\sum_{m=1}^{\infty}B_m\sin\frac{m\pi x}{3}$$

となり，そこから,

$$B_m=\frac{2}{3}\int_0^3(15-10x)\sin\frac{m\pi x}{3}dx=\frac{30}{m\pi}(\cos m\pi+1).$$

したがって，$u(x,t) = v(x,t) + \psi(x)$ としているから，目的の解として以下を得る．

$$u(x,t) = 10x + 10 + \sum_{m=1}^{\infty} \frac{30}{m\pi}(\cos m\pi + 1)e^{-m^2\pi^2 t/9} \sin \frac{m\pi x}{3}.$$

$10x + 10$ の項は**定常温度**，つまり長時間経過した後の温度である．

> **問題 12.19**　長さ $L$ の弦が，$x$ 軸上の点 $(0,0)$ と $(L,0)$ の間に張られている．時間 $t = 0$ において弦は $f(x)\,(0 < x < L)$ で与えられる形状を持ち，その静止状態から静かにはなすことで弦を動かす．任意の時間における弦の変位を求めよ．

**解答**

振動する弦の方程式は，

$$\frac{\partial^2 y}{\partial t^2} = a^2 \frac{\partial^2 y}{\partial x^2} \quad (0 < x < L,\ t > 0).$$

ここで，$y(x,t)$ は時間 $t$ における $x$ 軸からの変位である（図 12-6）．

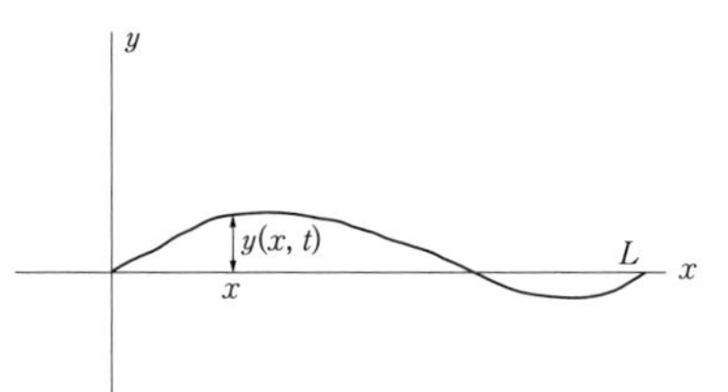


図 12-6

弦の両端は $x = 0$ と $x = L$ で固定されているので，

$$y(0,t) = y(L,t) = 0 \qquad (t > 0).$$

弦の最初の形状は $f(x)$ で与えられるので，

$$y(x,0) = f(x) \qquad (0 < x < L)$$

弦の初速はゼロだから，

$$y_t(x,0) = 0 \qquad (0 < x < L).$$

境界値問題を解くには，通常と同じように $y = XT$ とする．すると，

$$XT'' = a^2 X'' T \qquad \text{または,} \qquad T''/a^2 T = X''/X.$$

分離定数を $-\lambda^2$ とすると，

$$T'' + \lambda^2 a^2 T = 0, \qquad X'' + \lambda^2 X = 0.$$

となり，そこから以下を得る．

$$T = A_1 \sin \lambda at + B_1 \cos \lambda at, \qquad X = B_2 \sin \lambda x + A_2 \cos \lambda x.$$

ゆえに解は以下のように与えられる．

$$y(x,t) = XT = (B_2 \sin \lambda x + A_2 \cos \lambda x)(A_1 \sin \lambda at + B_1 \cos \lambda at).$$

条件 $y(0,t)=0$ より，$A_2=0$ となるので，

$$y(x,t)=B_2\sin\lambda x(A_1\sin\lambda at+B_1\cos\lambda at)=\sin\lambda x(A_1\sin\lambda at+B_1\cos\lambda at).$$

また，条件 $y(L,t)=0$ より，$\sin\lambda L(A\sin\lambda at+B\cos\lambda at)=0$ となるから，括弧内の因子がゼロになってはいけないことを考慮すれば，$\sin\lambda L=0$，$\lambda L=m\pi$ または $\lambda=m\pi/L$ を得る．一方で，

$$y_t(x,t)=\sin\lambda x(A\lambda a\cos\lambda at-B\lambda a\sin\lambda at)$$

とし，条件 $y_t(x,0)=(\sin\lambda x)(A\lambda a)=0$ より $A=0$ となる．したがって，

$$y(x,t)=B\sin\frac{m\pi x}{L}\cos\frac{m\pi at}{L}.$$

さらに条件 $y(x,0)=f(x)$ を満たすためには解を重ね合わせることが必要になる．そこで，

$$y(x,t)=\sum_{m=1}^{\infty}B_m\sin\frac{m\pi x}{L}\cos\frac{m\pi at}{L}.$$

とし，条件より

$$y(x,0)=f(x)=\sum_{m=1}^{\infty}B_m\sin\frac{m\pi x}{L}$$

となるので，フーリエ級数の理論を使って，

$$B_m=\frac{2}{L}\int_0^L f(x)\sin\frac{m\pi x}{L}dx.$$

その結果，

$$y(x,t)=\sum_{m=1}^{\infty}\left(\frac{2}{L}\int_0^L f(x)\sin\frac{m\pi x}{L}dx\right)\sin\frac{m\pi x}{L}\cos\frac{m\pi at}{L}$$

となり，これは解であることが確認できる．

この級数の各項は**固有振動モード**を表している．第 $m$ 番目の固有振動モードの振動数 $f_m$ は，$\cos\dfrac{m\pi at}{L}$ を含む項より求めることができ，以下のように与えられる．

$$2\pi f_m=\frac{m\pi a}{L}\qquad \text{または，}\qquad f_m=\frac{ma}{2L}=\frac{m}{2L}\sqrt{\frac{T}{\mu}}.$$

あらゆる振動数は最低振動数 $f_1$ の整数倍であるため，弦の振動はバイオリンやピアノのような楽音を出せる．

**問題 12.20**　表面（境界）が断熱された (熱の出入りがない) 単位円板を考え，境界の上半分が一定温度 $u_1$ に，残りの下半分が一定温度 $u_2$ に保たれているとする [図 12-7]．この平面上の定常温度を求めよ．

**解答**

定常熱伝導偏微分方程式は，極座標系 $(\rho,\phi)$ では以下のようになる．

$$\frac{\partial^2 u}{\partial\rho^2}+\frac{1}{\rho}\frac{\partial u}{\partial\rho}+\frac{1}{\rho^2}\frac{\partial^2 u}{\partial\phi^2}=0. \qquad (1)$$

境界条件は次の通り．

$$u(1,\phi)=\begin{cases}u_1 & 0<\phi<\pi\\ u_2 & \pi<\phi<2\pi\end{cases} \qquad (2)$$

$$|u(\rho,\phi)|<M,\quad (u\text{は定義域で有界}). \qquad (3)$$

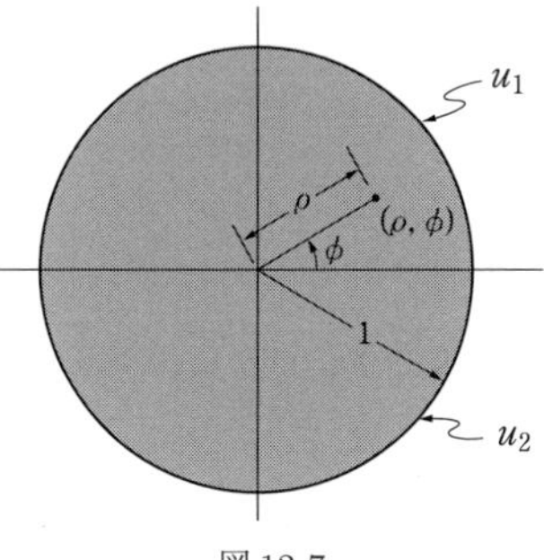


図 12-7

$u(\rho,\phi)=P\Phi$ とする．$P$ は $\rho$ の関数で，$\Phi$ は $\phi$ の関数である．すると，式 (1) は以下のようになる．

$$P''\Phi+\frac{1}{\rho}P'\Phi+\frac{1}{\rho^2}P\Phi''=0.$$

これを $P\Phi$ で割り，$\rho^2$ をかけて式を整理すると，

$$\frac{\rho^2P''}{P}+\frac{\rho P'}{P}=-\frac{\Phi''}{\Phi}.$$

両辺を $\lambda^2$ と等しくすると，

$$\Phi''+\lambda^2\Phi=0,\qquad \rho^2P''+\rho P'-\lambda^2P=0$$

が得られ，これらを解いて以下を得る [$P$ に関する方程式については，問題 3.70$(a)$(補)を参照せよ]．

$$\Phi=A_1\cos\lambda\phi+B_1\sin\lambda\phi,\qquad P=A_2\rho^\lambda+B_2/\rho^\lambda.$$

$u(\rho,\phi)$ は，$\phi$ について周期 $2\pi$ を持たなければならないので，$\lambda=m=0,1,2,3,\ldots$ となる．

また，$u$ は $\rho=0$ において有界でなければならないので，$B_2=0$ としなければならない．これらのことから，

$$u=P\Phi=A_2\rho^m(A_1\cos m\phi+B_1\sin m\phi)=\rho^m(A\cos m\phi+B\sin m\phi).$$

これらの重ね合わせによって，解は，

$$u(\rho,\phi)=\frac{A_0}{2}+\sum_{m=1}^{\infty}\rho^m(A_m\cos m\phi+B_m\sin m\phi)$$

となり，そこから以下を得る．

$$u(1,\phi)=\frac{A_0}{2}+\sum_{m=1}^{\infty}(A_m\cos m\phi+B_m\sin m\phi).$$

フーリエ級数の理論より，

$$
\begin{aligned}
A_m &= \frac{1}{\pi}\int_0^{2\pi} u(1,\phi)\cos m\phi d\phi \\
&= \frac{1}{\pi}\int_0^{\pi} u_1 \cos m\phi d\phi + \frac{1}{\pi}\int_{\pi}^{2\pi} u_2 \cos m\phi d\phi = \begin{cases} 0 & (m>0) \\ u_1+u_2 & (m=0) \end{cases}, \\
B_m &= \frac{1}{\pi}\int_0^{2\pi} u(1,\phi)\sin m\phi d\phi \\
&= \frac{1}{\pi}\int_0^{\pi} u_1 \sin m\phi d\phi + \frac{1}{\pi}\int_{\pi}^{2\pi} u_2 \sin m\phi d\phi = \frac{(u_1-u_2)}{m\pi}(1-\cos m\pi).
\end{aligned}
$$

したがって，

$$
\begin{aligned}
u(\rho,\phi) &= \frac{u_1+u_2}{2} + \sum_{m=1}^{\infty} \frac{(u_1-u_2)(1-\cos m\pi)}{m\pi}\rho^m \sin m\phi \\
&= \frac{u_1+u_2}{2} + \frac{2(u_1-u_2)}{\pi}\left\{\rho\sin\phi + \tfrac{1}{3}\rho^3\sin 3\phi + \tfrac{1}{5}\rho^5 \sin 5\phi + \cdots\right\} \\
&= \frac{u_1+u_2}{2} + \frac{(u_1-u_2)}{\pi}\tan^{-1}\left(\frac{2\rho\sin\phi}{1-\rho^2}\right).
\end{aligned}
$$

最後の等式では問題 12.52(補)の結果を用いた．

## フーリエ積分を用いた解法

**問題 12.21**　$x \geq 0$ 上にある，表面が断熱された半無限の細い棒は，初期温度 $f(x)$ を持つ．そこに，棒の端 $x=0$ に温度ゼロを当て続けた．このとき以下の問いに答えよ．

($a$) 時間 $t$ での任意点 $x$ の温度 $u(x,t)$ に対する境界値問題を設定せよ．

($b$) 以下を示せ．

$$
u(x,t) = \frac{2}{\pi}\int_0^{\infty}\int_0^{\infty} f(v)e^{-\kappa\lambda^2 t}\sin\lambda v \sin\lambda x \, d\lambda \, dv
$$

**解答**

($a$) 境界値問題は，以下のように設定できる．

$$
\frac{\partial u}{\partial t} = \kappa \frac{\partial^2 u}{\partial x^2} \qquad (x>0,\ t>0), \tag{1}
$$

$$
u(x,0) = f(x), \quad u(0,t) = 0, \quad |u(x,t)| < M. \tag{2}
$$

ここで，最後の条件は，物理的な理由から温度を有界とする必要があるため使用される．

($b$) 変数分離により (1) の解は，

$$
u(x,t) = e^{-\kappa\lambda^2 t}(A\cos\lambda x + B\sin\lambda x).
$$

(2) の 2 番目の境界条件より，$A=0$ となるから，

$$u(x,t) = Be^{-\kappa\lambda^2 t}\sin\lambda x. \tag{3}$$

ここで，$\lambda$ 上の制約がないので，(3) の $B$ を関数 $B(\lambda)$ に置き換えても変わらず解を得ることができる．その上 $\lambda$ を 0 から $\infty$ まで積分することもでき，依然として解が得られる．これは，フーリエ級数との関連で使われる $\lambda$ の離散値に対する重ね合わせの原理を応用したものである．このことより，可能な解として以下の式に至る．

$$u(x,t) = \int_0^\infty B(\lambda)e^{-\kappa\lambda^2 t}\sin\lambda x\, d\lambda. \tag{4}$$

(2) の 1 番目の境界条件から，

$$f(x) = \int_0^\infty B(\lambda)\sin\lambda x\, d\lambda$$

と求まる．この式は $B(\lambda)$ を決定するための方程式である．$f(x)$ は奇関数でないといけないことから， p.268 で述べた関係式を用いて，

$$B(\lambda) = \frac{2}{\pi}\int_0^\infty f(x)\sin\lambda x\, dx = \frac{2}{\pi}\int_0^\infty f(v)\sin\lambda v\, dv.$$

この式を (4) に代入することで，

$$u(x,t) = \frac{2}{\pi}\int_0^\infty\int_0^\infty f(v)e^{-\kappa\lambda^2 t}\sin\lambda v\sin\lambda x\, d\lambda\, dv.$$

**問題 12.22**　問題 12.21 の結果の式が以下のようにかけることを示せ．

$$u(x,t) = \frac{1}{\sqrt{\pi}}\left[\int_{\frac{-x}{2\sqrt{\kappa t}}}^\infty e^{-w^2}f(2w\sqrt{\kappa t}+x)dw - \int_{\frac{x}{2\sqrt{\kappa t}}}^\infty e^{-w^2}f(2w\sqrt{\kappa t}-x)dw\right].$$

**解答**

$\sin\lambda\, v\sin\lambda x = \frac{1}{2}[\cos\lambda(v-x)-\cos\lambda(v+x)]$ を用いると，問題 12.21 の結果の式は，

$$\begin{aligned}u(x,t) &= \frac{1}{\pi}\int_0^\infty\int_0^\infty f(v)e^{-\kappa\lambda^2 t}[\cos\lambda(v-x)-\cos\lambda(v+x)]d\lambda dv\\ &= \frac{1}{\pi}\int_0^\infty f(v)\left[\int_0^\infty e^{-\kappa\lambda^2 t}\cos\lambda(v-x)d\lambda - \int_0^\infty e^{-\kappa\lambda^2 t}\cos\lambda(v+x)d\lambda\right]dv.\end{aligned}$$

この式は，積分公式 [p.289 の 問題 9.9 を参照]，

$$\int_0^\infty e^{-\alpha\lambda^2}\cos\beta\lambda\, d\lambda = \frac{1}{2}\sqrt{\frac{\pi}{\alpha}}e^{-\beta^2/4\alpha}$$

より，

$$u(x,t) = \frac{1}{2\sqrt{\pi\kappa t}}\left[\int_0^\infty f(v)e^{-(v-x)^2/4\kappa t}\, dv - \int_0^\infty f(v)e^{-(v+x)^2/4\kappa t}dv\right].$$

1 番目の項で $(v-x)/2\sqrt{\kappa t}=w$ とおき，2 番目の項で $(v+x)/2\sqrt{\kappa t}=w$ とおいて変数変換すれば，

$$u(x,t)=\frac{1}{\sqrt{\pi}}\left[\int_{\frac{-x}{2\sqrt{\kappa t}}}^{\infty} e^{-w^2}f(2w\sqrt{\kappa t}+x)dw-\int_{\frac{x}{2\sqrt{\kappa t}}}^{\infty} e^{-w^2}f(2w\sqrt{\kappa t}-x)dw\right].$$

**問題 12.23**　問題 12.21 の初期温度 $f(x)$ が定数 $u_0$ のとき，以下が得られることを示せ．

$$u(x,t)=\frac{2u_0}{\sqrt{\pi}}\int_0^{\frac{x}{2\sqrt{\kappa t}}} e^{-w^2}dw=u_0\mathrm{erf}(x/2\sqrt{\kappa t}).$$

ただし，$\mathrm{erf}(x/2\sqrt{\kappa t})$ は誤差関数である (p.284).

**解答**

$f(x)=u_0$ ならば，問題 12.22 より以下を得る．

$$\begin{aligned}u(x,t)&=\frac{u_0}{\sqrt{\pi}}\left[\int_{\frac{-x}{2\sqrt{\kappa t}}}^{\infty} e^{-w^2}dw-\int_{\frac{x}{2\sqrt{\kappa t}}}^{\infty} e^{-w^2}dw\right]\\&=\frac{u_0}{\sqrt{\pi}}\int_{\frac{-x}{2\sqrt{\kappa t}}}^{\frac{x}{2\sqrt{\kappa t}}} e^{-w^2}dw=\frac{2u_0}{\sqrt{\pi}}\int_0^{\frac{x}{2\sqrt{\kappa t}}} e^{-w^2}dw=u_0\mathrm{erf}(x/2\sqrt{\kappa t}).\end{aligned}$$

## ベッセル関数を用いた解法

**問題 12.24**　(p.363 の図 12-7 のような) 表面が断熱された単位円板がある．初期温度を $F(\rho)$ とし，境界（表面）の温度をゼロに保ったとき，任意の時間での円板上の温度を求めよ．

**解答**

温度は $\phi$ に依存していないため，$u(\rho,t)$ を決定する境界値問題は，以下のようになる．

$$\begin{aligned}&\frac{\partial u}{\partial t}=\kappa\left(\frac{\partial^2 u}{\partial \rho^2}+\frac{1}{\rho}\frac{\partial u}{\partial \rho}\right)\\&u(1,t)=0,\qquad u(\rho,0)=F(\rho),\qquad |u(\rho,t)|<M.\end{aligned}\tag{1}$$

式 (1) において $u=P(\rho)T(t)=PT$ とおく．すると，

$$PT'=\kappa\left(P''T+\frac{1}{\rho}P'T\right).$$

これを $\kappa PT$ で割ると，

$$\frac{T'}{\kappa T}=\frac{P''}{P}+\frac{1}{\rho}\frac{P'}{P}=-\lambda^2$$

となり，これを整理することで，

$$T' + \kappa\lambda^2 T = 0, \qquad P'' + \frac{1}{\rho}P' + \lambda^2 P = 0.$$

これらの方程式は以下の一般解を持つ [10 章を参照せよ].

$$T = c_1 e^{-\kappa\lambda^2 t}, \qquad P = A_1 J_0(\lambda\rho) + B_1 Y_0(\lambda\rho).$$

$u = PT$ は $\rho = 0$ で有界なので，$B_1 = 0$ を得る．ゆえに，

$$u(\rho, t) = Ae^{-\kappa\lambda^2 t} J_0(\lambda\rho), \quad (A = A_1 c_1).$$

第一の境界条件より，

$$u(1, t) = Ae^{-\kappa\lambda^2 t} J_0(\lambda) = 0$$

を得るが，これが成立するには $J_0(\lambda) = 0$ とする必要がある．$\lambda = \lambda_1, \lambda_2, \ldots$ は正の根 (零点) である．

したがって解は，

$$u(\rho, t) = Ae^{-\kappa\lambda_m^2 t} J_0(\lambda_m \rho) \qquad (m = 1, 2, 3, \ldots)$$

となり，解を重ね合わせることで以下の式を得る．

$$u(\rho, t) = \sum_{m=1}^{\infty} A_m e^{-\kappa\lambda_m^2 t} J_0(\lambda_m \rho).$$

次に第二の境界条件より，

$$u(\rho, 0) = F(\rho) = \sum_{m=1}^{\infty} A_m J_0(\lambda_m \rho).$$

したがって，第 10 章で述べた方法により，

$$A_m = \frac{2}{J_1^2(\lambda_m)} \int_0^1 \rho F(\rho) J_0(\lambda_m \rho) d\rho.$$

となり，そこから目的の解は以下となる．

$$u(\rho, t) = \sum_{m=1}^{\infty} \left\{ \left[ \frac{2}{J_1^2(\lambda_m)} \int_0^1 \rho F(\rho) J_0(\lambda_m \rho) d\rho \right] e^{-\kappa\lambda_m^2 t} J_0(\lambda_m \rho) \right\}. \tag{2}$$

なお，ここで求めた解は，凸面を温度ゼロに保った無限に長い円柱の温度も与えており，その初期温度は $F(\rho)$ である．

**問題 12.25** (楽器としての) ドラムは，単位半径の円形膜を引き伸ばしたもので，その境界は図 12-7(p.363) で示した円の形で固定されている．初期変位が $F(\rho, \phi)$ となるように膜を一度だけ叩いたとき，任意の時間における変位を求めよ．

**解答**

平衡位置または静止位置 ($xy$ 平面) からの変位 $z(\rho,\phi,t)$ に対する境界値問題は以下となる．

$$\frac{\partial^2 z}{\partial t^2} = a^2\left(\frac{\partial^2 z}{\partial \rho^2} + \frac{1}{\rho}\frac{\partial z}{\partial \rho} + \frac{1}{\rho^2}\frac{\partial^2 z}{\partial \phi^2}\right)$$

$$z(1,\phi,t)=0,\quad z_t(\rho,\phi,0)=0,\quad z(\rho,\phi,0)=F(\rho,\phi),\quad |z(\rho,\phi,t)|<M.$$

$z=P(\rho)\varPhi(\phi)T(t)=P\varPhi T$ とおくと，

$$P\varPhi T'' = a^2\left(P''\varPhi T + \frac{1}{\rho}P'\varPhi T + \frac{1}{\rho^2}P\varPhi'' T\right)$$

となり，これを $a^2P\varPhi T$ で割ると，

$$\frac{T''}{a^2T} = \frac{P''}{P} + \frac{1}{\rho}\frac{P'}{P} + \frac{1}{\rho^2}\frac{\varPhi''}{\varPhi} = -\lambda^2.$$

よって以下の微分方程式を得る．

$$T'' + \lambda^2 a^2 T = 0, \tag{1}$$

$$\frac{P''}{P} + \frac{1}{\rho}\frac{P'}{P} + \frac{1}{\rho^2}\frac{\varPhi''}{\varPhi} = -\lambda^2. \tag{2}$$

式 (2) に $\rho^2$ を掛けると，

$$\frac{\rho^2 P''}{P} + \frac{\rho P'}{P} + \lambda^2\rho^2 = -\frac{\varPhi''}{\varPhi} = \mu^2$$

と変数を分離できるので，以下の微分方程式を得る．

$$\varPhi'' + \mu^2\varPhi = 0, \tag{3}$$

$$\rho^2P'' + \rho P' + (\lambda^2\rho^2 - \mu^2)P = 0. \tag{4}$$

(1) と (3)，(4) の一般解は，

$$T = A_1\cos\lambda at + B_1\sin\lambda at, \tag{5}$$

$$\varPhi = A_2\cos\mu\phi + B_2\sin\mu\phi, \tag{6}$$

$$P = A_3J_\mu(\lambda\rho) + B_3Y_\mu(\lambda\rho). \tag{7}$$

$z(\rho,\phi,t)$ はこれらの積によって与えられる．

$z$ は $\phi$ について周期 $2\pi$ を持つので，式 (6) より $\mu=m\ (=0,1,2,3,\dots)$ としなければならない．

また，$z$ は $\rho=0$ で有界なので，$B_3=0$ としなければならない．

その上，$z_t(\rho,\phi,0)=0$ を満たすために $B_1=0$ としなければならない．

すると解は，

$$z(\rho,\phi,t) = J_m(\lambda\rho)\cos\lambda at(A\cos m\phi + B\sin m\phi).$$

$z(1,\phi,t)=0$ なので，$J_m(\lambda)=0$ とする必要がある．$\lambda=\lambda_{mk}\ (k=1,2,3,\dots)$ は正の根 (零点) である．

これらの解の重ね合わせにより（$m$ と $k$ の両方の和をとる），

$$z(\rho,\phi,t)=\sum_{m=0}^{\infty}\sum_{k=1}^{\infty}J_m(\lambda_{mk}\rho)\cos(\lambda_{mk}at)(A_{mk}\cos m\phi+B_{mk}\sin m\phi)$$

$$=\sum_{m=0}^{\infty}\left\{\left[\sum_{k=1}^{\infty}A_{mk}J_m(\lambda_{mk}\rho)\right]\cos m\phi+\left[\sum_{k=1}^{\infty}B_{mk}J_m(\lambda_{mk}\rho)\right]\sin m\phi\right\}\cos\lambda_{mk}at. \tag{8}$$

$t=0$ とおくと，

$$z(\rho,\phi,0)=F(\rho,\phi)=\sum_{m=0}^{\infty}\left\{C_m\cos m\phi+D_m\sin m\phi\right\}. \tag{9}$$

このとき，$C_m$ と $D_m$ は以下のように与えられる．

$$\begin{cases}C_m=\displaystyle\sum_{k=1}^{\infty}A_{mk}J_m(\lambda_{mk}\rho)\\ D_m=\displaystyle\sum_{k=1}^{\infty}B_{mk}J_m(\lambda_{mk}\rho)\end{cases}. \tag{10}$$

このとき (9) は単にフーリエ級数であるから，$C_m$ と $D_m$ は通常の方法で求められ，以下になる．

$$C_m=\begin{cases}\displaystyle\frac{1}{\pi}\int_0^{2\pi}F(\rho,\phi)\cos m\phi\,d\phi & (m=1,2,3,\dots)\\ \displaystyle\frac{1}{2\pi}\int_0^{2\pi}F(\rho,\phi)\,d\phi & (m=0)\end{cases}$$

$$D_m=\frac{1}{\pi}\int_0^{2\pi}F(\rho,\phi)\sin m\phi\,d\phi \qquad (m=0,1,2,3,\dots)$$

そして (10) より，ベッセル級数展開の結果を用いることで以下を得る．

$$A_{mk}=\frac{2}{\left[J_{m+1}(\lambda_{mk})\right]^2}\int_0^1\rho J_m(\lambda_{mk}\rho)C_m d\rho$$

$$=\begin{cases}\displaystyle\frac{2}{\pi\left[J_{m+1}(\lambda_{mk})\right]^2}\int_0^1\int_0^{2\pi}\rho F(\rho,\phi)J_m(\lambda_{mk}\rho)\cos m\phi\,d\rho\,d\phi & (m=1,2,3,\dots)\\ \displaystyle\frac{1}{\pi\left[J_1(\lambda_{0k})\right]^2}\int_0^1\int_0^{2\pi}\rho F(\rho,\phi)J_0(\lambda_{0k}\rho)\,d\rho\,d\phi & (m=0)\end{cases}$$

$$B_{mk}=\frac{2}{\left[J_{m+1}(\lambda_{mk})\right]^2}\int_0^1\rho J_m(\lambda_{mk}\rho)D_m\,d\rho$$

$$=\frac{2}{\pi\left[J_{m+1}(\lambda_{mk})\right]^2}\int_0^1\int_0^{2\pi}\rho F(\rho,\phi)J_m(\lambda_{mk}\rho)\sin m\phi\,d\rho\,d\phi \quad (m=0,1,2,\dots)$$

この $A_{mk}$ と $B_{mk}$ の値を (8) に代入することで，目的の解が得られる．

なお，ドラムが鳴らす様々な振動モードは，$m$ と $k$ の値を指定することで得ることができる．振動数はこのとき以下のように与えられる．

$$f_{mk}=\frac{\lambda_{mk}}{2\pi}a$$

これらは最低振動数の整数倍ではないので，**楽音**というよりは**ノイズ**の発生が予想される．

## ルジャンドル関数を用いた解法

**問題 12.26**　球面座標におけるラプラス方程式の解を求めよ．ただし，解は $\phi$ に依存しないものとする．

**解答**

$\phi$ に依存しない場合，球面座標においてラプラス方程式 $\nabla^2 v = 0$ は以下のようにかける．

$$\frac{\partial}{\partial r}\left(r^2\frac{\partial v}{\partial r}\right) + \frac{1}{\sin\theta}\frac{\partial}{\partial\theta}\left(\sin\theta\frac{\partial v}{\partial\theta}\right) = 0. \tag{1}$$

(1) において，$v = R(r)\Theta(\theta) = R\Theta$ とおく．すると，$R\Theta$ で割ったあと，式は次のように分離可能になる．

$$\frac{1}{R}\frac{d}{dr}\left(r^2\frac{dR}{dr}\right) = -\frac{1}{\Theta\sin\theta}\frac{d}{d\theta}\left(\sin\theta\frac{d\Theta}{d\theta}\right) = -\lambda^2$$

そこから以下が得られる．

$$\frac{d}{dr}\left(r^2\frac{dR}{dr}\right) + \lambda^2 R = 0, \tag{2}$$

$$\frac{d}{d\theta}\left(\sin\theta\frac{d\Theta}{d\theta}\right) - \lambda^2\sin\theta\,\Theta = 0. \tag{3}$$

式 (2) は，

$$r^2R'' + 2rR' + \lambda^2 R = 0. \tag{4}$$

のようにかけるが，これはコーシーの微分方程式なので 問題 3.70(e)(補)，$\lambda^2 = -n(n+1)$ より $n = -\frac{1}{2} + \sqrt{\frac{1}{4} - \lambda^2}$ とすることで，次の解を持つことになる．

$$R = A_1 r^n + \frac{B_1}{r^{n+1}}. \tag{5}$$

式 (3) は $\lambda^2 = -n(n+1)$ とすると次のようにかける．

$$\frac{d}{d\theta}\left(\sin\theta\frac{d\Theta}{d\theta}\right) + n(n+1)\sin\theta\,\Theta = 0. \tag{6}$$

ここでこの式において，$\cos\theta = x$ とおけば，

$$\frac{d\Theta}{dx} = \frac{d\Theta/d\theta}{dx/d\theta} = -\frac{1}{\sin\theta}\frac{d\Theta}{d\theta} \quad \text{または，} \quad \sin\theta\frac{d\Theta}{d\theta} = -\sin^2\theta\frac{d\Theta}{dx} = -(1-x^2)\frac{d\Theta}{dx}$$

となるから，

$$\begin{aligned}\frac{d}{d\theta}\left(\sin\theta\frac{d\Theta}{d\theta}\right) &= \frac{d}{d\theta}\left[-(1-x^2)\frac{d\Theta}{dx}\right] = \frac{d}{dx}\left[-(1-x^2)\frac{d\Theta}{dx}\right]\frac{dx}{d\theta} \\ &= \frac{d}{dx}\left[(1-x^2)\frac{d\Theta}{dx}\right]\sin\theta.\end{aligned}$$

ゆえに，(6) は

$$\frac{d}{dx}\left[(1-x^2)\frac{d\Theta}{dx}\right]+n(n+1)\Theta=0,$$

または，以下のように整理できる．

$$(1-x^2)\frac{d^2\Theta}{dx^2}-2x\frac{d\Theta}{dx}+n(n+1)\Theta=0. \tag{7}$$

この式は，ルジャンドルの微分方程式であるから以下の解を持つことになる [第 11 章参照].

$$\Theta=A_2P_n(x)+B_2Q_n(x). \tag{8}$$

したがって (6) は,

$$\Theta=A_2P_n(\cos\theta)+B_2Q_n(\cos\theta). \tag{9}$$

(5) と，(8) または (9) を用いることで，(1) の解が次のように求まる．

$$v=R\Theta=\left[A_1r^n+\frac{B_1}{r^{n+1}}\right][A_2P_n(x)+B_2Q_n(x)] \qquad (x=\cos\theta) \tag{10}$$

**問題 12.27** 単位半径の中空球について，その表面の半分を電位 $v_0$ に，残りの半分を電位ゼロに帯電させたとする．その $(a)$ 内部，$(b)$ 外部，の電位 $v$ を求めよ．

**解答**

図 12-8 のような球体を考える．$v$ は $\phi$ に依存しないから 問題 12.26 の結果を用いることができる．よって解は以下のようになる．

$$v(r,\theta)=\left(A_1r^n+\frac{B_1}{r^{n+1}}\right)(A_2P_n(x)+B_2Q_n(x)) \quad (x=\cos\theta).$$

$v$ は $\theta=0,\pi$，つまり $x=\pm1$ で有界でないといけないから，$B_2=0$ としなければならない．すると,

$$v(r,\theta)=\left(Ar^n+\frac{B}{r^{n+1}}\right)P_n(x).$$

境界条件は,

$$v(1,\theta)=\begin{cases}v_0 & (0<\theta<\dfrac{\pi}{2} \quad \text{すなわち,} \quad 0<x<1)\\ 0 & (\dfrac{\pi}{2}<\theta<\pi \quad \text{すなわち,} \ -1<x<0)\end{cases}$$

となり，$v$ は有界である．

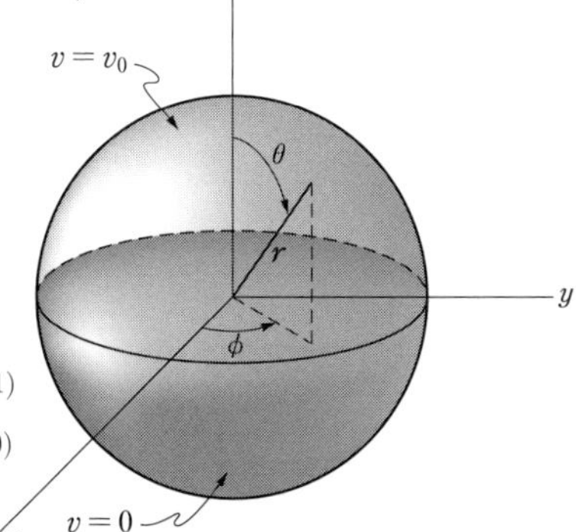

図 12-8

$(a)$ **内部の電位**，$0\le r<1$.

$v$ は $r=0$ で有界であるから，$B=0$ となる．よって解は,

$$Ar^nP_n(x)=Ar^nP_n(\cos\theta).$$

解を重ね合わせると，

$$v(r,\theta)=\sum_{n=0}^{\infty}A_n r^n P_n(\cos\theta)=\sum_{n=0}^{\infty}A_n r^n P_n(x).$$

$r=1$ のとき，

$$v(1,\theta)=\sum_{n=0}^{\infty}A_n P_n(x).$$

すると，問題 11.12 と同じように，

$$A_n=\frac{2n+1}{2}\int_{-1}^{1}v(1,\theta)P_n(x)dx=\left(\frac{2n+1}{2}\right)v_0\int_0^1 P_n(x)dx$$

と求められるから，

$$A_0=\tfrac{1}{2}v_0,\quad A_1=\tfrac{3}{4}v_0,\quad A_2=0,\quad A_3=-\tfrac{7}{16}v_0,\quad A_4=0,\quad A_5=\tfrac{11}{32}v_0,$$

より，以下が得られる．

$$v(r,\theta)=\frac{v_0}{2}[1+\tfrac{3}{2}rP_1(\cos\theta)-\tfrac{7}{8}r^3P_3(\cos\theta)+\tfrac{11}{16}P_5(\cos\theta)+\cdots].$$

$(b)$ **外部の電位**，$1<r<\infty$.

$v$ は $r\to\infty$ において有界だから，$A=0$ となる．よって解は，

$$\frac{B}{r^{n+1}}P_n(x)=\frac{B}{r^{n+1}}P_n(\cos\theta).$$

解を重ね合わせると，

$$v(r,\theta)=\sum_{n=0}^{\infty}\frac{B_n}{r^{n+1}}P_n(x).$$

$r=1$ のとき，

$$v(1,\theta)=\sum_{n=0}^{\infty}B_n P_n(x).$$

したがって，$(a)$ の場合において $B_n=A_n$ とすることで以下を得る．

$$v(r,\theta)=\frac{v_0}{2r}\left[1+\frac{3}{2r}P_1(\cos\theta)-\frac{7}{8r^3}P_3(\cos\theta)+\frac{11}{16r^5}P_5(\cos\theta)+\cdots\right].$$

## ラプラス変換を用いた解法

**問題 12.28**　ラプラス変換を用いて以下の境界値問題を解け．

$$\frac{\partial u}{\partial t}=4\frac{\partial^2 u}{\partial x^2}$$

$$u(0,t)=0,\quad u(3,t)=0,\quad u(x,0)=10\sin 2\pi x-6\sin 4\pi x.$$

**解答**

与えられた微分方程式の $t$ に関するラプラス変換をとると,

$$\int_0^\infty e^{-st}\left(\frac{\partial u}{\partial t}\right)dt = \int_0^\infty e^{-st}\left(4\frac{\partial^2 u}{\partial x^2}\right)dt$$

となり，これは

$$s\int_0^\infty e^{-st}u\,dt - u(x,0) = 4\frac{d^2}{dx^2}\int_0^\infty e^{-st}u\,dt$$

または,

$$sU - u(x,0) = 4\frac{d^2U}{dx^2} \tag{1}$$

とかくことができる．ここで $U$ は以下のように定義される．

$$U = U(x,s) = \mathcal{L}\{u(x,t)\} = \int_0^\infty e^{-st}u\,dt.$$

与えられた条件 $u(x,0) = 10\sin 2\pi x - 6\sin 4\pi x$ を用いると，(1) は以下のようになる．

$$4\frac{d^2U}{dx^2} - sU = 6\sin 4\pi x - 10\sin 2\pi x \tag{2}$$

.

また条件 $u(0,t) = 0$，$u(3,t) = 0$ にラプラス変換を行うと,

$$\mathcal{L}\{u(0,t)\} = 0, \qquad \mathcal{L}\{u(3,t)\} = 0$$

または,

$$U(0,s) = 0, \qquad U(3,s) = 0. \tag{3}$$

条件 (3) を満たす常微分方程式 (2) を通常の方法で解くと，以下が求まる．

$$U(x,s) = \frac{10\sin 2\pi x}{s+16\pi^2} - \frac{6\sin 4\pi x}{s+64\pi^2}.$$

そして，この式の逆ラプラス変換をとることで目的の解が得られる．

$$\begin{aligned} u(x,t) = \mathcal{L}^{-1}\{U(x,s)\} &= \mathcal{L}^{-1}\left\{\frac{10}{s+16\pi^2}\right\}\sin 2\pi x - \mathcal{L}^{-1}\left\{\frac{6}{s+64\pi^2}\right\}\sin 4\pi x \\ &= 10e^{-16\pi^2 t}\sin 2\pi x - 6e^{-64\pi^2 t}\sin 4\pi x. \end{aligned}$$

なお，理論的には，与えられた微分方程式のラプラス変換を，$t$ ではなく $x$ に関して行うこともできたが，これを実行してみるとわかるように，様々な困難をもたらす．実際には，様々な独立変数に関してラプラス変換を行い，最も簡略化できる変数を選択する．

# 第 13 章

# 複素関数論

## 複素関数

変数 $z$ がとりうる複素数集合に 1 つ以上の変数 $w$ の値が対応する場合，$w$ は，**複素数** $z$ を変数に持つ**複素関数**といい $w = f(z)$ とかく．複素数に関する基本的な演算はすでに第 1 章で見てきた．

関数は，$z$ の各値に対して $w$ の値が 1 つだけ対応する場合は**一価** (single-valued) といい，2 つ以上対応する場合は**多価** (multiple-valued) または**多値**という．$w$ は一般的に，$w = f(z) = u(x,y) + iv(x,y)$ とかける（$u$ と $v$ はともに，$x$ および $y$ の実関数）．

例 1.

$w = z^2 = (x+iy)^2 = x^2-y^2+2ixy = u+iv$ となることから，$u(x,y) = x^2-y^2$，$v(x,y) = 2xy$ となることがわかる．$u$ と $v$ はそれぞれ $w = z^2$ の**実部**と**虚部**という．

特に指定がなければ，以降 $f(z)$ は一価関数であると仮定する．なお，多価関数は「一価関数が集まったもの」と考えることができる．

## 極限と連続

複素関数に対する極限と連続の定義は，実関数に対する定義と類似している．したがって，任意の数 $\varepsilon > 0$ に対してある数 $\delta > 0$ が決まり，$0 < |z - z_0| < \delta$ ならば $|f(z) - l| < \varepsilon$ を満たすとき，$f(z)$ は（$z$ が $z_0$ に近づいたときの値として）**極限** $l$ を持つという[1)]．

同様に，任意の数 $\varepsilon > 0$ に対して，$\delta > 0$ が決まり，$|z - z_0| < \delta$ ならば $|f(z) - f(z_0)| < \varepsilon$ を満たすとき，$f(z)$ は $z_0$ で**連続**であるという．あるいは，$\lim_{z \to z_0} f(z) = f(z_0)$ が成り立てば $f(z)$ は $z_0$ で連続であるといえる．

## 微分

$f(z)$ が $z$ 平面のある領域で一価である場合，$f(z)$ の**微分**は $f'(z)$ と表記し，以下で定義される．

$$\lim_{\Delta z \to 0} \frac{f(z+\Delta z) - f(z)}{\Delta z}. \tag{1}$$

1） 訳注：極限の定義では $0 < |z-z_0| < \delta$ なので，$z = z_0$ の場合は考えなくて良い．$z$ を $z_0$ に限りなく近づける操作を行う特性上，$f(z)$ が $z = z_0$ で定義されているかどうかは問わない．

ただし，この極限値は $\Delta z \to 0$ の実行方法に依らず存在しているとする[2]．$z = z_0$ に対して (1) の極限値が存在する場合，$f(z)$ は $z_0$ において**正則**であるという．また，ある領域 $\mathcal{R}$ 内の全ての $z$ でこの極限値が存在する場合，$f(z)$ は $\mathcal{R}$ **において正則**であるという．$f(z)$ が正則ならば $f(z)$ は一価かつ連続であるが，その逆は必ずしも成り立たない．

初等的な複素関数は，実関数の自然な拡張によって定義できる．例えば実関数 $f(x)$ の級数展開が存在する場合，$x$ を $z$ に置き換えた級数を定義として使用することができる．

例 2.

以下のような初等的な複素関数が定義可能である．

$$e^z = 1 + z + \frac{z^2}{2!} + \frac{z^3}{3!} + \cdots, \quad \sin z = z - \frac{z^3}{3!} + \frac{z^5}{5!} - \frac{z^7}{7!} + \cdots, \quad \cos z = 1 - \frac{z^2}{2!} + \frac{z^4}{4!} - \frac{z^6}{6!} + \cdots$$

これらより，$e^z = e^{x+iy} = e^x(\cos y + i \sin y)$ をはじめとした多くの関係式を示せる．

例 3.

$a$ と $b$ が複素数である場合でも $a^b$，$e^{b \ln a}$ は定義可能である．そして $e^{2k\pi i} = 1$ より $e^{i\phi} = e^{i(\phi + 2k\pi)}$ が得られることから，$\ln z = \ln(\rho e^{i\phi}) = \ln \rho + i(\phi + 2k\pi)$ と定義できることがわかる．このことから，$\ln z$ は多価関数である．このような多価関数が構成する様々な一価関数を，その多価関数の**分枝**(ぶんし)という．

複素関数の微分について成り立つ関係式は，多くの場合，実数値関数の場合と同じである．したがって，$\dfrac{d}{dz}(z^n) = nz^{n-1}$ や $\dfrac{d}{dz}(\sin z) = \cos z$ などが成立する．

## コーシー・リーマンの関係式

$w = f(z) = u(x, y) + iv(x, y)$ が領域 $\mathcal{R}$ で正則であるための必要条件は，$u$ と $v$ が以下の**コーシー・リーマンの関係式**を満たすことである (問題 13.7).

$$\frac{\partial u}{\partial x} = \frac{\partial v}{\partial y}, \qquad \frac{\partial u}{\partial y} = -\frac{\partial v}{\partial x}. \tag{2}$$

ただし，式 (2) 中の偏導関数が $\mathcal{R}$ において連続であれば，この関係式は $f(z)$ が $\mathcal{R}$ で正則であるための十分条件といえることになる[3]．

$u$ と $v$ の，$x$ や $y$ に関する 2 階偏導関数が存在し，かつそれらが連続であれば，式 (2) を微分す

---

2）訳注：実関数における $\Delta x \to 0$ は，実軸上で $\Delta x$ が 0 の左から近づく場合と 0 の右から近づく場合の 2 通りだった．一方，複素関数における $\Delta z \to 0$ は，実軸上だけでなく虚軸上での近づき方も考慮しなければならず，0 への近づき方はより多様 (複雑) になるので，微分可能性の条件はより厳しくなる．

3）訳注：見通しを良くするため，論理関係を以下に示した．

| | | | |
|---|---|---|---|
| **必要条件：** | $f(z)$は正則である | $\Longleftarrow$ | $f(z)$はコーシー・リーマンの関係式を満たす |
| **十分条件：** | $f(z)$は正則である | $\Longrightarrow$ | $f(z)$はコーシー・リーマンの関係式を満たす |

ることで以下が得られることがわかる．

$$\frac{\partial^2 u}{\partial x^2}+\frac{\partial^2 u}{\partial y^2}=0, \qquad \frac{\partial^2 v}{\partial x^2}+\frac{\partial^2 v}{\partial y^2}=0. \tag{3}$$

したがって，実部と虚部は 2 次元のラプラス方程式を満たす．ラプラス方程式を満たす関数は**調和関数**とよばれる．

## 積分

$f(z)$ が定義され，領域 $\mathcal{R}$ において一価かつ連続であるとする．このとき，点 $z_1(=x_1+iy_1)$ から $z_2(=x_2+iy_2)$ までの，$\mathcal{R}$ 上の経路 $C$ に沿った $f(z)$ の**積分**を以下のように定義する．

$$\int_C f(z)\,dz=\int_{(x_1,y_1)}^{(x_2,y_2)}(u+iv)(dx+idy)=\int_{(x_1,y_1)}^{(x_2,y_2)}udx-vdy+i\int_{(x_1,y_1)}^{(x_2,y_2)}vdx+udy.$$

この定義により，複素関数の積分は，第 6 章で既にみてきた実関数の線積分に頼ることができる．一方で，実関数のように和の極限に基づく別の定義も可能であり，上記の定義と等価であることがわかる．

複素積分の規則は（通常の）実数積分の規則と類似している．重要な結果としては以下がある．

$$\left|\int_C f(z)\,dz\right| \quad\le\quad \int_C |f(z)|\,|dz| \quad\le\quad M\int_C ds=ML \tag{4}$$

ここで，$M$ は $C$ 上の $|f(z)|$ の上界，すなわち $|f(z)|\le M$ であり，$L$ は経路 $C$ の長さである．

## コーシーの積分定理

$C$ を単純閉曲線とする．$f(z)$ が $C$ 上だけでなく，$C$ で囲まれた領域でも正則であれば，**コーシーの積分定理**

$$\int_C f(z)\,dz \quad=\quad \oint_C f(z)\,dz \quad=\quad 0 \tag{5}$$

が成り立つ．2 番目の等式の積分は，$C$ が単純閉曲線であることを強調している．

別の表現をすると，式 (5) は，$\displaystyle\int_{z_1}^{z_2} f(z)\,dz$ の値が $z_1$ と $z_2$ を結ぶ**経路に依存していない**という記述と等価である．このような積分は $F(z_2)-F(z_1)$ として計算できる（$F'(z)=f(z)$）．これらの結果は，第 6 章で見てきた線積分の結果と類似している．

例 4.

$f(z) = 2z$ は至るところで正則であるから，任意の単純閉曲線 $C$ に対して以下を得る．

$$\oint_C 2z\,dz = 0.$$

また，

$$\int_{2i}^{1+i} 2z\,dz = z^2\Big|_{2i}^{1+i} = (1+i)^2 - (2i)^2 = 2i + 4.$$

## コーシーの積分公式

$f(z)$ が単純閉曲線 $C$ 上およびその内部で正則で，かつ $a$ が $C$ の任意の内点であるとき，以下が成り立つ．

$$f(a) = \frac{1}{2\pi i}\oint_C \frac{f(z)}{z-a}\,dz. \tag{6}$$

ここで，曲線 $C$ は正方向（反時計回り）に向きづけられているとする．

また，$z = a$ における $f(z)$ の $n$ 階微分は，以下のように与えられる．

$$f^{(n)}(a) = \frac{n!}{2\pi i}\oint_C \frac{f(z)}{(z-a)^{n+1}}\,dz. \tag{7}$$

これらは**コーシーの積分公式**とよばれる．これらの公式は，関数 $f(z)$ の閉曲線 $C$ **上の値さえ**わかっていれば，$C$ の**内点における関数値**もわかることになり，それだけでなく $C$ の内点における様々な階数の導関数の値も計算できることを示しており，このことは大いに注目に値する．

したがって，複素関数が 1 階導関数を持つ場合，その関数は全ての高階導関数を持つことになる．当然ながらこれらの公式は，実関数に対しては必ずしも成り立つとは限らない．

## テイラー級数

$z = a$ を中心とする，ある円上とその内部で $f(z)$ は正則であるとする．このとき，円のあらゆる内点 $z$ について，

$$f(z) = f(a) + f'(a)(z-a) + \frac{f''(a)}{2!}(z-a)^2 + \frac{f'''(a)}{3!}(z-a)^3 + \cdots \tag{8}$$

で与えられる $f(z)$ の**テイラー級数**による表現が得られる問題 13.21.

## 特異点

関数 $f(z)$ の特異点とは，$f(z)$ が正則でない $z$ の値である．$f(z)$ がある領域で，$z = a$ を除いていたるところで正則であるとき．$z = a$ を $f(z)$ の**孤立特異点**という．

例 5.

$f(z) = \dfrac{1}{(z-3)^2}$ のとき，$f(z)$ の孤立特異点は $z = 3$ である．

## 極

$f(z) = \dfrac{\phi(z)}{(z-a)^n}$ $(\phi(a) \neq 0)$ とおき [$\phi(z)$ は $z = a$ を含む領域の至るところで正則であるとする]，かつ $n$ を正の整数としたとき，$f(z)$ は $z = a$ に孤立特異点を持ち，この特異点を **$n$ 位の極**とよぶ．とくに $n = 1$ の場合は**単純極**，$n = 2$ の場合は**二重極**などということが多い．

例 6.

$f(z) = \dfrac{z}{(z-3)^2(z+1)}$ は二つの特異点を持つ．$z = 3$ は 2 位の極（二重極）であり，$z = -1$ は 1 位の極（単純極）である．

例 7.

$f(z) = \dfrac{3z-1}{z^2+4} = \dfrac{3z-1}{(z+2i)(z-2i)}$ は $z = \pm 2i$ に二つの単純極を持つ．

関数は極以外にも他の種類の特異点を持ち得る．例えば，$f(z) = \sqrt{z}$ は $z = 0$ に**分岐**(ぶんき)**点**を持つ問題 13.36．また関数 $f(z) = \dfrac{\sin z}{z}$ は $z = 0$ で特異点を持つが，$\displaystyle\lim_{z\to 0} \frac{\sin z}{z}$ は有限値である．このような特異点を**可除特異点**という．

## ローラン級数

$f(z)$ について，$z = a$ で $n$ 位の極を持つが $a$ を中心とする円 $C$ 上およびその内部の全ての点で正則であるならば，$(z-a)^n f(z)$ は $C$ 上およびその内部の全ての点で正則となり，以下の $z = a$ の周りでのテイラー級数を持つことになる．

$$f(z) = \frac{a_{-n}}{(z-a)^n} + \frac{a_{-n+1}}{(z-a)^{n-1}} + \cdots + \frac{a_{-1}}{z-a} + a_0 + a_1(z-a) + a_2(z-a)^2 + \cdots \tag{9}$$

この表示は $f(z)$ の**ローラン級数**という．$a_0 + a_1(z-a) + a_2(z-a)^2 + \cdots$ は**正則部**といい，残りの $z-a$ の逆乗からなる部分を**主要部**という．より一般的には，級数 $\displaystyle\sum_{k=-\infty}^{\infty} a_k(z-a)^k$ を，「$k < 0$ 項が主要部を構成するローラン級数」と呼ぶ．$z = a$ を中心とする 2 つの同心円で囲まれた領域で正則な関数は，必ずこのようなローラン級数に展開することができる問題 13.82(補)．

関数 $f(z)$ のローラン級数から様々な種類の特異点を定義することが可能になる．例えば，ローラン級数の主要部が有限個の項を持ち，$a_{-n-1}, a_{-n-2}, \ldots$ が全て 0 かつ $a_{-n} \neq 0$ のとき，$z = a$ は $n$ 位の極となる．主要部が無限個の項を持つ場合，$z = a$ は**真性特異点**，あるいは**無限位の極**と呼ばれる．

例 8.

関数 $e^{1/z} = 1 + \frac{1}{z} + \frac{1}{2!z^2} + \cdots$ は $z = 0$ で真性特異点を持つ.

## 留数

(9) の各係数は，$(z-a)^n f(z)$ に対応するテイラー級数の係数をかいていくというやり方で求めることができる．より進んだ場面では，極 $z = a$ での $f(z)$ の**留数**である係数 $a_{-1}$ が非常に重要な意味を持つことになる．この特別な係数は以下の公式を使って求めることができる．

$$a_{-1} = \lim_{z \to a} \frac{1}{(n-1)!} \frac{d^{n-1}}{dz^{n-1}} \left\{ (z-a)^n f(z) \right\}. \tag{10}$$

ここで，$n$ は極の位数である．単純極の場合は留数の計算は

$$a_{-1} = \lim_{z \to a} (z-a) f(z) \tag{11}$$

となるので，簡単に求まる．

## 留数定理

$f(z)$ が $z = a$ における $n$ 位の極を除いた領域 $\mathcal{R}$ において正則で，$z = a$ を含む $\mathcal{R}$ 上の任意の単純閉曲線を $C$ としたとき，$f(z)$ は (9) の形で表示できる．そして (9) を積分すると，

$$\oint_C \frac{dz}{(z-a)^n} = \begin{cases} 0 & (n \neq 1) \\ 2\pi i & (n = 1) \end{cases} \tag{12}$$

であることを利用して 問題 13.13,

$$\oint_C f(z) dz = 2\pi i a_{-1}, \tag{13}$$

となることがわかる．この結果はすなわち，$f(z)$ の単純極を囲む閉路上の $f(z)$ の積分値は，その極の留数の $2\pi i$ 倍となるということである．

より一般には，以下の重要な定理が存在している．

**定理 13.1**

$f(z)$ が，$\mathcal{R}$ 内の有限個の極 $a, b, c, \ldots$ を除いて，領域 $\mathcal{R}$ の境界 $C$ 上およびその内部で正則であり，各極に対してそれぞれ留数 $a_{-1}, b_{-1}, c_{-1}, \ldots$ を持つ場合，以下が成り立つ．

$$\oint_C f(z) dz = 2\pi i (a_{-1} + b_{-1} + c_{-1} + \cdots). \tag{14}$$

すなわち，$f(z)$ の積分は，$C$ で囲まれた全ての極における $f(z)$ の留数の和の $2\pi$ 倍である．

この定理は**留数定理**といい，コーシーの積分定理やコーシーの積分公式はこの結果の特別な場合である．

## 定積分の計算

様々な定積分の計算の多くは，留数定理と共に，（その選択には大きな工夫が必要となるが）適切な関数 $f(z)$ および適切な経路または**周回経路** $C$ を用いることで実行できる．実際には，以下のようなパターンが一般的である．

1. $\displaystyle\int_0^\infty F(x)\,dx$，（$F(x)$ が偶関数のとき）．
   $x$ 軸に沿った $-R$ から $R$ までの直線と，この直線を直径とする（$x$ 軸より上側の）上半円で構成される周回経路 $C$ に沿った積分 $\displaystyle\oint_C F(z)\,dz$ を考える．そこから，$R \to \infty$ とする 問題 13.29〜問題 13.30．

2. $\displaystyle\int_0^{2\pi} G(\sin\theta, \cos\theta)d\theta$，（$G$ が $\sin\theta$ と $\cos\theta$ の有理関数のとき）．
   $z = e^{i\theta}$ とおく．すると $\sin\theta = \dfrac{z - z^{-1}}{2i}$，$\cos\theta = \dfrac{z + z^{-1}}{2}$ となり，$dz = ie^{i\theta}d\theta$ あるいは $d\theta = dz/iz$ を得る．ゆえに与えられた積分は $\displaystyle\oint_C F(z)\,dz$ となる．ここで，$C$ は原点を中心とする単位円である 問題 13.31〜問題 13.32．

3. $\displaystyle\int_{-\infty}^\infty F(x)\begin{Bmatrix}\cos mx \\ \sin mx\end{Bmatrix}$，（$F(x)$ が有理関数のとき）．
   $\displaystyle\oint_C F(z)e^{imz}\,dz$ として求める [周回経路は 1. と同じものを用いる] 問題 13.34．

4. 特定の周回積分を含むその他の積分については演習問題を参照せよ 問題 13.35 問題 13.37．

## 等角写像

正則関数 $w = f(z) = u(x, y) + iv(x, y)$ は，変換 $u = u(x, y)$，$v = v(x, y)$ を定義しており，$uv$ 平面と $xy$ 平面上の点の間の対応を作っている．

この変換は，$xy$ 平面の点 $(x_0, y_0)$ を $uv$ 平面の点 $(u_0, v_0)$ に写し [図 13-1 と図 13-2 を参照]，（点 $(x_0, y_0)$ で交差する）曲線 $C_1$ と $C_2$ を，（点 $(u_0, v_0)$ で交差する）曲線 $C_1'$ と $C_2'$ に写すとする．このとき，$C_1$ と $C_2$ の $(x_0, y_0)$ での角度と，$C_1'$ と $C_2'$ の $(u_0, v_0)$ での角度について，その大きさと向きが共に等しいとき，この変換または写像は $(x_0, y_0)$ において**等角** (conformal) という．一方で，角度の大きさは保存するが，その向きは必ずしも保存しないような写像は「isogonal」であるという[4)5)].

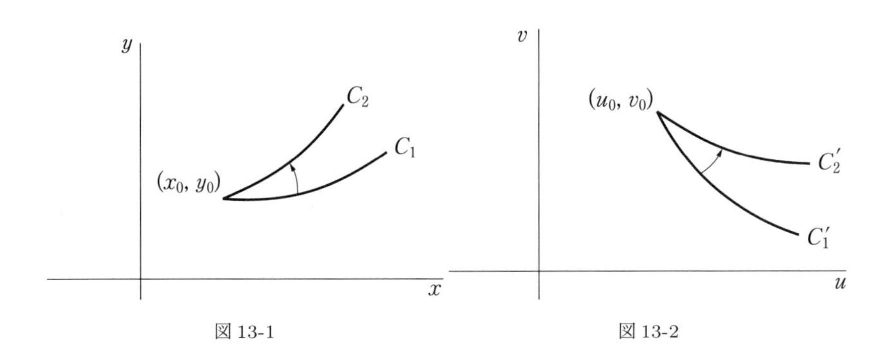


図 13-1　　　　図 13-2

以下が基本的な定理である．

**定理 13.2**
領域 $\mathcal{R}$ で $f(z)$ が正則かつ $f'(z) \neq 0$ であれば，写像 $w = f(z)$ はその $\mathcal{R}$ のあらゆる点で等角である．

等角写像 [または等角変換] では，$z$ 平面上の点 $z_0$ の近傍にある小さな図形は，$w$ 平面上の同様の小さな図形に写像される．そして，**面積拡大係数**または単に**拡大係数**とよばれる，およそ $|f'(z_0)|^2$ で与えられるような量だけ拡大 [または縮小] される．また，$z_0$ 近傍の $z$ 平面上の短距離は，$w$ 平面上では，**線形拡大率**とよばれるおよそ $|f'(z_0)|$ で与えられる量だけ拡大 [または縮小] される．なお，$z$ 平面上の大きな図形は，$w$ 平面上の図形に写像されるが，通常それらの図形は相似であるとは言い難い．

## リーマンの写像定理

$z$ 平面上の領域 $\mathcal{R}$ の境界を成す単純閉曲線を $C$ とし [図 13-3]，$w$ 平面上の領域 $\mathcal{R}'$ の境界を成す原点を中心とする半径 1 の円 [**単位円**] を $C'$ とする [図 13-4]．なお，領域 $\mathcal{R}'$ は**単位円板**ということもある．このとき，**リーマンの写像定理**は「$\mathcal{R}$ の各点を $\mathcal{R}'$ の対応する点に写し，$C$ の各点を $C'$ の対応する点に写すような，$\mathcal{R}$ 上で全単射な正則関数 $w = f(z)$ が存在する」ことを述べている．

この関数 $f(z)$ は 3 つの任意の実定数を含んでおり，$C'$ の中心を $\mathcal{R}$ のある与えられた点に対応させ，$C'$ 上のある点を $C$ 上のある点に対応させることによって決定することができる．なお，リー

4)　訳注：conformal と isogonal は共に「等角」の訳語を持つ．conformal の訳語としては「共形」もあるが，「等角写像 (conformal mapping)」が定訳となっていることから conformal にその訳語を譲った（「岩波数学辞典」第 4 版)．他方 isogonal に対しては，混乱を避けるため，訳語を与えず原文のままとした．

5)　訳注：一例として，関数 $f(z) = \bar{z}$ は isogonal だが conformal ではない．

マンの写像定理は，写像（関数）の**存在**を述べているのであって，この関数を実際どのように構成するかは与えてはくれない．

リーマンの写像定理は，2 つの単純閉曲線に囲まれた領域が，2 つの同心円に囲まれた領域に写像される場合に拡張することも可能である．

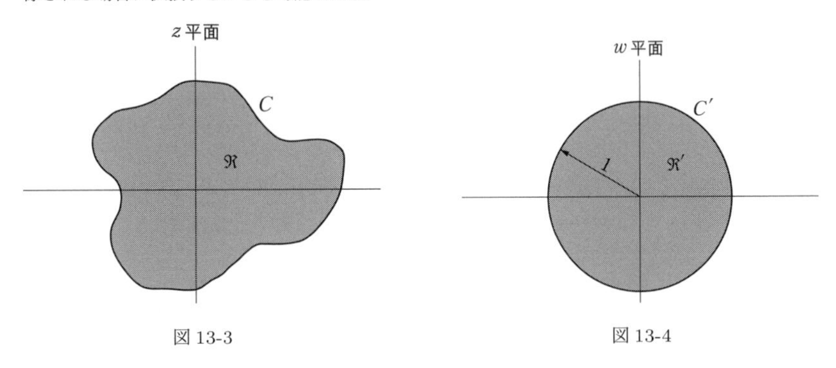


図 13-3　　図 13-4

## 一般的な変換

以下では，$\alpha, \beta$ は複素定数，$a, \theta_0$ を実定数とする．

**1. 平行移動.**　$w = z + \beta$

この変換により，$z$ 平面上の図形はベクトル $\beta$ の方向に**変位**または**平行移動**する．

**2. 回転.**　$w = e^{i\theta_0} z$

この変換により，$z$ 平面上の図形は角度 $\theta_0$ だけ回転する．$\theta_0 > 0$ ならば反時計回りに，$\theta_0 < 0$ ならば時計回りに回転する．

**3. 拡大.**　$w = az$

この変換により，$z$ 平面上の図形は，$a > 1$(または $0 < a < 1$) の場合，$z$ 方向に拡大（または縮小）される．縮小は拡大の特殊な場合として考える．

**4. 反転.**　$w = 1/z$

**5. 線形変換.**　$w = \alpha z + \beta$

この変換は，平行移動や回転，拡大を組み合わせたものである．

**6. 一次分数変換.**　$w = \dfrac{\alpha z + \beta}{\gamma z + \delta}$, $\alpha\delta - \beta\gamma \neq 0$

この変換は，平行移動や回転，拡大，反転を組み合わせたものである．

## 半平面から円への写像

図 13-5 において，$\mathscr{R}$ で表される $z$ 平面の上半分にある任意の点 $P$ を $z_0$ とする．すると，

$$w = e^{i\theta_0}\left(\frac{z - z_0}{z - \bar{z}_0}\right) \tag{15}$$

の変換は，この上半平面の平面を単位円 $|w| = 1$ の内部 $\mathscr{R}'$ に一対一で写す（図 13-6）．$x$ 軸の各点は，円の境界上に写像される．定数 $\theta_0$ は，$x$ 軸のある特定の点を円上のある点に対応させることで求められる．

図 13-5 や図 13-6 では，$z$ 平面上の「プライムがない点 $A, B, C$」などは，$w$ 平面上の「プライムがある点 $A', B', C'$」などに対応するように表記している．また，点が無限遠にある場合は，図 13-5 の $A$ や $F$ のように矢印で示し，それぞれ図 13-6 の（同じ点となる）$A'$ と $F'$ に対応させる．点 $z$ が $\mathscr{R}$ の境界上 [つまり，実軸上] を $-\infty$（点 $A$）から $+\infty$（点 $F$）まで移動するとき，点 $w$ は単位円に沿って $A'$ から反時計に回りながら再び $A'$ に戻ることになる．

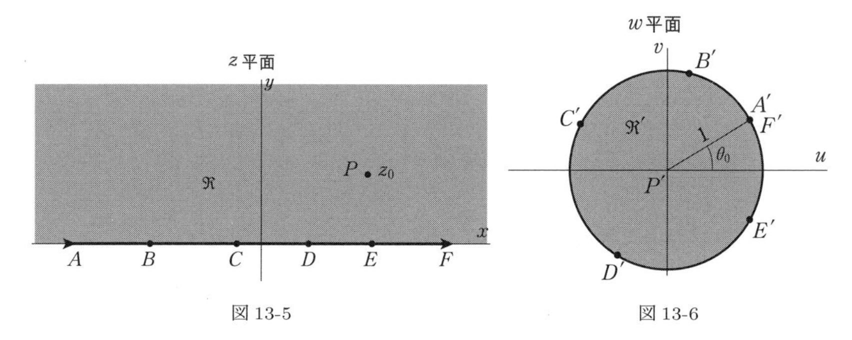


図 13-5　　図 13-6

## シュワルツ・クリストッフェル変換

$w_1, w_2, \ldots, w_n$ が頂点で，それぞれ対応する内角 $\alpha_1, \alpha_2, \ldots, \alpha_n$ を持つ $w$ 平面上の多角形を考える [図 13-7]．そして，点 $w_1, w_2, \ldots, w_n$ をそれぞれ $z$ 平面の実軸上の点 $x_1, x_2, \ldots, x_n$ に写像する [図 13-8]．

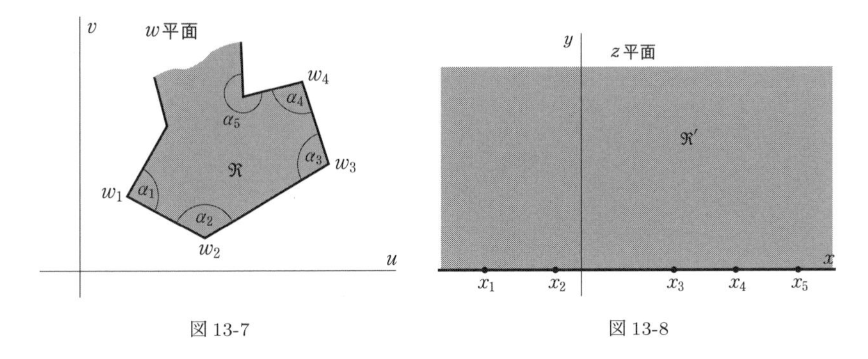


図 13-7　　　　図 13-8

$w$ 平面の多角形の内部 $\mathcal{R}$ を $z$ 平面の上半分 $\mathcal{R}'$ に写し，多角形の境界を実軸に写す変換は，

$$dw/dz = A(z-x_1)^{\alpha_1/\pi-1}(z-x_2)^{\alpha_2/\pi-1}\cdots(z-x_n)^{\alpha_n/\pi-1}, \tag{16}$$

または以下で与えられる．

$$w = A\int(z-x_1)^{\alpha_1/\pi-1}(z-x_2)^{\alpha_2/\pi-1}\cdots(z-x_n)^{\alpha_n/\pi-1}\,dz + B. \tag{17}$$

ここで，$A$ と $B$ は複素定数である．

このとき，次のような事実に注意する必要がある．

1. 点 $x_1, x_2, \ldots, x_n$ のうち 3 点は任意に選ぶことができる．
2. 定数 $A$ と $B$ は多角形の大きさ，向き，位置を決定している．
3. 無限遠にある 1 点に，例えば $x_n$ を選ぶと，(16) や (17) の最後の因子 $x_n$ を消去できるので便利である．
4. 無限開多角形は，閉多角形の極限的な例として考えることができる．

## 等角写像によるラプラス方程式の解

ある領域 $\mathcal{R}$ において，境界 $C$ で所定の値をとる，（ラプラス方程式を満たすような）調和関数を求める問題は**ディリクレ問題**とよばれる．この問題は，$\mathcal{R}$ を単位円または上半平面に写像することで解決できることが多い．この場合，$C$ は対応する境界 $C'$ に写像されるが，$C$ 上の境界条件は $C'$ 上の境界条件に変換されることになる．そして $\mathcal{R}$ のラプラス方程式は $\mathcal{R}'$ に変換されるので (問題 13.49)，$\mathcal{R}'$ のラプラス方程式を $C'$ 上の境界条件の下で解くという問題に帰着し，これは一般には簡単に解ける．変換で得た問題を解いた後，逆変換を用いることで，目的の解が得られる．

以上の手順の実例については，演習問題を参照せよ (問題 13.51〜問題 13.54)．

# 演習問題

## 複素関数，極限，連続

**問題 13.1**　以下の各式が描く軌跡を述べよ．

$(a)$ $|z-2|=3,$　$(b)$ $|z-2|=|z+4|,$　$(c)$ $|z-3|+|z+3|=10.$

解答

$(a)$ **手法 1.** $|z-2|=|x+iy-2|=|x-2+iy|=\sqrt{(x-2)^2+y^2}=3$ より $(x-2)^2+y^2=9$ を得る．これは中心が $(2,0)$ で半径が 3 の円である．

**手法 2.** $|z-2|$ は複素数 $z=x+iy$ と $2+0i$ の間の距離である．この距離が常に 3 であれば，軌跡は $2+0i$ または (2,0) を中心とする半径 3 の円である．

$(b)$ **手法 1.** $|x+iy-2|=|x+iy+4|$ より $\sqrt{(x-2)^2+y^2}=\sqrt{(x+4)^2+y^2}$ を得る．この両辺を二乗し $x$ について解くと $x=-1$ となるから，軌跡は直線である．

**手法 2.** この式が描く軌跡は，この軌跡上の任意点から $(2,0)$ と $(-4,0)$ までの距離が等しくなるようなものである．したがって，軌跡は $(2,0)$ と $(-4,0)$ を結ぶ直線の垂直二等分線，つまり $x=-1$ である．

$(c)$ **手法 1.** $\sqrt{(x-3)^2+y^2}+\sqrt{(x+3)^2+y^2}=10$ より，この式の軌跡は $\sqrt{(x-3)^2+y^2}=10-\sqrt{(x+3)^2+y^2}$ によって与えられる．両辺を二乗し整理すると $25+3x=5\sqrt{(x+3)^2+y^2}$ となり，これを再び二乗し整理することで $\dfrac{x^2}{25}+\dfrac{y^2}{16}=1$ を得る．この式は長半径と短半径の長さがそれぞれ 5 と 4 となる楕円を表している．

**手法 2.** この式が描く軌跡は，軌跡上の任意点から $(3,0)$ および $(-3,0)$ までの距離の和が 10 となるようなものである．したがって，軌跡は $(-3,0)$ と $(3,0)$ を焦点とし，長軸の長さ（長径）が 10 の楕円であることがわかる．

**問題 13.2**　以下の各式で表される $z$ 平面上の領域を決定せよ．

$(a)$ $|z|<1,$　$(b)$ $1<|z+2i|\leq 2,$　$(c)$ $\pi/3\leq \arg z\leq \pi/2$

解答

$(a)$ $|z|<1.$

半径 1 の円の内部が領域となる．図 13-9 参照.

$(b)$ $1<|z+2i|\leq 2.$

$|z+2i|$ は $z$ から $-2i$ までの距離であり，$|z+2i|=1$ は $-2i$（すなわち $(0,-2)$）を中心とする半径 1 の円である．また，$|z+2i|=2$ は $-2i$ を中心とする半径 2 の円である．すると，$1<|z+2i|\leq 2$ は $|z+2i|=1$ の**外側**にあり，$|z+2i|=2$ の**内側**または $|z+2i|=2$ **上**の領域を表す．図 13-10 参照.

$(c)$ $\pi/3\leq \arg z\leq \pi/2.$

$\arg z = \phi$ $(z = \rho e^{i\phi})$ であることに注目する．目的の領域は，線分 $\phi = \pi/3$ と $\phi = \pi/2$ で囲まれた（これらの線も含む）無限領域である．図 13-11 参照.

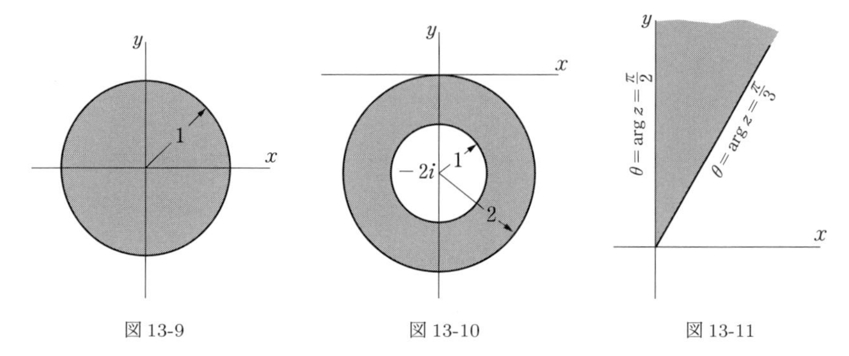


図 13-9　　図 13-10　　図 13-11

**問題 13.3**　以下の各関数を $u(x,y) + iv(x,y)$ の形で表わせ（$u$ と $v$ は実数）.

$(a)$ $z^3$,　$(b)$ $1/(1-z)$,　$(c)$ $e^{3z}$,　$(d)$ $\ln z$.

**解答**

$(a)$ $w = z^3 = (x+iy)^3 = x^3 + 3x^2(iy) + 3x(iy)^2 + (iy)^3 = x^3 + 3ix^2y - 3xy^2 - iy^3$
$= x^3 - 3xy^2 + i(3x^2y - y^3)$.

このとき，$u(x,y) = x^3 - 3xy^2$, $v(x,y) = 3x^2y - y^3$ を得る.

$(b)$ $w = \dfrac{1}{1-z} = \dfrac{1}{1-(x+iy)} = \dfrac{1}{1-x-iy} \cdot \dfrac{1-x+iy}{1-x+iy} = \dfrac{1-x+iy}{(1-x)^2+y^2}$.

このとき，$u(x,y) = \dfrac{1-x}{(1-x)^2+y^2}$, $v(x,y) = \dfrac{y}{(1-x)^2+y^2}$.

$(c)$ $e^{3z} = e^{3(x+iy)} = e^{3x}e^{3iy} = e^{3x}(\cos 3y + i\sin 3y)$

このとき，$u = e^{3x}\cos 3y$, $v = e^{3x}\sin 3y$.

$(d)$ $\ln z = \ln(\rho e^{i\phi}) = \ln\rho + i\phi = \ln\sqrt{x^2+y^2} + i\tan^{-1} y/x$.

このとき，$u = \frac{1}{2}\ln(x^2+y^2)$, $v = \tan^{-1} y/x$.

ただし，$\phi$ は $2\pi$ の任意の倍数だけ増やすことができるので，$\ln z$ は多価関数（この場合は**無限多価**）である．この対数の**主値**は $0 \leq \phi < 2\pi$ に対する値として定義され，このような対応をとる一価関数は $\ln z$ の**主分枝**（ぶんし）とよばれる.

**問題 13.4**　以下を証明せよ.

$(a)$ $\sin(x+iy) = \sin x\cosh y + i\cos x\sinh y$　　$(b)$ $\cos(x+iy) = \cos x\cosh y - i\sin x\sinh y$

**解答**

関係式 $e^{iz}=\cos z+i\sin z$, $e^{-iz}=\cos z-i\sin z$ を用いると,

$$\sin z=\frac{e^{iz}-e^{-iz}}{2i},\quad \cos z=\frac{e^{iz}+e^{-iz}}{2}.$$

このとき,

$$\begin{aligned}\sin z&=\sin(x+iy)=\frac{e^{i(x+iy)}-e^{-i(x+iy)}}{2i}=\frac{e^{ix-y}-e^{-ix+y}}{2i}\\&=\frac{1}{2i}\left\{e^{-y}(\cos x+i\sin x)-e^{y}(\cos x-i\sin x)\right\}\\&=(\sin x)\left(\frac{e^{y}+e^{-y}}{2}\right)+i(\cos x)\left(\frac{e^{y}-e^{-y}}{2}\right)=\sin x\cosh y+i\cos x\sinh y.\end{aligned}$$

同様に,

$$\begin{aligned}\cos z&=\cos(x+iy)=\frac{e^{i(x+iy)}+e^{-i(x+iy)}}{2}\\&=\tfrac{1}{2}\left\{e^{ix-y}+e^{-ix+y}\right\}=\tfrac{1}{2}\left\{e^{-y}(\cos x+i\sin x)+e^{y}(\cos x-i\sin x)\right\}\\&=(\cos x)\left(\frac{e^{y}+e^{-y}}{2}\right)-i(\sin x)\left(\frac{e^{y}-e^{-y}}{2}\right)=\cos x\cosh y-i\sin x\sinh y.\end{aligned}$$

## 微分，コーシー・リーマンの関係式

**問題 13.5** $z$ の共役を $\bar{z}$ としたとき，複素平面上のすべての点で $\dfrac{d}{dz}\bar{z}$ は存在しないこと（微分不可能であること）を証明せよ．

解答

定義より，$\dfrac{d}{dz}f(z)=\lim_{\Delta z\to 0}\dfrac{f(z+\Delta z)-f(z)}{\Delta z}$ である．この極限が $\Delta z=\Delta x+i\Delta y$ のゼロへの近づき方とは無関係に存在していると仮定する，このとき，

$$\begin{aligned}\frac{d}{dz}\bar{z}&=\lim_{\Delta z\to 0}\frac{\overline{z+\Delta z}-\bar{z}}{\Delta z}=\lim_{\substack{\Delta x\to 0\\ \Delta y\to 0}}\frac{\overline{x+iy+\Delta x+i\Delta y}-\overline{x+iy}}{\Delta x+i\Delta y}\\&=\lim_{\substack{\Delta x\to 0\\ \Delta y\to 0}}\frac{x-iy+\Delta x-i\Delta y-(x-iy)}{\Delta x+i\Delta y}=\lim_{\substack{\Delta x\to 0\\ \Delta y\to 0}}\frac{\Delta x-i\Delta y}{\Delta x+i\Delta y}.\end{aligned}$$

$\Delta y=0$ のとき，極限値は $\lim_{\Delta x\to 0}\dfrac{\Delta x}{\Delta x}=1.$

$\Delta x=0$ のとき，極限値は $\lim_{\Delta y\to 0}\dfrac{-i\Delta y}{i\Delta y}=-1.$

これら 2 つの結果から，極限値は $\Delta z\to 0$ のとり方に依存してしまうから微分不可能，すなわち $\bar{z}$ はいたるところで**非正則**であることがわかる．

**問題 13.6** 以下に答えよ．
($a$) $w=f(z)=\dfrac{1+z}{1-z}$ のとき $\dfrac{dw}{dz}$ を求めよ，　($b$) $w$ の非正則点を見つけよ．

**解答**

$(a)$ **手法 1.** $\dfrac{dw}{dz} = \lim_{\Delta z \to 0} \dfrac{\dfrac{1+(z+\Delta z)}{1-(z+\Delta z)} - \dfrac{1+z}{1-z}}{\Delta z} = \lim_{\Delta z \to 0} \dfrac{2}{(1-z-\Delta z)(1-z)} = \dfrac{2}{(1-z)^2} \quad (z \neq 1)$

この極限値は $\Delta z \to 0$ の方法に依らない.

**手法 2.** $z \neq 1$ であれば, 通常の微分の公式が適用できる. ゆえに商の微分公式により,

$$\frac{d}{dz}\left(\frac{1+z}{1-z}\right) = \frac{(1-z)\dfrac{d}{dz}(1+z) - (1+z)\dfrac{d}{dz}(1-z)}{(1-z)^2} = \frac{(1-z)(1) - (1+z)(-1)}{(1-z)^2} = \frac{2}{(1-z)^2}.$$

$(b)$ この関数は $z \neq 1$ で微分係数が存在するので正則である. つまり, $z = 1$ では非正則である.

**問題 13.7**　ある領域で $w = f(z) = u(x,y) + iv(x,y)$ が正則であるための必要条件が,「その領域でのコーシー・リーマンの関係式 $\dfrac{\partial u}{\partial x} = \dfrac{\partial v}{\partial y}$, $\dfrac{\partial u}{\partial y} = -\dfrac{\partial v}{\partial x}$ の成立である」ことを証明せよ.

**解答**

$f(z) = f(x+iy) = u(x,y) + iv(x,y)$ より,

$$f(z+\Delta z) = f[x+\Delta x + i(y+\Delta y)] = u(x+\Delta x, y+\Delta y) + iv(x+\Delta x, y+\Delta y).$$

このとき,

$$\lim_{\Delta z \to 0} \frac{f(z+\Delta z) - f(z)}{\Delta z} = \lim_{\substack{\Delta x \to 0 \\ \Delta y \to 0}} \frac{u(x+\Delta x, y+\Delta y) - u(x,y) + i\{v(x+\Delta x, y+\Delta y) - v(x,y)\}}{\Delta x + i\Delta y}$$

$\Delta y = 0$ のとき, 極限値は,

$$\lim_{\Delta x \to 0} \frac{u(x+\Delta x, y) - u(x,y)}{\Delta x} + i\left\{\frac{v(x+\Delta x, y) - v(x,y)}{\Delta x}\right\} = \frac{\partial u}{\partial x} + i\frac{\partial v}{\partial x}.$$

$\Delta x = 0$ のとき, 極限値は,

$$\lim_{\Delta y \to 0} \frac{u(x, y+\Delta y) - u(x,y)}{i\Delta y} + \left\{\frac{v(x, y+\Delta y) - v(x,y)}{\Delta y}\right\} = \frac{1}{i}\frac{\partial u}{\partial y} + \frac{\partial v}{\partial y}.$$

微分係数が存在するには, これら 2 つの極限値が等しくなければならない. すなわち,

$$\frac{\partial u}{\partial x} + i\frac{\partial v}{\partial x} = \frac{1}{i}\frac{\partial u}{\partial y} + \frac{\partial v}{\partial y} = -i\frac{\partial u}{\partial y} + \frac{\partial v}{\partial y}$$

となるから, 以下の関係式が得られる.

$$\frac{\partial u}{\partial x} = \frac{\partial v}{\partial y}, \qquad \frac{\partial v}{\partial x} = -\frac{\partial u}{\partial y}.$$

ある領域で $u, v$ の $x, y$ に関する 1 階偏導関数が連続であれば, 逆の命題「コーシー・リーマンの関係式は $f(z)$ が正則であるための十分条件である」が成り立つことを証明できる.

**問題 13.8**　以下に答えよ．

(a) $f(z) = u(x, y) + iv(x, y)$ が領域 $\mathcal{R}$ で正則である場合，曲線の 1 パラメータ族 $u(x, y) = C_1$ と $v(x, y) = C_2$ は直交系を成すことを証明せよ．

(b) $f(z) = z^2$ とした場合，これを図示せよ．

**解答**

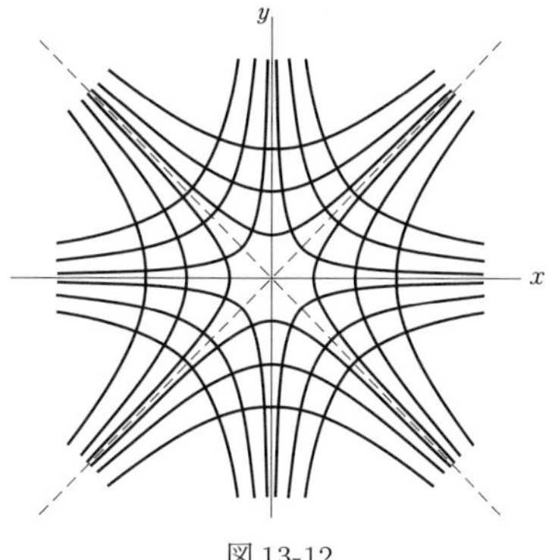

図 13-12

(a)　これら曲線群の内，点 $(x_0, y_0)$ で交差する任意の 2 曲線 $u(x, y) = u_0$, $v(x, y) = v_0$ を考える．

このとき $du = u_x dx + u_y dy = 0$ より，$\dfrac{dy}{dx} = -\dfrac{u_x}{u_y}$.

また，$dv = v_x dx + v_y dy = 0$ より，$\dfrac{dy}{dx} = -\dfrac{v_x}{v_y}$.

これらの式はそれぞれ，$(x_0, y_0)$ で評価すると 2 曲線の交点における傾きを表す．

コーシー・リーマンの関係式 $u_x = v_y$, $u_y = -v_x$ より，点 $(x_0, y_0)$ での 2 つの傾きの積は

$$\left(-\frac{u_x}{u_y}\right)\left(-\frac{v_x}{v_y}\right) = -1,$$

となるので，それぞれの曲線群の任意の 2 の曲線は直交していることが示せた．

(b)　$f(z) = z^2$ のとき，$u = x^2 - y^2$, $v = 2xy$ となる．$x^2 - y^2 = C_1$, $2xy = C_2$ のいくつかの曲線を図 13-12 に示す．

**問題 13.9**　航空力学や流体力学では，$f(z) = \phi + i\psi$ [$f(z)$ は正則] における関数 $\phi$, $\psi$ は，それぞれ**速度ポテンシャル**，**流れ関数**とよばれる．

$\phi = x^2 + 4x - y^2 + 2y$ としたとき，次を求めよ：(a) $\psi$，(b) $f(z)$

**解答**

(a)　コーシー・リーマンの関係式より，$\dfrac{\partial\phi}{\partial x} = \dfrac{\partial\psi}{\partial y}$, $\dfrac{\partial\psi}{\partial x} = -\dfrac{\partial\phi}{\partial y}$ となる．このとき以下を得る．

$$(1)\quad \frac{\partial\psi}{\partial y} = 2x + 4, \qquad\qquad (2)\quad \frac{\partial\psi}{\partial x} = 2y - 2.$$

**手法 1** (1) を積分すると，$\psi = 2xy + 4y + F(x)$.

(2) を積分すると，$\psi = 2xy - 2x + G(y)$.

これらは，$F(x) = -2x + c$，$G(y) = 4y + c$（$c$ は任意の実定数）であれば同一となる．

したがって，$\psi = 2xy + 4y - 2x + c$ となる．

**手法 2** (1) を積分すると，$\psi = 2xy + 4y + F(x)$.

これを $x$ について偏微分し (2) を代入すると $2y + F'(x) = 2y - 2$ または $F'(x) = -2$ となり，$F(x) = -2x + c$ を得る．

したがって，$\psi = 2xy + 4y - 2x + c$ となる．

$(b)$ $(a)$ より，

$$f(z) = \phi + i\psi = x^2 + 4x - y^2 + 2y + i(2xy + 4y - 2x + c)$$
$$= (x^2 - y^2 + 2ixy) + 4(x + iy) - 2i(x + iy) + ic = z^2 + 4z - 2iz + c_1.$$

ここで，$c_1$ は純虚数の定数である．

この結果は，$z = x + iy$, $\bar{z} = x - iy$ から $x = \dfrac{z + \bar{z}}{2}$, $y = \dfrac{z - \bar{z}}{2i}$ とおき，これを代入することでも実現でき，その際 $\bar{z}$ を含む項は消える．

## 積分，コーシーの積分定理，コーシーの積分公式

**問題 13.10**　各経路に沿って以下の積分を求めよ．

$$\int_{1+i}^{2+4i} z^2\,dz$$

$(a)$ 経路：放物線 $x = t$, $y = t^2$ $(1 \leq t \leq 2)$

$(b)$ 経路：$1 + i$ と $2 + 4i$ を結ぶ直線

$(c)$ 経路：$1 + i$ から $2 + i$ へ，そこから $2 + 4i$ に向かう直線

**解答**

以下のように式変形をする．

$$\int_{1+i}^{2+4i} z^2\,dz = \int_{(1,1)}^{(2,4)} (x + iy)^2(dx + idy) = \int_{(1,1)}^{(2,4)} (x^2 - y^2 + 2ixy)(dx + idy)$$
$$= \int_{(1,1)}^{(2,4)} (x^2 - y^2)dx - 2xy\,dy + i\int_{(1,1)}^{(2,4)} 2xy\,dx + (x^2 - y^2)\,dy.$$

**手法 1.**

$(a)$ 点 $(1, 1)$，点 $(2, 4)$ はそれぞれ $t = 1$，$t = 2$ に対応する．すると，上の線積分は，

$$\int_{t=1}^{2} \{(t^2 - t^4)\,dt - 2(t)(t^2)2t\,dt\} + i\int_{t=1}^{2} \{2(t)(t^2)\,dt + (t^2 - t^4)(2t)\,dt\} = -\frac{86}{3} - 6i.$$

$(b)$ $(1, 1)$ と $(2, 4)$ を結ぶ直線は $y - 1 = \dfrac{4-1}{2-1}(x - 1)$ または $y = 3x - 2$ の方程式を持つ．ゆえに，

$$\int_{x=1}^{2} \{[x^2 - (3x-2)^2]\,dx - 2x(3x-2)3\,dx\}$$
$$+ i\int_{x=1}^{2} \{2x(3x-2)\,dx + [x^2 - (3x-2)^2]3\,dx\} = -\frac{86}{3} - 6i.$$

$(c)$ まず，$1 + i$ から $2 + i$ までは [または $(1, 1)$ から $(2, 1)$]，$y = 1$, $dy = 0$ となるから，

$$\int_{x=1}^{2} (x^2 - 1)\,dx + i\int_{x=1}^{2} 2x\,dx = \frac{4}{3} + 3i.$$

次に，$2+i$ から $2+4i$ までは [または $(2,1)$ から $(2,4)$]，$x=2,\ dx=0$ となるから，

$$\int_{y=1}^{4} -4y\,dy + i\int_{y=1}^{4} (4-y^2)\,dy = -30-9i.$$

以上の 2 式を足し合わせると，$(\frac{4}{3}+3i)+(-30-9i) = -\frac{86}{3}-6i.$

**手法 2.**

第 6 章の方法により線積分は経路に依らないことがわかるので，上記 $(a)$，$(b)$，$(c)$ は同じ値を取ることになる．このとき，積分は実変数の場合と同様に，以下のように直接求めることができる．

$$\int_{1+i}^{2+4i} z^2\,dz = \left.\frac{z^3}{3}\right|_{1+i}^{2+4i} = \frac{(2+4i)^3}{3} - \frac{(1+i)^3}{3} = -\frac{86}{3} - 6i.$$

---

**問題 13.11**　以下に答えよ．

$(a)$　次のコーシーの積分定理を証明せよ：単純閉曲線 $C$ 上およびその内部で $f(z)$ が正則であるとき，$\oint_C f(z)dz = 0$ が成り立つ．

$(b)$　上記の条件下で，$\int_{P_1}^{P_2} f(z)dz$ は $P_1$ と $P_2$ を結ぶ経路に依存しないことを証明せよ．

---

**解答**

$(a)$
$$\oint_C f(z)dz = \oint_C (u+iv)(dx+idy) = \oint_C (udx - vdy) + i\oint_C (vdx + udy).$$

グリーンの定理（第 6 章）より，

$$\oint_C (udx - vdy) = \iint_{\mathcal{R}} \left(-\frac{\partial v}{\partial x} - \frac{\partial u}{\partial y}\right) dxdy, \qquad \oint_C (vdx + udy) = \iint_{\mathcal{R}} \left(\frac{\partial u}{\partial x} - \frac{\partial v}{\partial y}\right) dxdy.$$

ここで，$\mathcal{R}$ は $C$ で囲まれた（単連結）領域である．

$f(z)$ は正則なので，$\dfrac{\partial u}{\partial x} = \dfrac{\partial v}{\partial y}$，$\dfrac{\partial v}{\partial x} = -\dfrac{\partial u}{\partial y}$ が成り立ち（問題 13.7），上記の積分値はゼロになる．したがって，$f'(z)$ を連続 [つまり $u$ と $v$ の偏導関数が連続] と仮定すれば，$\oint_C f(z)dz = 0$ を得る．

$(b)$　点 $P_1$ と $P_2$ を結ぶ任意の経路を 2 つ考える（図 13-13）．コーシーの積分定理より，

$$\int_{P_1AP_2BP_1} f(z)dz = 0.$$

このとき，
$$\int_{P_1AP_2} f(z)dz + \int_{P_2BP_1} f(z)dz = 0,$$

となり，
$$\int_{P_1AP_2} f(z)dz = -\int_{P_2BP_1} f(z)dz = \int_{P_1BP_2} f(z)dz.$$

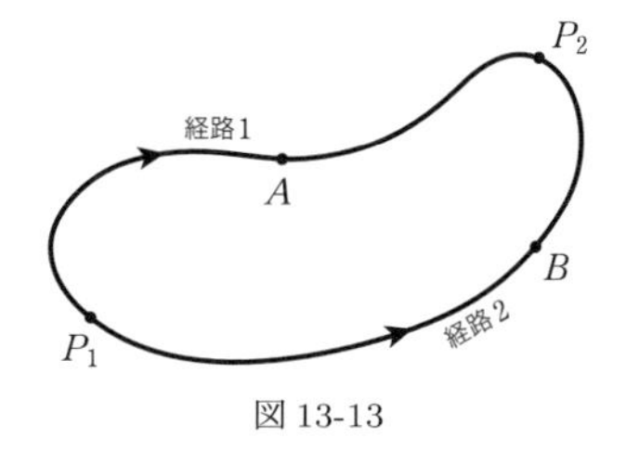

図 13-13

すなわち，「$P_1AP_2$(経路 1) に沿った積分値 $=$ $P_1BP_2$(経路 2) に沿った積分値」となるから，与えられた積分値は $P_1$ と $P_2$ を結ぶ経路に依存しないことがわかる．

$f(z) = z^2$ は正則なので，今回得た結果は(問題 13.10)の結果を正当化している．

**問題 13.12**　$f(z)$ が 2 つの閉曲線 $C_1$ と $C_2$ で囲まれた領域の内側とその境界で正則である場合（図 13-14 参照），以下が成り立つことを証明せよ．

$$\oint_{C_1} f(z)dz = \oint_{C_2} f(z)dz.$$

**解答**

図 13-14 のように，$C_2$ 上の任意点と $C_1$ 上の点を結ぶ線分 $AB$（**横断線**）をつくる．$f(z)$ は，塗りつぶされた領域内とその境界で正則だから，コーシーの積分定理より(問題 13.11)，

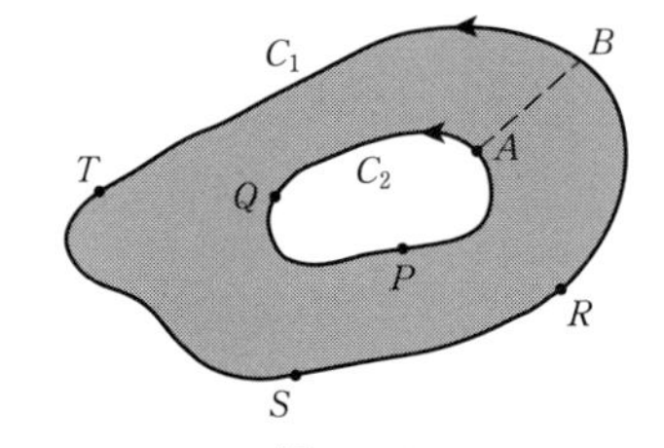

図 13-14

$$\int_{AQPABRSTBA} f(z)dz = 0.$$

したがって，

$$\int_{AQPA} f(z)dz + \int_{AB} f(z)dz + \int_{BRSTB} f(z)dz + \int_{BA} f(z)dz = 0. \qquad (1)$$

ここで，$\displaystyle\int_{AB} f(z)dz = -\int_{BA} f(z)dz$ より，(1) は，

$$\int_{AQPA} f(z)dz = -\int_{BRSTB} f(z)dz = \int_{BTSRB} f(z)dz,$$

すなわち，

$$\oint_{C_1} f(z)dz = \oint_{C_2} f(z)dz.$$

なお，$f(z)$ は曲線 $C_2$ が囲む領域の**内部では**正則である必要はないことに注意．

**問題 13.13**　以下に答えよ．

(a) $\displaystyle\oint_C \frac{dz}{(z-a)^n} = \begin{cases} 2\pi i & (n=1) \\ 0 & (n=2,3,4,\dots) \end{cases}$ を証明せよ．

ただし，$C$ は $z=a$ を内点に持つ領域を囲む単純閉曲線であるとする．

(b) $n = 0, -1, -2, -3, \dots$ のときの積分値はどうなるか．

**解答**

(a) 中心を $z=a$ に持つ半径 $\varepsilon$ の円を $C_1$ とする（図 13-15 参照）．$(z-a)^{-n}$ は $C$ と $C_1$ で囲まれた領域の内部とその境界で正則だから，(問題 13.12)より以下のようになる．

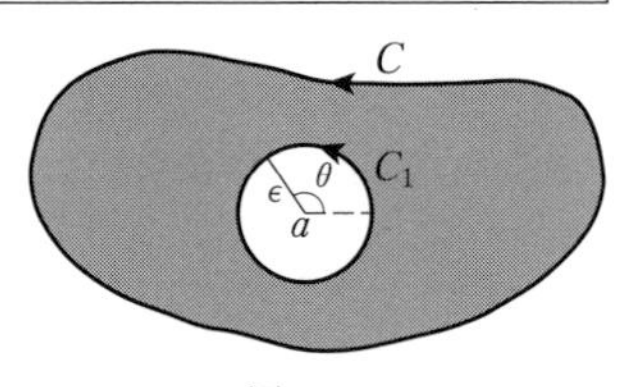

図 13-15

$$\oint_C \frac{dz}{(z-a)^n} = \oint_{C_1} \frac{dz}{(z-a)^n}.$$

右辺の積分を求めるため，$C_1$ 上では $|z-a|=\varepsilon$ $(z-a=\varepsilon e^{i\theta})$，また $dz=i\varepsilon e^{i\theta}\,d\theta$ であることに注意する．すると積分値は，

$$\int_0^{2\pi}\frac{i\varepsilon e^{i\theta}d\theta}{\varepsilon^n e^{in\theta}}=\frac{i}{\varepsilon^{n-1}}\int_0^{2\pi}e^{(1-n)i\theta}d\theta=\frac{i}{\varepsilon^{n-1}}\frac{e^{(1-n)i\theta}}{(1-n)i}\bigg|_0^{2\pi}=0\qquad(n\neq 1).$$

$n=1$ のときは，積分値は $i\displaystyle\int_0^{2\pi}d\theta=2\pi i$ となる．

$(b)$ $n=0,-1,-2,\ldots$ の場合，被積分関数は $1,(z-a),(z-a)^2,\ldots$ となる．これらの関数は $z=a$ を含む $C_1$ 内部の至るところで正則である．ゆえに，コーシーの積分定理より積分値はゼロとなる．

**問題 13.14**　$C$ を以下のように考えるとき，$\displaystyle\oint_C\frac{dz}{z-3}$ の値を求めよ．

$(a)$ 円 $|z|=1$,　　$(b)$ 円 $|z+i|=4$.

解答

$(a)$　$z=3$ は $|z|=1$ の内部ではないので，積分値はゼロになる(問題 13.11)．

$(b)$　$z=3$ は $|z+i|=4$ の内部なので，積分値は $2\pi i$ となる(問題 13.13)．

**問題 13.15**　$f(z)$ は単純閉曲線 $C$ 上およびその内部で正則で，$a$ は $C$ の内部の任意点としたとき，以下が成り立つことを証明せよ．

$$f(a)=\frac{1}{2\pi i}\oint_C\frac{f(z)}{z-a}dz$$

解答

(問題 13.12)および，(問題 13.13)の図を参照すると，以下を得る．

$$\oint_C\frac{f(z)}{z-a}dz=\oint_{C_1}\frac{f(z)}{z-a}dz.$$

$z-a=\varepsilon e^{i\theta}$ とおくことで，最後の積分は $i\displaystyle\int_0^{2\pi}f(a+\varepsilon e^{i\theta})d\theta$ となる．ここで，$f(z)$ は正則であるため，連続となる．ゆえに，

$$\lim_{\varepsilon\to 0}i\int_0^{2\pi}f(a+\varepsilon e^{i\theta})d\theta=i\int_0^{2\pi}\lim_{\varepsilon\to 0}f(a+\varepsilon e^{i\theta})d\theta=i\int_0^{2\pi}f(a)d\theta=2\pi i f(a),$$

となり，目的の結果が得られる．

**問題 13.16**　$C$ が円 $|z-1|=3$ であるとき，以下を求めよ．

$$(a)\ \oint_C\frac{\cos z}{z-\pi}dz,\qquad (b)\ \oint_C\frac{e^z}{z(z+1)}dz.$$

解答

(a) $z=\pi$ は $C$ の内部にあるので，問題 13.15 より $f(z)=\cos z,\ a=\pi$ だから $\dfrac{1}{2\pi i}\oint_C \dfrac{\cos z}{z-\pi}dz=$ $\cos\pi=-1$ となる．これを整理すると $\oint_C \dfrac{\cos z}{z-\pi}dz=-2\pi i$ を得る．

(b) $z=0$ と $z=-1$ はともに $C$ の内部なので，問題 13.15 により，

$$\oint_C \frac{e^z}{z(z+1)}dz=\oint_C e^z\left(\frac{1}{z}-\frac{1}{z+1}\right)dz=\oint_C\frac{e^z}{z}dz-\oint_C\frac{e^z}{z+1}dz$$
$$=2\pi i e^0-2\pi i e^{-1}=2\pi i(1-e^{-1}).$$

**問題 13.17**　以下を求めよ．ただし，$C$ は $z=1$ を囲む任意の単純閉曲線である．

$$\oint_C \frac{5z^2-3z+2}{(z-1)^3}dz.$$

解答

**手法 1.** コーシーの積分公式 $f^{(n)}(a)=\dfrac{n!}{2\pi i}\oint_C\dfrac{f(z)}{(z-a)^{n+1}}dz$ を用いる．

$n=2$ および $f(z)=5z^2-3z+2$ より，$f''(1)=10$ となる．ゆえに，

$$10=\frac{2!}{2\pi i}\oint_C\frac{5z^2-3z+2}{(z-1)^3}dz\qquad \text{または,}\qquad \oint_C\frac{5z^2-3z+2}{(z-1)^3}dz=10\pi i.$$

**手法 2.** $5z^2-3z+2=5(z-1)^2+7(z-1)+4$ となるから，問題 13.13 より，

$$\oint_C\frac{5z^2-3z+2}{(z-1)^3}dz=\oint_C\frac{5(z-1)^2+7(z-1)+4}{(z-1)^3}dz$$
$$=5\oint_C\frac{dz}{z-1}+7\oint_C\frac{dz}{(z-1)^2}+4\oint_C\frac{dz}{(z-1)^3}=5(2\pi i)+7(0)+4(0)$$
$$=10\pi i.$$

## 級数と特異点

**問題 13.18**　以下の各級数について，$z$ の収束する領域を求めよ．

$$(a)\ \sum_{n=1}^{\infty}\frac{z^n}{n^2 2^n},\qquad (b)\ \sum_{n=1}^{\infty}\frac{(-1)^{n-1}z^{2n-1}}{(2n-1)!}=z-\frac{z^3}{3!}+\frac{z^5}{5!}-\cdots,\qquad (c)\ \sum_{n=1}^{\infty}\frac{(z-i)^n}{3^n}.$$

解答

(a) $n$ 番目の項は $u_n=\dfrac{z^n}{n^2 2^n}$ となる．したがって，

$$\lim_{n\to\infty}\left|\frac{u_{n+1}}{u_n}\right|=\lim_{n\to\infty}\left|\frac{z^{n+1}}{(n+1)^2 2^{n+1}}\cdot\frac{n^2 2^n}{z^n}\right|=\frac{|z|}{2}.$$

収束判定法により $|z| < 2$ なら収束，$|z| > 2$ なら発散することになる．$|z| = 2$ のとき収束判定法ではどちらとも言えない．

ただし，絶対値の級数 $\displaystyle\sum_{n=1}^{\infty}\left|\frac{z^n}{n^2 2^n}\right| = \sum_{n=1}^{\infty}\frac{|z|^n}{n^2 2^n}$ は，$|z| = 2$ なら $\displaystyle\sum_{n=1}^{\infty}\frac{1}{n^2}$ は収束するので，収束する．

したがって，与えられた級数は $|z| \leq 2$，すなわち $|z| = 2$ の円上とその内部のあらゆる点で（絶対）収束する．

$(b)$
$$\lim_{n\to\infty}\left|\frac{u_{n+1}}{u_n}\right| = \lim_{n\to\infty}\left|\frac{(-1)^n z^{2n+1}}{(2n+1)!}\cdot\frac{(2n-1)!}{(-1)^{n-1}z^{2n-1}}\right| = \lim_{n\to\infty}\left|\frac{-z^2}{2n(2n+1)}\right| = 0.$$

したがって，$\sin z$ を表すこの級数は，あらゆる $z$ の値に対して収束する．

$(c)$
$$\lim_{n\to\infty}\left|\frac{u_{n+1}}{u_n}\right| = \lim_{n\to\infty}\left|\frac{(z-i)^{n+1}}{3^{n+1}}\cdot\frac{3^n}{(z-i)^n}\right| = \frac{|z-i|}{3}.$$

この級数は $|z-i| < 3$ のとき収束し，$|z-i| > 3$ のとき発散する．

$|z-i| = 3$ のとき，$z - i = 3e^{i\theta}$ となるからこの級数は $\displaystyle\sum_{n=1}^{\infty} e^{in\theta}$ となる．$n \to \infty$ で第 $n$ 項は $0$ に近づかないので，この級数は発散する．

したがって，この級数は円 $|z-i| = 3$ の内部では収束するが，境界上では収束しない．

---

**問題 13.19** $\displaystyle\sum_{n=0}^{\infty} a_n z^n$ が $|z| \leq R$ に対して絶対収束する場合，これらの $z$ の値に対して一様収束することを示せ．

---

**解答**

複素級数に関する定義，定理，証明は，実級数のそれらと類似している．

今回の場合，$|a_n z^n| \leq |a_n| R^n = M_n$ となる．$\displaystyle\sum_{n=1}^{\infty} M_n$ は収束するという仮定から，ワイエルシュトラスの $M$ 判定法により，$\displaystyle\sum_{n=0}^{\infty} a_n z^n$ は $|z| \leq R$ において一様収束することがわかる．

---

**問題 13.20** 以下の各関数について，もしあれば，有限 $z$ 平面上の特異点を特定し，その特異点の名称を答えよ．

$(a)$ $\dfrac{z^2}{(z+1)^3}$，　$(b)$ $\dfrac{2z^3 - z + 1}{(z-4)^2(z-i)(z-1+2i)}$，　$(c)$ $\dfrac{\sin mz}{z^2 + 2z + 2}$ $(m \neq 0)$，

$(d)$ $\dfrac{1 - \cos z}{z}$，　$(e)$ $e^{-1/(z-1)^2} = 1 - \dfrac{1}{(z-1)^2} + \dfrac{1}{2!(z-1)^4} - \cdots$，　$(f)$ $e^z$.

---

**解答**

$(a)$ $z = -1$ は 3 位の極である．

$(b)$ $z = 4$ は 2 位の極（二重極）である．また $z = i$ と $z = 1 - 2i$ は 1 位の極（単純極）である．

$(c)$ $z = \dfrac{-2 \pm \sqrt{4-8}}{2} = \dfrac{-2 \pm 2i}{2} = -1 \pm i$ のとき $z^2 + 2z + 2 = 0$ なので，$z^2 + 2z + 2 =$

$\{z-(-1+i)\}\{z-(-1-i)\}=(z+1-i)(z+1+i)$ とかける．

この関数は次の 2 つの単純極を持つ：$z=-1+i,\ z=-1-i$.

$(d)$ $z=0$ は特異点に思える．しかし，$\lim_{z\to 0}\frac{1-\cos z}{z}=0$ なので，$z=0$ は可除特異点である．

**別解.**

$\frac{1-\cos z}{z}=\frac{1}{z}\left\{1-\left(1-\frac{z^2}{2!}+\frac{z^4}{4!}-\frac{z^6}{6!}+\cdots\right)\right\}=\frac{z}{2!}-\frac{z^3}{4!}+\cdots$ となるから，$z=0$ は可除特異点であることがわかる．

$(e)$ この関数は，主要部に無限個の非ゼロ項を持つローラン級数である．したがって，$z=1$ は**真性特異点**である．

$(f)$ この関数は有限の特異点を持たない．しかしながら，$z=1/u$ とおくことで，$u=0$ に真性特異点を持つ $e^{1/u}$ が得られる．$z=\infty$ は $e^z$ の真性特異点であると結論付ける．

一般に，$z=\infty$ で生じうる $f(z)$ の特異点の性質を決定するには，$z=1/u$ とし，$u=0$ での新しい関数の振る舞いを調べればよい．

**問題 13.21**　$f(z)$ が $a$ を中心とする半径 $R$ の内部および円上のあらゆる点で正則で，かつ $a+h$ が $C$ 内部の任意点であるとき，以下の**テイラーの定理**が成り立つことを証明せよ．

$$f(a+h)=f(a)+hf'(a)+\frac{h^2}{2!}f''(a)+\frac{h^3}{3!}f'''(a)+\cdots.$$

**解答**

コーシーの積分公式より以下を得る (問題 13.15).

$$f(a+h)=\frac{1}{2\pi i}\oint_C\frac{f(z)dz}{z-a-h}. \tag{1}$$

ここで，

$$\begin{aligned}\frac{1}{z-a-h}&=\frac{1}{(z-a)[1-h/(z-a)]}\\&=\frac{1}{(z-a)}\left\{1+\frac{h}{(z-a)}+\frac{h^2}{(z-a)^2}+\cdots+\frac{h^n}{(z-a)^n}+\frac{h^{n+1}}{(z-a)^n(z-a-h)}\right\}\end{aligned} \tag{2}$$

とかける．そして (2) を (1) に代入すると，コーシーの積分公式を用いることで，

$$\begin{aligned}f(a+h)&=\frac{1}{2\pi i}\oint_C\frac{f(z)dz}{z-a}+\frac{h}{2\pi i}\oint_C\frac{f(z)dz}{(z-a)^2}+\cdots+\frac{h^n}{2\pi i}\oint_C\frac{f(z)dz}{(z-a)^{n+1}}+R_n\\&=f(a)+hf'(a)+\frac{h^2}{2!}f''(a)+\cdots+\frac{h^n}{n!}f^{(n)}(a)+R_n.\end{aligned}$$

ここで，
$$R_n=\frac{h^{n+1}}{2\pi i}\oint_C\frac{f(z)dz}{(z-a)^{n+1}(z-a-h)}.$$

$z$ が $C$ 上にあるとき，$\left|\frac{f(z)}{z-a-h}\right|\le M,\ |z-a|=R$ とし，p.377 の式 (4) より，$2\pi R$ が $C$ の長さなので，以下が成り立つ．

$$|R_n|\le\frac{|h|^{n+1}M}{2\pi R^{n+1}}\cdot 2\pi R.$$

この式は，$n \to \infty$ とすると，$|R_n| \to 0$ となる．ゆえに $R_n \to 0$ となり，目的の結果が得られる．

$f(z)$ が環状領域 $r_1 \leq |z-a| \leq r_2$ で正則なら，テイラー級数をローラン級数に一般化できる問題 13.82(補)．場合によっては，問題 13.22で示すように，既知のテイラー級数を使ってローラン級数を求めることができる．

**問題 13.22** 以下の各関数について，指定された特異点周りのローラン級数を求めよ．そして，それぞれの特異点の名称，および各級数の収束域を与えよ．

$$(a)\ \frac{e^z}{(z-1)^2};\ z=1, \qquad (b)\ z\cos\frac{1}{z};\ z=0, \qquad (c)\ \frac{\sin z}{z-\pi};\ z=\pi,$$
$$(d)\ \frac{z}{(z+1)(z+2)};\ z=-1, \qquad (e)\ \frac{1}{z(z+2)^3};\ z=0,\ -2.$$

**解答**

$(a)$ $z-1=u$ とおく．すると $z=1+u$ となり，

$$\frac{e^z}{(z-1)^2} = \frac{e^{1+u}}{u^2} = e \cdot \frac{e^u}{u^2} = \frac{e}{u^2}\left\{1+u+\frac{u^2}{2!}+\frac{u^3}{3!}+\frac{u^4}{4!}+\cdots\right\}$$
$$= \frac{e}{(z-1)^2}+\frac{e}{z-1}+\frac{e}{2!}+\frac{e(z-1)}{3!}+\frac{e(z-1)^2}{4!}+\cdots.$$

$z=1$ は **2 位の位数**または**二重極**である．

この級数は $z \neq 1$ のあらゆる値で収束する．

$(b)$
$$z\cos\frac{1}{z} = z\left(1-\frac{1}{2!z^2}+\frac{1}{4!z^4}-\frac{1}{6!z^6}+\cdots\right) = z-\frac{1}{2!z}+\frac{1}{4!z^3}-\frac{1}{6!z^5}+\cdots.$$

$z=0$ は**真性特異点**である．

この級数は $z \neq 0$ のあらゆる値で収束する．

$(c)$ $z-\pi=u$ とおく．すると $z=\pi+u$ となり，

$$\frac{\sin z}{z-\pi} = \frac{\sin(u+\pi)}{u} = -\frac{\sin u}{u} = -\frac{1}{u}\left(u-\frac{u^3}{3!}+\frac{u^5}{5!}-\cdots\right)$$
$$= -1+\frac{u^2}{3!}-\frac{u^4}{5!}+\cdots = -1+\frac{(z-\pi)^2}{3!}-\frac{(z-\pi)^4}{5!}+\cdots.$$

$z=\pi$ は**可除特異点**である．

この級数は $z$ のあらゆる値で収束する．

$(d)$ $z+1=u$ とおく．すると，

$$\frac{z}{(z+1)(z+2)} = \frac{u-1}{u(u+1)} = \frac{u-1}{u}(1-u+u^2-u^3+u^4-\cdots)$$
$$= -\frac{1}{u}+2-2u+2u^2-2u^3+\cdots$$
$$= -\frac{1}{z+1}+2-2(z+1)+2(z+1)^2-\cdots.$$

$z=-1$ は **1 位の極**または**単純極**である．

この級数は，$0<|z+1|<1$ を満たす $z$ のあらゆる値で収束する．

$(e)$ **Case 1.** $[z=0$ の場合$]$.

一般化二項定理を用いることで,

$$\frac{1}{z(z+2)^3}=\frac{1}{8z(1+z/2)^3}=\frac{1}{8z}\left\{1+(-3)\left(\frac{z}{2}\right)+\frac{(-3)(-4)}{2!}\left(\frac{z}{2}\right)^2+\frac{(-3)(-4)(-5)}{3!}\left(\frac{z}{2}\right)^3+\cdots\right\}$$
$$=\frac{1}{8z}-\frac{3}{16}+\frac{3}{16}z-\frac{5}{32}z^2+\cdots$$

$z=0$ は **1 位の位数**または**単純極**である.

この級数は $0<|z|<2$ で収束する.

**Case 2.** $[z=-2$ の場合$]$.

$z+2=u$ とおくと,

$$\frac{1}{z(z+2)^3}=\frac{1}{(u-2)u^3}=\frac{1}{-2u^3(1-u/2)}=-\frac{1}{2u^3}\left\{1+\frac{u}{2}+\left(\frac{u}{2}\right)^2+\left(\frac{u}{2}\right)^3+\left(\frac{u}{2}\right)^4+\cdots\right\}$$
$$=-\frac{1}{2u^3}-\frac{1}{4u^2}-\frac{1}{8u}-\frac{1}{16}-\frac{1}{32}u-\cdots$$
$$=-\frac{1}{2(z+2)^3}-\frac{1}{4(z+2)^2}-\frac{1}{8(z+2)}-\frac{1}{16}-\frac{1}{32}(z+2)-\cdots$$

$z=-2$ は **3 位の極**である.

この級数は $0<|z+2|<2$ に対して収束する.

## 留数および留数定理

**問題 13.23**

$$f(z)=\frac{a_{-n}}{(z-a)^n}+\frac{a_{-n+1}}{(z-a)^{n-1}}+\cdots+a_0+a_1(z-a)+a_2(z-a)^2+\cdots,\quad (a_{-n}\neq 0)$$

となるような $f(z)$ が, **$n$ 位の極**である $z=a$ を除いて, 単純閉曲線 $C$ 上およびその内部の至るところで正則であるとする. このとき, 以下を証明せよ.

$(a)$ $\displaystyle\oint_C f(z)dz=2\pi i a_{-1}$, 　　$(b)$ $\displaystyle a_{-1}=\lim_{z\to a}\frac{1}{(n-1)!}\frac{d^{n-1}}{dz^{n-1}}\{(z-a)^n f(z)\}$.

**解答**

$(a)$ 問題 13.13 の結果を用いながら積分を行うと,

$$\oint_C f(z)dz=\oint_C\frac{a_{-n}}{(z-a)^n}dz+\cdots+\oint_C\frac{a_{-1}}{z-a}dz+\oint_C\{a_0+a_1(z-a)+a_2(z-a)^2+\cdots\}dz$$
$$=2\pi i a_{-1}.$$

$a_{-1}$ を含む項だけが消えずに留まるので, $a_{-1}$ を極 $z=a$ における $f(z)$ の**留数**とよぶ.

$(b)$ $(z-a)^n$ をかけることで以下のテイラー級数が得られる．

$$(z-a)^n f(z) = a_{-n} + a_{-n+1}(z-a) + \cdots + a_{-1}(z-a)^{n-1} + \cdots.$$

両辺の $(n-1)$ 階微分を行い，$z \to a$ とすることで，以下の目的の結果が求まる．

$$(n-1)!\, a_{-1} = \lim_{z\to a} \frac{d^{n-1}}{dz^{n-1}} \{(z-a)^n f(z)\}.$$

**問題 13.24**　以下の各関数の，指定された極における留数を求めよ．

$(a)\dfrac{z^2}{(z-2)(z^2+1)}$; $z=2, i, -i$　$(b)\dfrac{1}{z(z+2)^3}$; $z=0,-2$　$(c)\dfrac{ze^{zt}}{(z-3)^2}$; $z=3$　$(d)\cot z$; $z=5\pi$

**解答**

$(a)$ これらの極は単純極である．

$z=2$ における留数は，$\displaystyle\lim_{z\to 2}(z-2)\left\{\frac{z^2}{(z-2)(z^2+1)}\right\} = \frac{4}{5}$.

$z=i$ における留数は，$\displaystyle\lim_{z\to i}(z-i)\left\{\frac{z^2}{(z-2)(z-i)(z+i)}\right\} = \frac{i^2}{(i-2)(2i)} = \frac{1-2i}{10}$.

$z=-i$ における留数は，$\displaystyle\lim_{z\to -i}(z+i)\left\{\frac{z^2}{(z-2)(z-i)(z+i)}\right\} = \frac{i^2}{(-i-2)(-2i)} = \frac{1+2i}{10}$.

$(b)$ $z=0$ は単純極で，$z=-2$ は **3 位の極**である．

$z=0$ における留数は，$\displaystyle\lim_{z\to 0} z\cdot\frac{1}{z(z+2)^3} = \frac{1}{8}$.

$z=-2$ における留数は，

$$\lim_{z\to -2}\frac{1}{2!}\frac{d^2}{dz^2}\left\{(z+2)^3\cdot\frac{1}{z(z+2)^3}\right\} = \lim_{z\to -2}\frac{1}{2}\frac{d^2}{dz^2}\left(\frac{1}{z}\right) = \lim_{z\to -2}\frac{1}{2}\left(\frac{2}{z^3}\right) = -\frac{1}{8}.$$

なお，これらの留数は，それぞれのローラン級数の $1/z$ や $1/(z+2)$ の係数から求めることもできる 問題 13.22$(e)$.

$(c)$ $z=3$ は 2 位の極または二重極である．

留数は，

$$\lim_{z\to 3}\frac{d}{dz}\left\{(z-3)^2\cdot\frac{ze^{zt}}{(z-3)^2}\right\} = \lim_{z\to 3}\frac{d}{dz}(ze^{zt}) = \lim_{z\to 3}(e^{zt}+zte^{zt})$$
$$= e^{3t} + 3te^{3t}.$$

$(d)$ $z=5\pi$ は 1 位の極である．

留数は，$\displaystyle\lim_{z\to 5\pi}(z-5\pi)\cdot\frac{\cos z}{\sin z} = \left(\lim_{z\to 5\pi}\frac{z-5\pi}{\sin z}\right)\left(\lim_{z\to 5\pi}\cos z\right) = \left(\lim_{z\to 5\pi}\frac{1}{\cos z}\right)(-1)$.

ここでは，複素関数に適用できることが示せる，ロピタルの定理を使った．

**問題 13.25**　$f(z)$ が，単純閉曲線 $C$ の内部にあるいくつかの極 $a, b, c, \ldots$ を除き，$C$ 上およびその内部で正則であるとき，以下が成り立つことを証明せよ（図 13-16 を参照）.

$$\oint_C f(z)dz = 2\pi i\left\{極 a, b, c, \ldots における f(z) の留数の和\right\}$$

解答

問題 13.12 と同様の推論（つまり，$C$ から $C_1, C_2, C_3, \ldots$ への横断線をつくる）により，

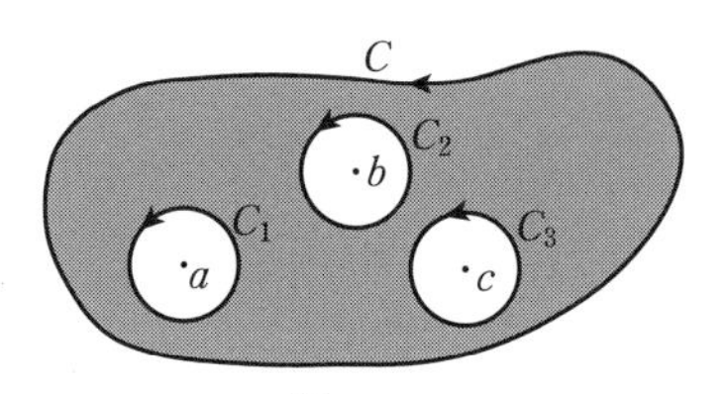

図 13-16

$$\oint_C f(z)dz = \oint_{C_1} f(z)dz + \oint_{C_2} f(z)dz + \cdots.$$

極 $a$ に対しては，

$$f(z) = \frac{a_{-m}}{(z-a)^m} + \cdots + \frac{a_{-1}}{(z-a)} + a_0 + a_1(z-a) + \cdots,$$

となるから，問題 13.23 により，$\oint_{C_1} f(z)dz = 2\pi i a_{-1}$ を得る.

同様に，極 $b$ に対しては，

$$f(z) = \frac{b_{-n}}{(z-b)^n} + \cdots + \frac{b_{-1}}{(z-b)} + b_0 + b_1(z-b) + \cdots,$$

となるから，$\oint_{C_2} f(z)dz = 2\pi i b_{-1}$. を得る.

このように続けていくことで，以下が成り立つことがわかる.

$$\oint_C f(z)dz = 2\pi i(a_{-1} + b_{-1} + \cdots) = 2\pi i(留数の和).$$

**問題 13.26**　$C$ が以下のように与えられたとき，$\oint_C \frac{e^z dz}{(z-1)(z+3)^2}$ を求めよ.

(a) $|z| = 3/2$,　　(b) $|z| = 10$

解答

単純極 $z = 1$ における留数は，$\lim_{z\to 1}\left\{(z-1)\frac{e^z}{(z-1)(z+3)^2}\right\} = \frac{e}{16}$.

二重極 $z = -3$ における留数は，

$$\lim_{z\to -3}\frac{d}{dz}\left\{(z+3)^2\frac{e^z}{(z-1)(z+3)^2}\right\} = \lim_{z\to -3}\frac{(z-1)e^z - e^z}{(z-1)^2} = \frac{-5e^{-3}}{16}.$$

(a) $|z| = 3/2$ は極 $z = 1$ のみを囲むので，

$$\oint_C \frac{e^z dz}{(z-1)(z+3)^2} = 2\pi i\left(\frac{e}{16}\right) = \frac{\pi i e}{8}.$$

(b) $|z|=10$ は極 $z=1$ や $z=-3$ を両方を囲んでいるので，

$$\oint_C \frac{e^z dz}{(z-1)(z+3)^2} = 2\pi i\left(\frac{e}{16} - \frac{5e^{-3}}{16}\right) = \frac{\pi i(e-5e^{-3})}{8}.$$

## 定積分の計算

**問題 13.27**　$z = Re^{i\theta}$ に対して $|f(z)| \leq \dfrac{M}{R^k}$ $(k>1,\ M$は定数$)$ としたとき，

$$\lim_{R\to\infty}\int_\Gamma f(z)dz = 0$$

が成り立つことを証明せよ．ここで，$\Gamma$ は図 13-17 に示したような半径 $R$ の半円周である．

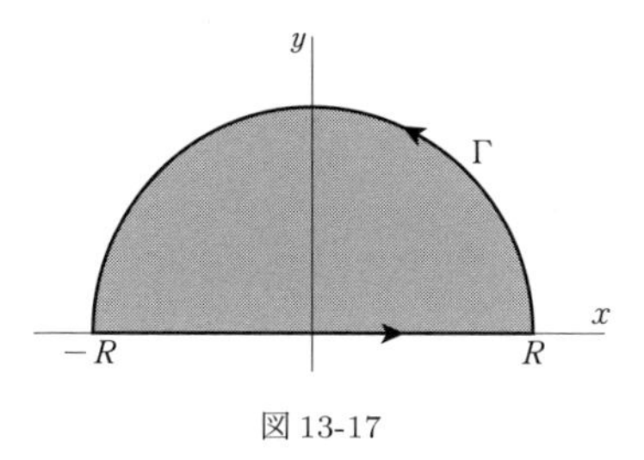


図 13-17

解答

半円周の長さは $L=\pi R$ であるから，p.377 の式 (4) により，

$$\left|\int_\Gamma f(z)dz\right| \leq \int_\Gamma |f(z)||dz| \leq \frac{M}{R^k}\cdot \pi R = \frac{\pi M}{R^{k-1}}.$$

したがって，

$$\lim_{R\to\infty}\left|\int_\Gamma f(z)dz\right| = 0 \qquad \text{ゆえに，} \qquad \lim_{R\to\infty}\int_\Gamma f(z)dz = 0.$$

**問題 13.28**　$f(z) = \dfrac{1}{1+z^4}$ とする．$z=Re^{i\theta}$ に対して，以下が成り立つことを示せ．

$$|f(z)| \leq \frac{M}{R^k},\ (k>1).$$

解答

$z=Re^{i\theta}$ ならば，$|f(z)| = \left|\dfrac{1}{1+R^4e^{4i\theta}}\right| \leq \dfrac{1}{|R^4e^{4i\theta}|-1} = \dfrac{1}{R^4-1} \leq \dfrac{2}{R^4}$ となる．ここで，$R$ は十分に大きいとしている（例えば $R>2$）．ゆえに，$M=2,\ k=4$ となることがわかる．

また上記では，不等式 $|z_1+z_2| \geq |z_1|-|z_2|$ の結果を利用している（$z_1=R^4e^{4i\theta}$，$z_2=1$）．

**問題 13.29**　$\displaystyle\int_0^\infty \frac{dx}{x^4+1}$ を求めよ．

**解答**

$\displaystyle\oint_C \frac{dz}{z^4+1}$ を考える．ここで $C$ は，問題 13.27 の $-R$ から $R$ への直線と半円 $\Gamma$ から成る閉じた周回経路であり，正の方向（反時計回り）を辿るものとする．

$z=e^{\pi i/4}, e^{3\pi i/4}, e^{5\pi i/4}, e^{7\pi i/4}$ は $z^4+1=0$ を満たすので，これらは $1/(z^4+1)$ の単純極となる．これらのうち極 $e^{\pi i/4}$ と $e^{3\pi i/4}$ だけが $C$ の内部にある．したがって，ロピタルの定理を用いてこれらの留数を以下のように求める，

$e^{\pi i/4}$ における留数は，$\displaystyle\lim_{z\to e^{\pi i/4}}\left\{(z-e^{\pi i/4})\frac{1}{z^4+1}\right\}=\lim_{z\to e^{\pi i/4}}\frac{1}{4z^3}=\frac{1}{4}e^{-3\pi i/4}$.

$e^{3\pi i/4}$ における留数は，$\displaystyle\lim_{z\to e^{3\pi i/4}}\left\{(z-e^{3\pi i/4})\frac{1}{z^4+1}\right\}=\lim_{z\to e^{3\pi i/4}}\frac{1}{4z^3}=\frac{1}{4}e^{-9\pi i/4}$.

以上から，

$$\oint_C \frac{dz}{z^4+1}=2\pi i\left\{\tfrac{1}{4}e^{-3\pi i/4}+\tfrac{1}{4}e^{-9\pi i/4}\right\}=\frac{\pi\sqrt{2}}{2}. \tag{1}$$

すなわち，

$$\int_{-R}^{R}\frac{dx}{x^4+1}+\int_\Gamma \frac{dz}{z^4+1}=\frac{\pi\sqrt{2}}{2}. \tag{2}$$

式 (2) の両辺で $R\to\infty$ と極限をとり，問題 13.28 の結果を用いると，

$$\lim_{R\to\infty}\int_{-R}^{R}\frac{dx}{x^4+1}=\int_{-\infty}^{\infty}\frac{dx}{x^4+1}=\frac{\pi\sqrt{2}}{2}.$$

$\displaystyle\int_{-\infty}^{\infty}\frac{dx}{x^4+1}=2\int_0^\infty\frac{dx}{x^4+1}$ より，目的の積分値は $\dfrac{\pi\sqrt{2}}{4}$ と求まる．

**問題 13.30**　$\displaystyle\int_{-\infty}^{\infty}\frac{x^2dx}{(x^2+1)^2(x^2+2x+2)}=\frac{7\pi}{50}$ となることを示せ．

**解答**

問題 13.27 の周回経路 $C$ で囲まれた $\dfrac{z^2}{(z^2+1)^2(z^2+2z+2)}$ の極は，2 位の極 $z=i$(2 位の極) と $z=-1+i$(1 位の極) である．

$z=i$ における留数は，$\displaystyle\lim_{z\to i}\frac{d}{dz}\left\{(z-i)^2\frac{z^2}{(z+i)^2(z-i)^2(z^2+2z+2)}\right\}=\frac{9i-12}{100}$.

$z=-1+i$ における留数は，$\displaystyle\lim_{z\to -1+i}(z+1-i)\frac{z^2}{(z^2+1)^2(z+1-i)(z+1+i)}=\frac{3-4i}{25}$.

以上より，

$$\oint_C\frac{z^2dz}{(z^2+1)^2(z^2+2z+2)}=2\pi i\left\{\frac{9i-12}{100}+\frac{3-4i}{25}\right\}=\frac{7\pi}{50},$$

または，

$$\int_{-R}^{R}\frac{x^2dx}{(x^2+1)^2(x^2+2x+2)}+\int_\Gamma\frac{z^2dz}{(z^2+1)^2(z^2+2z+2)}=\frac{7\pi}{50}$$

$R \to \infty$ と極限をとり，問題 13.27によって二項目の積分がゼロに近づくことに注意すると，目的の表式が得られる．

**問題 13.31** $\displaystyle\int_0^{2\pi} \frac{d\theta}{5+3\sin\theta}$ を求めよ．

解答

$z = e^{i\theta}$ とおく．すると，$\sin\theta = \dfrac{e^{i\theta}-e^{-i\theta}}{2i} = \dfrac{z-z^{-1}}{2i}$，$dz = ie^{i\theta}d\theta = izd\theta$ となるので，

$$\int_0^{2\pi} \frac{d\theta}{5+3\sin\theta} = \oint_C \frac{dz/iz}{5+3\left(\dfrac{z-z^{-1}}{2i}\right)} = \oint_C \frac{2\,dz}{3z^2+10iz-3}.$$

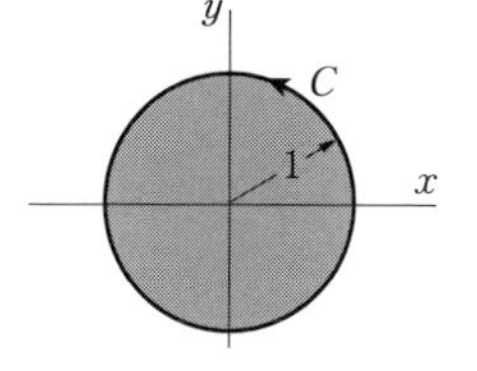

図 13-18

ここで $C$ は図 13-18 で示すような原点を中心とした単位円である．

$\dfrac{2}{3z^2+10iz-3}$ の極は単純極であり，

$$z = \frac{-10i \pm \sqrt{-100+36}}{6} = \frac{-10i \pm 8i}{6} = -3i,\ -i/3.$$

このうち $-i/3$ だけが $C$ の内部にある．

$-i/3$ における留数は，ロピタルの定理により，

$$\lim_{z\to -i/3}\left(z+\frac{i}{3}\right)\left(\frac{2}{3z^2+10iz-3}\right) = \lim_{z\to -i/3}\frac{2}{6z+10i} = \frac{1}{4i}.$$

したがって，$\displaystyle\oint_C \frac{2\,dz}{3z^2+10iz-3} = 2\pi i\left(\frac{1}{4i}\right) = \frac{\pi}{2}$ が目的の値である．

**問題 13.32** $\displaystyle\int_0^{2\pi} \frac{\cos 3\theta}{5-4\cos\theta}d\theta = \frac{\pi}{12}$ が成り立つことを示せ．

解答

$z = e^{i\theta}$ とすれば，$\cos\theta = \dfrac{z+z^{-1}}{2}$，$\cos 3\theta = \dfrac{e^{3i\theta}+e^{-3i\theta}}{2} = \dfrac{z^3+z^{-3}}{2}$，$dz = iz\,d\theta$ となるので，

$$\begin{aligned}\int_0^{2\pi} \frac{\cos 3\theta}{5-4\cos\theta}d\theta &= \oint_C \frac{(z^3+z^{-3})/2}{5-4\left(\dfrac{z+z^{-1}}{2}\right)}\frac{dz}{iz} \\ &= -\frac{1}{2i}\oint_C \frac{z^6+1}{z^3(2z-1)(z-2)}dz.\end{aligned}$$

ここで，$C$ は問題 13.31の周回経路である．

被積分関数は $C$ の内部に，3 位の極 $z=0$ と単純極 $z=\frac{1}{2}$ を持つ．

$z=0$ における留数は，$\displaystyle\lim_{z\to 0}\frac{1}{2!}\frac{d^2}{dz^2}\left\{z^3\cdot\frac{z^6+1}{z^3(2z-1)(z-2)}\right\} = \frac{21}{8}.$

$z=\frac{1}{2}$ における留数は，$\displaystyle\lim_{z\to 1/2}\left\{\left(z-\tfrac{1}{2}\right)\cdot\frac{z^6+1}{z^3(2z-1)(z-2)}\right\}=-\frac{65}{24}$.

以上より，

$$-\frac{1}{2i}\oint_C\frac{z^6+1}{z^3(2z-1)(z-2)}dz=-\frac{1}{2i}(2\pi i)\left\{\frac{21}{8}-\frac{65}{24}\right\}=\frac{\pi}{12}.$$

**問題 13.33**　$z=Re^{i\theta}$ に対して，$|f(z)|\le\dfrac{M}{R^k}$ ($k>0$, $M$は定数) のとき，以下を証明せよ．

$$\lim_{R\to\infty}\int_\Gamma e^{imz}f(z)\,dz=0.$$

ただし，$\Gamma$ は問題 13.27 における周回経路の半円周を指しており，$m$ は正の定数である．

**解答**

$z=Re^{i\theta}$ のとき，$\displaystyle\int_\Gamma e^{imz}f(z)dz=\int_0^\pi e^{imRe^{i\theta}}f(Re^{i\theta})\,iRe^{i\theta}\,d\theta$ となる．

したがって，

$$\begin{aligned}\left|\int_0^\pi e^{imRe^{i\theta}}f(Re^{i\theta})iRe^{i\theta}\,d\theta\right|&\le\int_0^\pi\left|e^{imRe^{i\theta}}f(Re^{i\theta})iRe^{i\theta}\right|d\theta\\&=\int_0^\pi|e^{imR\cos\theta-mR\sin\theta}f(Re^{i\theta})iRe^{i\theta}|\,d\theta\\&=\int_0^\pi e^{-mR\sin\theta}|f(Re^{i\theta})|R\,d\theta\\&\le\frac{M}{R^{k-1}}\int_0^\pi e^{-mR\sin\theta}\,d\theta=\frac{2M}{R^{k-1}}\int_0^{\pi/2}e^{-mR\sin\theta}\,d\theta.\end{aligned}$$

$0\le\theta\le\pi/2$ に対して，$\sin\theta\ge 2\theta/\pi$ が成立することを使うと [p.427 の問題 14.3 参照]，

$$\frac{2M}{R^{k-1}}\int_0^{\pi/2}e^{-mR\sin\theta}\,d\theta\le\frac{2M}{R^{k-1}}\int_0^{\pi/2}e^{-2mR\theta/\pi}\,d\theta=\frac{\pi M}{mR^k}(1-e^{-mR}).$$

$R\to\infty$ とすると，$m$ と $k$ は正値なので，右辺の式はゼロに近づき目的の結果が証明される．

**問題 13.34**　$\displaystyle\int_0^\infty\frac{\cos mx}{x^2+1}dx=\frac{\pi}{2}e^{-m}$, ($m>0$) が成り立つことを示せ．

**解答**

$C$ を問題 13.27 の周回経路とした，$\displaystyle\oint_C\frac{e^{imz}}{z^2+1}\,dz$ を考える．

被積分関数は $z=\pm i$ に単純極を持つが，$C$ の内部にあるのは $z=i$ のみである．

$z=i$ における留数は，$\displaystyle\lim_{z\to i}\left\{(z-i)\frac{e^{imz}}{(z-i)(z+i)}\right\}=\frac{e^{-m}}{2i}$.

以上より，

$$\oint_C\frac{e^{imz}}{z^2+1}\,dz=2\pi i\left(\frac{e^{-m}}{2i}\right)=\pi e^{-m}$$

または，
$$\int_{-R}^{R}\frac{e^{imx}}{x^2+1}dx+\int_{\Gamma}\frac{e^{imz}}{z^2+1}dz=\pi e^{-m}$$

すなわち，
$$\int_{-R}^{R}\frac{\cos mx}{x^2+1}dx+i\int_{-R}^{R}\frac{\sin mx}{x^2+1}dx+\int_{\Gamma}\frac{e^{imz}}{z^2+1}dz=\pi e^{-m}.$$

したがって，
$$2\int_{0}^{R}\frac{\cos mx}{x^2+1}dx+\int_{\Gamma}\frac{e^{imz}}{z^2+1}dz=\pi e^{-m}.$$

極限 $R\to\infty$ をとり，問題 13.33 の結果を用いて $\Gamma$ 上の積分がゼロに近づくことを示せば，目的の結果が得られる．

**問題 13.35** $\displaystyle\int_0^{\infty}\frac{\sin x}{x}dx=\frac{\pi}{2}$ を示せ．

**解答**

問題 13.34 の方法を参考に，問題 13.27 の周回経路上での $e^{iz}/z$ の積分を考えることになる．しかしながら，$z=0$ がこの積分の経路上にあり，特異点を通る積分ができない．そこで，図 13-19 に示すように，$z=0$ における経路をへこませるように周回経路を修正する（修正した周回経路を $C'$ または $ABDEFGHJA$ とする）．

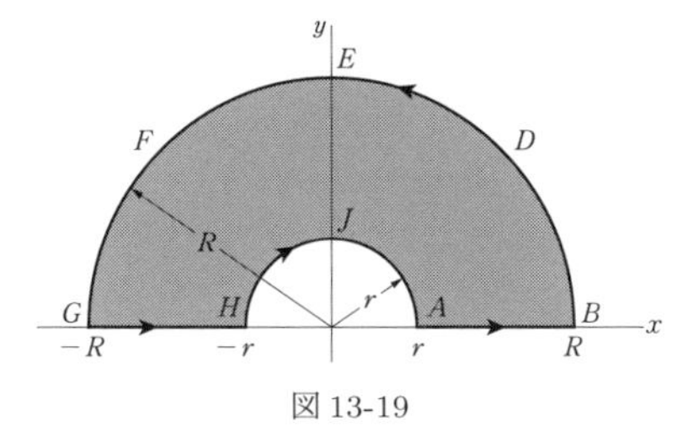


図 13-19

$z=0$ は $C'$ の外部にあるので，
$$\int_{C'}\frac{e^{iz}}{z}dz=0$$

となり，
$$\int_{-R}^{-r}\frac{e^{ix}}{x}dx+\int_{HJA}\frac{e^{iz}}{z}dz+\int_{r}^{R}\frac{e^{ix}}{x}dx+\int_{BDEFG}\frac{e^{iz}}{z}dz=0.$$

第一項の積分において $x$ を $-x$ に置き換え，第三項の積分と合わせると，
$$\int_{r}^{R}\frac{e^{ix}-e^{-ix}}{x}dx+\int_{HJA}\frac{e^{iz}}{z}dz+\int_{BDEFG}\frac{e^{iz}}{z}dz=0,$$

となり，
$$2i\int_{r}^{R}\frac{\sin x}{x}dx=-\int_{HJA}\frac{e^{iz}}{z}dz-\int_{BDEFG}\frac{e^{iz}}{z}dz.$$

**問題 13.36** $z$ 平面から $w$ 平面への変換を $w=\sqrt{z}$ とし，$z$ 平面上の点は円 $|z|=1$ に沿って反時計回りに移動しているとする．この点が 1 周して元の位置に戻っても変換後の点はまだ 1 周しておらず，2 周したときにようやくその変換後の点が 1 周することを示せ．

**解答**

$z = e^{i\theta}$ とおいたとき，$w = \sqrt{z} = e^{i\theta/2}$ となる．$\theta = 0$ をスタート地点に対応させるとする．このとき，$z = 1$ かつ $w = 1$ となる [図 13-20，図 13-21 上の点 $A$ と点 $P$ に対応している].

$z$ 平面において 1 周した時点では，$\theta = 2\pi$，$z = 1$，$w = e^{i\theta/2} = e^{i\pi} = -1$ となり，変換後の点はまだ開始時の位置に戻っていない.

以上のことから，$w$ は $z$ の一価関数ではなく，$z$ の**二価関数**であること，すなわち，$z$ が与えられたとき，$w$ の値は 2 つ存在することがわかる．もしこの関数を一価関数と考えたいのなら，$\theta$ を制限しなければならない．例えば，（他の可能性も存在するが）$0 \le \theta < 2\pi$ と選択することで制限できる．これは二価関数 $w = \sqrt{z}$ の 1 つの分枝を表している．この区間を超えると，例えば $2\pi \le \theta < 4\pi$ では 2 番目の分枝を表すことになる．このとき，行った回転の中心点 $z = 0$ は**分岐点**（ぶんき）とよぶ．同様に，**分岐線**（ぶんき）とよばれる線分 $Ox$ を超えないように合意することで，$f(z) = \sqrt{z}$ が一価になることを保証できる.

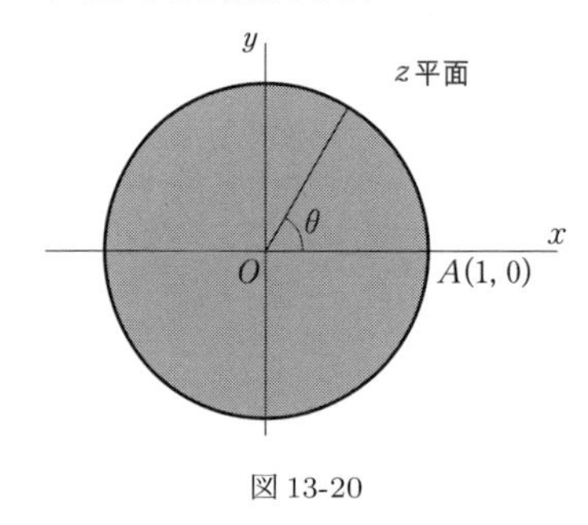


図 13-20

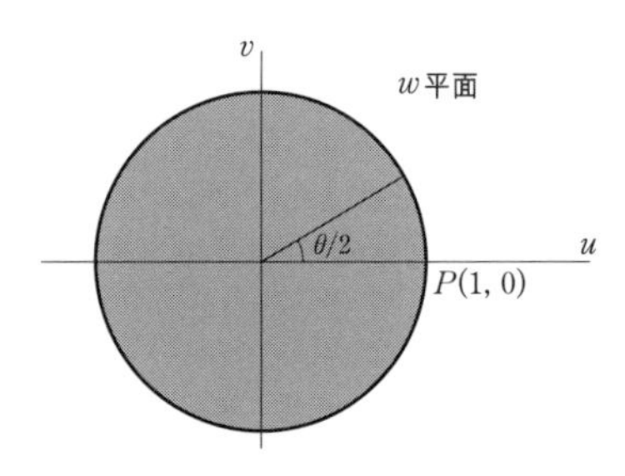


図 13-21

**問題 13.37**　以下を示せ.

$$\int_0^\infty \frac{x^{p-1}}{1+x}\,dx = \frac{\pi}{\sin p\pi}, \quad 0 < p < 1.$$

**解答**

$\oint_C \frac{z^{p-1}}{1+z}dz$ を考える．$z = 0$ は分岐点なので，図 13-22 の周回経路として $C$ を選ぶ．経路 $AB$ と $GH$ は実際には $x$ 軸と一致しているが，視覚的なわかりやすさのため，これらは図 13-22 ではあえて分離して表示している.

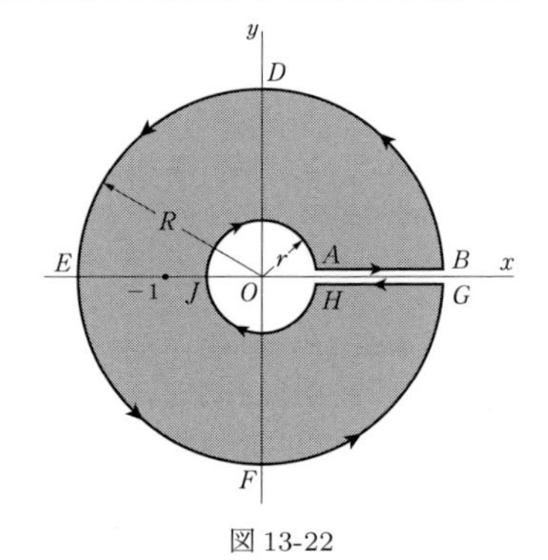


図 13-22

被積分関数は $C$ の内部に極 $z = -1$ を持つ.

$z = -1 = e^{\pi i}$ における留数は,

$$\lim_{z\to -1}(z+1)\frac{z^{p-1}}{1+z} = (e^{\pi i})^{p-1} = e^{(p-1)\pi i}.$$

したがって， $\displaystyle\oint_C \frac{z^{p-1}}{1+z}dz = 2\pi i e^{(p-1)\pi i}$.

または被積分関数を省略して，

$$\int_{AB} + \int_{BDEFG} + \int_{GH} + \int_{HJA} = 2\pi i e^{(p-1)\pi i}.$$

ゆえに，

$$\int_r^R \frac{x^{p-1}}{1+x}dx + \int_0^{2\pi} \frac{(Re^{i\theta})^{p-1} iRe^{i\theta} d\theta}{1+Re^{i\theta}} + \int_R^r \frac{(xe^{2\pi i})^{p-1}}{1+xe^{2\pi i}}dx + \int_{2\pi}^0 \frac{(re^{i\theta})^{p-1} ire^{i\theta} d\theta}{1+re^{i\theta}} = 2\pi i e^{(p-1)\pi i}.$$

ここで，円 $BDEFG$ を一周すると，$z$ の偏角は $2\pi$ 増えるので，$GH$ に沿った積分は $z = xe^{2\pi i}$ としなければならない．

極限 $r \to 0$ および $R \to \infty$ をとることで第二項と第四項の積分がゼロに近づくことを認めれば，

$$\int_0^\infty \frac{x^{p-1}}{1+x}dx + \int_\infty^0 \frac{e^{2\pi i(p-1)} x^{p-1}}{1+x}dx = 2\pi e^{(p-1)\pi i},$$

または，

$$(1 - e^{2\pi i(p-1)}) \int_0^\infty \frac{x^{p-1}}{1+x}dx = 2\pi i e^{(p-1)\pi i},$$

となるから，

$$\int_0^\infty \frac{x^{p-1}}{1+x}dx = \frac{2\pi i e^{(p-1)\pi i}}{1-e^{2\pi i(p-1)}} = \frac{2\pi i}{e^{p\pi i} - e^{-p\pi i}} = \frac{\pi}{\sin p\pi}.$$

## 等角写像

**問題 13.38**　$f(z)$ が $z_0$ において正則でかつ $f'(z_0) \neq 0$ を満たす変換 $w = f(z)$ を考える．$z_0$ を通る $z$ 平面上の任意の曲線 $C$ の，$z_0$ における接線は [図 13-23]，この変換の下で，角度 $\arg f'(z_0)$ だけ回転することを証明せよ．

解答

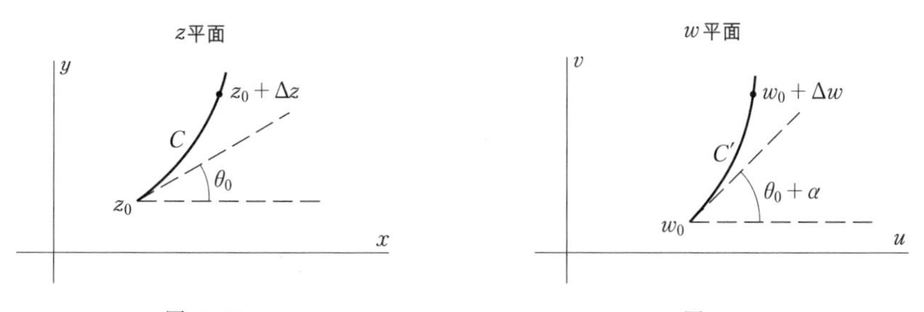


図 13-23　　図 13-24

点が $C$ に沿って $z_0$ から $z_0+\Delta z$ まで移動するとき [図 13-23]，変換後の点は $w$ 平面上の $C'$ に沿って $w_0$ から $w_0+\Delta w$ まで移動することになる [図 13-24]．曲線を記述するパラメータを $t$ とすると，$z$ 平面での経路 $z=z(t)$ [または $x=x(t)$，$y=y(t)$] に対応する形で，$w$ 平面での経路 $w=w(t)$ [または $u=u(t)$，$v=v(t)$] が存在することになる．

微分 $dz/dt$ や $dw/dt$ は，$C$ や $C'$ 上の対応する点での接ベクトルを表している．

$\dfrac{dw}{dt}=\dfrac{dw}{dz}\cdot\dfrac{dz}{dt}=f'(z)\dfrac{dz}{dt}$ とすると，$f(z)$ が $z=z_0$ で正則ならば $z_0$ および $w_0$ において，

$$\left.\frac{dw}{dt}\right|_{w=w_0}=f'(z_0)\left.\frac{dz}{dt}\right|_{z=z_0}. \tag{1}$$

$\left.\dfrac{dw}{dt}\right|_{w=w_0}=\rho_0e^{i\phi_0}$，$f'(z)=Re^{i\alpha}$，$\left.\dfrac{dz}{dt}\right|_{z=z_0}=r_0e^{i\theta_0}$ とかけば，式 (1) より，

$$\rho_0e^{i\phi_0}=Rr_0e^{i(\theta_0+\alpha)} \tag{2}$$

となるので，目的の表式が得られる．

$$\phi_0=\theta_0+\alpha=\theta_0+\arg f'(z_0). \tag{3}$$

$f'(z_0)=0$ のとき，$\alpha$ は不定となってしまうことに注意．$f'(z)=0$ となる点は**臨界点**とよばれる．

**問題 13.39**　$f(z)$ が $z_0$ において正則で，$f'(z_0)\neq 0$ とする．$z$ 平面 [p.382 の図 13-1 や図 13-2 参照] の点 $z_0$ を通る 2 つの曲線 $C_1$，$C_2$ 間のなす角が，変換 $w=f(z)$ の下で，その大きさと向きが保存されること，すなわちこの変換が等角 (conformal) であることを証明せよ．

**解答**

(問題 13.38) により，各曲線は角度 $\arg f'(z_0)$ だけ回転する．そのため曲線間の角度は，その変換の際，大きさと向きはともに保存されなければならない．

**問題 13.40**　領域 $\mathcal{R}$ で $w=f(z)=u+iv$ は正則であるとき，$\dfrac{\partial(u,v)}{\partial(x,y)}=|f'(z)|^2$ を証明せよ．

**解答**

$\mathcal{R}$ において　$f(z)$ が正則であるとき，コーシー・リーマンの関係式

$$\frac{\partial u}{\partial x}=\frac{\partial v}{\partial y},\qquad \frac{\partial v}{\partial x}=-\frac{\partial u}{\partial y}.$$

が $\mathcal{R}$ において成り立つ．ゆえに，

$$\frac{\partial(u,v)}{\partial(x,y)}=\begin{vmatrix}\dfrac{\partial u}{\partial x} & \dfrac{\partial u}{\partial y}\\ \dfrac{\partial v}{\partial x} & \dfrac{\partial v}{\partial y}\end{vmatrix}=\begin{vmatrix}\dfrac{\partial u}{\partial x} & \dfrac{\partial u}{\partial y}\\ -\dfrac{\partial u}{\partial y} & \dfrac{\partial u}{\partial x}\end{vmatrix}=\left(\frac{\partial u}{\partial x}\right)^2+\left(-\frac{\partial u}{\partial y}\right)^2=\left|\frac{\partial u}{\partial x}-i\frac{\partial u}{\partial y}\right|^2=|f'(z)|^2.$$

**問題 13.41**　$z_0$ が $z$ 平面の上半分にあるとする．一次分数変換 $w = e^{i\theta_0}\left(\dfrac{z - z_0}{z - \bar{z}_0}\right)$ が $z$ 平面の上半分にある点を $w$ 平面上の単位円の内部に写すこと，すなわち $|w| \leq 1$ となることを示せ．

**解答**

$$|w| = \left|e^{i\theta_0}\left(\frac{z - z_0}{z - \bar{z}_0}\right)\right| = \left|\frac{z - z_0}{z - \bar{z}_0}\right|$$

とする．

図 13-25 のように，$z$ が上半面に位置しているとき，$|z - z_0| \leq |z - \bar{z}_0|$ が成り立つ．そして $z$ が $x$ 軸上に位置しているときのみ，この不等式の両辺は等しくなる．したがって，$|w| \leq 1$ が成り立つことになる．

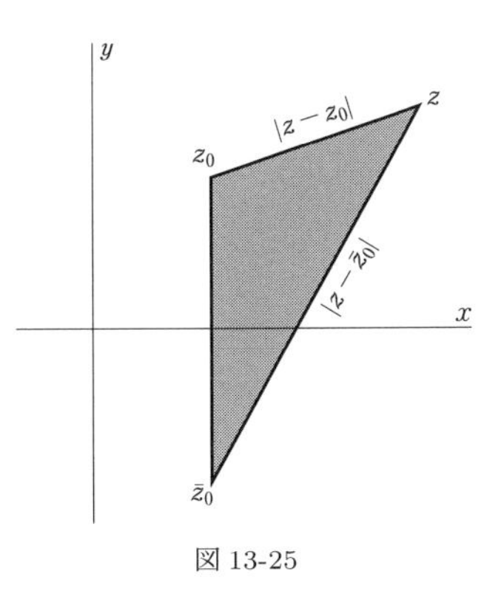


図 13-25

## シュワルツ・クリストッフェル変換

**問題 13.42**　シュワルツ・クリストッフェル変換の妥当性を示せ．

**解答**

以下の式から得られる関数が，$w$ 平面 [図 13-26] 上の任意の多角形を，$z$ 平面 [図 13-27] の実軸に写していることを示さなければならない．

$$\frac{dw}{dz} = A(z - x_1)^{\alpha_1/\pi - 1}(z - x_2)^{\alpha_2/\pi - 1}\cdots(z - x_n)^{\alpha_n/\pi - 1}. \tag{1}$$

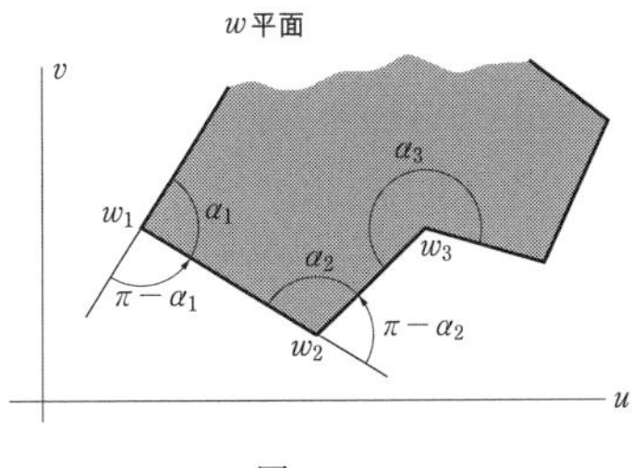


図 13-26

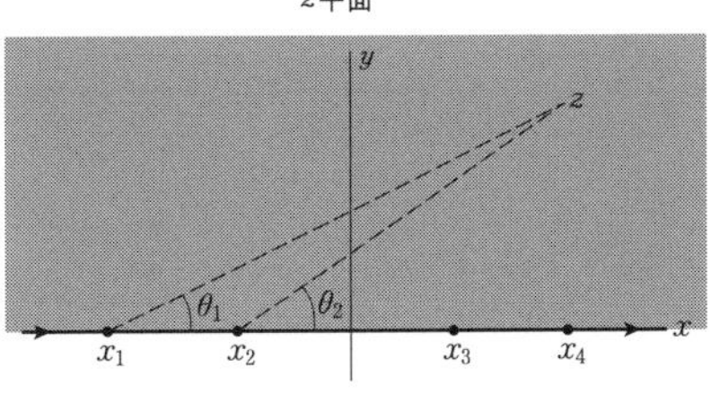


図 13-27

このことを示すために，式 (1) から以下を得る．

$$\arg dw = \arg dz + \arg A + \left(\frac{\alpha_1}{\pi} - 1\right)\arg(z - x_1) + \left(\frac{\alpha_2}{\pi} - 1\right)\arg(z - x_2) + \cdots + \left(\frac{\alpha_n}{\pi} - 1\right)\arg(z - x_n). \tag{2}$$

ここで，$z$ が実軸に沿って左から $x_1$ に向かって移動するとき，$w$ は多角形の一辺に沿って $w_1$ に向かって移動していると考えることにする．そして $z$ が $x_1$ の左側から $x_1$ の右側に横切るとき，$\theta_1 = \arg(z - x_1)$ は $\pi$ から 0 に変化するが，(2) の他の項（の偏角）はすべて一定である．ゆえに，$\arg dw$ は $(\alpha_1/\pi - 1)\arg(z - x_1) = (\alpha_1/\pi - 1)\pi = \alpha_1 - \pi$ だけ減少し，または同じことだが，$\pi - \alpha_1$ だけ増加することになる [角度は反時計回りの方向に増加する]．

このことから，$w_1$ を通るときの向きは角度 $\pi - \alpha_1$ 分だけ曲がり，その後 $w$ は多角形の辺 $w_1w_2$ に沿って移動することになる．

$z$ が $x_2$ を通って移動するとき，$\theta_1 = \arg(z - x_1)$ だけでなく，$\theta_2 = \arg(z - x_2)$ についても $\pi$ から 0 に変わる（その他の項の偏角はすべて一定）．そのため，$w$ 平面を角度 $\pi - \alpha_2$ だけさらに曲がることになる．この過程を続けていくと，点 $z$ が $x$ 軸を横切るときには，点 $w$ は多角形を描くことがわかり，その逆についても同様のことが言えることがわかる．

一方で，（閉じた）多角形の内部は，式 (1) により上半平面に写されることが証明できる．

**問題 13.43**　閉じた多角形について，シュワルツ・クリストッフェル変換 [p.385 の式 (16) や (17)] の指数 $\frac{\alpha_1}{\pi} - 1, \frac{\alpha_2}{\pi} - 1, \ldots, \frac{\alpha_n}{\pi} - 1$ の和が $-2$ に等しいことを証明せよ．

**解答**

任意の閉じた多角形について，その外角の和の合計は $2\pi$ である．したがって，

$$(\pi - \alpha_1) + (\pi - \alpha_2) + \cdots + (\pi - \alpha_n) = 2\pi$$

となり，これを $-\pi$ で割ることで以下の目的の式が得られる．

$$\left(\frac{\alpha_1}{\pi} - 1\right) + \left(\frac{\alpha_2}{\pi} - 1\right) + \cdots + \left(\frac{\alpha_n}{\pi} - 1\right) = -2.$$

**問題 13.44**　シュワルツ・クリストッフェル変換 [p.385 の式 (16) や (17)] において，一点，例えば $x_n$ を無限遠として選んだ場合，式中の因子 $(z - x_n)^{\alpha_n/\pi - 1}$ は 1 となり除去できることを示せ．

**解答**

p.385 の式 (16) で，$A = K/(-x_n)^{\alpha_n/\pi - 1}$ としてみる（$K$ は定数）．このとき，(16) の右辺は，

$$K(z - x_1)^{\alpha_1/\pi - 1}(z - x_2)^{\alpha_2/\pi - 1} \cdots (z - x_{n-1})^{\alpha_{n-1}/\pi - 1}\left(\frac{x_n - z}{x_n}\right)^{\alpha_n/\pi - 1}.$$

$x_n \to \infty$ とすると，最後の因子は 1 に近づき，式から取り除けることが示せた．

**問題 13.45**　図 13-28 の $w$ 平面上の（塗りつぶし）領域を，図 13-29 の $z$ 平面上の上半平面に写す関数を決定せよ．

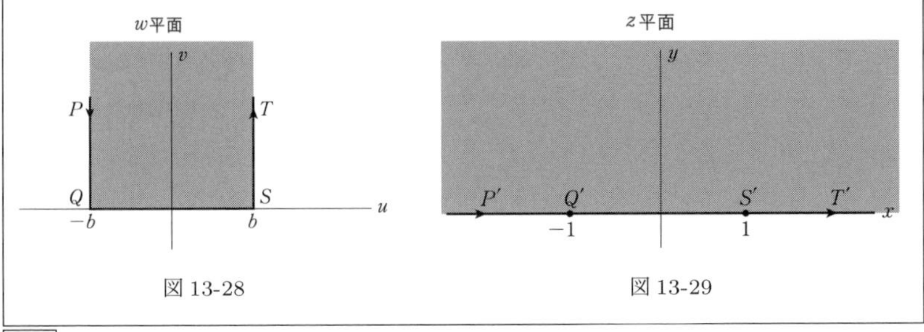


図 13-28　　図 13-29

**解答**

点 $P, Q, S, T$[図 13-28] がそれぞれ点 $P', Q', S', T'$ [図 13-29] に写されるとする．$PQST$ は，$Q$ と $S$ の 2 点を頂点とし，第 3 の頂点 $P$ または $T$ が無限遠にある多角形（三角形）の極限的なケースとして考えることができる．

点 $Q$ と $S$ における角度は，$\pi/2$ と等しいので，シュワルツ・クリストッフェル変換により，

$$\frac{dw}{dz} = A(z+1)^{\frac{\pi/2}{\pi}-1}(z-1)^{\frac{\pi/2}{\pi}-1} = \frac{A}{\sqrt{z^2-1}} = \frac{K}{\sqrt{1-z^2}}.$$

これを積分すると，

$$w = K\int\frac{dz}{\sqrt{1-z^2}} + B = K\sin^{-1}z + B.$$

$z = 1$ のとき，$w = b$ となるので，

$$b = K\sin^{-1}(1) + B = K\pi/2 + B. \tag{1}$$

$z = -1$ のとき，$w = -b$ となるので，

$$-b = K\sin^{-1}(-1) + B = -K\pi/2 + B. \tag{2}$$

(1) と (2) を連立すると，$B = 0$，$K = 2b/\pi$ と求まる．したがって，

$$w = \frac{2b}{\pi}\sin^{-1}z \qquad \text{または，} \qquad z = \sin\frac{\pi w}{2b}.$$

## 等角写像によるラプラス方程式の解

**問題 13.46**　以下の関数が，$z$ 平面上の任意の有限領域 $\mathcal{R}$ における調和関数であることを示せ．

$$(a)\ x^2 - y^2 + 2y, \qquad (b)\ \sin x \cosh y$$

**解答**

(a) $\Phi = x^2 - y^2 + 2y$ のとき，$\dfrac{\partial^2 \Phi}{\partial x^2} = 2$，$\dfrac{\partial^2 \Phi}{\partial y^2} = -2$ となる．ゆえに，$\dfrac{\partial^2 \Phi}{\partial x^2} + \dfrac{\partial^2 \Phi}{\partial y^2} = 0$ となることから $\Phi$ は $\mathcal{R}$ における調和関数である．

(b) $\Phi = \sin x \cosh y$ のとき，$\dfrac{\partial^2 \Phi}{\partial x^2} = -\sin x \cosh y$，$\dfrac{\partial^2 \Phi}{\partial y^2} = \sin x \cosh y$ となる．ゆえに，$\dfrac{\partial^2 \Phi}{\partial x^2} + \dfrac{\partial^2 \Phi}{\partial y^2} = 0$ となることから $\Phi$ は $\mathcal{R}$ における調和関数である．

**問題 13.47**　変換 $z = w^3$ の下で，問題 13.46の関数が $w$ 平面上においても調和関数であることを示せ．

**解答**

$z = w^3$ のとき，$x + iy = (u + iv)^3 = u^3 - 3uv^2 + i(3u^2v - v^3)$ となり $x = u^3 - 3uv^2$，$y = 3u^2v - v^3$ を得る．

(a) $\Phi = x^2 - y^2 + 2y = (u^3 - 3uv^2)^2 - (3u^2v - v^3)^2 + 2(3u^2v - v^3)$
$\quad = u^6 - 15u^4v^4 + 15u^2v^4 - v^6 + 6u^2v - 2v^3.$

このとき，

$$\frac{\partial^2 \Phi}{\partial u^2} = 30u^4 - 180u^2v^2 + 30v^4 + 12v, \qquad \frac{\partial^2 \Phi}{\partial v^2} = -30u^4 + 180u^2v^2 - 30v^4 - 12v$$

となり，

$$\frac{\partial^2 \Phi}{\partial u^2} + \frac{\partial^2 \Phi}{\partial v^2} = 0$$

が成り立つ．

(b) $\Phi = \sin(u^3 - 3uv^2)\cosh(3u^2v - v^3)$ が $\dfrac{\partial^2 \Phi}{\partial u^2} + \dfrac{\partial^2 \Phi}{\partial v^2} = 0$ を満たすことを示さなければならない．この計算は，退屈な微分を行うはめになるため省略するが，((a) のように）直接的な方法によって直ちに示せる．

本問は，問題 13.49で証明する一般的な結果が成り立っていることを示唆している．

**問題 13.48**　以下を証明せよ．

$$\frac{\partial^2\Phi}{\partial x^2}+\frac{\partial^2\Phi}{\partial y^2}=|f'(z)|^2\left(\frac{\partial^2\Phi}{\partial u^2}+\frac{\partial^2\Phi}{\partial v^2}\right)$$

ただし，$w=f(z)$ は正則でかつ $f'(z)\neq 0$ とする．

解答

関数 $\Phi(x,y)$ は，変換されると関数 $\Phi[x(u,v),\,y(u,v)]$ になる．これを微分すると，

$$\frac{\partial\Phi}{\partial x}=\frac{\partial\Phi}{\partial u}\frac{\partial u}{\partial x}+\frac{\partial\Phi}{\partial v}\frac{\partial v}{\partial x},\qquad \frac{\partial\Phi}{\partial y}=\frac{\partial\Phi}{\partial u}\frac{\partial u}{\partial y}+\frac{\partial\Phi}{\partial v}\frac{\partial v}{\partial y},$$

$$\begin{aligned}\frac{\partial^2\Phi}{\partial x^2}&=\frac{\partial\Phi}{\partial u}\frac{\partial^2 u}{\partial x^2}+\frac{\partial u}{\partial x}\frac{\partial}{\partial x}\left(\frac{\partial\Phi}{\partial u}\right)+\frac{\partial\Phi}{\partial v}\frac{\partial^2 v}{\partial x^2}+\frac{\partial v}{\partial x}\frac{\partial}{\partial x}\left(\frac{\partial\Phi}{\partial v}\right)\\&=\frac{\partial\Phi}{\partial u}\frac{\partial^2 u}{\partial x^2}+\frac{\partial u}{\partial x}\left[\frac{\partial}{\partial u}\left(\frac{\partial\Phi}{\partial u}\right)\frac{\partial u}{\partial x}+\frac{\partial}{\partial v}\left(\frac{\partial\Phi}{\partial u}\right)\frac{\partial v}{\partial x}\right]\\&\quad+\frac{\partial\Phi}{\partial v}\frac{\partial^2 v}{\partial x^2}+\frac{\partial v}{\partial x}\left[\frac{\partial}{\partial u}\left(\frac{\partial\Phi}{\partial v}\right)\frac{\partial u}{\partial x}+\frac{\partial}{\partial v}\left(\frac{\partial\Phi}{\partial v}\right)\frac{\partial v}{\partial x}\right]\\&=\frac{\partial\Phi}{\partial u}\frac{\partial^2 u}{\partial x^2}+\frac{\partial u}{\partial x}\left[\frac{\partial^2\Phi}{\partial u^2}\frac{\partial u}{\partial x}+\frac{\partial^2\Phi}{\partial v\,\partial u}\frac{\partial v}{\partial x}\right]+\frac{\partial\Phi}{\partial v}\frac{\partial^2 v}{\partial x^2}+\frac{\partial v}{\partial x}\left[\frac{\partial^2\Phi}{\partial u\,\partial v}\frac{\partial u}{\partial x}+\frac{\partial^2\Phi}{\partial v^2}\frac{\partial v}{\partial x}\right].\end{aligned}$$

同様に，

$$\frac{\partial^2\Phi}{\partial y^2}=\frac{\partial\Phi}{\partial u}\frac{\partial^2 u}{\partial y^2}+\frac{\partial u}{\partial y}\left[\frac{\partial^2\Phi}{\partial u^2}\frac{\partial u}{\partial y}+\frac{\partial^2\Phi}{\partial v\,\partial u}\frac{\partial v}{\partial y}\right]+\frac{\partial\Phi}{\partial v}\frac{\partial^2 v}{\partial y^2}+\frac{\partial v}{\partial y}\left[\frac{\partial^2\Phi}{\partial u\,\partial v}\frac{\partial u}{\partial y}+\frac{\partial^2\Phi}{\partial v^2}\frac{\partial v}{\partial y}\right]$$

以上を足し合わせると，

$$\begin{aligned}\frac{\partial^2\Phi}{\partial x^2}+\frac{\partial^2\Phi}{\partial y^2}&=\frac{\partial\Phi}{\partial u}\left(\frac{\partial^2 u}{\partial x^2}+\frac{\partial^2 u}{\partial y^2}\right)+\frac{\partial\Phi}{\partial v}\left(\frac{\partial^2 v}{\partial x^2}+\frac{\partial^2 v}{\partial y^2}\right)+\frac{\partial^2\Phi}{\partial u^2}\left[\left(\frac{\partial u}{\partial x}\right)^2+\left(\frac{\partial u}{\partial y}\right)^2\right]\\&\quad+2\frac{\partial^2\Phi}{\partial u\,\partial v}\left[\frac{\partial u}{\partial x}\frac{\partial v}{\partial x}+\frac{\partial u}{\partial y}\frac{\partial v}{\partial y}\right]+\frac{\partial^2\Phi}{\partial v^2}\left[\left(\frac{\partial v}{\partial x}\right)^2+\left(\frac{\partial v}{\partial y}\right)^2\right]\end{aligned}\tag{1}$$

$u$ と $v$ は調和関数なので，$\dfrac{\partial^2 u}{\partial x^2}+\dfrac{\partial^2 u}{\partial y^2}=0$，$\dfrac{\partial^2 v}{\partial x^2}+\dfrac{\partial^2 v}{\partial y^2}=0$ が成り立つ．また，コーシー・リーマンの関係式が成り立つので，$\dfrac{\partial u}{\partial x}=\dfrac{\partial v}{\partial y}$，$\dfrac{\partial v}{\partial x}=-\dfrac{\partial u}{\partial y}$ を得る．したがって，

$$\left(\frac{\partial u}{\partial x}\right)^2+\left(\frac{\partial u}{\partial y}\right)^2=\left(\frac{\partial v}{\partial x}\right)^2+\left(\frac{\partial v}{\partial y}\right)^2=\left(\frac{\partial u}{\partial x}\right)^2+\left(\frac{\partial v}{\partial x}\right)^2=\left|\frac{\partial u}{\partial x}+i\frac{\partial v}{\partial x}\right|^2=|f'(z)|^2.$$

$$\frac{\partial u}{\partial x}\frac{\partial v}{\partial x}+\frac{\partial u}{\partial y}\frac{\partial v}{\partial y}=0.$$

ゆえに，式 (1) は，

$$\frac{\partial^2\Phi}{\partial x^2}+\frac{\partial^2\Phi}{\partial y^2}=|f'(z)|^2\left(\frac{\partial^2\Phi}{\partial u^2}+\frac{\partial^2\Phi}{\partial v^2}\right).$$

**問題 13.49**　調和関数 $\Phi(x,y)$ は，$w=f(z)$ による変換後も，依然として調和関数であることを証明せよ．ただし，$f(z)$ は正則かつ $f'(z)\neq 0$ とする．

**解答**

(問題 13.48)より直ちに導ける．$\dfrac{\partial^2\Phi}{\partial x^2}+\dfrac{\partial^2\Phi}{\partial y^2}=0$ かつ $f'(z)\neq 0$ であれば，以下が成り立つ．

$$\frac{\partial^2\Phi}{\partial u^2}+\frac{\partial^2\Phi}{\partial v^2}=0.$$

**問題 13.50**　$a$ が実数値のとき，$z=a$ を除く任意領域 $\mathcal{R}$ において $w=\ln(z-a)$ の実部と虚部はともに調和関数であることを示せ．

**解答**

**手法 1.** $\mathcal{R}$ が $a$ を含んでいない場合，$w=\ln(z-a)$ は $\mathcal{R}$ において正則である．ゆえにその実部と虚部はともに $\mathcal{R}$ における調和関数である．

**手法 2.** $z-a=re^{i\theta}$ とおく．$\theta$ の主値を取ると，$w=u+iv=\ln(z-a)=\ln r+i\theta$ となり，$u=\ln r$，$v=\theta$ を得る．

極座標 $(r,\theta)$ において，ラプラス方程式は $\dfrac{\partial^2\Phi}{\partial r^2}+\dfrac{1}{r}\dfrac{\partial\Phi}{\partial r}+\dfrac{1}{r^2}\dfrac{\partial^2\Phi}{\partial\theta^2}=0$ であり，直接代入することによって，$\mathcal{R}$ に $r=0$（すなわち $z=a$）が含まれない場合は，$u=\ln r$ および $v=\theta$ は方程式を満たす解となることがわかる．

**手法 3.** $z-a=re^{i\theta}$ のとき，$x-a=r\cos\theta$，$y=r\sin\theta$ だから，

$$r=\sqrt{(x-a)^2+y^2},\qquad \theta=\tan^{-1}\{y/(x-a)\}.$$

ゆえに，$w=u+iv=\frac{1}{2}\ln\{(x-a)^2+y^2\}+i\tan^{-1}\{y/(x-a)\}$ となり，以下を得る．

$$u=\tfrac{1}{2}\ln\{(x-a)^2+y^2\},\qquad v=\tan^{-1}\{y/(x-a)\}.$$

これらを素直に微分してラプラス方程式 $\dfrac{\partial^2\Phi}{\partial x^2}+\dfrac{\partial^2\Phi}{\partial y^2}=0$ に代入すると，$z\neq a$ であれば $u$ と $v$ はこの方程式を満たす解となる．

**問題 13.51**　$z$ 平面の上半平面，$\mathrm{Im}\{z\}>0$，において，$x$ 軸上で以下の規定値をとる調和関数を求めよ．

$$G(x)=\begin{cases}1 & x>0\\ 0 & x<0\end{cases}.$$

**解答**

$\Phi(x, y)$ に対して，以下の境界値問題を解かなければならない．

$$\frac{\partial^2 \Phi}{\partial x^2} + \frac{\partial^2 \Phi}{\partial y^2} = 0, \quad y > 0; \qquad \lim_{y \to 0+} \Phi(x, y) = G(x) = \begin{cases} 1 & x > 0 \\ 0 & x < 0 \end{cases}.$$

これは上半平面に関するディリクレ問題である [図 13-30 参照].

関数 $A\theta + B$($A$ および $B$ は実定数) は，$A \ln z + Bi$ の虚部であるため，調和関数である．

$A$ と $B$ を決定するために，境界条件である $x > 0\,(\theta = 0)$ では $\Phi = 1$，$x < 0\,(\theta = \pi)$ では $\Phi = 0$ となることに注意する．以上より，

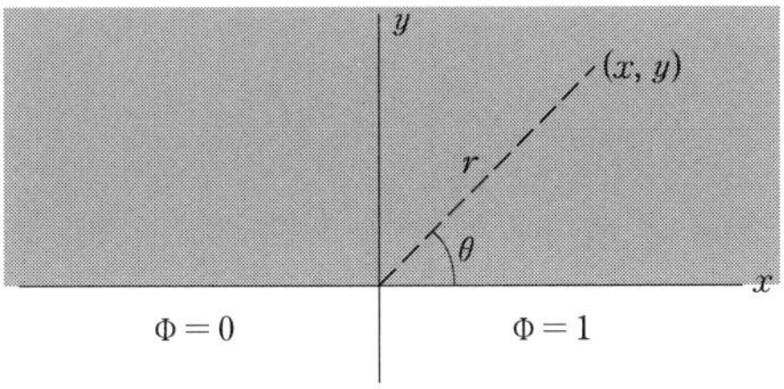

図 13-30

$$(1)\ \ 1 = A(0) + B \qquad (2)\ \ 0 = A(\pi) + B$$

となり，$A = -1/\pi$，$B = 1$ を得る．

したがって，

$$\Phi = A\theta + B = 1 - \frac{\theta}{\pi} = 1 - \frac{1}{\pi} \tan^{-1}\left(\frac{y}{x}\right).$$

**問題 13.52** $T_0, T_1, T_2$ を定数としたとき，以下の境界値問題を解け．

$$\frac{\partial^2 \Phi}{\partial x^2} + \frac{\partial^2 \Phi}{\partial y^2} = 0, \qquad y > 0$$

$$\lim_{y \to 0+} \Phi(x, y) = G(x) = \begin{cases} T_0 & x < -1 \\ T_1 & -1 < x < 1 \\ T_2 & x > 1 \end{cases}$$

**解答**

これは上半平面 [図 13-31] に関するディリクレ問題である．

関数 $A\theta_1 + B\theta_2 + C\,(A, B, C$ は実定数) は，$A \ln(z+1) + B \ln(z-1) + Ci$ の虚部であるから調和関数である．

$A, B, C$ を決定するために，次の境界条件に注意する：$x > 1\,(\theta_1 = \theta_2 = 0)$ では $\Phi = T_2$，$-1 < x < 1\,(\theta_1 = 0, \theta_2 = \pi)$ では $\Phi = T_1$，$x < -1\,(\theta_1 = \pi, \theta_2 = \pi)$ では

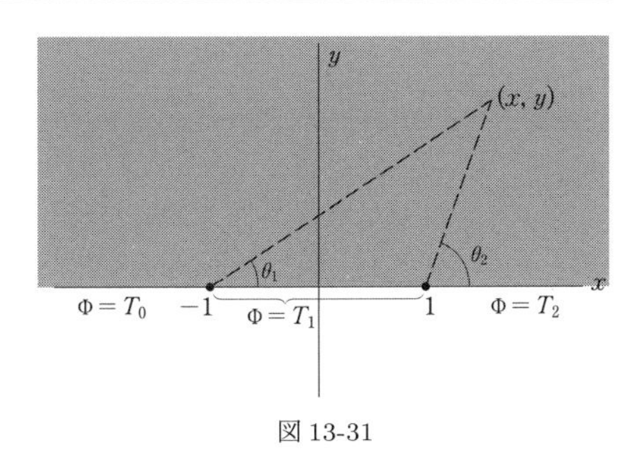


図 13-31

$\Phi = T_0$.
以上より，

$$(1)\ T_2 = A(0) + B(0) + C, \qquad (2)\ T_1 = A(0) + B(\pi) + C, \qquad (3)\ T_0 = A(\pi) + B(\pi) + C$$

となり，$C = T_2$，$B = (T_1 - T_2)/\pi$，$A = (T_0 - T_1)/\pi$ を得る．

したがって，目的の関数は，

$$\Phi = A\theta_1 + B\theta_2 + C = \frac{T_0 - T_1}{\pi} \tan^{-1}\left(\frac{y}{x+1}\right) + \frac{T_1 - T_2}{\pi} \tan^{-1}\left(\frac{y}{x-1}\right) + T_2.$$

**問題 13.53**　単位円 $|z| = 1$ の内部における調和関数で，その円周上において以下の規定値をとる関数を求めよ．

$$F(\theta) = \begin{cases} 1 & 0 < \theta < \pi \\ 0 & \pi < \theta < 2\pi \end{cases}$$

**解答**

これは単位円 [図 13-32] に関するディリクレ問題で，$|z| = 1$ の内部でラプラス方程式を満たし，円弧 $ABC$ 上で 0，円弧 $CDE$ 上で 1 をとる関数を求める問題である．

p.384 の式 (15) で $w$ と $z$ を入れ替えて得られる関数 $z = \dfrac{i-w}{i+w}$，$w = i\left(\dfrac{1-z}{1+z}\right)$ を用いて，円 $|z| = 1$ の内部を $w$ 平面の上半平面に写すようにする [図 13-33]．

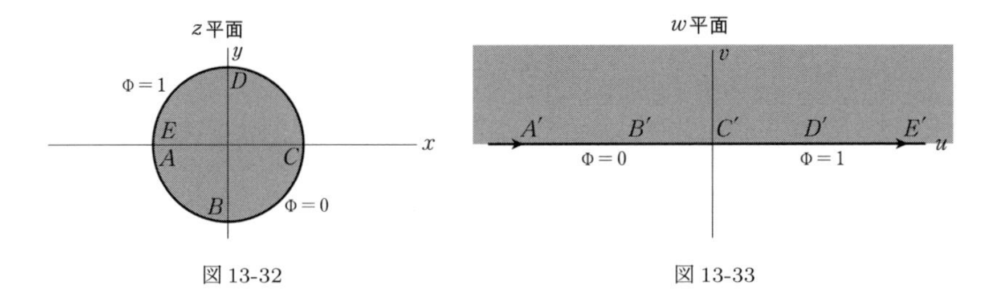


図 13-32　　図 13-33

この変換により，円弧 $ABC$ と $CDE$ は，$w$ 平面の負の実軸 $A'B'C'$ と正の実軸 $C'D'E'$ にそれぞれ写されることになる．すると，円弧 $ABC$ 上の境界条件 $\Phi = 0$ と円弧 $CDE$ 上の境界条件 $\Phi = 1$ は，それぞれ $A'B'C'$ 上で $\Phi = 0$，$C'D'E'$ 上で $\Phi = 1$ となる．

したがってこの問題は，$w$ 平面の上半平面において，（$u$ 軸上で）$u < 0$ なら 0，（$u$ 軸上で）$u > 0$ なら 1 をとる調和関数 $\Phi$ を見つけることに帰着する．しかし，この問題はすでに問題 13.51で解決されており，解は，($x$ を $u$，$y$ を $v$ に置き換えることで) 以下のように与えられる．

$$\Phi = 1 - \frac{1}{\pi} \tan^{-1}\left(\frac{v}{u}\right) \tag{1}$$

ここで，$w = i\left(\dfrac{1-z}{1+z}\right)$ より，$u = \dfrac{2y}{(1+x)^2+y^2}$，$v = \dfrac{1-(x^2+y^2)}{(1+x)^2+y^2}$ と求まる．これらを (1) に代入すると，目的の関数は

$$\Phi = 1 - \frac{1}{\pi}\tan^{-1}\left(\frac{2y}{1-[x^2+y^2]}\right) \tag{2}$$

または極座標 $(r,\theta)$ を用いることで（$x = r\cos\theta,\ y = r\sin\theta$），

$$\Phi = 1 - \frac{1}{\pi}\tan^{-1}\left(\frac{2r\sin\theta}{1-r^2}\right) \tag{3}$$

と求められる．

**問題 13.54** 半無限の平板（図 13-34 で塗りつぶされた部分）は，その境界が図で示された温度に保たれている（$T$は定数）．このとき，定常温度を求めよ．

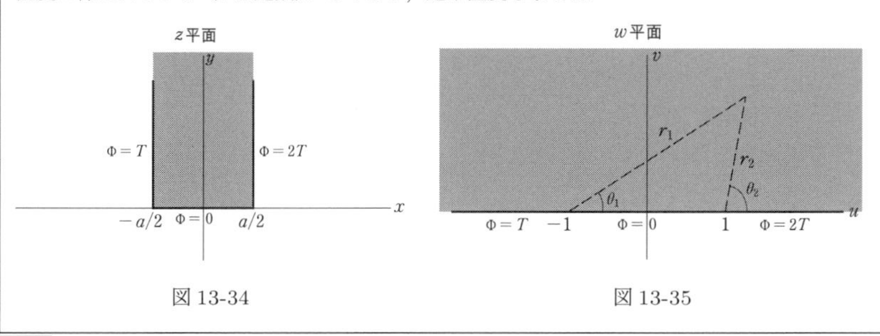


図 13-34　　　図 13-35

解答

定常状態の温度はラプラス方程式を満たすので，等角写像を使った手法でこの問題は解ける．

$z$ 平面で塗りつぶされた領域は，関数 $w = \sin(\pi z/a)$ によって $w$ 平面 [図 13-35] の上半平面に写される．この関数の実部と虚部はそれぞれ $u = \sin(\pi x/a)\cosh(\pi y/a)$，$v = \cos(\pi x/a)\sinh(\pi y/a)$ に等しい．

次に，考えている問題を変換先の $w$ 平面において解かなければならない．問題 13.52 の方法を用いると，$w$ 平面でのこの問題の解は，

$$\Phi = \frac{T}{\pi}\tan^{-1}\left(\frac{v}{u+1}\right) - \frac{2T}{\pi}\tan^{-1}\left(\frac{v}{u-1}\right) + 2T$$

であり，したがって，$z$ 平面においてこの問題に対する解は以下のように求められる．

$$\Phi = \frac{T}{\pi}\tan^{-1}\left\{\frac{\cos(\pi x/a)\,\sinh(\pi y/a)}{\sin(\pi x/a)\,\cosh(\pi y/a)+1}\right\} - \frac{2T}{\pi}\tan^{-1}\left\{\frac{\cos(\pi x/a)\,\sinh(\pi y/a)}{\sin(\pi x/a)\,\cosh(\pi y/a)-1}\right\} + 2T.$$

# 第 14 章

# ラプラス変換と反転公式

## 反転公式

$F(s) = \mathcal{L}\{f(t)\}$ のとき，$\mathcal{L}^{-1}\{F(s)\}$ は以下のように与えられる．

$$f(t) = \frac{1}{2\pi i}\int_{\gamma-i\infty}^{\gamma+i\infty} e^{st}F(s)\,ds, \qquad t>0 \tag{1}$$

ただし，$t<0$ について $f(t)=0$ とする．この結果は**反転公式**または，**ブロムウィッチ積分の公式**とよばれる．この公式は，与えられた関数 $F(s)$ の逆ラプラス変換を得るための直接的な手段を提供するものである．

(1) の積分は，複素平面 $s=x+iy$ 上の直線 $s=\gamma+iy$ に沿って行われる，実数 $\gamma$ は，$s=\gamma$ がすべての特異点（極，分岐点，真性特異点）の右に位置するように選びさえすれば任意である．

## ブロムウィッチ積分路

(1) の積分を求めるため，以下の周回積分を考慮する．

$$\frac{1}{2\pi i}\oint_C e^{st}F(s)\,ds \tag{2}$$

ここで，$C$ は図 14-1 で示した積分路である．この積分路は**ブロムウィッチ積分路**と呼ばれ，線分 $AB$ と，原点 $O$ を中心とした半径 $R$ の円の円弧 $BJKLA$ によって構成される．

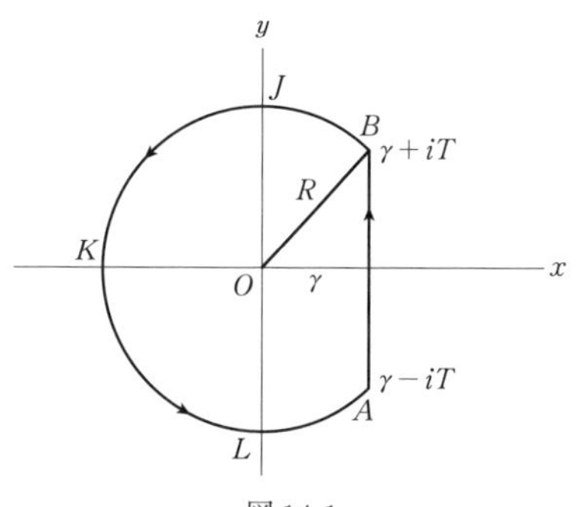


図 14-1

円弧 $BJKLA$ を $\Gamma$ と表せば，$T=\sqrt{R^2-\gamma^2}$ を使って，(1) を以下のように変形できる．

$$\begin{aligned} f(t) &= \lim_{R\to\infty}\frac{1}{2\pi i}\int_{\gamma-iT}^{\gamma+iT} e^{st}F(s)\,ds \\ &= \lim_{R\to\infty}\left\{\frac{1}{2\pi i}\oint_C e^{st}F(s)\,ds - \frac{1}{2\pi i}\int_\Gamma e^{st}F(s)\,ds\right\} \end{aligned} \tag{3}$$

## 留数定理の用いた逆ラプラス変換の計算

仮定として，$F(s)$ の特異点は極だけであり，それら全ての極はある実定数 $\gamma$ に対して直線 $s=\gamma$ の左側にあるものとする．さらに，(3) の $\Gamma$ 上の積分は $R\to\infty$ でゼロに近づくものとする．このとき，留数定理により (3) は以下のようにかける．

$$\begin{aligned} f(t) &= F(s)\text{の極における}e^{st}F(s)\text{の留数の和} \\ &= \sum F(s)\text{の極における}e^{st}F(s)\text{の留数} \end{aligned} \tag{4}$$

## $\Gamma$ 上の積分がゼロに近づくための十分条件

(4) の結果は，(3) の $\Gamma$ 上の積分が $R\to\infty$ でゼロに近づくという仮定に依存している．この仮定が正しいとされる十分条件を以下に示す．

**定理 14.1**
$\Gamma$ 上 ($s=Re^{i\theta}$) で，

$$|F(s)| < \frac{M}{R^k} \tag{5}$$

を満たすような定数 $M>0$，$k>0$ を見つけることができれば，$R\to\infty$ と取ることで，$e^{st}F(s)$ の $\Gamma$ 上の積分はゼロに近づく，すなわち以下が成り立つ．

$$\lim_{R\to\infty}\int_\Gamma e^{st}F(s)\,ds = 0 \tag{6}$$

$P(s)$ と $Q(s)$ を多項式とし，$P(s)$ の次数が $Q(s)$ の次数より小さい場合，$F(s)=P(s)/Q(s)$ は常に条件 (5) を満たす．

この結果は，$F(s)$ が極以外の特異点を持つ場合にも有効である．

## 分岐点がある場合のブロムウィッチ積分路の修正

$F(s)$ が分岐点を持つ場合，ブロムウィッチ積分路を適切に修正すれば，上述した結果の拡張が可能になる．例えば，$F(s)$ が $s=0$ で分岐点をひとつだけ持つとき，図 14-2 の積分路を使うことができる．この図において，$BDE$ と $LNA$ は原点 $O$ を中心とする半径 $R$ の円の円弧を表しており，$HJK$ は原点 $O$ を中心とする半径 $\varepsilon$ の円の円弧を表している．このような場合における，逆ラプラス変換の計算に関する詳細は，問題 14.9 を参照せよ．

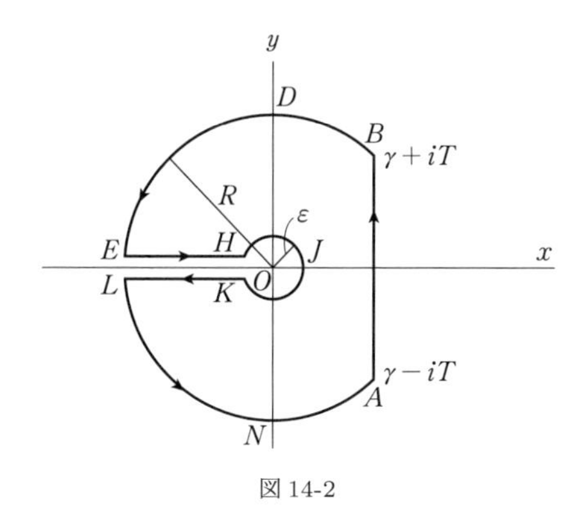


図 14-2

## 特異点が無限にある場合の計算

無限に多くの孤立した特異点を持つ関数の逆ラプラス変換を求める場合は，前節の方法を適用できる．この場合，ブロムウィッチ積分路の曲線部分は，有限個の特異点のみを囲み，どの特異点も通過しないような半径 $R_m$ が選ばれる．逆ラプラス変換の計算は，$m \to \infty$ として適当な極限をとることで求められる (問題 14.13〜問題 14.14).

## 境界値問題への応用

ラプラス変換と反転公式を組み合わせた方法は，理工学分野で現れるさまざまな境界値問題を解くための，強力なツールを提供している (問題 14.15〜問題 14.19).

# 演習問題

## 反転公式

**問題 14.1**　反転公式 (1) の妥当性を示せ.

**解答**

定義より $F(s) = \int_0^\infty e^{-su} f(u)\,du$ だから,

$$\lim_{T\to\infty} \frac{1}{2\pi i} \int_{\gamma-iT}^{\gamma+iT} e^{st} F(s)\,ds = \lim_{T\to\infty} \frac{1}{2\pi i} \int_{\gamma-iT}^{\gamma+iT} \int_0^\infty e^{st-su} f(u)\,du\,ds.$$

$s = \gamma + iy$ とおくと, $ds = i\,dy$ となるから, フーリエ積分定理より [第 8 章参照],

$$\lim_{T\to\infty} \frac{1}{2\pi} e^{\gamma t} \int_{-T}^{T} e^{iyt}\,dy \int_0^\infty e^{-iyu}[e^{-\gamma u} f(u)]\,du = \frac{1}{2\pi} e^{\gamma t} \begin{cases} 2\pi e^{-\gamma t} f(t) & t > 0 \\ 0 & t < 0 \end{cases}$$

$$= \begin{cases} f(t) & t > 0 \\ 0 & t < 0. \end{cases}$$

したがって, 以下の反転公式の妥当性が確かめられた.

$$f(t) = \frac{1}{2\pi i} \int_{\gamma-i\infty}^{\gamma+i\infty} e^{st} F(s)\,ds \quad (t > 0).$$

上の論証において, $e^{-\gamma u} f(u)$ が $(0,\infty)$ で絶対可積分である, すなわち $\int_0^\infty e^{-\gamma u}|f(u)|\,du$ が収束することを仮定しているので, フーリエ積分定理が適用できた. この条件を保証するためには, $f(t)$ が $\gamma$ に対して指数位数 (p.132) であれば十分であり, 実数 $\gamma$ は, 複素平面上の直線 $x = \gamma$ が, $F(s)$ の全ての特異点の右に位置するように選ばれる. これを満たしさえすれば $\gamma$ は任意である.

**問題 14.2**

ブロムウィッチ積分路 [図 14-3] の曲線部分 $BJPKQLA$ を $\Gamma$ とし，式 $s = Re^{i\theta}\,(\theta_0 \leq \theta \leq 2\pi - \theta_0)$ で表すとする．すなわち $\Gamma$ は，$O$ を中心とする半径 $R$ の円弧である．また，$\Gamma$ 上では以下を満たすと仮定する．

$$|F(s)| < \frac{M}{R^k} \qquad (k > 0,\quad M = \text{定数}).$$

このとき，以下が成り立つことを示せ．

$$\lim_{R\to\infty}\int_{\Gamma} e^{st}F(s)\,ds = 0.$$

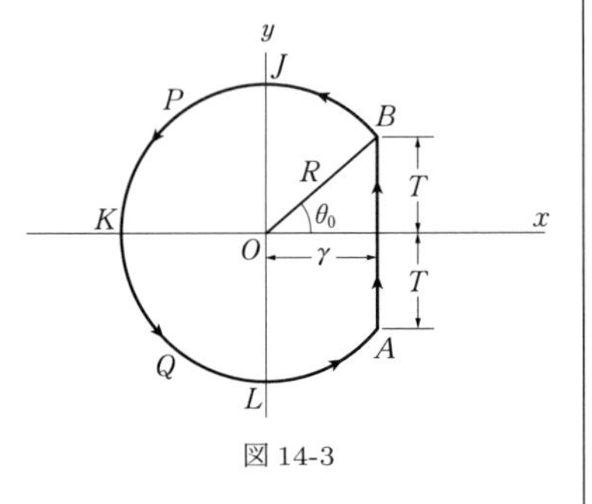


図 14-3

**解答**

$\Gamma_1$，$\Gamma_2$，$\Gamma_3$，$\Gamma_4$ はそれぞれ円弧 $BJ$，$JPK$，$KQL$，$LA$ を表すと，以下を得る．

$$\int_{\Gamma} e^{st}F(s)\,ds = \int_{\Gamma_1} e^{st}F(s)\,ds + \int_{\Gamma_2} e^{st}F(s)\,ds + \int_{\Gamma_3} e^{st}F(s)\,ds + \int_{\Gamma_4} e^{st}F(s)\,ds.$$

このとき，右辺の各積分が $R \to \infty$ でゼロに近づくことを示せれば，必要な結果を証明したことになる．これを行うために，これら 4 つの積分ごとに考える．

**Case 1.　$\Gamma_1$ ($BJ$) 上の積分：**

$\Gamma_1$ に沿えば，$s = Re^{i\theta}\,(\theta_0 \leq \theta \leq \pi/2)$ なので，以下のようになる．

$$I_1 = \int_{\Gamma_1} e^{st}F(s)\,ds = \int_{\theta_0}^{\pi/2} e^{Re^{i\theta}t}F(Re^{i\theta})\,iRe^{i\theta}\,d\theta.$$

このとき，以下を得る．

$$\begin{aligned}
|I_1| &\leq \int_{\theta_0}^{\pi/2} |e^{(R\cos\theta)t}|\,|e^{i(R\sin\theta)t}|\,|F(Re^{i\theta})|\,|iRe^{i\theta}|\,d\theta \\
&\leq \int_{\theta_0}^{\pi/2} e^{(R\cos\theta)t}|F(Re^{i\theta})|\,R\,d\theta \\
&\leq \frac{M}{R^{k-1}}\int_{\theta_0}^{\pi/2} e^{(R\cos\theta)t}\,d\theta = \frac{M}{R^{k-1}}\int_{0}^{\phi_0} e^{(R\sin\phi)t}\,d\phi.
\end{aligned}$$

ここで，$\Gamma_1$ 上で与えられている条件 $|F(s)| \leq M/R^k$ および，変数変換 $\theta = \pi/2 - \phi$ $[\phi_0 = \pi/2 - \theta_0 = \sin^{-1}(\gamma/R)]$ を用いた．

さらに，$\sin\phi \leq \sin\phi_0 = \cos\theta_0 = \gamma/R$ となることから，

$$\frac{M}{R^{k-1}}\int_0^{\phi_0} e^{(R\sin\phi)t}\,d\phi \leq \frac{M}{R^{k-1}}\int_0^{\phi_0} e^{\gamma t}\,d\phi = \frac{Me^{\gamma t}\phi_0}{R^{k-1}} = \frac{Me^{\gamma t}}{R^{k-1}}\sin^{-1}\frac{\gamma}{R}.$$

この式は $R\to\infty$ でゼロに近づく [例えば，大きな $R$ に対して $\sin^{-1}(\gamma/R)\approx\gamma/R$ となることに注目すればゼロに近づく]．したがって，$\lim_{R\to\infty} I_1=0$ である．

**Case 2.　$\Gamma_2\,(JPK)$ 上の積分：**

$\Gamma_2$ に沿えば，$s=Re^{i\theta}\,(\pi/2\leq\theta\leq\pi)$ なので，以下のようになる．

$$I_2=\int_{\Gamma_2} e^{st}F(s)\,ds=\int_{\pi/2}^{\pi} e^{Re^{i\theta}t}\,F(Re^{i\theta})\,iRe^{i\theta}\,d\theta.$$

このとき，$\theta=\pi/2+\phi$ とおくことで，Case 1 と同様に以下を得る．

$$|I_2|\leq\frac{M}{R^{k-1}}\int_{\pi/2}^{\pi} e^{(R\cos\theta)t}\,d\theta\leq\frac{M}{R^{k-1}}\int_0^{\pi/2} e^{-(R\sin\phi)t}\,d\phi.$$

ここで，$0\leq\phi\leq\pi/2$ に対して $\sin\phi\geq 2\phi/\pi$ が成り立つことにより 問題 14.3，

$$\frac{M}{R^{k-1}}\int_0^{\pi/2} e^{-(R\sin\phi)t}\,d\phi\leq\frac{M}{R^{k-1}}\int_0^{\pi/2} e^{-2R\phi t/\pi}\,d\phi=\frac{\pi M}{2tR^k}(1-e^{-Rt})$$

となり，$R\to\infty$ でゼロに近づく．したがって，$\lim_{R\to\infty} I_2=0$ である．

**Case 3.　$\Gamma_3\,(KQL)$ 上の積分：**

この場合も Case 2 と同様の方法で示せる．問題 14.28(a)(補)．

**Case 4.　$\Gamma_4\,(LA)$ 上の積分：**

この場合も Case 1 と同様の方法で示せる．問題 14.28(b)(補)．

**問題 14.3**　$\sin\phi\geq\dfrac{2\phi}{\pi}\quad\left(0\leq\phi\leq\dfrac{\pi}{2}\right)$ が成り立つことを示せ．

**解答**

**方法 1. 幾何学的な証明:**

図 14-4 に示すように，曲線 $OPQ$ が曲線 $y=\sin\phi$ の円弧を，$y=2\phi/\pi$ が直線 $OP$ を表している．$0\leq\phi\leq\pi/2$ では $\sin\phi\geq 2\phi/\pi$ となることが幾何学的に明らかである．

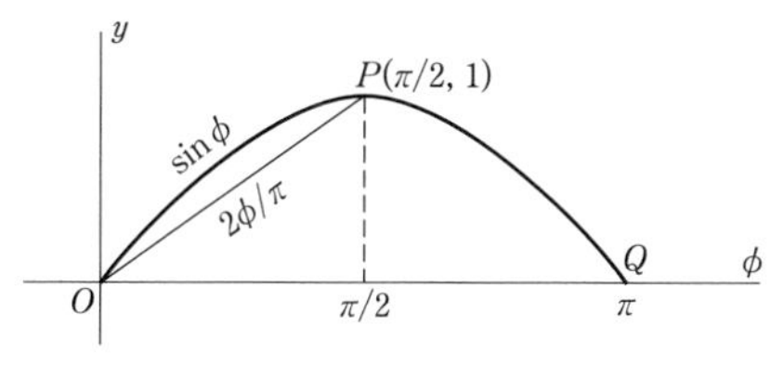


図 14-4

**方法 2. 解析的な証明:**

$G(\phi) = \dfrac{\sin\phi}{\phi}$ を考える．このとき以下を得る．

$$\frac{dG}{d\phi} = G'(\phi) = \frac{\phi\cos\phi - \sin\phi}{\phi^2}. \tag{1}$$

また $H(\phi) = \phi\cos\phi - \sin\phi$ のとき以下を得る．

$$\frac{dH}{d\phi} = H'(\phi) = -\phi\sin\phi. \tag{2}$$

$0 \leq \phi < \pi/2$ ならば $H'(\phi) \leq 0$ となるから $H(\phi)$ は（広義）単調減少関数であり，$H(0) = 0$ より，$H(\phi) \leq 0$ となることがわかる．ゆえに，(1) から $G'(\phi) \leq 0$ となるので $G(\phi)$ は（広義）単調減少関数であることもわかる．定義より $G(0) = \lim_{\phi\to 0} G(\phi) = 1$ だから，0 から $\pi/2$ にかけて $G(\phi)$ は 1 から $2/\pi$ に減少することがわかる．したがって，以下の結果が成り立つことが示せた．

$$1 \geq \frac{\sin\phi}{\phi} \geq \frac{2}{\pi}.$$

## 留数定理を用いた逆ラプラス変換の計算

**問題 14.4**　$F(s)$ の特異点が極のみで，そのすべてが，直線 $x = \gamma$($\gamma$ は実定数) の左側にあると仮定する．さらに $F(s)$ は 問題 14.2 で考えた条件を満たしているとする．このとき，$F(s)$ の逆ラプラス変換が以下で与えられることを証明せよ．

$$f(t) = F(s)\text{の極における}, e^{st}F(s)\text{の留数の和}.$$

**解答**

$C$ を 問題 14.2 のブロムウィッチ積分路とし，$\varGamma$ を図 14-3 の円弧 $BJPKQLA$ とすると，

$$\frac{1}{2\pi i}\oint_C e^{st}F(s)\,ds = \frac{1}{2\pi i}\int_{\gamma-iT}^{\gamma+iT} e^{st}F(s)\,ds + \frac{1}{2\pi i}\int_{\varGamma} e^{st}F(s)\,ds.$$

そして留数定理より，

$$\begin{aligned}\frac{1}{2\pi i}\oint_C e^{st}F(s)\,ds &= C\text{ 内部にある F(s) の極における}, e^{st}F(s)\text{の留数の和} \\ &= \sum C\text{ 内部の留数}.\end{aligned}$$

以上より，

$$\frac{1}{2\pi i}\int_{\gamma-iT}^{\gamma+iT} e^{st}F(s)\,ds = \sum C\text{ 内部の留数} - \frac{1}{2\pi i}\int_{\varGamma} e^{st}F(s)\,ds.$$

となり，極限 $R \to \infty$ をとると，問題 14.2 より $f(t)$ は次のように求まる．

$$f(t) = F(s)\text{の極における}, e^{st}F(s)\text{の留数の和}.$$

**問題 14.5**　以下に答えよ.

$(a)$ $F(s) = \dfrac{1}{s-2}$ が 問題 14.2 で考えた条件を満たすことを示せ.

$(b)$ $\dfrac{e^{st}}{s-2}$ の極 $s=2$ における留数を求めよ.

$(c)$ 反転公式を用いて $\mathcal{L}^{-1}\left\{\dfrac{1}{s-2}\right\}$ を求めよ.

**解答**

$(a)$　$s = Re^{i\theta}$ に対して，$R$ が十分大きければ (例えば $R>4$)，以下を得る.

$$\left|\frac{1}{s-2}\right| = \left|\frac{1}{Re^{i\theta}-2}\right| \leq \frac{1}{|Re^{i\theta}|-2} = \frac{1}{R-2} < \frac{2}{R}.$$

したがって，問題 14.2 で考えた条件は，$k = 1$，$M = 2$ のとき満たされる．なお，上記が成り立つために，$a = z_1 - z_2, b = z_2$ とおいた $|a+b| \leq |a| + |b|$ の結果から導かれる $|z_1 - z_2| \geq |z_1| - |z_2|$ を用いた.

$(b)$　単純極 $s=2$ における留数は,

$$\lim_{s\to 2}(s-2)\left(\frac{e^{st}}{s-2}\right) = e^{2t}.$$

$(c)$　問題 14.4 と $(a)$ および $(b)$ の結果を用いることで,

$$\mathcal{L}^{-1}\left\{\frac{1}{s-2}\right\} = e^{st}F(s)\text{の留数の和} = e^{2t}.$$

この場合のブロムウィッチ積分路は，$\gamma$ が，2 より大きい任意の実数で極 $s = 2$ を囲むように選ばれていることに注意.

**問題 14.6**　留数を用いた方法で $\mathcal{L}^{-1}\left\{\dfrac{1}{(s+1)(s-2)^2}\right\}$ を計算せよ.

**解答**

（逆ラプラス変換の対象となる）この関数は,『$\Gamma$ 上の積分がゼロに近づくための十分条件 (p.422)』における (5) を満たすので [問題 14.5 と同じ流れで証明できる]，以下を得る.

$$\begin{aligned}
\mathcal{L}^{-1}\left\{\frac{1}{(s+1)(s-2)^2}\right\} &= \frac{1}{2\pi i}\int_{\gamma-i\infty}^{\gamma+i\infty}\frac{e^{st}\,ds}{(s+1)(s-2)^2}\\
&= \frac{1}{2\pi i}\oint_C \frac{e^{st}\,ds}{(s+1)(s-2)^2}\\
&= \sum\left[\text{極 } s=-1 \text{ と } s=2 \text{ における } \frac{e^{st}}{(s+1)(s-2)^2} \text{ の留数の和}\right]
\end{aligned}$$

ここで，単純極 $s=-1$ における留数は,

$$\lim_{s\to -1}(s+1)\left\{\frac{e^{st}}{(s+1)(s-2)^2}\right\} = \frac{1}{9}e^{-t}.$$

また，二重極 $s=2$ における留数は，

$$\lim_{s\to 2}\frac{1}{1!}\frac{d}{ds}\left[(s-2)^2\left\{\frac{e^{st}}{(s+1)(s-2)^2}\right\}\right]=\lim_{s\to 2}\frac{d}{ds}\left[\frac{e^{st}}{s+1}\right]$$
$$=\lim_{s\to 2}\frac{(s+1)te^{st}-e^{st}}{(s+1)^2}=\frac{1}{3}te^{2t}-\frac{1}{9}e^{2t}$$

以上より，

$$\mathcal{L}^{-1}\left\{\frac{1}{(s+1)(s-2)^2}\right\}=\sum\text{留数}=\frac{1}{9}e^{-t}+\frac{1}{3}te^{2t}-\frac{1}{9}e^{2t}.$$

**問題 14.7**　$\mathcal{L}^{-1}\left\{\dfrac{s}{(s+1)^3(s-1)^2}\right\}$ を求めよ．

**解答**

問題 14.6 と同様，逆ラプラス変換は 3 位の極 $s=-1$ と 2 位の極 $s=1$ における，

$$\frac{se^{st}}{(s+1)^3(s-1)^2}$$

の留数の和で求められる．

$s=-1$ における留数は，

$$\lim_{s\to -1}\frac{1}{2!}\frac{d^2}{ds^2}\left[(s+1)^3\frac{se^{st}}{(s+1)^3(s-1)^2}\right]=\lim_{s\to -1}\frac{1}{2}\frac{d^2}{ds^2}\left[\frac{se^{st}}{(s-1)^2}\right]=\frac{1}{16}e^{-t}(1-2t^2).$$

また，$s=1$ における留数は，

$$\lim_{s\to 1}\frac{1}{1!}\frac{d}{ds}\left[(s-1)^2\frac{se^{st}}{(s+1)^3(s-1)^2}\right]=\lim_{s\to 1}\frac{d}{ds}\left[\frac{se^{st}}{(s-1)^2}\right]=\frac{1}{16}e^{t}(2t-1).$$

以上より，

$$\mathcal{L}^{-1}\left\{\frac{s}{(s+1)^3(s-1)^2}\right\}=\sum\text{留数}=\frac{1}{16}e^{-t}(1-2t^2)+\frac{1}{16}e^{t}(2t-1).$$

**問題 14.8**　$\mathcal{L}^{-1}\left\{\dfrac{1}{(s^2+1)^2}\right\}$ を求めよ．

**解答**

被作用関数を以下のようにする．

$$\frac{1}{(s^2+1)^2}=\frac{1}{[(s+i)(s-i)]^2}=\frac{1}{(s+i)^2(s-i)^2}.$$

目的の逆ラプラス変換は $s=i$ と $s=-i$ における (どちらも 2 位の極)，

$$\frac{e^{st}}{(s+i)^2(s-i)^2}$$

の留数の和で求められる．

$s=i$ における留数は，

$$\lim_{s\to i}\frac{d}{ds}\left[(s-i)^2\frac{e^{st}}{(s+i)^2(s-i)^2}\right]=-\frac{1}{4}te^{it}-\frac{1}{4}ie^{it}.$$

また，$s=-i$ における留数は，$s=i$ における留数の $i$ を $-i$ に置き換えることでも得られるので，

$$\lim_{s\to -i}\frac{d}{ds}\left[(s+i)^2\frac{e^{st}}{(s+i)^2(s-i)^2}\right]=-\frac{1}{4}te^{-it}+\frac{1}{4}ie^{-it}.$$

以上より，

$$\begin{aligned}\sum \text{留数}&=-\frac{1}{4}t(e^{it}+e^{-it})-\frac{1}{4}i(e^{it}-e^{-it})\\&=-\frac{1}{2}t\cos t+\frac{1}{2}\sin t=\frac{1}{2}(\sin t-t\cos t).\end{aligned}$$

この結果と，p.154 の 問題 4.37 とを比較せよ．

## 分岐点がある場合の逆ラプラス変換

**問題 14.9** 反転公式を用いて $\mathcal{L}^{-1}\left\{\dfrac{e^{-a\sqrt{s}}}{s}\right\}$ を求めよ．

**解答**

反転公式より，逆ラプラス変換は以下のように与えられる．

$$f(t)=\frac{1}{2\pi i}\int_{\gamma-i\infty}^{\gamma+i\infty}\frac{e^{st-a\sqrt{s}}}{s}\,ds \qquad (1)$$

$s=0$ は被積分関数の分岐点であることから，図 14-5 のような積分路 $C$ を構成する．$C$ は，直線 $AB(s=\gamma+iy)$ と，$O$ を中心とした半径 $R$ の円弧 $BDE$ と $LNA$，そして中心が原点 $O$ で半径 $\varepsilon$ の円弧 $HJK$ で構成される．このとき，以下の積分を考える．

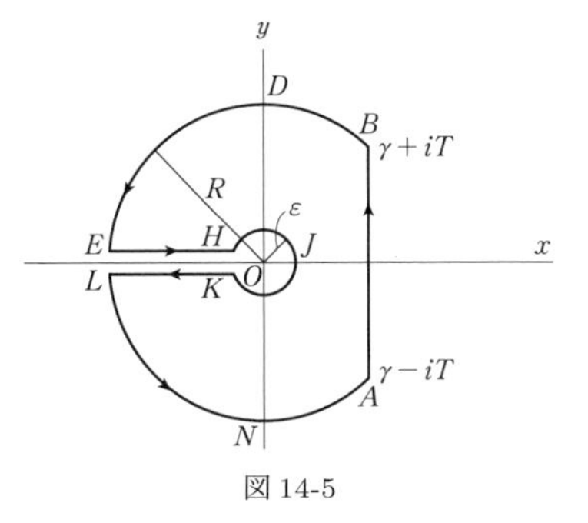


図 14-5

$$\begin{aligned}\frac{1}{2\pi i}\oint_C\frac{e^{st-a\sqrt{s}}}{s}\,ds&=\frac{1}{2\pi i}\int_{AB}\frac{e^{st-a\sqrt{s}}}{s}\,ds+\frac{1}{2\pi i}\int_{BDE}\frac{e^{st-a\sqrt{s}}}{s}\,ds\\&\quad+\frac{1}{2\pi i}\int_{EH}\frac{e^{st-a\sqrt{s}}}{s}\,ds+\frac{1}{2\pi i}\int_{HJK}\frac{e^{st-a\sqrt{s}}}{s}\,ds\\&\quad+\frac{1}{2\pi i}\int_{KL}\frac{e^{st-a\sqrt{s}}}{s}\,ds+\frac{1}{2\pi i}\int_{LNA}\frac{e^{st-a\sqrt{s}}}{s}\,ds.\end{aligned}$$

被積分関数の唯一の特異点 $s=0$ は $C$ の内部にはないので，コーシーの積分定理より，左辺の積分値はゼロになる．また，被積分関数は 問題 14.2 で考えた条件を満たすので，極限 $R\to\infty$ ととることで，$BDE$ と $LNA$ 上の積分値はゼロになる．これらより，以下を得る．

$$\begin{aligned} f(t) &= \lim_{\substack{R\to\infty\\ \varepsilon\to 0}} \frac{1}{2\pi i}\int_{AB} \frac{e^{st-a\sqrt{s}}}{s}\,ds = \frac{1}{2\pi i}\int_{\gamma-i\infty}^{\gamma+i\infty} \frac{e^{st-a\sqrt{s}}}{s}\,ds \\ &= -\lim_{\substack{R\to\infty\\ \varepsilon\to 0}} \frac{1}{2\pi i}\left\{\int_{EH} \frac{e^{st-a\sqrt{s}}}{s}\,ds + \int_{HJK} \frac{e^{st-a\sqrt{s}}}{s}\,ds + \int_{KL} \frac{e^{st-a\sqrt{s}}}{s}\,ds\right\} \end{aligned} \tag{2}$$

$EH$ に沿えば，$s=xe^{\pi i}$, $\sqrt{s}=\sqrt{x}e^{\pi i/2}=i\sqrt{x}$ となり，$s$ が $-R$ から $-\varepsilon$ へ変化するとき，$x$ は $R$ から $\varepsilon$ に変化する．ゆえに以下を得る．

$$\int_{EH} \frac{e^{st-a\sqrt{s}}}{s}\,ds = \int_{-R}^{-\varepsilon} \frac{e^{st-a\sqrt{s}}}{s}\,ds = \int_{R}^{\varepsilon} \frac{e^{-xt-ai\sqrt{x}}}{x}\,dx.$$

同様に $KL$ に沿えば，$s=xe^{-\pi i}$, $\sqrt{s}=\sqrt{x}e^{-\pi i/2}=-i\sqrt{x}$ となり，$s$ が $-\varepsilon$ から $-R$ へ変化するとき，$x$ は $\varepsilon$ から $R$ に変化する．ゆえに以下を得る．

$$\int_{KL} \frac{e^{st-a\sqrt{s}}}{s}\,ds = \int_{-\varepsilon}^{-R} \frac{e^{st-a\sqrt{s}}}{s}\,ds = \int_{\varepsilon}^{R} \frac{e^{-xt+ai\sqrt{x}}}{x}\,dx.$$

$HJK$ に沿えば，$s=\varepsilon e^{i\theta}$ となるから，以下を得る．

$$\begin{aligned} \int_{HJK} \frac{e^{st-a\sqrt{s}}}{s}\,ds &= \int_{\pi}^{-\pi} \frac{e^{\varepsilon e^{i\theta}t-a\sqrt{\varepsilon}e^{i\theta/2}}}{\varepsilon e^{i\theta}} i\varepsilon e^{i\theta}\,d\theta \\ &= i\int_{\pi}^{-\pi} e^{\varepsilon e^{i\theta}t-a\sqrt{\varepsilon}e^{i\theta/2}}\,d\theta. \end{aligned}$$

以上より，(2) は以下のようになる．

$$\begin{aligned} f(t) &= -\lim_{\substack{R\to\infty\\ \varepsilon\to 0}} \frac{1}{2\pi i}\left\{\int_{R}^{\varepsilon} \frac{e^{-xt-ai\sqrt{x}}}{x}\,dx + \int_{\varepsilon}^{R} \frac{e^{-xt+ai\sqrt{x}}}{x}\,dx + i\int_{\pi}^{-\pi} e^{\varepsilon e^{i\theta}t-a\sqrt{\varepsilon}e^{i\theta/2}}\,d\theta\right\} \\ &= -\lim_{\substack{R\to\infty\\ \varepsilon\to 0}} \frac{1}{2\pi i}\left\{\int_{\varepsilon}^{R} \frac{e^{-xt}(e^{ai\sqrt{x}}-e^{-ai\sqrt{x}})}{x}\,dx + i\int_{\pi}^{-\pi} e^{\varepsilon e^{i\theta}t-a\sqrt{\varepsilon}e^{i\theta/2}}\,d\theta\right\} \\ &= -\lim_{\substack{R\to\infty\\ \varepsilon\to 0}} \frac{1}{2\pi i}\left\{2i\int_{\varepsilon}^{R} \frac{e^{-xt}\sin a\sqrt{x}}{x}\,dx + i\int_{\pi}^{-\pi} e^{\varepsilon e^{i\theta}t-a\sqrt{\varepsilon}e^{i\theta/2}}\,d\theta\right\} \end{aligned}$$

積分記号の中身に対して極限を取ることができるので，

$$\lim_{\varepsilon\to 0}\int_{\pi}^{-\pi} e^{\varepsilon e^{i\theta}t-a\sqrt{\varepsilon}e^{i\theta/2}}\,d\theta = \int_{\pi}^{-\pi} 1\,d\theta = -2\pi$$

となり，

$$f(t) = 1-\frac{1}{\pi}\int_0^{\infty} \frac{e^{-xt}\sin a\sqrt{x}}{x}\,dx. \tag{3}$$

この式は以下のようにかける 問題 14.10 ．

$$f(t) = 1-\operatorname{erf}(a/2\sqrt{t}) = \operatorname{erfc}(a/2\sqrt{t}). \tag{4}$$

**問題 14.10** $\dfrac{1}{\pi}\displaystyle\int_0^{\infty} \frac{e^{-xt}\sin a\sqrt{x}}{x}\,dx = \operatorname{erf}(a/2\sqrt{t})$ であることを証明し，(問題 14.9)の最終結果である (4) を立証せよ．

解答

$x = u^2$ とおくと，以下の積分を得る．

$$I = \frac{2}{\pi}\int_0^{\infty} \frac{e^{-u^2 t}\sin au}{u}\,du.$$

このとき，$a$ に関する微分を行い(問題 9.9)の結果を用いることで，

$$\frac{\partial I}{\partial a} = \frac{2}{\pi}\int_0^{\infty} e^{-u^2 t}\cos au\,du = \frac{2}{\pi}\left(\frac{\sqrt{\pi}}{2\sqrt{t}}e^{-a^2/4t}\right) = \frac{1}{\sqrt{\pi t}}e^{-a^2/4t}.$$

ゆえに，$a = 0$ のとき $I = 0$ となる事実より，

$$I = \int_0^{a} \frac{1}{\sqrt{\pi t}}e^{-p^2/4t}\,dp = \frac{2}{\sqrt{\pi}}\int_0^{a/2\sqrt{t}} e^{-u^2}\,du = \operatorname{erf}(a/2\sqrt{t}).$$

となり，目的の結果が得られた．

**問題 14.11** $\mathcal{L}^{-1}\left\{e^{-a\sqrt{s}}\right\}$ を求めよ．

解答

$\mathcal{L}\{f(t)\} = F(s)$ とする．$f(0) = 0$ ならば $\mathcal{L}\{f'(t)\} = sF(s) - f(0) = sF(s)$ を得る．したがって，$\mathcal{L}^{-1}\{F(s)\} = f(t)$ および $f(0) = 0$ のとき，$\mathcal{L}^{-1}\{sF(s)\} = f'(t)$ となる．

(問題 14.9)および(問題 14.10)の結果を用いると，

$$f(t) = \operatorname{erfc}(a/2\sqrt{t}) = 1 - \frac{2}{\sqrt{\pi}}\int_0^{a/2\sqrt{t}} e^{-u^2}\,du.$$

を得るが，この式は $f(0) = 0$ を満たす．そして

$$F(s) = \mathcal{L}\{f(t)\} = \frac{e^{-a\sqrt{s}}}{s}$$

となることから，以下を得る．

$$\begin{aligned}\mathcal{L}^{-1}\left\{e^{-a\sqrt{s}}\right\} = f'(t) &= \frac{d}{dt}\left\{1 - \frac{2}{\sqrt{\pi}}\int_0^{a/2\sqrt{t}} e^{-u^2}\,du\right\} \\ &= \frac{a}{2\sqrt{\pi}}t^{-3/2}e^{-a^2/4t}.\end{aligned}$$

## 特異点が無限にある関数の逆ラプラス変換

**問題 14.12**　$F(s)=\dfrac{\cosh x\sqrt{s}}{s\cosh\sqrt{s}}$ $(0<x<1)$ の全ての特異点を求めよ.

**解答**

$\sqrt{s}$ の存在から，$s=0$ が分岐点であるように見える．しかし，そうでないことは，

$$F(s)=\frac{\cosh x\sqrt{s}}{s\cosh\sqrt{s}}=\frac{1+(x\sqrt{s})^2/2!+(x\sqrt{s})^4/4!+\cdots}{s\{1+(\sqrt{s})^2/2!+(\sqrt{s})^4/4!+\cdots\}}$$
$$=\frac{1+x^2s/2!+x^4s^2/4!+\cdots}{s\{1+s/2!+s^2/4!+\cdots\}}$$

に注目すればわかることで，$s=0$ に分岐点がないことは明らかである．$s=0$ には単純極が存在する.

また，関数 $F(s)$ は以下の式の根で与えられる無限に多くの極を持つ.

$$\cosh\sqrt{s}=\frac{e^{\sqrt{s}}+e^{-\sqrt{s}}}{2}=0.$$

この式を解くと，

$$e^{2\sqrt{s}}=-1=e^{\pi i+2k\pi i}\quad(k=0,\pm1,\pm2,\dots)$$

となり，これより，

$$\sqrt{s}=(k+\tfrac{1}{2})\pi i\qquad\text{または}\qquad s=-(k+\tfrac{1}{2})^2\pi^2.$$

これらが単純極となる.

したがって，$F(s)$ は以下の単純極を持つ.

$$s=0,\qquad s=s_n,$$

$$[s_n=-(n-\tfrac{1}{2})^2\pi^2\quad(n=1,2,3,\dots)]$$

**問題 14.13**　$\mathcal{L}^{-1}\left\{\dfrac{\cosh x\sqrt{s}}{s\cosh\sqrt{s}}\right\}$ $(0 < x < 1)$ を求めよ．

**解答**

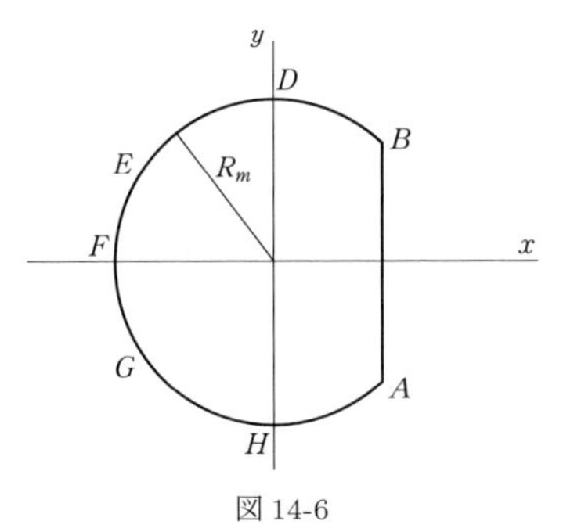

図 14-6

目的とする逆ラプラス変換は，図 14-6 のブロムウィッチ積分路を用いて求められる．直線 $AB$ は，問題 14.12 で求めた，

$$s = 0, \qquad s = s_n,$$

$$\left[s_n = -(n - \tfrac{1}{2})^2\pi^2 \quad (n = 1, 2, 3, \dots)\right]$$

で与えられる極の右側に位置するように選ばれる．

またブロムウィッチ積分路の曲線部分 $BDEFGHA$ が，中心を原点，半径

$$R_m = m^2\pi^2 \qquad (m = \text{正の整数})$$

とする円弧 $\Gamma_m$ となるように選ぶ．この選択によって，積分路がどの極も通過しないことが保証される．

ここで，極における

$$\frac{e^{st}\cosh x\sqrt{s}}{s\cosh\sqrt{s}}.$$

の留数を求めると次のようになる．

**$s = 0$ における留数：**

$$\lim_{s\to 0}(s - 0)\left\{\frac{e^{st}\cosh x\sqrt{s}}{s\cosh\sqrt{s}}\right\} = 1.$$

**$s = -(n - \frac{1}{2})^2\pi^2$ $(n = 1, 2, 3, \dots)$ における留数：**

$$\begin{aligned}
\lim_{s\to s_n}(s - s_n)\left\{\frac{e^{st}\cosh x\sqrt{s}}{s\cosh\sqrt{s}}\right\} &= \lim_{s\to s_n}\left\{\frac{s - s_n}{\cosh\sqrt{s}}\right\}\lim_{s\to s_n}\left\{\frac{e^{st}\cosh x\sqrt{s}}{s}\right\} \\
&= \lim_{s\to s_n}\left\{\frac{1}{(\sinh\sqrt{s})(1/(2\sqrt{s}))}\right\}\lim_{s\to s_n}\left\{\frac{e^{st}\cosh x\sqrt{s}}{s}\right\} \\
&= \frac{4(-1)^n}{\pi(2n-1)}e^{-(n-1/2)^2\pi^2 t}\cos(n - \tfrac{1}{2})\pi x.
\end{aligned}$$

以上より，$C_m$ が図 14-6 の積分路だとすると，

$$\frac{1}{2\pi i}\oint_{C_m}\frac{e^{st}\cosh x\sqrt{s}}{s\cosh\sqrt{s}}\,ds = 1 + \frac{4}{\pi}\sum_{n=1}^{m}\frac{(-1)^n}{2n-1}e^{-(n-1/2)^2\pi^2 t}\cos(n - \tfrac{1}{2})\pi x.$$

極限 $m \to \infty$ をとり，$\Gamma_m$ 周りの積分がゼロになることに注意すれば，

$$\begin{aligned}\mathcal{L}^{-1}\left\{\frac{\cosh x\sqrt{s}}{s\ \cosh\sqrt{s}}\right\} &= 1 + \frac{4}{\pi}\sum_{n=1}^{\infty}\frac{(-1)^n}{2n-1}e^{-(n-1/2)^2\pi^2 t}\ \cos(n-\tfrac{1}{2})\pi x \\ &= 1 + \frac{4}{\pi}\sum_{n=1}^{\infty}\frac{(-1)^n}{2n-1}e^{-(2n-1)^2\pi^2 t/4}\ \cos\frac{(2n-1)\pi x}{2}.\end{aligned}$$

**問題 14.14**　$\mathcal{L}^{-1}\left\{\dfrac{\sinh sx}{s^2\cosh sa}\right\}$ $(0 < x < a)$ を求めよ．

**解答**

関数 $F(s) = \dfrac{\sinh sx}{s^2\cosh sa}$ は $s = 0$ および，$\cosh sa = 0$ すなわち

$$s = s_k = (k+\tfrac{1}{2})\pi i/a \qquad (k = 0, \pm 1, \pm 2, \dots)$$

となる $s$ の値で極を持つ．$s = 0$ は $s^2$ の存在から 2 位の極であると思われる．しかし $s = 0$ 付近では

$$\begin{aligned}\frac{\sinh sx}{s^2\cosh sa} &= \frac{sx + (sx)^3/3! + (sx)^5/5! + \cdots}{s^2\{1 + (sa)^2/2! + (sa)^4/4! + \cdots\}} \\ &= \frac{x + s^2x^3/3! + s^4x^5/5!}{s\{1 + s^2a^2/2! + s^4a^4/4! + \cdots\}}.\end{aligned}$$

となるから $s = 0$ は 1 位の極，すなわち単純極であることがわかる．そして極 $s_k$ もまた単純極である．

(問題 14.13) と同じように進めると，これらの極における $e^{st}f(s)$ の留数を求めることができる．

$s = 0$ での留数は，ロピタルの定理を用いることで，

$$\lim_{s\to 0}(s-0)\left\{\frac{e^{st}\ \sinh sx}{s^2\ \cosh sa}\right\} = \left\{\lim_{s\to 0}\frac{\sinh sx}{s}\right\}\left\{\lim_{s\to 0}\frac{e^{st}}{\cosh sa}\right\} = x.$$

$s = s_k$ での留数は，

$$\begin{aligned}\lim_{s\to s_k}(s-s_k)\left\{\frac{e^{st}\sinh sx}{s^2\cosh sa}\right\} &= \left\{\lim_{s\to s_k}\frac{s-s_k}{\cosh sa}\right\}\left\{\lim_{s\to s_k}\frac{e^{st}\sinh sx}{s^2}\right\} \\ &= \left\{\lim_{s\to s_k}\frac{1}{a\sinh sa}\right\}\left\{\lim_{s\to s_k}\frac{e^{st}\ \sinh sx}{s^2}\right\} \\ &= \frac{1}{ai\sin(k+\frac{1}{2})\pi}\cdot\frac{e^{(k+1/2)\pi it/a}i\ \sin(k+\frac{1}{2})\pi x/a}{-(k+\frac{1}{2})^2\pi^2/a^2} \\ &= -\frac{a(-1)^k e^{(k+1/2)\pi it/a}\ \sin(k+\frac{1}{2})\pi x/a}{\pi^2(k+\frac{1}{2})^2}.\end{aligned}$$

(問題 14.13) で用いたのと同様に，適切な極限をとった留数の和を求めると，目的の結果である以下を得る．

$$\mathcal{L}^{-1}\left\{\frac{\sinh sx}{s^2\cosh sa}\right\} = x - \frac{a}{\pi^2}\sum_{k=-\infty}^{\infty}\frac{(-1)^k e^{(k+1/2)\pi it/a}\sin(k+\frac{1}{2})\pi x/a}{(k+\frac{1}{2})^2}$$

$$= x + \frac{2a}{\pi^2}\sum_{n=1}^{\infty}\frac{(-1)^n \cos(n-\frac{1}{2})\pi t/a \sin(n-\frac{1}{2})\pi x/a}{(n-\frac{1}{2})^2}$$

$$= x + \frac{8a}{\pi^2}\sum_{n=1}^{\infty}\frac{(-1)^n}{(2n-1)^2}\sin\frac{(2n-1)\pi x}{2a}\cos\frac{(2n-1)\pi t}{2a}.$$

## 境界値問題への応用

**問題 14.15**

$x > 0$ にある半無限の平板 (図 14-7) は最初，温度ゼロであるとする．そして時間 $t = 0$ において面 $x = 0$ に一定温度 $u_0 > 0$ を当て続ける．このとき，任意時間 $t > 0$ における，平板の任意点における温度を求めよ．

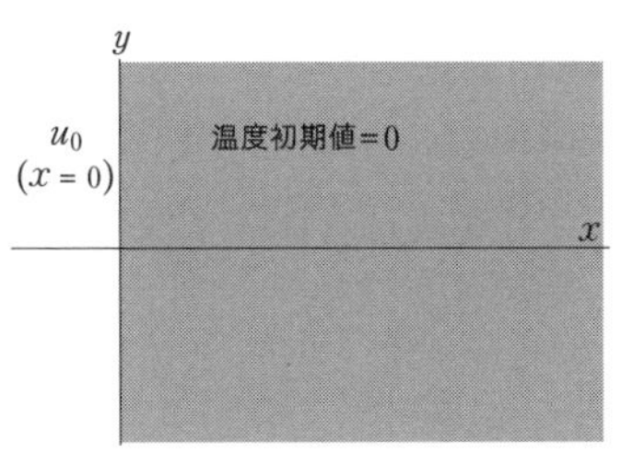


図 14-7

**解答**

任意点 $x$，任意時間 $t$ での温度 $u(x,t)$ を決定する境界値問題は以下になる．

$$\frac{\partial u}{\partial t} = \kappa\frac{\partial^2 u}{\partial x^2} \quad (x > 0,\ t > 0),$$

$$u(x,0) = 0, \quad u(0,t) = u_0, \quad |u(x,t)| < M.$$

なお，最後の条件は，温度があらゆる $x$ と $t$ に対して有限であることを表現している．

ラプラス変換を施すと，以下を得る．

$$sU - u(x,0) = \kappa\frac{d^2U}{dx^2} \qquad \text{または，} \qquad \frac{d^2U}{dx^2} - \frac{s}{\kappa}U = 0 \tag{1}$$

ここで，

$$U(0,s) = \mathcal{L}\{u(0,t)\} = \frac{u_0}{s} \tag{2}$$

であり，また $U = U(x,s)$ は有界であることが要求される．

そして (1) を解くと，

$$U(x,s) = c_1 e^{\sqrt{s/\kappa}x} + c_2 e^{-\sqrt{s/\kappa}x}.$$

$u$ は $x \to \infty$ で有界であるから $c_1 = 0$ とすると，

$$U(x,s) = c_2 e^{-\sqrt{s/\kappa}x}. \tag{3}$$

(2) より $c_2 = u_0/s$ だから，

$$U(x,s) = \frac{u_0}{s}e^{-\sqrt{s/\kappa}x}$$

ゆえに 問題 14.9 と 問題 14.10 より，

$$u(x,t) = u_0 \operatorname{erfc}(x/2\sqrt{\kappa t}) = u_0\left\{1 - \frac{2}{\sqrt{\pi}}\int_0^{x/2\sqrt{\kappa t}} e^{-u^2}\,du\right\}.$$

**問題 14.16**　問題 14.15 における $t=0$ の温度を $g(t)$ $(t>0)$ としたとき，これを解け．

**解答**

この場合の境界値問題は，境界条件 $u(0,t) = u_0$ を $u(0,t) = g(t)$ に置き換えた以外は，前問と同じである．そして $g(t)$ のラプラス変換を $G(s)$ とすると，問題 14.15 の (3) から $c_2 = G(s)$ となり，以下を得る．

$$U(x,s) = G(s)e^{-\sqrt{s/\kappa}x}$$

問題 14.11 より，

$$\mathcal{L}^{-1}\left\{e^{-\sqrt{s/\kappa}x}\right\} = \frac{x}{2\sqrt{\pi\kappa}}t^{-3/2}e^{-x^2/4\kappa t}.$$

ゆえに，ラプラス変換に関する畳み込み定理 (p.136) より，

$$\begin{aligned} u(x,t) &= \int_0^t \frac{x}{2\sqrt{\pi\kappa}}u^{-3/2}e^{-x^2/4\kappa u}\,g(t-u)\,du \\ &= \frac{2}{\sqrt{\pi}}\int_{x/2\sqrt{\kappa t}}^{\infty} e^{-v^2}g\left(t - \frac{x^2}{4\kappa v^2}\right)dv \qquad (v = x^2/4\kappa u). \end{aligned}$$

**問題 14.17**　強く張られた柔軟な弦は，その両端が $x = 0$ と $x = l$ で固定されている．時間 $t=0$ において，弦は $f(x) = \mu x(l-x)$ ($\mu =$ 定数) で定義される形状を持っている．その後，この弦を静かに離して振動させたとき，任意時間 $t>0$，任意点 $x$ における弦の変位を求めよ．

**解答**

境界値問題は以下のようになる．

$$\frac{\partial^2 y}{\partial t^2} = a^2\frac{\partial^2 y}{\partial x^2} \qquad (0<x<l,\ \ t>0),$$

$$y(0,t) = 0, \quad y(l,t) = 0, \quad y(x,0) = \mu x(l-x), \quad y_t(x,0) = 0.$$

これにラプラス変換を施すと，$Y(x,s) = \mathcal{L}\{y(x,t)\}$ とおくことで，

$$s^2Y - sy(x,0) - y_t(x,0) = a^2\frac{d^2Y}{dx^2},$$

または,

$$\frac{d^2Y}{dx^2} - \frac{s^2}{a^2}Y = -\frac{\mu sx(l-x)}{a^2} \tag{1}$$

となる. ここで, 以下を満たすことに注意.

$$Y(0,s) = 0, \quad Y(l,s) = 0 \tag{2}$$

(1) の一般解は

$$Y = c_1 \cosh\frac{sx}{a} + c_2 \sinh\frac{sx}{a} + \frac{\mu x(l-x)}{s} - \frac{2a^2\mu}{s^3}. \tag{3}$$

この解は条件 (2) より

$$c_1 = \frac{2a^2\mu}{s^3}, \quad c_2 = \frac{2a^2\mu}{s^3}\left(\frac{1-\cosh sl/a}{\sinh sl/a}\right) = -\frac{2a^2\mu}{s^3}\tanh sl/2a \tag{4}$$

となるから, (3) は以下のようになる.

$$Y = \frac{2a^2\mu}{s^3}\frac{\cosh s(2x-l)/2a}{\cosh sl/2a} + \frac{\mu x(l-x)}{s} - \frac{2a^2\mu}{s^3}.$$

以上より, 留数を用いることで,

$$\begin{aligned} y(x,t) &= a^2\mu\left\{t^2 + \left(\frac{2x-l}{2a}\right)^2 - \left(\frac{l}{2a}\right)^2\right\} \\ &\quad - \frac{32a^2\mu}{\pi^3}\left(\frac{l}{2a}\right)^2 \sum_{n=1}^{\infty}\frac{(-1)^n}{(2n-1)^3}\cos\frac{(2n-1)\pi(2x-l)}{2l}\cos\frac{(2n-1)\pi at}{l} \\ &\quad + \mu x(l-x) - a^2\mu t^2 \end{aligned}$$

または,

$$y(x,t) = \frac{8\mu l^2}{\pi^3}\sum_{n=1}^{\infty}\frac{1}{(2n-1)^3}\sin\frac{(2n-1)\pi x}{l}\cos\frac{(2n-1)\pi at}{l}.$$

**問題 14.18** はじめ $x$ 軸上に静止している半無限の梁 (はり) がある. 時間 $t = 0$ においてこの梁の端 $x = 0$ に横方向の変位 $h$ を与える. このとき任意位置 $x > 0$, 任意時間 $t > 0$ における横方向の変位 $y(x,t)$ を求めよ.

**解答**

境界値問題は以下のようになる.

$$\frac{\partial^2 y}{\partial t^2} + b^2\frac{\partial^4 y}{\partial x^4} = 0 \quad (x > 0,\ t > 0), \tag{1}$$

$$y(x,0) = 0, \quad y_t(x,0) = 0, \quad y(0,t) = h, \quad y_{xx}(0,t) = 0, \quad |y(x,t)| < M. \tag{2}$$

これにラプラス変換を施すと,

$$s^2Y(x,s) - s\,y(x,0) - y_t(x,0) + b^2\frac{d^4Y}{dx^4} = 0 \quad \text{または,} \quad \frac{d^4Y}{dx^4} + \frac{s^2}{b^2}Y = 0,$$

$$Y(0,s)=h/s,\quad Y_{xx}(0,s)=0,\quad Y(x,s)\text{ は有界}. \tag{3}$$

こうして得た微分方程式の一般解は以下のようになる．

$$Y(x,s)=e^{\sqrt{s/2b}\,x}(c_1\cos\sqrt{s/2b}\,x+c_2\sin\sqrt{s/2b}\,x)+e^{-\sqrt{s/2b}x}(c_3\cos\sqrt{s/2b}\,x+c_4\sin\sqrt{s/2b}\,x).$$

有界条件より $c_1=c_2=0$ となるから，

$$Y(x,s)=e^{-\sqrt{s/2b}\,x}(c_3\cos\sqrt{s/2b}\,x+c_4\sin\sqrt{s/2b}\,x).$$

さらに，(3) の 1 つ目と 2 つ目の境界条件により，$c_4=0$ および $c_3=h/s$ となるから，

$$Y(x,s)=\frac{h}{s}e^{-\sqrt{s/2b}\,x}\cos\sqrt{s/2b}\,x.$$

上で得た式の逆ラプラス変換は，反転公式より次のようになる．

$$y(x,t)=\frac{1}{2\pi i}\int_{\gamma-i\infty}^{\gamma+i\infty}\frac{he^{st-\sqrt{s/2b}\,x}\cos\sqrt{s/2b}\,x}{s}\,ds.$$

これを求めるには，$s=0$ が分岐点であることから，図 14-8 の積分路を用いる．そして 問題 14.9 と同様に進めると，以下のようになる（簡潔のため被積分関数を省略している）．

$$y(x,t)=-\lim_{\substack{R\to\infty\\ \varepsilon\to 0}}\frac{1}{2\pi i}\left\{\int_{EH}+\int_{HJK}+\int_{KL}\right\}. \tag{4}$$

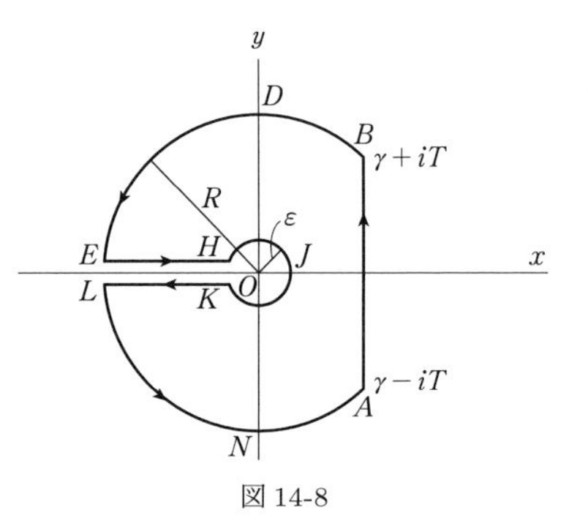


図 14-8

$EH$ に沿えば，$s=ue^{\pi i}$, $(\sqrt{s}=i\sqrt{u})$ より，

$$\int_{EH}=\int_R^{\varepsilon}\frac{he^{-ut-i\sqrt{u/2b}\,x}\cosh\sqrt{u/2b}\,x}{u}\,du.$$

$KL$ に沿えば，$s=ue^{-\pi i}$, $(\sqrt{s}=-i\sqrt{u})$ より，

$$\int_{KL}=\int_{\varepsilon}^{R}\frac{he^{-ut+i\sqrt{u/2b}\,x}\cosh\sqrt{u/2b}\,x}{u}\,du.$$

$HJK$ に沿えば，$s=\varepsilon e^{i\theta}$ より，

$$\int_{HJK}=\int_{\pi}^{-\pi}he^{\varepsilon e^{i\theta}t-\sqrt{\varepsilon e^{i\theta}/2b}\,x}\cos\sqrt{\varepsilon e^{i\theta}/2b}\,x\,d\theta.$$

以上より，(4) は以下のようになる．

$$y(x,t)=h\left\{1-\frac{1}{\pi}\int_0^{\infty}\frac{e^{-ut}\sin\sqrt{u/2b}\,x\cosh\sqrt{u/2b}\,x}{u}\,du\right\}.$$

この式は $u/2b = v^2$ とおくことで，

$$y(x,t) = h\left\{1 - \frac{2}{\pi}\int_0^\infty \frac{e^{-2bv^2t}\sin vx \cosh vx}{v}\,dv\right\}.$$

とかくことができ，この結果は**フレネル積分**で以下のようにもかける．

$$y(x,t) = h\left\{1 - \sqrt{\frac{2}{\pi}}\int_0^{x/\sqrt{bt}} (\cos w^2 + \sin w^2)\,dw\right\}.$$

**問題 14.19**　ある一定の初期温度 $u_0$ を持つ単位半径の無限円柱を考える．$t = 0$ では表面温度が $0^\circ\mathrm{C}$ に保たれている．任意時間 $t > 0$，任意点における円柱の温度を求めよ．

**解答**

円柱の任意点の円柱座標を $(r, \phi, z)$ とし，円柱の軸を $z$ 軸と一致させると [図 14-9 参照]，温度は $\phi$ と $z$ に依存しないので $u(r,t)$ と表記できる．このとき境界値問題は以下のようになる．

$$\frac{\partial u}{\partial t} = \kappa\left(\frac{\partial^2 u}{\partial r^2} + \frac{1}{r}\frac{\partial u}{\partial r}\right) \quad 0 < r < 1,\ t > 0, \quad (1)$$

$$u(1,t) = 0, \quad u(r,0) = u_0, \quad |u(r,t)| < M. \quad (2)$$

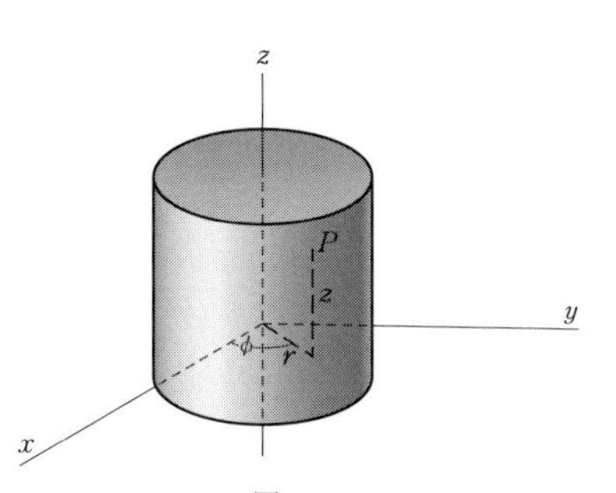

図 14-9

(1) 式の代わりに $t$ を $\kappa t$ と置き換えた以下の式を考えたほうが便利である．

$$\frac{\partial u}{\partial t} = \frac{\partial^2 u}{\partial r^2} + \frac{1}{r}\frac{\partial u}{\partial r}$$

この式にラプラス変換を施すと，

$$sU - u(r,0) = \frac{d^2U}{dr^2} + \frac{1}{r}\frac{dU}{dr} \quad \text{または，} \quad \frac{d^2U}{dr^2} + \frac{1}{r}\frac{dU}{dr} - sU = -u_0,$$

$$U(1,s) = 0, \quad U(r,s)\text{は有界}.$$

この式の一般解はベッセル関数を用いることで以下のようになる．

$$U(r,s) = c_1 J_0(i\sqrt{s}\,r) + c_2 Y_0(i\sqrt{s}\,r) + \frac{u_0}{s}.$$

$Y_0(i\sqrt{s}\,r)$ は $r \to 0$ で非有界だから，$c_2 = 0$ としなければならない．ゆえに，

$$U(r,s) = c_1 J_0(i\sqrt{s}\,r) + \frac{u_0}{s}.$$

そして $U(1,s) = 0$ より，

$$c_1 J_0(i\sqrt{s}) + \frac{u_0}{s} = 0 \quad \text{あるいは，} \quad c_1 = -\frac{u_0}{sJ_0(i\sqrt{s})}.$$

したがって,

$$U(r,s) = \frac{u_0}{s} - \frac{u_0 J_0(i\sqrt{s}\,r)}{sJ_0(i\sqrt{s})}.$$

反転公式を用いると,

$$u(r,t) = u_0 - \frac{u_0}{2\pi i}\int_{\gamma-i\infty}^{\gamma+i\infty} \frac{e^{st}J_0(i\sqrt{s}\,r)}{sJ_0(i\sqrt{s})}\,ds.$$

ここで, $J_0(i\sqrt{s})$ は $i\sqrt{s} = \lambda_1, \lambda_2, \dots \lambda_n, \dots$ で 0 となる (零点). よって, 被積分関数は $s = -\lambda_n^2$ $(n = 1, 2, 3, \dots)$ および $s = 0$ で単純極を持つことになる. さらに, 被積分関数は 問題 14.2 の条件を満たすことが示せるので, 留数を用いた計算方法が可能である.

以上より次を得る.

$s = 0$ **における留数：**

$$\lim_{s\to 0} s\frac{e^{st}J_0(i\sqrt{s}\,r)}{sJ_0(i\sqrt{s})} = 1.$$

$s = -\lambda_n^2$ **における留数：**

$$\begin{aligned}
\lim_{s\to -\lambda_n^2}(s+\lambda_n^2)\frac{e^{st}J_0(i\sqrt{s}\,r)}{sJ_0(i\sqrt{s})} &= \left\{\lim_{s\to -\lambda_n^2}\frac{(s+\lambda_n^2)}{J_0(i\sqrt{s})}\right\}\left\{\lim_{s\to -\lambda_n^2}\frac{e^{st}J_0(i\sqrt{s}\,r)}{s}\right\} \\
&= \left\{\lim_{s\to -\lambda_n^2}\frac{1}{J_0'(i\sqrt{s})\,i/2\sqrt{s}}\right\}\left\{\frac{e^{-\lambda_n^2 t}J_0(\lambda_n r)}{-\lambda_n^2}\right\} \\
&= -\frac{2e^{-\lambda_n^2 t}J_0(\lambda_n r)}{\lambda_n J_1(\lambda_n)}.
\end{aligned}$$

上記の極限計算ではロピタルの定理を用いており, また $J_0'(u) = -J_1(u)$ の結果も用いた.

以上より

$$u(r,t) = u_0 - u_0\left\{1 - \sum_{n=1}^{\infty}\frac{2e^{-\lambda_n^2 t}J_0(\lambda_n r)}{\lambda_n J_1(\lambda_n)}\right\} = 2u_0\sum_{n=1}^{\infty}\frac{e^{-\lambda_n^2 t}J_0(\lambda_n r)}{\lambda_n J_1(\lambda_n)}.$$

最後に $t$ を $\kappa t$ に置き直すことで目的の解が得られる.

$$u(r,t) = 2u_0\sum_{n=1}^{\infty}\frac{e^{-\kappa\lambda_n^2 t}J_0(\lambda_n r)}{\lambda_n J_1(\lambda_n)}.$$

# 第 15 章

# 線形代数

## 行列の定義

$m \times n$ **の行列**（または $m$ **行** $n$ **列の行列**）は，$m$ 個の行と $n$ 個の列から成る四角形の形をした数値配列である．この配列は以下の形でかける．

$$A = \begin{pmatrix} a_{11} & a_{12} & a_{13} & \cdots & a_{1n} \\ a_{21} & a_{22} & a_{23} & \cdots & a_{2n} \\ \cdots & \cdots & \cdots & \cdots & \cdots \\ a_{m1} & a_{m2} & a_{m3} & \cdots & a_{mn} \end{pmatrix} \tag{1}$$

行列上の各数値 $a_{jk}$ を**要素**と言う．下付きの添字 $j$ と $k$ はそれぞれ要素が現れる行と列を示す．

行列を表すときは，式 (1) で使っている「$A$」などの文字や，代表的な要素を示す記号「$(a_{jk})$」を用いることとする．

一つの行だけから成る行列は**行ベクトル**と呼ばれ，一つの列のみから成る行列は**列ベクトル**と呼ばれる．また，行の数 $m$ および列の数 $n$ が等しいときはその行列は $n \times n$ **正方行列**（または単に $n$ 次正方行列）と呼ばれる．ある行列を，その要素が実数または複素数かによって，**実行列**または**複素行列**と言う．

## 行列に関わる定義および操作

**1. 行列の相等性：** 同じ次数を持つ 2 つの行列 $A = (a_{jk})$ と $B = (b_{jk})$ を考える [つまり，お互い同じ数の行数と列数を持っているということ]．この 2 つの行列が**等しい**とは，$a_{jk} = b_{jk}$ である．

**2. 行列の和：** 同じ次数を持つ $A = (a_{jk})$ と $B = (b_{jk})$ を考える．このとき，$A$ と $B$ の**和**を $A + B = (a_{jk} + b_{jk})$ と定義する．

例 1.

$A = \begin{pmatrix} 2 & 1 & 4 \\ -3 & 0 & 2 \end{pmatrix}$，$B = \begin{pmatrix} 3 & -5 & 1 \\ 2 & 1 & 3 \end{pmatrix}$ のとき，これらの和は以下となる．

$$A + B = \begin{pmatrix} 2+3 & 1-5 & 4+1 \\ -3+2 & 0+1 & 2+3 \end{pmatrix} = \begin{pmatrix} 5 & -4 & 5 \\ -1 & 1 & 5 \end{pmatrix}.$$

和に関して交換法則と結合法則が成り立っていることに注目しよう．すなわち，同じ次数を持つ任意の行列 $A, B, C$ に対して以下が成り立つ．

$$\text{交換法則: } A+B=B+A, \qquad \text{結合法則: } A+(B+C)=(A+B)+C \tag{2}$$

**3. 行列の差：** 同じ次数を持つ $A=(a_{jk})$ と $B=(b_{jk})$ を考える．このとき $A$ と $B$ の**差**は $A-B=(a_{jk}-b_{jk})$ として定義する．

例 2.

例 1 の行列 $A$ と $B$ を用いる．これらの行列の差は以下となる．

$$A-B=\begin{pmatrix} 2-3 & 1+5 & 4-1 \\ -3-2 & 0-1 & 2-3 \end{pmatrix}=\begin{pmatrix} -1 & 6 & 3 \\ -5 & -1 & -1 \end{pmatrix}.$$

**4. 行列のスカラー倍：** $A=(a_{jk})$ と任意の数 (**スカラー**) である $\lambda$ を考える．$\lambda$ と $A$ の**積**を，$\lambda A=A\lambda=(\lambda a_{jk})$ として定義する．

例 3.

例 1 の行列 $A$ を用い，$\lambda=4$ とする．これらの積は以下となる．

$$\lambda A=4\begin{pmatrix} 2 & 1 & 4 \\ -3 & 0 & 2 \end{pmatrix}=\begin{pmatrix} 8 & 4 & 16 \\ -12 & 0 & 8 \end{pmatrix}.$$

**5. 行列の積：** $A=(a_{jk})$ を $m\times n$ 行列とし，$B=(b_{jk})$ を $n\times p$ 行列とする．このとき，$A$ と $B$ の**積** $AB$ を，行列 $C=(c_{jk})$ として

$$c_{jk}=\sum_{l=1}^{n} a_{jl}b_{lk} \tag{3}$$

と定義する．ここで $C$ は $m\times p$ 行列である．

上の定義より行列積は，$A$ の列数と $B$ の行数が同じである場合のみ定義されることに注意しよう．この条件を満たす 2 つの行列は「**整合** (conformable) である」という．

例 4.

$A = \begin{pmatrix} 2 & 1 & 4 \\ -3 & 0 & 2 \end{pmatrix}$ と $D = \begin{pmatrix} 3 & 5 \\ 2 & -1 \\ 4 & 2 \end{pmatrix}$ とおく．これらの行列積は以下となる．

$$AD = \begin{pmatrix} (2)(3)+(1)(2)+(4)(4) & (2)(5)+(1)(-1)+(4)(2) \\ (-3)(3)+(0)(2)+(2)(4) & (-3)(5)+(0)(-1)+(2)(2) \end{pmatrix}$$
$$= \begin{pmatrix} 24 & 17 \\ -1 & -11 \end{pmatrix}.$$

一般的には $AB \neq BA$ であることに注意．つまり，行列の積に対しては交換法則が一般的に成り立たないのである．一方で結合法則と分配法則は成り立つ．すなわち以下は成り立つ．

$$\begin{aligned} &\text{結合法則: } A(BC) = (AB)C, \\ &\text{分配法則: } A(B+C) = AB + AC, \quad (B+C)A = BA + CA \end{aligned} \tag{4}$$

行列 $A$ は，正方行列である場合にのみ，自身との積を作ることができる．このとき積 $AA$ は $A^2$ と書ける．このような具合で正方行列のべき乗を定義すると，$A^3 = AA^2, A^4 = AA^3$ などのようになる．

**6. 行列の転置：** 行列 $A$ の列と行を入れ替えたとき，得られる行列は $A$ の**転置**と呼ばれ $A^T$ と表す．つまり $A = (a_{jk})$ のときの転置は $A^T = (a_{kj})$ となる．

例 5.

$A = \begin{pmatrix} 2 & 1 & 4 \\ -3 & 0 & 2 \end{pmatrix}$ の転置は $A^T = \begin{pmatrix} 2 & -3 \\ 1 & 0 \\ 4 & 2 \end{pmatrix}$. となる．

転置に関して，以下が成り立つことが証明できる．

$$(A+B)^T = A^T + B^T, \quad (AB)^T = B^T A^T, \quad (A^T)^T = A \tag{5}$$

**7. 対称行列と歪対称行列：** ある正方行列が**対称**なら $A^T = A$，**歪対称**なら $A^T = -A$ が成り立つ．

例 6.

行列 $E = \begin{pmatrix} 2 & -4 \\ -4 & 3 \end{pmatrix}$ は対称行列であり，$F = \begin{pmatrix} 0 & -2 \\ 2 & 0 \end{pmatrix}$ は歪対称行列である．

任意の実正方行列 [実数成分のみで構成される正方行列] は常に，実対称行列と実歪対称行列の和として表せる．

**8. 行列の複素共役：** 行列上の全ての要素 $a_{jk}$ を複素共役 $\bar{a}_{jk}$ に置き換えたとき，この行列は $A$ の**複素共役**であると呼ばれ，$\bar{A}$ と表す．

**9. エルミート行列および歪エルミート行列：** ある正方行列 $A$ が，その行列自身の転置の複素共役と等しいとき，すなわち $A = \bar{A}^T$ となるとき，$A$ は**エルミート行列**と呼ばれる．一方で，$A = -\bar{A}^T$ となる場合，$A$ は**歪エルミート行列**と呼ばれる．$A$ の要素が実数値である場合，上述の性質はそれぞれ，対称行列および歪対称行列が満たす性質に帰着する．

**10. 行列の主対角線とトレース：** $A = (a_{jk})$ が正方行列であるとき，$j = k$ となる全要素 $a_{jk}$ を含む対角線は**主対角線**と呼ばれる．また，その主対角線上の要素の和を $A$ の**トレース**と呼ぶ．

例 7.

行列の主対角線は以下に示した部分である．そのトレースは $5 + 1 + 2 = 8$ となる．

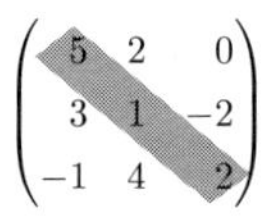

$j \neq k$ の要素がすべて $a_{jk} = 0$ のとき，その行列は**対角行列**という．

**11. 単位行列：** 主対角線上の全要素が 1 で，他の全要素がゼロである正方行列は，**単位行列**と呼ばれ，$I$ と表される．以下は $I$ の重要な性質である．

$$AI = IA = A, \qquad I^n = I \quad (n = 1, 2, 3, \dots) \tag{6}$$

行列代数における単位行列は，通常用いている代数における数値 1 と同じ役割を果たしていることがわかる．

**12. ゼロ行列：** 全要素がゼロとなる行列を**ゼロ行列**といい，たいていは $O$，または単に $\mathbf{0}$ と表される．$\mathbf{0}$ と同じ次数を持つ任意の行列 $A$ に関して，

$$A + \mathbf{0} = \mathbf{0} + A = A \tag{7}$$

が成り立つ．また，$A$ と $\mathbf{0}$ が正方行列の場合は，

$$A\mathbf{0} = \mathbf{0}A = \mathbf{0}. \tag{8}$$

行列代数におけるゼロ行列は，通常用いている代数における数値 0 と同じ役割を果たしていることがわかる．

## 行列式

(1) の行列 $A$ を正方行列とするとき，$A$ に対して，

$$\Delta = \begin{vmatrix} a_{11} & a_{12} & \cdots & a_{1n} \\ a_{21} & a_{22} & \cdots & a_{2n} \\ \cdots & \cdots & \cdots & \cdots \\ a_{n1} & a_{n2} & \cdots & a_{nn} \end{vmatrix} \tag{9}$$

で示される数，すなわち $A$ の $n$ 次**行列式**（$\det(A)$ と表記）を関連付ける．この行列式の値を定義するためには，以下で述べる概念を導入する必要がある．

**1. 小行列式：** $\Delta$ の要素 $a_{jk}$ が任意に与えられている．このとき，「$a_{jk}$ の**小行列式**」という，$j$ 番目の行および $k$ 番目の列上の全ての要素を取り除くことで新たに得られる $(n-1)$ 次行列式と関連付ける．

例 8.

以下の式の左側に示した 4 次行列式の，第 2 行 3 列上の「要素 5 の小行列式」は，以下で示した要素を取り除くことで得られる．

$$\begin{vmatrix} 2 & -1 & 1 & 3 \\ -3 & 2 & 5 & 0 \\ 1 & 0 & -2 & 2 \\ 4 & -2 & 3 & 1 \end{vmatrix} \quad \rightarrow \quad \begin{vmatrix} 2 & -1 & 3 \\ 1 & 0 & 2 \\ 4 & -2 & 1 \end{vmatrix}$$

**2. 余因子：** $a_{jk}$ の小行列式に $(-1)^{j+k}$ を掛けたものを，「$a_{jk}$ の**余因子**」といい，$A_{jk}$ と記す．

例 9.

例 8 で与えた 4 次行列式を用いる．この行列式の「要素 5 の余因子」は，その小行列式の $(-1)^{2+3}$ 倍，つまり以下となる．

$$-\begin{vmatrix} 2 & -1 & 3 \\ 1 & 0 & 2 \\ 4 & -2 & 1 \end{vmatrix}$$

以上の概念を使って行列式の値を定義する．行列式の値は，任意に選んだ行上 [または列上] の要素と，それらの要素に対応する余因子との間の積和として定義される．この積和による表示を**余**

**因子展開**といい，具体的には次のようになる．

$$\det A = \sum_{k=1}^{n} a_{jk}A_{jk}, \quad (A_{jk} = a_{jk}\text{の余因子}). \tag{10}$$

この値は，行 [または列] の選び方に関係なく一意に定まることを示せる(問題 15.7).

## 行列式に関する諸定理

**定理 15.1** 行と列を入れ替えても行列式の値は変化しない．$\det(A) = \det(A^T)$.

**定理 15.2** ある一行上 [または一列上] の要素がただ一つを除いて全てゼロであるとする．このとき，行列式の値は，その「ゼロでない要素の値」と「ゼロでない要素の余因子」との積に等しい．このことから，ある一行 [または一列] の全要素がゼロの場合，その行 [または列] を持つ行列式はゼロとなる．

**定理 15.3** ある二行 [または二列] を入れ替えると，行列式の符号が変わる．

**定理 15.4** ある一行上 [または一列上] の全要素がある数で掛けられると，行列式もこの数で掛けられる．

**定理 15.5** 任意の二行 [または二列] が同一かあるいは比例関係にあるとき，その行列式はゼロとなる．

**定理 15.6** ある行 [または列] の要素を二つの項の和で表した，その行列式は，それぞれの項を成分に持った，同じ次数の二つの行列式の和で表せる．

**定理 15.7** 任意の行 [または列] の定数倍を他の任意の行 [または列] に足しても，行列式の値は変わらない．

**定理 15.8** $A$ と $B$ が同じ次数の正方行列であるとき，

$$\det(AB) = \det(A)\det(B) \tag{11}$$

**定理 15.9**「ある行上 [または列上] の要素」と「それら要素が位置する行とは別の行上 [または別の列上] の各要素に対応する余因子」との積和はゼロになる．具体的に記すと次のようになる．

$$\sum_{k=1}^{n} a_{qk}A_{pk} = 0 \qquad \text{または，} \qquad \sum_{k=1}^{n} a_{kq}A_{kp} = 0 \quad (p \neq q) \tag{12}$$

もし $p = q$ であるなら，この積和は (10) より $\det(A)$ となる．

**定理 15.10** $v_1, v_2, \ldots, v_n$ をある $n$ 次正方行列 $A$ の行ベクトル [または列ベクトル] とする．このとき，条件

$$\lambda_1 v_1 + \lambda_2 v_2 + \cdots + \lambda_n v_n = O \qquad (O\text{はゼロ行列}) \tag{13}$$

を満たす，ゼロでない定数 [スカラー] $\lambda_1, \lambda_2, \ldots, \lambda_n$ が存在することと，$\det(A) = 0$ であることは同値である．なお，条件 (13) を満たすベクトル $v_1, v_2, \ldots, v_n$ は**線形従属**であるといい，そうでない場合は**線形独立**であるという．$\det(A) = 0$ となる行列 $A$ は**非正則行列** (**特異行列**) と呼ばれ，$\det(A) \neq 0$ となる行列 $A$ は**正則行列** (**非特異行列**) と呼ばれる．

実際に $n$ 次行列式を求めるためには，定理 15.7 により，一行上 [または一列上] の要素を一つを除いて全てゼロとし，次に定理 15.2 を用いて新しい $n-1$ 次行列式を得る．この方法を続けていくことで，最終的に（容易に計算できる）2 次や 3 次の行列式に到達する．

## 逆行列

与えられた行列 $A$ に対して $AB = I$ を満たす行列 $B$ が存在した場合，この $B$ は $A$ の**逆行列**と呼ばれ，$A^{-1}$ で表される．次の定理が基本となる．

**定理 15.11** $A$ が $n$ 次正則行列であるとき [即ち $\det(A) \neq 0$ となる行列を指す]，$AA^{-1} = A^{-1}A = I$ を満たす一意な逆行列 $A^{-1}$ が存在する．$A^{-1}$ は以下のように与えられる．

$$A^{-1} = \frac{(A_{jk})^T}{\det(A)} \tag{14}$$

ここで，$(A_{jk})$ は余因子 $A_{jk}$ から成る行列で $(A_{jk})^T = (A_{kj})$ はその転置行列を表している．

逆行列の性質を以下に示した：

$$(AB)^{-1} = B^{-1}A^{-1}, \qquad (A^{-1})^{-1} = A \tag{15}$$

## 直交行列およびユニタリ行列

実行列 $A$ が与えられ，その転置が $A$ の逆行列と同じになる場合，$A$ は**直交行列**であると呼ばれる．すなわち $A^T = A^{-1}$ または $A^TA = I$ が成り立つ．

複素行列 $A$ が与えられ，その共役転置が $A$ の逆行列と同じになる場合，$A$ は**ユニタリ行列**であると呼ばれる．すなわち $\bar{A}^T = A^{-1}$ または $\bar{A}^TA = I$ が成り立つ．実ユニタリ行列は直交行列であることに注意しよう．

## 直交ベクトル

第 5 章で，「二つのベクトル $a_1\boldsymbol{i} + a_2\boldsymbol{j} + a_3\boldsymbol{k}$ と $b_1\boldsymbol{i} + b_2\boldsymbol{j} + b_3\boldsymbol{k}$ の内積は $a_1b_1 + a_2b_2 + a_3b_3$ であり，特に $a_1b_1 + a_2b_2 + a_3b_3 = 0$ となる場合，それらのベクトルは直交している」ことを学んだ．行列の観点からは．これらのベクトルは列ベクトル

$$A = \begin{pmatrix} a_1 \\ a_2 \\ a_3 \end{pmatrix}, \quad B = \begin{pmatrix} b_1 \\ b_2 \\ b_3 \end{pmatrix}$$

とみなすことができ，したがって内積は $A^TB = a_1b_1 + a_2b_2 + a_3b_3$ と与えられることがわかる．このことから，**実列ベクトル $A$ と $B$ の内積**を $A^TB$ と定義し，$A^TB = 0$ の場合に $A$ と $B$ が**直交している**といえる．

以上を，ベクトルが複素数成分を持つケースに一般化すると便利なので，次の定義を採用する．

**定義 1.** $\bar{A}^TB$ を $A$ と $B$ の**内積**といい，二つの列ベクトル $A$ と $B$ は $\bar{A}^TB = 0$ となるとき**直交している**という．

$U$ がユニタリ行列の場合，$\bar{U}^TU = I$ が成り立つことから，$U$ の各列ベクトル $A$ は，それ自身との内積が 1 になることがわかる．これはすなわち，$A$ は**単位ベクトル**でその長さが 1 となることを意味している．したがって，ユニタリ行列の各列ベクトルは単位ベクトルである．このことを踏まえて，以下の定義を与える．

**定義 2.** ベクトル集合 $X_1, X_2, \ldots$ が

$$\bar{X}_j^T X_k = \begin{cases} 0 & j \neq k \\ 1 & j = k \end{cases}$$

を満たすとき，**ベクトルのユニタリ集合**または**ユニタリ系**と呼ばれる．実ベクトルである場合は，**単位ベクトルの正規直交系**または**直交集合**と呼ばれる．

## 線形方程式系

方程式の組は

$$\left.\begin{array}{l} a_{11}x_1 + a_{12}x_2 + \cdots + a_{1n}x_n = r_1 \\ a_{21}x_1 + a_{22}x_2 + \cdots + a_{2n}x_n = r_2 \\ \cdots\cdots\cdots\cdots\cdots\cdots\cdots\cdots \\ a_{m1}x_1 + a_{m2}x_2 + \cdots + a_{mn}x_n = r_m \end{array}\right\} \tag{16}$$

という形を持ち，これを $n$ **個の未知変数** $x_1, x_2, \ldots, x_n$ **に関する** $m$ **本の線形方程式系**と呼ぶ．また，$r_1, r_2, \ldots, r_n$ がすべてゼロの場合，この系は**同次**であると言い，すべてゼロでない場合は**非同次**であると言う．(16) を満たす $x_1, x_2, \ldots, x_n$ の組はその系の**解**と呼ばれる．

行列形式では，(16) は

$$\begin{pmatrix} a_{11} & a_{12} & \cdots & a_{1n} \\ a_{21} & a_{22} & \cdots & a_{2n} \\ \cdots & \cdots & \cdots & \cdots \\ a_{m1} & a_{m2} & \cdots & a_{mn} \end{pmatrix} \begin{pmatrix} x_1 \\ x_2 \\ \vdots \\ x_n \end{pmatrix} = \begin{pmatrix} r_1 \\ r_2 \\ \vdots \\ r_m \end{pmatrix} \tag{17}$$

もしくはより簡潔に

$$AX = R \tag{18}$$

と書ける（$A$, $X$, $R$ は (17) 中の行列を表している）.

## $n$ 個の未知変数に関する $n$ 個の方程式系とクラメルの規則

$A$ を，$m = n$ でかつ $A^{-1}$ が存在する正則行列であるとする．このとき (17) または (18) を

$$X = A^{-1}R \tag{19}$$

と書いて解くことができ，その系は一意の解を有する．

またもう一つの方法として，未知変数 $x_1, x_2, \dots, x_n$ を

$$x_1 = \frac{\Delta_1}{\Delta}, \quad x_2 = \frac{\Delta_2}{\Delta}, \quad \dots, \quad x_n = \frac{\Delta_n}{\Delta} \tag{20}$$

と表すこともできる．ここで，$\Delta = \det(A)$ は**系の行列式**と呼ばれ (9) で与えられる．一方 $\Delta_k (k = 1, 2, \dots, n)$ は，$\Delta$ の $k$ 番目の列を列ベクトル $R$ に置き換えた行列の行列式である．(20) に示したこの規則は**クラメルの規則**と呼ばれる．

この規則の下，以下の 4 つの場合が生じ得る．

**Case 1,**（$\Delta \neq 0$, $R \neq 0$）：この場合，すべての $x_k$ がゼロでない一意解が存在する．

**Case 2,**（$\Delta \neq 0$, $R = 0$）：この場合，唯一の解は $x_1 = 0, x_2 = 0, \dots, x_n = 0$，すなわち $X = 0$．この解は**自明な解**と呼ばれる．

**Case 3,**（$\Delta = 0$, $R = 0$）：この場合，自明な解以外にも無限に多くの解が存在する．これは少なくとも方程式系のうちの一つが他のいずれかの方程式から得られることを意味する．すなわち，この方程式系は線形従属である．

**Case 4,**（$\Delta = 0$, $R \neq 0$）：この場合，(20) の行列式 $\Delta_k$ が全てゼロである場合に限り，無限に多くの解が存在する．そうでなければ，解は存在しない．

$m \neq n$ の場合は問題 15.93(補)〜問題 15.96(補)で考える．

## 固有値と固有ベクトル

$A = (a_{jk})$ が $n \times n$ 行列で $X$ を列ベクトルとしよう．$\lambda$ をある値とした方程式

$$AX = \lambda X \tag{21}$$

は，

$$\begin{pmatrix} a_{11} & a_{12} & \dots & a_{1n} \\ a_{21} & a_{22} & \dots & a_{2n} \\ \dots & \dots & \dots & \dots \\ a_{n1} & a_{n2} & \dots & a_{nn} \end{pmatrix} \begin{pmatrix} x_1 \\ x_2 \\ \vdots \\ x_n \end{pmatrix} = \lambda \begin{pmatrix} x_1 \\ x_2 \\ \vdots \\ x_n \end{pmatrix} \tag{22}$$

または

$$\left.\begin{array}{l} (a_{11}-\lambda)x_1 + a_{12}x_2 + \cdots + a_{1n}x_n = 0 \\ a_{21}x_1 + (a_{22}-\lambda)x_2 + \cdots + a_{2n}x_n = 0 \\ \cdots\cdots\cdots\cdots\cdots\cdots\cdots\cdots\cdots\cdots \\ a_{n1}x_1 + a_{n2}x_2 + \cdots + (a_{nn}-\lambda)x_n = 0 \end{array}\right\} \quad (23)$$

として書くことができる．式 (23) が自明でない解を持つためには

$$\begin{vmatrix} a_{11}-\lambda & a_{12} & \dots & a_{1n} \\ a_{21} & a_{22}-\lambda & \dots & a_{2n} \\ \cdots & \cdots & \cdots & \cdots \\ a_{n1} & a_{n2} & \dots & a_{nn}-\lambda \end{vmatrix} = 0 \quad (24)$$

である必要がある．この行列式は $\lambda$ に関する $n$ 次の多項式である．この多項式の解は行列 $A$ の**固有値** (または**特性値**) と呼ばれる．各固有値に対応して，解 $X \neq \mathbf{0}$, すなわち固有値に属する**固有ベクトル** (または**特性ベクトル**) と呼ばれる非自明な解が存在する．方程式 (24) は

$$\det(A-\lambda I)=0 \quad (25)$$

とすることもでき，$\lambda$ に関する方程式は**特性方程式**と呼ばれる．

## 固有値と固有ベクトルに関する定理

**定理 15.12** エルミート行列 [または実対称行列] の固有値は実数である．歪エルミート行列 [または実歪対称行列] の固有値はゼロまたは純虚数である．ユニタリ行列 [または実直交行列] の固有値の絶対値はすべて 1 に等しい．

**定理 15.13** エルミート行列 [または実対称行列] の異なる固有値に属している固有ベクトル同士は互いに直交している．

**定理 15.14 [ケーリーハミルトンの定理]** 行列はそれ自身，特性方程式を満たす 問題 15.40.

**定理 15.15 [行列の対角化]** 正則行列 $A$ が，互いに異なる固有値 $\lambda_1, \lambda_2, \lambda_3, \dots$ を持ち，それらに対応する各固有ベクトルを列として持った行列を

$$B = \begin{pmatrix} b_{11} & b_{12} & b_{13} & \dots \\ b_{21} & b_{22} & b_{23} & \dots \\ \cdots & \cdots & \cdots & \cdots \end{pmatrix}$$

と記述したとき，これらの行列を使って以下のように表すことができる．

$$B^{-1}AB = \begin{pmatrix} \lambda_1 & 0 & 0 & \dots \\ 0 & \lambda_2 & 0 & \dots \\ 0 & 0 & \lambda_3 & \dots \\ \cdots & \cdots & \cdots & \cdots \end{pmatrix}.$$

つまり，$B$ による $A$ の**変換**と呼ばれる $B^{-1}AB$ は，主対角線上に $A$ の固有値を含みその他をゼロとした対角行列である．このとき $A$ は**対角化された**という 問題 15.41.

**定理 15.16 [二次形式の標準形]** 例えば $A$ を対称実行列

$$A = \begin{pmatrix} a_{11} & a_{12} & a_{13} \\ a_{21} & a_{22} & a_{23} \\ a_{31} & a_{32} & a_{33} \end{pmatrix} \qquad (a_{12} = a_{21},\ a_{13} = a_{31},\ a_{23} = a_{32})$$

としよう．$X = \begin{pmatrix} x_1 \\ x_2 \\ x_3 \end{pmatrix}$ のとき，以下の**二次形式**を得る．

$$X^T AX = a_{11}x_1^2 + a_{22}x_2^2 + a_{33}x_3^2 + 2a_{12}x_1x_2 + 2a_{13}x_1x_3 + 2a_{23}x_2x_3$$

この二次形式の交差項は，$U$ を要素 $u_1, u_2, u_3$ を持つ列ベクトル，$B$ を $A$ を対角化する直交行列としたとき，$X = BU$ とおくことで取り除くことができる．この交差項を持たない $u_1, u_2, u_3$ に対する新たな二次形式は**標準形**とよばれる 問題 15.43. 以上のことは「エルミート二次形式」として一般化することができる 問題 15.114(補).

## 行列の演算子解釈

$A$ が $n \times n$ 行列のとき，その行列自身を，ある列ベクトル $X$ に作用し別の列ベクトル $AX$ を生成するような**演算子**または**変換**として考えることができる．この解釈により式 (21) は，$A$ によってそれ自身の定数倍に変換されるベクトル $X$ を求めることになる [言い換えれば，方向は同じだが大きさが異なるベクトルを求めることになる].

$A$ が直交行列の場合，この行列による変換は**回転**となる．通常のベクトルの回転ではその大きさは変わらないので，全ての固有値の絶対値が 1 に等しいことは，このような場合の理由を説明している [定理 15.12].

この「変換」に関する考えは，行列に関連する多くの性質に対して解釈を与えることになるため非常に便利である．

# 演習問題

## 行列演算

**問題 15.1**　行列が

$$A = \begin{pmatrix} 2 & -1 \\ 4 & 3 \end{pmatrix}, \qquad B = \begin{pmatrix} -1 & 1 \\ 2 & -4 \end{pmatrix}, \qquad C = \begin{pmatrix} 1 & 4 \\ -2 & -1 \end{pmatrix}$$

と与えられたとき，以下を求めよ．

$(a)$ $A+B$,　$(b)$ $A-B$,　$(c)$ $2A-3C$,　$(d)$ $3A+2B-4C$,　$(e)$ $AB$,

$(f)$ $BA$,　$(g)$ $(AB)C$,　$(h)$ $A(BC)$,　$(i)$ $A^T+B^T$,　$(j)$ $B^TA^T$

**解答**

$(a)$ $A+B = \begin{pmatrix} 2 & -1 \\ 4 & 3 \end{pmatrix} + \begin{pmatrix} -1 & 1 \\ 2 & -4 \end{pmatrix} = \begin{pmatrix} 1 & 0 \\ 6 & -1 \end{pmatrix}$

$(b)$ $A-B = \begin{pmatrix} 2 & -1 \\ 4 & 3 \end{pmatrix} - \begin{pmatrix} -1 & 1 \\ 2 & -4 \end{pmatrix} = \begin{pmatrix} 2 & -1 \\ 4 & 3 \end{pmatrix} + \begin{pmatrix} 1 & -1 \\ -2 & 4 \end{pmatrix} = \begin{pmatrix} 3 & -2 \\ 2 & 7 \end{pmatrix}$

$(c)$ $2A-3C = 2\begin{pmatrix} 2 & -1 \\ 4 & 3 \end{pmatrix} - 3\begin{pmatrix} 1 & 4 \\ -2 & -1 \end{pmatrix} = \begin{pmatrix} 4 & -2 \\ 8 & 6 \end{pmatrix} + \begin{pmatrix} -3 & -12 \\ 6 & 3 \end{pmatrix} = \begin{pmatrix} 1 & -14 \\ 14 & 9 \end{pmatrix}$

$$\begin{aligned}(d)\ 3A+2B-4C &= 3\begin{pmatrix} 2 & -1 \\ 4 & 3 \end{pmatrix} + 2\begin{pmatrix} -1 & 1 \\ 2 & -4 \end{pmatrix} - 4\begin{pmatrix} 1 & 4 \\ -2 & -1 \end{pmatrix} \\ &= \begin{pmatrix} 6 & -3 \\ 12 & 9 \end{pmatrix} + \begin{pmatrix} -2 & 2 \\ 4 & -8 \end{pmatrix} + \begin{pmatrix} -4 & -16 \\ 8 & 4 \end{pmatrix} = \begin{pmatrix} 0 & -17 \\ 24 & 5 \end{pmatrix}\end{aligned}$$

$(e)$ $AB = \begin{pmatrix} 2 & -1 \\ 4 & 3 \end{pmatrix}\begin{pmatrix} -1 & 1 \\ 2 & -4 \end{pmatrix} = \begin{pmatrix} (2)(-1)+(-1)(2) & (2)(1)+(-1)(-4) \\ (4)(-1)+(3)(2) & (4)(1)+(3)(-4) \end{pmatrix} = \begin{pmatrix} -4 & 6 \\ 2 & -8 \end{pmatrix}$

$(f)$ $BA = \begin{pmatrix} -1 & 1 \\ 2 & -4 \end{pmatrix}\begin{pmatrix} 2 & -1 \\ 4 & 3 \end{pmatrix} = \begin{pmatrix} (-1)(2)+(1)(4) & (-1)(-1)+(1)(3) \\ (2)(2)+(-4)(4) & (2)(-1)+(-4)(3) \end{pmatrix} = \begin{pmatrix} 2 & 4 \\ -12 & -14 \end{pmatrix}$

(e) と (f) の結果から $AB \neq BA$ である．これは「(行列の) 積に関する交換法則は一般に成り立たない」という事実を説明する例となっている．

$(g)$ $(AB)C = \begin{pmatrix} -4 & 6 \\ 2 & -8 \end{pmatrix}\begin{pmatrix} 1 & 4 \\ -2 & -1 \end{pmatrix} = \begin{pmatrix} -16 & -22 \\ 18 & 16 \end{pmatrix}$

$$(h)\ A(BC) = \begin{pmatrix} 2 & -1 \\ 4 & 3 \end{pmatrix} \left[ \begin{pmatrix} -1 & 1 \\ 2 & -4 \end{pmatrix} \begin{pmatrix} 1 & 4 \\ -2 & -1 \end{pmatrix} \right] = \begin{pmatrix} 2 & -1 \\ 4 & 3 \end{pmatrix} \begin{pmatrix} -3 & -5 \\ 10 & 12 \end{pmatrix} = \begin{pmatrix} -16 & -22 \\ 18 & 16 \end{pmatrix}$$

$(g)$ と $(h)$ から $(AB)C = A(BC)$ である．これは「(行列の) 積に関する結合法則が成り立っている」という事実を説明する例となっている．

$$(i)\ A^T + B^T = \begin{pmatrix} 2 & -1 \\ 4 & 3 \end{pmatrix}^T + \begin{pmatrix} -1 & 1 \\ 2 & -4 \end{pmatrix}^T = \begin{pmatrix} 2 & 4 \\ -1 & 3 \end{pmatrix} + \begin{pmatrix} -1 & 2 \\ 1 & -4 \end{pmatrix} = \begin{pmatrix} 1 & 6 \\ 0 & -1 \end{pmatrix}$$

$(a)$ と $(i)$ から $A^T + B^T = (A+B)^T$ である．

$$(j)\ B^T A^T = \begin{pmatrix} -1 & 1 \\ 2 & -4 \end{pmatrix}^T \begin{pmatrix} 2 & -1 \\ 4 & 3 \end{pmatrix}^T = \begin{pmatrix} -1 & 2 \\ 1 & -4 \end{pmatrix} \begin{pmatrix} 2 & 4 \\ -1 & 3 \end{pmatrix} = \begin{pmatrix} -4 & 2 \\ 6 & -8 \end{pmatrix}$$

$(e)$ と $(j)$ から $B^T A^T = (AB)^T$ である．

**問題 15.2**　行列が

$$A = \begin{pmatrix} 2 & 1 & -1 \\ 1 & -2 & 3 \\ -2 & 1 & 2 \end{pmatrix},\ B = \begin{pmatrix} 1 & -1 & 2 \\ -2 & 1 & 3 \\ 2 & -1 & 1 \end{pmatrix}$$

と与えられたとき，以下を示せ．

$$(A+B)^2 = A^2 + AB + BA + B^2$$

**解答**

まず，

$$A + B = \begin{pmatrix} 3 & 0 & 1 \\ -1 & -1 & 6 \\ 0 & 0 & 3 \end{pmatrix}$$

より，

$$(A+B)^2 = (A+B)(A+B) = \begin{pmatrix} 3 & 0 & 1 \\ -1 & -1 & 6 \\ 0 & 0 & 3 \end{pmatrix} \begin{pmatrix} 3 & 0 & 1 \\ -1 & -1 & 6 \\ 0 & 0 & 3 \end{pmatrix}$$

$$= \begin{pmatrix} (3)(3)+(0)(-1)+(1)(0) & (3)(0)+(0)(-1)+(1)(0) & (3)(1)+(0)(6)+(1)(3) \\ (-1)(3)+(-1)(-1)+(6)(0) & (-1)(0)+(-1)(-1)+(6)(0) & (-1)(1)+(-1)(6)+(6)(3) \\ (0)(3)+(0)(-1)+(3)(0) & (0)(0)+(0)(-1)+(3)(0) & (0)(1)+(0)(6)+(3)(3) \end{pmatrix}$$

$$= \begin{pmatrix} 9 & 0 & 6 \\ -2 & 1 & 11 \\ 0 & 0 & 9 \end{pmatrix}.$$

一方，

$$A^2 = \begin{pmatrix} 2 & 1 & -1 \\ 1 & -2 & 3 \\ -2 & 1 & 2 \end{pmatrix}\begin{pmatrix} 2 & 1 & -1 \\ 1 & -2 & 3 \\ -2 & 1 & 2 \end{pmatrix} = \begin{pmatrix} 7 & -1 & -1 \\ -6 & 8 & -1 \\ -7 & -2 & 9 \end{pmatrix}$$

$$AB = \begin{pmatrix} 2 & 1 & -1 \\ 1 & -2 & 3 \\ -2 & 1 & 2 \end{pmatrix}\begin{pmatrix} 1 & -1 & 2 \\ -2 & 1 & 3 \\ 2 & -1 & 1 \end{pmatrix} = \begin{pmatrix} -2 & 0 & 6 \\ 11 & -6 & -1 \\ 0 & 1 & 1 \end{pmatrix}$$

$$BA = \begin{pmatrix} 1 & -1 & 2 \\ -2 & 1 & 3 \\ 2 & -1 & 1 \end{pmatrix}\begin{pmatrix} 2 & 1 & -1 \\ 1 & -2 & 3 \\ -2 & 1 & 2 \end{pmatrix} = \begin{pmatrix} -3 & 5 & 0 \\ -9 & -1 & 11 \\ 1 & 5 & -3 \end{pmatrix}$$

$$B^2 = \begin{pmatrix} 1 & -1 & 2 \\ -2 & 1 & 3 \\ 2 & -1 & 1 \end{pmatrix}\begin{pmatrix} 1 & -1 & 2 \\ -2 & 1 & 3 \\ 2 & -1 & 1 \end{pmatrix} = \begin{pmatrix} 7 & -4 & 1 \\ 2 & 0 & 2 \\ 6 & -4 & 2 \end{pmatrix}$$

であることから，

$$A^2 + AB + BA + B^2 = \begin{pmatrix} 9 & 0 & 6 \\ -2 & 1 & 11 \\ 0 & 0 & 9 \end{pmatrix} = (A+B)^2.$$

**問題 15.3**　任意の実正方行列は，「実対称行列と実歪対称行列の和」として常に表せることを証明せよ．

**解答**

$A$ を実正方行列とすると，

$$A = \tfrac{1}{2}(A + A^T) + \tfrac{1}{2}(A - A^T)$$

と表せる．ここで，$(A + A^T)^T = A^T + A = A + A^T$ となることから，$\frac{1}{2}(A + A^T)$ は対称行列である．また，$(A - A^T)^T = A^T - A = -(A - A^T)$ となることから $\frac{1}{2}(A - A^T)$ は歪対称行列である．したがって，題意は示された．

**問題 15.4**　行列 $A = \begin{pmatrix} 0 & -i \\ i & 0 \end{pmatrix}$ がエルミート行列であることを示せ．

**解答**

$A^T = \begin{pmatrix} 0 & i \\ -i & 0 \end{pmatrix}$ とし，それから $\overline{A^T} = \begin{pmatrix} 0 & -i \\ i & 0 \end{pmatrix} = A$ となる．ゆえに，$A$ はエルミート行列である．

**問題 15.5**　$n$ 次単位行列 $I$ は任意の $n$ 次正方行列 $A$ と可換であり，その積は $A$ となることを証明せよ．

**解答**

$n=3$ についての証明を与える．この場合は

$$I=\begin{pmatrix}1&0&0\\0&1&0\\0&0&1\end{pmatrix},\quad A=\begin{pmatrix}a_{11}&a_{12}&a_{13}\\a_{21}&a_{22}&a_{23}\\a_{31}&a_{32}&a_{33}\end{pmatrix}$$

となり，このとき

$$IA=\begin{pmatrix}1&0&0\\0&1&0\\0&0&1\end{pmatrix}\begin{pmatrix}a_{11}&a_{12}&a_{13}\\a_{21}&a_{22}&a_{23}\\a_{31}&a_{32}&a_{33}\end{pmatrix}=\begin{pmatrix}a_{11}&a_{12}&a_{13}\\a_{21}&a_{22}&a_{23}\\a_{31}&a_{32}&a_{33}\end{pmatrix}=A$$

$$AI=\begin{pmatrix}a_{11}&a_{12}&a_{13}\\a_{21}&a_{22}&a_{23}\\a_{31}&a_{32}&a_{33}\end{pmatrix}\begin{pmatrix}1&0&0\\0&1&0\\0&0&1\end{pmatrix}=\begin{pmatrix}a_{11}&a_{12}&a_{13}\\a_{21}&a_{22}&a_{23}\\a_{31}&a_{32}&a_{33}\end{pmatrix}=A$$

が成り立つ．すなわち，$IA=AI=A$ となる．

$n>3$ に関する拡張は容易に行える．

## 行列式

**問題 15.6**　p.448 で与えた行列式の定義（余因子展開）を用いて (*a*) 2 次，(*b*) 3 次の行列式を求めよ．

**解答**

(*a*) 行列式を $\begin{vmatrix}a_{11}&a_{12}\\a_{21}&a_{22}\end{vmatrix}$ とし，展開には第 1 行の成分を用いるとする．対応する余因子は

$$A_{11}=(-1)^{1+1}a_{22}=a_{22},\qquad A_{12}=(-1)^{2+1}a_{21}=-a_{21}$$

であるから，余因子展開により行列式は次のような値となる．

$$a_{11}A_{11}+a_{12}A_{12}=a_{11}a_{22}-a_{12}a_{21}$$

上の計算では第 1 行を用いたが，第 2 行（または第 1 列，第 2 列）の成分を使った余因子展開でも同じ値が得られる．

(b) 行列式を $\begin{vmatrix} a_{11} & a_{12} & a_{13} \\ a_{21} & a_{22} & a_{23} \\ a_{31} & a_{32} & a_{33} \end{vmatrix}$ とすると，第 1 行における余因子の成分は

$$A_{11} = (-1)^{1+1} \begin{vmatrix} a_{22} & a_{23} \\ a_{32} & a_{33} \end{vmatrix} = a_{22}a_{33} - a_{23}a_{32}$$

$$A_{12} = (-1)^{1+2} \begin{vmatrix} a_{21} & a_{23} \\ a_{31} & a_{33} \end{vmatrix} = a_{23}a_{31} - a_{21}a_{33}$$

$$A_{13} = (-1)^{1+3} \begin{vmatrix} a_{21} & a_{22} \\ a_{31} & a_{32} \end{vmatrix} = a_{21}a_{32} - a_{22}a_{31}$$

である．このとき，行列式の値は次のような値となる．

$$\begin{aligned} a_{11}A_{11} + a_{12}A_{12} + a_{13}A_{13} &= a_{11}(a_{22}a_{33} - a_{23}a_{32}) \\ &\quad + a_{12}(a_{23}a_{31} - a_{21}a_{33}) \\ &\quad\quad + a_{13}(a_{21}a_{32} - a_{22}a_{31}) \\ &= a_{11}a_{22}a_{33} + a_{12}a_{23}a_{31} + a_{13}a_{21}a_{32} \\ &\quad - a_{11}a_{23}a_{32} - a_{12}a_{21}a_{33} - a_{13}a_{22}a_{31} \end{aligned}$$

上の計算では第 1 行を用いたが，第 2 行もしくは第 3 行（または第 1 列や第 2 列，第 3 列）の成分を使った余因子展開でも同じ値が得られる．

**問題 15.7**　余因子展開を行う際，どの行（または列）を用いたかに関係なく行列式の値が同一であることを証明せよ．

**解答**

$n$ 次行列式 $\Delta = (a_{jk})$ を考える．$n = 2$ に対しては，問題 15.6 の結果から題意は成り立つことがわかる．ここで，帰納法による証明を行う．すなわち，題意が，$n-1$ 次で成り立つと仮定した上で，$n$ 次に対しても成り立つことを証明する．証明の方針は，「2 つの異なる $p$ 行と $q$ 行による $\Delta$ の余因子展開を，展開の順番を入れ替えて交互に行い，それらの展開結果が等しいことを示す」こととする．

まず，$\Delta$ を $p$ 番目の行の要素で余因子展開しよう．すると，典型的な余因子展開の項は

$$a_{pk}A_{pk} = a_{pk}(-1)^{p+k}M_{pk} \tag{1}$$

となる．$M_{pk}$ は，$a_{pk}$ 成分の余因子である $A_{pk}$ の「小行列式」部分に対応している．この小行列式の次数は $n-1$ であるため，($n-1$ 次の行列式では題意が成り立つから) $M_{pk}$ は任意行で余因子展開できることがわかる．

そこで $q > p$ と仮定して，(1) 式の小行列式 $M_{pk}$ をさらに $q$ 番目の行で余因子展開してみよう（以下の論証は $q < p$ の場合にも同様に成り立つ）．この $q$ 番目の行は成分 $a_{qr}\,(r \neq k)$ から成り，$M_{pk}$ の $(q-1)$ 番目の行に対応している．

さらに $r < k$ のとき，$a_{qr}$ は $M_{pk}$ の $r$ 番目の列に位置しているので，$a_{qr}$ 成分による余因子展開を行うと，$a_{qr}$ に対応する項は

$$a_{qr}(-1)^{(q-1)+r}M_{pkqr} \tag{2}$$

となる．式中の $M_{pkqr}$ は，$M_{pk}$ の $a_{qr}$ 成分に関する小行列式に対応している．以上 (1) と (2) より，$\Delta$ の余因子展開における典型的な項は

$$a_{pk}(-1)^{p+k}a_{qr}(-1)^{q-1+r}M_{pkqr} = a_{pk}a_{qr}(-1)^{p+k+q+r-1}M_{pkqr} \tag{3}$$

となることがわかる．一方で $r > k$ となる場合は，$a_{qr}$ は $M_{pk}$ の $(r-1)$ 番目の列に位置しているので，(3) の結果に負号を掛けたものが得られる．

最初に立ち返り，$q$ 番目の行の成分で $\Delta$ を余因子展開することを考える．この場合，典型的な項は

$$a_{qr}A_{qr} = a_{qr}(-1)^{q+r}M_{qr} \tag{4}$$

となる．そしてそこから $p > q$ となる $p$ 番目の行上の成分で $M_{qr}$ を展開する．前回と同様に，$k > r$ の場合，$M_{qr}$ の余因子展開における典型的な項は

$$a_{pk}(-1)^{p+(k-1)}M_{pkqr} \tag{5}$$

となる．以上 (4) と (5) より，$\Delta$ の余因子展開における典型的な項は

$$a_{qr}(-1)^{q+r}a_{pk}(-1)^{p+k-1}M_{pkqr} = a_{pk}a_{qr}(-1)^{p+k+q+r-1}M_{pkqr} \tag{6}$$

となり，これは (3) と一致することがわかる．一方で $k < r$ の場合は (6) の結果に負号を掛けたものになり，これは最初に行った余因子展開の $r > k$ の場合に一致する．以上より，必要な証明が完了した．

なお，列に関する余因子展開でも，行による展開と同じ結果が得られることが証明できる [定理 15.1(p.448)]．

**問題 15.8**　以下の方法で行列式 $\begin{vmatrix} 3 & -2 & 2 \\ 1 & 2 & -3 \\ 4 & 1 & 2 \end{vmatrix}$ の値を求めよ．

$(a)$ 第 1 行成分に沿った余因子展開

$(b)$ 第 2 行成分に沿った余因子展開

**解答**

$(a)$ 第 1 行上の成分を用いて余因子展開を行うと

$$(3)\begin{vmatrix} 2 & -3 \\ 1 & 2 \end{vmatrix} - (-2)\begin{vmatrix} 1 & -3 \\ 4 & 2 \end{vmatrix} + (2)\begin{vmatrix} 1 & 2 \\ 4 & 1 \end{vmatrix} = (3)(7) - (-2)(14) + (2)(-7) = 35$$

と求められる．

$(b)$ 第 2 行上の成分を用いて余因子展開を行うと

$$-(1)\begin{vmatrix} -2 & 2 \\ 1 & 2 \end{vmatrix} + (2)\begin{vmatrix} 3 & 2 \\ 4 & 2 \end{vmatrix} - (-3)\begin{vmatrix} 3 & -2 \\ 4 & 1 \end{vmatrix} = -(1)(-6) + (2)(-2) - (-3)(11) = 35$$

と求められる．

**問題 15.9**　定理 15.4(p.448) を証明せよ

**解答**

行列式を

$$\Delta = \begin{vmatrix} a_{11} & a_{12} & \cdots & a_{1n} \\ \cdots & \cdots & \cdots & \cdots \\ a_{k1} & a_{k2} & \cdots & a_{kn} \\ \cdots & \cdots & \cdots & \cdots \\ a_{n1} & a_{n2} & \cdots & a_{nn} \end{vmatrix} \tag{1}$$

と表し，その $k$ 番目の行上の成分に $\lambda$ を掛けた行列式を

$$\Delta_1 = \begin{vmatrix} a_{11} & a_{12} & \cdots & a_{1n} \\ \cdots & \cdots & \cdots & \cdots \\ \lambda a_{k1} & \lambda a_{k2} & \cdots & \lambda a_{kn} \\ \cdots & \cdots & \cdots & \cdots \\ a_{n1} & a_{n2} & \cdots & a_{nn} \end{vmatrix} \tag{2}$$

と与えよう．(1) と (2) を $k$ 番目の行の成分で余因子展開すると，それぞれ

$$\Delta \ = a_{k1}A_{k1} + a_{k2}A_{k2} + \cdots + a_{kn}A_{kn} \tag{3}$$

$$\Delta_1 = (\lambda a_{k1})A_{k1} + (\lambda a_{k2})A_{k2} + \cdots + (\lambda a_{kn})A_{kn} \tag{4}$$

と求められ，$\Delta_1 = \lambda\Delta$ が得られる．

**問題 15.10**　定理 15.5(p.448) を証明せよ．

**解答**

$(a)$ 2 つの行が同じ成分を持つとき，特定の行を交換しても行列式の値は変わらない．しかし，定理 15.3(p.448) によると負号が変わらなければならない．すると，$\Delta=-\Delta$ より $\Delta=0$ を得る．
$(b)$ 2 つの行が比例関係にある成分を持つときは，その比例定数で括るとそれらの成分を同じにすることができるので，その行列式は $(a)$ によってゼロとならなければならない．

**問題 15.11**　定理 15.6(p.448) を証明せよ．

**解答**

行列式を

$$\Delta=\begin{vmatrix} a_{11}+b_1 & a_{12}+b_2 & \cdots & a_{1n}+b_n \\ a_{21} & a_{22} & \cdots & a_{2n} \\ a_{31} & a_{32} & \cdots & a_{3n} \\ \cdots & \cdots & \cdots & \cdots \\ a_{n1} & a_{n2} & \cdots & a_{nn} \end{vmatrix}$$

と記述する．最初の行では，2 つの項の合計として表される成分が各々ある．このとき，余因子展開によって

$$\Delta=(a_{11}+b_1)A_{11}+(a_{12}+b_2)A_{12}+\cdots+(a_{1n}+b_n)A_{1n} \tag{1}$$

を得る．$A_{11}, A_{12}, \ldots, A_{1n}$ は第 1 行目の成分に対応する余因子である．だが (1) は

$$\Delta=(a_{11}A_{11}+a_{12}A_{12}+\cdots+a_{1n}A_{1n})+(b_1A_{11}+\cdots+b_nA_{1n})$$

$$=\begin{vmatrix} a_{11} & a_{12} & \cdots & a_{1n} \\ a_{21} & a_{22} & \cdots & a_{2n} \\ \cdots & \cdots & \cdots & \cdots \\ a_{n1} & a_{n2} & \cdots & a_{nn} \end{vmatrix}+\begin{vmatrix} b_1 & b_2 & \cdots & b_n \\ a_{21} & a_{22} & \cdots & a_{2n} \\ \cdots & \cdots & \cdots & \cdots \\ a_{n1} & a_{n2} & \cdots & a_{nn} \end{vmatrix}$$

と表すことができ，題意が示される．なお，他の行（または列）が選択された場合であっても上と同様な手続きで証明できる．

**問題 15.12**　定理 15.7(p.448) を証明せよ．

**解答**

$\Delta=(a_{jk})$ の 2 行目の成分それぞれに $\lambda$ を掛け，1 行目の成分に足す状況を考えよう（任意の行や列を選んでも同様な証明ができる）．このとき，行列式は

$$\begin{vmatrix} a_{11}+\lambda a_{21} & a_{12}+\lambda a_{22} & \cdots & a_{1n}+\lambda a_{2n} \\ a_{21} & a_{22} & \cdots & a_{2n} \\ \cdots & \cdots & \cdots & \cdots \\ a_{n1} & a_{n2} & \cdots & a_{nn} \end{vmatrix}$$

と書ける．しかし，(問題 15.11) よりこの式は

$$\begin{vmatrix} a_{11} & a_{12} & \cdots & a_{1n} \\ a_{21} & a_{22} & \cdots & a_{2n} \\ \multicolumn{4}{c}{\dotfill} \\ a_{n1} & a_{n2} & \cdots & a_{nn} \end{vmatrix} + \begin{vmatrix} \lambda a_{21} & \lambda a_{22} & \cdots & \lambda a_{2n} \\ a_{21} & a_{22} & \cdots & a_{2n} \\ \multicolumn{4}{c}{\dotfill} \\ a_{n1} & a_{n2} & \cdots & a_{nn} \end{vmatrix}$$

となる．2 項目の行列式についてその 1 行目と 2 行目が比例関係にあるからゼロである（定理 15.5）．ゆえに目的の結果が得られた．

**問題 15.13** $\begin{vmatrix} 2 & 1 & -1 & 4 \\ -2 & 3 & 2 & -5 \\ 1 & -2 & -3 & 2 \\ -4 & -3 & 2 & -2 \end{vmatrix}$ の値を求めよ．

解答

1 行目の成分に $-3, 2, 3$ を掛けたものを，それぞれ 2, 3, 4 行目の成分に足していくと，

$$\begin{vmatrix} 2 & 1 & -1 & 4 \\ -8 & 0 & 5 & -17 \\ 5 & 0 & -5 & 10 \\ 2 & 0 & -1 & 10 \end{vmatrix}$$

となることがわかる．定理 15.7 より，この行列式の値は元の行列式の値と等しい．この新たに得られた行列式が 2 列目において三つのゼロ成分を持つことに注目しよう．そもそもこのようにしたことが，$-3, 2, 3$ の数字を選択した意図である．

この行列式の値は，第 2 列上の各々の成分にそれらの余因子を掛けて余因子展開することで

$$-\begin{vmatrix} -8 & 5 & -17 \\ 5 & -5 & 10 \\ 2 & -1 & 10 \end{vmatrix} = -5\begin{vmatrix} -8 & 5 & -17 \\ 1 & -1 & 2 \\ 2 & -1 & 10 \end{vmatrix}$$

となる．（右辺は）定理 15.4 を用いて，2 行目から係数 5 を外に出している．

さらに，第 2 行上の成分に 5 と $-1$ を掛け，それぞれ 1, 3 行目の成分に足していくと

$$-5\begin{vmatrix} -3 & 0 & -7 \\ 1 & -1 & 2 \\ 1 & 0 & 8 \end{vmatrix}$$

となり，2 列目上の成分で余因子展開することで，

$$(-5)(-1)\begin{vmatrix} -3 & -7 \\ 1 & 8 \end{vmatrix} = -85.$$

**問題 15.14**　$A = \begin{pmatrix} 2 & -1 \\ 3 & 2 \end{pmatrix}$, $B = \begin{pmatrix} 7 & 2 \\ -3 & 4 \end{pmatrix}$ が与えられたとき，定理 15.8 を確かめよ．

**解答**

$\det(AB) = \det(A)\det(B)$ であることを定理は述べている．このとき，

$$AB = \begin{pmatrix} 2 & -1 \\ 3 & 2 \end{pmatrix} \begin{pmatrix} 7 & 2 \\ -3 & 4 \end{pmatrix} = \begin{pmatrix} 17 & 0 \\ 15 & 14 \end{pmatrix}$$

となるから，行列式の値は

$$\begin{vmatrix} 2 & -1 \\ 3 & 2 \end{vmatrix} \begin{vmatrix} 7 & 2 \\ -3 & 4 \end{vmatrix} = \begin{vmatrix} 17 & 0 \\ 15 & 14 \end{vmatrix}$$

すなわち，

$$(7)(34) = (17)(14)$$

と求まる．この式は正しく成り立つことから，定理が成り立つことが確認できた．

**問題 15.15**　$v_1 = (2 \; -1 \quad 3)$, $v_2 = (1 \quad 2 \; -1)$, $v_3 = (-3 \quad 4 \; -7)$ としたとき，
$(a)$ $v_1$, $v_2$, $v_3$ が線形従属であることを示せ．
$(b)$ 以下を示すことで定理 15.10(p.448) が成り立つことを確かめよ．

$$\begin{vmatrix} 2 & -1 & 3 \\ 1 & 2 & -1 \\ -3 & 4 & -7 \end{vmatrix} = 0$$

**解答**

$(a)$ $\lambda_1 v_1 + \lambda_2 v_2 + \lambda_3 v_3 = \mathbf{0} = (0\,0\,0)$ において，すべてゼロとならない定数 $\lambda_1$, $\lambda_2$, $\lambda_3$ が存在することを示す必要がある．ここで，

$$\lambda_1(2 \; -1 \quad 3) + \lambda_2(1 \quad 2 \; -1) + \lambda_3(-3 \quad 4 \quad 7) = (0 \quad 0 \quad 0)$$

とおくと，

$$2\lambda_1 + \lambda_2 - 3\lambda_3 = 0$$
$$-\lambda_1 + 2\lambda_2 + 4\lambda_3 = 0$$
$$3\lambda_1 - \lambda_2 - 7\lambda_3 = 0$$

となる．例えば，$\lambda_3 = 1$ と仮定しよう．すると上式は $2\lambda_1 + \lambda_2 = 3$, $\lambda_1 - 2\lambda_2 = 4$, $3\lambda_1 - \lambda_2 = 7$ となる．これらの 2 つについて解くと，$\lambda_1 = 2$, $\lambda_2 = -1$ と求まる．したがって，ゼロとならない定

数 $\lambda_1 = 2$, $\lambda_2 = -1$, $\lambda_3 = 1$ が存在することがわかった．
$(b)$ 2 行目の成分に $-2, 3$ を掛け，これをそれぞれ 1, 3 行目に加えると，与えられた行列式は

$$\begin{vmatrix} 0 & -5 & 5 \\ 1 & 2 & -1 \\ 0 & 10 & -10 \end{vmatrix} = -(1)\begin{vmatrix} -5 & 5 \\ 10 & -10 \end{vmatrix} = 0.$$

**問題 15.16**　定理 15.9(p.448) を証明せよ．

**解答**

行列式

$$A = \begin{vmatrix} a_{11} & a_{12} & \cdots & a_{1n} \\ \cdots & \cdots & \cdots & \cdots \\ a_{p1} & a_{p2} & \cdots & a_{pn} \\ \cdots & \cdots & \cdots & \cdots \\ a_{n1} & a_{n2} & \cdots & a_{nn} \end{vmatrix}$$

は，$p$ 番目の行の成分に沿って余因子展開した場合，定義より，

$$\det(A) = a_{p1}A_{p1} + a_{p2}A_{p2} + \cdots + a_{pn}A_{pn} = \sum_{k=1}^{n} a_{pk}A_{pk} \tag{1}$$

となる．ここで，$A$ の $p$ 行目の成分 $a_{pk}$ に対して，$p \neq q$ となる $q$ 行目の成分 $a_{qk}$ を対応させ，置き換えてみる．このとき，新たに得られた行列式は，2 つの行が等しくなるから定理 15.5 よりゼロとなる．$a_{pk} = a_{qk}$ であるため，(1) は

$$0 = a_{q1}A_{p1} + a_{q2}A_{p2} + \cdots + a_{qn}A_{pn} = \sum_{k=1}^{n} a_{qk}A_{pk}$$

すなわち，

$$\sum_{k=1}^{n} a_{qk}A_{pk} = 0 \qquad (p \neq q) \tag{2}$$

に置き換えられる．行ではなく列を用いても，同様に

$$\sum_{k=1}^{n} a_{kq}A_{kp} = 0 \qquad (p \neq q) \tag{3}$$

となることを示せる．もし $p = q$ となる場合，(2) と (3) はそれぞれ

$$\sum_{k=1}^{n} a_{pk}A_{pk} = \det(A) \tag{4}$$

$$\sum_{k=1}^{n} a_{kp}A_{kp} = \det(A) \tag{5}$$

となる．

# 逆行列

**問題 15.17**　逆行列が

$$A^{-1} = \frac{(A_{jk})^T}{\det(A)} = \frac{(A_{kj})}{\det(A)}$$

となることを証明せよ．ただし，$(A_{jk})$ は余因子 $A_{jk}$ から成る行列である．

**解答**

逆行列の定義を使って $AA^{-1} = I$，つまり単位行列となることを示す．これを行うために，積

$$A(A_{jk})^T = \begin{pmatrix} a_{11} & a_{12} & \cdots & a_{1n} \\ a_{21} & a_{22} & \cdots & a_{2n} \\ \cdots & \cdots & \cdots & \cdots \\ a_{n1} & a_{n2} & \cdots & a_{nn} \end{pmatrix} \begin{pmatrix} A_{11} & A_{21} & \cdots & A_{n1} \\ A_{12} & A_{22} & \cdots & A_{n2} \\ \cdots & \cdots & \cdots & \cdots \\ A_{1n} & A_{2n} & \cdots & A_{nn} \end{pmatrix}$$

を検討する．ここで，行列に関する積の法則より [これは行列式でも成り立つことである]，結果の行列の成分 $c_{qp}$ は，左の行列の $q$ 番目の行と右の行列の $p$ 番目の列の要素同士の積を総和したものである．したがって，

$$c_{qp} = a_{q1}A_{p1} + a_{q2}A_{p2} + \cdots + a_{qn}A_{pn} = \sum_{k=1}^{n} a_{qk}A_{pk}$$

を得る．一方で，問題 15.16の結果より，

$$c_{qp} = \begin{cases} 0 & (p \neq q) \\ \det(A) & (p = q) \end{cases}$$

である．その結果，

$$A(A_{jk})^T = \begin{pmatrix} \det(A) & 0 & \cdots & 0 \\ 0 & \det(A) & \cdots & 0 \\ \cdots & \cdots & \cdots & \cdots \\ 0 & 0 & \cdots & \det(A) \end{pmatrix}$$

になる．このとき，$\det(A) \neq 0$ である場合，

$$\frac{A(A_{jk})^T}{\det(A)} = \begin{pmatrix} 1 & 0 & \cdots & 0 \\ 0 & 1 & \cdots & 0 \\ \cdots & \cdots & \cdots & \cdots \\ 0 & 0 & \cdots & 1 \end{pmatrix} = I$$

と表すことができ，これは，結果として $AB = I$ であり，

$$B = A^{-1} = \frac{(A_{jk})^T}{\det(A)}$$

となる．

**問題 15.18**　以下に答えよ．

(a) $A = \begin{pmatrix} 3 & -2 & 2 \\ 1 & 2 & -3 \\ 4 & 1 & 2 \end{pmatrix}$ の逆行列を求めよ．

(b) 上の結果を，積を実行することで確かめよ．

**解答**

(a) $A$ の余因子を成分に持つ行列は

$$(A_{jk}) = \begin{pmatrix} 7 & -14 & -7 \\ 6 & -2 & -11 \\ 2 & 11 & 8 \end{pmatrix}$$

と与えられる．そしてこの行列の転置は次のようになる．

$$(A_{jk})^T = (A_{kj}) = \begin{pmatrix} 7 & 6 & 2 \\ -14 & -2 & 11 \\ -7 & -11 & 8 \end{pmatrix}$$

$\det(A) = 35$ であるから(問題 15.8),

$$A^{-1} = \frac{(A_{jk})^T}{\det(A)} = \frac{1}{35}\begin{pmatrix} 7 & 6 & 2 \\ -14 & -2 & 11 \\ -7 & -11 & 8 \end{pmatrix} = \begin{pmatrix} \frac{1}{5} & \frac{6}{35} & \frac{2}{35} \\ -\frac{2}{5} & -\frac{2}{35} & \frac{11}{35} \\ -\frac{1}{5} & -\frac{11}{35} & \frac{8}{35} \end{pmatrix}$$

を得る．

(b)

$$AA^{-1} = \begin{pmatrix} 3 & -2 & 2 \\ 1 & 2 & -3 \\ 4 & 1 & 2 \end{pmatrix}\begin{pmatrix} \frac{1}{5} & \frac{6}{35} & \frac{2}{35} \\ -\frac{2}{5} & -\frac{2}{35} & \frac{11}{35} \\ -\frac{1}{5} & -\frac{11}{35} & \frac{8}{35} \end{pmatrix} = \begin{pmatrix} 1 & 0 & 0 \\ 0 & 1 & 0 \\ 0 & 0 & 1 \end{pmatrix} = I$$

$A^{-1}A = I$ となることもまた示すことができる．

**問題 15.19**　$(AB)^{-1} = B^{-1}A^{-1}$ となることを証明せよ．

**解答**

$X = (AB)^{-1}$ と置く．このとき $(AB)X = I$ となる（$I$ は単位行列）．そして結合法則によりこの式は $A(BX) = I$ となる．$A^{-1}$ を左から掛けることで $A^{-1}[A(BX)] = A^{-1}I = A^{-1}$ を得る．更に結合法則を用いると $(A^{-1}A)(BX) = A^{-1}$ または $I(BX) = A^{-1}$ となる．すなわち，$BX = A^{-1}$ である．$B^{-1}$ を左から掛け，結合法則をもう一度使うと，$B^{-1}(BX) = B^{-1}A^{-1}$, $(B^{-1}B)X = B^{-1}A^{-1}$, $IX = B^{-1}A^{-1}$ となり，$X = B^{-1}A^{-1}$ を得る．

**問題 15.20**　$A$ が正則行列であるとき，$\det(A^{-1}) = \dfrac{1}{\det A}$ となることを証明せよ．

**解答**

$AA^{-1} = I$ より，$\det(AA^{-1}) = \det(I) = 1$ となる．一方で定理 15.8 から，$\det(AA^{-1}) = \det(A)\det(A^{-1})$ を得る．したがって，$\det(A^{-1})\det(A) = 1$ となり目的の結果を導ける．

## 直交行列，ユニタリ行列．直交ベクトル

**問題 15.21**　$A = \begin{pmatrix} \cos\theta & -\sin\theta \\ \sin\theta & \cos\theta \end{pmatrix}$ が直交行列であることを示せ．

**解答**

$A$ は実行列であるから，$A^TA = I$ を示す必要がある．実際に計算してみると，$\cos^2\theta + \sin^2\theta = 1$ を用いて，

$$A^TA = \begin{pmatrix} \cos\theta & \sin\theta \\ -\sin\theta & \cos\theta \end{pmatrix} \begin{pmatrix} \cos\theta & -\sin\theta \\ \sin\theta & \cos\theta \end{pmatrix} = \begin{pmatrix} 1 & 0 \\ 0 & 1 \end{pmatrix} = I$$

を得る．ゆえに $A$ は直交行列である．

**問題 15.22**　$A = \begin{pmatrix} \sqrt{2}/2 & -i\sqrt{2}/2 & 0 \\ i\sqrt{2}/2 & -\sqrt{2}/2 & 0 \\ 0 & 0 & 1 \end{pmatrix}$ がユニタリ行列であることを示せ．

**解答**

$A$ は複素行列であるから，$\bar{A}^TA = I$ を示す必要がある．実際に計算してみると，

$$\bar{A}^TA = \begin{pmatrix} \sqrt{2}/2 & -i\sqrt{2}/2 & 0 \\ i\sqrt{2}/2 & -\sqrt{2}/2 & 0 \\ 0 & 0 & 1 \end{pmatrix} \begin{pmatrix} \sqrt{2}/2 & -i\sqrt{2}/2 & 0 \\ i\sqrt{2}/2 & -\sqrt{2}/2 & 0 \\ 0 & 0 & 1 \end{pmatrix} = \begin{pmatrix} 1 & 0 & 0 \\ 0 & 1 & 0 \\ 0 & 0 & 1 \end{pmatrix} = I$$

を得るので $A$ はユニタリ行列である．

**問題 15.23**　$A$ が直交行列のとき，$\det(A) = \pm 1$ となることを証明せよ．

**解答**

$A$ は直交行列なので，$A^T A = I$ となり，定理 15.8(p.448) より，

$$\det(A^T A) = \det(A^T)\det(A) = \det I = 1 \tag{1}$$

となる．しかし，$\det(A^T) = \det(A)$ であるから (1) は

$$[\det(A)]^2 = 1 \qquad \text{または，} \qquad \det(A) = \pm 1$$

になる．

**問題 15.24**　以下のベクトルが，正規直交系 (集合) を成すことを示せ．

$$A_1 = \begin{pmatrix} \cos\theta \\ \sin\theta \\ 0 \end{pmatrix}, \quad A_2 = \begin{pmatrix} -\sin\theta \\ \cos\theta \\ 0 \end{pmatrix}, \quad A_3 = \begin{pmatrix} 0 \\ 0 \\ 1 \end{pmatrix}$$

**解答**

実ベクトルであるから，

$$A_j^T A_k = \begin{cases} 1 & (j = k) \\ 0 & (j \neq k) \end{cases}$$

を示さなければならない．

$j = k = 1$ のとき，

$$A_1^T A_1 = (\cos\theta \ \sin\theta \ 0)\begin{pmatrix} \cos\theta \\ \sin\theta \\ 0 \end{pmatrix} = \cos^2\theta + \sin^2\theta = 1$$

を得る．同様に $j = k = 2$ や $j = k = 3$ の場合，$A_2^T A_2 = 1$, $A_3^T A_3 = 1$ と求められる．ゆえに $A_1, A_2, A_3$ は単位ベクトルである．

任意の二つのベクトルの直交性を示すために，例えば $j = 1, k = 2$ の場合を考える．この場合，

$$A_1^T A_2 = (\cos\theta \ \sin\theta \ 0)\begin{pmatrix} -\sin\theta \\ \cos\theta \\ 0 \end{pmatrix} = 0$$

となる．同様に $A_1^T A_3 = 0$, $A_2^T A_3 = 0$ であるので，ベクトルは互いに直交する．したがって，与えられたベクトルは正規直交系を成すことがわかる．

## 線形方程式系

**問題 15.25**　クラメルの規則である (20) の式 [p.451] は，方程式系 (16) を解くための規則である．この規則を証明せよ．ただし，$m = n$ とする．

**解答**

方程式系は

$$\sum_{q=1}^{n} a_{kq} x_q = r_k \qquad k = 1, \cdots, n$$

と書くことができる．ここに余因子 $A_{kp}$ を掛け，

$$A_{kp} \sum_{q=1}^{n} a_{kq} x_q = r_k A_{kp}.$$

次に $k = 1$ から $n$ への総和をとると，

$$\sum_{k=1}^{n} A_{kp} \sum_{q=1}^{n} a_{kq} x_q = \sum_{k=1}^{n} r_k A_{kp}$$

を得る．この式は

$$\sum_{q=1}^{n} \left\{ \sum_{k=1}^{n} A_{kp} a_{kq} \right\} x_q = \sum_{k=1}^{n} r_k A_{kp} \tag{1}$$

と変形できる．
ここで，問題 15.16 の (3) および (5) より，

$$\sum_{k=1}^{n} A_{kp} a_{kq} = \begin{cases} 0 & q \neq p \\ \det(A) & q = p \end{cases}$$

を得る．
したがって (1) は

$$\det(A) x_p = \sum_{k=1}^{n} r_k A_{kp}$$

となるので，$\varDelta = \det(A)$ とした場合，

$$x_p = \frac{\displaystyle\sum_{k=1}^{n} r_k A_{kp}}{\varDelta} \qquad p = 1, \ldots, n \tag{2}$$

となる．式 (2) の分子は $p$ 番目の列が列ベクトル $(r_1 \ r_2 \ \cdots \ r_n)^T$ で置換された行列式であるため，クラメルの規則が成り立つことになる．

**問題 15.26**　逆行列を用いて 問題 15.25 を解け．

解答

(17) または (18) の系を，p.451 の (19) の形式，つまり

$$X = A^{-1}R$$

とし，これを解くことを考える．ここで，

$$A^{-1} = \frac{(A_{kj})}{\det(A)} = \frac{(A_{kj})}{\varDelta}, \qquad R = \begin{pmatrix} r_1 \\ \vdots \\ r_n \end{pmatrix}$$

である．これらを代入すると，

$$X = \begin{pmatrix} x_1 \\ \vdots \\ x_n \end{pmatrix} = A^{-1}R = \frac{1}{\varDelta} \begin{pmatrix} A_{11} & A_{21} & \cdots & A_{n1} \\ A_{12} & A_{22} & \cdots & A_{n2} \\ \cdots & \cdots & \cdots & \cdots \\ A_{1n} & A_{2n} & \cdots & A_{nn} \end{pmatrix} \begin{pmatrix} r_1 \\ r_2 \\ \vdots \\ r_n \end{pmatrix}$$

$$= \frac{1}{\varDelta} \begin{pmatrix} A_{11}r_1 + A_{21}r_2 + \cdots + A_{n1}r_n \\ \cdots\cdots\cdots\cdots \\ A_{1n}r_1 + A_{2n}r_2 + \cdots + A_{nn}r_n \end{pmatrix}$$

となり，これは

$$x_p = \frac{A_{1p}r_1 + A_{2p}r_2 + \cdots + A_{np}r_n}{\varDelta}$$

と導けて 問題 15.25 の (2) と一致する．

**問題 15.27**　方程式系

$$\begin{cases} 3x_1 - 2x_2 + 2x_3 = 10 \\ x_1 + 2x_2 - 3x_3 = -1 \\ 4x_1 + x_2 + 2x_3 = 3 \end{cases}$$

を以下の方法で解け．

$(a)$ クラメルの規則を用いた解法　$(b)$ 逆行列を用いた解法

解答

$(a)$ クラメルの規則より，

$$x_1 = \frac{\begin{vmatrix} 10 & -2 & 2 \\ -1 & 2 & -3 \\ 3 & 1 & 2 \end{vmatrix}}{\varDelta}, \qquad x_2 = \frac{\begin{vmatrix} 3 & 10 & 2 \\ 1 & -1 & -3 \\ 4 & 3 & 2 \end{vmatrix}}{\varDelta}, \qquad x_3 = \frac{\begin{vmatrix} 3 & -2 & 10 \\ 1 & 2 & -1 \\ 4 & 1 & 3 \end{vmatrix}}{\varDelta}$$

となる．ここで係数の行列式は

$$\varDelta = \begin{vmatrix} 3 & -2 & 2 \\ 1 & 2 & -3 \\ 4 & 1 & 2 \end{vmatrix} = 35$$

である問題 15.8．他の行列式を求めると解は $x_1 = 2,\ x_2 = -3,\ x_3 = -1$ となる．

(*b*) 行列形式にすると系は

$$\begin{pmatrix} 3 & -2 & 2 \\ 1 & 2 & -3 \\ 4 & 1 & 2 \end{pmatrix} \begin{pmatrix} x_1 \\ x_2 \\ x_3 \end{pmatrix} = \begin{pmatrix} 10 \\ -1 \\ 3 \end{pmatrix} \qquad \text{または,} \qquad AX = R \tag{1}$$

として表現できる．(1) の最初の行列 $A$ の逆行列は問題 15.18で求めているので，(1) の両辺にこの逆行列を掛けると，$A^{-1}A = I$ という事実を用いると，

$$\begin{pmatrix} x_1 \\ x_2 \\ x_3 \end{pmatrix} = \begin{pmatrix} \frac{1}{5} & \frac{6}{35} & \frac{2}{35} \\ -\frac{2}{5} & -\frac{2}{35} & \frac{11}{35} \\ -\frac{1}{5} & -\frac{11}{35} & \frac{8}{35} \end{pmatrix} \begin{pmatrix} 10 \\ -1 \\ 3 \end{pmatrix} = \begin{pmatrix} 2 \\ -3 \\ -1 \end{pmatrix}$$

を得る．したがって，$x_1 = 2,\ x_2 = -3,\ x_3 = -1$ となる．

幾何学的には，点 $(2, -3, -1)$ で交差する 3 つの平面を表している．

**問題 15.28**　以下の方程式を解け．

$$\begin{cases} 2x_1 + 5x_2 - 3x_3 = 3 \\ x_1 - 2x_2 + x_3 = 2 \\ 7x_1 + 4x_2 - 3x_3 = -4 \end{cases}$$

解答

クラメルの規則より

$$x_1 = \frac{\begin{vmatrix} 3 & 5 & -3 \\ 2 & -2 & 1 \\ -4 & 4 & -3 \end{vmatrix}}{\varDelta}, \qquad x_2 = \frac{\begin{vmatrix} 2 & 3 & -3 \\ 1 & 2 & 1 \\ 7 & -4 & -3 \end{vmatrix}}{\varDelta}, \qquad x_3 = \frac{\begin{vmatrix} 2 & 5 & 3 \\ 1 & -2 & 2 \\ 7 & 4 & -4 \end{vmatrix}}{\varDelta}$$

が得られる．ここで，

$$\varDelta = \begin{vmatrix} 2 & 5 & -3 \\ 1 & -2 & 1 \\ 7 & 4 & -3 \end{vmatrix}$$

である．これを求めると，形式的に，

$$x_1 = \frac{16}{0}, \quad x_2 = \frac{80}{0}, \quad x_3 = \frac{144}{0} \tag{1}$$

となりこの系には解がないことを示している．

なお，第一の方程式と第二の方程式にそれぞれ 2 と 3 を掛けてそれらを加えると，$7x_1 + 4x_2 - 3x_3 = 12$ を得る．この式は第三の方程式，すなわち $7x_1 + 4x_2 - 3x_3 = -4$ と一致しない．ゆえにこの方程式の系は**矛盾** (inconsistent) となる．

幾何学的には，最初の 2 つの方程式は直線で交差する 2 つの平面を表している．3 番目の方程式はその直線に並行な平面を表している．理論的にはこれらの平面は（(1) の可能な解釈から）無限遠点で交わる．

**問題 15.29**　以下の方程式を解け．

$$\begin{cases} 2x_1 + 5x_2 - 3x_3 = 3 \\ x_1 - 2x_2 + x_3 = 2 \\ 7x_1 + 4x_2 - 3x_3 = 12 \end{cases}$$

**解答**

この場合，クラメルの規則を形式的に適用することにより

$$x_1 = \frac{0}{0}, \qquad x_2 = \frac{0}{0}, \qquad x_3 = \frac{0}{0}$$

が得られる．理論的には 0/0 は任意の数を表すことができるので，この結果は系に無限の解があることを示している．

なお，第一の方程式と第二の方程式にそれぞれ 2 と 3 を掛けてそれらを足し合わせると，第三の方程式が得ることができる．この結果から，第三の方程式は最初の 2 つの方程式から得られるため必要ではない．この方程式の系を**従属**，より正確には**線形従属**と呼ぶ．

幾何学的には，最初の 2 つの方程式は直線で交差する 2 つの平面を表している．そして 3 番目の方程式で表される平面はその直線を通る．

可能な解を得るには，例として $x_3$ に異なる値を割り当てる．ゆえに $x_3 = 1$ とすると，$x_1 = 17/9$, $x_2 = 4/9$ となり直線上の点 (17/9, 4/9, 1) を得る．その他の解に関しても同様に得られる．

**問題 15.30**　以下の方程式を解け．

$$\begin{cases} 3x_1 - 2x_2 + 2x_3 = 0 \\ x_1 + 2x_2 - 3x_3 = 0 \\ 4x_1 + x_2 + 2x_3 = 0 \end{cases}$$

**解答**

クラメルの規則より解

$$x_1 = \frac{0}{35} = 0, \qquad x_2 = \frac{0}{35} = 0, \qquad x_3 = \frac{0}{35} = 0$$

を得る 問題 15.8. この結果から唯一の解は自明な解となる.

幾何学的には，これらの方程式は点 (0, 0, 0) で交差する 3 つの平面を表す.

**問題 15.31**　以下の方程式を解け.

$$\begin{cases} 2x_1 + 5x_2 - 3x_3 = 0 \\ x_1 - 2x_2 + \ \ x_3 = 0 \\ 7x_1 + 4x_2 - 3x_3 = 0 \end{cases}$$

**解答**

クラメルの規則を形式的に適用すると，

$$x_1 = \frac{0}{0}, \qquad x_2 = \frac{0}{0}, \qquad x_3 = \frac{0}{0}$$

が得られ，自明で明白な $x_1 = 0$, $x_2 = 0$, $x_3 = 0$ 以外にも無限に多くの解があることを示している. これらの解は，問題 15.29 のように $x_3$ に異なる値を割り当てることで求めることができる．第三の方程式は，第一・第二の方程式をそれぞれ 2 倍・3 倍したものを足し合わせることで得られるので，これらの方程式は従属である.

**問題 15.32**　以下の系おいて，$k$ がどの値をとれば自明でない解があると言えるか，答えよ.

$$\begin{cases} 2x + ky + \ \ z = 0 \\ (k-1)x - \ \ y + 2z = 0 \\ 4x + \ \ y + 4z = 0 \end{cases}$$

**解答**

クラメルの規則を形式的に適用することで，

$$x = \frac{0}{\Delta}, \qquad y = \frac{0}{\Delta}, \qquad z = \frac{0}{\Delta}$$

を得る．このとき，$\Delta \neq 0$ の場合，系は自明な解 $x = 0$, $y = 0$, $z = 0$ を持つことになる．系が自明でない解を持つためには，$\Delta = 0$，すなわち

$$\begin{vmatrix} 2 & k & 1 \\ k-1 & -1 & 2 \\ 4 & 1 & 4 \end{vmatrix} = 0 \qquad \text{または，} \qquad 9k - 9 - 4k(k-1) = 0$$

とする必要がある．この式を解くことで，$k = 1, 9/4$ となることがわかる.

## 固有値と固有ベクトル

**問題 15.33** 以下の行列の固有値を求めよ.

$$A = \begin{pmatrix} 5 & 7 & -5 \\ 0 & 4 & -1 \\ 2 & 8 & -3 \end{pmatrix}$$

解答

**方法 1.** $X = \begin{pmatrix} x_1 \\ x_2 \\ x_3 \end{pmatrix}$ とした場合，方程式 $AX = \lambda X$，すなわち，

$$\begin{pmatrix} 5 & 7 & -5 \\ 0 & 4 & -1 \\ 2 & 8 & -3 \end{pmatrix} \begin{pmatrix} x_1 \\ x_2 \\ x_3 \end{pmatrix} = \lambda \begin{pmatrix} x_1 \\ x_2 \\ x_3 \end{pmatrix}$$

または,

$$\begin{pmatrix} 5x_1 + 7x_2 - 5x_3 \\ 4x_2 - \phantom{5}x_3 \\ 2x_1 + 8x_2 - 3x_3 \end{pmatrix} = \begin{pmatrix} \lambda x_1 \\ \lambda x_2 \\ \lambda x_3 \end{pmatrix}$$

を考える必要がある．これらの行列の要素を対応させると，

$$\begin{aligned} (5-\lambda)x_1 + 7x_2 - 5x_3 &= 0 \\ (4-\lambda)x_2 - x_3 &= 0 \\ 2x_1 + 8x_2 - (3+\lambda)x_3 &= 0 \end{aligned} \tag{1}$$

となることがわかる．そしてこの系は

$$\begin{vmatrix} 5-\lambda & 7 & -5 \\ 0 & 4-\lambda & -1 \\ 2 & 8 & -3-\lambda \end{vmatrix} = 0 \tag{2}$$

の場合であれば非自明な解を持つことになる．この行列式を展開すると

$$\lambda^3 - 6\lambda^2 + 11\lambda - 6 = 0 \qquad \text{または,} \qquad (\lambda-1)(\lambda-2)(\lambda-3) = 0$$

が得られる．したがって，固有値は $\lambda = 1, 2, 3$ となる．

**方法 2.** $AX = \lambda X$ は $AX = \lambda IX$ として書くことができ，$(A - \lambda I)X = \mathbf{0}$ となる．$I$ と $\mathbf{0}$ はそれぞれ単位行列とゼロ行列であり，

$$A - \lambda I = \begin{pmatrix} 5-\lambda & 7 & -5 \\ 0 & 4-\lambda & -1 \\ 2 & 8 & -3-\lambda \end{pmatrix}$$

となる．$\det(A - \lambda I) = \mathbf{0}$ の場合，自明でない解が存在し，方法 1 のように進めることができる．式 (2) は，各対角要素から $\lambda$ を引くことで記述できることに注目しよう．

**問題 15.34**
($a$) 問題 15.33 で求めた行列 $A$ の固有値に対応する固有ベクトル求め，
($b$) それらの固有ベクトルを正規化せよ．

**解答**

($a$) $\lambda = 1$ に対応して，問題 15.33 の式 (1) は

$$\begin{aligned} 4x_1 + 7x_2 - 5x_3 &= 0 \\ 3x_2 - x_3 &= 0 \\ 2x_1 + 8x_2 - 4x_3 &= 0 \end{aligned}$$

となる．$x_1$ と $x_3$ を $x_2$ の式で解くと，$x_3 = 3x_2$，$x_1 = 2x_2$ と求まる．このとき固有ベクトルは，

$$\begin{pmatrix} x_1 \\ x_2 \\ x_3 \end{pmatrix} = \begin{pmatrix} 2x_2 \\ x_2 \\ 3x_2 \end{pmatrix} = x_2 \begin{pmatrix} 2 \\ 1 \\ 3 \end{pmatrix}$$

だが，スカラー倍の任意性を除き，単に

$$\begin{pmatrix} 2 \\ 1 \\ 3 \end{pmatrix}$$

とする．

同様に，$\lambda = 2$ に対応して，問題 15.33 の式 (1) から $x_3 = 2x_2$，$x_1 = x_2$ となり，それから固有ベクトル

$$\begin{pmatrix} x_1 \\ x_2 \\ x_3 \end{pmatrix} = \begin{pmatrix} x_2 \\ x_2 \\ 2x_2 \end{pmatrix} = x_2 \begin{pmatrix} 1 \\ 1 \\ 2 \end{pmatrix} \qquad \text{または単に} \begin{pmatrix} 1 \\ 1 \\ 2 \end{pmatrix}$$

が導かれる．

最後に，$\lambda = 3$ の場合は $x_3 = x_2$，$x_1 = -x_2$ を得るので，固有ベクトルは

$$\begin{pmatrix} x_1 \\ x_2 \\ x_3 \end{pmatrix} = \begin{pmatrix} -x_2 \\ x_2 \\ x_2 \end{pmatrix} = x_2 \begin{pmatrix} -1 \\ 1 \\ 1 \end{pmatrix} \qquad \text{または単に} \begin{pmatrix} -1 \\ 1 \\ 1 \end{pmatrix}$$

と与えられる．
$(b)$ 正規化された固有ベクトルは，長さが 1 であるという性質を持つ．すなわち，ベクトルが持つ成分の二乗和が 1 となる．そのような固有ベクトルを得るには，各ベクトルを，成分の二乗和の平方根で割ればよい．したがって，$(a)$ で求めた固有ベクトルはそれぞれ

$$\begin{pmatrix} 2/\sqrt{14} \\ 1/\sqrt{14} \\ 3/\sqrt{14} \end{pmatrix}, \quad \begin{pmatrix} 1/\sqrt{5} \\ 1/\sqrt{5} \\ 2/\sqrt{5} \end{pmatrix}, \quad \begin{pmatrix} -1/\sqrt{3} \\ 1/\sqrt{3} \\ 1/\sqrt{3} \end{pmatrix}$$

となる．

**問題 15.35**　以下に答えよ．
$A = \begin{pmatrix} 2 & 0 & -2 \\ 0 & 4 & 0 \\ -2 & 0 & 5 \end{pmatrix}$ の $(a)$ 固有値および $(b)$ 固有ベクトルを求めよ．

**解答**

$(a)$ 固有値は $\begin{vmatrix} 2-\lambda & 0 & -2 \\ 0 & 4-\lambda & 0 \\ -2 & 0 & 5-\lambda \end{vmatrix} = 0$ の解で，それは $\lambda = 1, 4, 6$ と与えられる．
$(b)$ $(A - \lambda I)X = 0$ から，

$$\begin{aligned} (2-\lambda)x_1 - 2x_3 &= 0 \\ (4-\lambda)x_2 &= 0 \\ -2x_1 + (5-\lambda)x_3 &= 0 \end{aligned}$$

を得る．

このとき，$\lambda = 1$ に対応する固有ベクトルは $\begin{pmatrix} 2 \\ 0 \\ 1 \end{pmatrix}$ と求まる．

$\lambda = 4$ に対応する固有ベクトルは $\begin{pmatrix} 0 \\ 1 \\ 0 \end{pmatrix}$ と求まる．

$\lambda = 6$ に対応する固有ベクトルは $\begin{pmatrix} 1 \\ 0 \\ -2 \end{pmatrix}$ と求まる．

**問題 15.36**　以下に答えよ．

$A = \begin{pmatrix} \cos\theta & -\sin\theta \\ \sin\theta & \cos\theta \end{pmatrix}$ の $(a)$ 固有値，および $(b)$ 固有ベクトルを求めよ．

解答

$(a)$ 通常のやり方を使うことで，固有値は

$$\begin{vmatrix} \cos\theta - \lambda & -\sin\theta \\ \sin\theta & \cos\theta - \lambda \end{vmatrix} = 0 \qquad \text{または,} \qquad \lambda^2 - 2\lambda\cos\theta + 1 = 0$$

の解である．このとき解は,

$$\lambda = \frac{2\cos\theta \pm \sqrt{4\cos^2\theta - 4}}{2} = \cos\theta \pm i\sin\theta = e^{\pm i\theta}$$

となる．

$(b)$ 固有ベクトルを定める方程式は,

$$\begin{pmatrix} \cos\theta - \lambda & -\sin\theta \\ \sin\theta & \cos\theta - \lambda \end{pmatrix} \begin{pmatrix} x_1 \\ x_2 \end{pmatrix} = 0$$

すなわち,

$$\left.\begin{aligned} (\cos\theta - \lambda)x_1 - (\sin\theta)x_2 &= 0 \\ (\sin\theta)x_1 + (\cos\theta - \lambda)x_2 &= 0 \end{aligned}\right\} \tag{1}$$

を通して求められる．$\lambda = e^{i\theta} = \cos\theta + i\sin\theta$ を用いることで，(1) より $x_2 = -ix_1$ となるから，対応する固有ベクトルは

$$\begin{pmatrix} x_1 \\ x_2 \end{pmatrix} = \begin{pmatrix} x_1 \\ -ix_1 \end{pmatrix} = x_1 \begin{pmatrix} 1 \\ -i \end{pmatrix} \qquad \text{または単に} \begin{pmatrix} 1 \\ -i \end{pmatrix}$$

となる．一方 $\lambda = e^{-i\theta} = \cos\theta - i\sin\theta$ を用いることで $x_2 = ix_1$ となるから，対応する固有ベクトルは

$$\begin{pmatrix} x_1 \\ x_2 \end{pmatrix} = \begin{pmatrix} x_1 \\ ix_1 \end{pmatrix} = x_1 \begin{pmatrix} 1 \\ i \end{pmatrix} \qquad \text{または単に} \begin{pmatrix} 1 \\ i \end{pmatrix}$$

となる．

## 固有値と固有ベクトルに関する定理

**問題 15.37**　エルミート行列 [または対称実行列] の固有値が実数となることを証明せよ．

解答

$A$ はエルミート行列で，$\lambda$ をその固有値とする．このとき，定義より

$$AX = \lambda X$$

を満たす非自明な固有ベクトル $X$ が存在する．$\bar{X}^T$ を左から掛けると，

$$\bar{X}^T AX = \lambda \bar{X}^T X \tag{1}$$

となり，この式の複素共役をとると

$$X^T \bar{A}\bar{X} = \bar{\lambda} X^T \bar{X} \tag{2}$$

が得られる．次にこの得られた式に対して，p.445 の (5) の第二・第三式を用いて転置をとると，

$$\bar{X}^T \bar{A}^T X = \bar{\lambda} \bar{X}^T X \tag{3}$$

となる．

ここで，$A$ はエルミート行列，つまり $\bar{A}^T = A$ であるから，(3) は

$$\bar{X}^T AX = \bar{\lambda} \bar{X}^T X \tag{4}$$

である．そして，(4) から (1) を引くことで，

$$(\lambda - \bar{\lambda})\bar{X}^T X = 0$$

が得られる．$\bar{X}^T X$ は $0$ でないことより，$\lambda = \bar{\lambda}$ であること，すなわち $\lambda$ が実数でなければならないことが示された．

**問題 15.38** 異なる固有値に属している，エルミート行列 [または対称実行列] の固有ベクトルは互いに直交することを証明せよ．

**解答**

$X_1$ と $X_2$ を，固有値 $\lambda_1$ と $\lambda_2$ に属する固有ベクトルとする．行列を $A$ と表したとき，

$$AX_1 = \lambda_1 X_1, \qquad AX_2 = \lambda_2 X_2 \tag{1}$$

を得る．これらの式にそれぞれ $\bar{X}_2^T$ と $\bar{X}_1^T$ を左から掛けると，

$$\bar{X}_2^T AX_1 = \lambda_1 \bar{X}_2^T X_1, \qquad \bar{X}_1^T AX_2 = \lambda_2 \bar{X}_1^T X_2 \tag{2}$$

となることがわかる．

(2) の第一式の複素共役をとると，$\lambda_1$ が実数であることから，

$$X_2^T \bar{A}\bar{X}_1 = \lambda_1 X_2^T \bar{X}_1 \tag{3}$$

となり，(3) の転置を求めると，

$$\bar{X}_1^T \bar{A}^T X_2 = \lambda_1 \bar{X}_1^T X_2 \tag{4}$$

となる．$A$ はエルミート行列，つまり $\bar{A}^T = A$ となるから，(4) は

$$\bar{X}_1^T A X_2 = \lambda_1 \bar{X}_1^T X_2$$

とできる．この式から (2) を引くと，

$$(\lambda_1 - \lambda_2)\bar{X}_1^T X_2 = 0$$

を得る．したがって，$\lambda_1 \neq \lambda_2$ ならば $\bar{X}_1^T X_2 = 0$ を得る．すなわち $X_1$ と $X_2$ は互いに直交していることが示せた．

**問題 15.39**　以下に答えよ．
(*a*) 問題 15.37 および 問題 15.38 の結果を満たすような例を挙げよ．
(*b*) 実固有値をもつ行列は，必ずエルミートであるか？

**解答**

(*a*) 問題 15.35 の行列 $A$ は対称実行列だからエルミート行列であり，そこで示したように，固有値は全て実数であった．また固有ベクトルは

$$\begin{pmatrix} 2 \\ 0 \\ 1 \end{pmatrix}, \quad \begin{pmatrix} 0 \\ 1 \\ 0 \end{pmatrix}, \quad \begin{pmatrix} 1 \\ 0 \\ -2 \end{pmatrix}$$

であり，互いに直交している．
(*b*) 行列はエルミートでなくても実固有値を持つ．例えば，問題 15.33 の行列を見よ．

**問題 15.40**
行列 $A = \begin{pmatrix} 3 & 2 \\ -1 & 4 \end{pmatrix}$ に対して，ケーリーハミルトンの定理 [定理 15.14(p.452)] が成り立つことを確かめよ．

**解答**

特性方程式は

$$\begin{vmatrix} 3-\lambda & 2 \\ -1 & 4-\lambda \end{vmatrix} = 0 \qquad \text{または，} \qquad \lambda^2 - 7\lambda + 14 = 0.$$

定理を満たすことを確かめるためには，行列 $A$ が

$$A^2 - 7A + 14I = O$$

を満たさなければならない．この式は特性方程式上の $\lambda$ を $A$ に置き換え，また定数項 [今回の場合は 14 の項] と 0 を，それぞれ $14I$ と $O$ に置き換えたものである．

実際に計算すると

$$A^2 - 7A + 14I = \begin{pmatrix} 3 & 2 \\ -1 & 4 \end{pmatrix}\begin{pmatrix} 3 & 2 \\ -1 & 4 \end{pmatrix} - 7\begin{pmatrix} 3 & 2 \\ -1 & 4 \end{pmatrix} + 14\begin{pmatrix} 1 & 0 \\ 0 & 1 \end{pmatrix}$$

$$= \begin{pmatrix} 7 & 14 \\ -7 & 14 \end{pmatrix} + \begin{pmatrix} -21 & -14 \\ 7 & -28 \end{pmatrix} + \begin{pmatrix} 14 & 0 \\ 0 & 14 \end{pmatrix} = \begin{pmatrix} 0 & 0 \\ 0 & 0 \end{pmatrix} = O$$

より，確かに成り立つことがわかる．

**問題 15.41**　問題 15.33 の行列を対角行列に変換することで，定理 15.15(p.452) が成り立つことを確かめよ．

**解答**

問題 15.33 の行列の固有ベクトルは

$$B = \begin{pmatrix} 2 & 1 & -1 \\ 1 & 1 & 1 \\ 3 & 2 & 1 \end{pmatrix}$$

の各列である（これらは 問題 15.34 で示した）．$B$ の逆行列は

$$B^{-1} = \begin{pmatrix} -1 & -3 & 2 \\ 2 & 5 & -3 \\ -1 & -1 & 1 \end{pmatrix}$$

と与えられる．したがって，

$$B^{-1}AB = \begin{pmatrix} -1 & -3 & 2 \\ 2 & 5 & -3 \\ -1 & -1 & 1 \end{pmatrix}\begin{pmatrix} 5 & 7 & -5 \\ 0 & 4 & -1 \\ 2 & 8 & -3 \end{pmatrix}\begin{pmatrix} 2 & 1 & -1 \\ 1 & 1 & 1 \\ 3 & 2 & 1 \end{pmatrix} = \begin{pmatrix} 1 & 0 & 0 \\ 0 & 2 & 0 \\ 0 & 0 & 3 \end{pmatrix}.$$

**問題 15.42**　定理 15.15 を証明せよ．

**解答**

任意の正方行列でもまったく同じ議論で証明できるから，3 次行列の場合に対してのみ証明する．$A$ の固有ベクトルを各列に持つ

$$B = \begin{pmatrix} b_{11} & b_{12} & b_{13} \\ b_{21} & b_{22} & b_{23} \\ b_{31} & b_{32} & b_{33} \end{pmatrix}$$

を考え，対応する固有値をそれぞれ $\lambda_1$, $\lambda_2$, $\lambda_3$ と置く．このとき，固有値の定義より

$$A\begin{pmatrix} b_{11} \\ b_{21} \\ b_{31} \end{pmatrix} = \lambda_1 \begin{pmatrix} b_{11} \\ b_{21} \\ b_{31} \end{pmatrix}, \qquad A\begin{pmatrix} b_{12} \\ b_{22} \\ b_{32} \end{pmatrix} = \lambda_2 \begin{pmatrix} b_{12} \\ b_{22} \\ b_{32} \end{pmatrix}, \qquad A\begin{pmatrix} b_{13} \\ b_{23} \\ b_{33} \end{pmatrix} = \lambda_3 \begin{pmatrix} b_{13} \\ b_{23} \\ b_{33} \end{pmatrix}.$$

このことから，

$$\begin{aligned} AB = A\begin{pmatrix} b_{11} & b_{12} & b_{13} \\ b_{21} & b_{22} & b_{23} \\ b_{31} & b_{32} & b_{33} \end{pmatrix} &= \begin{pmatrix} \lambda_1 b_{11} & \lambda_2 b_{12} & \lambda_3 b_{13} \\ \lambda_1 b_{21} & \lambda_2 b_{22} & \lambda_3 b_{23} \\ \lambda_1 b_{31} & \lambda_2 b_{32} & \lambda_3 b_{33} \end{pmatrix} \\ &= \begin{pmatrix} b_{11} & b_{12} & b_{13} \\ b_{12} & b_{22} & b_{23} \\ b_{13} & b_{32} & b_{33} \end{pmatrix} \begin{pmatrix} \lambda_1 & 0 & 0 \\ 0 & \lambda_2 & 0 \\ 0 & 0 & \lambda_3 \end{pmatrix} \\ &= B\begin{pmatrix} \lambda_1 & 0 & 0 \\ 0 & \lambda_2 & 0 \\ 0 & 0 & \lambda_3 \end{pmatrix} \end{aligned}$$

となる．ゆえに $B^{-1}$ を左から掛けると，目的の結果である

$$B^{-1}AB = \begin{pmatrix} \lambda_1 & 0 & 0 \\ 0 & \lambda_2 & 0 \\ 0 & 0 & \lambda_3 \end{pmatrix}$$

を得る．

**問題 15.43**　以下に答えよ．

($a$) 以下のように $X$ と $A$ が与えられたとき，二次形式「$2x_1^2 + 4x_2^2 + 5x_3^2 - 4x_1x_3 = X^TAX$」を示せ．

$$X = \begin{pmatrix} x_1 \\ x_2 \\ x_3 \end{pmatrix}, \quad A = \begin{pmatrix} 2 & 0 & -2 \\ 0 & 4 & 0 \\ -2 & 0 & 5 \end{pmatrix}$$

($b$) ($a$) にあった交差項を取り除く $x_1, x_2, x_3$ と $u_1, u_2, u_3$ の間の線形変換を求め，$u_1, u_2, u_3$ での二次形式を書け．

**解答**

($a$) 実際に計算すると，

$$X^TAX = \begin{pmatrix} x_1 & x_2 & x_3 \end{pmatrix} \begin{pmatrix} 2 & 0 & -2 \\ 0 & 4 & 0 \\ -2 & 0 & 5 \end{pmatrix} \begin{pmatrix} x_1 \\ x_2 \\ x_3 \end{pmatrix}$$

$$= \begin{pmatrix} x_1 & x_2 & x_3 \end{pmatrix} \begin{pmatrix} 2x_1 - 2x_3 \\ 4x_2 \\ -2x_1 + 5x_3 \end{pmatrix}$$

$$= 2x_1^2 + 4x_2^2 + 5x_3^2 - 4x_1x_3$$

を得る．$x_1^2, x_2^2, x_3^2$ の各係数，すなわち 2, 4, 5 が主対角線上に現れ，$x_jx_k(j \neq k)$ の係数の 1/2 が $j$ 行 $k$ 列の要素に現れていることに注目しよう．

(*b*) $u_1, u_2, u_3$ から $x_1, x_2, x_3$ への線形変換は $X = BU$ と書ける．ここで，$X = \begin{pmatrix} x_1 \\ x_2 \\ x_3 \end{pmatrix}, U = \begin{pmatrix} u_1 \\ u_2 \\ u_3 \end{pmatrix}$ より，$B$ は $3 \times 3$ 行列である．このとき，

$$X^TAX = (BU)^TA(BU) = U^T(B^TAB)U \tag{1}$$

となる．ここで (1) の右辺は交差項を持たないと仮定しているから，$B^TAB$ は対角行列である．このことから $B^T = B^{-1}$ となる場合 [すなわち $B$ が直交行列である場合]，問題は $A$ の固有値と固有ベクトルを求めることに帰着する．これらは既に問題 15.35で求めた．$B$ を正規化された固有ベクトルから成る行列，すなわち

$$B = \begin{pmatrix} 2/\sqrt{5} & 0 & 1/\sqrt{5} \\ 0 & 1 & 0 \\ 1/\sqrt{5} & 0 & -2/\sqrt{5} \end{pmatrix}$$

とすると $B$ は直交行列であることが容易に分かり，目的となる以下の結果を得る．

$$B^{-1}AB = \begin{pmatrix} 2/\sqrt{5} & 0 & 1/\sqrt{5} \\ 0 & 1 & 0 \\ 1/\sqrt{5} & 0 & -2/\sqrt{5} \end{pmatrix} \begin{pmatrix} 2 & 0 & -2 \\ 0 & 4 & 0 \\ -2 & 0 & 5 \end{pmatrix} \begin{pmatrix} 2/\sqrt{5} & 0 & 1/\sqrt{5} \\ 0 & 1 & 0 \\ 1/\sqrt{5} & 0 & -2/\sqrt{5} \end{pmatrix} = \begin{pmatrix} 1 & 0 & 0 \\ 0 & 4 & 0 \\ 0 & 0 & 6 \end{pmatrix}.$$

このとき (1) は，

$$X^TAX = U^T(B^{-1}AB)U = \begin{pmatrix} u_1 & u_2 & u_3 \end{pmatrix} \begin{pmatrix} 1 & 0 & 0 \\ 0 & 4 & 0 \\ 0 & 0 & 6 \end{pmatrix} \begin{pmatrix} u_1 \\ u_2 \\ u_3 \end{pmatrix} = u_1^2 + 4u_2^2 + 6u_3^2$$

となり，**標準形**と呼ばれる二次形式になる．以上より，$U$ から $X$ への変換 $X = BU$ は

$$x_1 = \frac{2u_1 + u_3}{\sqrt{5}}, \quad x_2 = u_2, \quad x_3 = \frac{u_1 - 2u_3}{\sqrt{5}}.$$

# 第 16 章

# 変分法

## 積分値の最小化・最小化

「変分法」は主に，積分値を最小 (または最大) にするような，2 点を結ぶ曲線の形を決定するための方法である．例えば，「$(x_1, y_1)$ と $(x_2, y_2)$ の 2 点を結ぶ曲線で，その長さが最小となるものを求める」という問題は，

$$\int_{x_1}^{x_2} \sqrt{1+y'^2}\, dx \tag{1}$$

の積分値が最小となるような曲線 $Y = y(x)$ $[y(x_1) = y_1,\ y(x_2) = y_2]$ を求める問題に対応する．

この問題を一般化すると，ある関数 $F(x, y, y')$ に対して

$$\int_{x_1}^{x_2} F(x, y, y')\, dx \tag{2}$$

の積分値が最小 (または最大) になる曲線 $Y = y(x)$ $[y(x_1) = y_1,\ y(x_2) = y_2]$ を求めることに対応する．このとき最小 (または最大) となる積分値は**極値**，もしくは**停留値**とも呼ばれる．この性質を満たす曲線は**極値曲線**という．ある関数 $y(x)$ に対して数値を対応させる，(2) のような積分は**汎関数**と呼ばれる．

## オイラー・ラグランジュ方程式

目的の（極値）曲線 $Y = y(x)$ を求めるために，$\eta(x)$ を任意関数，$\varepsilon$ を任意パラメータとした隣接曲線 [図 16-1]

$$Y = y(x) + \varepsilon\eta(x) \tag{3}$$

による，積分 (2) がもたらす影響を検討する．(3) の曲線が $(x_1, y_1)$ と $(x_2, y_2)$ を通るためには以下が成り立つ必要がある．

$$\eta(x_1) = 0, \quad \eta(x_2) = 0. \tag{4}$$

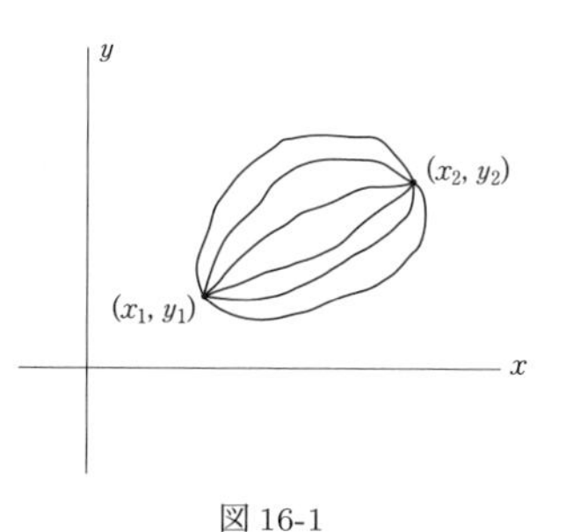

図 16-1

このとき目的の（極値）曲線 $Y = y(x)$ は，**オイラー・ラグランジュ方程式**と呼ばれる，以下の式を満たすことが示せる 問題 16.1～問題 16.2.

$$\frac{d}{dx}\left(\frac{\partial F}{\partial y'}\right) - \frac{\partial F}{\partial y} = 0. \tag{5}$$

オイラー・ラグランジュ方程式 (5) は，$y = y(x)$ が極値曲線であるための必要条件であるが十分条件ではない[1)].

$F(x, y, y')$ が $x$ を陽に含まない (陰に含む) 場合[2)]，(5) を積分した結果は

$$F - y' \frac{\partial F}{\partial y'} = c \tag{6}$$

となることがわかる 問題 16.4.

## 制約条件

ある種の問題においては，与えられた積分

$$\int_{x_1}^{x_2} F(x, y, y')\, dx \tag{7}$$

を最小 (または最大) にするだけでなく，同時に，以下の積分を何らかの定数に等しく保つような曲線を見つけたい場合がある.

$$\int_{x_1}^{x_2} G(x, y, y')\, dx \tag{8}$$

変分法におけるこの種の問題は,「積分 (8) が定数である」という**制約条件**を伴う問題である．その特殊な例として,「与えられた外周を持つ曲線のうち，最大の面積を囲むものを求める (**等周問題**)」という問題がある 問題 16.8.

制約条件を伴う問題は，一般に「ラグランジュの未定乗数法」を用いて解くことができる．これを実行するため，ラグランジュ乗数 $\lambda$ を掛けた (8) に (7) を足した積分を考える．その結果，条件を満たす積分

$$\int_{x_1}^{x_2} (F + \lambda G)\, dx \tag{9}$$

の極値となる曲線は，以下のオイラー・ラグランジュ方程式を満たすことになる.

$$\frac{d}{dx}\left(\frac{\partial H}{\partial y'}\right) - \frac{\partial H}{\partial y} = 0 \qquad (H = F + \lambda G). \tag{10}$$

これを利用して，目的の極値曲線を求めることができる．さらに制約条件が多い場合にも拡張が可能である.

---

1)　訳注：以下のみが成り立つことを言っている.

$$y = y(x)\text{は極値曲線である} \quad \Longleftarrow \quad y = y(x)\text{はオイラー・ラグランジュ方程式を満たす}$$

すなわち,「オイラー・ラグランジュ方程式を満たす曲線は全て極値曲線であるが，極値曲線の全てがオイラー・ラグランジュ方程式を満たすとは言えない」ということである.

2)　訳注：$t$ に依存した $x(t)$ と $v(t)$ を用いて定義された [例: 位置 $x$, 速度 $v$, 時間 $t$]，ある関数 $L$ を考える．このとき，$t$ を明示的に含むか含まないかに応じて，次の用語が使われることがある.

**(例) $t$ を陽 (explicit) に含む：**　$L(t, x(t), v(t)) = \frac{1}{2}v^2 + \frac{1}{2}x + t \quad \longrightarrow \quad \frac{\partial L}{\partial t} \neq 0$

**(例) $t$ を陰 (implicit) に含む：**　$L(t, x(t), v(t)) = \frac{1}{2}v^2 + \frac{1}{2}x \quad \longrightarrow \quad \frac{\partial L}{\partial t} = 0$

## 変分記法

微積分で現れる微分 $d$ に多くの点で似た性質を持つ変分記号 $\delta$ を使うと便利であることが多い．

関数 $F(x, y(x), y'(x))$，または簡単に言えば $F(x, y, y')$ が与えられ，$x$ を固定しているとみなした場合，

$$\Delta F = F(x, y+\varepsilon\eta, y'+\varepsilon\eta') - F(x, y, y') \tag{11}$$

と定義する．この式で現れる $\varepsilon$ および $\eta = \eta(x)$ は p.485 で述べたのと同じ意味を持つ．テイラー展開を使うと，

$$F(x, y+\varepsilon\eta, y'+\varepsilon\eta') = F(x, y, y') + \frac{\partial F}{\partial y}\varepsilon\eta + \frac{\partial F}{\partial y'}\varepsilon\eta' + (\varepsilon^2, \varepsilon^3, \ldots \text{の項}) \tag{12}$$

となるから (11) 式は以下のようにかける．

$$\Delta F = \frac{\partial F}{\partial y}\varepsilon\eta + \frac{\partial F}{\partial y'}\varepsilon\eta' + (\varepsilon^2, \varepsilon^3, \ldots \text{の項}). \tag{13}$$

(13) 式右辺の最初の 2 項の和を，「**$F$ の変分**」と呼ばれる $\delta F$ で表すと，以下となる．

$$\delta F = \frac{\partial F}{\partial y}\varepsilon\eta + \frac{\partial F}{\partial y'}\varepsilon\eta'. \tag{14}$$

特に (14) で $F = y$ または $F = y'$ とすると，

$$\delta y = \varepsilon\eta, \qquad \delta y' = \varepsilon\eta' \tag{15}$$

となるから，(14) は以下のようにかける．

$$\delta F = \frac{\partial F}{\partial y}\delta y + \frac{\partial F}{\partial y'}\delta y'. \tag{16}$$

(15) から，

$$\delta\left(\frac{dy}{dx}\right) = \varepsilon\eta' = \frac{d}{dx}(\varepsilon\eta) = \frac{d}{dx}(\delta y). \tag{17}$$

すなわち，

$$\delta\left(\frac{dy}{dx}\right) = \frac{d}{dx}(\delta y) \qquad \text{または} \qquad \delta y' = (\delta y)' \tag{18}$$

が成り立つことがわかる．これは演算子 $\delta$ と $d/dx$ は交換可能であることを示している．

変分記号とその特徴は，積分値の極値を求める問題に対して，$\varepsilon$ と $\eta(x)$ を用いる方法に代わるアプローチを提供する．したがって，例えば (2) の積分が極値となるための必要条件は

$$\delta\int_{x_1}^{x_2} F(x, y, y')\,dx = 0 \tag{19}$$

であり，ここからオイラー・ラグランジュ方程式を導けることを示せる 問題 16.11.

## 一般化

上記の考え方は拡張することが可能である．例えば，$\dot{x}_1 = dx_1/dt, \ldots, \dot{x}_n = dx_n/dt$ を用いて，

$$\int_{t_1}^{t_2} F(t, x_1, x_2, \ldots, x_n, \dot{x}_1, \dot{x}_2, \ldots, \dot{x}_n)\, dt \tag{20}$$

が最小 (または最大) となるような曲線 $X_1 = x_1(t)$, $X_2 = x_2(t), \ldots, X_n = x_n(t)$ を求める問題を考えることができる．この積分が極値となるための必要条件はオイラー・ラグランジュ方程式

$$\frac{d}{dt}\left(\frac{\partial F}{\partial \dot{x}_k}\right) - \frac{\partial F}{\partial x_k} = 0 \qquad (k = 1, 2, \ldots, n) \tag{21}$$

を満足することである．これらの方程式を解けば，目的の曲線が得られる 問題 16.12.

また，制約条件がある場合の一般化も可能である 問題 16.13.

さらに，重積分を用いている場合や，端点が固定されていない場合への一般化も可能である 問題 16.14〜問題 16.16.

## ハミルトンの原理

固定された座標系の原点を基準としたとき，粒子の位置ベクトルを $\boldsymbol{r}$，粒子に働く外力を $F$，時間を $t$ とする．このとき質量 $m$ の粒子は，ニュートン力学によると

$$\boldsymbol{F} = m\frac{d^2\boldsymbol{r}}{dt^2} \tag{22}$$

という式に従って経路上を動くことになる．

ここで，保存力のみが作用する力場であれば，

$$\boldsymbol{F} = -\nabla V \tag{23}$$

を満たす**ポテンシャル** $V$ が存在することになる．一方，粒子の**運動エネルギー**は，$\boldsymbol{r} = x\boldsymbol{i} + y\boldsymbol{j} + z\boldsymbol{k}$ としたとき，以下のように定義される．

$$T = \frac{1}{2}m\left(\frac{d\boldsymbol{r}}{dt}\right)^2 = \frac{1}{2}m\left[\left(\frac{dx}{dt}\right)^2 + \left(\frac{dy}{dt}\right)^2 + \left(\frac{dz}{dt}\right)^2\right]. \tag{24}$$

以上より次のようなことが示せる：運動方程式 (22) は，「以下の積分が極値（実際には最小）となるような粒子の経路を求める問題」の結果として導出される．

$$\int_{t_1}^{t_2} (T - V)\, dt. \tag{25}$$

この積分において $t_1$ と $t_2$ は指定された 2 時点であり，粒子が辿る経路は，これらの時間における位置を結ぶものでなければならない．

(25) が最小となるように粒子が運動するという原理を**ハミルトンの原理**と呼ぶ．このことは，2 個以上の粒子の系に一般化できる 問題 16.17.

## 力学におけるオイラー・ラグランジュ方程式

ほとんどの場合，粒子の位置は，**一般化座標**と呼ばれる特定の最小個の変数によって記述される．例えば，振り子のおもりを質点とみなすと [図 16-2]，おもりの位置は鉛直軸と振り子棒の間のなす角によって与えられ，一般化座標 $\theta$ を用いて定義される．

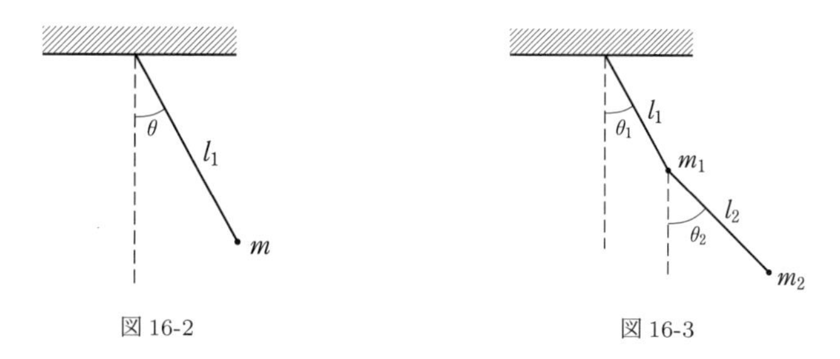


図 16-2　　図 16-3

図 16-3 のような 2 つの質量 $m_1, m_2$ を持つ二重振り子の場合も同様に，一般化座標である 2 つの角度 $\theta_1, \theta_2$ を用いて位置を特定する．

ポテンシャルエネルギーと運動エネルギーは一般化座標で表現でき，それらの座標はしばしば $q_1, q_2, \ldots, q_N$ によって示される．必要な座標の数 $N$ は，しばしば系の**自由度**と呼ばれる．

ハミルトンの原理によれば，系は

$$\int_{t_1}^{t_2} L\,dt \tag{26}$$

が極値となるような運動を行うことになる．ここで，

$$L = T - V \tag{27}$$

は系の**ラグランジアン**と呼ばれる．このとき，以下の**オイラー・ラグランジュ方程式**を満たすことになる．

$$\frac{d}{dt}\left(\frac{\partial L}{\partial \dot{q}_k}\right) - \frac{\partial L}{\partial q_k} = 0 \qquad (k = 1, 2, \ldots, N) \tag{28}$$

これらの方程式から系の運動を得ることができる．

## スツルム・リウヴィル型の微分方程式およびレイリー・リッツ法

変分法は，境界値問題の解法として重要な方法をしばしば提供する．例えば，第 11 章で検討したスツルム・リウヴィル型の微分方程式

$$\frac{d}{dx}\left[p(x)\frac{dy}{dx}\right] + [q(x) + \lambda r(x)]y = 0 \tag{29}$$

$$a_1 y(a) + a_2 y'(a) = 0, \qquad b_1 y(b) + b_2 y'(b) = 0 \tag{30}$$

の固有値と固有関数は，適当な汎関数の極値を求める問題として定式化可能である．

変分法を利用して，境界値問題の近似解を求める方法を**レイリー・リッツ法**という(問題 16.22～問題 16.25).

# 演習問題

## オイラー・ラグランジュ方程式とその応用

**問題 16.1** 点 $(x_1, y_1)$ と $(x_2, y_2)$ を結び，$\int_{x_1}^{x_2} F(x, y, y')\,dx$ を極値とするような曲線を $Y = y(x)$ とし，その隣接曲線を $Y = y(x) + \varepsilon\eta(x)$ $(\eta(x_1) = 0,\ \eta(x_2) = 0)$ とする．曲線が極値となるための必要条件が以下であることを証明せよ．

$$\int_{x_1}^{x_2} \left[\frac{d}{dx}\left(\frac{\partial F}{\partial y'}\right) - \frac{\partial F}{\partial y}\right] \eta(x)\,dx = 0.$$

解答

隣接曲線に沿った積分値は次のようになる．

$$I(\varepsilon) = \int_{x_1}^{x_2} F(x, y(x) + \varepsilon\eta(x), y'(x) + \varepsilon\eta'(x))\,dx. \tag{1}$$

ここで，この $\varepsilon$ の関数は

$$\frac{dI}{d\varepsilon} = 0 \qquad (\varepsilon = 0) \tag{2}$$

のとき，曲線 $Y = y(x)$ に対して最大または最小となる．(1) の被積分関数を $F_\varepsilon$ で表し，積分記号の下で微分すると [ライプニッツの積分法則 (p.15) を使う]，

$$\frac{dI}{d\varepsilon} = \int_{x_1}^{x_2} \left[\frac{\partial F_\varepsilon}{\partial y}\,\eta(x) + \frac{\partial F_\varepsilon}{\partial y'}\,\eta'(x)\right] dx.$$

そして $\varepsilon = 0$ において，部分積分と $\eta(x_1) = 0, \eta(x_2) = 0$ を用いることで以下を得る．

$$\begin{aligned}
\left.\frac{dI}{d\varepsilon}\right|_{\varepsilon=0} &= \int_{x_1}^{x_2} \left[\frac{\partial F}{\partial y}\eta(x) + \frac{\partial F}{\partial y'}\eta'(x)\right] dx = 0 \\
&= \int_{x_1}^{x_2} \frac{\partial F}{\partial y}\eta(x)\,dx + \frac{\partial F}{\partial y'}\eta(x)\Big|_{x_1}^{x_2} - \int_{x_1}^{x_2} \frac{d}{dx}\left(\frac{\partial F}{\partial y'}\right)\eta(x)\,dx \\
&= \int_{x_1}^{x_2} \left[\frac{\partial F}{\partial y} - \frac{d}{dx}\left(\frac{\partial F}{\partial y'}\right)\right] \eta(x)\,dx.
\end{aligned} \tag{3}$$

得られた式は (2) よりゼロに等しいので，目的の結果が得られる．

**問題 16.2** (問題 16.1) と同じ問題設定の下で，曲線が極値となるための必要条件が以下であることを証明せよ．

$$\frac{d}{dx}\left(\frac{\partial F}{\partial y'}\right) - \frac{\partial F}{\partial y} = 0.$$

解答

(問題 16.1) において $\eta(x)$ を任意とした条件

$$\int_{x_1}^{x_2}\left[\frac{d}{dx}\left(\frac{\partial F}{\partial y'}\right)-\frac{\partial F}{\partial y}\right]\eta(x)\,dx=0 \tag{1}$$

から，被積分関数がゼロであること，すなわち

$$\frac{d}{dx}\left(\frac{\partial F}{\partial y'}\right)-\frac{\partial F}{\partial y}=0 \tag{2}$$

となることを示さなければならない．

背理法を用いて示す．そこで，「$\eta(x)$ の係数は恒等的に 0 でない」という反例を仮定する．このとき，$\eta(x)$ は任意だから，$\frac{d}{dx}\left(\frac{\partial F}{\partial y'}\right)-\frac{\partial F}{\partial y}>0$ のとき正，$\frac{d}{dx}\left(\frac{\partial F}{\partial y'}\right)-\frac{\partial F}{\partial y}<0$ のとき負となるように常に選ぶことができる．すると (1) の左辺の値は正となり，矛盾となる．ゆえに (2) が成り立つことを示せた．

**問題 16.3**　オイラー・ラグランジュ方程式が以下のようにかけることを示せ．

$$\frac{d}{dx}\left[F-y'\frac{\partial F}{\partial y'}\right]-\frac{\partial F}{\partial x}=0.$$

**解答**

以下を用いる．

$$\frac{dF}{dx}=\frac{\partial F}{\partial x}+\frac{\partial F}{\partial y}\frac{dy}{dx}+\frac{\partial F}{\partial y'}\frac{dy'}{dx}=\frac{\partial F}{\partial x}+\frac{\partial F}{\partial y}y'+\frac{\partial F}{\partial y'}y''.$$

また，

$$\frac{d}{dx}\left[y'\frac{\partial F}{\partial y'}\right]=y'\frac{d}{dx}\left(\frac{\partial F}{\partial y'}\right)+\frac{\partial F}{\partial y'}y''.$$

となるから，

$$\frac{d}{dx}\left[F-y'\frac{\partial F}{\partial y'}\right]=\frac{\partial F}{\partial x}+y'\left[\frac{\partial F}{\partial y}-\frac{d}{dx}\left(\frac{\partial F}{\partial y'}\right)\right].$$

ゆえに，オイラー・ラグランジュ方程式を用いることで，目的の式が得られる．

**問題 16.4**　$F$ が $x$ を陽に含まない (陰に含む) 場合，オイラー・ラグランジュ方程式を積分して以下のようになることを示せ．

$$F-y'\frac{\partial F}{\partial y'}=c.$$

**解答**

$F$ は $x$ に陽に依存しないので $\frac{\partial F}{\partial x}=0$ となり，(問題 16.3) より以下を得る．

$$\frac{d}{dx}\left[F-y'\frac{\partial F}{\partial y'}\right]=0\qquad\text{または}\qquad F-y'\frac{\partial F}{\partial y'}=c.$$

**問題 16.5**　点 $(x_1, y_1)$ と点 $(x_2, y_2)$ を結ぶ曲線 $C$[図 16-4 参照] を $x$ 軸の周りで回転する．このようにしてできた曲面が最小となるような曲線の形状を求めよ．

**解答**

曲面の面積は以下のように与えられる．

$$2\pi \int_{x_1}^{x_2} y\, ds = 2\pi \int_{x_1}^{x_2} y\sqrt{1+y'^2}\, dx.$$

被積分関数は $x$ を陽に含まないので，問題 16.4 で $F = y\sqrt{1+y'^2}$ と置いた結果を用いる．すると，目的の曲線は以下の解であることがわかる．

$$y\sqrt{1+y'^2} - y'\left[\frac{y}{2}(1+y'^2)^{-1/2}2y'\right] = c.$$

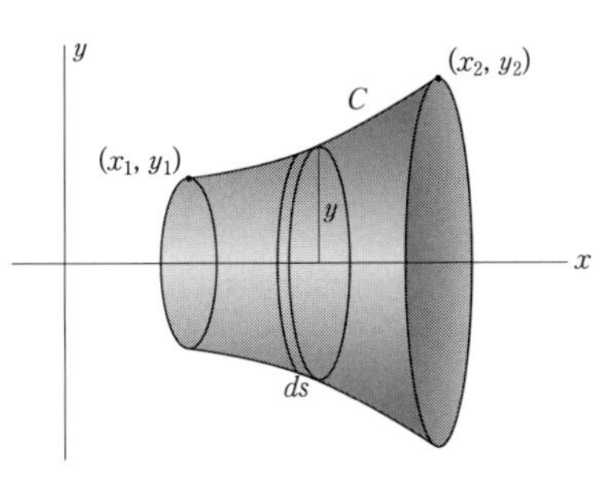


図 16-4

この式を解くと次が得られる．

$$\frac{y}{\sqrt{1+y'^2}} = c \qquad \text{または，} \qquad y' = \frac{dy}{dx} = \frac{\sqrt{y^2-c^2}}{c}. \tag{1}$$

変数分離して積分積分すると，

$$\int \frac{dy}{\sqrt{y^2-c^2}} = \int \frac{dx}{c} \qquad \text{または，} \qquad \cosh^{-1}\frac{y}{c} = \frac{x+k}{c}.$$

すなわち，

$$y = c\cosh\left(\frac{x+k}{c}\right). \tag{2}$$

ここで，$c$ と $k$ は点 $(x_1, y_1)$, $(x_2, y_2)$ により決定される定数である．(2) の曲線は，ラテン語で**鎖**を意味する**懸垂線 (カテナリー)** と呼ばれることが多い．これは点 $(x_1, y_1)$ と $(x_2, y_2)$ から鎖を吊るしたときの形状に由来する．この問題は，最小の曲面を持つ形状をとることで知られている**石けん膜**との関係においても重要である．

なお，求めた曲面が実際に最小であることを証明したわけではないので，さらなる分析が必要である．

**問題 16.6**　問題 16.3 と問題 16.4 の結果を使わずに問題 16.5 を解け．

**解答**

この場合，オイラー・ラグランジュ方程式に $F = y\sqrt{1+y'^2}$ を代入すると，

$$\frac{d}{dx}\left(\frac{yy'}{\sqrt{1+y'^2}}\right) - \sqrt{1+y'^2} = 0$$

となり，これを整理すると以下のようになる．

$$1 + y'^2 - yy'' = 0. \tag{1}$$

$y' = p$ と置くと $y'' = \dfrac{dp}{dx} = \dfrac{dp}{dy}\dfrac{dy}{dx} = p\dfrac{dp}{dy}$ となるから，(1) は，変数分離を使って積分すると，

$$\int \frac{p\,dp}{1+p^2} = \int \frac{dy}{y} \qquad \text{または,} \qquad \frac{1}{2}\ln(1+p^2) = \ln y + c_1.$$

$p$ について解くと，

$$p = \frac{dy}{dx} = \frac{\sqrt{y^2-c^2}}{c}.$$

となり，問題 16.5 と同様に目的の結果を求めることができる．

**問題 16.7**　図 16-5 に示すように，原点 $O$ と点 $P_2(x_2, y_2)$ を結ぶケーブルが平面上にある．そして $O$ に置かれた質量 $m$ のボールは，重力の影響を受けてそのケーブルを $P_2$ まで摩擦なく滑り落ちていくとする．ボールが $O$ から $P_2$ まで最短時間でたどり着くようなケーブルの形状を求めよ．

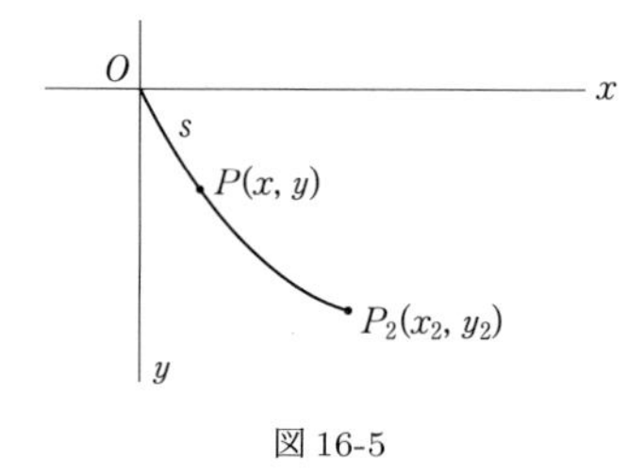


図 16-5

**解答**

時間 $t$ にボールが $P(x,y)$ に位置しており，そこまでに描く弧を $OP = s$ と仮定する．このとき力学の知識により以下を得る[3]．

$$O\text{ における運動エネルギー} + O\text{ におけるポテンシャルエネルギー}$$

$$=$$

$$P\text{ における運動エネルギー} + P\text{ におけるポテンシャルエネルギー}.$$

具体的に式に当てはめると，

$$0 + mgy_1 = \frac{1}{2}m\left(\frac{ds}{dt}\right)^2 + mg(y_1 - y).$$

これを整理すると，

$$\left(\frac{ds}{dt}\right)^2 = 2gy \qquad \text{あるいは} \qquad \frac{ds}{dt} = \sqrt{2gy}.$$

3)　訳注：(摩擦などの) 非保存力が働いて**いない**とき，ボールが持つ力学的エネルギー (運動エネルギー + ポテンシャルエネルギー) は保存される．このような場合，2 時点で求めた力学的エネルギーで等式が作れる．

以上より，ボールが $O$ から $P_2$ まで移動する時間は,

$$\int_0^T dt = T = \int_{x=0}^{x_2} \frac{ds}{\sqrt{2gy}} = \frac{1}{\sqrt{2g}} \int_0^{x_2} \frac{\sqrt{1+y'^2}}{\sqrt{y}}\, dx$$

となる．上の積分が最小になると，時間も最小になることがわかる．$F = \sqrt{1+y'^2}/\sqrt{y}$ とすると，($F$ は $x$ を陽に含まないから) 問題 16.4 を用いることができ，

$$\frac{\sqrt{1+y'^2}}{\sqrt{y}} - y'\left[\frac{y'}{\sqrt{1+y'^2}\sqrt{y}}\right] = c$$

または簡潔に以下のように表せる．

$$\sqrt{y}\sqrt{1+y'^2} = \frac{1}{c}.$$

$1/c = \sqrt{a}$ とおき，$y'$ について解くと，

$$y' = \frac{dy}{dx} = \sqrt{\frac{a-y}{y}}$$

この式を変数分離して積分すると，

$$\int dx = \int \sqrt{\frac{y}{a-y}}\, dy. \tag{1}$$

ここで，

$$y = a\,\sin^2\theta = \frac{a}{2}(1-\cos 2\theta). \tag{2}$$

とおいて変数変換すると，(1) は次のようになる．

$$x = 2a\int \sin^2\theta\, d\theta = a\int (1-\cos 2\theta)\, d\theta = \frac{a}{2}(2\theta - \sin\, 2\theta) + k.$$

したがって，ボールが辿る曲線のパラメトリック方程式は以下のように与えられる．

$$x = b(\phi - \sin\,\phi) + k, \qquad y = b(1-\cos\phi), \qquad (b = a/2,\ \ \phi = 2\theta). \tag{3}$$

今回の場合，曲線は原点を通るので $k = 0$ とおく必要がある．すると目的の方程式は以下となる．

$$x = b(\phi - \sin\,\phi), \qquad y = b(1-\cos\,\phi). \tag{4}$$

定数 $b$ は曲線が $(x_2, y_2)$ を通らなければならない事実により決定される．

(4) で表されるこの曲線は**サイクロイド**であり，半径 $b$ の円周上の定点 $A$ が $x$ 軸に沿って転がる経路である [図 16-6].

この問題は，ギリシャ語で**最短**を意味する「brachistos」と**時間**を意味する「chronos」から，しばしば**最速降下問題** (brachistochrone problem) と呼ばれる．

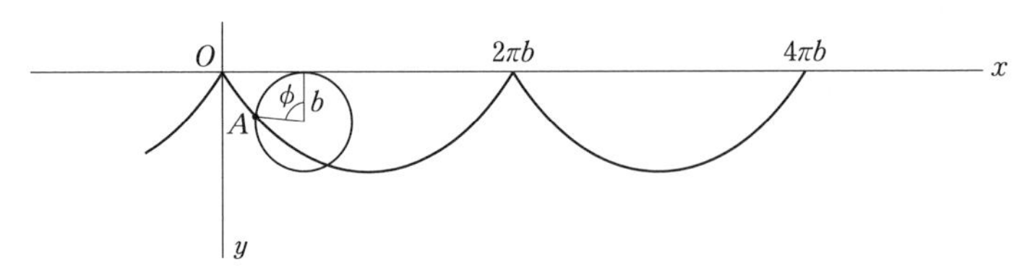


図 16-6

## 制約条件

**問題 16.8**　与えられた長さ $l$ を持つ (閉じた) 曲線 $C$ のうち，最大面積を囲むものを求めよ．

**解答**

p.220 の 問題 6.17 により，$C$ が囲む面積は，

$$A = \frac{1}{2}\int_C (x\,dy - y\,dx) = \frac{1}{2}\int_C (xy' - y)\,dx, \tag{1}$$

であり，その弧長は，

$$s = \int_C \sqrt{1+y'^2}\,dx = l. \tag{2}$$

ラグランジュ未定乗数法を使って解くため，以下の式を考える．

$$H = \int_C [\tfrac{1}{2}(xy' - y) + \lambda\sqrt{1+y'^2}]\,dx. \tag{3}$$

オイラー・ラグランジュ方程式

$$\frac{d}{dx}\left(\frac{\partial F}{\partial y'}\right) - \frac{\partial F}{\partial y} = 0. \tag{4}$$

より，

$$F = \frac{1}{2}(xy' - y) + \lambda\sqrt{1+y'^2} \tag{5}$$

を代入すると，

$$\frac{d}{dx}\left(\frac{1}{2}x + \frac{\lambda y'}{\sqrt{1+y'^2}}\right) + \frac{1}{2} = 0$$

または，

$$\frac{d}{dx}\left(\frac{\lambda y'}{\sqrt{1+y'^2}}\right) = -1 \tag{6}$$

すなわち，

$$\frac{\lambda y'}{\sqrt{1+y'^2}} = -x + c_1$$

と求められる．$y'$ について解くと，

$$y' = \frac{dy}{dx} = \mp \frac{x - c_1}{\sqrt{\lambda^2 - (x - c_1)^2}}.$$

この式を積分すると，

$$y - c_2 = \pm\sqrt{\lambda^2 - (x - c_1)^2}$$

すなわち，

$$(x - c_1)^2 + (y - c_2)^2 = \lambda^2. \tag{7}$$

これは円の方程式である．このような問題はしばしば**等周問題**と呼ばれる．

**別解.**
(6) の微分を実行すると以下が得られる．

$$\frac{y''}{(1 + y'^2)^{3/2}} = -\frac{1}{\lambda}$$

この式は，$C$ の曲率が一定であること，すなわち $C$ が円であることを示している．

## 変分記法

**問題 16.9** $F_1$ と $F_2$ を $x, y, y'$ の関数であるとする．以下を証明せよ．

$(a)$ $\delta(F_1 + F_2) = \delta F_1 + \delta F_2$,　　$(b)$ $\delta(F_1 F_2) = F_1\,\delta F_2 + F_2\,\delta F_1$.

**解答**

$(a)$ 定義より，

$$\begin{aligned}\delta(F_1 + F_2) &= \frac{\partial(F_1 + F_2)}{\partial y}\,\delta y + \frac{\partial(F_1 + F_2)}{\partial y'}\,\delta y' = \frac{\partial F_1}{\partial y}\,\delta y + \frac{\partial F_2}{\partial y}\,\delta y + \frac{\partial F_1}{\partial y'}\,\delta y' + \frac{\partial F_2}{\partial y'}\,\delta y' \\ &= \left(\frac{\partial F_1}{\partial y}\,\delta y + \frac{\partial F_1}{\partial y'}\,\delta y'\right) + \left(\frac{\partial F_2}{\partial y}\,\delta y + \frac{\partial F_2}{\partial y'}\,\delta y'\right) = \delta F_1 + \delta F_2.\end{aligned}$$

$(b)$ 定義より，

$$\begin{aligned}\delta(F_1 F_2) &= \frac{\partial(F_1 F_2)}{\partial y}\,\delta y + \frac{\partial(F_1 F_2)}{\partial y'}\,\delta y' = \left(F_1\frac{\partial F_2}{\partial y} + F_2\frac{\partial F_1}{\partial y}\right)\delta y + \left(F_1\frac{\partial F_2}{\partial y'} + F_2\frac{\partial F_1}{\partial y'}\right)\delta y' \\ &= F_1\left(\frac{\partial F_2}{\partial y}\,\delta y + \frac{\partial F_2}{\partial y'}\,\delta y'\right) + F_2\left(\frac{\partial F_1}{\partial y}\,\delta y + \frac{\partial F_1}{\partial y'}\,\delta y'\right) = F_1\,\delta F_2 + F_2\,\delta F_1.\end{aligned}$$

**問題 16.10** 以下を証明せよ．

$$\delta\int_{x_1}^{x_2} F(x, y, y')\,dx = \int_{x_1}^{x_2} \delta F(x, y, y')\,dx$$

**解答**

**方法 1.**

$$\begin{aligned}\Delta\int_{x_1}^{x_2} F(x,y,y')\,dx &= \int_{x_1}^{x_2} F(x,y+\varepsilon\eta,y'+\varepsilon\eta')\,dx - \int_{x_1}^{x_2} F(x,y,y')\,dx \\ &= \int_{x_1}^{x_2} [F(x,y+\varepsilon\eta,y'+\varepsilon\eta') - F(x,y,y')]\,dx \\ &= \int_{x_1}^{x_2} \left[\frac{\partial F}{\partial y}\varepsilon\eta + \frac{\partial F}{\partial y'}\varepsilon\eta' + (\varepsilon^2,\varepsilon^3,\ldots\text{の項})\right] dx \\ &= \int_{x_1}^{x_2} \delta F\,dx + (\varepsilon^2,\varepsilon^3,\ldots\text{の項}).\end{aligned}$$

得られた式から，変分記号 $\delta$ の定義上，目的となる次の式が得られる．

$$\delta\int_{x_1}^{x_2} F(x,y,y')\,dx = \int_{x_1}^{x_2} \delta F\,dx$$

**方法 2.**

p.15 のライプニッツの積分法則を使うことで，

$$\begin{aligned}\delta\int_{x_1}^{x_2} F(x,y,y')\,dx &= \frac{\partial}{\partial y}\left[\int_{x_1}^{x_2} F(x,y,y')\,dx\right]\delta y + \frac{\partial}{\partial y'}\left[\int_{x_1}^{x_2} F(x,y,y')\,dx\right]\delta y' \\ &= \left[\int_{x_1}^{x_2}\frac{\partial F}{\partial y}\,dx\right]\delta y + \left[\int_{x_1}^{x_2}\frac{\partial F}{\partial y'}\,dx\right]\delta y' \\ &= \int_{x_1}^{x_2}\left[\frac{\partial F}{\partial y}\,\delta y + \frac{\partial F}{\partial y'}\,\delta y'\right]dx = \int_{x_1}^{x_2}\delta F\,dx.\end{aligned}$$

**問題 16.11**　$\int_{x_1}^{x_2} F(x,y,y')\,dx$ が極値をとるための必要条件が以下となることを示せ．

$$\delta\int_{x_1}^{x_2} F(x,y,y')\,dx = 0.$$

**解答**

問題 16.1の式 (3) に対して，$\varepsilon$ を掛けると，極値の必要条件は次のようになる．

$$\int_{x_1}^{x_2}\left[\frac{\partial F}{\partial y}\varepsilon\eta + \frac{\partial F}{\partial y'}\varepsilon\eta'\right]dx = 0.$$

この式を書き換えることで目的の式が得られる．

$$\int_{x_1}^{x_2}\left[\frac{\partial F}{\partial y}\,\delta y + \frac{\partial F}{\partial y'}\,\delta y'\right]dx = \int_{x_1}^{x_2}\delta F\,dx = \delta\int_{x_1}^{x_2} F\,dx = 0.$$

なお，上の手順を遡ることで，$\delta\int_{x_1}^{x_2} F\,dx = 0$ からオイラー・ラグランジュ方程式の導出が，問題 16.2の流れで可能である．

## 一般化

**問題 16.12**　積分

$$\int_{t_1}^{t_2} F(t, x_1, x_2, \dots, x_n, \dot{x}_1, \dot{x}_2, \dots, \dot{x}_n)\, dt$$

が極値 [最大または最小] をとるための必要条件は，以下であることを示せ．

$$\frac{d}{dt}\left(\frac{\partial F}{\partial \dot{x}_k}\right) - \frac{\partial F}{\partial x_k} = 0 \qquad (k = 1, 2, \dots, n).$$

**解答**

1 次元を扱ったときのように，極値をとるための必要条件は，

$$\delta \int_{t_1}^{t_2} F dt = 0 \qquad \text{または} \qquad \int_{t_1}^{t_2} \delta F dt = 0$$

すなわち，

$$\int_{t_1}^{t_2} \left[\left(\frac{\partial F}{\partial x_1}\delta x_1 + \frac{\partial F}{\partial \dot{x}_1}\delta \dot{x}_1\right) + \cdots + \left(\frac{\partial F}{\partial x_n}\delta x_n + \frac{\partial F}{\partial \dot{x}_n}\delta \dot{x}_n\right)\right] dt = 0.$$

ここで，$\delta\dot{x}_1 = d(\delta x_1)/dt, \dots, \delta\dot{x}_n = d(\delta x_n)/dt$ の関係と部分積分を適用すると，

$$\int_{t_1}^{t_2} \left\{\left[\frac{d}{dt}\left(\frac{\partial F}{\partial \dot{x}_1}\right) - \frac{\partial F}{\partial x_1}\right]\delta x_1 + \cdots + \left[\frac{d}{dt}\left(\frac{\partial F}{\partial \dot{x}_n}\right) - \frac{\partial F}{\partial x_n}\right]\delta x_n\right\} dt = 0$$

となり，$\delta x_1, \dots, \delta x_n$ は任意だから以下を得る．

$$\frac{d}{dt}\left(\frac{\partial F}{\partial \dot{x}_k}\right) - \frac{\partial F}{\partial x_k} = 0 \qquad (k = 1, 2, \dots, n).$$

以上の結果は $\delta$ を用いずに求めることもできる．

**問題 16.13**　積分

$$\int_{t_1}^{t_2} F(t, x_1, x_2, \dot{x}_1, \dot{x}_2)\, dt$$

が制約条件 $G(x_1, x_2) = 0$ の下で極値をとるための必要条件は，以下であることを示せ．

$$\frac{d}{dt}\left(\frac{\partial F}{\partial \dot{x}_1}\right) - \frac{\partial F}{\partial x_1} + \lambda\frac{\partial G}{\partial x_1} = 0, \qquad \frac{d}{dt}\left(\frac{\partial F}{\partial \dot{x}_2}\right) - \frac{\partial F}{\partial x_2} + \lambda\frac{\partial G}{\partial x_2} = 0.$$

ここで $\lambda$ は，$t$ の関数のラグランジュ乗数である．

**解答**

(問題 16.12)と同じようにして，

$$\delta\int_{t_1}^{t_2} F dt = \int_{t_1}^{t_2} \delta F dt = \int_{t_1}^{t_2}\left[\left(\frac{\partial F}{\partial x_1}\delta x_1 + \frac{\partial F}{\partial \dot{x}_1}\delta \dot{x}_1\right) + \left(\frac{\partial F}{\partial x_2}\delta x_2 + \frac{\partial F}{\partial \dot{x}_2}\delta \dot{x}_2\right)\right] dt = 0$$

または

$$\int_{t_1}^{t_2} \left\{ \left[ \frac{d}{dt}\left(\frac{\partial F}{\partial \dot{x}_1}\right) - \frac{\partial F}{\partial x_1} \right] \delta x_1 + \left[ \frac{d}{dt}\left(\frac{\partial F}{\partial \dot{x}_2}\right) - \frac{\partial F}{\partial x_2} \right] \delta x_2 \right\} dt = 0. \tag{1}$$

を得る．また，$G(x_1, x_2) = 0$ より以下を得る．

$$\delta G = \frac{\partial G}{\partial x_1}\delta x_1 + \frac{\partial G}{\partial x_2}\delta x_2 = 0. \tag{2}$$

(2) に $t$ の関数となる $\lambda$ をかけ，これを積分すると，

$$\int_{t_1}^{t_2} \lambda \left[ \frac{\partial G}{\partial x_1}\delta x_1 + \frac{\partial G}{\partial x_2}\delta x_2 \right] dt = 0. \tag{3}$$

(1) と (3) を足し合わせると，

$$\int_{t_1}^{t_2} \left\{ \left[ \frac{d}{dt}\left(\frac{\partial F}{\partial \dot{x}_1}\right) - \frac{\partial F}{\partial x_1} + \lambda\frac{\partial G}{\partial x_1} \right] \delta x_1 + \left[ \frac{d}{dt}\left(\frac{\partial F}{\partial \dot{x}_2}\right) - \frac{\partial F}{\partial x_2} + \lambda\frac{\partial G}{\partial x_2} \right] \delta x_2 \right\} dt = 0.$$

以上より，$\delta x_1$ と $\delta x_2$ は任意だから目的の式を導ける．任意の数の変数 $x_1, \ldots, x_n$ への一般化は直ちに実行できる．

**問題 16.14**　$G = G(x, y)$ とし，$xy$ 平面内の単純閉曲線 $C$ で囲まれた領域を $\mathcal{R}$ とした場合，積分

$$\iint_{\mathcal{R}} (G_x^2 + G_y^2)\,dx\,dy$$

が極値をとるための必要条件が，「$G$ が $\mathcal{R}$ 上でラプラス方程式，つまり $\nabla^2 G = 0$ を満たすこと」であることを示せ[4]．

**解答**

必要条件は次のようになる．

$$\delta \iint_{\mathcal{R}} (G_x^2 + G_y^2)\,dx\,dy = \iint_{\mathcal{R}} \delta(G_x^2 + G_y^2)\,dx\,dy = 0. \tag{1}$$

ここで，

$$\begin{aligned}\delta(G_x^2 + G_y^2) &= 2G_x\delta G_x + 2G_y\delta G_y \\ &= 2G_x\frac{\partial}{\partial x}(\delta G) + 2G_y\frac{\partial}{\partial y}(\delta G).\end{aligned}$$

$\mathcal{R}$ を，$x$ 軸と $y$ 軸にそれぞれ平行な線が $C$ と 3 点以上で交わらないような，図 16-7 に示すような領域とする．

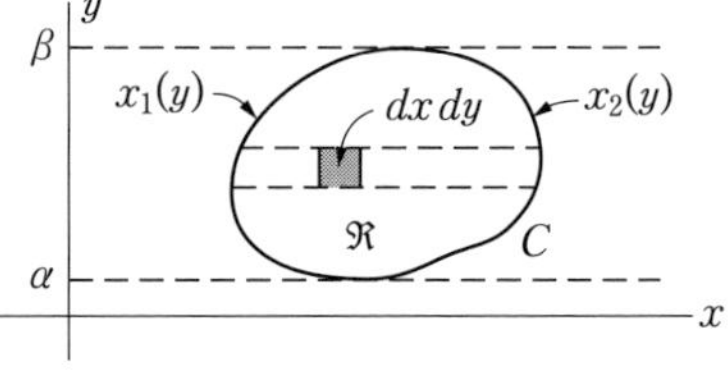

図 16-7

4)　訳注：これまで，変分する関数 (曲線) が汎関数の上限下限 (境界) で固定値をとると仮定したように，今回変分する $G$ も，領域 $\mathcal{R}$ の境界 $C$ 上で固定値をとると仮定していることに注意せよ．

すると，$C$ 上で $\delta G=0$ となる事実を用いると，以下の式を得る．

$$\begin{aligned}\iint_{\mathcal{R}} \delta G_x^2\,dx\,dy &= \int_{y=\alpha}^{\beta} dy \int_{x=x_1(y)}^{x_2(y)} 2G_x \frac{\partial}{\partial x}(\delta G)\,dx \\ &= \int_{y=\alpha}^{\beta} dy \left[ 2G_x\delta G\Big|_{x_1(y)}^{x_2(y)} - \int_{x=x_1(y)}^{x_2(y)} 2\frac{\partial G_x}{\partial x}\delta G\,dx \right] \\ &= -2\int_{y=\alpha}^{\beta}\int_{x=x_1(y)}^{x_2(y)} \frac{\partial G_x}{\partial x}\delta G\,dx\,dy = -2\iint_{\mathcal{R}} \frac{\partial^2 G}{\partial x^2}\delta G\,dx\,dy\end{aligned}$$

同様に，以下を求められる．

$$\iint_{\mathcal{R}} \delta G_y^2\,dx\,dy = -2\iint_{\mathcal{R}} \frac{\partial^2 G}{\partial y^2}\,\delta G\,dx\,dy$$

以上より，(1) は，

$$\delta\iint_{\mathcal{R}} (G_x^2+G_y^2)\,dx\,dy = -2\iint_{\mathcal{R}} \left(\frac{\partial^2 G}{\partial x^2}+\frac{\partial^2 G}{\partial y^2}\right)\delta G\,dx\,dy = 0$$

となり，$\delta G$ は任意だから，$\mathcal{R}$ において，

$$\frac{\partial^2 G}{\partial x^2}+\frac{\partial^2 G}{\partial y^2}=0 \qquad \text{または} \qquad \nabla^2 G=0.$$

**問題 16.15**　$y(x_1)$ が固定値で $y(x_2)$ が固定値でなく変化しうる場合，$y(x)$ が $\displaystyle\int_{x_1}^{x_2} F(x,y,y')\,dx$ を極値とするための必要条件が以下となることを証明せよ．

$$\frac{d}{dx}\left(\frac{\partial F}{\partial y'}\right)-\frac{\partial F}{\partial y}=0, \qquad \left.\frac{\partial F}{\partial y'}\right|_{x=x_2}=0.$$

**解答**

問題 16.1のように，極値をとるための必要条件は以下のように求まる．

$$\int_{x_1}^{x_2} \frac{\partial F}{\partial y}\eta(x)\,dx + \left.\frac{\partial F}{\partial y'}\eta(x)\right|_{x_1}^{x_2} - \int_{x_1}^{x_2} \frac{d}{dx}\left(\frac{\partial F}{\partial y'}\right)\eta(x)\,dx = 0 \tag{1}$$

($y$ の値は)$x_1$ では固定値だが，$x_2$ ではそうでないので，$\eta(x_1)=0$ となるが $\eta(x_2)$ は必ずしも 0 ではない．したがって，(1) は，

$$\int_{x_1}^{x_2} \left[\frac{\partial F}{\partial y}-\frac{d}{dx}\left(\frac{\partial F}{\partial y'}\right)\right]\eta(x)\,dx + \left.\frac{\partial F}{\partial y'}\right|_{x=x_2}\eta(x_2)=0. \tag{2}$$

そして，$\eta$ は $\eta(x_1)=0$ だけ満たしさえすれば後は任意であるから，特に $\eta(x_2)=0$ としても

$$\int_{x_1}^{x_2} \left[\frac{\partial F}{\partial y}-\frac{d}{dx}\left(\frac{\partial F}{\partial y'}\right)\right]\eta(x)\,dx=0 \tag{3}$$

すなわち，

$$\frac{d}{dx}\left(\frac{\partial F}{\partial y'}\right)-\frac{\partial F}{\partial y}=0 \tag{4}$$

が成り立つ必要がある[4]．(4) を (2) に代入すると，以下を得る．

$$\left.\frac{\partial F}{\partial y'}\right|_{x=x_2}\eta(x_2)=0. \tag{5}$$

$\eta(x_2)$ が 0 でなくても (5) を満たすためには，以下が成立しなければならないことになる．

$$\left.\frac{\partial F}{\partial y'}\right|_{x=x_2}=0.$$

**問題 16.16**　$xy$ 座標系の原点 $O$ と，与えられた垂直線 $x=x_2$ 上のどこかにある (固定値でない) 点 $P_2$ を，垂直平面上の摩擦のないケーブルでつなぐ．すると $xy$ 座標系の原点 $O$ と点 $P_2$ が結ばれることになる [図 16-8]．このとき，原点 $O$ に置かれた質量 $m$ のボールが重力の影響を受けて $P_2$ まで最短時間でたどり着くようなケーブルの形状を求めよ．

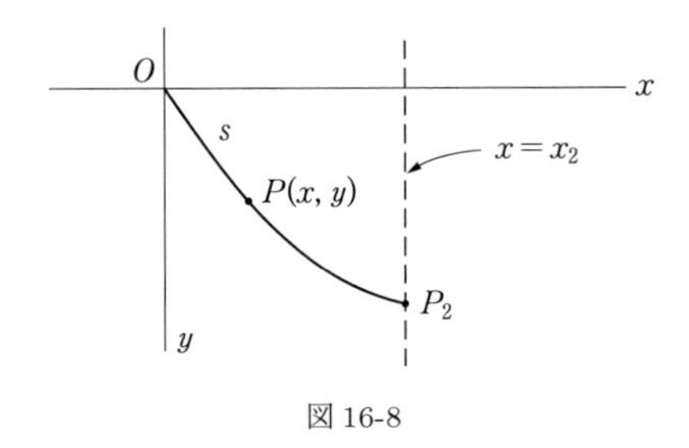


図 16-8

**解答**

この問題は 問題 16.7 と同じように見えるが，「端点 $P_2$ が $(x_2, y_2)$ で固定されておらず，($x_2$ が定められた) 直線 $x=x_2$ 上で変化しうる」という点で異なる．

問題 16.7 と同様，$O$ から $P_2$ までにかかる時間は以下のようになる．

$$T=\frac{1}{\sqrt{2g}}\int_0^{x_2}\frac{\sqrt{1+y'^2}}{\sqrt{y}}\,dx \tag{1}$$

ここで，$F=\sqrt{1+y'^2}/\sqrt{y}$ とし，問題 16.15 の結果を用いると，以下を得る．

$$\frac{d}{dx}\left(\frac{\partial F}{\partial y'}\right)-\frac{\partial F}{\partial y}=0,\qquad \left.\frac{\partial F}{\partial y'}\right|_{x=x_2}=0. \tag{2}$$

---

4)　訳注：「必要条件」の証明をしているので，以下が成り立てば良いことに注意しよう．

$$y=y(x)\text{は極値曲線である}\quad\Longleftarrow\quad y=y(x)\text{は}\left[\frac{d}{dx}\left(\frac{\partial F}{\partial y'}\right)-\frac{\partial F}{\partial y}=0\ \text{かつ}\ \left.\frac{\partial F}{\partial y'}\right|_{x=x_2}=0\right]\text{を満たす}$$

問題 16.7 と同様，(2) の一番目の条件からケーブルの形状はサイクロイドとなることが導ける．そして (2) の二番目の条件から，

$$\left.\frac{y'}{\sqrt{1+y'^2}\,\sqrt{y}}\right|_{x=x_2}=0$$

を得る．この式は，$x=x_2$ において $y'=0$ であること，つまり $P_2$ におけるサイクロイドの接線は $x$ 軸に平行となること，さらに言い換えれば，サイクロイドは $P_2$ において直線 $x=x_2$ に垂直となることを示している．これらの条件は，サイクロイドの方程式を得るのに十分である．

## ハミルトンの原理およびオイラー・ラグランジュ方程式

**問題 16.17**　ニュートンの法則から，$n$ 個の粒子系に対するハミルトンの原理を導出せよ．

**解答**

$n$ 個の粒子は質量 $m_k$ $(k=1,2,\ldots,n)$ を持ち，その $xyz$ 座標系に対する位置ベクトルを $\boldsymbol{r}_k$ $(k=1,2,\ldots,n)$ とし，それらに働く力を $\boldsymbol{F}_k$ $(k=1,2,\ldots,n)$ とする．すると，$k$ 番目の粒子が辿る経路 $C_k$ は以下の方程式によって決定されることになる．

$$m_k\frac{d^2\boldsymbol{r}_k}{dt^2}=\boldsymbol{F}_k \qquad (k=1,2,\ldots,n). \tag{1}$$

ここで，端点を変えずに $k$ 番目の粒子の経路を変化させることを考える．この変化はしばしば**仮想変位**と呼ばれ，これを $\delta\boldsymbol{r}_k$ と表すと，(1) より，

$$\left(m_k\frac{d^2\boldsymbol{r}_k}{dt^2}\right)\cdot\delta\boldsymbol{r}_k=\boldsymbol{F}_k\cdot\delta\boldsymbol{r}_k. \tag{2}$$

全粒子に渡ってこれらを足し合わせると以下を得る．

$$\sum_{k=1}^{n}m_k\frac{d^2\boldsymbol{r}_k}{dt^2}\cdot\delta\boldsymbol{r}_k=\sum_{k=1}^{n}\boldsymbol{F}_k\cdot\delta\boldsymbol{r}_k. \tag{3}$$

(3) の右辺は，経路の変位のもとで行われる仕事の総和 $\delta W$ であり，すなわち，

$$\delta W=\sum_{k=1}^{n}\boldsymbol{F}_k\cdot\delta\boldsymbol{r}_k=\sum_{k=1}^{n}m_k\frac{d^2\boldsymbol{r}_k}{dt^2}\cdot\delta\boldsymbol{r}_k. \tag{4}$$

一方，系の運動エネルギーの合計は

$$T=\frac{1}{2}\sum_{k=1}^{n}m_k\left(\frac{d\boldsymbol{r}_k}{dt}\right)^2 \tag{5}$$

となるから，変分を取ることで以下を得る．

$$\delta T=\sum_{k=1}^{n}m_k\frac{d\boldsymbol{r}_k}{dt}\cdot\delta\left(\frac{d\boldsymbol{r}_k}{dt}\right)=\sum_{k=1}^{n}m_k\frac{d\boldsymbol{r}_k}{dt}\cdot\frac{d}{dt}(\delta\boldsymbol{r}_k). \tag{6}$$

次に,

$$\frac{d}{dt}\left[\frac{d\boldsymbol{r}_k}{dt}\cdot\delta\boldsymbol{r}_k\right]=\frac{d^2\boldsymbol{r}_k}{dt^2}\cdot\delta\boldsymbol{r}_k+\frac{d\boldsymbol{r}_k}{dt}\cdot\frac{d}{dt}(\delta\boldsymbol{r}_k). \tag{7}$$

という式を考える．この式に $m_k$ を掛け，$k=1$ から $n$ まで足し合わせると，先程得た (4) と (6) を使うことで,

$$\sum_{k=1}^{n}m_k\frac{d}{dt}\left[\frac{d\boldsymbol{r}_k}{dt}\cdot\delta\boldsymbol{r}_k\right]=\sum_{k=1}^{n}m_k\frac{d^2\boldsymbol{r}_k}{dt^2}\cdot\delta\boldsymbol{r}_k+\sum_{k=1}^{n}m_k\frac{d\boldsymbol{r}_k}{dt}\cdot\frac{d}{dt}(\delta\boldsymbol{r}_k)$$
$$=\delta T+\delta W.$$

が得られる．得た式を，経路 $C$ の端点での時間を表す $t_1$ から $t_2$ にかけて，$t$ に関して積分する．$t_1$ と $t_2$ において $\delta\boldsymbol{r}_k=0$ が成り立つから,

$$\int_{t_1}^{t_2}(\delta T+\delta W)\,dt=\sum_{k=1}^{n}m_k\left.\frac{d\boldsymbol{r}_k}{dt}\cdot\delta\boldsymbol{r}_k\right|_{t_1}^{t_2}=0. \tag{8}$$

もし粒子に働く力が保存力であれば，$W=-V$ を満たすようなポテンシャル $V$ が存在する[5)]．したがって，(8) は,

$$\delta\int_{t_1}^{t_2}(T-V)\,dt=0$$

となり，これは**ハミルトンの原理**，すなわち系は時間 $t_1$ から時間 $t_2$ まで,

$$\int_{t_1}^{t_2}(T-V)\,dt$$

が極値（実際には最小）となるような運動を行う．

**問題 16.18**　ハミルトンの原理からオイラー・ラグランジュ方程式を導出せよ．

**解答**

物体の位置を特定する一般化座標を $q_1,q_2,\ldots,q_N$ とすると，物体の各粒子の位置ベクトル $\boldsymbol{r}_k$ は $q_1,q_2,\ldots,q_N$ の関数であり，その速度 $\dot{\boldsymbol{r}}_k=d\boldsymbol{r}_k/dt$ は $q_1,q_2,\ldots,q_N$ および $\dot{q}_1,\dot{q}_2,\ldots,\dot{q}_N$ の関数である．ゆえに運動エネルギー $T$ は $q_1,q_2,\ldots,q_N$，$\dot{q}_1,\dot{q}_2,\ldots,\dot{q}_N$ の関数である．さらに，位置にのみ依存すると仮定したポテンシャルエネルギーは $q_1,q_2,\ldots,q_N$ の関数である．

ここでハミルトンの原理より，以下の積分が極値となるような運動を，物体は行うことになる．

$$\int_{t_1}^{t_2}(T-V)\,dt$$

したがって，**ラグランジアン**と呼ばれる $L=T-V$ とおけば，オイラー・ラグランジュ方程式より,

$$\frac{d}{dt}\left(\frac{\partial L}{\partial\dot{q}_k}\right)-\frac{\partial L}{\partial q_k}=0\qquad(k=1,\ldots,N).$$

5)　訳注：$\boldsymbol{F}$ が保存力の場合，$\boldsymbol{F}=-\nabla V$ となるポテンシャル $V$ が存在する [p.488 の (23) 式より]．このとき,

$$\delta W=\sum_{k=1}^{n}(\delta W_k)=\sum_{k=1}^{n}(\boldsymbol{F}_k\cdot\delta\boldsymbol{r}_k)=\sum_{k=1}^{n}(-\nabla V_k\cdot\delta\boldsymbol{r}_k)=\sum_{k=1}^{n}(-\delta V_k)=-\delta V.$$

**問題 16.19**　ばね定数 $\kappa$ を持ち，質量が無視できる垂直ばねの先端に質量 $m$ のおもりが吊るされ，上下振動している状況を考える [図 16-9]．このおもりが従う運動方程式を求めよ．

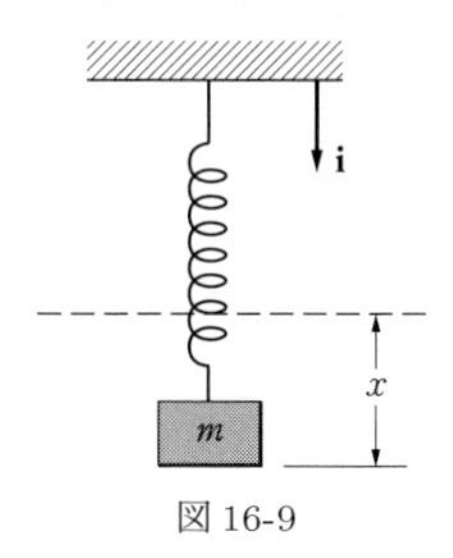


図 16-9

**解答**

$m$ の平衡状態からの変位を $x$ とすると，フックの法則により，力は

$$\boldsymbol{F} = -\kappa x \boldsymbol{i} \tag{1}$$

で与えられる．ここで，$\boldsymbol{i}$ は下向きの単位ベクトルである．$V$ はポテンシャルエネルギーで，

$$\boldsymbol{F} = -\nabla V = -\frac{\partial V}{\partial x}\boldsymbol{i} \tag{2}$$

となるから，(1) と (2) より，任意定数を 0 として以下の式が成立する．

$$\frac{\partial V}{\partial x} = \kappa x \qquad \text{または,} \qquad V = \tfrac{1}{2}\kappa x^2.$$

おもりの運動エネルギーは以下で与えられる．

$$T = \tfrac{1}{2}m\left(\frac{dx}{dt}\right)^2 = \tfrac{1}{2}m\dot{x}^2.$$

以上から，ラグランジアンは

$$L = T - V = \tfrac{1}{2}m\dot{x}^2 - \tfrac{1}{2}\kappa x^2.$$

したがって，おもりの運動を記述するオイラー・ラグランジュ方程式より，

$$\frac{d}{dt}\left(\frac{\partial L}{\partial \dot{x}}\right) - \frac{\partial L}{\partial x} = 0 \qquad \text{または,} \qquad m\ddot{x} + \kappa x = 0$$

となり，この結果はニュートンの法則から得られる結果と一致する．

**問題 16.20**　$xy$ 平面上の質量 $m$ の粒子は，大きさが $F(\rho) > 0$ となる，原点 $O$ への引力の影響を受けて $xy$ 平面内を移動している（$\rho$ は $O$ からの粒子までの距離）．粒子が従う運動方程式を求めよ．

**解答**

極座標 $(\rho, \phi)$ を用いて，質量 $m$ の粒子の位置を特定する [図 16-10]．粒子の直交座標 $(x, y)$ は極座標と

$$x = \rho\cos\phi, \qquad y = \rho\sin\phi$$

の関係にあるので，その位置ベクトルは次のように与えられる．

$$\boldsymbol{\rho} = \rho\cos\phi\,\boldsymbol{i} + \rho\sin\phi\,\boldsymbol{j}.$$

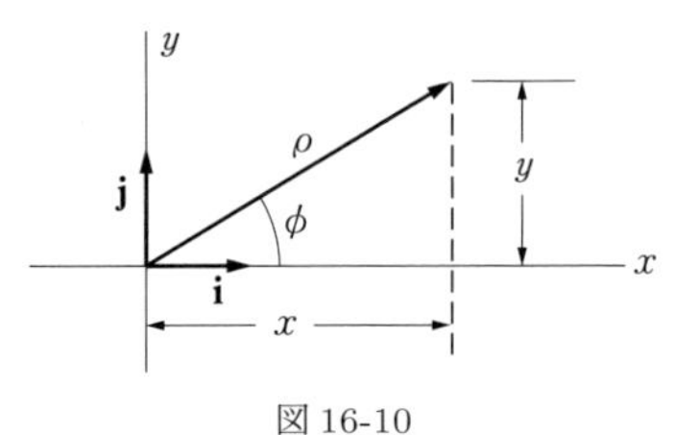


図 16-10

ここで，$\boldsymbol{i}$ および $\boldsymbol{j}$ はそれぞれ $x$ および $y$ 方向の単位ベクトルである．ゆえに，

$$\frac{d\boldsymbol{\rho}}{dt} = \dot{\boldsymbol{\rho}} = (\dot{\rho}\cos\phi - \rho\sin\phi\,\dot{\phi})\,\boldsymbol{i} + (\dot{\rho}\sin\phi + \rho\cos\phi\,\dot{\phi})\,\boldsymbol{j}$$

となるから，運動エネルギーは

$$T = \tfrac{1}{2}m\left(\frac{d\boldsymbol{\rho}}{dt}\right)^2 = \tfrac{1}{2}m\dot{\boldsymbol{\rho}}^2 = \tfrac{1}{2}m[(\dot{\rho}\cos\phi - \rho\,\sin\phi\,\dot{\phi})^2 + (\dot{\rho}\sin\phi + \rho\cos\phi\,\dot{\phi})^2]$$

$$= \tfrac{1}{2}m(\dot{\rho}^2 + \rho^2\dot{\phi}^2).$$

また，$\boldsymbol{\rho}_1$ を $\boldsymbol{\rho}$ 方向の単位ベクトルとすると，力は以下のように与えられる．

$$\boldsymbol{F} = -F(\rho)\boldsymbol{\rho}_1.$$

さらに，

$$\boldsymbol{F} = -\nabla V = -\frac{\partial V}{\partial\rho}\boldsymbol{\rho}_1$$

となることから，係数を比較して以下を得る．

$$\frac{\partial V}{\partial\rho} = F(\rho) \qquad \text{または} \qquad V = \int F(\rho)\,d\rho.$$

以上より，ラグランジアンは

$$L = T - V = \tfrac{1}{2}m(\dot{\rho}^2 + \rho^2\dot{\phi}^2) - \int F(\rho)\,d\rho.$$

したがって，オイラー・ラグランジュ方程式

$$\frac{d}{dt}\left(\frac{\partial L}{\partial\dot{\rho}}\right) - \frac{\partial L}{\partial\rho} = 0, \qquad \frac{d}{dt}\left(\frac{\partial L}{\partial\dot{\phi}}\right) - \frac{\partial L}{\partial\phi} = 0$$

より，

$$m\ddot{\rho} - m\rho\dot{\phi}^2 + F(\rho) = 0, \qquad \frac{d}{dt}(m\rho^2\dot{\phi}) = 0. \tag{1}$$

(1) の二番目の方程式から，

$$\rho^2\dot{\phi} = \kappa \tag{2}$$

を得る（$\kappa$ は定数）．そして $\dot{\phi} = \kappa/\rho^2$ を (1) の一番目の式に代入することで，

$$m\left(\ddot{\rho} - \frac{\kappa^2}{\rho^3}\right) = -F(\rho). \tag{3}$$

を得る．これらの方程式は，$F(\rho)$ がわかっていれば，運動の記述に使える．

この問題は，太陽の周りの惑星の運動を議論するのに有効である．

**問題 16.21**　端点を固定した，長さ $l$，張力 $\tau$ の柔軟な弦の微小振動に関する方程式を，ハミルトンの原理を使って求めよ．

**解答**

弦が振動すると [図 16-11]，部分弦の長さ $dx$ は，二項定理および $(\partial y/\partial x)^2$ が 1 に比べて十分小さいことを利用して，およそ

$$ds = \sqrt{1 + \left(\frac{\partial y}{\partial x}\right)^2}\, dx = \left[1 + \frac{1}{2}\left(\frac{\partial y}{\partial x}\right)^2\right] dx$$

となる，長さ $ds$ に引き伸ばされることになる．

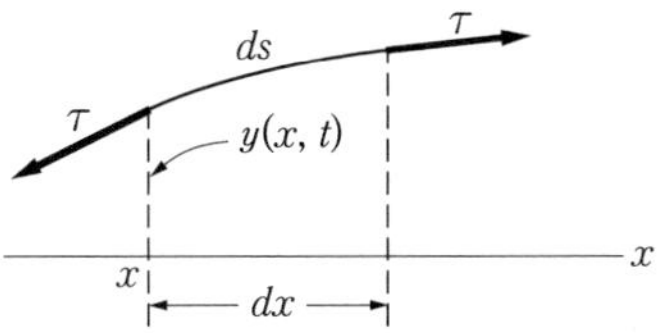

図 16-11

このとき，張力 $\tau$ が単位長さあたりに行う仕事は以下である．

$$\tau(ds - dx) = \frac{1}{2}\tau\left(\frac{\partial y}{\partial x}\right)^2 dx$$

したがって，弦全体での仕事（定義によればポテンシャルエネルギー）は以下で与えられる．

$$V = \frac{1}{2}\int_0^l \tau\left(\frac{\partial y}{\partial x}\right)^2 dx \tag{1}$$

弦の速度は $\partial y/\partial t$ で，(単位長さあたりの質量である) 密度を $\mu$ としたとき，弦全体が持つ運動エネルギーは，

$$T = \frac{1}{2}\int_0^l \mu\left(\frac{\partial y}{\partial t}\right)^2 dx. \tag{2}$$

以上から，ハミルトンの原理より，

$$\delta\int_{t_1}^{t_2}(T - V)\, dt = 0 \tag{3}$$

または以下が成り立つ．

$$\delta\left\{\frac{1}{2}\int_{t_1}^{t_2}\int_0^l \left[\tau\left(\frac{\partial y}{\partial x}\right)^2 - \mu\left(\frac{\partial y}{\partial t}\right)^2\right] dx\, dt\right\} = 0. \tag{4}$$

したがって，$y = t$，$z = Y$ と置き換えた問題 16.52(補)の結果より，

$$\frac{\partial F}{\partial Y} - \frac{\partial}{\partial x}\left(\frac{\partial F}{\partial y_x}\right) - \frac{\partial}{\partial y}\left(\frac{\partial F}{\partial y_t}\right) = 0 \tag{5}$$

となる．ここで $F$ は以下で与えられる (4) の被積分関数である．

$$F = \tau y_x^2 - \mu y_t^2. \tag{6}$$

(5) に (6) を代入すると，

$$\frac{\partial}{\partial x}\left(\tau \frac{\partial y}{\partial x}\right) = \frac{\partial}{\partial t}\left(\mu \frac{\partial y}{\partial t}\right). \tag{7}$$

となり，$\tau$ および $\mu$ が定数であれば，$a^2 = \tau/\mu$ とすることで目的の式が得られる．

$$\frac{\partial^2 y}{\partial t^2} = a^2 \frac{\partial^2 y}{\partial x^2}. \tag{8}$$

## スツルム・リウヴィル型の微分方程式およびレイリー・リッツ法

**問題 16.22**　$J = \int_{x_1}^{x_2} r(x) y^2 \, dx = 1$ という制約の下での $I = \int_{x_1}^{x_2} [p(x) y'^2 - q(x) y^2] \, dx$ の極値を与える $y$ が，以下のスツルム・リウヴィル型微分方程式の解であることを示せ．

$$\frac{d}{dx}\left[p(x) \frac{dy}{dx}\right] + [q(x) + \lambda r(x)] y = 0.$$

**解答**

ラグランジュ乗数として $\lambda$ ではなく $-\lambda$ を用いると便利である．問題 16.8 の結果から，

$$H = I - \lambda J = \int_{x_1}^{x_2} [p(x) y'^2 - q(x) y^2 - \lambda r(x) y^2] \, dx$$

を極値とすれば良いことがわかる．

被積分関数を $F$ とし，オイラー・ラグランジュ方程式

$$\frac{d}{dx}\left(\frac{\partial F}{\partial y'}\right) - \frac{\partial F}{\partial y} = 0.$$

を用いると，スツルム・リウヴィル型の微分方程式が得られる．

**問題 16.23**　問題 16.22 のように分母が 1 に等しくなくてもよい

$$\lambda = \frac{\displaystyle\int_{x_1}^{x_2} [p(x) y'^2 - q(x) y^2] \, dx}{\displaystyle\int_{x_1}^{x_2} r(x) y^2 \, dx}$$

の極値を与える $y$ もまた，問題 16.22 と同じく，スツルム・リウヴィル型の微分方程式の解であることを示せ．

解答

積分の比は

$$\lambda = I/J$$

で表すことができる．そして，$\lambda$ が極値であれば，$x_1$，$x_2$ において $\delta y = 0$ となることを利用して，

$$\delta\lambda = \frac{J\delta I - I\delta J}{J^2} = \frac{\delta I - \lambda\delta J}{J} = \frac{1}{J}\delta(I - \lambda J)$$
$$= \frac{-2\displaystyle\int_{x_1}^{x_2}[(py')' + qy + \lambda ry]\,\delta y\,dx}{\displaystyle\int_{x_1}^{x_2} ry^2\,dx} = 0.$$

$\delta y$ は任意だから，再び以下のスツルム・リウヴィル型の微分方程式が導かれる．

$$(py')' + qy + \lambda ry = 0.$$

**問題 16.24**　問題 16.23 の結果を用いて，スツルム・リウヴィル型の微分方程式

$$\frac{d}{dx}\left[p(x)\frac{dy}{dx}\right] + [q(x) + \lambda r(x)]y = 0$$
$$a_1 y(a) + a_2 y'(a) = 0, \qquad b_1 y(b) + b_2 y'(b) = 0$$

の固有値と固有関数を求める方法を示せ．

解答

$x_1 = a$, $x_2 = b$ とした 問題 16.23 は，「条件 $a_1 y(a) + a_2 y'(a) = 0$，$b_1 y(b) + b_2 y'(b) = 0$ を満たし，比 $\lambda = I/J$ を極値にする非自明関数 $y(x)$ を決定することで，スツルム・リウヴィル型の微分方程式の固有関数が求められる」ことを示している．そして，このとき対応する $\lambda$ の値が固有値となる．これが正しいことは，固有関数と固有値がそれぞれ $y_1(x)$，$\lambda_1$ で与えられる場合，この固有関数 $y_1$ に対して，

$$\lambda = \frac{\displaystyle\int_a^b (py_1'^2 - qy_1^2)\,dx}{\displaystyle\int_a^b ry_1^2\,dx}. \tag{1}$$

で得られる $\lambda$ が $\lambda_1$ となることを示せば良い．そして，$py_1'y_1\big|_a^b = 0$ であることを示す境界条件と，

$$\frac{d}{dx}(py_1') + qy_1 = -\lambda r_1 y_1$$

であることを利用すると，(1) の分子を部分積分した結果は以下のようになる．

$$\int_a^b (py_1'^2 - qy_1^2)\,dx = \int_a^b (py_1')y_1'\,dx - \int_a^b qy_1^2\,dx$$

$$= py_1'y_1\Big|_a^b - \int_a^b y_1 \frac{d}{dx}(py_1') - \int_a^b qy_1^2\,dx$$
$$= -\int_a^b \left[\frac{d}{dx}(py_1') + qy_1\right] y_1\,dx = \lambda_1 \int_a^b ry_1^2\,dx.$$

したがって，(1) から $\lambda = \lambda_1$ となる．

最小の固有値は，「スツルム・リウヴィル問題の境界条件を満たす全ての可能な関数について，(1) の比が最小値となるものである」ことが証明できる．これはしばしば**レイリーの原理**という．

**問題 16.25**

($a$) 以下のスツルム・リウヴィル型の方程式の最小固有値はおおよそどれくらいかを求めよ．

$$y'' + \lambda y = 0, \qquad y(0) = 0, \quad y(1) = 0.$$

($b$) その固有値に対応する固有関数の近似式を求めよ．

**解答**

($a$) この微分方程式は問題 16.24で $p = 1, q = 0, r = 1, a = 0, b = 1, a_1 = 1, a_2 = 0, b_1 = 1, b_2 = 0$ としたものである．最小の固有値を求めるために，以下の式を考える．

$$\lambda = \frac{\displaystyle\int_0^1 y'^2\,dx}{\displaystyle\int_0^1 y^2\,dx}. \tag{1}$$

ここで，以下の形を仮定する．

$$y = A_0 + A_1x + A_2x^2 + A_3x^3. \tag{2}$$

$y(0) = 0, y(1) = 0$ を満たすため，$A_0 = 0, A_3 = -(A_1 + A_2)$ となるから (2) は，

$$y = A_1(x - x^3) + A_2(x^2 - x^3). \tag{3}$$

そしてこの式を (1) に代入すると，

$$\lambda = \frac{168A_1^2 + 126A_1A_2 - 35A_2^2}{16A_1^2 + 11A_1A_2 + 2A_2^2} = \frac{168B^2 + 126B - 35}{16B^2 + 11B + 2}. \tag{4}$$

ここで，分子と分母を $A_2^2$ で割って $B = A_1/A_2$ としている．すると，$\lambda$ は $d\lambda/dB = 0$ のとき最小となるので，

$$168B^2 - 1792B - 637 = 0 \tag{5}$$

の解は，

$$B = 11.01102, \quad -0.3443521. \tag{6}$$

2 番目の値は，$\lambda$ を負の値にしてしまうが，これは (1) の形から明らかに不可能である．1 番目の値を用いると $\lambda = 10.5289$ となる．容易にわかるように，真の固有値はおよそ $\pi^2 = 9.8696$ であるから，誤差は 7% 以下である．なお，(3) の代わりに，

$$y = x(1-x)(a_0 + a_1 x)$$

と直接仮定しても，自動的に境界条件を満たすので，この形をもとに進めることもできる．また，級数

$$y = x(1-x)(a_0 + a_1 x + a_2 x^2 + \cdots)$$

とおいて都合の良い数の項を選ぶことにより，より良い近似値を得ることもできる．

(*b*) $B = A_1/A_2 = 11.01102$ だから，(3) より以下を得る．

$$y = 11.01102 A_2(x - x^3) + A_2(x^2 - x^3) = A_2(11.01102x + x^2 - 12.01102x^3).$$

# 索引

MEMO

MEMO

MEMO

MEMO

MEMO

MEMO

◉著者紹介

マリー R. シュピーゲル
(Murray R. Spiegel)

元レンセラー工科大学 数学科 教授，学科長

◉訳者略歴

Custodio De La Cruz Yancarlos Josue
(クストディオ・D・ヤンカルロス・J)

1992年　ペルー共和国リマ生まれ．
2015年　慶應義塾大学環境情報学部卒業．
現在，スカイウイル株式会社所属．データ分析業務に従事．

訳書
『テンソル解析』(プレアデス出版)
『時空の大域的構造』(共訳，プレアデス出版)
『弦理論』(共訳，プレアデス出版)

解きながら学ぶ　完全独習　応用数学

2023年4月3日　第1版第1刷発行

著　者　マリー R. シュピーゲル
訳　者　クストディオ・D・ヤンカルロス・J
発行者　麻畑　　仁
発行所　㈲プレアデス出版
〒399-8301　長野県安曇野市穂高有明7345-187
TEL 0263-31-5023　FAX 0263-31-5024
http://www.pleiades-publishing.co.jp
装　丁　松岡　　徹
印刷所　亜細亜印刷株式会社
製本所　株式会社渋谷文泉閣

落丁・乱丁本はお取り替えいたします。定価はカバーに表示してあります。
ISBN978-4-910612-07-2　C3041　　Printed in Japan